高等学校教材

高等催化原理

Principles of Advanced Catalysis

何杰 主编

化学工业出版社
·北京·

内容简介

《高等催化原理》旨在让相关专业研究生、教师和高年级本科生掌握催化基本原理的基础上，了解催化学科发展动态。全书共9章，内容包括：绪论、吸附与催化作用、金属催化剂及其相关催化过程、固体酸碱及其催化作用、金属氧化物催化剂及其催化氧化作用、多相催化剂的制备、多相催化剂的表征与活性评价、环境催化、能源催化转化等。

本书可作为相关专业研究生和高年级本科生的教材，也可供从事催化以及与催化有关的工作者参考。

图书在版编目（CIP）数据

高等催化原理/何杰主编．—北京：化学工业出版社，2022.4（2024.7重印）

高等学校教材

ISBN 978-7-122-40609-5

Ⅰ.①高…　Ⅱ.①何…　Ⅲ.①化工过程-催化-高等学校-教材　Ⅳ.①TQ032.4

中国版本图书馆CIP数据核字（2022）第012277号

责任编辑：宋林青　　文字编辑：朱　允
责任校对：宋　玮　　装帧设计：史利平

出版发行：化学工业出版社（北京市东城区青年湖南街13号　邮政编码100011）
印　　装：北京科印技术咨询服务有限公司数码印刷分部
787mm×1092mm　1/16　印张25¼　字数630千字　2024年7月北京第1版第3次印刷

购书咨询：010-64518888　　售后服务：010-64518899
网　　址：http://www.cip.com.cn
凡购买本书，如有缺损质量问题，本社销售中心负责调换。

定　　价：88.00元

前言

催化在国民经济发展中具有十分重要的作用，现代化工与石油化工的巨大成就与催化剂的使用是分不开的，每种新的催化剂与催化工艺过程的研制与开发都可能会引起化工、石油加工、能源转化等重大工业的快速发展。催化是一门综合科学，它是化学工业中最重要和最普遍的跨学科技术之一，也是发展非常迅速的学科。同时催化作用的使用超越了化学工业和石油化工，它在能源的可持续利用以及在保护我们的生态环境和气候方面也具有关键作用。

催化包括均相催化、酶催化和多相催化三个不同催化体系。基于教学实践，本书主要介绍多相催化原理与应用。在编写过程中，我们在介绍催化基础理论与应用以及相关领域的现代发展的同时，适时介绍了中国科学家对催化作用所作出的贡献。

“催化原理”是很多学校化学工程与技术一级学科硕士研究生的学位课程。本书在催化原理的基础上进一步介绍催化科学与技术的发展和应用。本书在安徽理工大学化学工程与技术硕士研究生学位课程“高等催化原理”的多年教学基础上凝练而成，被列入煤炭高等教育“十三五”规划教材和安徽省规划教材，得到了安徽理工大学研究生核心课程建设和高等学校省级质量工程项目“一流教材建设”项目的支持。

本书是为教师、研究生以及本科高年级学生编写的一本教材或教学参考书，也可作为从事催化以及与催化有关的工作者的专业参考书，希望能为本领域的人才培养和学科发展作出一些贡献。

本书共分为 9 章。第 1 章绪论部分简要介绍催化科学与技术及其发展概况，同时简要介绍了中国催化科学的发展；第 2 章吸附与催化作用，在介绍吸附理论及发展的基础上，讨论了吸附作为多相催化的一个基本过程在多相催化中的作用；第 3 章介绍了金属催化剂的基础理论及相关的催化过程，介绍了单原子催化与限域环境下金属粒子的催化作用；第 4 章介绍了固体酸碱及其催化作用，包括酸碱催化剂的表征技术、双功能催化剂的催化作用；第 5 章介绍了金属氧化物催化剂、氧化反应机理、选择性氧化过程以及选择性催化氧化过程的发展趋势；第 6 章介绍了多相催化剂制备的设计过程与方法；第 7 章介绍了催化剂的表征方法；第 8 章介绍了环境催化，包括绿色化学过程、CO_2 的资源化利用以及单原子催化在环境催化过程中的作用；第 9 章介绍了能源催化转化，包括高效催化燃烧、燃料电池、化学储能等。

本书由安徽理工大学何杰教授主编。第 1～5 章由何杰教授编写，第 6～7 章由薛茹君教授编写，第 8～9 章由胡丽芳副教授编写。

受篇幅限制，本书在文后集中列出了部分参考文献。在此对在本书编写过程中提供帮助与思维启发的各位同行以及给予支持的单位表示由衷的感谢。

限于作者水平，书中疏漏之处难免，恳请读者批评指正！

编者

2021 年 2 月

目录

第1章 绪论 …… 1

1.1 概述 …… 1

1.2 催化作用 …… 2

1.2.1 催化的基本概念 …… 2

1.2.2 催化作用研究的意义 …… 5

1.3 催化科学与技术的形成与发展 …… 8

1.3.1 催化科学与技术的发展简史 …… 8

1.3.2 中国催化剂工业的发展 …… 14

1.4 催化科学发展与展望 …… 15

1.4.1 催化科学的发展特征 …… 15

1.4.2 催化科学的发展方向 …… 16

1.5 催化领域的学术会议、学术期刊与研究机构 …… 18

1.5.1 学术会议 …… 18

1.5.2 学术期刊 …… 19

1.5.3 国内高校及研究机构 …… 19

1.5.4 我国著名催化专家 …… 21

第2章 吸附与催化作用 …… 23

2.1 概述 …… 23

2.1.1 吸附现象 …… 23

2.1.2 吸附特征 …… 25

2.1.3 吸附与催化作用的关系 …… 25

2.2 吸附类型 …… 26

2.2.1 物理吸附 …… 26

2.2.2 化学吸附 …… 28

2.2.3 物理吸附向化学吸附的转变 …… 33

2.3 吸附热 …… 35

2.4 吸附等温方程 …… 37

2.4.1 吸附等温线 …… 37

2.4.2 吸附等温方程 …… 39

2.5 吸附和催化反应过程中的溢流现象 …… 48

2.5.1 溢流…… 49
2.5.2 对吸附脱附行为的影响…… 50
2.5.3 对催化反应的影响…… 51
2.5.4 溢流物种及溢流形式…… 53
2.5.5 基于溢流效应的气-固相催化剂设计 …… 56
2.6 吸附与催化作用机理 …… 57
2.6.1 单分子分解反应…… 58
2.6.2 双分子反应…… 59
2.6.3 扩散控制反应…… 61

第3章 金属催化剂及其相关催化过程 …… 63

3.1 概述 …… 63
3.2 金属催化剂的类型 …… 66
3.2.1 根据催化剂的粒径、化学组成和配位环境分类…… 66
3.2.2 按制备方法分类…… 67
3.2.3 按催化剂活性组分是否负载在载体上分类…… 68
3.3 金属催化作用的化学键理论 …… 71
3.3.1 金属电子结构的能带模型和“d带空穴” …… 71
3.3.2 价键模型和d特性百分数的概念…… 73
3.3.3 配位场模型…… 73
3.3.4 晶格间距与催化活性——多位理论 …… 74
3.4 负载型金属催化剂 …… 76
3.4.1 金属载体相互作用…… 77
3.4.2 结构敏感和非敏感反应…… 79
3.4.3 单原子催化剂…… 81
3.4.4 限域空间中金属粒子的催化作用…… 84
3.5 金属合金催化剂 …… 89
3.5.1 双金属合金催化剂…… 89
3.5.2 三金属与多金属合金催化剂…… 92
3.5.3 金属催化剂助剂…… 93
3.6 金属催化剂的失活与再生 …… 94
3.6.1 金属催化剂失活…… 94
3.6.2 失活催化剂再生…… 96
3.7 金属催化剂的应用 …… 97
3.7.1 加氢反应…… 97
3.7.2 氧化反应 …… 100

第4章 固体酸碱及其催化作用…… 102

4.1 概述 …… 102

4.2 固体酸碱的分类及其性质 …… 102
4.2.1 固体酸碱的概念与分类 …… 102
4.2.2 固体酸碱的性质 …… 103
4.2.3 酸碱中心作用 …… 104
4.3 固体表面酸碱性的表征 …… 107
4.3.1 指示剂滴定法 …… 107
4.3.2 气相碱性（酸性）分子吸附法 …… 109
4.3.3 微分吸附量热法 …… 111
4.3.4 IR 方法 …… 112
4.3.5 NMR 方法 …… 115
4.3.6 催化反应活性测定 …… 117
4.4 分子筛催化剂 …… 119
4.4.1 分子筛的发展历程 …… 119
4.4.2 分子筛的组成、结构与应用 …… 120
4.4.3 分子筛的酸碱性质 …… 121
4.4.4 择形催化 …… 124
4.5 固体酸碱催化的应用 …… 128
4.5.1 固体酸催化反应 …… 128
4.5.2 固体碱催化反应 …… 139
4.6 双功能催化剂 …… 143
4.6.1 金属/酸双功能催化剂 …… 143
4.6.2 金属/碱双功能催化剂 …… 145
4.6.3 酸碱双功能催化剂 …… 145
第 5 章 金属氧化物催化剂及其催化氧化作用 …… 149
5.1 概述 …… 149
5.2 过渡金属氧化物的半导体特性 …… 150
5.2.1 金属氧化物的半导体性质 …… 150
5.2.2 半导体氧化物催化剂的催化机理 …… 157
5.3 选择性氧化反应活性中心的性质 …… 159
5.3.1 选择性氧化反应活性中心 …… 159
5.3.2 Mars-van Krevelen 反应机理 …… 163
5.3.3 用于氧化反应的金属氧化物催化剂的结构特征 …… 164
5.4 氧物种特征对催化氧化作用的影响 …… 166
5.4.1 过渡金属氧化物催化剂的氧化还原机理 …… 166
5.4.2 催化剂的金属-氧键强度对催化反应的影响 …… 167
5.4.3 金属氧化物催化剂氧化还原机理（Redox 机理） …… 168
5.4.4 复合金属氧化物催化剂 …… 169
5.4.5 酸碱性对催化性能的影响 …… 170

5.5 选择性催化氧化反应实例 …… 171
5.5.1 轻质烷烃的选择性氧化 …… 173
5.5.2 烯烃的选择性氧化 …… 179
5.5.3 短链烷烃的氧化脱氢制烯烃 …… 184
5.6 选择性氧化过程发展趋势 …… 192
第6章 多相催化剂的制备 …… 196
6.1 概述 …… 196
6.1.1 催化剂制备的重要性 …… 196
6.1.2 固体催化剂的构成 …… 198
6.1.3 催化剂主要组分的设计 …… 200
6.1.4 催化剂的一般制备 …… 205
6.1.5 催化剂制备技术的新进展 …… 210
6.2 浸渍法 …… 212
6.2.1 浸渍法的基本原理及影响因素 …… 212
6.2.2 各种浸渍法工艺及要点 …… 215
6.2.3 浸渍颗粒的热处理 …… 217
6.2.4 浸渍法制备催化剂的实例 …… 218
6.3 沉淀法 …… 219
6.3.1 沉淀过程和沉淀剂的选择 …… 219
6.3.2 沉淀法的影响因素 …… 220
6.3.3 沉淀法工艺的分类 …… 223
6.3.4 沉淀物的过滤、洗涤、干燥、焙烧 …… 225
6.3.5 沉淀法制备催化剂的实例——活性 Al_2O_3 的制备 …… 227
6.4 溶胶-凝胶法 …… 229
6.4.1 溶胶-凝胶法简介 …… 229
6.4.2 溶胶-凝胶法制备催化剂的一般步骤 …… 230
6.4.3 溶胶-凝胶法的影响因素 …… 231
6.4.4 溶胶-凝胶法制备催化剂实例 …… 232
6.5 水热（溶剂热）合成法 …… 233
6.5.1 水热法合成分子筛 …… 233
6.5.2 有序介孔材料的水热合成 …… 235
6.6 其他制备方法 …… 238
6.6.1 锚定法（化学键合法） …… 238
6.6.2 混合法 …… 238
6.6.3 离子交换法 …… 239
6.6.4 熔融法 …… 241
6.7 催化剂的最终形成 …… 241
6.7.1 催化剂活化 …… 241

6.7.2　催化剂成型 …… 244

第7章　多相催化剂的表征与活性评价 …… 249

7.1　概述 …… 249

7.2　固体催化剂物理性质的表征 …… 250

7.2.1　表面积与孔径分布 …… 250

7.2.2　粒径与分布 …… 256

7.2.3　电子显微镜技术 …… 259

7.3　固体催化剂化学性质的表征 …… 267

7.3.1　主体化学成分表征 …… 267

7.3.2　表面化学成分表征 …… 268

7.4　催化剂的活性评价 …… 270

7.4.1　催化剂活性的基本概念及测试目的 …… 270

7.4.2　表征催化剂活性的一般参量 …… 271

7.4.3　反应区域问题 …… 271

7.4.4　实验室催化剂评价反应器的类型 …… 273

7.4.5　活性测试的方法 …… 276

7.5　催化剂的失活、再生与寿命 …… 281

7.5.1　催化剂失活 …… 281

7.5.2　催化剂再生 …… 285

7.5.3　催化剂寿命 …… 286

第8章　环境催化 …… 289

8.1　概述 …… 289

8.2　环境废气的催化净化 …… 289

8.2.1　汽车尾气净化处理 …… 289

8.2.2　烟气催化净化 …… 295

8.2.3　挥发性有机化合物的催化燃烧 …… 303

8.2.4　室内空气催化净化 …… 306

8.3　水处理过程中的多相催化 …… 309

8.3.1　污水中化学需氧量的催化降解 …… 310

8.3.2　水处理中的催化还原过程 …… 319

8.4　绿色合成中的催化反应 …… 322

8.4.1　E因子与原子效率 …… 322

8.4.2　催化还原 …… 323

8.4.3　催化氧化 …… 324

8.4.4　绿色化学中有机溶剂的使用 …… 327

8.5　环境催化新发展 …… 327

8.5.1　基于 CO_2 资源化催化作用 …… 328

8.5.2 基于纳米粒子与单原子环境催化作用 …… 336

第 9 章 能源催化转化 …… 340

9.1 概述 …… 340

9.2 石油炼制中的催化过程 …… 341

9.2.1 催化重整 …… 341

9.2.2 流化催化裂化 …… 345

9.2.3 石油中有机硫化物的催化脱除 …… 349

9.3 煤转化中的催化作用 …… 352

9.3.1 煤直接液化中的催化作用 …… 353

9.3.2 煤直接气化中的催化作用 …… 357

9.3.3 煤的催化燃烧 …… 361

9.4 天然气催化转化 …… 363

9.4.1 CH_4 间接化学转化 …… 364

9.4.2 CH_4 的催化燃烧 …… 367

9.5 生物质催化转化 …… 369

9.5.1 植物油的转化 …… 370

9.5.2 生物质的生物催化转化 …… 370

9.5.3 生物质衍生物的催化重整 …… 371

9.5.4 生物质热化学转化 …… 372

9.6 燃料电池中的催化反应 …… 375

9.6.1 燃料电池简介 …… 375

9.6.2 燃料电池工作原理 …… 376

9.6.3 甲醇水蒸气重整 …… 377

9.6.4 汽柴油自热重整 …… 379

9.6.5 直接碳燃料电池 …… 380

9.7 化学储能中的催化反应 …… 384

9.7.1 水分解制氢 …… 384

9.7.2 CO_2 还原反应 …… 388

主要参考文献 …… 392

第1章 绪论

1.1 概述

现代化学工业的巨大成就与催化剂的使用是分不开的。约90%以上的化学工业产品是借助于催化过程来生产的，可以说，没有催化剂或催化过程就没有现代化学工业。

催化是化学工业中最重要和最普遍的跨学科技术，它或许是最有社会影响的学科之一，但常常被人们低估。催化作用生产化肥使得地球可以养活世界70多亿人口；通过催化可以从石油中生产燃料，以保证其质量和数量满足现代社会能源的需求；通过催化转化可合成人们所需要的各种材料。催化剂的使用保证了汽车尾气等的低污染排放，是使大量使用汽车与良好的空气质量结合起来的关键推动力。在许多医疗保健品、医药和农用化学产品的生产中，催化发挥着关键作用，是提高人们生活水平的核心技术。

催化剂的使用使人类对自然资源的利用更合理，利用的途径更广阔。催化工艺使燃料的现代化精炼成为可能。例如，从煤炭和石油资源出发合成了甲醇、乙醇、丙酮、丁醇等基本有机原料，改变了过去用粮食生产的局面；合成纤维的生产减轻了人类对棉花的依赖；塑料工业的发展减轻了人类对木材的依赖；合成橡胶、化肥、医药、食品、调味品的生产也都与催化剂的使用分不开。总之，催化技术使人们更充分地利用自然资源，生活变得更加丰富多彩。催化和催化过程创造的价值直接或间接地占世界GDP的20%～30%。在目前产量最大的50种化学品中，有30种以上是通过催化途径生产的。

催化与其他化学技术领域密切相关，如催化剂合成的无机科学、有利条件下发生催化反应的反应器设计工程、未转化反应物和产物分离技术、有机化学、物理学等，因此，它被认为是一门多学科交叉的学科，如图1-1所示。

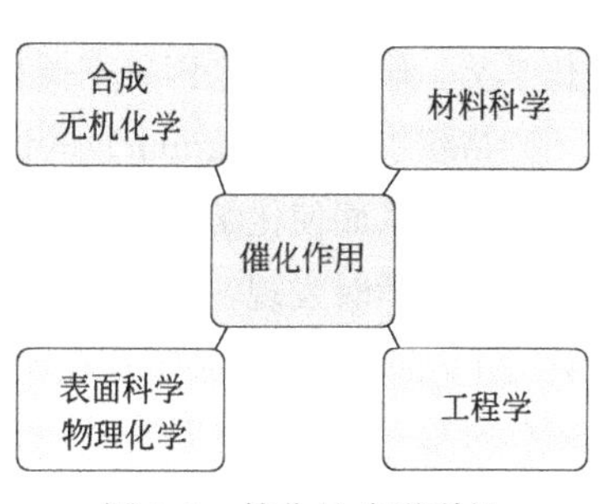

图1-1 催化的多学科性

多相催化工业应用的主要领域包括：炼油、能源和运输；大宗化学品；聚合物和材料、精细化学品、催化剂设计、发现和后续开发（新型）催化剂；催化剂的批量商业生产；开发新的催化工艺；工厂设计/工程的实现；化学反应和工厂操作的监控；环境问题。

1.2 催化作用

1.2.1 催化的基本概念

(1) 催化概念的产生

最早清楚地认识到催化现象的是基尔霍夫(G. S. C. Kirchoff),他在1814年研究了酸催化淀粉水解为葡萄糖的反应。不久,戴维(S. H. P. Davy)发现煤气在Pt上可进行氧化反应,他详细描述了该反应过程。

1834年,法拉第(M. Faraday)发表了一篇关于氢气和氧气在Pt箔上反应的文章,表征并评价了催化剂的催化活性、失活、中毒和活化,同时进行了反应动力学研究。他认为氢气和氧气在金属Pt表面上聚集而相互接近,从而导致反应的发生。

催化作用(catalysis)一词来源于希腊语"kata"(down)和"lysis"(loosen),即"分解"。瑞典化学家贝采里乌斯(J. J. Berzelius)于1836年最先用"催化作用"一词来描述有关痕量物质,这种物质本身在反应过程中并不消耗但能够影响反应速率。如:淀粉在酸催化下水解为葡萄糖,金属离子对过氧化氢分解的影响,及Pt在氢气和氧气反应中的催化作用等。贝采里乌斯提出了催化力的概念来说明催化现象,他认为催化力是一种作用于其他物质的性质,它与化学亲和力大不相同。通过这种作用,它能促进形成新的化合物,而它本身不进入该化合物。

然而,1838年,德拉里夫(de la Rive)提出:在金属Pt表面上,氢气和氧气之间的催化反应包含这样一个过程,首先Pt被氧气氧化,然后该氧化物被氢气还原。

1858年,有机化学家凯库勒(F. Kekulé)认为,催化剂的作用是使反应物微粒互相接近,削弱了反应物自身原子间的结合力。格林(B. Green)提出催化剂起着反应物微粒载体的作用。墨尔塞(J. Mercer)则把催化作用看成弱化学亲和力的表现。

奥斯特瓦尔德(F. W. Ostwald)在总结大量实验结果的基础上,根据热力学定律定义了催化作用:"凡能改变化学反应速率而本身不形成化学反应的最终产物,该物质就称为催化剂。"奥斯特瓦尔德列出4种类型的催化作用:①过饱和体系中离析作用的催化;②均相混合物中的催化;③非均相催化;④酶的催化作用。

1909年,由于在研究催化、化学平衡和化学反应速率方面的功绩卓著,Ostwald获得诺贝尔化学奖。他是第一个因研究催化作用而获得诺贝尔奖的科学家。

朗格缪尔(I. Langmuir)的许多开创性研究使我们对催化作用本质的认识上升到一个新的科学高度,从而使化学家摒弃了催化力的概念。朗格缪尔在研究H_2和O_2、CO和O_2在Pt上反应的动力学时发现,H_2和O_2在Pt表面上吸附是解离吸附,化学吸附仅限于一单分子层。他认为Pt的表面原子必定是在化学键力上没有饱和,才能够与气相分子反应。对于CO的催化氧化过程,朗格缪尔认为首先是O_2在催化剂表面上发生解离吸附,接着是非吸附的CO与吸附态氧原子结合而发生反应。

对催化作用以及催化过程的认识也是随着科学技术的发展而逐渐深入的。朗格缪尔在他的一篇法拉第学会论文中讲道:"大部分科学家感觉到催化作用的本质,现在几乎与法拉第时代一样神秘莫测。但是,随着我们对组成催化剂固体原子分子结构的认识不断增加,我们会逐渐对此表面反应机理有一个清晰的认识。"

朗格缪尔因对各种气体在金属表面上吸附的研究加深了对多相催化作用及其机理的理解而获得 1932 年度诺贝尔化学奖。

从 20 世纪 50 年代开始，红外、核磁共振、顺磁共振、穆斯堡尔谱及一些表面能谱开始应用于催化作用本质的研究。用这些技术可获得一些关于吸附物结构的信息及催化活性中心本质的信息。随着现代分析测试技术的不断发展以及物理化学理论的不断创新，人们对催化作用的理解也会不断地深入与完善。

（2）催化剂

根据国际纯粹与应用化学联合会（IUPAC）1981 年的定义：催化剂（catalyst）是一种物质，这种物质以小比例存在，提高反应达到化学平衡的速率，而自身不发生变化。这种作用称为催化作用，涉及催化剂的反应称为催化反应。

催化剂既是反应物，又是反应产物。催化剂参与了反应过程，又能选择性地改变化学反应速率，反应结束后其本身的数量和化学性质在反应前后基本保持不变。当添加的物质降低反应速率时，不应使用催化剂和催化这两个词。

根据定义，催化剂具有如下基本特征：

① 催化剂只能加速热力学上可以进行的反应；

② 催化剂只能加速反应趋于平衡，而不能改变反应的平衡位置（平衡常数）；

③ 催化剂对反应具有选择性，当反应可能有一个以上不同方向时，催化剂仅加速其中一个，促进它的反应速率和选择性；

④ 催化剂具有一定的寿命。催化剂参与了反应进程，在理想情况下催化剂不为反应所改变。但在实际反应过程中，催化剂长期受热和化学作用，也会发生一些不可逆的物理化学变化。

根据催化剂的定义和特征分析，活性、选择性和稳定性是评价催化剂性能的三个关键参数。以低成本获得良好的、可持续的活性和选择性是催化剂设计和开发的永恒目标。活性是指一个给定的反应进行的速率。活性可以用绝对值来表示，但通常使用相对单位来报告，如比速率（速率除以催化剂质量）、面积速率（速率除以表面积）、转换频率（单位时间内每个活性中心转换的分子数）、给定时间内的转换率（单位时间转换的反应物分数），或特定条件下给定转化率所需的温度。在工业中，活性通常用时空收率表示。选择性是决定特定催化过程时考虑的最重要的标准。选择性高的反应消耗更少的反应物，避免了昂贵的分离过程，并且不会产生潜在的污染副产物。

对于给定的多相催化过程，几个特定的性能指标决定了多相催化剂的总体性能，图 1-2 概述了优异多相催化剂的性能指标。

（3）催化作用的分类

按反应体系的相态，将催化作用分为均相催化、非均相催化和酶催化。

① 均相催化　均相催化（homogeneous catalysis）是指催化剂与反应物处于同一相的催化反应。均相催化有液相和气相均相催化。液态酸碱催化剂、可溶性过渡金属配位化合物和有机金属化合物催化剂、NO 等气态分子催化剂的催化作用等属于这一类。

均相催化剂的活性中心比较均一，选择性较高，副反应较少，易于用光谱、波谱、同位素示踪等方法来研究催化剂的作用，反应动力学一般不复杂。但均相催化剂有难以分离、回收和再生的缺点。

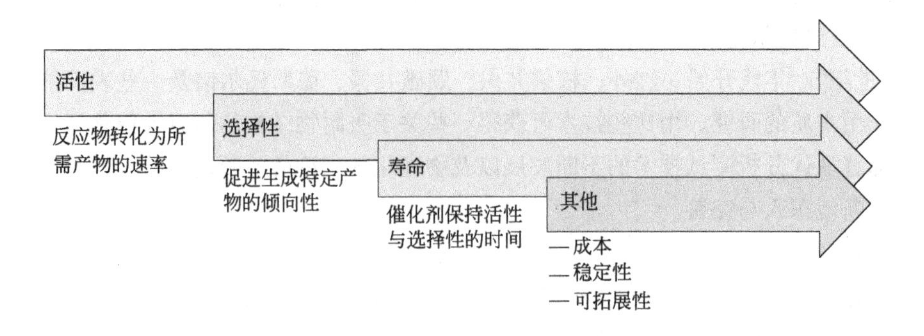

图 1-2　性能优异的多相催化剂应具备的特性

② 非均相催化　非均相催化（heterogeneous catalysis）又称为多相催化，催化剂和反应物处于不同的相中。如催化剂为固体颗粒，反应物为气相或液相，反应在催化剂表面进行。如：

反应相(催化剂＋反应物)	实例
固体＋气体	熔铁催化剂，N_2＋H_2 合成氨
固体＋溶液＋气体	镍催化剂，脂肪酸加氢
不混溶液相	铑膦络合催化剂，丙烯氢甲酰化反应

在多相催化反应中，固体催化剂对反应物分子发生化学吸附作用，使反应物分子得到活化，降低了反应的活化能，而使反应速率加快。固体催化剂表面是不均匀的，只有部分位点对反应物分子发生化学吸附，称为活性中心。工业生产中的催化作用大多属于多相催化。

③ 生物（酶）催化　生物催化（biocatalysis）是指使用活性的（生物）系统或其部分来加速（催化）化学反应。在生物催化过程中，天然催化剂酶对有机化合物进行化学转化。酶的催化活性高，选择性强。如生物体中酶催化反应、酿酒等。生物催化在常温、中性条件下进行，高温、强酸和强碱都会使酶丧失活性。

酶作为催化剂显示出三种主要的选择性。

化学选择性：因为酶作用于单一类型的官能团，而其他敏感官能团通常不与化学催化剂作用而保留下来。结果，生物催化反应趋向“更清洁”，省略了副反应产生的杂质的分离过程。

区域选择性和非立体选择性：基于其复杂的三维结构，酶可以对位于底物分子上不同区域的官能团进行区分。

手性选择性：酶是手性催化剂。因此，在酶-底物复合物的形成过程中，底物分子中存在的手性可被“识别”。

以上特性是合成化学家对生物催化产生兴趣的主要原因。

此外，改性酶可能比天然酶具有更宽的底物范围，或者具有更快的反应速率，或者可能更容易利用现有的生物技术生产。离开生物体的酶仍具有催化活性，可制成各种酶制剂应用在医学和工农业生产上。

在商业规模的化学过程中，均相催化与酶催化占 15%～20%，而多相催化占 80%～85%。因此，在本教材中，主要讨论多相催化。

(4) 催化剂的分类

按反应体系中催化剂的作用机理，可把催化剂分为金属催化剂、金属氧化物（硫化物）催化剂、配位（络合）催化剂、酸碱催化剂和多功能催化剂。

① 金属催化剂　主要用于脱氢和加氢反应。有些金属还具有氧化和重整的催化活性。金属催化剂主要是指 4、5、6 周期的某些过渡金属，如 Fe、Co、Ni、Au、Pt、Pd、Rh、Ir 等。金属催化主要决定于金属原子的电子结构，特别是没有参与金属键的 d 轨道电子和 d 空轨道与被吸附分子形成吸附键的能力。

② 金属氧化物（硫化物）催化剂　主要是指过渡金属氧化物，包括两类：计量金属氧化物与硫化物，非计量氧化物。非过渡金属氧化物主要作为酸碱催化剂而纳入酸碱催化作用讨论。

过渡金属氧化物催化剂广泛用于部分氧化、加氢、脱氢、聚合、加合等反应。实际使用的金属氧化物催化剂常为多组分氧化物的混合物，很多金属氧化物催化剂是半导体，其化学组成大多是非化学计量的，因此，催化剂组分很复杂。如 ZnO、NiO、MnO_2、Cr_2O_3、Bi_2O_3-MoO_3、$(VO)_2P_2O_7$、WS_2、$CoMoO_4$、$NiMoO_4$ 等。金属氧化物催化剂的导电性和逸出功、金属离子的 d 电子组态、氧化物中晶格氧特性、半导体电子能带、催化剂表面吸附能力等，都与催化剂的催化活性有关。

③ 配位（络合）催化剂　金属，特别是过渡金属及其化合物有很强的配合能力，能形成多种类型的配合物。某些分子与金属（或金属离子）配合后便易于进行某特定反应，该反应称为配位（络合）催化反应。过渡金属配位（络合）催化剂在溶液中作为均相催化剂方面的研究和应用较多。过渡金属配合物催化作用一般通过催化剂在其空配位上络合活化反应物分子进行。

④ 酸碱催化剂　酸碱催化反应是指由酸碱催化剂催化的反应。酸碱催化可分均相催化和多相催化。许多离子型有机反应，如水解、水合、脱水、缩合、酯化、重排等，常可用酸碱均相催化。工业上用的酸催化剂，多数是固体。固体酸催化剂广泛用于催化裂化、异构化、烷基化、脱水、氢转移、歧化、聚合等反应。

1.2.2 催化作用研究的意义

催化作用这个术语在这个特定的框架中包括不同的催化类型，如非均相催化、均相催化、光催化、电催化、生物催化等，以及相应的技术，如 CO_2 利用、人工光合作用、生物质材料、水技术等。

一种新技术需要一种新催化剂，一种新的催化剂促进化学工业迅速发展。催化剂作为化学工业的支柱，是现代化学工业的心脏，也是实现许多实验室合成和所有酶促过程的根本手段。

催化过程需要在多维尺度上控制各个方面，从活性位点（纳米尺度）反应的分子方面到几米尺度以及工业催化反应器等。图 1-3 显示了多相催化中反应和物料传输之间复杂的相互作用，图 1-4 显示了多相催化在空间和时间方面的复杂性。

因此，从学院派科学家的观点来看，催化起到了汇集众多学科纽带的作用，如表面和固态化学、固态物理、生物化学、材料科学与工程、化学工程、化学工艺、金属化学和理论化学等。因此，催化是促进学科碰撞与交叉的重要纽带。

(1) 催化技术的发展对石油、化学工业的变革起着决定性的作用

1923 年，德国巴斯夫（BASF）公司以 ZnO-Cr_2O_3 为催化剂成功开发高压法由合成气

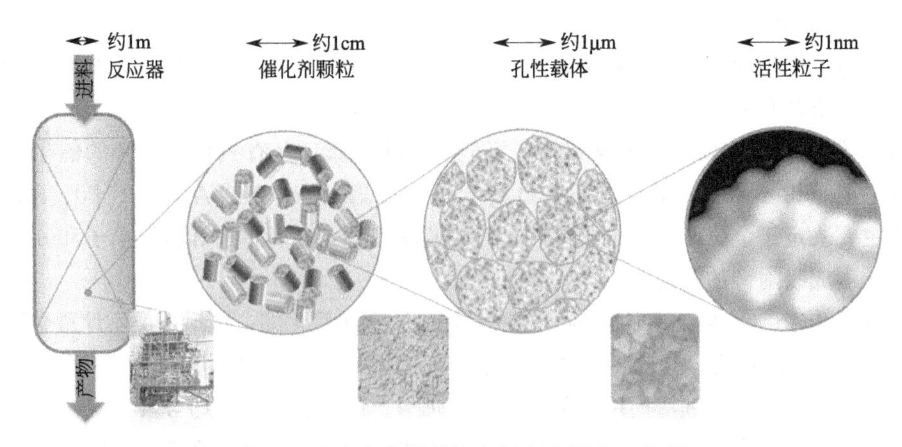

图 1-3　反应和物料传输之间复杂的相互作用

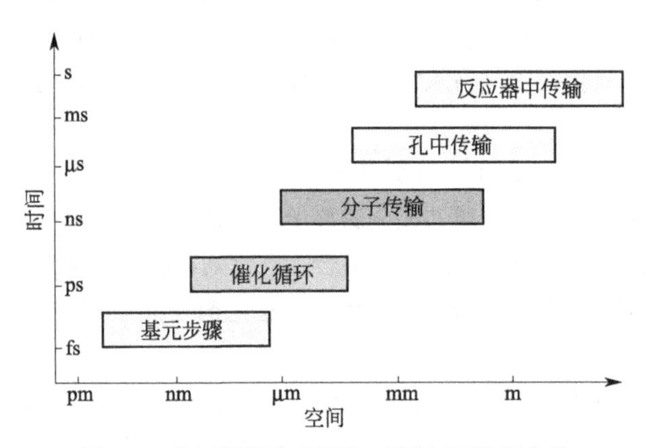

图 1-4　多相催化在空间和时间方面的复杂性

生产甲醇的工艺，二十世纪七十年代，ICI（Imperial Chemical Industry）公司成功开发以 $Cu\text{-}ZnO\text{-}Al_2O_3$（$Cr_2O_3$）为催化剂的低压法合成气生产甲醇的新工艺，很快又开发出中压法工艺，使甲醇生产效率大为提高。

1960 年，Sohio（the Standard Oil Company of Ohio，俄亥俄标准石油公司）成功开发磷钼铋氧系催化剂，由丙烯、氨直接氧化生产丙烯腈：

$$CH_3CH{=}CH_2+3/2O_2+NH_3 \longrightarrow CH_2{=}CHCN+3H_2O \tag{1-1}$$

随着磷钼铋氧系丙烯氨氧化生产丙烯腈催化剂的不断改进及非磷系丙烯氨氧化生产丙烯腈催化剂的成功开发，使该法日益成熟，原有的三种丙烯腈生产方法（环氧乙烷法、乙醛法、乙炔法）都变得不再有生命力了。

（2）能源化工和环境化工的兴起为工业催化提出了新课题和新的活动领域

目前，可转化成燃料的碳源有三类：①原油及相关物质；②煤炭；③生物质。而它们的充分开发和利用均有赖于催化剂。表 1-1 显示了 1995～2016 年世界燃料能源生产情况。

表 1-1　世界燃料能源生产（百万吨石油当量）

能源类型	1995 年	2000 年	2005 年	2010 年	2015 年	2016 年
石油	3397	3703	4050	4084	4411	4473
煤	2219	2278	2998	3663	3886	3657

续表

能源类型	1995年	2000年	2005年	2010年	2015年	2016年
天然气	1812	2065	2369	2715	2989	3032
可再生能源	1210	1287	1396	1595	1814	1878
核能	608	675	722	719	670	680
其他	17	21	23	32	40	44
总量	9263	10029	11558	12808	13810	13764

表1-1显示，1995～2015年世界能源生产总量中石油、煤、天然气与可再生能源的产量逐年增加，2016年煤的产量出现下降。图1-5显示了2016年相应能源所占比例，结合表1-1，天然气与可再生能源在整个能源中所占比例总体呈现增加趋势，至2016年，分别占总能源产量的22.0%和13.6%。

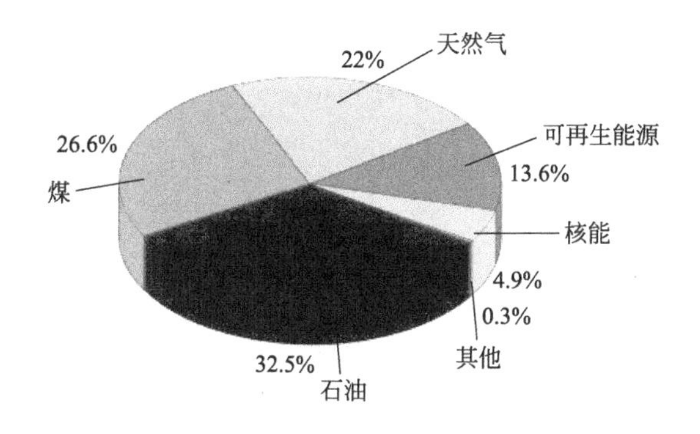

图1-5　2016年世界能源资源配额

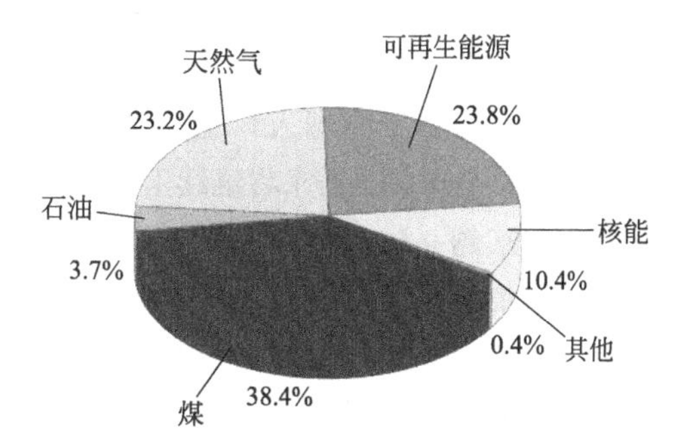

图1-6　2016年全球用于发电消耗燃料概况

图1-6显示，作为化石燃料的煤，2016年用于发电的量占总燃料的38.4%。而这一比例在2010年更是高达40.3%。另一作为化石燃料的石油，用于发电量占总燃料的比率从1995年的9.3%降到2016年的3.7%。

化石燃料的枯竭引发人们对能源的深度探讨，在开发未来能源的研究中，如何使用洁净能源以及能源的有效存储与释放引起了人们更多的关注。在当前“从太阳能到化石燃料的循环”过程中，催化可能在许多太阳能驱动的可再生能源生产技术路线中发挥主要作用。氢作为热能效率高的可再生能源物质，其燃烧后的唯一产物是水，$2H_2+O_2 = 2H_2O$，因此，H_2被认为是未来最洁净的能源，氢燃料作为交通能源是氢经济的一个关键因素。虽然化石燃料在氧化过程中释放温室气体CO_2：$C_mH_n+(m+n/4)O_2 \longrightarrow mCO_2+n/2H_2O$或者$C_mH_nO_w+(m+n/4-w/2)O_2 \longrightarrow mCO_2+n/2H_2O$，但仍是目前全球主要能源物质。利用太阳能、风能等可再生能源将上述两反应逆向进行，将可再生能源以化学能的形式储存在相应物质中，形成人类需要的能源燃料，实现这个反应即是储能过程，而实现这些储能反应的关键是催化技术。

从环境友好化学考虑，原子节约反应需要优秀的催化剂，如上述丙烯和氨氧化制丙烯腈，乙烯氧化制环氧乙烷等。在环境污染治理方面，催化技术发挥着重要作用。如造成大气污染的三个主要领域，都可通过催化技术加以控制：

① 对于污染大气的可燃性气体，采用催化燃烧技术促进反应在可控条件下进行，特别是低温下的燃烧过程；

② 对于工业装置排放的NO_x气体，可将其催化还原为氮气；

③ 对于各种车辆用燃料排放气体的控制，目前虽已提出很多种方法，如改用清洁燃料、重新设计发动机等，采用催化燃烧技术更能达到控制目的。

(3) 生物体内广泛存在的酶，是生物赖以生存的一切化学反应的催化剂

酶的催化作用效率高，选择性好，反应条件温和，但至今还难以在生物体外实现。弄清楚这个自然界的催化过程，不仅有利于了解自然奥秘，而且将大大提高人类合理利用自然、改造自然的本领。今天对酶本身及对酶化学模拟的研究已成为催化研究中一个非常有吸引力的领域。

(4) “碳中和”或“碳循环”需要催化技术来解决

将化石资源转化为燃料和化学品的过程对现代生活至关重要。然而，这些技术增加了对环境的压力。在过去几十年里，许多化工生产过程变得“更清洁”的同时，世界对化石资源的消耗却在不断增加。这导致大气中 CO_2 含量急剧上升，由于 CO_2 是一种温室气体，人为排放的 CO_2 与全球气候变化、气温升高、冰川融化、海洋水位上升有关。由于全球人口迅速增长，许多国家日益工业化，全球能源需求将继续上升。

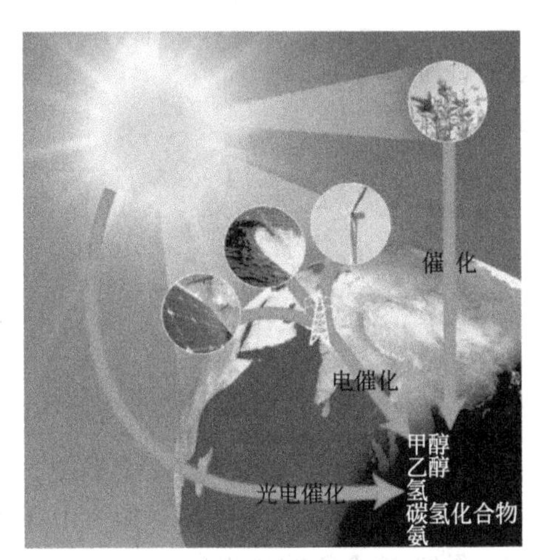

图 1-7 催化作用在燃料和基础化学品生产方面的作用

人们越来越一致认为，世界对燃料和基础化学品的需求增加，需要更多的所谓“碳中和”或“碳循环”技术来满足。这就需要新的催化过程，注重从源头预防而不是补救的催化技术。一个中心的可持续能源是阳光，我们需要它比今天更有效、更大规模地被利用。假设能够有效地获取能量，那么每年的全球能源消耗可以在大约 1h 内被照射到地球上的阳光所覆盖。因此，将太阳能转化为运输燃料或工业基础化学品是一个非常有价值的挑战。图 1-7 说明催化作用在为燃料和基础化学品提供可持续途径方面的作用。无论是通过生物质能、光伏发电或风力涡轮机的中间发电，还是直接通过光电化学反应获取阳光的能量流，这一过程都需要一种有效的催化剂，最好是由地球富含的环境材料制成。

1.3 催化科学与技术的形成与发展

1.3.1 催化科学与技术的发展简史

在本章开篇时介绍了催化概念的形成，这里，进一步介绍催化科学与技术的简要发展以及对未来发展方向的展望。

1.3.1.1 萌芽时期

在古代，人们就已经利用酶酿酒、制醋。中国是世界上最早用曲药酿酒的国家，我们的祖先早在殷商时期就掌握了微生物“霉菌”生物繁殖的规律，已能使用谷物制成曲药，发酵酿造黄酒。中世纪时，炼金术士利用硝石做催化剂以硫黄为原料制备硫酸；13 世纪，人们发现用硫酸作为催化剂能使乙醇变成乙醚。19 世纪，产业革命有力地推动了科学技术的发展，人们陆续发现并开发运用了催化作用。

1746 年，英国的罗巴克（J. Roebuck）建立了铅室反应器，生产过程中由硝石产生的氧化氮实际上是一种气态的催化剂，这是利用催化技术从事工业规模生产的开端。

1831 年，菲利普斯（P. Phillips）开发了在 Pt 催化剂以及后来的 V_2O_5 催化剂上更经济的接触法生产浓硫酸的工艺。

1836 年，贝采里乌斯给出了催化的定义。

1838 年，弗雷克德里克·库尔曼（F. Kuhlmann）提出一项以 Pt 为催化剂的氨氧化制硝酸的专利。

19 世纪 60 年代，开发了用氯化铜为催化剂氧化氯化氢以制取氯气的迪肯（Deacon）过程。

1875 年，V_2O_5 催化剂的使用促进了硫酸的生产。

1889 年，采用金属 Ni 作为催化剂催化甲烷水蒸气重整反应：$CH_4+H_2O=CO+3H_2$。

1895 年，弗里茨·哈伯（Fritz Haber）报告了使用 Fe 作为催化剂由 N_2 和 H_2 合成 NH_3 的技术，1910 年 BASF 公司在路德维希港（Ludwigshafen）建立工厂，采用哈伯过程大规模合成氨（图 1-8），哈伯因合成氨获得 1919 年诺贝尔化学奖。1926 年里迪尔（Rideal）和泰勒（Teller）认为该过程是“现代物理和工程化学中最伟大的成功范例之一”，也被誉为催化科学与技术的第一里程碑。

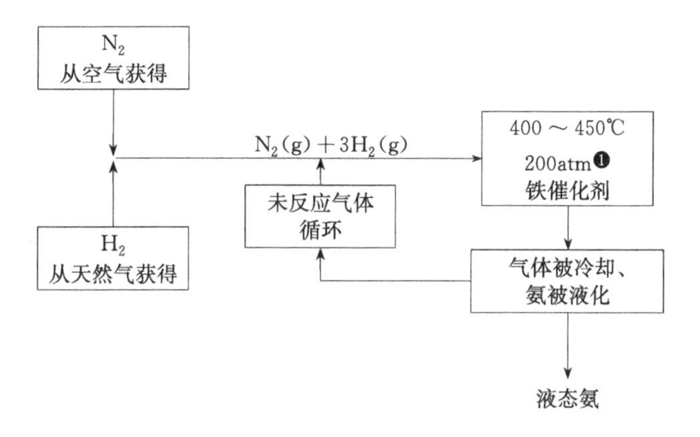

图 1-8　合成氨 Haber 过程流程图

熔铁催化剂的出现使得合成氨工业得以迅速发展，促进了现代农业的发展。至今，Fe 仍然作为合成中重要的催化剂被广泛采用。

1923 年，巴斯夫公司开发了 $ZnO\text{-}Cr_2O_3$ 催化剂上高压合成甲醇工艺，这标志着大宗有机化学品合成的出现。

1.3.1.2　黄金期

1915 年，朗格缪尔首次将催化作用描述为吸附于固体表面上单分子层分子中发生的现象；1938 年布鲁诺（Brunauer）、埃麦特（Emmett）和泰勒在朗格缪尔方程基础上提出的描述多分子层吸附理论的方程（BET 方程），发展了利用物理吸附来测量催化剂表面积的方法，使得催化剂的活性比较进入定量时代。

1919 年，普林斯顿大学化学教授休·泰勒（Hugh Taylor）爵士和国王学院物理化学教授埃里克·里特尔（Eric Rideal）爵士合作写了第一本关于催化的书。

❶ 1atm = 101325Pa。

1926年，雷尼（M. Raney）因以他的名字命名的独特的加氢催化剂（特别是植物油加氢）而出名。

自1930年开始，美国UOP公司和西北大学的Herman Pines在酸碱催化、芳构化、烷基化、脱氢催化剂和金属加氢催化剂方面的研究非常活跃，所有这些催化剂在很多商业石油化工过程中非常有用。

1940年末到1950年早期，美国联合碳化物公司（Union Carbide Corporation）的Robert M. Milton和Donald W. Breck发展出商业化沸石——A、X、Y型分子筛，Eugene Houdry发展了整柱式催化剂用于内燃机的尾气处理，开启商业化时代。

1949年，UOP公司开始第一个铂重整石脑油的商业化过程，采用$Pt\text{-}Cl\text{-}Al_2O_3$为催化剂。1953年，石脑油重整涉及双功能催化剂，并提出这些催化剂重整的机理。

1925年，费希尔（Fischer）和托普希（Tropsch）在常温下合成高分子烃类，并认为Co、Ni可能是最有发展前途的催化剂。1935年，德国采用Co催化剂实现了费-托（F-T）合成的工业化。1955年，萨索尔（Sasol）在南非开始使用循环流化床反应器用于F-T合成的工业化中，生产规模达200万t/a。费-托合成是煤和天然气转化制取液体燃料的重要途径，通过该方法可获得优质柴油和航空煤油等，这些产物不含硫化物和氮化物，是非常洁净的发动机燃料。

1956年在美国费城召开第一届国际催化大会，国际催化大会是世界催化学术领域内规模最高、影响最大的会议，至今已成功举办17届。

20世纪50年代，齐格勒-纳塔（Ziegler-Natta）催化剂的发明使乙烯、丙烯和丁烯可定向聚合为结晶高分子材料，促进了合成材料的大规模发展，奠定了石油化学工业的基础。齐格勒（Karl Ziegler）和纳塔（Giulio Natta）因此获得1963年诺贝尔化学奖。1957年，Hercules在美国开设了第一家以齐格勒催化剂为基础的工厂。

1956年，萨索尔（Sasol）开始费-托循环流化床反应器的商业化运行。

1962年，第一本催化领域专业期刊“*Journal of Catalysis*”公开出版；1967年，“*Catalysis Reviews*”创刊。

20世纪60年代，分子筛催化裂化催化剂取代无定形$Al_2O_3\text{-}SiO_2$催化剂，大幅度提高了汽油收率和辛烷值，为运输业的蓬勃发展提供了能源基础。

20世纪60年代，乔治·安德鲁·欧拉（George Andrew Olah）(由于他对碳正离子的研究于1994年获诺贝尔化学奖）发现超强酸，超强酸与碳氢化合物混合后可以形成稳定的碳正离子；丙烯歧化工业化、长链烷烃脱氢制单烯烃-合成洗涤剂、甲醇羰基化合成醋酸、丙烯氨氧化制丙烯腈等。

1966年，ICI开发了低压合成甲醇工艺过程，该过程使用$Cu\text{-}ZnO/Al_2O_3$催化剂以及气体循环反应器；1971年德国鲁齐（Lurgi）公司采用管壳式合成塔低压合成甲醇工艺。

20世纪60年代末，美国美孚石油公司合成出一种含有机胺阳离子的新型沸石分子筛。由于它在化学组成、晶体结构及物化性质方面具有许多独特性，在很多有机催化反应中显示出了优异的催化效能，成为石油化工中一种颇有前途的新型催化剂。1976年美孚石油公司宣布将ZSM-5分子筛催化剂用于甲醇制备汽油的转化过程。

20世纪70年代，羰基合成在化学工业中占有重要地位；孟山都（Monsanto）公司利用不对称加氢过程生产左旋多巴（Levodopa，L-Dopa)。左旋多巴是具有儿茶酚羟基的神经递质多巴胺前体，常用作帕金森病的治疗药物。

1.3.1.3 环境保护

1974～1975 年，催化剂在环保领域应用开始发展。UOP 发明汽车尾气三效催化剂 Pt-Rh-Pd，将尾气中的烃类、CO 和 NO_x 转化为无害 N_2 和 O_2，大大改善了环境。

1974 年，罗兰（F. Sherwood Roland）和莫利纳（M. Molina）发现氯对臭氧层的催化破坏作用。

20 世纪 80 年代，选择性催化还原技术（SCR）过程应用。

1983 年，TS-1 催化烯烃 H_2O_2 环氧化。

20 世纪 90 年代，组合化学应用于催化剂开发。

1992 年，美孚石油发明中孔分子筛 MCM-41。

1995 年，飞机使用臭氧催化转化装置净化空气。

2000 年，电催化剂 Cr/熔盐、Lewis 酸性分子筛、前过渡金属的金属-有机骨架微孔体系、有机/无机杂化体系等催化剂的开发。在燃料电池、葡萄糖制柴油储氢、二氧化碳储存与活化光催化方面发展迅速。

低碳经济要求加快催化剂的研究与开发，提高能源效率，揭示了可持续和环境友好的绿色化学和工艺的新途径（图 1-9）。

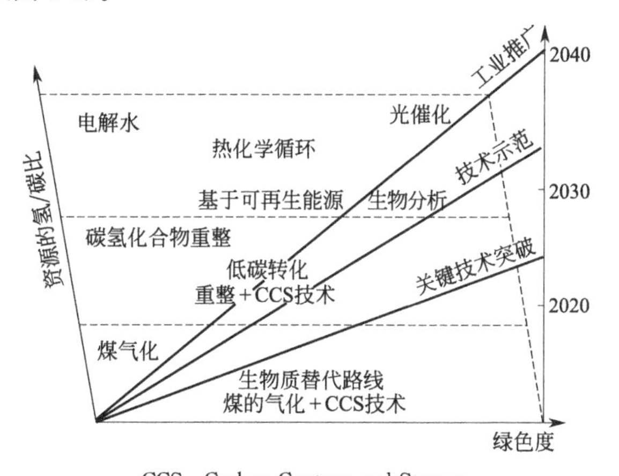

CCS：Carbon Capture and Storage

图 1-9 低碳制氢技术路线图

在最新成果和最新的文献中，“催化”一词通常与“绿色化学”和“可持续性”等概念紧密联系和紧密交织，因为催化是降低许多工业化学过程能源强度及其环境负荷最有效的方法之一。绿色和可持续的未来经济在很大程度上取决于催化领域的突破性发现。

目前，一些增量技术甚至新兴技术不足以应对社会挑战，因为对于许多成熟和已建立的工业过程来说，能量效率已接近其热力学极限，根本性的改进机会减少。大宗化学品的增量变化具有实质性的全球影响，然而，增量改进不足以实现总能耗方面的预期目标和温室气体的减少。

1.3.1.4 催化和可持续发展的化学

可持续化学被定义为发展一种更安全、更环保的化学，但同时需要整体考虑经济竞争力和社会关注的优先事项。可持续化学简单地说是指在可持续发展经济前提下如何从更少的物质中产生更好的物质。

从可持续发展化学考虑，首先我们应该认识与理解催化的复杂性，发展新的催化概念，设计出新一代催化材料。

(1) 非均相催化剂设计新模式

从材料的结构与性能出发，需要进一步理解非均相催化剂结构与功能之间的关系，以及在分子水平上实现对催化剂表面控制的方法。催化剂设计需要一种新模式，其重点在于克服或规避能量缩放关系。为了取得重大突破，可能需要寻找一种方式，它在不稳定其他吸附态或过渡态的情况下稳定一种吸附态或过渡态。

根据这种理念，人们必须找到一些材料，这些材料没有遵循迄今为止我们发现的最佳比例关系。

图 1-10 给出了将不同方法系统化的尝试。人们可以想象为了避开标度关系而采取的措施，这个 2D 方案是一个巨大的参数空间简化版本。图 1-10 的纵坐标表示内在效应和外在效应，而横坐标跨越了电子效应和结构效应。这种表示方法具有兼容并包性，并且说明了在多相催化中用于调节活性的一些主要方向。如人们可以通过材料的化学成分或结构来调整固有特性。外在性质需要另一种材料或几何结构，如与另一种固体材料、液体或气体的某种界面，以影响主催化剂。多位点功能化，即催化剂具有多种类型的活性中心或不同中间体的局部结合环境是一种很有希望的可能性。这可以通过多种方式实现，例如合金化、掺杂、引入缺陷、催化剂和载体之间的偶合、纳米结构、限域效应、亚层表面物种等。为了使多位点功能化方法适用于解决规避标度关系的关键问题，可能需要吸附质足够大和灵活，以允许多位点相互作用。

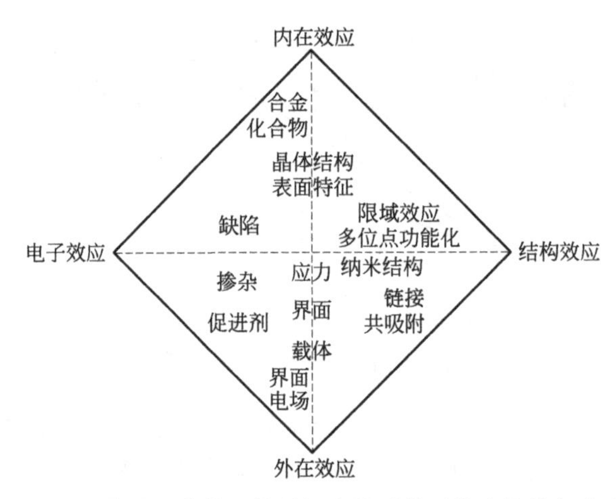

图 1-10 可能被用作绕过能量标度关系的可能途径的方法示意

这些路径位于一个由电子到结构效应和内在效应到外在效应所跨越的空间中

(2) 面向未来的与能源和环境相关的催化作用

目前，汽车使用的汽油或柴油中硫含量小于 $10mg \cdot kg^{-1}$。多年来，人们在致力于开发出特殊的高活性催化剂，以便消除油馏分中存在的含硫化合物，这种催化剂具有非常惊人的选择性，能在几百万个类似分子之间转化很少的分子，使其将硫脱除。

因需要开发非常规矿物燃料，例如重油渣油、页岩气和煤，产生了新的需求。已经开发了新的先进的催化工艺来处理这些馏分。例如，一些公司利用相关的纳米催化剂开发了浆态反应器中重渣油加氢转化的新催化工艺。天然气（NG）作为一种能源，通过催化作用将其转化为液体燃料或化学品是一条积极的研究路线。

未来的化工原料将会更丰富，开发利用应考虑环境影响与经济可持续发展（图 1-11）。

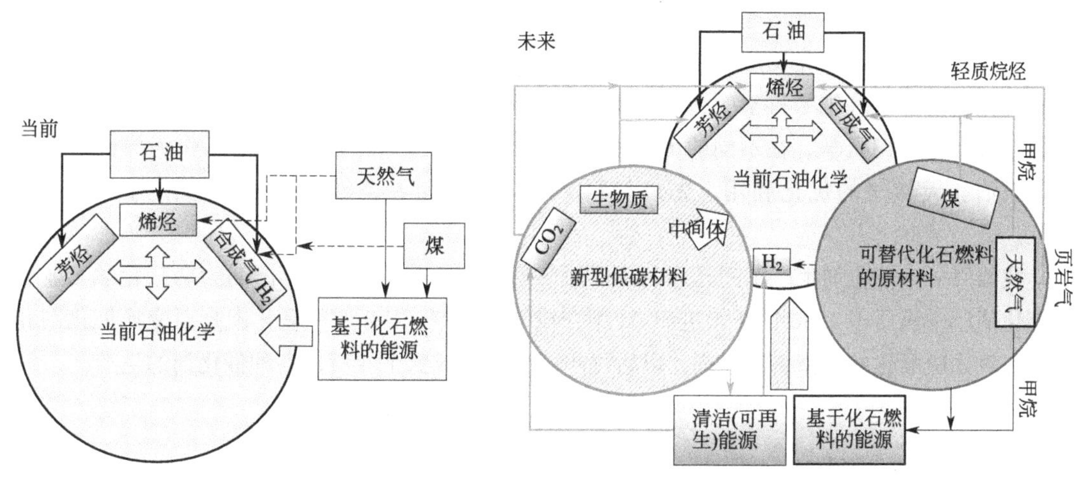

图 1-11　原材料从当前石化发展到未来可持续低碳化工生产

（3）基于纳米晶的绿色化学多相催化

基于纳米晶的串联催化剂上的多相催化已经被广泛研究和使用。如乙烯和甲醇于 190℃下在串联催化剂 CeO_2-Pt-SiO_2 和 Pt-CeO_2-SiO_2 作用下生成丙醛，该丙醛是反应时间的函数；CO_2 在串联催化剂 CeO_2-Pt@mSiO_2-Co 作用下加氢生成 C_2～C_4 碳氢化合物；在 Pd 双氧化态串联催化剂作用下，炔基环氧化物异构化为呋喃等。

1.3.1.5　从工业角度探讨一些科学问题

从工业角度看，未来能源化学催化将更加强调高效绿色低碳。因此，催化效率、多相催化体系均相催化以及以原位表征为指导的催化剂设计等基础科学问题应引起足够的重视。

（1）与扩散相关的催化效率

催化性能的改进方法主要是对活性中心的种类、数量、活性和稳定性进行调整。然而，在活性中心之外，扩散是影响催化剂性能和活性中心效率的另一个关键因素。如具有分子筛分效应与扩散控制作用的沸石在稠油精制、MTO/MTP、甲苯歧化、芳烃烷基化等许多化工过程中被用作催化剂。反应物分子的活性位点的可访问性由于扩散极限而受到限制，导致催化效率低。因此，通过调节孔结构形态提高扩散可提高催化效率。

（2）非均相催化剂的均相催化作用

均相催化剂在液相中的效率远高于非均相催化剂。然而，不可持续的均相催化剂常常受到分离问题的影响，并导致环境危害。因此，开发具有均相催化性能的高效非均相异构催化剂仍然是绿色化学挑战。非均相体系中的均相催化，特别是基于酶结构特征的纳米反应器的开发，近年来引起了广泛的关注。

因此，未来在催化领域，最具挑战性的工作将是探索解决催化创新问题的根本方式转变，并且只有具有远见卓识的战略才能有效地应对这一相关问题。开辟新的可持续生产途径，从而产生真正的创新能力，不断提升化学工业服务于社会进步以及人类生物水平与健康，需要我们催化工作者共同努力。

1.3.2 中国催化剂工业的发展

中国催化科学技术的发展始于二十世纪初。经过前辈们的努力，一开始就进入了稳步发展的初期。20 世纪 80 年代，中国的催化事业进入了一个快速发展期，在此期间，中国科学院、高等学校和工业界等均建立研究部门并迅速投入研究。在基础研究中，发现新的催化材料、表征方法和新的催化反应是主要的研究方向，同时以反应动力学为主要方法和手段进行了研究。表面科学和纳米科学的引入极大地促进和深化了催化的基础理论探索，催化已从一种技艺转变为一门科学。在不同的历史时期，应用催化的研究均以国家需求作为导向，在煤炭、石油和天然气的优化利用、先进材料、环境保护和人类健康等领域都作出了显著的贡献。

我国第一个催化剂生产车间是永利铔厂触媒部（图 1-12），1959 年改名为南京化学工业公司催化剂厂。该厂于 1950 年开始生产 AI 型合成氨催化剂、C-2 型一氧化碳高温变换催化剂和用于二氧化硫氧化的Ⅵ型钒催化剂，以后逐步配齐了合成氨工业所需各种催化剂的生产。

图 1-12　永利铔厂厂区全景图

为发展燃料化工，20 世纪 50 年代初期，我国就开始生产页岩油加氢用的硫化钼-白土、硫化钨-活性炭、硫化钨-白土及纯硫化钨、硫化钼催化剂，并开始生产费-托合成用的 Co 系催化剂。

20 世纪 60 年代初期，我国开发了丰富的石油资源，开始发展石油炼制催化剂的工业生产。1964 年小球硅铝催化剂在兰州炼油厂投产，20 世纪 70 年代我国开始生产稀土-X 型分子筛和稀土-Y 型分子筛，20 世纪 80 年代我国开始生产天然气及轻油蒸汽转化的负载型 Ni 催化剂。至 1984 年已有 40 多个单位生产硫酸、硝酸、合成氨工业用的催化剂。

20 世纪 80 年代，通过国际间的交流与合作，中国催化领域的科学家们接触到了世界催化理论的新思想，并关注到了催化材料、反应、表征方法的发展。张大煜先生提出了表面键合的概念，基于多年的工业催化剂研究经验，他提出“催化剂库”，并阐述了催化剂移植在工业催化剂研发中的作用。陈荣、郭燮贤等揭示了化学吸附覆盖度与动力学的关系。他们认为空的活性中心在激活反应物分子中起着重要作用。蔡启瑞、万惠霖等系统地研究了合成气转化为乙醇的中间体和反应机理，以及低级烷烃氧化反应中的活性氧中心。彭少逸等提出催化剂超细颗粒在解释 CO 加氢产物分布和制备惰性气体脱氧剂中起着重要作用。

闵恩泽在催化新材料、催化反应和反应工程，包括非晶态合金和纳米分子筛方面的研究，为炼油和石油化工催化剂制备技术奠定了基础。闵恩泽对中国炼油和石化事业做出了巨大贡献，荣获国家催化奖、2007 年国家科学技术最高奖。他被公认为中国催化领域的主要权威。

林励吾因在烃类重整、加氢裂化、长链烷烃合成等过程中对催化剂活性相及其改性的研究在工业上的成功应用而获得了国家催化奖。

在表征技术方面，丁莹茹等开发了原位穆斯堡尔谱，并将其应用于催化剂的表征；李灿等开发了紫外拉曼光谱技术用于催化材料的表征，该技术是探测金属氧化物表面相的一种非常灵敏的方法，且成为世界前沿技术；同时，包信和等在应用原位核磁技术研究催化剂和催化反应方面取得巨大进展。

在 20 世纪 90 年代末，刘中民等致力于 MTO 技术的基础和工业研究，解决了分子筛制备过程中的一系列问题，改进了催化剂的性能，并成功地用于流化床。在 21 世纪，他们组织并推动了甲醇制低碳烯烃（DMTO）工艺的工业试验，促成了 DMTO 工艺在 2010 年的工业化，处于世界领先地位。应该说，MTO 技术的重大突破得益于中国煤炭资源清洁利用的巨大需求，目前 MTO 技术已成为世界上主要的化工技术。

可以看出，20 世纪 80 年代后，中国催化的基础研究与应用已基本与世界同步。中国催化领域取得的主要成就如图 1-13 所示。

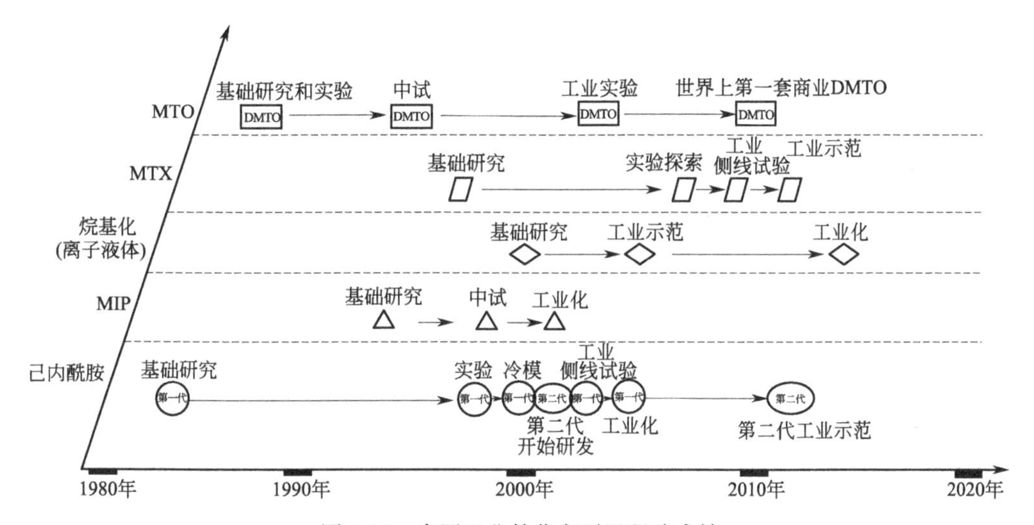

图 1-13　中国工业催化主要里程碑成就

MTO—甲醇制烯烃；MTX—甲苯甲醇甲基化制二甲苯；MIP—多产异构烷烃的催化裂化工艺技术

2016 年 7 月，第十六届国际催化大会在北京成功召开，说明中国在催化领域取得的成就已跻身世界前列，同时也展示了中国对世界催化科学与技术的贡献。

1.4　催化科学发展与展望

1.4.1　催化科学的发展特征

纵观催化科学，其发展呈现如下特征。

① 发展迅速　无论是基础理论研究还是新技术开发，其发展速度都很快。

② 综合性强　作为一门学科，催化是跨学科的典型例子，涉及表面科学，催化反应的物理化学现象模拟，材料科学和无机化学（以制备合适的纳米结构催化剂），有机化学（催化剂使用中涉及的反应多为有机反应），化学工程（催化剂应用中的材料和工艺的工程化，包括它们的工业用途、反应动力学的评价和催化过程的建模等）。

催化学科在发展过程中借助相关学科的理论与技术进步不断丰富和完善本领域的理论和研究方法；同时，催化科学的发展也促进了相关领域的不断发展。

③ 实践性强　催化作为实践性很强的学科，其研究成果直接用于大宗化学品的生产、药物生产、能源转化、环境治理与保护等。同时，其成果也用于社会其他方面，如粮食安全、可持续农业和林业、海洋和内陆水研究等。

1.4.2　催化科学的发展方向

（1）新型催化剂的先进设计与表征技术

用于大宗化学品的多步反应的催化剂设计；用于具有特定性质（电子、光子、磁性）的材料的催化；具有定制反应系统和杂化催化体系的构建，如功能性纳米结构和纳米颗粒催化剂；基于安全和丰量储存化学品的新型高效制备方法；均相、非均相和生物催化的集成；有机金属配合物、有机催化固载化或单点分子（或单原子）催化剂；新型有机-无机杂化催化剂的开发；仿生和生物方法催化和酶合成（例如新酶的遗传发育）等。

① 从分子尺度到材料尺度的催化剂　设计新的反应过程，沟通从分子水平到反应工程水平的联系，包括反应动力学和反应工程新方法；开发更可靠的模型系统（包括表面科学方法、表面科学与现实世界催化之间的联系）；在设计新工艺，包括动力学和反应工程中的新方法时，桥接分子到反应器工程方面；改进微动力学的测量和建模并纳入催化剂设计过程；从演绎到预测催化、催化理论与模拟；催化剂和反应机理研究的新途径，着重于原位和操作方法，还涉及多尺度表征（分级方法）、结构-活性关系、催化剂动力学等。开发用于催化反应原位或操作研究的光谱工具。

② 表征技术方面　原位和现场表征方法的改进；更精准的空间/时间分辨率，成像和绘图工具的实现与组合；对于特定的催化剂实体（晶体、纳米颗粒、团簇）通过同时测量催化性能和结构来改进特定催化剂实体（晶体、纳米颗粒、团簇）的结构-活性关系；在多重空间尺度和时间尺度上增强多技术分析测量的使用，协同联用表征技术。

很明显，采用新的表征技术能够在不同的工作条件下探测催化剂的表面，模仿工业催化过程中遇到的情况，这在很大程度上有助于深入了解表面活性中心的性质、固体催化剂表面的中间体和基本步骤的性质。

③ 扩展催化概念　利用非常规能源的催化剂，如利用电子、光子和除热之外的其他能源进行催化；催化剂设计以在非常规或极端条件下操作——超高热稳定性和非常规溶剂；活性中心中的新概念；催化纳米反应器设计；催化中的分子交通控制；串联和级联非均相催化；复合响应型自适应催化剂等。

（2）能量储存与转化

化学能源储存是未来可持续能源基础设施的重要组成部分。化学能源储存主要有三种方式：①水分解制氢储能，利用太阳光通过水的光电解/裂解，或利用可再生能源产生的电能（水电解）从水分子产生 H_2；②使用可逆反应（例如，某些有机分子的脱氢/氢化），正向吸热而逆向放热，一种替代方法是氨或甲酸的合成/分解；③CO_2 与 H_2O 反应生成烃及衍生物与氧储能，使用光/电催化剂在太阳光辐射下将 CO_2 转化为碳氢化合物或高能分子（燃料或化学品），将光能或电能等以化学能——化学键的形式储存起来。

未来成功的能源储存与转化，关键在于开发新的催化材料。

(3) 基于未来更清洁和可持续发展的催化作用

① 致力于日新月异的化学物质及生物质利用的催化　新原料（从天然气到生物质和CO_2，包括非常规化石燃料）以及可再生能源与催化结合使用；通过催化的节能过程、催化的过程强化作用，以及催化联合其他技术（如膜的使用），以减少工艺步骤；用于能量储存和转化的新催化技术（包括燃料电池、H_2生产和储存）；用于新型聚合物和中间体的催化。

② 面向更清洁和可持续发展的催化作用　生态技术催化（从空气到水和废物；固定和移动；包括光催化）；100%选择性；用于资源和能源效率的新工艺设计的催化剂；精炼中的清洁燃料；用于减少精细和特殊产品生态影响的新催化工艺化工生产（包括不对称催化、有机催化和酶法、串联法）；催化剂和工艺的生态概念。

如何用更友好的资源取代化石资源，以改善空气质量，特别是减少温室气体的排放，并提高产量，从而最大限度地减少废物的产生呢？随着生物质的出现，出现了新的观点，但这意味着智能催化配方的优化更加复杂。

③ 解决催化作用的复杂度　用于大分子多步反应的催化剂设计；具有特定性质（电子、光子、磁性）材料的催化作用；具有特定反应性的先进和混合催化系统的集成。

④ 从原子分子尺度到材料尺度的催化剂设计与认识　从对催化的演绎到预测；催化的理论与模拟；催化剂构建的新方法和对反应机理的理解（包括原位和现场方法）；模型系统（包括表面科学方法）；在设计中分子到反应器工程方面的桥梁新工艺；动力学与反应工程等。

单原子催化架起了均相催化与多相催化的桥梁（见图1-14）。单原子催化剂属于多相催化剂，因此非常稳定且易于分离；同时，它们具有类似于均相催化剂的分离活性位点，这让它们具备了均相和多相催化剂的优势。因此，当首次提出“单原子催化”的概念时，研究人员已经预见并预测了单原子催化可以在均向催化和多向催化之间架起一座桥梁。负载型单原子催化剂在多种反应，如低温水汽变换、甲醇水蒸气重整、选择性乙醇脱氢、炔烃和二烯烃的选择性加氢等中应用广泛。

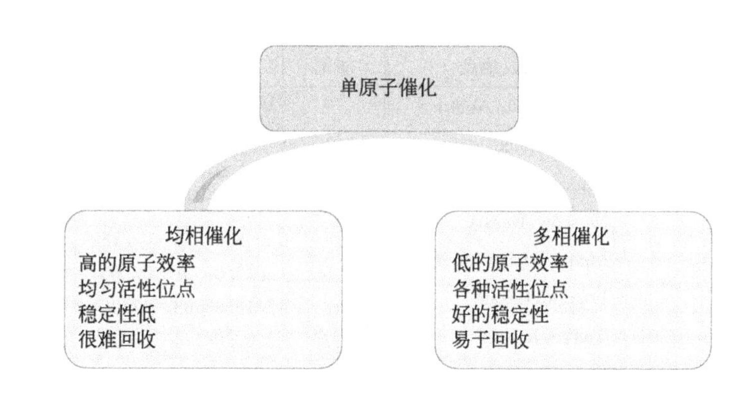

图1-14　单原子催化架起了均相催化和多相催化的桥梁

⑤ 人工智能的利用　催化剂和催化过程的发现和发展是维持未来生态平衡的重要组成部分。近年来，数据科学的革命对工业界和学术界的传统催化研究产生了巨大的影响，加速了催化剂的发展。机器学习（ML）是数据科学的一个分支领域，在这种摆脱传统方法的方式转变

中扮演着核心角色。ML技术不仅增强了发现催化剂的方法，而且是一个强有力的工具，可以更深入地了解材料/化合物的性质与其催化活性、选择性和稳定性之间的关系（图1-15）。这些知识有助于建立用于设计催化剂和提高其效率的原则。

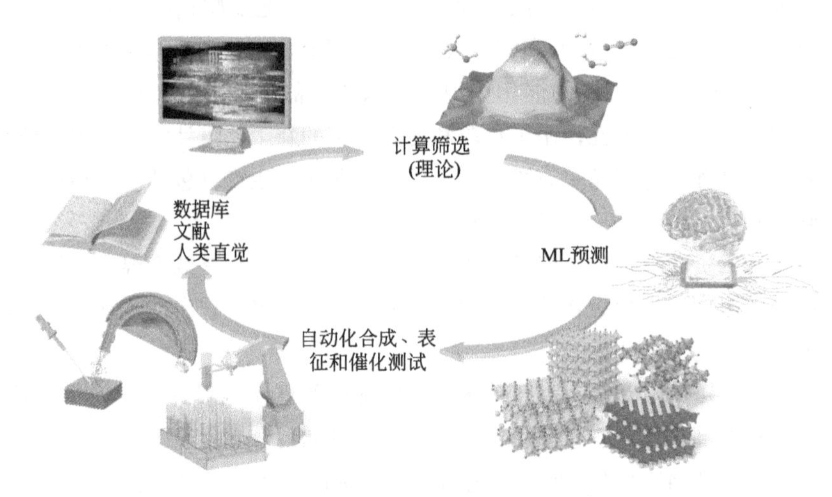

图1-15 ML辅助未来催化研究的示意图

1.5 催化领域的学术会议、学术期刊与研究机构

1.5.1 学术会议

（1）国际会议

国际催化大会（International Congress on Catalysis）是世界催化学术领域内规模最大、影响最深的会议，被誉为国际催化领域的奥运会。国际催化大会始于1956年，此后每4年一次，表1-2为其时间地点一览表。

表1-2 国际催化大会时间地点一览表

届别	日期	会议地点	届别	日期	会议地点
1	1956	Philadelphia, America	10	1992.07.19—07.24	Budapest, Hungary
2	1960	Paris, France	11	1996.06.30—07.05	Baltimore, America
3	1964	Amsterdam, Netherlands	12	2000.07.19—07.24	Granada, Spain
4	1968	Moscow, Russia	13	2004.07.11—07.16	Paris, France
5	1972	Miami Beach, America	14	2008.07.13—07.18	Seoul, Korea
6	1976.07.12—	London, Britain	15	2012.07.01—07.06	Munich, Germany
7	1980.06.30—07.04	Tokyo, Japan	16	2016.07.03—07.08	Beijing, China
8	1984.07.02—07.06	West Berlin, Germany	17	2020.06.14—06.19	California, America
9	1988.06.26—07.01	Garr Carrey, Canada			

（2）中国催化会议

我国全国催化学术会议每两年举行一次，2016年因与国际催化会议时间冲突而做了调整（表1-3）。

表 1-3　中国催化会议一览表

届别	时间	地点	届别	时间	地点
1	1981	成都	11	2002.10.14—10.18	杭州
2	1984.10.09—10.14	厦门	12	2004.10	北京
3	1986.06.04—06.08	上海	13	2006.09	兰州
4	1988.08.14—08.19	天津	14	2008.10.14—10.18	南京
5	1990.08.20—08.24	兰州	15	2010.11.28—12.2	广州
6	1992.11.05—11.08	上海	16	2012.10.15—10.19	沈阳
7	1994.10.18—10.22	大连	17	2014.10.13—10.17	杭州
8	1996.10.16—10.20	厦门	18	2017.10.16—10.20	天津
9	1998	北京	19	2019.10.13—10.17	重庆
10	2000	张家界	20	2021.10.15—10.20	武汉

此外，各催化专业委员会还举办相应的学术会议，如国际催化研讨会、欧洲催化会议、环境催化和工业催化等学术年会。

1.5.2　学术期刊

催化方面的专业期刊，主要有：*Journal of Catalysis*、*ACS Catalysis*、*Applied Catalysis B-Environmental*、*Applied Catalysis A-General*、*Advanced Synthesis & Catalysis*、*ChemCatChem*、*Catalysis Science & Technology*、*Journal of Molecular Catalysis A-Chemical*、*Journal of Molecular Catalysis B-Enzymatic*、*Catalysis Communications*、*Catalysis Today*、*Catalysis Letters*、*Topics in Catalysis*、*Catalysis Reviews-Science and Engineering* 等。

国内催化专业期刊有：《催化学报》(*Chinese Journal of Catalysis*)、《燃料化学学报》(*Journal of Fuel Chemistry*)、《分子催化》(*Journal of Molecular Catalysis*) 等。

另外，一些综合性期刊也发表催化学科相关的论文，如：*Angewandte Chemie*（《德国应用化学》)、*Journal of the American Chemical Society*（JACS，《美国化学会会刊》)、*AIChE Journal*（《美国化学工程师协会会刊》)、*Chemistry-A European Journal*（《化学：欧洲杂志》)《高等学校化学学报》《物理化学学报》等。

1.5.3　国内高校及研究机构

1.5.3.1　催化领域的科研院所

（1）中国科学院大连化学物理研究所

中国科学院大连化学物理研究所（Dalian Institute of Chemical Physics，Chinese Academy of Sciences)（简称大连化物所）成立于 1949 年 3 月，1970 年正式定名为中国科学院大连化学物理研究所。2007 年经国家批准筹建洁净能源国家实验室。

大连化物所重点学科领域包括：催化化学、工程化学、化学激光和分子反应动力学以及近代分析化学和生物技术等。

（2）中国科学院兰州化学物理研究所

中国科学院兰州化学物理研究所（Lanzhou Institute of Chemical Physics，Chinese Academy of Sciences)，简称“兰州化物所”，始建于 1958 年，由原中国科学院石油研究所催化化学、分析化学、润滑材料三个研究室迁至兰州而成立，1962 年 6 月启用现名。

兰州化物所主要开展资源与能源、新材料、生态与健康等领域的基础研究、应用研究和战略高技术研究工作。战略定位是“西部资源与能源化学和新材料高技术创新研究基地”。

(3) 中国科学院山西煤炭化学研究所

中国科学院山西煤炭化学研究所（简称山西煤化所）是高技术基地型研究所，成立于1954年10月。

山西煤化所围绕煤炭清洁高效利用和新型炭材料制备与应用开展定向基础研究、关键核心技术和重大系统集成创新，主要从事能源环境、先进材料和绿色化工三大领域的应用基础和高技术研究与开发。

(4) 中国科学院长春应用化学研究所

中国科学院长春应用化学研究所（简称长春应化所）建于1948年12月。

长春应化所主要研究领域有聚焦资源与环境、先进材料和新能源三大领域；开发稀土、二氧化碳、植物、水四类资源；发展先进结构、先进复合、先进功能三类材料；开拓清洁能源、储能、节能三类技术。

(5) 中国石油化工股份有限公司北京石油化工科学研究院

中国石油化工股份有限公司石油化工科学研究院（简称石科院）是中国石化直属的石油炼制与石油化工综合性科学技术研究开发机构，创建于1956年。

石科院以石油炼制技术的开发和应用为主，注重油化结合，兼顾相关石油化工技术的研发。

(6) 中国石油化工股份有限公司上海石油化工研究院

中国石油化工股份有限公司上海石油化工研究院创建于1960年，主要从事基本有机原料、有机原料二次加工及高分子材料合成等石油化工成套技术及相关催化剂及催化材料的研究开发和应用业务，致力于石油化工烯烃和芳烃的化工利用。

(7) 中国石油化工股份有限公司抚顺石油化工研究院

中国石油化工股份有限公司抚顺石油化工研究院（简称“抚顺石化院”）创建于1953年，主要从事加氢裂化催化剂及工艺技术开发，馏分油加氢精制催化剂及工艺技术开发，渣油加氢处理催化剂及工艺技术开发，石油蜡类及特种溶剂油产品加氢精制催化剂及工艺技术开发，半再生固定床催化重整催化剂及工艺技术开发，生物及化工技术开发，石化企业和油田废水、废气、废渣治理技术开发以及石油沥青、特种蜡产品生产技术开发。

1.5.3.2 催化国家重点实验室

(1) 催化基础国家重点实验室

中国科学院大连化学物理研究所催化基础国家重点实验室以新催化反应、新催化材料和新催化表征技术研究为核心，以催化剂活性相、活性中心和反应机理原位表征基础研究为特色。在面向能源、环境和精细化学品合成等方面进行催化的应用基础研究。

(2) 煤转化国家重点实验室

煤转化国家重点实验室依托中国科学院山西煤炭化学研究所。实验室主要研究领域有：煤直接转化过程的化学与工程基础；煤经合成气转化的一碳化学与工程；煤转化利用中的环境化学与工程；煤转化中的理论计算与工程模拟；煤转化相关的能源环境新材料与新技术。

(3) 固体表面物理化学国家重点实验室

固体表面物理化学国家重点实验室依托厦门大学。实验室以固体表面、固/气和固/液界面的结构与功能为主要研究对象，在催化化学、电化学、结构与理论化学及相关学科相互融合的基础上，着重从原子、分子水平和纳米尺度上，研究表面和界面的结构与反应机理，设计和合成有关催化剂和电极材料以及纳米结构体系等。

1.5.4 我国著名催化专家

张大煜

张大煜（1906.1.15—1989.2.20），是中国开创催化反应和催化剂研究的科学家之一，著名的物理化学家，中国科学院大连化学物理研究所的创始人。1929年清华大学毕业，1955年被选为中国科学院学部委员。

20世纪50年代初在中国天然石油匮缺之时，建立第一个石油研究所，开展对石油、页岩油和煤的加工工艺和化学基础研究；20世纪60年代组建了兰州石油研究所和山西煤炭研究所，促进了我国科学事业的发展；领导催化、色谱、化学激光和化学工程等领域的科学研究，促进了中国石油炼制、石油化工、化肥工业、高能燃料等方面的进步；组织领导合成氨原料气净化新流程的研究开发，达到了当时国际先进水平；提出了表面键催化理论见解，推动了催化化学、化学动力学等学科的发展。

蔡启瑞

蔡启瑞（1914.1.7—2016.10.3），物理化学家，1937年毕业于厦门大学，1950年获美国俄亥俄州立大学哲学博士学位。中国催化科学研究与配位催化理论概念的奠基人和开拓者，1980年当选为中国科学院学部委员（院士）。

长期从事催化理论、酶催化和非酶催化固氮成氨、一碳化学、轻质烷烃化学和结构化学等方面的研究，较早提出络合活化催化作用的理论概念，总结出络合催化可能产生的“四种效应”，提出固氮酶促反应中ATP驱动的电子传递机理，N_2、CO的氢助活化和甲烷等轻质烷烃的氧助活化机理。

彭少逸

彭少逸（1917.11.9—2017.5.6），燃料化学家，1939年毕业于武汉大学化学系，我国催化科学的开拓者之一，1947年至1949年留学美国。在催化、色谱、分析、萃取等领域硕果累累，成绩卓著。1980年当选为中国科学院学部委员（院士）。主持了合成汽油的芳构化研究，1956年获中科院自然科学奖三等奖。指导进行的钯碳纤维催化剂的研究1979年获国家发明奖三等奖。指导进行的新型脱氧催化剂的研究1984年获国家发明奖二等奖。

闵恩泽

闵恩泽（1924.2.8—2016.3.7），石油化工催化剂专家，1946年毕业于国立中央大学，1951年获美国俄亥俄州立大学博士学位。主要从事石油炼制催化剂制造技术领域研究，主持开发了制造磷酸硅藻土叠合催化剂的混捏-浸渍新流程并通过中型试验，提出了铂重整催化剂的设计基础，研制成功航空汽油生产急需的小球硅铝催化剂，主持开发成功微球硅铝裂化催化剂，是我国炼油催化应用科学奠基人。20世纪80年代开展了非晶态合金等新催化材料和磁稳定床等新反应工程的导向性基础研究。

1994 年当选为中国工程院院士，2007 年度国家最高科学技术奖两位获奖人之一。

郭燮贤

郭燮贤（1925.2.9—1998.6.4），1946 年毕业于重庆兵工大学应用化学系。我国著名物理化学家，主要从事催化化学领域研究，是建国后培养的第一代催化科学家的代表，对中国催化界走向国际学术舞台起到了重要的作用。主要发展天然气及含烯混合气的蒸气重整催化剂，多金属重整及担载金属、合成石油与加氢裂解，煤和页岩油加工及合成油催化转化等催化剂的研制。1980 年当选为中国科学院院士。

李灿

李灿（1960.1—），物理化学家，中国科学院院士（2003 年当选）、第三世界科学院院士。主要从事催化材料、催化反应和催化光谱表征方面的研究，研制了具有自主知识产权的国内第一台用于催化材料研究的紫外共振拉曼光谱仪；在国际上最早利用紫外拉曼光谱解决分子筛骨架杂原子配位结构等催化领域的重大问题；发展短波长手性拉曼光谱和光电超快及成像光谱技术，发展了纳米笼中的手性催化合成、汽油和柴油超深度脱硫技术等；致力于太阳能转化和利用科学研究，先后在国际上提出了异相结、双功能助催化剂和晶面间促进光生电荷分离的新概念，在光电催化领域，提出了助催化剂、空穴储存层、界面态能级调控等重要策略，为高效太阳能转化体系构筑提供了科学基础。

还有很多老一辈和年轻科学家为中国的催化科学和技术与世界同步作出了突出的贡献，在此不再一一介绍。

第2章 吸附与催化作用

2.1 概述

2.1.1 吸附现象

早在18世纪，人们就知道多孔固体物质能捕集大量的气体，如热的木炭冷却下来会捕集几倍于自身体积的气体。

不同的木炭对不同气体的捕集能力是不一样的，木炭捕集气体的量取决于其暴露的表面积，进而强调了木炭中孔的作用。吸附现象中两个重要因素即表面积和孔隙率，不仅在木炭中有，在其他多孔固体颗粒中也有。

吸附存在于许多天然、物理、生物和化学等系统中，广泛用于工业过程，如多相催化剂。一些材料，如活性炭、硅胶、氧化铝、分子筛、高分子树脂等被广泛用作吸附剂。

“吸附（adsorption）”一词是由德国物理学家海因里希·凯瑟（Heinrich Kayser，1853—1940）在1881年创造的，指气体、液体或固体的原子、分子或离子在另一个物体表面上的附着。吸附也指物质（主要是固体物质）表面吸附周围介质（液体或气体）中的分子或离子现象。在固体与固体界面间发生吸附也是可能的。表2-1列出了吸附科学早期的实验年代表。

表2-1 吸附科学早期的实验年代表

日期/年	实验探索者	内容
公元前3750	Egyptians 和 Sumerians	用木炭还原铜、锌和锡矿石制造青铜
公元前1550	Egyptians	医药木炭，用于吸附腐烂伤口和肠道中有臭味的蒸气
公元前460	Hippocrates 和 Pliny	介绍了用木炭治疗癫痫、黄疸和炭疽等多种疾病的方法
公元前460	Phoenicians	首次记录了用木炭过滤净化饮用水
157	Claudius Galen	介绍了利用植物源炭和动物源炭来治疗各种疾病
1773	Scheele	报道了几种不同来源的木炭和黏土吸收气体的实验
1777	Fontana	
1786,1788	Lowitz	使用木炭吸附有机杂质用于酒石酸溶液的脱色
1793	Kehl	讨论了木炭去除坏疽溃疡气味的作用，并应用动物源炭去除糖中的有色物质
1794		在英国的制糖工业中，木炭被用作糖浆的脱色剂
1814	De Saussure	开始系统研究多孔性物质如海泡石、软木、木炭和石棉等对各种气体的吸附作用，发现了吸附过程的放热特性
1881	Kayser	引入了“吸附”“等温线”或“等温曲线”等术语；还发展了一些理论概念，成为单分子吸附理论的基础
1879,1883	Chapuis	对液体润湿各种炭时产生的热量进行了首次量热测量

续表

日期/年	实验探索者	内容
1888	Bemmelen, Boedocker Freundlich	van Bemmelen 提出吸附经验方程，文献中被称为 Freundlich 方程，由 Freundlich 进行推广应用
1901	von Ostreyko	通过在碳化前将金属氯化物与含碳材料结合，以及通过增加温度用二氧化碳或蒸汽对碳化材料进行温和氧化的工艺，为活性炭的商业开发奠定基础
1903	Tswett	在利用 SiO_2 材料分离叶绿素和其他植物色素的过程中，发现了选择性吸附现象；引入了“柱-固-液吸附色谱法”，这一发现不仅是一种新的分析技术的开始，也是一个新的表面科学领域的起源
1904	Dewar	在木炭吸收空气的过程中，发现氧与氮的混合物有选择性的吸附
1909	McBain	提出了术语“吸收(absorption)”，以确定比吸附慢得多的碳对氢的吸收；提出了“吸着(sorption)”一词，用于描述吸附和吸收
1911	Zsigmondy	发现毛细冷凝现象。这种现象由圆柱形孔的开尔文方程描述，孔宽在 2～50nm 之间
		位于荷兰 Amsterdam 的 NORIT 工厂成立，现在它是国际上最先进的活性炭生产商之一
1914	Eucken-Polanyi	提出吸附势理论，包括特征吸附曲线，它们与温度无关
1915	Zelinsky	莫斯科大学教授，率先提出并应用活性炭作为防毒面具的吸附剂
1918	Langmuir	首次提出了单分子层吸附的概念，在能量均匀的固体表面上形成单分子层动力学研究，1932 年获诺贝尔化学奖
1938	Brunauer, Emmett, Teller	他们首次成功地通过六种不同气体的等温线吸附测定了铁合成氨催化剂的表面积，提出多层物理吸附等温线方程，是吸附科学发展的里程碑式成果
1940	Brunauer, Deming, Deming, Teller	提出了一个考虑毛细冷凝力的四参数可调方程，修正 BET 方程
1941	Martin, Synge	将柱状和平面状固液分离 Synge 色谱引进实验室实践
1946	Dubinin-Radushkevich	基于 Eucken 和 Polanyi 提出的吸附势理论，提出了微孔体积填充理论
1956	Barrer, Breck	发明了沸石的合成方法。同年，美国林德公司开始生产商业规模的合成沸石

IUPAC 给出的定义：吸附是由于表面力的作用，在冷凝层和液体或气体层的界面处物质浓度的增加。

吸附过程是由于液相或固相表面不平衡的残余力存在而产生的。这些不平衡的残余力倾向于吸引和保留与表面接触的分子物种。吸附本质上是一种界面现象。

与界面张力相似，吸附是界面能的结果。在块状材料中，材料的组成原子的所有键合要求（无论是离子的、共价的或金属的）均被材料中的其他原子填充。然而，吸附剂表面上的原子并不完全被其他吸附剂原子包围，它有剩余空位或剩余键合力，因此可以吸引外来物质——吸附物。键合的确切性质取决于所涉及吸附过程的细节——吸附过程一般分为物理吸附（弱范德华力的特征）和化学吸附（共价键的特征）。它也可能由静电吸引而引发。

吸附属于一种传质过程，物质内部的分子和周围分子有互相吸引的引力，但物质表面的分子，其中相对物质外部的作用力没有充分发挥，所以液体或固体物质的表面可以吸附其他的液体或气体以降低其表面能。

吸附是一个完全不同于吸收（absorption）的术语。虽然吸收意味着物质在整个本体内的均匀分布，但吸附基本上发生在物质的表面。但有时吸收与吸附同时发生或二者不能区分，此时我们可以称之为吸着。

吸附过程包括吸附剂（adsorbent）和吸附质（adsorbate）两个组分。吸附剂是提供吸附发生的表面场所的物质，吸附质是在吸附剂表面吸附的物质，吸附质被吸附。即：吸附剂+吸附质引起吸附。

2.1.2 吸附特征

（1）吸附是一个自发过程

为了使反应或过程是自发的，系统的自由能必须减少，即系统的 Gibbs 自由能变化 ΔG 值具有负值。

（2）吸附是一个熵减小的过程

在吸附过程中，吸附质分子富集在吸附剂表面上，从而引起体系的熵减小。

（3）吸附是一个放热过程

由于固体表面存在着不均衡力场，它将自动地吸附外来物种以减小这种不均衡力，因而它吸引吸附质在其表面上，由于吸附质与吸附剂二者之间的引力作用而释放出能量。因此，吸附过程是一放热过程。

液体表面也存在着不平衡力场，也具有吸附作用，与固体表面吸附作用相比，既具有共性，但也存在着很多差异，不在这里讨论。在本教材中，我们主要讨论固体表面对气体或蒸汽的吸附作用。

2.1.3 吸附与催化作用的关系

吸附与催化密切相关。Berzelius 在 1836 年提出了“催化”这个词并用它来描述观察到的现象，他清楚地认识到在催化反应中反应组分被保持或吸附的表面被称作催化剂的表面。在 Berzelius 开创了这一新的科学领域之后的几年里，许多研究都以“吸附和催化”的总称被报道出来。

气体在固体上的吸附有两种类型。一种现在通常称为物理吸附，是非特异性的，一般发生在所有气体和所有固体之间。它能够在接近气体吸附质的沸点的固体上形成单层甚至多层吸附气体。另一种通常称为化学吸附或活化吸附，发生在气体吸附质可能预期与固体吸附剂表面化学结合的条件下。这两种类型的吸附在催化作用中是有用且重要的。

固体催化剂的作用是由于其吸附反应物质的能力。物理吸附将反应组分富集在催化剂的表面，是化学吸附的前提。同时，物理吸附为表征催化剂的表面积与孔径分布提供了理论基础与有关方法。催化剂的表面提供了催化反应的场所，而孔径分布影响着反应物和产物的筛分（择形）、扩散与传质。因此，固体表面积的化学性质、尺寸、多孔结构、力学性能和热稳定性对吸附和催化起着至关重要的作用。

传统的化学吸附在催化剂研究中有两个应用。首先，它可提供表征催化剂组成中表面活性组分所占的比例，如负载型 Pd 或 Pt 催化剂中，CO 的化学吸附红外光谱可定量表面 Pd 或 Pt

原子所占比例。其次，通过研究CO的低温化学吸附，可以测量由金属铁组成的铁合成氨催化剂表面Fe的比例；类似地，如果用碱性氧化物促进这些催化剂，可以通过在－78℃下测定CO_2在促进剂上的化学吸附来测定这些碱性促进剂在催化剂表面的浓度。

化学吸附最重要的应用与它在实际催化反应中所起的作用有关，在催化反应中通过至少一种反应物在催化剂表面上的化学吸附而起作用。

在合成氨过程中，N_2在铁催化剂上发生化学吸附，在20世纪前半叶人们就已得出结论：合成氨的速率控制步骤是催化剂表面对N_2的化学吸附。

2.2 吸附类型

吸附质与吸附剂之间的作用力可归结为物理作用力和化学作用力——范德华力和化学键力。根据这种作用力差异，将吸附分为物理吸附和化学吸附。

2.2.1 物理吸附

2.2.1.1 物理吸附简述

物理吸附：吸附质和吸附剂之间由分子间作用力即范德华力所引起的吸附。由于范德华力存在于任何两分子间，所以物理吸附可以发生在任何固体表面上。

物理吸附是一种普遍现象，吸附质与吸附剂之间的范德华力是一种弱的分子间力，其吸附势能由兰纳德-琼斯（Lennard-Jones）理论解释。如惰性气体He在不同的金属表面上的物理吸附势能如图2-1所示。

图2-1显示，虽然范德华力是吸引力，但当吸附原子靠近表面移动时，电子的波函数开始与表面原子的波函数重叠，结果导致系统的能量增加。

对于价电子层闭合的原子，这种泡利不相容（Pauli exclusion）和排斥特别强，在表面相互作用占主导地位。因此，物理吸附的最小能量必须由长程范德华吸引力和短程泡利排斥力之间的平衡求得。图2-2 H_2在金属Ni上的吸附显示了这种作用。

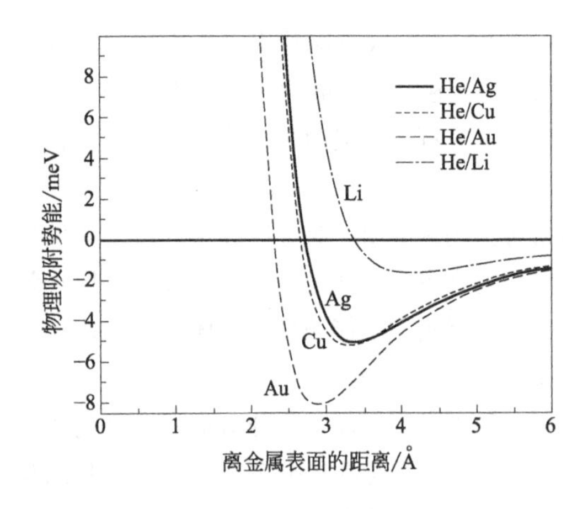

图2-1 He在不同的金属表面的物理吸附势能（计算）曲线

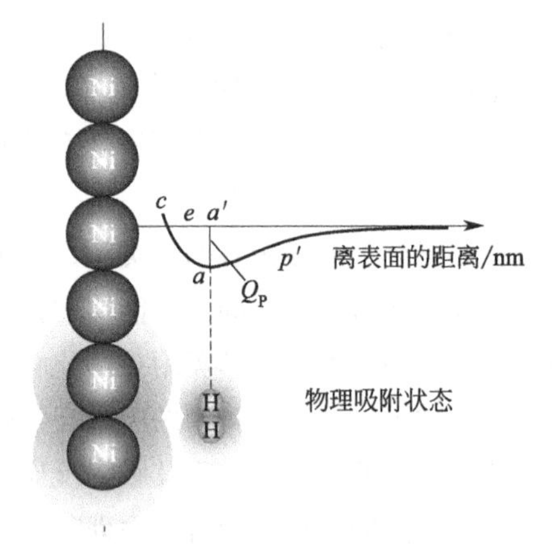

图2-2 H_2在金属镍表面发生物理吸附的势能曲线

物理吸附具有如下特点：

① 吸附力是由固体表面和气体分子之间的范德华吸引力产生的，一般比较弱，典型的结

合能约为 10～100meV。

② 吸附可以是单分子层的，但也可以是多分子层的，如图 2-3 所示。注意在单层完成之前多层开始形成。

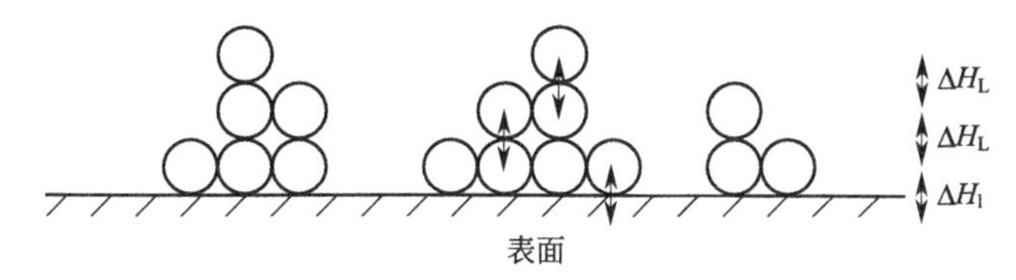

图 2-3 物理吸附第一层和后续层形成的示意图

③ 吸附热较小，第一层吸附热为吸附质与吸附剂之间的作用放出的热效应，在第一层以上的分子间的吸附热接近于气体的液化热，一般在 5～50kJ·mol^{-1}。

④ 吸附无选择性，任何固体可以吸附任何气体，因范德华力大小随着吸附分子的变化，吸附量会有所不同。

⑤ 吸附稳定性不高，吸附与解吸速率都很快。物理吸附是可逆的，通过交替升高和降低压力或温度很容易构建吸附和脱附循环。

⑥ 吸附不需要活化能，吸附速率并不因温度的升高而变快，相反，升高温度总是减小吸附质在表面的覆盖度，即吸附量减小。

覆盖度 θ：用来描述吸附过程和产生吸附状态的一个重要参数，是表面上被吸附分子的数量。文献中有两种覆盖度定义，不要混淆。第一个定义以饱和覆盖度为参考值，即饱和覆盖度 $\theta=1$。所有其他覆盖都是相对于这个饱和覆盖给出的，所以将这个定义称为相对覆盖度，它通常以分数表示，例如，$\theta=0.5$ 单层。第二个定义以基底表面层中的原子数为参考，即 1ML（Monolayer）是每一个基底原子有一个吸附质物种（原子或分子），称为绝对覆盖度。只有当每个表面原子吸附有一个吸附质物种时，才有覆盖度 $\theta=1$ML。虽然 θ 值可以达到 1ML，例如，对于原子氢，大多数吸附质分子大于金属基底原子，因此即使在饱和覆盖范围内，使用此定义时也会发现远远低于 1ML 的值。因此，在描述物理吸附现象时，常使用相对覆盖度；而在描述化学吸附时，常用绝对覆盖度。

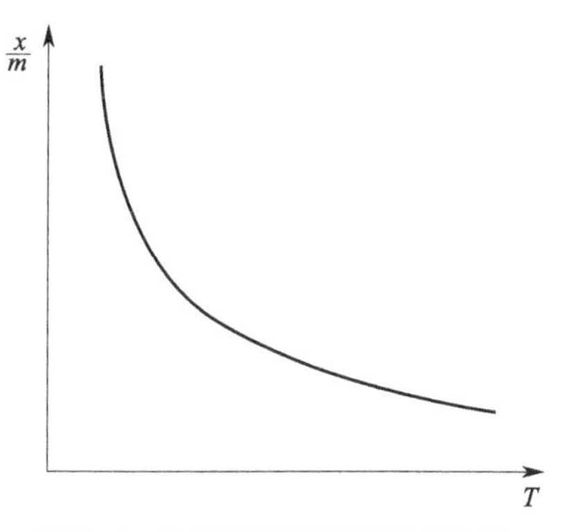

图 2-4 物理吸附的吸附量与温度的关系曲线

图 2-4 显示了物理吸附中吸附量与温度的关系。

总之，在吸附质分子与吸附剂之间的仅仅是一种物理作用，吸附剂和吸附质的电子态的扰动最小，没有电子转移，没有化学键的生成与破坏，也没有原子重排等。

2.2.1.2 物理吸附与多相催化

物理吸附提供了测定催化剂表面积、平均孔径及孔径分布的方法。同时，物理吸附将反应物富集在催化剂的表面，不仅提高了反应物的浓度，也是下一步化学吸附得以进行的前提。

吸附剂与吸附质之间的物理作用除了范德华力外，因库仑力而引起的吸附通常也被纳入物理吸附。有时吸附质分子与吸附剂表面以形成氢键的形式发生吸附，也称之为物理吸附。

在分子筛内，可交换阳离子的存在，导致其对吸附质的作用发生变化，可能诱导、极化吸附质分子，从而加强吸附剂与吸附质之间的作用力。在分子筛笼中，由于离子大小、电荷等的变化，阳离子所处的位置不同，因而，在笼内空间中产生的库仑力场分布不同，从而影响了分子筛对吸附质的作用行为，并进一步影响着吸附质分子在管内/孔内的传质作用，在一定程度上也影响着分子筛的吸附稳定性。

当微孔吸附空间尺寸与吸附质分子尺寸相当接近时，空间限域效应和电子限域效应呈现出来，排斥作用占主导地位，吸附质需具有一定的动能才能进入纳米空间，即存在一活化能。在活性扩散（activated diffusion）范围内，扩散速率为控制因素，吸附质分子尺寸的微小变化会导致活化能的剧烈变化。当微孔吸附剂的孔径与吸附质分子尺寸相当时，不同吸附质分子的微小尺寸差别可以导致吸附速率较大的差异，因而体现出宏观上广义的筛分效应。空间限域或孔限域引起的吸附选择性属于动力学的选择性，而非热力学的选择性。如氮和甲烷分子的动力学直径分别为 0.37nm 和 0.38nm，氮分子向 4A 分子筛孔道内的扩散比甲烷快，因而可以富集氮；而氧分子直径为 0.34nm，4A 分子筛吸附氧、氮混合气时又可以分离出氮。以碳分子筛和 4A 分子筛为吸附剂通过变压吸附（pressure swing adsorption，PSA）而实现的氧气与氮气的分离即利用了该原理。

在纳米限域空间内，不仅吸附剂固体与吸附质之间的相互作用增强，而且吸附质与吸附质之间的相互作用也有变化，这就使得吸附在纳米空间的物质表现出一些特异的现象，如形成特定的簇结构以及限域效应。

2.2.2 化学吸附

2.2.2.1 化学吸附简述

化学吸附：吸附质与吸附剂表面的作用力为化学键力的吸附。化学吸附在吸附剂表面形成了新的化学键，包括吸附质分子与吸附剂表面原子间发生电子的交换、转移或共享等。

与物理吸附相比，化学吸附具有如下特征：

① 吸附作用是吸附剂与吸附质分子之间产生的化学键，包括轨道重叠和电荷转移，它是一种强的短程的键合力。

② 化学吸附是单层吸附，吸附很稳定，一旦吸附，就不易解吸。

③ 吸附热较高，接近于化学反应热，一般在 50～500$kJ \cdot mol^{-1}$，甚至更大。

④ 吸附具有选择性，固体表面的活性位只吸附与之可发生反应的气体分子，如酸性位吸附碱性分子，反之亦然。

由于吸附质分子与吸附剂表面发生了化学反应，可能会产生新的物种。如 H_2 在过渡金属镍表面上的吸附。

化学吸附的吸附势能遵循 Morse 吸附势规律，如图 2-5 所示。图 2-5 还显示，H_2 在金属 Ni 表面上发生化学吸附时 H 原子与 Ni 原子轨道的电子云重叠。

⑤ 吸附需要活化能，温度升高，吸附和解吸速率加快。

因此，化学吸附常需要经历活化阶段，达到平衡的时间比较慢，随着温度的升高，吸附速率加快，如图 2-6 所示。由于吸附是一放热过程，因此，当温度升高到某一温度时，平衡吸附量下降。

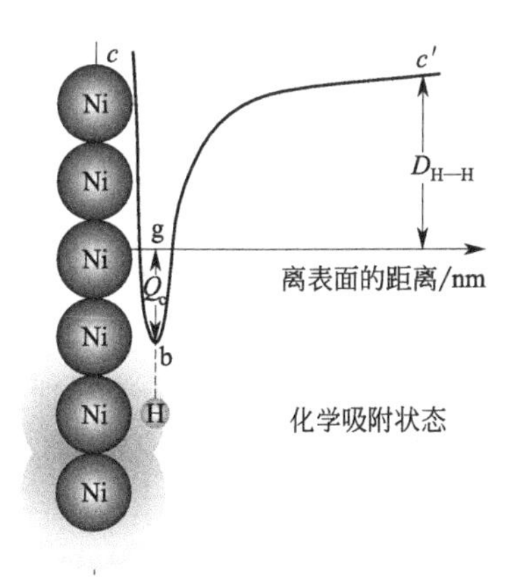

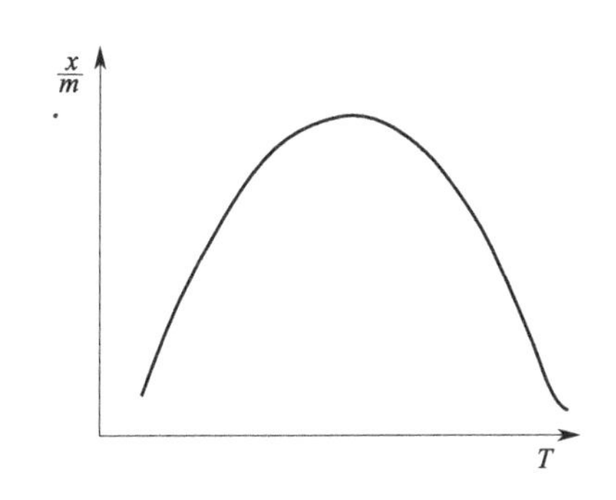

图 2-5　H_2 在金属 Ni 表面发生化学吸附的势能曲线　　图 2-6　化学吸附的吸附量与温度的关系曲线

总之，化学吸附相当于吸附剂表面分子与吸附质分子发生了化学反应，在红外、紫外-可见光谱中会出现新的特征吸收带。化学吸附的研究方法远比物理吸附复杂，常用的有低能电子衍射法、红外光谱法、电子自旋共振法、场发射显微镜、俄歇电子能谱法等。

2.2.2.2　化学吸附的机理

化学吸附的机理可分三种情况：

① 吸附质失去电子，吸附剂得到电子，成为正离子的吸附质吸附到带负电的吸附剂表面。

② 吸附剂失去电子，吸附质得到电子，成为负离子的吸附质吸附到带正电的吸附剂表面。

③ 吸附剂与吸附质共享电子形成共价键或配位键，气体在金属表面上的吸附就往往是由于气体分子的电子与金属原子的 d 电子形成共价键，或气体分子提供一对电子与金属原子形成配位键而吸附的。

对于金属催化剂表面上的吸附，反应物粒子与催化剂之间有电子转移或共享，二者之间形成化学键，即形成化学吸附。所形成的化学键的性质取决于金属和反应物的本性。化学吸附态与金属催化剂的逸出功（φ）及反应物气体的电离势（I）有关。根据 φ 和 I 的大小，反应物分子在金属催化剂上形成化学吸附时，电子转移有三种情况，形成 3 种吸附态。

① $\varphi>I$ 时，电子从反应物向催化剂表面转移，反应物变成吸附在金属催化剂表面的正离子，这时反应物与催化剂形成离子键，其强弱程度取决于 φ 和 I 的大小；

② $\varphi<I$ 时，电子从金属催化剂表面向反应物分子转移，使反应物分子变成吸附在金属催化剂上的负离子，二者之间形成离子键；

③ $\varphi\approx I$ 时，无论由催化剂向反应物分子转移电子还是反应物分子转移电子均困难，此时，发生二者各自提供一个电子而形成共价键。

化学吸附后金属的电子逸出功发生变化，如 O_2、H_2、N_2 和饱和烃在金属上吸附时，金属将电子给予被吸附分子而形成负电荷层，如 Ni^+N^-、Pt^+H^-、W^+O^- 等，造成电子吸附进一步困难，逸出功增大，而当 C_2H_2、C_2H_4、CO 及含 O、C、N 的有机物吸附时，将电子给予金属，金属表面形成正电层，使逸出功降低。

在金属氧化物表面，若气体分子的电子亲和势大于金属氧化物的电子脱出功时，则金属氧化物能给气体分子电子，后者就以负离子形式吸附；反之则会有气体正离子吸附。在硅酸铝等吸附剂上酸性中心对吸附起决定性作用。

2.2.2.3 化学吸附类型

(1) 活化吸附和非活化吸附

活化吸附是指化学吸附时需要外加能量加以活化，若气体化学吸附时不需要施加能量，称为非活化吸附。

非活化吸附的特点是吸附速率快，有时把非活化吸附称为快化学吸附，而把活化吸附称为慢化学吸附。

气体在金属膜上的化学吸附情况及金属按其对气体分子化学吸附能力的分类分别见表 2-2 和表 2-3。

表 2-2 气体在金属膜上的化学吸附情况

气体	非活化吸附	活化吸附
H_2	W,Ta,Mo,Ti,Zr,Fe,Ni,Pd,Rh,Pt,Ba	—
CO	W,Ta,Mo,Ti,Zr,Fe,Ni,Pd,Rh,Pt,Ba	Al
O_2	除 Cu 外所有金属	—
N_2	W,Ta,Mo,Ti,Zr	Fe
CH_4	—	Fe,Co,Ni,Pd
C_2H_4	W,Ta,Mo,Ti,Zr,Fe,Ni,Pd,Rh,Pt,Ba,Cu,Au	Al

表 2-3 金属按其对气体分子化学吸附能力的分类

类别	金属	O_2	C_2H_2	C_2H_4	CO	H_2	CO_2	N_2
A	Ti、Zr、Hf、V、Nb、Ta、Cr、Mo、Fe、Ru、Os	+	+	+	+	+	+	+
B_1	Ni、Co	+	+	+	+	+	+	−
B_2	Rh、Pd、Pt、Ir	+	+	+	+	+	−	−
B_3	Mn、Cu	+	+	+	+	±	−	−
C	Al、Au	+	+	+	+	−		−
D	Li、Na、K	+	+	−	−	−		−
E	Mg、Ag、Zn、Cd、In、Si、Ge、Sn、Pb、As、Sb、Bi	+	−	−	−	−		−

注：+表示发生强吸附；±表示发生弱吸附；−表示未观察到。

(2) 均匀吸附与非均匀吸附

按吸附剂表面活性中心能量分布的均一性，化学吸附又可分为均匀吸附和非均匀吸附。

均匀吸附时所有吸附质分子与吸附剂表面上的活性中心形成具有相同吸附键能的吸附键。当吸附剂表面上活化中心能量分布不同时，就会形成具有不同吸附键能的吸附键，这类吸附称为非均匀吸附。

(3) 解离吸附与缔合吸附

分子在催化剂表面上化学吸附时产生化学键的断裂称为解离吸附。

解离吸附时化学键的断裂既可发生均裂，也可发生异裂。具有 π 电子或孤对电子的分子则可以不解离就发生化学吸附，分子以这种方式进行的化学吸附称为缔合吸附。

2.2.2.4 化学吸附态

化学吸附态，一般是指吸附物种，包括分子或原子在固体表面进行化学吸附时的化学状态、电子结构及几何构型。

化学吸附态包括三方面的内容：

① 根据被吸附的分子是否解离，可将吸附分为解离吸附和缔合吸附。

② 判断催化剂表面吸附中心的状态是原子、离子还是它们的基团。吸附物占据一个原子或离子时的吸附称为单位吸附；吸附物占据两个或两个以上的原子或离子所组成的基团时，称为多位吸附。

③ 判断吸附键类型是共价键、离子键、配位键还是混合键型，以及吸附物种所带电荷类型与多少。

下面通过一些具体的例子讨论化学吸附态问题。

(1) 氢的吸附态

在金属表面上，氢的吸附有如下形式：

```
  H—H          H        H  H       H   H
 /    \        |        |  |        \ /
M——————M       H        M—M         M—M
               |
               M
```

在过渡金属表面上吸附态氢是发生均裂，如氢在ⅧB族金属表面上是发生均裂。ⅧB族金属上进行加氢和脱氢反应，化学吸附热 Q_H 最小。

在金属氧化物表面上氢的吸附态：

```
  H—H              Hδ+ Hδ−
          ——→       |   |
O—M—O             O—M—O
```

如：

```
                        H⁻            H⁺
                        |             |
H2 + Zn—O—Zn—O  ——→     Zn—O—Zn—O
```

吸附的 H_2 在金属氧化物表面上发生异裂。

(2) 氧的吸附态

在催化氧化反应中，氧的吸附态决定着氧化反应的产物。如氧原子负离子 O^- 很活泼，即使低温下也能与 H_2、CO、C_2H_4 以及饱和烃反应；而氧分子负离子 O_2^- 稳定性好，反应性能较 O^- 差。吸附过程中 O_2 的吸附态呈现如下变化：

$$O_2(\text{气})\xrightarrow{e^-}[O_2^-]\xrightarrow{e^-}2[O^-]\xrightarrow{2e^-}2O^{2-}(\text{晶格})$$

例如，在金属 Ag 的表面上，O_2 呈现如下吸附态：

```
Ag+O2 ——→ O2⁻                   O   O⁻             O⁻                O²⁻
          |                     |   |              |                /   \
          Ag     Ag—Ag+O2 ——→  Ag—Ag          Ag+Ag  ——→    Ag       Ag
```

(3) CO 的吸附态

CO 在 Ni、Pt、Pd 等金属上可以形成线式与桥式吸附：

```
O          O
‖          ‖
C          C
|         / \
M        M   M
```

CO 还可以同金属形成孪生型与多中心型吸附：

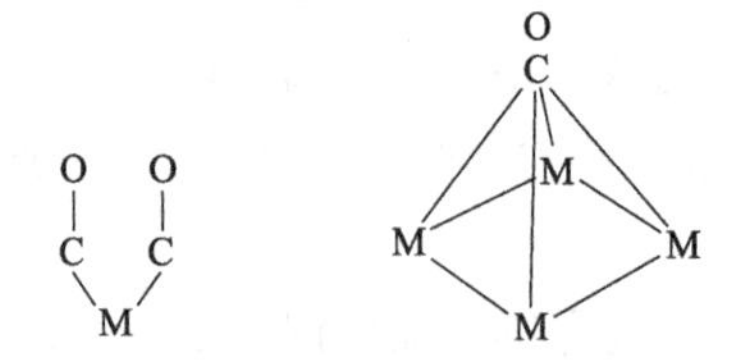

在金属氧化物表面上，CO的吸附是不可逆的，CO与金属离子以σ键结合：

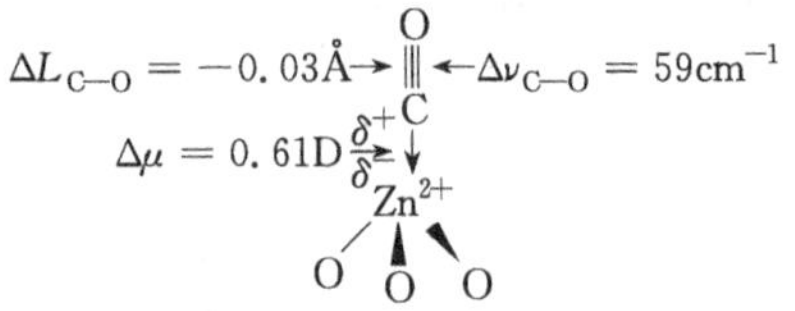

$$\Delta L_{C-O}=-0.03Å \rightarrow \overset{O}{\underset{C^{\delta+}}{\|}} \leftarrow \Delta\nu_{C-O}=59cm^{-1}$$

$$\Delta\mu=0.61D \rightarrow \overset{\delta+}{\underset{\delta-}{\downarrow}} Zn^{2+}(O)(O)(O)$$

(4) 烯烃的吸附态

烯烃在金属表面上发生缔合化学吸附，吸附态有σ型和π型两种：

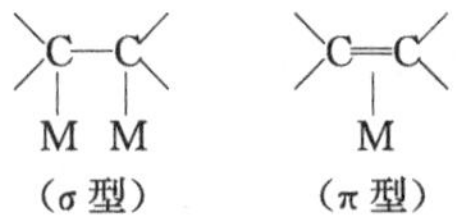

$$\underset{(\sigma型)}{\underset{M\quad M}{>C-C<}} \qquad \underset{(\pi型)}{\underset{M}{>C=C<}}$$

如：

$$\underset{Pt}{H_2C=CH_2} \qquad \underset{Pt\qquad Pt}{H_2C-CH_2}$$

对于乙烯，在σ型吸附中，吸附前其C原子呈sp^2杂化，而吸附后其C原子呈sp^3杂化。

烯烃的解离化学吸附导致发生烯丙基甲基被高度活化（如丙烯）。氢解离得到烯丙基自由基，其结合方式如下：

$$\underset{-M-}{CH_2}-CH=CH_2 \qquad H_2C\overset{CH}{\frown}CH_2\ (-M-)$$

化学吸附的σ-烯丙基自由基　　化学吸附的π-烯丙基自由基

(5) 乙炔的吸附态

如乙炔在金属上的吸附态：

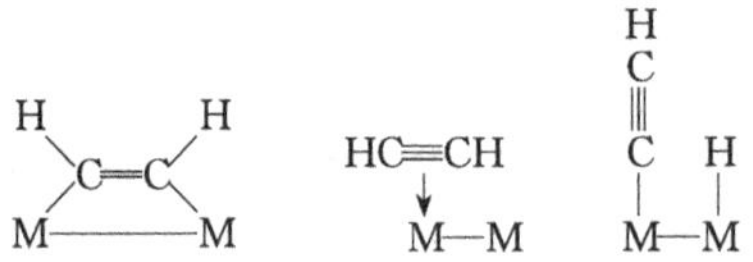

$$\underset{M-M}{\overset{H\qquad H}{C=C}} \qquad \underset{M-M}{\overset{HC\equiv CH}{\downarrow}} \qquad \underset{M-M}{\overset{HC\equiv C\quad H}{}}$$

通常炔烃在金属表面的吸附比烯烃在金属表面上的吸附强。

2.2.2.5 化学吸附与多相催化的关系

化学吸附是多相催化反应不可缺少的关键步骤，反应物分子在催化剂表面上发生化学吸附成为活化吸附态，大大降低了反应活化能，加快了反应速率，并能控制反应方向。研究化学吸附不仅有助于了解催化反应的机理，而且对实现催化反应的工业化有巨大的实际意义。

如烯烃在固体催化剂上加氢需要氢和烯烃分子的化学吸附，它们与表面原子形成化学键。如乙烯催化加氢的示意见图 2-7。

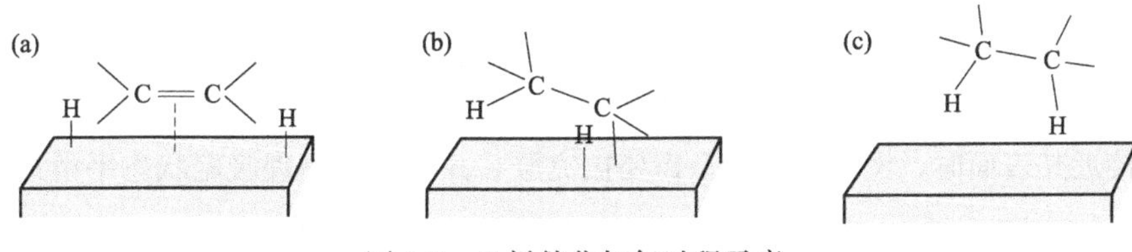

图 2-7　乙烯催化加氢过程示意

(1) 化学吸附态决定产物

反应物在催化剂表面上的不同吸附态，对形成不同的最终产物起着非常重要的作用。如在乙烯氧化制环氧乙烷反应中认为 O_2^- 导致生成目标产物环氧乙烷，而 O^- 则引起深度氧化生成 CO_2 和 H_2O。

在催化剂表面上桥式吸附的 CO 通过加氢可以得到甲醇、乙醇等醇类，而线式吸附的 CO 通过加氢，则得到烃类。

(2) 化学吸附过程往往是催化反应的控制步骤

① 若反应控制步骤是生成负离子吸附态，则要求金属的电子逸出功小，如某些氧化反应是以 O^-、O_2^-、O^{2-} 等吸附态为控制步骤，催化剂的逸出功越小，氧化反应活化能越小。

② 若反应控制步骤是生成正离子吸附态，则要求金属催化剂表面容易得到电子，金属电子的逸出功越大，反应活化能越低。

③ 若反应控制步骤为形成共价吸附时，则要求 $\varphi \approx I$ 较好。

催化剂的逸出功可在制备时调节：一般采用加助剂的方法来调节 φ 值，使之形成合适的化学吸附态，从而达到提高催化剂的活性和选择性的目的。

(3) 费米能级与催化反应的关系

催化反应过程要求化学吸附的强弱适中，这与费米能级（Fermi level）之间存在一定的关系。

费米能级是指温度为热力学零度时固体能带中充满电子的最高能级，费米能级实际上起到了衡量能级被电子占据的概率大小的一个标准的作用。对于一定的反应物来说，费米能级的高低决定了化学吸附的强弱。当费米能级较低时，如 d 空穴（将在第 3 章讨论）过多的 Cr、Mo、W、Mn 等，由于对 H_2 分子吸附过强，不适合作为加氢催化剂；而费米能级较高的 Ni、Pd、Pt 对 H_2 分子的化学吸附较适中，因此，是有效的加氢催化剂。

另外，费米能级密度决定对反应物分子吸附量的多少，能级密度大对吸附量增大有利。

2.2.3　物理吸附向化学吸附的转变

物理吸附向化学吸附的转变过程可由图 2-8 描述。图 2-8 中 $-\Delta H_p$ 为物理吸附热，这时提供活化能 E_a，使氢分子解离为氢原子，接下来发生化学吸附。而 $-\Delta H_c$ 为化学吸附热。活化能 E_a 远小于 H_2 分子的解离能，即解释了 Ni 为什么是一个好的加氢脱氢催化剂。

考虑非吸附解离情况，为了将一个氢分子解离成两个氢原子，必须提供氢分子的解离能 D_{H-H}。在气相中，这种大小的解离能是最不可能以任何明显的速率发生的过程。若氢原子已经在气相中形成，当它接近表面时，会感受到比氢分子大得多的吸引力，并能够形成金属-氢键，从而放出吸附热$-\Delta H_c$（化学吸附曲线）。

图 2-8 显示，形成 H-金属化学吸附态的平衡位置是距离等于氢原子和金属的原子半径之和，$r_{Me}+r_H$，对于金属 Ni，这个距离大约为 1.6nm，其他过渡金属的值是相似的。可以看出，化学吸附曲线与物理吸附曲线相交，其交点处的能量值低于或非常接近能量轴的零点。对于过渡金属，交点通常发生在势能零点以下，即化学吸附过程不需要活化能。换句话说，在氢分子接近其表面时，没有活化能垒需要被克服，并且它从物理吸附状态平滑地转移到化学吸附状态。

图 2-9 显示了增加氢在表面上的覆盖率的效果（曲线 1、2、3 代表覆盖率增加过程）。随着表面被氢气覆盖，情况可能会发生变化：化学吸附曲线的最小值减小（虚线曲线 1、2、3），结果曲线相交于能量零点以上。这导致了吸附过程的活化能的出现。

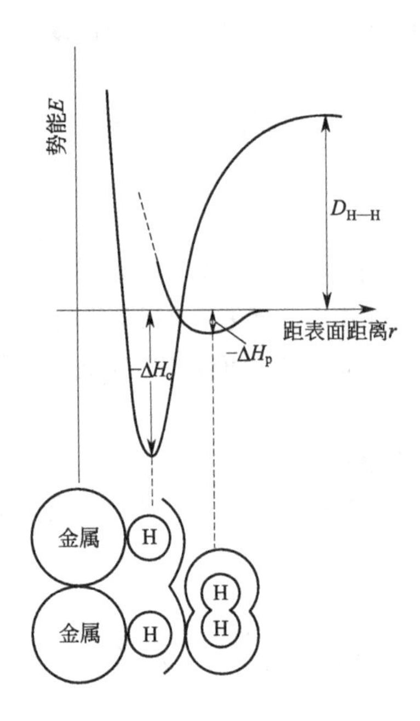

图 2-8　H_2 在金属表面上的物理吸附向化学吸附过渡

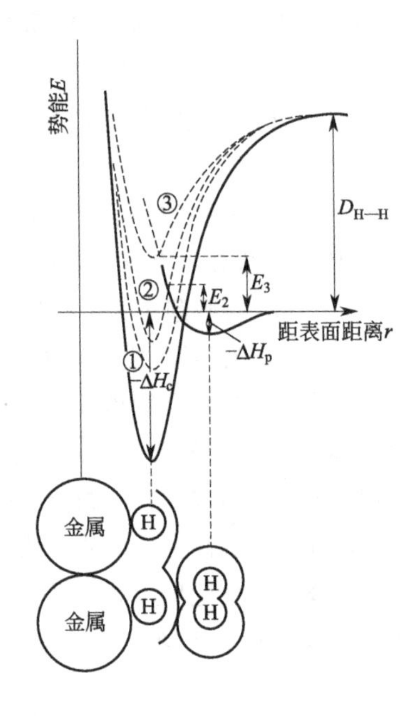

图 2-9　Lennard-Jones 势能延伸图
（显示 H_2 在金属表面覆盖度的影响）

如果吸附的氢要解吸到气相，与另一个氢原子重新缔合形成氢分子，则必须沿相反的路径。在低覆盖度下，解吸的活化能为 ΔH_c；对于较高覆盖度，则脱附活化能为（ΔH_c+E_a），该活化能随覆盖面积的增加而减小。

在催化过程中，一些金属，如 Pd 对 H_2 的吸收现象是值得思考的。氢可以以完全相同的方式吸附在 Pd 表面，如图 2-9 所述。然而，如图 2-10 所示，化学吸附氢原子的曲线现在与表示金属本体（金属结构的间隙位置）内的氢的额外曲线相交。在这种情况下，有一系列延伸到金属本体的极小值，每个极小值代表了间隙氢原子最稳定的位置。只要化学吸附曲线与吸收曲线相交于或接近于能量零，气相中的氢气就可以无缝地转移到 Pd 本体中。向本体的扩散本身可以被激活，控制步骤可以是进入本体的第一层或通过 Pd 晶格的扩散。

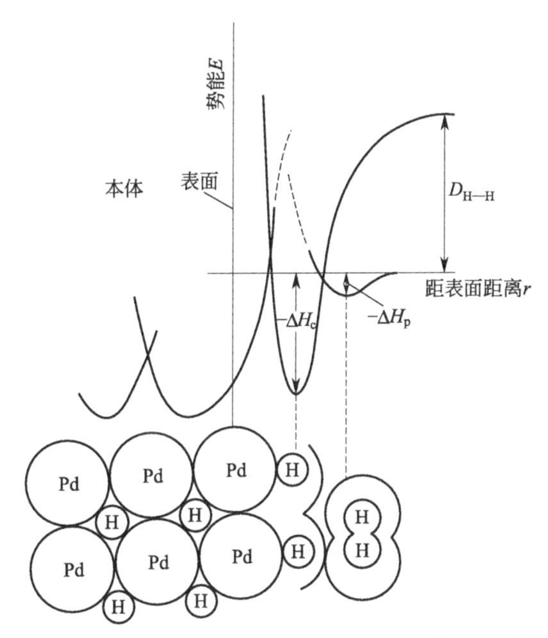

图 2-10 Lennard-Jones 势能图的扩展，显示了金属（如钯）对氢原子的吸收

2.3 吸附热

在吸附过程中的热效应称为吸附热。物理吸附过程的热效应相当于气体凝聚热，很小；化学吸附过程的热效应相当于化学键能，比较大。

吸附是放热过程，但是习惯把吸附热都取成正值。固体在等温、等压下吸附气体是一个自发过程，$\Delta G<0$，气体从三维运动变成吸附态的二维运动，熵减少，$\Delta S<0$，而 $\Delta H=\Delta G+T\Delta S$，因此 $\Delta H<0$。

（1）吸附热的分类

① 积分吸附热　在等温条件下，一定量的固体吸附一定量的气体所放出的热，用 Q 表示。积分吸附热实际上是各种不同覆盖度下吸附热的平均值。显然覆盖度低时的吸附热大。

② 微分吸附热　在等温条件下，吸附剂表面吸附一定量（q）气体后，再吸附少量气体（$\mathrm{d}q$）时放出的热（$\mathrm{d}Q$），则：

$$Q_{\mathrm{diff}}=\left(\frac{\partial Q}{\partial q}\right)_T$$

式中，Q_{diff} 为吸附量为 q 时的微分吸附热。

Q_{diff} 可以通过量热法进行实验测定，在表面覆盖度 θ 处其大小受吸附剂表面与吸附质相互作用强度的影响。根据能量最小化原理，吸附首先发生在能量较高的位置。吸附热随吸附量 Γ 或覆盖度 θ 的变化反映吸附剂表面的均匀情况，可能有助于选择合适的模型来解释等温线。例如，Langmuir、Temkin 或 Freundlich 模型分别假定，随着 θ 的增加，Q_{diff} 是独立的、线性下降或指数下降的。

图 2-11 显示了苯在炭黑上的吸附等温线与吸附热曲线。在吸附初始阶段，吸附热随着覆盖度的增加而急剧下降，此时苯吸附在炭黑表面能量高的位点，二者相互作用强，放热大。随着吸附量的增加，吸附热保持基本不变，表明吸附发生在炭黑有一能量相对均匀的区域，进一

步的吸附则是发生在位能较低的区域，吸附分子之间相互聚集进而发生凝聚。图 2-9(b) 中的虚线对应于苯的凝聚热（苯的正常沸点为 354.45K，汽化热为 33.9kJ·mol^{-1}）。

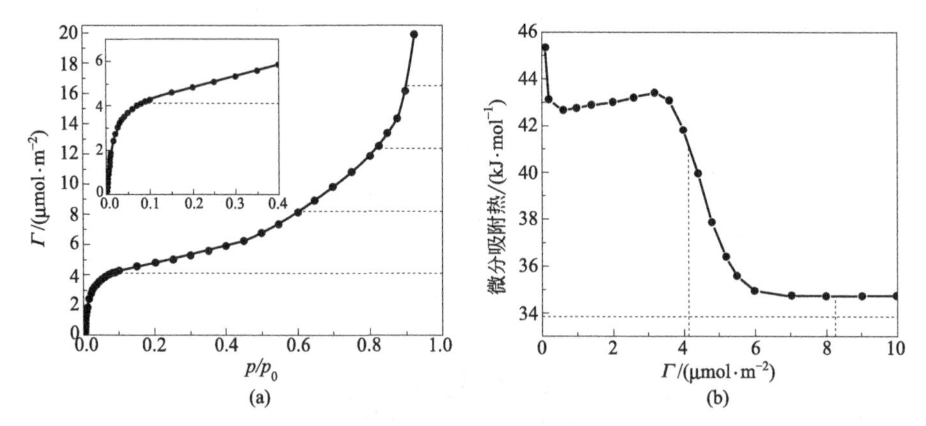

图 2-11 (a) 苯在石墨化热裂炭黑上的吸附等温线（$T=293$K，$p_0=10.2$kPa），插图详细地描述了低覆盖度下的吸附等温线；(b) 微分吸附热随吸附量的变化曲线

(2) 吸附热的测定

① 直接用实验测定　在高真空体系中，先将吸附剂表面脱附干净，然后用精密的量热计测量等温下吸附剂吸附一定量气体后放出的热量。这样测得的是积分吸附热。

② 从等量吸附线求算　在一组等量吸附线上求出不同温度下的 $(\partial p/\partial T)_q$ 值，再根据 Clausius-Clapeyron 方程得：

$$\left(\frac{\partial \ln p}{\partial T}\right)_q=\frac{Q}{RT^2}$$

式中，Q 是某一吸附量时的等量吸附热，近似地看作微分吸附热。

(3) 吸附热与催化活性的关系

对于催化剂，吸附热不能太小，否则吸附剂对反应物的作用力小，活化能力弱。但吸附也不能太强，否则反应物不易解吸，占领了活性位就变成毒物，使催化剂很快失去活性。

因此，好的催化剂吸附的强度应恰到好处，太强太弱都不好，并且吸附和解吸的速率都应该比较快。

例如，合成氨反应选用铁作催化剂。合成氨是通过吸附的氮与氢起反应而生成氨的，这就需要催化剂对氨的吸附既不太强，对氮的吸附又不能太弱，恰好使 N_2 吸附后变成原子状态。如图 2-12，在这种情况下，左边的金属与氮气结合得太强，右边的金属结合得太弱但对氨吸附太强。最高点为第Ⅷ族第一列铁系元素。

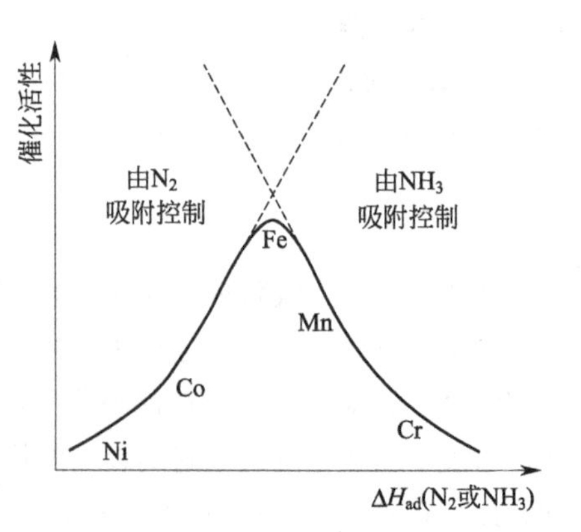

图 2-12　氨合成催化剂火山图

研究发现，具有 6～8 个 d 电子的金属，最大反应速率最大，这一事实可以用电子效应来解释。反应物必须迅速地吸附在表面，化学吸附键必须足够强才能获得高的吸附质浓度。然而，这些键随后必须被破坏，以便与其他反应物发生反应。也就是说，折中是必要的。金属的电

子结构及其在周期表中的位置的影响将在第 3 章进行讨论。过渡金属相对反应的催化活性见表 2-4。

表 2-4　过渡金属相对反应的催化活性

反应	金属和相对反应速率						
乙烯加氢(金属催化剂)		Cr		Fe	Co	Ni	Cu
		0.95		15	100	36	1.2
二苯并噻吩的加氢脱硫(金属硫化物催化剂)	Nb	Mo	Tc	Ru	Rh	Pd	
	0.5	2	13	100	26	3	
CH_3NH_2 氢解至甲烷(金属催化剂)			Re	Os	Ir	Pt	Au
			0.008	0.9	100	11	0.5

2.4　吸附等温方程

2.4.1　吸附等温线

当气体与固体接触时，在气相中的分子和与固体表面结合的相应吸附物种（分子或原子）之间将建立平衡。

正如所有的化学平衡一样，平衡的位置即吸附量 Γ 将取决于诸多因素：①吸附物种和气相物种的相对稳定性，②系统的温度，③表面上方气体的压力。

一般来说，提高因素②和③对吸附物种的浓度产生的影响相反，即增加气体压力可以增加表面覆盖，但表面温度升高，则会降低吸附物种的浓度。

对于给定的吸附质与吸附剂，其吸附量（Γ）与吸附温度（T）和气体压力（p）有关。

$$\Gamma=f(T,p)$$

当：T=常数，$\Gamma=f(p)$ 称吸附等温线；

p=常数，$\Gamma=f(T)$ 称吸附等压线；

Γ=常数，$p=f(T)$ 称吸附等量线。

实验上最容易得到的是吸附等温线。吸附等压线和吸附等量线可由一系列吸附等温线求得。

吸附现象的描述主要采用吸附等温线，各种吸附理论的成功与否也往往以其能否定量描述吸附等温线来评价。

根据 IUPAC 分类，气固吸附平衡等温线分为六类，如表 2-5 所示。

表 2-5　吸附等温线的分类

等温线类型	描述	实例	曲线图
第Ⅰ类	在较低的相对压力下吸附量迅速上升，达到一定相对压力后吸附出现饱和值，以水平平台为特征。该类吸附等温线描述了单层吸附包括单层物理吸附与单层化学吸附行为。可以用 Langmuir 方程来描述	大多数情况下，Ⅰ型等温线往往反映的是微孔吸附剂(分子筛、微孔活性炭)上的微孔填充现象，饱和吸附值等于微孔的填充值。如在接近 −180℃ 下 N_2 或 H_2 在活性炭上的吸附行为	V　Ⅰ　p/p^*　1.0

续表

等温线类型	描述	实例	曲线图
第Ⅱ类	反映非孔性或者大孔吸附剂上典型的物理吸附过程，这是 BET 公式最常说明的对象。等温线拐点通常出现于单层吸附附近，中间平坦区域对应于单层形成。拐点的存在表明单层吸附到多层吸附的转变，亦即单层吸附的完成和多层吸附的开始。随相对压力增加，多层吸附逐步形成，达到饱和蒸气压时，吸附层无穷多，导致试验难以测定准确的极限平衡吸附值。在 BET 方程中，当 $C>10$ 时，可以用来描述该类吸附等温线	−195℃下硅胶或铁催化剂对氮的吸附，聚合物基吸附剂对水蒸气的吸附	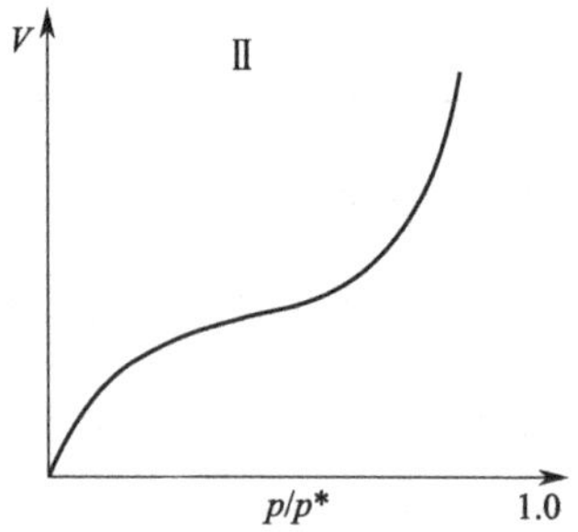 V Ⅱ p/p^* 1.0
第Ⅲ类	吸附气体量随组分分压增加而上升，随吸附过程的进行，吸附出现自加速现象，吸附层数不受限制。这种类型发生在吸附质-吸附质相互作用比吸附质-吸附剂相互作用大的情况。此情形下，协同效应导致在均匀的单一吸附层尚未完成之前形成了多层吸附。在 BET 方程中，$C>2$ 时，可以描述Ⅲ型等温线	水在疏水沸石和活性炭上的吸附，溴和碘在硅胶上的吸附，介孔凝胶对四氯化碳的吸附	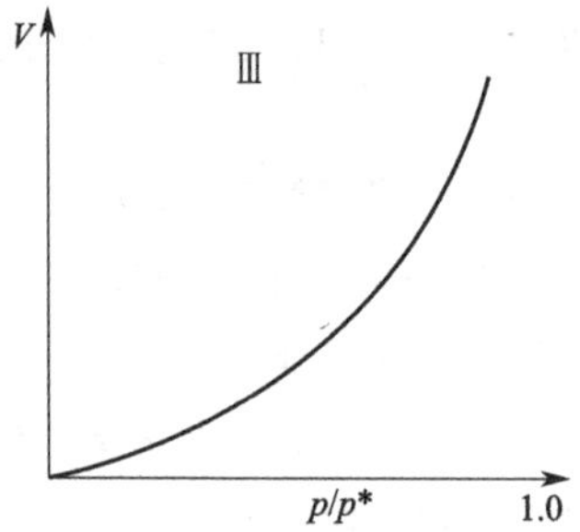 V Ⅲ p/p^* 1.0
第Ⅳ类	这种类型描述了特定的介孔材料的吸附行为，低压区与Ⅱ型非常相似。这解释了单层的形成，接着是多层吸附的形成。曲线后一段再次凸起，且中间段可能出现吸附回滞环，其对应的是多孔吸附剂出现毛细凝聚的体系	湿空气、水蒸气在特定类型活性炭上的吸附、苯在氧化铁和硅胶上的吸附	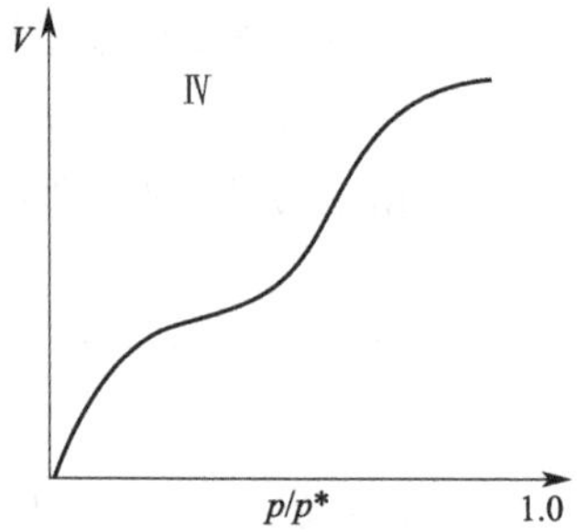 V Ⅳ p/p^* 1.0
第Ⅴ类	与Ⅲ型等温线类似，但达到饱和蒸气压时吸附层数有限，吸附量趋于一极限值。由于介孔的存在可能发生类似于孔凝聚的相变，在中等的相对压力等温线上升较快，并伴有回滞环	水在碳分子筛和活性碳纤维上的吸附	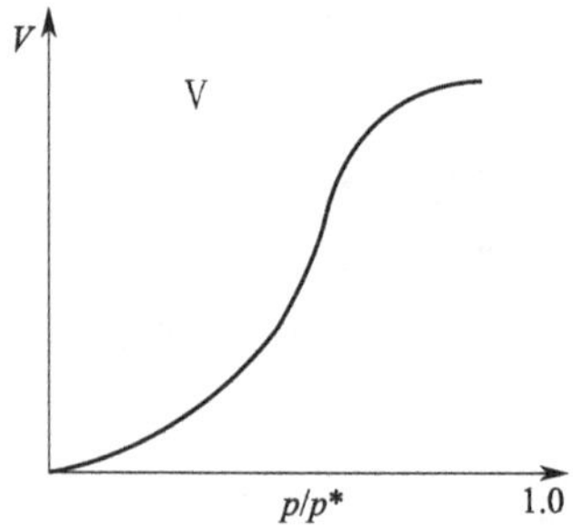 V Ⅴ p/p^* 1.0
第Ⅵ类	一种特殊类型的等温线。该类等温线以其台阶状的可逆吸附过程而著称。在低温下，层将变得更加明显，等温线呈现出逐步多层吸附。这些台阶来自在高度均匀的无孔表面的依次多层吸附，即材料的一层吸附结束后再吸附下一层。台阶高度表示各吸附层的容量，而台阶的锐度取决于系统和温度。在液氮温度下的氮气吸附，无法获得这种等温线的完整形式	石墨化炭黑在低温下的氩吸附或氪吸附，惰性气体在平面石墨表面的吸附，正丁醇在硅酸铝表面的吸附，氧化镁表面上甲烷的吸附	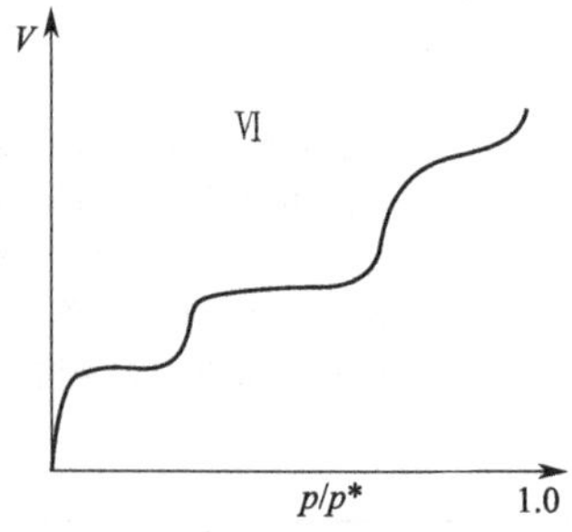 V Ⅵ p/p^* 1.0

2.4.2 吸附等温方程

在研究吸附平衡时，用来描述等温条件下 $\Gamma \sim p$ 关系的方程称为等温方程。

2.4.2.1 Langmuir 吸附等温方程

Langmuir 在 1918 年首次推导出基于科学理论的吸附等温线。该模型适用于吸附在固体表面上的气体。因为它的简单性并适合各种吸附数据，因此是最常用的等温线方程。

（1）Langmuir 理论的基本假设

Langmuir 模型的基本假设如下：

① 固体表面是均匀的　固体表面各处的吸附能力相同，各处吸附热相等，是一常数。

② 吸附是单分子层的　吸附是由于固体表面的剩余力场所引起的，所有的吸附基于同样的机理。

③ 吸附分子之间无作用力　已被吸附的分子从固体表面解吸，不受周围被吸附分子的影响。

④ 存在吸附与解吸的动态平衡　吸附与脱附是一个可逆过程，并最终达到动态平衡，即吸附速率与脱附速率相等。

（2）Langmuir 等温吸附方程

Langmuir 吸附模型通过假设吸附物在等温条件下表现为理想气体来解释吸附。在这些条件下，吸附质分子在吸附剂表面上吸附并达到吸附平衡：

$$A_g + S \rightleftharpoons A_{ad}$$

式中，A 是气体分子；S 是吸附位。正向为吸附过程，逆向为脱附（解吸）过程，吸附与脱附的速率常数分别用 k_a 和 k_d 表示。用 θ（相对覆盖度）表示吸附位已被吸附分子占据的分数。对于吸附速率 r_a 与表面空位率（$1-\theta$）和吸附气体的分压 p 成正比，而脱附速率 r_d 等于最大表面覆盖时的解吸速率：

$$r_a = k_a(1-\theta)p,\ r_d = k_d\theta$$

当吸附达到平衡时：$r_a = r_d$

即有：

$$a = \frac{k_a}{k_d} = \frac{\theta}{(1-\theta)p} \tag{2-1}$$

或：

$$\theta = \frac{ap}{1+ap} \tag{2-2}$$

式中，p 是气体的分压；a 是吸附平衡常数，它的大小代表了固体表面吸附气体能力的强弱程度，a 的值不依赖于压强，因此只依赖于温度。当温度不变时，等温线可以测量，a 可以通过实验确定。典型的遵循 Langmuir 吸附方程的等温线见图 2-13。

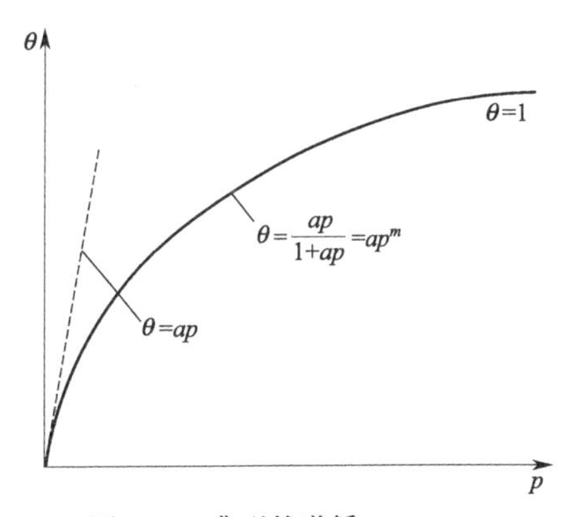

图 2-13　典型的遵循 Langmuir 吸附方程的等温线

① 当 p 很小，或吸附很弱时，$ap \ll 1$，$\theta = ap$，θ 与 p 成线性关系。

② 当 p 很大或吸附很强时，$ap \gg 1$，$\theta = 1$，θ 与 p 无关，吸附已铺满单分子层。

③ 当压力适中，$\theta \propto p^m$，m 介于 0 与 1 之间。

然而，覆盖度

$$\theta=\frac{V}{V_m}=\frac{ap}{1+ap} \tag{2-3}$$

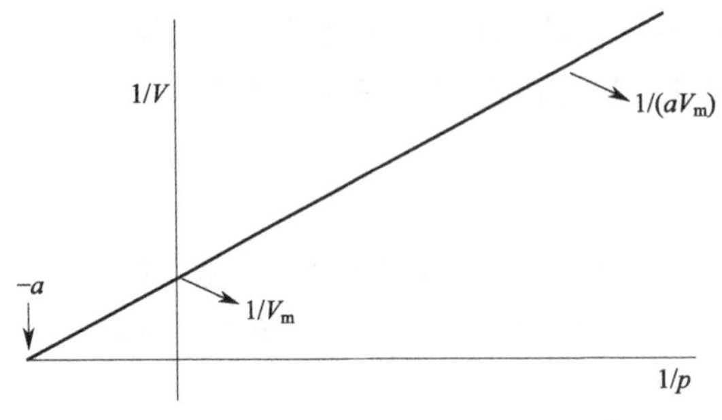

图 2-14　Langmuir 方程 $1/V$-$1/p$ 图

将上式重排后可得到：

$$\frac{1}{V}=\frac{1}{aV_m}\times\frac{1}{p}+\frac{1}{V_m} \tag{2-4}$$

$1/V$-$1/p$ 作图可得一条直线（图 2-14），直线的斜率为 $1/aV_m$，而截距为 $1/V_m$。由此可以获得吸附平衡常数和形成单层吸附时的吸附量。

方程也可重排为：

$$\frac{p}{V}=\frac{1}{aV_m}+\frac{p}{V_m} \tag{2-5}$$

以 p/V 对 p 作图，得一直线，直线的斜率为 $1/V_m$。

V_m 是一个重要参数。通过 V_m 以及吸附质分子截面积 A_m，可计算吸附剂的总表面积 S 和比表面 A。

$$S=A_mLn$$

$$n=V_m/(22.4\ \text{dm}^3\cdot\text{mol}^{-1})\ (\text{STP})$$

$$A=S/m$$

式中，L 为阿伏伽德罗常数；m 为吸附剂的质量。

解离吸附：对于吸附时吸附质分子解离成两个粒子的吸附，则

$$r_a=k_ap(1-\theta)^2,\ r_d=k_d\theta^2$$

达到吸附平衡时：

$$k_ap(1-\theta)^2=k_d\theta^2$$

则 Langmuir 吸附等温式可以表示为：

$$\theta=\frac{(ap)^{1/2}}{1+(ap)^{1/2}} \tag{2-6}$$

如 H_2 的解离吸附：

$$\begin{array}{ccc} H_2(g) & \rightleftharpoons & 2H(g) \\ \Updownarrow & & \Updownarrow \\ H_{2(ads)} & \rightleftharpoons & 2H_{(ads)} \end{array}$$

有

$$\theta_H=\frac{a_H^{0.5}p_{H_2}^{0.5}}{1+a_H^{0.5}p_{H_2}^{0.5}}=\frac{c_Hp_{H_2}^{0.5}}{1+c_Hp_{H_2}^{0.5}}$$

多个组分竞争吸附　对于竞争吸附，即当 A 和 B 两种粒子都被吸附时，A 和 B 分子的吸附与解吸速率分别为：

$$r_{A,a}=k_{A,a}p_A(1-\theta_A-\theta_B),\ r_{A,d}=k_{A,d}\theta_A$$

$$r_{B,a}=k_{B,a}p_B(1-\theta_A-\theta_B),\ r_{B,d}=k_{B,d}\theta_B$$

当达到吸附平衡时，$r_{A,a}=r_{A,d}$，$r_{B,a}=r_{B,d}$

令：$a_A=\frac{k_{A,a}}{k_{A,d}}$，$a_B=\frac{k_{B,a}}{k_{B,d}}$

则：

$$a_A=\frac{\theta_A}{p_A(1-\theta_A-\theta_B)},\ a_B=\frac{\theta_B}{p_B(1-\theta_A-\theta_B)}$$

则：

$$\theta_A=\frac{a_A p_A}{1+a_A p_A+a_B p_B},\ \theta_B=\frac{a_B p_B}{1+a_A p_A+a_B p_B}$$

对 N 种气体混合吸附物中的第 i 组分的 Langmuir 吸附公式为：

$$\theta_i=\frac{a_i p_i}{1+\sum_{i=1}^{N} a_i p_i} \tag{2-7}$$

① 吸附气体在气相中的行为必须是理想的，这种情况只能在低压条件下实现。因此，Langmuir 方程在低压下是有效的。

② Langmuir 方程假设吸附是单层的。但是，单层形成仅在低压条件下才是可能的。在高压条件下，随着气体分子相互吸引越来越多的分子，这个假设就不成立了。

③ Langmuir 假设固体表面上所有位置在大小和形状上是等同的，并且对吸附分子具有相等的亲和力，即固体表面是均相的。但真实的固体表面是非均相的。

④ Langmuir 吸附模型假设已吸附的相邻分子间不发生相互作用，此假设仅在低吸附量下成立。与理想气体模型假设类似，低覆盖度（压力）下，分子间距离较远，分子间的作用力可忽略。随着覆盖度的增加，毗邻分子间的相互作用力增加，对吸附的影响不容忽视。

⑤ 吸附的分子必须是定位的，即随机性降低为零（$S=0$）。这是不可能的，因为发生吸附液化的气体，导致随机性降低，但值不是零。

（3）真实固体表面上 Langmuir 吸附方程的修正

真实固体表面模型是对 Langmuir 表面模型的基本假设进行修正，其基本出发点或者假设表面能量分布是不均匀的，或者假设吸附物种之间存在着相互作用。

关于固体表面的不均匀性，可能有两种情况：

① 固体原有表面的不均匀性　这类表面模型假设吸附剂表面上的能量分布是不均匀的，当气体在这类固体表面发生化学吸附时，气体首先在能量最大（即活性最高）的表面部位上吸附，这时形成的吸附键最强，因而吸附热最大。随后吸附的气体分子只能在能量依次下降的部位发生吸附，其结果就是吸附热随覆盖度的增加而下降。

② 诱导的表面不均匀性　这类表面模型假设吸附剂表面上的能量分布起初是均匀的，但是吸附物种之间的相互排斥或协同作用会诱导吸附剂表面产生不均匀性。

如邻近吸附质分子-吸附质分子之间存在相互作用是来自于多层吸附。对于表面上单个物种的吸附，推导出的多层吸附模型适用于物理吸附和化学吸附：

$$C_{SA}=C_{\sigma}c_A K_A C_A\frac{1-[1+N(1-K_A C_A)](K_A C_A)^N}{(1-K_A C_A)[1-(1-c_A)K_A C_A-c_A(K_A C_A)^{N+1}]} \tag{2-8}$$

式中　C_A——吸附质在主体流体相中的浓度；

c_A——基层与顶层吸附等温线常数之比；

K_A——顶层吸附等温线常数；

C_σ——总活性中心浓度（或单层饱和浓度）；

N——吸附质 A 吸附的层数。

对于层数可能为无穷多的物理等分，当 $n\to\infty$时，式(2-8) 可简化为 BET 方程。

2.4.2.2 Freundlich 吸附等温方程

（1）方程的形式

1909 年，Freundlich 在总结溶液中吸附实验现象时给出了一个经验表达式，表示单位质量固体吸附剂吸附一定量物质随浓度的等温变化，这个方程称为 Freundlich 吸附等温方程或 Freundlich 吸附等温式。Freundlich 吸附处理乙酸的实验数据见图 2-15。

通过对实验数据的拟合，得到如下方程：

$$\frac{x}{m}=2.7c^{1/3}$$

上式方程的一般形式写为：

$$\frac{x}{m}=K_f c^{1/n} \tag{2-9}$$

式中，x 为平衡吸附的质量；m 为吸附剂质量；c 为吸附平衡浓度；K_f 为 Freundlich 系数；n 为经验系数。K_f 和 n 是与温度、体系有关的常数。K_f 的大小反映吸附剂的吸附能力，n 值反映了吸附剂的不均匀性或吸附反应强度。n 值越小，吸附性能越好。n 值也常用于判断吸附的优惠性，$n>1$ 时为非优惠吸附，$n=1$ 时为线性吸附，$n<1$ 时为优惠吸附。该方程用来描述固体吸附剂在溶液中的吸附行为。图 2-16 为四氯乙烯、三氯乙烯和 1,1,1-三氯乙烷在较大浓度范围内的单溶质等温线。

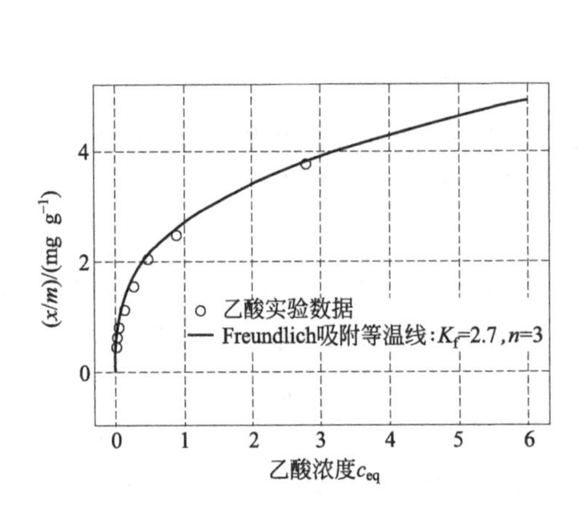

图 2-15　Freundlich 吸附处理乙酸的实验数据

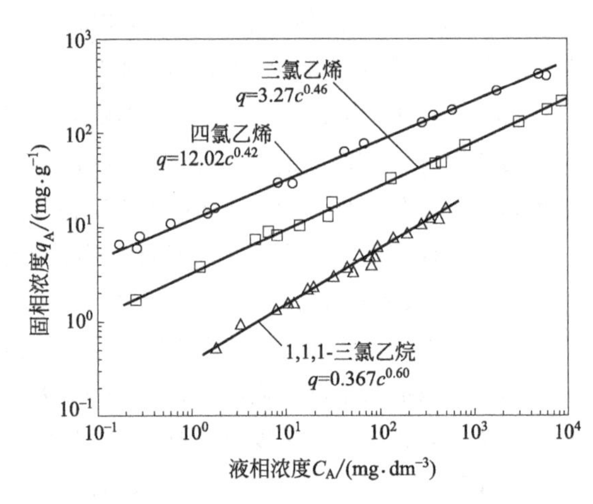

图 2-16　四氯乙烯、三氯乙烯和 1,1,1-三氯乙烷在较大浓度范围内的单溶质等温线

对于气体，式(2-9) 写为：

$$\frac{x}{m}=K_f p^{1/n} \tag{2-10}$$

将上式两边取对数，得：

$$\lg\left(\frac{x}{m}\right)=\lg K_f+\frac{1}{n}\lg p \tag{2-11}$$

以 $\lg(x/m)$-$\lg p$ 作图可获得一条直线，直线的斜率为 $1/n$，截距为 $\lg K_f$（图 2-17）。

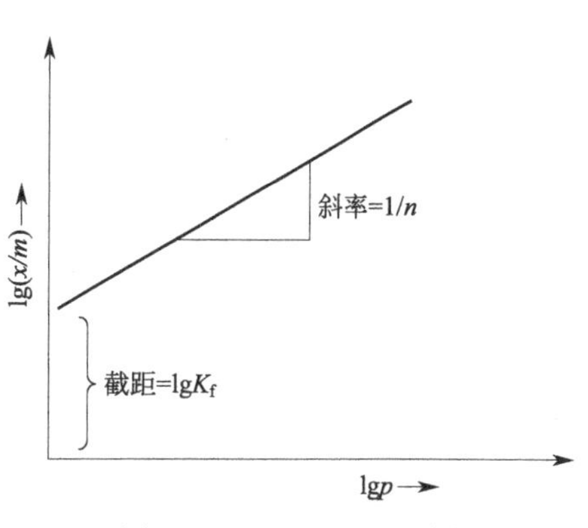

图 2-17 $\lg(x/m)$-$\lg p$ 图

Freundlich 吸附等温方程常常可以进一步用来描述粗糙表面的吸附实验数据，是描述粗糙表面多点等温吸附的重要方程。在 Freundlich 吸附等温模型中，吸附热随覆盖度呈对数下降。

对于吸附分离过程，Freundlich 指数 $1/n$ 会影响穿透曲线的形状，并影响两种传质（外部传质与颗粒内传质）机制在控制吸附速率方面的相对重要性。

Freundlich 吸附等温方程在一般的浓度范围内与 Langmuir 吸附等温方程比较接近，但在高浓度时不像后者那样趋于一定值；在低浓度时，也不会还原为直线关系。

(2) Freundlich 吸附等温方程可以看作是对 Langmuir 吸附等温方程的修正

对于 Langmuir 吸附等温方程［式(2-2)］，Toth 利用 a_{To} 和 C_{To} 两个参数修正了这个方程：

$$\theta=\frac{a_{\mathrm{To}}p^{C_{\mathrm{To}}}}{\frac{1}{a}+a_{\mathrm{To}}p^{C_{\mathrm{To}}}} \tag{2-12}$$

在一定条件下方程可简化为：$\theta=a_{\mathrm{To}}p^{C_{\mathrm{To}}}$。

2.4.2.3 Temkin 吸附等温方程

Temkin 在试验中注意到，吸附热常随着吸附剂表面覆盖度的增加而线性下降，即：

$$\Delta H_{\mathrm{ad}}=\Delta H_{\mathrm{ad}}^{\ominus}(1-\alpha_{\mathrm{T}}\theta)$$

从吸附平衡角度考虑，设 $K_{\mathrm{eq}}^{\mathrm{A}}$ 为吸附平衡常数，$\Delta G_{\mathrm{eq}}=-RT\ln K_{\mathrm{eq}}^{\mathrm{A}}$，而：

$$\Delta G_{\mathrm{eq}}=\Delta H_{\mathrm{ad}}-T\Delta S_{\mathrm{ad}}$$

则：

$$K_{\mathrm{eq}}^{\mathrm{A}}=\exp\left(\frac{\Delta S_{\mathrm{ad}}}{R}\right)\exp\left(-\frac{\Delta H_{\mathrm{ad}}}{RT}\right) \tag{2-13}$$

因此：

$$K_{\mathrm{eq}}^{\mathrm{A}}=K_{\mathrm{eq}}^{\mathrm{A}_0}\exp\left[-\frac{\Delta H_{\mathrm{ad}}^{\ominus}(1-\alpha_{\mathrm{T}}\theta)}{RT}\right] \tag{2-14}$$

考虑到：$\frac{[\mathrm{A_{ad}}]}{p[\mathrm{S}]}=\frac{\theta}{p(1-\theta)}=K_{\mathrm{eq}}^{\mathrm{A}}$

则：

$$\ln(K_{\mathrm{eq}}^{\mathrm{A},0}p_{\mathrm{A}})=\frac{-\Delta H_{\mathrm{ad}}^{\ominus}\alpha_{\mathrm{T}}\theta}{RT}+\ln\frac{\theta}{1-\theta} \tag{2-15}$$

上式即为 Temkin 吸附平衡方程。该方程可以进一步简化为：

$$\theta=A\ln(Bp) \tag{2-16}$$

式中，A、B 为常数。

Temkin 方程考虑了吸附的邻近分子间的相互作用，用来表示吸附剂表面的化学吸附行为。

对于上面讨论的吸附等温方程模型，其基本假定与应用范围简要总结如表 2-6 所示。

表 2-6　各种等温吸附方程的性质及应用范围

等温方程	基本假定	数学表达式	应用范围
Langmuir	吸附热与 θ 无关 理想吸附	$\theta=\frac{V}{V_m}=\frac{ap}{1+ap}$	单层化学吸附和物理吸附
Freundlich	吸附热随 θ 的增加而呈对数下降	$\theta=\frac{V}{V_m}=cp^{1/n},n>1$	化学吸附和物理吸附
Temkin	吸附热随 θ 的增加而线性下降	$\theta=\frac{V}{V_m}=A\ln(Bp)$	化学吸附

2.4.2.4　BET 吸附等温方程

(1) BET 吸附等温方程形式

气体分子在固体表面常形成多层吸附，即吸附分子吸附在已经吸附的分子上，此时 Langmuir 吸附等温方程不适用。1938 年，Stephen Brunauer、Paul Emmett 和 Edward Teller 在考虑多层物理吸附的情况，建立了一个新的吸附理论，即 BET 吸附理论。

图 2-3 已经描述，对于多层物理吸附，其模型即由一个、两个、三个等覆盖的吸附位点随机分布。该理论通过修正 Langmuir 吸附理论机理，提出如下基本假设：

① 每个分子仅吸附在样品表面的明确位置。

② 考虑到分子间的相互作用，已经吸附的分子作为吸附位吸附上层分子。

③ 最上面的吸附分子层与气相平衡。

④ 脱附是一个动力学限制的过程，必须提供吸附热。

第一层以上的各层吸附热相同，这些现象是均匀的，即对于给定的分子层，吸附的热相同，等于气体液化热 E_L。而第一层吸附热 E_1 反映的是吸附质分子与固体表面的相互作用。

⑤ 在饱和压力下，分子层数趋于无穷大。

其机理如下：

$$A(g)+S \rightleftharpoons AS$$

$$A(g)+AS \rightleftharpoons A_2S$$

$$A(g)+A_2S \rightleftharpoons A_3S$$

……

假设平衡时，表面位置的空位分数为 θ_0，单层覆盖度为 θ_1，双层覆盖度为 θ_2，依此类推。因此，被吸附分子的数量是：

$$N=N_{总}(\theta_1+2\theta_2+3\theta_3+\cdots)$$

式中，$N_{总}$ 是总吸附位数。各层吸附按照 Langmuir 吸附进行推导，但要考虑从吸附剂表面和不同层的不同脱附速率。

第一层　　吸附速率 $r_{a,1}=Nk_{a,0}p\theta_0$；脱附速率 $r_{d,1}=Nk_{d,0}\theta_1$

平衡时：$r_{a,1}=r_{d,1}$

第二层　　吸附速率 $r_{a,2}=Nk_{a,1}p\theta_1$；脱附速率 $r_{d,2}=Nk_{d,1}\theta_2$

平衡时：$r_{a,2}=r_{d,2}$

第三层　　吸附速率 $r_{a,3}=Nk_{a,2}p\theta_2$；脱附速率 $r_{d,3}=Nk_{d,2}\theta_3$

平衡时：$r_{a,3}=r_{d,3}$

……

假设：第一吸附层一旦完成，其他物理吸附层的吸附和脱附速率常数相同，则：

$$k_{a,0}p\theta_0=k_{d,0}\theta_1$$

$$k_{a,1}p\theta_1=k_{d,1}\theta_2 \Rightarrow \theta_2=(k_{a,1}/k_{d,1})p\theta_1=\alpha_0\alpha_1 p^2\theta_0$$

$$k_{a,1}p\theta_2=k_{d,1}\theta_3 \Rightarrow \theta_3=(k_{a,1}/k_{d,1})p\theta_2=\alpha_0\alpha_1^2 p^3\theta_0$$

式中，$k_0=k_{a,0}/k_{d,0}$，$k_1=k_{a,1}/k_{d,1}$，$\theta_0+\theta_1+\theta_2+\cdots=1$

$$\theta_0=\frac{1-\alpha_1 p}{1-(\alpha_1-\alpha_0)p}$$

则：$N=\frac{N_{总}\alpha_0 p\theta_0}{(1-\alpha_1 p)^2}$

进一步可以获得吸附等温方程：

$$\frac{p/p_0}{V(1-p/p_0)}=\frac{1}{CV_m}+\frac{C-1}{CV_m}(p/p_0) \tag{2-17}$$

式中，p_0 是吸附质分子在吸附温度下的饱和蒸气压；V_m 为单层饱和吸附量；C 为常数。

$$C=\exp\left(\frac{E_1-E_L}{RT}\right) \tag{2-18}$$

设 $\varphi=p/p_0$，则 BET 方程可写为：

$$\frac{\varphi}{V(1-\varphi)}=\frac{1}{CV_m}+\frac{C-1}{CV_m}\varphi \tag{2-19}$$

以 $\frac{\varphi}{V(1-\varphi)}$-$\varphi$ 作图得一条直线，如图 2-18 所示。

当 $C>10$，$\varphi=p/p_0$ 的值介于 0.05～0.35 之间时，实验值与理论值比较符合，可以用 BET 吸附等温方程处理实验数据。p/p_0 值太低，无法建立多分子层物理吸附；而 p/p_0 值过高，容易发生毛细管凝聚，使结果偏高。

图 2-19 是典型的 78K 下 N_2 在固体表面上的吸附等温线。虚线是实验点，实线是按照 BET 吸附等温方程拟合的结果。图中显示，$p/p_0<0.05$ 与 $p/p_0>0.35$ 时，实验点偏离曲线。

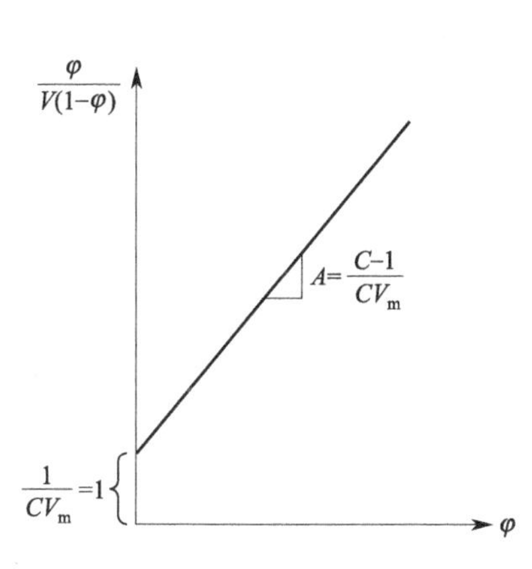

图 2-18　$\varphi/[V(1-\varphi)]\sim\varphi$ 图

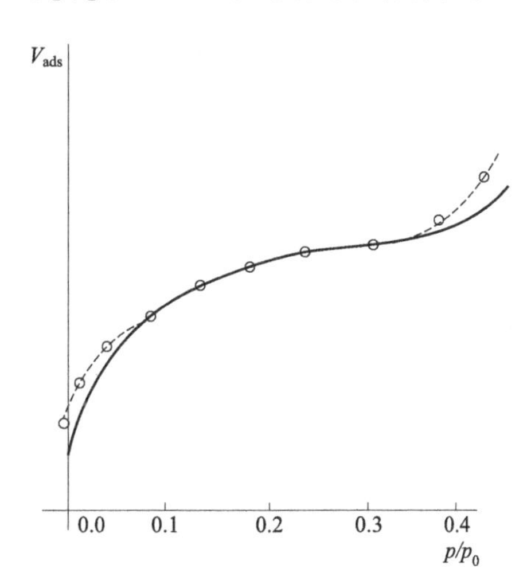

图 2-19　78K 下 N_2 在固体表面上的吸附等温线

(2) BET 吸附等温方程的应用

在表面科学中，BET 方法广泛用于通过气体分子的物理吸附计算固体表面积。

$$S=\frac{A_m L V_m}{22.4\mathrm{dm^3 \cdot mol^{-1}}} \tag{2-20}$$

式中，A_m 是吸附分子的截面积；L 为阿伏伽德罗常数；V_m 是单层饱和吸附量（换算到STP下的吸附量)。常见吸附质的分子截面积见表2-7。

表2-7 常见吸附质的分子截面积

吸附质	温度/K	饱和蒸气压/Pa	分子截面积 $\times10^2/\mathrm{nm}^2$
N_2	77.4	1.0133×10^5	16.2
Kr	77.4	3.4557×10^2	19.5
Ar	77.4	3.3333×10^4	14.6
CO_2	293.2	9.879×10^3	40
C_2H_6	195.2	1.0133×10^5	19.5
CH_3OH	293.2	1.2798×10^4	25

在BET吸附等温方程中，当 C 值大于2，等温线起始段（p/p_0 不大时）凸向吸附量 V 轴，出现一明显的拐点，C 值越大（$E_1 \gg E_L$），等温线起始段越向 V 轴凸出。

当 $C=2$ 时，等温线起始段近似为直线，拐点消失。当 $C<1$，即 $E_1 \ll E_L$ 时，在等温线起始段，等温线凸向相对压力 p/p_0 轴。

图2-20反映了吸附等温线的形状与吸附常数 c 大小的关系。不同 c 值时达到单层饱和吸附的相对压力见表2-8。

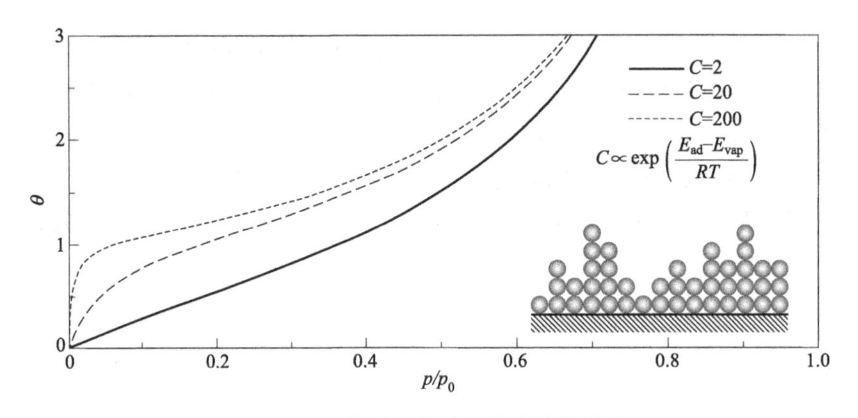

图2-20 C 值对吸附等温线形状的影响

表2-8 不同 C 值时达到单层饱和吸附的 p/p_0

C	0.05	0.5	1	2	3	10	100	1000
p/p_0	0.817	0.585	0.500	0.414	0.366	0.240	0.0909	0.0306

若吸附层至多只能达 n 层，则BET公式修正为三常数公式。

$$V=V_m\frac{Cp}{(p_0-p)}\left[\frac{1-(n+1)\left(\frac{p}{p_0}\right)^n+n\left(\frac{p}{p_0}\right)^{n+1}}{1+(C-1)\frac{p}{p_0}-C\left(\frac{p}{p_0}\right)^{n+1}}\right] \tag{2-21}$$

若 $n=1$，为单分子层吸附，上式可以简化为Langmuir公式。

若 $n\to\infty$，$(p/p_0)^n\to0$，上式可转化为二常数公式。三常数公式一般适用于 p/p_0 在0.35～0.60之间的吸附。

在固体催化领域中，催化剂的表面积是催化活性的一个重要因素。用BET法计算得到的介孔二氧化硅、层状黏土矿物等无机材料的比表面积达数百 $m^2 \cdot g^{-1}$，表明了应用高效催化材料的可行性。

BET理论是多相催化研究领域最重要的基础理论之一，BET表面积的测定方法也是多相催化研究中最重要的实验工具之一。

2.4.2.5 Polanyi吸附势理论

Polanyi吸附势理论是由迈克尔·波兰尼（Michael Polanyi）提出的一种吸附模型，该模型通过接近表面的气体的化学势与较远气体的化学势之间的平衡来测量吸附。在这个模型中，Polanyi假定的吸引力很大程度上是由于气体的范德华力，由气体粒子到表面的位置所决定，并假设其气体凝聚之前，其行为表现为理想气体。

（1）理论假设

1914年，Polanyi提出了气体在固体表面吸附的模型，其基本假设为：靠近表面的分子根据势场移动，该势场类似于重力或电场。

该模型适用于恒温下气体在表面的情况。当压力高于平衡蒸气压时，气体分子更接近于该表面。势场相对于离表面的距离的变化可以用化学势（μ）变化的公式来计算。

$$d\mu = -S_m dT + V_m dp + dU_m$$

式中，S_m 是摩尔熵；V_m 是摩尔体积；U_m 是摩尔热力学能。

平衡条件下，距离表面 x 处的气体分子的化学势 $\mu(x, p_x)$ 与距表面无限远处气体分子的化学势 $\mu(\infty, p)$ 相等，即：

$$\int_{\mu(\infty,p)}^{\mu(x,p_x)} d\mu = \mu(x, p_x) - \mu(\infty, p) = 0$$

式中，p_x 是在距离 x 处的分压；p 是距离表面无限远处的分压。

由于恒温，在 $p \rightarrow p_x$ 范围积分：

$$\int_p^{p_x} d\mu = \int_p^{p_x} V_m dp + U_m(x) - U_m(\infty) = 0$$

设 $U_m(\infty) = 0$，则：

$$-U_m(x) = \int_p^{p_x} V_m dp$$

设气体为理想气体，$pV_m = RT$，得到下式：

$$-U_m(x) = RT(\ln p_x - \ln p)$$

$$-U_m(x) = RT \ln \frac{p_x}{p}$$

当压力超过饱和蒸气压 p_0 时，气体在固体表面上凝聚为液体，假设在固体表面形成一薄膜，膜的厚度为 x_f，则 p_0 下的热力学能为：

$$-U_m(x_f) = RT \ln \frac{p_0}{p}$$

考虑到气体的分压与浓度间的关系，吸附势与浓度的关系可以表达为：

$$\varepsilon_s = -RT \ln \frac{c_s}{c} \qquad (2\text{-}22)$$

式中，c 是吸附质的饱和浓度；c_s 是吸附质的平衡浓度。

Polanyi 吸附势理论具有一定的历史意义，其工作为其他理论如体积填充微孔理论和 Dubinin-Radushkevich 理论奠定了基础。其他的研究也涉及了 Polanyi 吸附势理论，如 Zsigmondy 发现的毛细管凝结现象。与 Polanyi 涉及平面的理论不同，Zsigmondy 的研究涉及多孔结构，如硅材料，他的研究证明，在标准饱和蒸气压以下的狭窄孔隙中可以发生蒸汽冷凝。

通常，在低压条件下，Henry 吸附理论更适用，p/p_0 在 0.05～0.35 处 BET 吸附等温线方程更适用。与它们相比，Polanyi 吸附势理论适用于更宽的范围（p/p_0 在 0.1～0.8）。

（2）基于 Polanyi 吸附理论的其他理论

在 Polanyi 吸附势理论的基础上建立了许多理论，其中值得一提的是 Dubinin 理论、Dubinin-Radushkevich 和 Dubinin-Astakhov 方程。

使用吸附势理论，吸附空间的填充度 θ 可根据下式进行计算：

$$\theta = a/a_0 = e^{(A/E)^b} \tag{2-23}$$

式中，a 是温度 T 和平衡压力 p 下的吸附量；a_0 是最大吸附量或饱和吸附量；E 是吸附特征能量，$kJ \cdot mol^{-1}$；$A=-\Delta G=RT\lg(p_0/p)$，是拟合系数。Dubinin-Radushkivech 方程中，$b=2$。优化的 Dubinin Astakhov 方程适用于实验数据，可以简化为：

$$\lg a = \lg a_0 + 0.434 \times \left(\frac{A}{E}\right)^b \tag{2-24}$$

（3）应用

在许多现代研究中，Polanyi 吸附势理论被广泛应用于活性炭或炭黑的研究。该理论已成功地用于模拟活性炭上的气体吸附和非离子型多环芳烃的吸附过程。实验还表明它能够模拟苯酚等离子型多环芳烃、苯胺类化合物。

对于某些吸附质和吸附剂，Polanyi 理论的数学参数与吸附剂和吸附质的物理化学性质有关。该理论已被用于模拟碳纳米管和碳纳米颗粒的吸附。Yang 和 Xing 的研究表明，该理论比 Langmuir、Freundlich 等理论更符合吸附等温线。实验研究了有机分子在碳纳米颗粒和碳纳米管上的吸附。根据 Polanyi 理论，碳纳米颗粒的表面缺陷曲率会影响它们的吸附。粒子的平坦表面将允许更多的表面原子接近吸附有机分子，这将引起吸附势的增加，导致更强的相互作用。该理论有助于理解有机化合物在纳米碳颗粒上的吸附机理，并估算其吸附容量和亲和力。利用这一理论，研究人员希望能够设计出满足特定需要的碳纳米颗粒，例如将它们用作环境研究中的吸附剂。

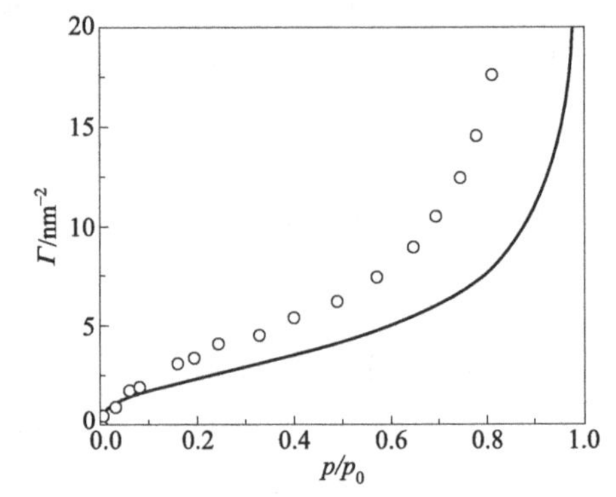

图 2-21　水在 SiO_2 表面上的吸附量随压力的变化（T=293K）

图 2-21 中，实线为根据 Polanyi 理论的计算值，假设吸附作用力仅为范德华力。○表示实验值。二者在高压下的差别是由吸附剂的孔隙所致。

2.5　吸附和催化反应过程中的溢流现象

多相催化反应一般是局限在固体表面的活性中心及邻近的区域内进行。但 20 世纪 50 年代研究 H_2 在 Pt/Al_2O_3 上解离吸附时发现，氢原子可以迅速在金属表面或载体上移动，与解离吸附中心很远的其他活性中心上的表面反应相关联。1964 年，Khoobiar 在用 H_2 还原 WO_3 时发现，在室温下 H_2 很难与 WO_3 发生还原反应，而对于 Pt/Al_2O_3 与 WO_3 的物理混合物，则黄色的 WO_3 瞬间被还原为蓝色的 H_xWO_3。

原子，尤其是氢，从一个位置溢流到另一个位置是一个重要的过程，在催化和储氢方面具有重要而广泛的应用。在催化中，溢流允许一个物种在一个位点上激活，之后它可以扩散到另一个位点并进行反应。在储氢应用中，包括使用金属有机骨架化合物，通常希望将 H_2 在活性部位解离，然后将其溢流到储存部位，使活性部位开放以继续进行 H_2 解离/重组。然而，虽然溢流过程已被广泛地应用，但要检验它们已被证明很困难。

溢流是催化中的一个重要的现象，1983 年在法国召开第一届国际溢流专题讨论会，研讨固体表面上的物种溢流与流动性，并出版相应的研究论文集。

2.5.1 溢流

1989 年第二届国际溢流专题讨论会确定了溢流的定义。

溢流（spillover）：一个相表面上（给体相）吸附或产生的活性物种（溢流子）向另一个在同样条件下并不能吸附或产生该活性物种的相表面上（受体相）迁移的过程称为溢流。O_2、CO、NO 和某些烃分子吸附时都可能发生这类现象。

溢流所描述的是固体表面吸附物种（离子或自由基）迁移到次级活性中心的现象，它所描述的是表面吸附物种在不同性质固体表面上的迁移现象。

氢溢流是吸附溢流最常见的例子。吸附通常伴随着氢分子（H_2）向氢原子（H）的解离，随后出现氢原子的溢流。这种吸附在热力学上不利的条件下，吸附物种可以间接吸附到载体表面。如图 2-22 所示。

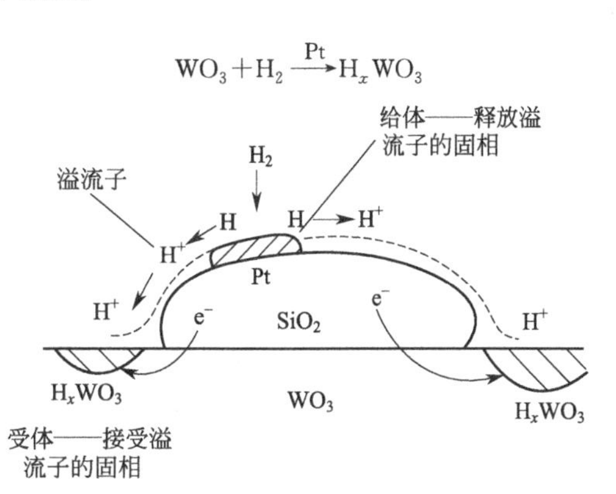

图 2-22　氢的溢流

图 2-22 中显示，氢从金属 Pt 上溢流到酸性载体 H_xWO_3 或反应物分子从载体反向溢流到金属。

在溢流现象的描述中至少涉及四个不同的个体步骤：①在给体上吸附和形成活性物质；②溢流子从给体相转移到载体（主要外溢）；③表面扩散；④与受体相互作用或反应。

给体相的存在是溢流发生的必要条件。溢流子可以是单个原子、分子，也可以是某种原子基团或分子片段；溢流子跨越的相界面即给体相-受体相可以是金属-氧化物、金属-金属、氧化物-氧化物、氧化物-金属、金属-活性炭、硫化物-氧化物、碳化物-氧化物等。

若受体位于另一个相，则活化物种必须溢流到另一个阶段（次级溢流）。当与载体发生相互作用时，活化物种也可以扩散到本体相中或产生新的吸附或催化活性位点。

图 2-23 给出了溢流过程示意图。

以 H_2 的溢流为例，图 2-24 给出了代表性的溢流类型。

溢流可以从一种金属到一种氧化物，从一种金属到另一种金属，从一种氧化物到另一种氧化物，或从一种金属氧化物到一种金属。

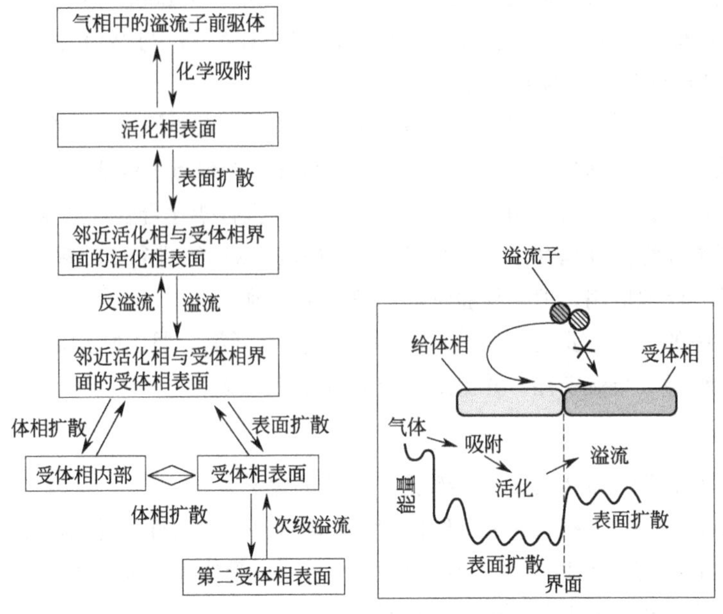

图 2-23　溢流作用示意图（箭头向上表示反溢流）

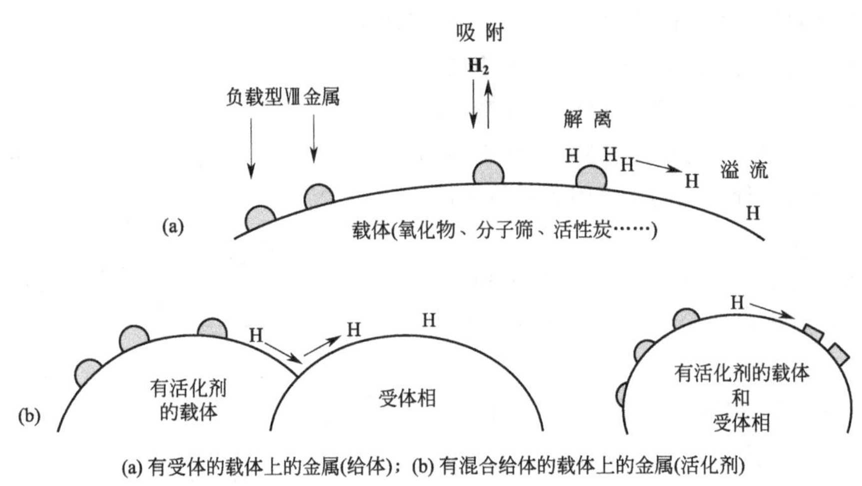

(a) 有受体的载体上的金属(给体)；(b) 有混合给体的载体上的金属(活化剂)

图 2-24　溢流类型示意图

2.5.2 对吸附脱附行为的影响

一些负载型过渡金属催化剂常温常压下吸氢量常高于理论吸氢量，如 Pt/Al_2O_3 催化剂上的 H/Pt 值可达 516，总的吸附过程延续时间较长，预示吸氢过程附加了氢由 Pt 向载体 Al_2O_3 上的慢速迁移。对可以直接吸附 H_2 的活性炭，加入少量过渡金属（如 Pt 等）可明显加快吸氢速率。

过渡金属催化剂对碳材料的分散可以通过氢溢流机制提高碳材料的室温吸附能力。Brian D. Adams 等将三种不同的氢解离催化剂（Pd、PdAg 和 PdCd 纳米粒子）分散在活性炭表面，系统地研究了分散催化剂对活性炭吸附氢性能的影响，表 2-9 反映了实验结果。结果表明，催化剂的氢溢流效应按 Pd＜PdAg＜PdCd 的顺序增加。PdCd 催化剂的氢溢出率提高了 108％。发现这种氢溢流增强的本质是电子的，而不是几何的。用DFT计算进一步证实，PdCd/PAC200样品的大容量氢是由于氢原子对表面Cd原子的吸附较弱，使游离氢原子向碳基质的能量迁移有利。此前研究的氢溢流对碳材料的强化主要集中在对碳的改性上，而Adams通过氢溢流机理研究表明，对催化剂进行改性是实现碳材料室温下增大吸附氢能力的另一种有希望的途径。

表2-9　1.01bar和室温下负载Pd活性炭对氢吸附能力

样品	计算的 H_2 体积容量(STP)/($cm^3 \cdot g^{-1}$)	实际的 H_2 体积容量(STP)/($cm^3 \cdot g^{-1}$)	由氢溢流增加的吸附/%
PAC200	1.20	1.2	0.000
Pd/PAC200	4.74	4.89	3.188
PdAg/PAC200	3.33	3.57	7.162
PdCd/PAC200	3.17	6.61	108.3

注：1bar=0.1MPa。

氢溢流作用的存在，使得传统的测量金属比表面积和粒度的氢吸附法具有不确定性。

另外，溢流作用也可能不利于活性相上的吸附，如Pt等金属负载于 TiO_2 上后化学吸氢能力减弱，呈现强金属-载体相互作用，可归因于溢流氢对 TiO_2 的还原作用，如 TiO_2 载体在负载CuO前后，程序升温还原（TPR）谱图中还原峰的显著变化也是由氢溢流效应引起的。

作为吸附的逆过程，溢流子的脱附也因反溢流作用的存在而呈现新的特征。对于活性相，脱附量及脱附时间均有所增加，表现在程序升温脱附（TPD）谱图上，有对应于反溢流子的脱附峰；对于受体相，活性相的存在为溢流子的脱附提供了新通道，称为溢流子从受体表面移去的“窗孔”，从而加快脱附速率。

2.5.3　对催化反应的影响

一般来说，当催化剂的载体本身在无金属存在时，就不能化学吸附反应物种，也就无法活化反应物种。但一定条件下的反应物种的溢流就有可能诱导催化作用。

例如，氧化铝和氧化硅都不能吸附氢和乙烯，因此，两者对于烯烃加氢反应是惰性的。但某种条件下，从活性组分的金属上溢流来的氢就能使氧化硅和氧化铝具有烯烃加氢的活性。溢流的物种与接受体的表面反应，从而改进其吸附和催化活性。

甲醇合成催化剂Cu/ZnO的活性组分是存在于ZnO表面上的还原态 Cu^0 和 Cu^+。甲醇的合成过程中，CO和 H_2 都可以发生溢流，H能够从Cu溢流到其他表面。

实验证明，低温下ZnO暴露在 H_2 气氛中其导电性会下降，而Cu/ZnO暴露在 H_2 气氛中的导电性反而增加，很显然，H从Cu溢流到了ZnO上。

Burch等发现，机械混合的 Cu/SiO_2 和 Zn/SiO_2 催化剂的加氢的总活性大于单个组分加氢活性的总和，而当 Cu/SiO_2 分离出去后，活性降低很大，这表明H从Cu到ZnO的溢流与催化剂活性的提高有一定关联。

实验发现，CeO_2 和 La_2O_3 的添加能够提高汽车尾气净化催化剂的活性。CeO_2 和 La_2O_3 的添加能够使CO和烃类的氧化在很低的温度下进行。通常 CeO_2 被认为能够储存溢流氧，从活性组分到 CeO_2 之间的氧溢流为催化氧化过程提供了一个活性氧的储蓄池，因此能提高催化剂的氧化活性。

溢流效应对催化反应的影响可以从如下几个方面考虑：

（1）窗孔效应

溢流子作为反应物或反应产物参与反应，即它是反应的中间体而活性相成为溢流子出入催化剂表面的“窗孔”，称窗孔效应。对于溢流子是反应物之一的催化反应，活性相将溢流子前驱体转化为溢流子并通过溢流作用提高受体相表面溢流子的有效密度，从而加快了催化反应。

作为反应剂，溢流氢对许多氢化反应具有独特的影响，对于 Al_2O_3 或 TiO_2 上吸附的苯的催化反应，当有过渡金属（如 Rh）存在时，室温下即可观察到苯的氢化。当溢流子是催化转化过程中释放出来的反应中间体，活性相的存在可为这些中间体从催化剂表面移去提供出口。溢流子通过反溢流作用离开受体相表面，从而推动了反应的进行，同时避免了不希望的反应发生，提高了反应的选择性。许多脱氢反应如活性炭上异戊烷的脱氢、锗膜上 GeH_4 的脱氢分解均在加入少量 Pt 后大大加速。而对于一些脱氢异构化反应，如烷烃的脱氢芳构化反应，若在 H-ZSM-5 中加入 Ga_2O_3 构成杂合物催化剂，则可提高芳构化反应的选择性。

（2）清洗效应

溢流子与催化剂表面活性部位上的毒物反应变成气体产物离开活性位，恢复催化活性，即作为催化剂毒物的清洗剂，称清洗效应。许多有机物参与的催化转化过程中往往存在着因结焦或积碳而引起的催化剂失活问题，溢流氢可使结焦物或沉积的碳酸盐物种还原为 CH_4，溢流氧则可将这些毒物转化为 CO_2，从而避免这些毒物的积累，维持催化剂的稳定性。图 2-25 为溢流氧清除催化剂表面上的积碳过程。

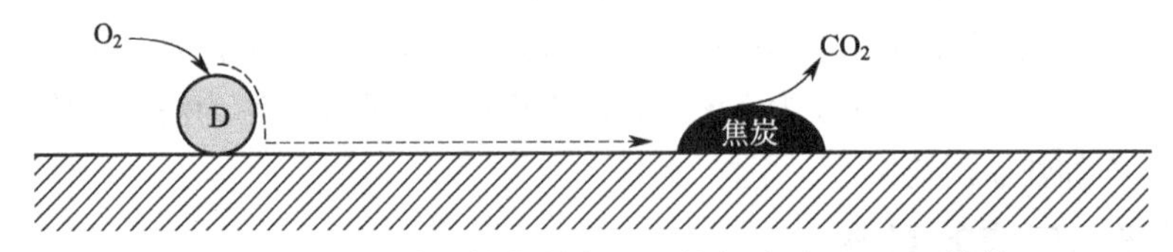

图 2-25　溢流氧清除催化剂表面上的积碳过程（D=给体）

（3）诱导催化

溢流子与受体相表面结合，产生催化反应的活性部位，即诱导催化活性。溢流子与受体相表面作用可诱导后者的催化活性。如 Pt/Al_2O_3 产生的溢流氧可有效地活化 Al_2O_3 气凝胶的乙烯氢化反应活性，其效果非气相氧高温处理可比。

（4）遥控作用

溢流子与受体相活性部位作用，促进、维持催化活性，控制催化反应的选择性，即遥控作用。

含 Mo 和 Sb 的混合金属氧化物催化剂在烃类的选择氧化过程中存在着相间协同效应，即“遥控”机理（图 2-26）。这种相间氧溢流过程被认为对维持催化剂活性、改善其氧化选择性等具有重要作用。

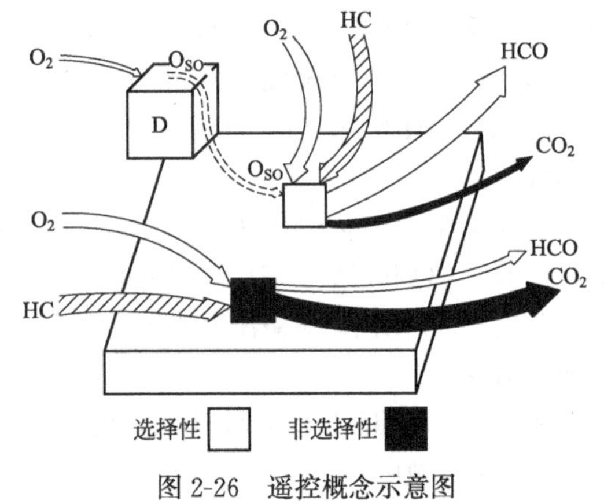

图 2-26　遥控概念示意图

图 2-26 中箭头的宽度表明各种化学物质的通量的大小。O_{SO} 代表溢流氧；HC 代表碳氢化合物；HCO 代表含氧碳氢化合物；D 代表给体。应该指出的是，嵌入烃中的氧不是溢流氧，而是氧化物中的晶格氧。因此，溢流氧的作用被认为是帮助意外和深度还原的氧化物重新氧

化，尽管这对于氧分子来说更加困难。在 Sb_2O_4-MoO_3 催化剂中，Sb_2O_4 是溢流氧的供体，溢流氧控制 Mo^{6+} 和受体（MoO_3）的更多还原 Mo 阳离子之间的价平衡。

金属 Pd 纳米粒子与酸性沸石通过反向氢溢流过程的协同作用对提高催化活性和乙酸乙酯的选择性至关重要，图 2-27 显示其相应的机理。

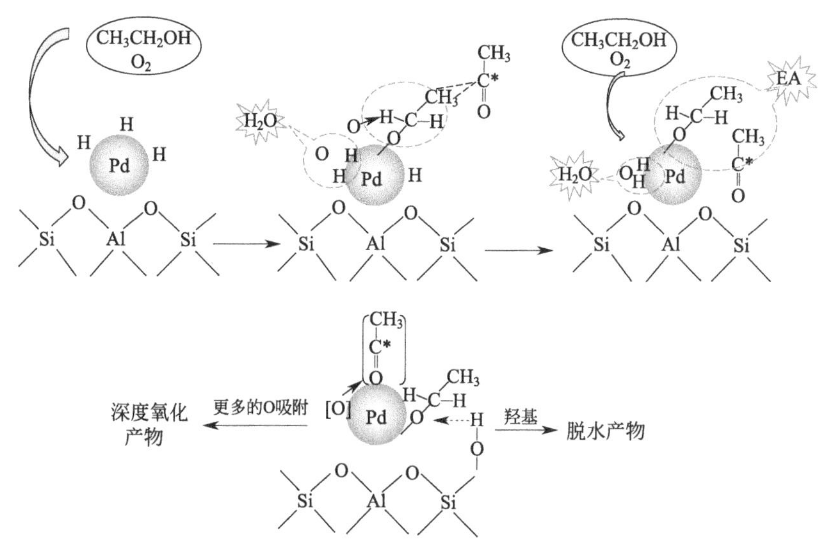

图 2-27　乙醇反氢溢流生成乙酸乙酯的机理及 Pd 催化剂脱水深度氧化机理

2.5.4　溢流物种及溢流形式

溢流物种在多相催化过程中起着十分重要的作用，其中包括：氢溢流、氧溢流、CO 溢流及金属与金属间的溢流。

（1）氢溢流

大多数的金属催化剂都是负载在大比表面积的金属氧化物或活性炭上，因此，氢从一种金属到金属氧化物或活性炭表面的溢流是非常重要的。

虽然氢气不容易在金属氧化物的表面吸附并解离，但在第Ⅷ族的金属上，即使在室温条件下都很容易吸附和解离，并且所得的原子态的氢可以溢流到其他氧化物的表面。

单位 Pt/C 催化剂样品的 H_2 的吸附量随催化剂样品中的 Pt 含量减少而增加。在高度稀释的 Pt/C 催化剂样品中，H/Pt 的比值已经达到了饱和值，结果说明大多数原子态的 H 以溢流的形式吸附在活性炭的表面上（见表 2-10）。

表 2-10　机械混合的 C 和 Pt/C 催化剂在 298K 下对 CO 和 H_2 的化学吸附量的影响

C 与 Pt/C 比	吸附量/($10^{19}\cdot g^{-1}$)		H/Pt
	H	CO	
0	9.84	3.3	3.2
3∶1	16.29	1.76	21
9∶1	20.34	0.72	66
20∶1	23.81	0.34	160
50∶1	21.49	0.14	360
99∶1	21.83	0.06	700

氢溢流可以通过图 2-28 来说明。

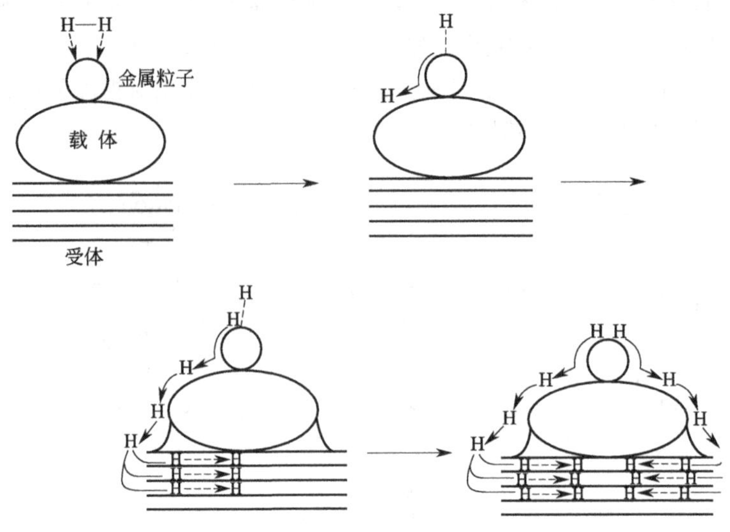

图 2-28 氢溢流过程示意图

氢溢流可由三个主要步骤来表征，第一个步骤是分子氢在过渡金属催化剂表面上通过解离化学吸附分裂成其组成原子，然后从催化剂迁移到载体，最后扩散到载体表面和/或受体材料中。

本质上，氢原子会从富氢表面迁移到贫氢表面。然而，这些原子通常不会在载体金属表面产生。因此，氢溢流发生的两个条件：①能够产生原子态氢（如要求催化剂能够解离吸附氢）；②原子态氢能够顺利迁移运动（如固体粒子的间隙和通道，或质子传递链）。

通过转移中性氢原子到载体上克服反应能垒。在带有 Pd 纳米粒子的金属有机骨架（MOF）催化剂中，H 的迁移在温度低至 180K 下观察到。当 H 转移到载体上时，它们承担了 Lewis 碱的作用，在那里它们提供电子并可逆地还原吸附剂。此外，二苯并噻吩的加氢脱硫反应表明，羟基似乎有利于溢出氢的迁移，而钠阳离子则可能捕获溢出氢，决定了加氢反应的途径。

氢的溢出量随吸附温度和金属分散度的增加而增加，已报道吸附剂的可用表面积与储氢能力之间的相关性。对于含 Pd 的 MOF，在饱和金属颗粒的存在下，氢的溢出能力仅取决于吸附剂的表面积和孔径。在铂或镍等催化剂上，原子氢可以高频生成，通过表面扩散，氢原子的多功能传输可以促进反应，甚至使催化剂再生。然而，问题在于氢-载体间键的强度，过强的相互作用会阻碍其通过反向溢流来提取氢，并使其作为燃料电池储氢的功能失效；若氢-载体间键太弱，氢很容易丢失到环境中。

随着对替代能源的兴趣日益浓厚，氢气作为燃料的应用前景已成为优化储存方法的主要推动力，特别是在环境温度下，它们的应用将更加实用。在作为吸附剂的轻质、固态材料中，在近环境条件下实现高密度氢储存已成为一种可能的技术。通过溢流技术可以显著提高碳材料中的氢储存。MOF 和用于这种存储的具有高此表面积的其他多孔材料，包括但不限于纳米碳（例如石墨烯、碳纳米管）、沸石和纳米结构材料。

氢溢流现象的研究，发现了另一类重要的作用，即金属和载体间的强相互作用，简称为 SMSI（strong-metal-support-interaction）效应。当金属负载于可还原的金属氧化物载体上，如 TiO_2 上时，在高温下还原导致金属对 H_2 的化学吸附和反应能力降低，这是由于可还原的载体与金属间发生了强相互作用，载体将部分电子传递给金属，从而减小对 H_2 的化学吸附能力。

受此作用的影响，金属催化剂可以分为两类：一类是烃类的加氢、脱氢反应，其活性受到很大的抑制；另一类是有 CO 参加的反应，如 CO 和 H_2 反应、CO 和 NO 反应，其活性得到很大提高，选择性也增强。这后面一类反应的结果，从实际应用来说，利用 SMSI 解决能源及环保等问题有潜在意义。研究的金属主要是 Pt、Pd、Rh 贵金属，目前研究工作仍很活跃，多偏重于基础研究，对工业催化剂的应用尚待开发。

溢流效应是提高催化反应速率最有希望的方法之一。然而，这种效应通常出现在动态状态，即在反应过程中，反应以相当大的反应速率进行，这使得通过静态方法难以解释溢流效应。因此，需要进行更多的基础研究。开发替代能源和保护环境要求在偏离条件下进行高度选择性和非常快速的催化反应。

氢溢流的研究最为深入广泛。表 2-11 给出了一些常见的氢溢流体系。

表 2-11　一些常见的氢溢流体系

受体相	给体相		
	初级溢流	次级溢流	反溢流
Al_2O_3	Pt,Ni,Ru,Fe,Rh,Pd,Pt,Pt-Re,Pt-Ir,Pt-Ru Pt-Au,Fe-Ir,Fe-Cu	Pt/SiO_2	Pt,Ni
SiO_2	Pt,Pd,Rh,Pt-Au	Pt/Al_2O_3	
TiO_2	Pt,Ni,Rh		Pt
SnO_2	Pt,Pd	Pt/Al_2O_3,Pd/Al_2O_3	
CeO_2	Rh		
WO_3	Pt	Pt/SiO_2	Pt/SiO_2
MoO_3	Pt,W/C	Pt/Al_2O_3	Pt/SiO_2
ZnO	Pt,Co-Cu	Pt/SiO_2,Pt/Al_2O_3	
其他氧化物	Pt/CuO,Pd/CuO Pd/La_2O_3,Pd/Ag_2O Ni/Cr_2O_3		
C	Pt,Pd,Co,FeS,CuS Ni,Mo,Ru-Ni/La_2O_3		Pt,Ni
Cu	Ni,Ru,Rh,Pd		

（2）氧溢流

大量氧化反应的存在引起了人们对氧溢流的兴趣，积碳现象出现在许多有机反应中，常引起催化剂的失活，氧溢流能够清除催化剂表面沉积的碳物种。

Yamamoto 等在研究 Ni(Ⅱ）铁氧体催化分解 CO_2 的活性发现，掺杂 1%的 Pt、Rh 或 Ce 可提高 Ni(Ⅱ）铁氧体催化剂分解 CO_2 的活性，其活性顺序为 Ce$<$Pt$<$Rh，且均比未掺杂的 Ni(Ⅱ）铁氧体的活性好。

他们认为氢气还原掺杂 Rh 或 Pt 的 Ni(Ⅱ）铁氧体时表面上形成的金属态 Rh 或 Pt 产生氢溢流和氧溢流作用，加速促进 H_2 和 CO_2 的吸附解离，因而提高 Ni(Ⅱ）铁氧体的活化速率和 CO_2 的分解速率。

表面上形成的 Ce 同样能产生氧溢流作用促进了 CO_2 的吸附解离。

（3）CO 溢流

当 CO 吸附在纯 Pt 膜上时，Pt 和 CO 之间的相互作用，特别是线性吸附 CO 的相互作用非

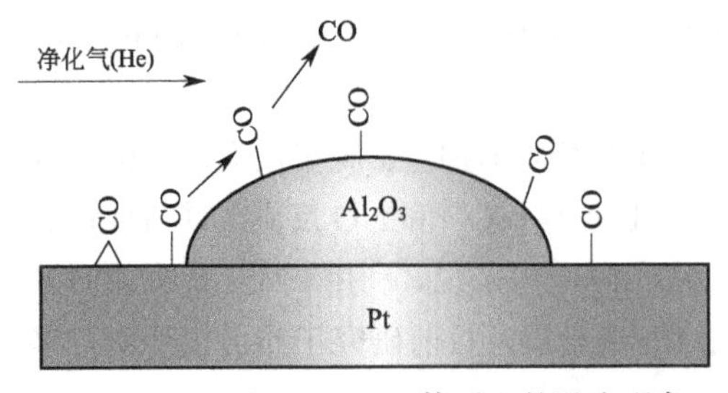

图 2-29 CO 在 Pt-Al_2O_3 体系上的溢流现象

常强。因此，CO 从 Pt 上的解吸速率是非常缓慢的。然而，当 Pt 被一定量的 Al_2O_3 覆盖时，CO 解吸速率显著增加，这可能是由于从 Pt 到 Al_2O_3 的 CO 溢流效应（图 2-29）。Al_2O_3 覆盖的 Pt 膜和纯 Pt 膜的 CO 解吸速率遵循零级反应动力学，即解吸速率与覆盖无关。此外，Al_2O_3 对线性和桥联吸附的 CO 的影响是不同的。

2.5.5 基于溢流效应的气-固相催化剂设计

基于引入有利溢流效应的可能性的催化剂设计目前是有效的，并有越来越多的相关研究被发表。

溢流子在固体催化剂表面不同部位间的定向有序流动转移为调控气-固多相催化反应提供了一种新机制。藤本（Fujimoto）总结了利用氢溢流和氧溢流进行催化剂设计的思路。赵德华等在对氧化物催化剂中体相晶格氧的活动性和氧的相间溢流行为的研究基础上，提出在 Redox 机理框架下设计选择性氧化催化剂的思路，这种思路即为前面讨论的溢流对催化反应影响的四个方面。

如研究催化剂载体在氢溢流过程中的可还原性，图 2-30 反映了在可还原性和不可还原性载体上氢溢流的两种不同结果。

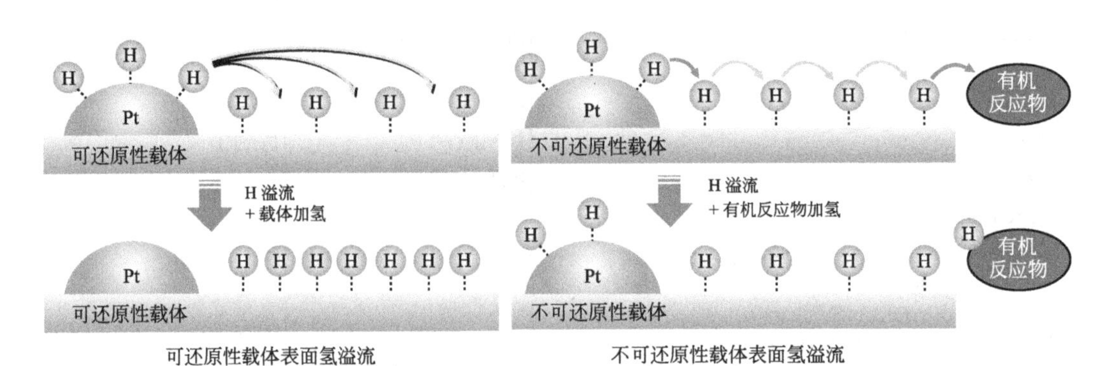

图 2-30 氢溢流的两种不同结果

对于第一种情况，氢溢流导致载体被加氢还原，此时，金属与载体间的相互作用发生改变，从而导致其催化性能的变化。对于第二种情况，如果载体表面的一个 H 原子转移到不饱和有机反应物上，而另一个 H 原子同时从金属催化剂表面重新填充，则载体的整体氧化状态不会改变。

非还原金属氧化物（如 SiO_2、γ-Al_2O_3 和铝硅酸盐）的表面不能为原子氢提供强结合位点，除非根据价键理论它们有特殊的缺陷位点。对于这些载体，有机反应物与原子氢之间的成键反应可以为氢溢流提供强大的热力学驱动力，在连续供应不饱和有机反应物下进行催化加氢。如果载体能够提供一条具有较低活化势垒的路径，或者如果反应温度足够高以克服原子氢迁移的活化势垒，则溢流的氢可以参与催化加氢反应。

对于封装在分子筛（如 NaA 分子筛）微孔中的金属粒子，H_2 和 CO 在不同温度下的化学吸附表明，随着分子筛非晶化程度的逐渐增加，虽然 NaA 分子筛的孔径逐渐减小，但 H_2

(0.29nm) 和 CO (0.38nm) 都可以自由地进入 NaA 分子筛中封装的 Pt 原子表面；但在 Na-HA 分子筛中只有小的 H_2 可以接触到 Pt，而在完全脱 Na^+ 的 HA 分子筛中，即使氢的扩散也只能在高温下进行。与 Pt/SiO_2 相比，Pt/NaA 样品在苯加氢和环己烷脱氢中的催化活性可忽略不计。可忽略的催化活性表明，氢溢流在这些材料中的催化作用不明显。

因此，吸附物种产生的溢流子在不同载体材料或包覆材料上的不同溢流形式直接影响着催化剂的性能。这是我们在设计负载型金属催化剂时需要考虑的，这种影响也有助于设计高选择性催化剂。如包裹在致密铝硅酸盐中的 Pt 能催化丙烷脱氢，同时能显著抑制氢解反应。若金属被封装在致密的载体基质中，选择性地允许 H_2 扩散，则目标反应物和活性氢之间的反应发生在载体的外表面，这意味着催化性能主要取决于目标反应物在“载体表面”上的吸附模式，而不是“金属表面”，因此，载体表面的化学改性可导致催化性能的显著变化。

金属封装可以显著提高催化剂的耐久性。在液相反应条件下，致密载体基体的物理稳定能显著提高催化剂的热烧结和金属浸出性能。例如，封装在 A 型分子筛 (Pt/NaA、Pt/NaHA 和 Pt/HA) 中的 Pt，即使在氢气气氛下于 973K 热处理后也不会烧结 (直径≈1.0nm)。相比之下，传统的 Pt/SiO_2 在 1.1～3.1nm 范围内表现出明显的 Pt 团簇烧结。

如果载体基质阻止了催化剂毒物向金属表面的扩散，同时仍然允许氢气的扩散，则封装金属催化剂对各种催化毒物的抵抗力会增强。除非毒物与载体表面活性部位的有机反应物分子发生激烈的竞争，否则在催化反应过程中可预期提高其抗毒物能力，如包裹在 SiO_2 涂层的 KA 分子筛中的 Pt 在萘加氢过程中对抗硫化氢毒化的能力增强。

2.6 吸附与催化作用机理

催化循环包括：①反应物通过边界层扩散到催化剂表面；②反应物扩散到催化剂孔隙中；③反应物在孔内表面吸附；④催化剂表面化学反应；⑤产物从催化剂表面解吸；⑥产物从孔隙中扩散出来；⑦产物从催化剂通过边界层扩散到气相本体七个步骤，如图 2-31 所示。

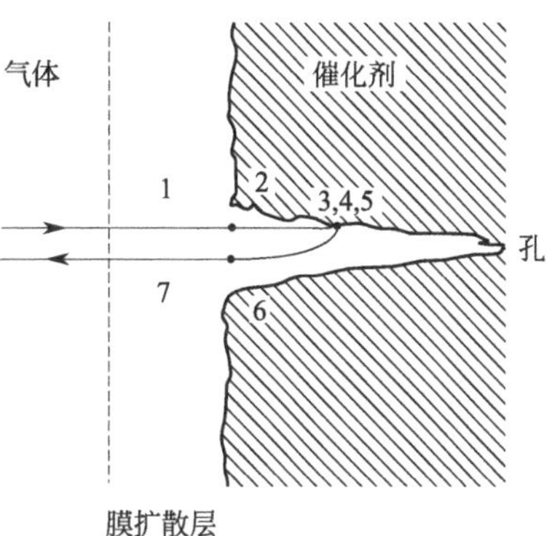

图 2-31 非均相催化气相反应的各步骤

在固体表面上，对于加速实际的化学反应，吸附是一个必需的步骤。化学吸附是多相催化过程中的一个重要环节，而且，反应物分子在催化剂表面上的吸附决定着反应物分子被活化的程序以及催化过程的性质，例如活性和选择性。在非均相 (多相) 催化反应中，至少有一种反应物是被固体表面化学吸附的，而且这种吸附是催化过程的关键步骤：

① 吸附作用与催化作用密切相关；

② 固体催化剂的作用是由于其吸附反应物质的能力；

③ 相同的多孔固体可作为吸附剂、催化剂载体和催化剂；

④ 固体表面的化学性质、大小、多孔结构、力学性能和热稳定性对吸附和催化起重要作用；

⑤ 吸附理论研究的发展、新型吸附剂的设计和制备影响着多相催化的发展。

没有吸附就没有多相催化。多相催化涉及化学吸附，它具有化学反应的特征。表面反应是在反应机理的至少一个步骤是吸附一个或多个反应物的反应。这些反应的机理和速率方程对于多相催化极为重要。通过扫描隧道显微镜，如果反应的时间尺度在正确的范围内，可以在真实空间中观察到固体/气体界面上的反应。固体/气体界面上的反应在某些情况下与催化有关。

2.6.1 单分子分解反应

若一个反应通过下列过程发生：

$$A+S \underset{k_{-1}}{\overset{k_1}{\rightleftharpoons}} AS \xrightarrow{k_2} \text{产物} \tag{2-25}$$

式中，A代表反应物；S代表表面上的吸附位；k_1、k_{-1} 和 k_2 分别为吸附、解吸和反应的速率常数，则总的反应速率为：

$$r=-\frac{dc_A}{dt}=k_2 c_{AS}=k_2\theta c_S \tag{2-26}$$

式中，r 为反应速率，$mol \cdot m^{-2} \cdot s^{-1}$；$c_{AS}$ 为表面已占据吸附位AS的浓度，$mol \cdot m^{-2}$；θ 为表面覆盖度；c_S 为总的吸附位数目（包括占据的和未占据的），$mol \cdot m^{-2}$；t 为时间，s；k_2 为表面反应的速率常数，s^{-1}。

若采用稳态近似处理，则：

$$\frac{dc_{AS}}{dt}=0=k_1 c_A c_S(1-\theta)-k_2\theta c_S-k_{-1}\theta c_S \tag{2-27}$$

因此：

$$r=-\frac{dc_A}{dt}=\frac{k_1 k_2 c_A c_S}{k_1 c_A+k_{-1}+k_2} \tag{2-28}$$

其结果相当于酶催化的反应的Michaelis-Menten动力学。速率方程比较复杂，反应级数不清楚。在实验工作中，通常需要寻找两个极端情况来证明该机制。考虑到这些极端情况，速率确定步骤可以是：

若吸附/脱附为速控步骤：

$k_2 \gg k_1 c_A$，$k_2 \gg k_{-1}$，则：$r \approx k_1 c_A c_S$

反应对反应物为一级反应。如 N_2O 在Au上的反应或HI在Pt上的反应。

若吸附物种的分解反应为速控步骤

$k_2 \ll k_1 c_A$，$k_2 \ll k_{-1}$，则：

$$r \approx \frac{k_1 k_2 c_A c_S}{k_1 c_A+k_{-1}}=\frac{K_1 k_2 c_A c_S}{K_1 c_A+1} \tag{2-29}$$

由于AS的分解反应为速率控制步骤，可以采用平衡态近似处理法，即：

$$k_1 c_A c_S=k_{-1} c_{AS}$$

$$c_{AS}=\frac{k_1 c_A c_S}{k_{-1}}=K_1 c_A c_S$$

$$r=k_2 c_{AS}=K_1 k_2 c_A c_S=k c_A c_S \tag{2-30}$$

其中，$k=K_1 k_2$

考虑反应物浓度对反应速率的影响，则反应速率为：

低浓度下，$r=K_1 k_2 c_A c_S$，即反应对于反应物A为1级反应。

高浓度下，$r=k_2c_S$，反应对反应物 A 为零级反应。

2.6.2 双分子反应

（1）Langmuir-Hinshelwood 机理

该机理由 Langmuir1921 年提出，1926 年 Hinshelwood 进一步发展了该机理。假设参与反应的双分子吸附在催化剂表面相邻的位置上，并且所吸附的分子经历双分子反应，即：

$$A+S \rightleftharpoons AS \qquad k_1, k_{-1}$$

$$B+S \rightleftharpoons BS \qquad k_2, k_{-2}$$

$$AS+BS \rightleftharpoons AB+2S \qquad k$$

$$r=k\theta_A\theta_B c_S^2 \tag{2-31}$$

设 θ_E 为空位百分数，则：

$$\theta_A+\theta_B+\theta_E=1$$

假设速率限制步骤是吸附分子的反应，两个吸附分子间的碰撞概率很低。

设 A 和 B 在催化剂表面上的吸附均服从 Langmuir 吸附等温式，即：

$$\theta_A=\frac{K_1c_A}{1+K_1c_A+K_2c_B},\ \theta_B=\frac{K_2c_B}{1+K_1c_A+K_2c_B}$$

从而得到反应速率表达式：

$$r=kc_S^2\frac{K_1K_2c_Ac_B}{(1+K_1c_A+K_2c_B)^2} \tag{2-32}$$

速率方程是复杂的，对于两个反应物均没有确定的反应级数。考虑下列特定的情况。

两种分子都具有低吸附性：

意味着 $1\gg K_1c_A$，$1\gg K_2c_B$，因此：$r=kc_S^2K_1K_2c_Ac_B$

对于每一个反应物，反应级数为 1，总的反应级数为 2。

反应物之一 B 具有低吸附性：

在这种情况下，$K_1c_A\gg K_2c_B$，$1\gg K_2c_B$，因此：

$$r=kc_S^2\frac{K_1K_2c_Ac_B}{(1+K_1c_A)^2}$$

因此，反应对于反应物 B 是 1 级的。对于反应物 A 的反应级数，有两种极端可能性：

① A 处于低浓度，则：$r=kc_S^2K_1K_2c_Ac_B$，反应对 A 是 1 级的；

② A 处于高浓度，则：$r=kc_S^2\dfrac{K_2c_B}{K_1c_A}$，反应对 A 是－1 级的。

或反应物之一具有高的吸附性。一种反应物 A 具有高的吸附性，而其他反应物吸附均不强。则：

$$K_1c_A\gg 1, K_1c_A\gg K_2c_B$$

因此，$r=kc_S^2\dfrac{K_2c_B}{K_1c_A}$。即：反应对反应物 B 是 1 级的，而对反应物 A 是－1 级的。反应物 A 在所有情况下对反应均具有阻滞作用。

表 2-12 为遵循 Langmuir-Hinshelwood 反应机理的实例。

表 2-12　遵循 Langmuir-Hinshelwood 反应机理的实例

序号	反应	催化剂
1	$2CO+O_2 \longrightarrow 2CO_2$	Pt
2	$CO+2H_2 \longrightarrow CH_3OH$	ZnO
3	$C_2H_4+H_2 \longrightarrow C_2H_6$	Cu
4	$N_2O+H_2 \longrightarrow N_2+H_2O$	Pt
5	$C_2H_4+\frac{1}{2}O_2 \longrightarrow CH_3CHO$	Pd
6	$CO+OH \longrightarrow CO_2+H^++e^-$	Pt

（2）Eley-Rideal 机理

该机理由 D. D. Eley 和 E. K. Rideal 在 1938 年提出。在该机理中，只有一种反应物分子被吸附，而另一反应物分子从气相直接与吸附的反应物分子反应（“非热表面反应”）：

$$A(g)+S(s) \underset{k_{-1}}{\overset{k_1}{\rightleftharpoons}} AS(s)$$

$$AS(s)+B(g) \xrightarrow{k} \text{产物}$$

速率方程：$r=kc_{AS}c_B$

采用稳态近似处理法：$r=kc_S\theta_A c_B$

而：$\theta_A=\dfrac{K_1c_A}{1+K_1c_A}$

则：$r=kc_Sc_B\dfrac{K_1c_A}{1+K_1c_A}$

结果，反应对 B 是一级的。对于 A，有两种可能，取决于 A 的浓度：

在低浓度下，$r=kK_1c_Sc_Ac_B$，反应对 A 是一级的；

在高浓度下，$r=kc_Sc_B$，反应对 A 是零级的。

遵循 Eley-Rideal 反应机理的实例见表 2-13。

表 2-13　遵循 Eley-Rideal 反应机理的实例

序号	反应	催化剂
1	$C_2H_4+\frac{1}{2}O_2(ads.) \longrightarrow (CH_2CH_2)O$	
2	$C_2H_4+6O(ads.) \longrightarrow 2CO_2+2H_2O$	
3	$CO_2+H_2(ads.) \longrightarrow H_2O+CO$	
4	$2NH_3+\frac{3}{2}O_2(ads.) \longrightarrow N_2+3H_2O$	Pt

当气体分子撞击固体表面时导致形成化学吸附覆盖层对于了解反应机理是有益的。在一个干净的催化剂表面上，分析在气体分子碰撞之后将发生的情况：

① 气体分子弹性碰撞后散射（即不损失能量）回到气相中。

② 分子可能失去足够的平动能给固体，并以物理吸附状态吸附在固体表面上。

③ 若分子具有足够的能量，它将直接形成化学吸附状态，而不会形成物理吸附态。

④ 如果分子在入射点被捕获在物理吸附状态，它可能 a. 转变为化学吸附，b. 被非弹性地（即失去能量）散射回气相，或 c. 跳跃到邻近位置，在这种情况下，路径①和②再次进行。

⑤ 在化学吸附物种的形成过程中，该分子或其解离组分可以 a. 失去足够的化学能，通过从物理吸附态向化学吸附态的放热转移释放到固体，并且定位于原始位置；b. 失去足够的能量，从而使有限数量的扩散快速移动，直到多余的能量消散；c. 持续迁移，取决于迁移活化能和热（波动）能 kT 的比值。

固体表面上多相催化的两种机理示意如图 2-32 所示。

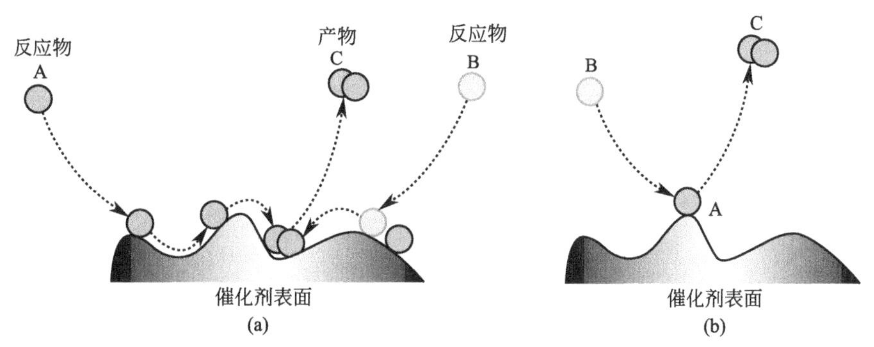

图 2-32　固体表面上多相催化发生的两种可能机理：
Langmuir-Hinshelwood 机理（a）和 Eley-Rideal 机理（b）

2.6.3　扩散控制反应

催化循环包括吸附、解吸、特定的表面反应步骤甚至表面扩散。特别是在多孔材料中，催化剂的活性中心分布在内表面，扩散对反应动力学有重要影响，如择型形化、封装在载体中的金属粒子对催化产物的影响等。在液-固相催化反应中，反应物从液相本体向催化表面活性位扩散，产物从催化剂表面解吸后向液相本体扩散，反应组分在本体中的扩散较气体慢得多，反应速率受扩散的影响很大，不在这里进行讨论。本节主要讨论催化剂结构对扩散的影响，进而控制反应。

催化剂如分子筛中扩散的重要性是由于反应物需要到达催化活性部位，而产物需要离开该部位。如图 2-33 所示，对于填充床结构，反应物需要从本体移动到活性部位。在催化过程中，床层通常由粒径较小的颗粒（在分子筛中为晶体）、大孔颗粒（d_{pore}＞50nm）、介孔（2nm＜d_{pore}＜50nm）甚至是微孔（d_{pore}＜2nm）组成。可以阻止最佳催化方式的外部阻力是颗粒周围的薄膜层，它可以引起外部传热和传质限制。此外，颗粒中的大孔以及小颗粒或晶体中的中孔和微孔会导致内部（扩散）质量传输限制。同时，由于颗粒（颗粒化）的散热不良，可能会出现内部传热限制。

大多数传输限制和相关的催化剂有效性是基于解决催化剂颗粒中的反应-扩散问题。由于分子筛催化剂孔径小，扩散限制可能比较突出。

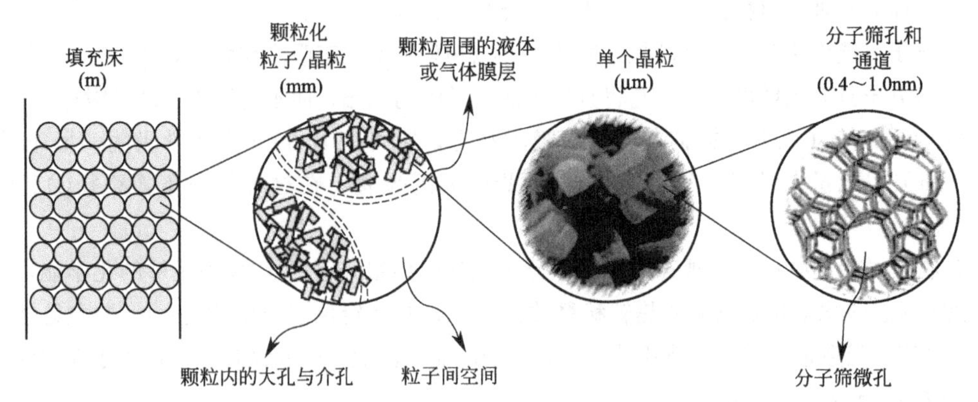

图 2-33 在常见的催化过程中，反应物从本体到活性中心的路径包含广泛的扩散过程

第3章 金属催化剂及其相关催化过程

3.1 概述

金属催化剂或负载型金属催化剂，是固体催化剂中研究最早、最深入，也是应用最广泛的一类催化剂，常用于催化加氢、脱氢和氧化反应。例如，氨的合成（Fe）和氧化（Pt），有机化合物的加氢（Ni，Pd，Pt），氢解（Os，Ru，Ni）和异构（Ir，Pt），乙烯的氧化（Ag），CO加氢（Cu，Fe，Co，Ni，Ru），以及汽车尾气处理的三效催化剂（Pt，Pd，Rh）等，都是金属催化剂。

金属催化剂在催化中的作用是其他催化剂无法替代的，例如自从20世纪P. Sabatier发现金属Ni可催化苯加氢生成环己烷以来，除金属外尚未发现其他类型的催化剂可以催化这一反应；同样地，对于乙烷氢解反应，也未发现除金属以外其他可用于此反应的催化剂。表3-1总结了自19世纪70年代以来发展起来的一些重要的金属催化过程。

表3-1 金属催化的重要工业非均相反应

过程	年份	主要用途	关键反应方案	典型催化剂
SO_2 氧化制硫酸	1875	化学品、冶金加工	$SO_2+1/2O_2 \longrightarrow SO_3$	Pt沉积在石棉、$MgSO_4$ 或 SiO_2 上(20世纪20年代以来被 V_2O_5-K_2SO_4/SiO_2 替代)
甲醇制甲醛	1890	胶黏剂用树脂	$CH_3OH+1/2O_2 \longrightarrow HCHO+H_2O$	Ag丝网或Ag晶质
烯烃加氢	1902	炼油	$C_2H_4+H_2 \longrightarrow C_2H_6$	Ni,Pt
食用油脂加氢	1900s	食品生产	不饱和脂肪酸⟶部分饱和酸	负载Ni
甲烷化	1900s	燃料	$CO+3H_2 \longrightarrow CH_4+H_2O$	负载于 Al_2O_3 或其他氧化物载体上的Ni
合成氨(Haber)	1913	化肥	$N_2+3H_2 \longrightarrow 2NH_3$	Al_2O_3、K_2O、CaO和MgO促进的Fe催化剂
氨氧化(Ostwald)	1906	HNO_3 生产	$4NH_3+5O_2 \longrightarrow 4NO+6H_2O$	90% Pt-10% Rh丝网催化剂
F-T合成	1938	燃料	$CO+H_2 \longrightarrow$ 煤油	有促进剂的Fe或Co负载型催化剂
水蒸气重整	1926	合成气	$C_nH_m+nH_2O \longrightarrow nCO+[n+(m/2)]H_2$	K_2O 促进的负载型Ni催化剂
乙烯制氧化乙烯	1937	防冻剂乙二醇	$C_2H_4+1/2O_2 \longrightarrow (CH_2)_2O$	由Cl和Cs促进的 Ag/Al_2O_3
HCN合成	1930s	化学品	$CH_4+NH_3+3/2O_2 \longrightarrow HCN+3H_2O$	90% Pt-10% Rh丝网
催化重整	1940s	燃料	n-$C_6H_{14} \longrightarrow i$-$C_6H_{14}$	Pt、Pt-Re或Pt-Sn/酸化的 Al_2O_3 或分子筛
苯制环己烷	1940s	尼龙	$C_6H_6+3H_2 \longrightarrow C_6H_{12}$	Ni、Pt或Pd

续表

过程	年份	主要用途	关键反应方案	典型催化剂
醋酸乙烯酯合成	1968	聚合物	$C_2H_4+CH_3COOH+1/2O_2 \longrightarrow CH_3COOCH=CH_2+H_2O$	Pd/SiO_2 或 Pd/Al_2O_3
汽车三效催化剂	1970s	污染物控制	$CO+HCs+NO_x+O_2 \longrightarrow CO_2+H_2O+N_2$	整体式载体上的 Pt、Pd、Rh

几乎所有的金属催化剂都是过渡金属，这与过渡金属的电子结构、表面化学键有关。

过渡金属晶体中原子以不同的排列方式密堆积，形成多种晶体结构，金属晶体表面裸露着的原子可为化学吸附提供吸附中心，吸附的分子可以同时和1、2、3或4个金属原子形成吸附键，即单位或多位吸附。如果包括第二层原子参与吸附的可能性，金属催化剂可提供的吸附成键方式就更多。所有这些吸附中心相互靠近，有利于吸附物种相互作用或协同进行反应。因此，金属催化剂可提供高密度多种吸附反应中心，这是金属催化剂的一个特点。

金属纳米粒子（Nanoparticles，NPs）的表面原子具有悬挂键，金属纳米粒子的表面原子比例高，因此每个原子的平均结合能较高。金属 NPs 的分散度与尺寸成反比，使得其许多性质遵循相同的比例律而变化（例如，金属 NPs 的熔化温度）。金属纳米粒子上的边角原子具有更少的配位邻域，因此这些边角原子可能与“外来”原子和分子紧密结合。小型金属团簇可以视为由单个原子、二聚体、三聚体等组成，它们的行为应该更像原子或分子，特别是金属单原子催化。

许多来自大量粒子统计平均值的传统热力学概念，在纳米粒子体系特别是由只有少量原子的单个孤立金属团簇组成的系统里可能会受到挑战。由于量子效应，将单个“额外”或“外来”原子添加到只有几个原子的小金属簇中，可以重置系统的能量尺度。电离能和电子亲和能是控制分子吸附的重要因素，随着单个原子加入金属团簇，它们会发生波动。金属团簇电子结构的变化影响了它们与其他原子或分子形成化学键的能力以及它们的氧化还原反应。因此，小金属团簇的催化活性和选择性很大程度上取决于它们的原子数和特定的原子构型。

以金属为活性组分的催化剂，常见的是周期表中第Ⅷ族金属和ⅠB族金属为活性组分的固体催化剂。表3-2列出了使用金属催化剂的主要反应类型。

表 3-2　金属催化剂的主要反应类型

反应类型	主反应式	催化剂典型代表
加氢	$N_2+3H_2 \longrightarrow 2NH_3$	α-Fe-Al_2O_3-K_2O-CaO
	苯$+3H_2 \longrightarrow$环己烷	Ni-Al_2O_3
	苯酚$+3H_2 \longrightarrow$环己醇	Raney Ni
	己二腈$+4H_2 \longrightarrow$己二胺	Raney Ni-Cr
	$>C=C<$（油脂）$+H_2 \longrightarrow >CH-CH<$	Raney Ni，Ni-Cu/硅藻土
	$CO+3H_2 \longrightarrow CH_4+H_2O$	Ni-Al_2O_3
	$R-C\equiv CH+H_2 \longrightarrow R-CH=CH_2$	Pd-Ag/13X 分子筛
	加氢裂解	Pt-分子筛
制氢	$C_mH_n+mH_2O \longrightarrow mCO+(m+n/2)H_2$	Ni-MgO-Al_2O_3-SiO_2-K_2O
催化重整	$C_5H_9CH_3 \longrightarrow C_6H_6+3H_2$	Pt-Re/Al_2O_3
异构化	乙苯$\longrightarrow$二甲苯	Pt/丝光沸石
氧化	$2NH_3+5/2O_2 \longrightarrow 2NO+3H_2O$	Pt-Rh 丝网
	$CH_3OH+1/2O_2 \longrightarrow HCHO+H_2O$	Ag(3.5%～4%)-Al_2O_3
	$C_2H_4+1/2O_2 \longrightarrow$环氧乙烷	Ag 负载型催化剂
	$CO+1/2O_2 \longrightarrow CO_2$	Pt/载体

若从使用过程考虑，金属催化剂常见于下列工艺过程。

(1) 与能源相关的金属催化

金属催化在石油、煤炭和天然气等化石燃料的利用中起着关键作用。石油炼制技术已被公认为是20世纪最具影响力的20项工程成就之一，为全球提供40%的能源、90%的工业有机化学品。然而，原油含有大量的碳氢化合物混合物（以及少量的硫和含氮有机化合物），如果没有进一步的加工，就无法有效地使用。不同沸点范围的组分通过分馏分离后，经催化加氢脱硫（HDS）和加氢脱氮（HDN）处理，以去除杂质、环境污染物如二氧化硫和氮氧化物，再进一步进行催化重整、裂化和加氢，以生产高质量的燃料。

为了充分利用煤炭和天然气作为能源和作为化学品原料的潜力，目前越来越多地通过气化（$C+H_2O \longrightarrow CO+H_2$）、甲烷水蒸气重整（$CH_4+H_2O \longrightarrow CO+3H_2$）或直接氧化（$CH_4+1/2O_2 \longrightarrow CO+2H_2$）把它们转化为合成气（CO和$H_2$的混合物），并进一步转化，通过费-托工艺转化为重烃和醇类。

液态肼（N_2H_4）在Ir/γ-Al_2O_3催化剂作用下室温分解为N_2、H_2和NH_3，已经用作控制和调整卫星轨道和姿态的推进剂。更具前景的氢燃料电化学能量转换器（燃料电池）在汽车、航天飞机和其他电力系统中广泛应用。Pt基催化剂被一致认为是质子交换膜燃料电池（PEMFC）中氧化还原反应（ORR）最有效的催化剂。

(2) 与化学品制造相关的金属催化

工业上选择性氧化催化的成功例子为乙烯转化为环氧乙烷和甲醇转化为甲醛，这两个反应使用的催化剂都是Ag催化剂。在α-Al_2O_3或SiC负载的碱土或碱金属促进的Ag金属颗粒上进行乙烯部分氧化可制环氧乙烷。甲醛是通过在Ag上氧化甲醇制备的，同时加入水蒸气、氮气和/或微量添加剂，以促进甲醇吸附和抑制深度氧化。

与食品生产有关的一个经典例子是在镍催化剂作用下不饱和植物油加氢制造人造黄油。

(3) 与材料合成相关的金属催化

通过金属催化剂生产已内酰胺——尼龙6和尼龙66的前体，是与材料合成相关的金属催化过程。已内酰胺合成通过Allied-Signal工艺实现，该过程涉及在Pd催化剂上的苯酚液相加氢制环已酮，然后环已酮转化为环已酮肟，并通过贝克曼重排进一步转化为已内酰胺。合成的另一途径是Snia Viscosa工艺流程，它包括苯甲酸在Pd/C催化剂上加氢制备六氢苯甲酸，然后通过亚硝基硫酸亚硝化直接转化为已内酰胺。

材料前体合成的另一个实际例子是氢化硅加成工艺，其中氢化硅与不饱和化合物发生加成反应。尽管均相金属配合物也经常用于这些氢化硅加成反应，但在许多应用中，负载型Pt催化剂是首选催化剂。

(4) 与环境控制相关的金属催化

事实上，目前催化剂消费市场中有三分之一与环境催化有关。环境催化最突出的用途之一是控制汽车尾气。用于这种过程的典型催化剂是三效催化剂——由Pt、Rh和Pd金属颗粒组合而成，这些金属颗粒支撑在用La_2O_3或BaO稳定并用CeO_2或CeO_2/ZrO_2改性的γ-Al_2O_3涂层上。

在对挥发性有机化合物处理时，经常使用Pt/Al_2O_3-BaO或Pd/Al_2O_3作为燃烧催化剂，以使工艺温度远低于常规火焰燃烧。

也有一些专门用途的环境催化剂。例如，Pt/丝光分子筛催化剂用于处理喷漆和涂布车间中的空气污染物，并控制苯酐制造工业中污染物的排放。$Pt-V_2O_5-SO_4^{2-}$/丝光分子筛有时用于净化含有硫化物的烟气。

金属催化剂催化反应机理研究表明，金属催化剂的活性中心目前普遍接受的观点是定域化模型。例如，乙烷环氧化催化反应，O_2 定域吸附在 Ag 原子表面上，生成吸附态的 $Ag_2O_2^-$，然后乙烯与它直接作用生成环氧乙烷；氨合成中铁催化剂对 N_2 的吸附解离机理是：在 α-Fe (111) 面上的原子簇活性中心上，N_2 先以端基加多侧基与吸附中心络合，然后在解离中心以及诱导产生的 H 的共同作用下解离。铂重整催化剂对烷烃的异构化是通过定位键位移过渡态而进行的。

金属催化剂定域化模型与过渡金属化合物（包括复合氧化物）的定位络合活化的主要区别在于：前者一般是金属原子簇（多核）起络合活化作用，后者一般在过渡金属原子上（单核）起络合活化作用。由于是多核作用，晶格参数与催化性能之间的关系一般较明显（几何适应性）。

另一方面，由于金属原子的密堆积，金属原子间的键属于电子高度共享的金属键，单胞与单胞间的波函数作用明显。因而，聚集态的电子迁移性能与催化性能的关系比过渡金属化合物更为突出，并且金属的微粒大小及分布、助催剂在金属微粒上的分布等，与催化性能有密切的关系。也就是说，电子迁移性能对吸附态的合适稳定化能有重要影响（能量适应性）。

目前多相金属催化研究的新方向主要在以下几个方面：①新型催化材料，如原子簇与单原子催化；②催化表面科学；③高通量催化剂测试；④提高反应的选择性——绿色化学。

3.2 金属催化剂的类型

3.2.1 根据催化剂的粒径、化学组成和配位环境分类

典型的金属催化剂可以是单核金属配合物（负载的孤立原子）、金属团簇和纳米粒子等几种形式，它们可以均相或非均相体系发挥催化作用（见图 3-1）。

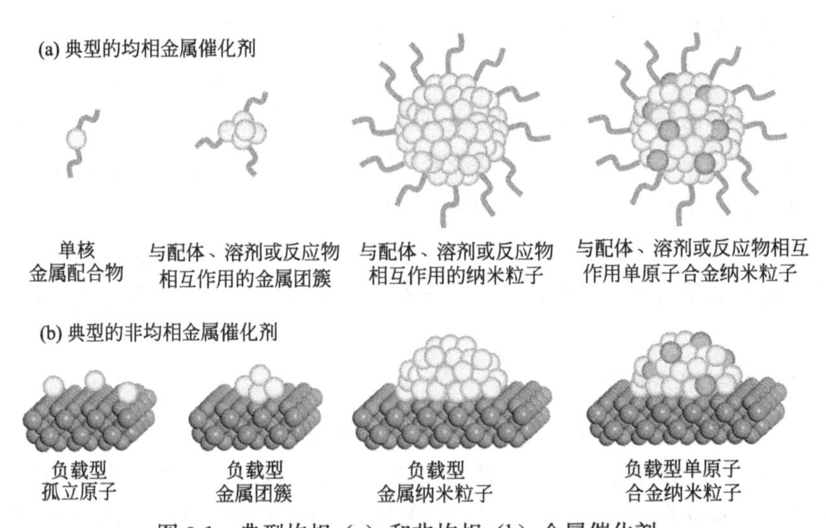

图 3-1 典型均相（a）和非均相（b）金属催化剂

均相催化体系中的活性中心通常与配位的单核金属配合物或与金属中心配位的反应物有关，而金属配合物源自于反应混合物。在某些情况下，双核或多核金属物种也被认为是反应活

性位点。然而，目前对于金属物种在均相催化下的详细结构转变、原子性变化以及最终形成的活性物种的研究很少。

图 3-2 中显示，Au 配合物还原为金属 Au，形成小的 Au 团簇作为成核中心。通过聚结或金属离子附着在 Au 团簇上，Au 的粒径不断增大，直至形成 Au 纳米粒子。

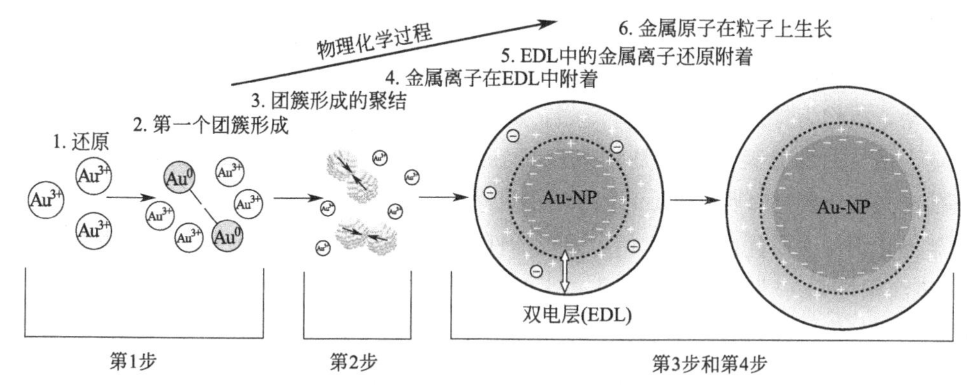

图 3-2 由原子前驱体在溶液中生长 Au 纳米粒子的图解

如图 3-2 所示，在反应中观察到最初引入的金属盐不是活性物种，而是反应过程中形成的金属团簇。此外，不同原子性的原位形成的亚纳米 Au 团簇对反应有较好的催化作用。这些观察结果不仅适用于 Au 催化反应，而且还适用于 Pd 催化的 C-C 偶联反应，Cu 催化的 C-O 和 C-N 偶联反应，以及 Pt 催化的炔烃硅氢化反应。在这些例子中，亚纳米金属团簇的形成，如荧光和基质辅助激光解吸/电离飞行时间质谱所证实的，可与诱导期后产物的开始形成有关，说明金属团簇在这些均相催化过程中有着关键作用。

金属化合物或配合物在反应条件下形成亚纳米金属团簇可能是由配体或反应物还原金属前体所致。最近的研究发现，Rh 团簇是由金属有机单核 Rh 配合物在 H_2 存在下生成的，Rh_5 团簇是 *N*-杂芳烃均相加氢的催化剂。相比之下，有机金属配合物在反应条件下的转化会导致催化剂失活，如甘油脱氢反应过程中单核 Ir 络合物演化为 Ir_6 团簇而导致失活，这可能是由于产物（H_2）或反应物（甘油）还原单核 Ir 络合物所致。

在本教材中，主要讨论非均相催化中的金属催化剂及其催化作用。

3.2.2 按制备方法分类

按制备方法进行分类，金属催化剂有多种形式，如表 3-3 所示。

表 3-3 金属催化剂类型（按制备方法分）

类型	金属	制备方法
还原型	Ni,Co,Cu,Fe	金属氧化物以 H_2 还原
甲酸型	Ni,Co	金属甲酸盐分解析出金属
Raney 型	Ni,Co,Cu,Fe	金属和铝的合金以 NaOH 处理,溶提去铝
沉淀型	Ni,Co	沉淀催化剂:金属盐的水溶液以锌粉使金属沉淀 硼化镍催化剂:金属盐的水溶液以氢化硼析出金属
铬酸盐型	Cu(Cr)	硝酸盐的水溶液以 NH_3 沉淀得到的氢氧化物加热分解
贵金属	Pd,Pt,Ru,Rh,Ir,Os	Adams 型:贵金属氯化物以硝酸钾熔融分解生成氧化物 载体催化剂:贵金属催化剂浸渍法或络合物粒子交换法,然后用氢还原
热熔融	Fe	用 Fe_3O_4 及助催化剂高温熔融,在 H_2 下还原

3.2.3 按催化剂活性组分是否负载在载体上分类

3.2.3.1 非负载型金属催化剂

非负载型金属催化剂指不含载体的金属催化剂。按组成又可分单金属和合金两类。通常以骨架金属、金属丝网、金属粉末、金属颗粒、金属屑片和金属蒸发膜等形式应用。

（1）骨架催化剂

先将具有催化活性的金属与 Al 或 Si 制成合金，接着用 NaOH 溶液将 Al 或 Si 溶解掉，形成金属骨架，故称为骨架催化剂。

工业上最常用的骨架催化剂是骨架 Ni，1925 年由美国的 M. Raney 发明，故又称 Raney Ni。其他骨架催化剂还有骨架 Co、骨架 Cu 和骨架 Fe 等。

骨架催化剂的主要优点是，它们可以以活性金属的形式储存，在使用前不需要预还原。因为 BET 表面积很大（对于骨架 Ni 通常高达 $100m^2 \cdot g^{-1}$，对于骨架 Cu 也高达 $30m^2 \cdot g^{-1}$），基本上是裸露金属的表面积，因此它们具有很高的活性。骨架催化剂每单位质量金属的初始成本较低，因此每单位质量活性催化剂的最终成本低。金属含量高，具有良好的抗催化中毒能力。

由于合金成分和浸取条件可以严格控制，骨架催化剂具有良好的批次间均匀性。催化剂的粒径可以通过破碎和筛选控制。因此，可以生产用于浆态反应器的超细粉末，而生产用于固定床应用的则是大颗粒。相对高密度的骨架催化剂（尤其是 Ni）在浆态反应器中的沉降性能优于负载型催化剂。全金属骨架催化剂的高导热性是其另一个优点。

① 骨架 Ni 催化剂　广泛应用于加氢反应中，包括：硝基化合物的加氢反应、烯烃加氢、羰基化合物的氢化、腈加氢、醇氨解、炔烃加氢、芳香化合物加氢、还原烷基化反应、甲烷化反应等。表 3-4 列出了骨架 Ni 的一些工业应用。

骨架 Ni 还可以作为电催化剂，特别是用于氢燃料电池。催化剂通常嵌入聚四氟乙烯（PTFE）基体中，为燃料电池制造气体扩散电极。骨架 Ni 不仅具有低温操作的优点，而且避免了对贵金属的要求。

表 3-4　骨架 Ni 催化剂的工业应用

反应	反应物	产物
硝基化合物加氢	2,4-二硝基甲苯	2,4-甲苯二胺
	2-硝基丙烷	异丙胺
烯烃加氢	亚砜	磺酸
羰基化合物的加氢	葡萄糖	山梨醇
	2-乙基己醛	2-乙基己醇
腈类化合物加氢	硬脂腈	硬脂胺
	己二腈	己二胺
醇的氨解	1,6-己二醇	己二胺
炔烃加氢	1,4-丁炔二醇	1,4-丁二醇
芳烃加氢	苯	环己烷
	苯酚	环己醇
还原性烷基化	十二胺+甲醛	*N*,*N*-二甲基十二胺
甲烷化	合成气($CO+H_2$)	甲烷

为了提高活性或选择性，在金属催化剂中添加第二组分被广泛使用。对于骨架 Ni 催化剂，在合金制备阶段添加少量第二金属简单易行，用于促进工业上使用的骨架 Ni 催化剂的最常见金属是 Co、Cr、Cu、Fe 和 Mo。

② 骨架 Cu 催化剂　Fauconnau 使用德瓦而达（Devaeda）合金（45% Cu、50% Al、5% Zn，质量分数）和铝青铜（90% Cu、10% Al），研究发现，以 40% Cu、60% Al 合金为原料制备的催化剂在加氢反应中最为活跃。最常用的合金成分为 50% Cu 和 50% Al，相当于几乎纯的 $CuAl_2$ 相，含有少量的 Al-$CuAl_2$ 共晶。

骨架 Cu 催化剂用于一系列选择性氢化和脱氢反应。例如，它们对 2,4-二硝基-1-烷基苯中的 4-硝基加氢得到相应的 4-氨基衍生物具有高度的专一性。它们还用于醛加氢生成相应的醇，醇脱氢生成醛或酮，酯加氢生成醇，甲醇脱氢生成甲酸甲酯，以及甲醇的水蒸气重整。

添加其他金属可促进 Cu 骨架催化剂的活性，如使用 Cd 改性将不饱和酯氢化为不饱和醇，以及使用 Ni 和 Zn 进行脱氢等。Zn 促进骨架 Cu 可替代传统共沉淀 CuO-ZnO-Al_2O_3 催化剂用于合成气低温合成甲醇和水煤气变换（WGS）反应。Zn 促进的骨架 Cu 在其他反应中也具有很高的活性和选择性，如甲醇的水蒸气重整、甲醇脱氢制甲酸甲酯、甲酸甲酯氢解制甲醇等。

③ 骨架 Co 催化剂　Co 催化剂在加氢反应中的活性位于镍和铜之间。如 Ni 催化甲烷化，Co 催化低分子量碳氢化合物和高级醇的合成，而 Cu 催化甲醇的合成。与骨架 Ni 相比，骨架 Co 的活性较低，但选择性更高，在没有氨的情况下能有效地将腈转化为伯胺。骨架 Co 可以容易地由普通的 50% Co 合金制备。例如，当 48.8% Co、51.3% Al 合金的颗粒在 40% NaOH 水溶液中浸出时，97.5%的 Al 被浸出，这导致多孔 Co 的 BET 表面积为 $26.7m^2 \cdot g^{-1}$，孔径集中在 4.8nm 和 20nm。

④ 其他金属骨架催化剂　许多其他金属的骨架催化剂已经成功制备，尽管这些催化剂在工业上尚未得到广泛应用。此外，可以使用骨架金属结构作为其他金属催化剂的载体。典型的例子包括 Cu 包覆在骨架 Ni 载体上，或 Co 包覆在骨架 Ni 上，或 Ru 涂覆在骨架 Ni 上。这种催化剂提供骨架金属结构的强度和高表面积，但具有涂层金属的催化选择性和活性。当所需的催化金属不能直接制成骨架催化剂时，或当所需金属提供的强度不足以满足预期用途时，可以采用金属置换或化学镀等方法来实现涂层。

(2) 金属丝网催化剂

自 1909 年以来，Pt 或 Pt-Rh 丝网催化剂被用于硝酸和氢氰酸的生产。催化剂丝网经历了从编织网到针织网，从纬编网到经编网，从 Pt-Rh 和 Pt-Rh-Pd 合金单元网到 Pt-Rh-Pd 合金组网的飞跃和变化。如图 3-3 为不同编织形式的 Pt-Rh 丝网催化剂。

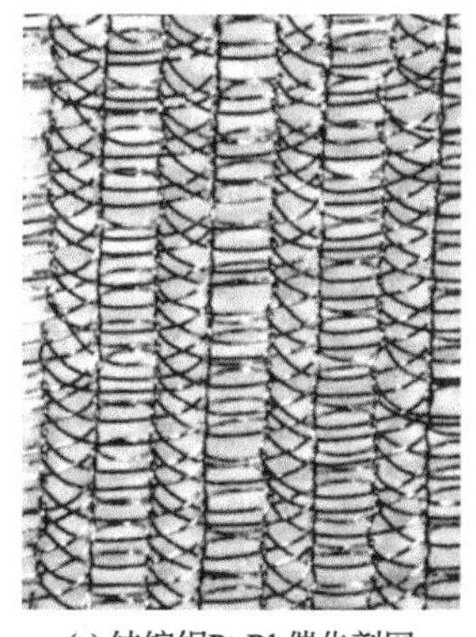
(a) 纬编织Pt-Rh催化剂网

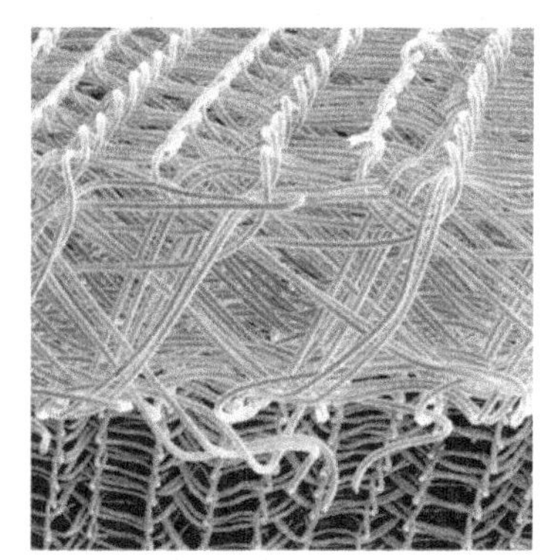
(b) 经编织Pt-Rh催化剂网

图 3-3　Pt-Rh 丝网催化剂

丝网催化剂的催化过程是一个循环过程，包括催化活性诱导、活性中心建立、活性维持和活性下降。EDS结果表明，氧化铂挥发后，骨架的主要成分是铑和氧化铑，随着反应的进行，框架被氨和空气混合物（0.35MPa压力）冲走。图3-3(b) 所示，铂的新表面出现，新的活性中心被建立。催化循环过程是可持续的。

（3）合金催化剂

双金属或多金属催化剂往往称为合金催化剂。合金催化剂一般由活泼金属与惰性金属组成，它表现出一种金属被另一种金属稀释的几何或基团效应，以及电子相互影响的“配位”效应。如Pt加入Sn或Re合金化后，可以提高烷烃脱氢环化和芳构化的活性和稳定性。Pt中加Ir可使石脑油重整在较低压力下进行，且使较重的馏分油生成量增加。Cu中加Ni合金化使环己烷的脱氢活性不变，但可显著降低乙烷的氢解活性。

如甲烷在传统固体非均相催化剂上热解生成氢气，但碳副产物对催化剂有毒害作用。这可以通过使用熔融金属合金催化剂来避免。如熔融的Cu-Bi是一种活性催化剂，催化剂表面富含Bi，其催化活性与Bi的浓度有关。活性与金属组成的关系表明，在这些表面上，缺乏电子的Bi物种可能是甲烷活化的活性中心。因为纯Bi的催化活性很低，这意味着它被下面的Cu激活。

（4）非晶态催化剂

由于其优异的耐腐蚀性、较高的韧性以及与晶体对应物相比优异的磁性、电子和催化性能，非晶态合金引起了学术界和工业界的广泛关注。

1934年，Krazamer首次发现非晶态合金。Klement等开发了一种制造非晶态合金（$Au_{75}Si_{25}$）的新的快速淬火方法。熔融金属快速冷却（$10^6 K \cdot s^{-1}$）无法形成晶体，材料被锁定在玻璃态。1980年，Smith等发表了第一篇以金属玻璃为催化剂的研究工作，为开发高效催化体系开辟了一条新途径，随后有一系列关于非晶合金催化应用的文章发表。1986年，人们注意到，当$FeSO_4$和$CoCl_2$水溶液与KBH_4进行化学还原制备Fe-Co-B时，通过X射线衍射研究确定为非晶态合金时，化学还原法在制备非晶态合金方面在一些情况下比快速淬火方法具有一定的优势。

20世纪90年代，随着新技术和理论的发展，出现了大量的多组分体系，如Zr、Mg、La、Ti、Fe、Co和Ni基非晶合金，它具有良好的玻璃形成能力（GFA），可以铸造成直径从毫米级到厘米级的全玻璃棒状。除了结构应用外，非晶态合金还具有多种功能应用，如电化学制氢、用于装饰的偶氮染料降解以及其他用途。

非晶态纳米晶合金具有良好的催化性能，在环境治理、石油化工、能源转化等领域有着广阔的应用前景。例如，Deng等表明Ni-P非晶合金对分解高氯酸铵具有高效催化性能，可作为含能复合材料的氧化剂。在乙醇基燃料电池中，可以认为是一种性能优异的甲醇直接氧化催化剂。2009年，Pisarek等开发了一系列Ni-Al-Co非晶态纳米晶合金，作为异佛尔酮加氢的活性和选择性催化剂。此外，非晶态纳米晶合金在碱性水溶液中也表现出了良好的电催化活性，可进行析氢和析氧反应。对于析氢反应（HER），Mihailov等报道了非晶态纳米晶Zr-Ni合金比化学成分相同的纯非晶态合金具有更好的催化能力。除了大块非晶态合金外，还可以通过对相应的非晶态前驱体进行脱合金处理来制备纳米多孔非晶态合金。这些纳米多孔合金表现出优异的电催化活性，这可能归因于高表面积和活性中心数量的增加。一方面，纳米晶结构在晶界上有大量的低配位原子或活性中心。另一方面，由于缺乏长程平动有序，非晶态结构在其表面上也富含低配位位点和“缺陷”，有助于其中反应物的吸附、扩散和活化。

3.2.3.2 负载型金属催化剂

对于固体催化剂，在不存在传质限制条件下，其催化活性通常与单位体积催化剂的活性比表面积成正比，单位体积的高活性需要小颗粒。对于贵金属催化剂，出于成本考虑，将贵金属分散有助于提高其利用率。

由于大多数活性组分在热预处理和催化反应进行的温度下将快速烧结，单靠活性组分的小颗粒通常不能提供热稳定、高活性的催化剂。

为了获得所需形状、机械强度、多孔结构、活性和热稳定性的固体催化剂，需要两种不同的材料即载体和活性材料以提供催化剂必须实现的不同功能。

载体通常具有很高的耐热性，具有良好的形状、机械强度和多孔结构，而催化剂的活性和选择性是由活性组分决定的。单独的小颗粒活性组分在高温下可能存在烧结而导致活性表面积减小，若将活性组分分散于载体上可以稳定活性表面积，提高活性组分的热稳定性。

将金属组分负载在载体上构建负载型催化剂，用以提高金属组分的分散度和热稳定性，使催化剂有合适的孔结构、形状和机械强度。大多数负载型金属催化剂是将金属盐类溶液浸渍在载体上，经沉淀转化或热分解后还原制得。制备负载型金属催化剂的关键之一是控制热处理和还原条件。

如 Pd 催化剂一般为负载型催化剂，载体一般为活性炭、γ-Al_2O_3 等金属氧化物及目前研究较多的高分子载体。

载体也可以是金属，如将 Ru 负载在金属载体上制备的甲烷水蒸气重整催化剂。

3.3 金属催化作用的化学键理论

研究金属化学键的理论有三种：能带理论、价键理论和配位场理论。它们各自从不同的角度来说明金属化学键的特征，每一种理论都提供了一些有用的概念。

用作金属催化剂的元素通常是 d 区元素，这些元素的外层电子排布的共同点是最外层有 1～2 个 s 电子，次外层有 1～10 个 d 电子（Pd 最外层无 s 电子），如表 3-5 所示。除 Pd 外这些元素的最外层或次外层均未被电子充满，能级中均含有未成对的电子，在物理性质中表现出强的顺磁性或铁磁性；在化学吸附过程中，这些 d 电子可与被吸附物中的 s 电子或 p 电子配对，产生化学吸附，生成表面中间物种，使被吸附分子活化。

表 3-5 过渡金属元素的外层电子排布和晶体结构

周期	ⅥB	ⅦB	Ⅷ			ⅠB
四			Fe 铁 $3d^6 4s^2$ 体心立方	Co 钴 $3d^7 4s^2$ 体心立方	Ni 镍 $3d^8 4s^2$ 面心立方	Cu 铜 $3d^{10} 4s^1$ 面心立方
五	Mo 钼 $4d^5 5s^1$ 体心立方	Tc 锝 $4d^5 5s^2$ 六方密堆	Ru 钌 $4d^7 5s^1$ 六方密堆	Rh 铑 $4d^8 5s^1$ 面心立方	Pd 钯 $4d^{10}$ 面心立方	Ag 银 $4d^{10} 5s^1$ 面心立方
六	W 钨 $5d^4 6s^2$ 体心立方	Re 铼 $5d^5 6s^2$ 六方密堆	Os 锇 $5d^6 6s^2$ 六方密堆	Ir 铱 $5d^7 6s^2$ 面心立方	Pt 铂 $5d^9 6s^1$ 面心立方	Au 金 $5d^{10} 5s^1$ 面心立方

3.3.1 金属电子结构的能带模型和“d 带空穴”

对于 Pd 和ⅠB族元素（Cu、Ag、Au），d 轨道是填满的（d^{10}），但相邻的 s 轨道没有填满电子，虽然 s 轨道能级通常略高于 d 轨道能级。s 轨道与 d 轨道有重叠，d 轨道电子仍可跃迁到 s 轨道上，这时 d 轨道可造成含有未成对电子的能级，从而产生化学吸附。

（1）能带模型

能带模型认为，金属中原子间的相互结合能来源于正电荷离子和价电子之间的相互作用，原子中内壳层的电子是定域的，不同能级价电子的能量组成能带。过渡金属可形成 s 能带、p 能带和 d 能带。

孤立原子的外层电子其能量状态（能级）可能完全相同，但当原子彼此靠近时，外层电子就不再仅受原来所属原子的作用，还要受到其他原子的作用，这使电子的能量发生了微小变化。原子结合成晶体时，原子最外层的价电子受束缚最弱，它同时受到原来所属原子和其他原子的共同作用，已很难区分究竟属于哪个原子，实际上是被晶体中所有原子所共有，称为共有化。原子间距减小时，孤立原子的每个能级将演化成由密集能级组成的准连续能带。共有化程度越高的电子，其相应能带也越宽。

① Cu 的 3d4s 能带　对于过渡金属，s 能带和 d 能带间经常发生重叠，因而影响了 d 能带电子填充的程度。Cu 的 d 能带和 s 能带见图 3-4。

Cu 中电子能带宽度与原子间距的关系见图 3-5。随着 Cu 原子的接近，原子中所固有的各个分立能级，如 s、p、d 等，会发生重叠形成相应能带。

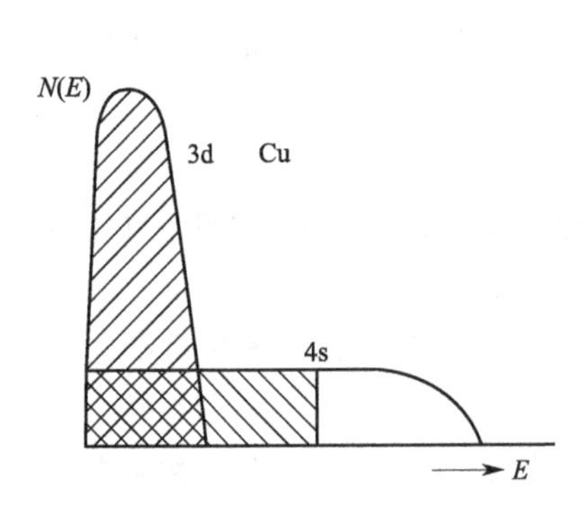

图 3-4　Cu 的 d 能带和 s 能带

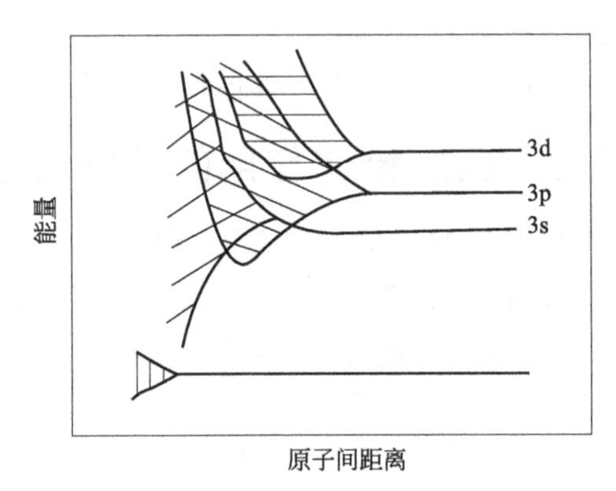

图 3-5　Cu 中电子能带宽度与原子间距的关系

② Ni 的 3d4s 能带　单一 Ni 原子的电子组态为 $3d^8 4s^2$，当 Ni 原子组成晶体后，由于 3d 和 4s 能带的重叠，原来 10 个价电子并不是按 2 个在 s 能带，8 个在 d 能带，而留下 2 个 d 带空穴的方式分配，而是电子组态变为 $3d^{9.4}4s^{0.6}$。Ni 的 d 能带和 s 能带见图 3-6。

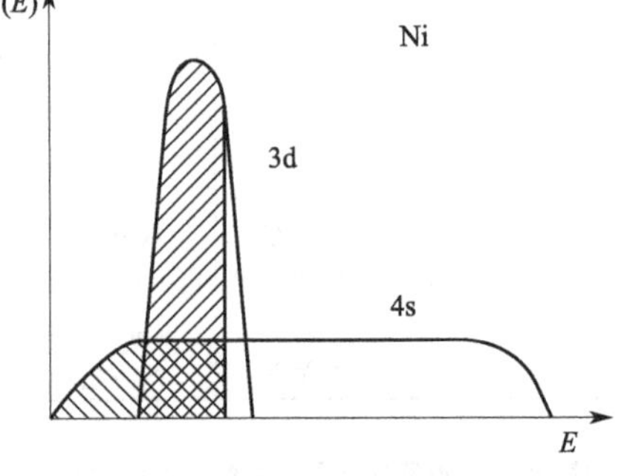

图 3-6　Ni 的 d 能带和 s 能带

Ni 的 d 能带中某些能级未被充满，可以看成是 d 能带中的空穴，称为“d 带空穴”。这种空穴可以通过磁化率测量测出。Ni 的 3d 能带有 0.6 个空穴。

（2）d 带空穴

所谓 d 带空穴就是 d 能带上有能级而无电子，它具有获得电子的能力。d 带空穴愈多，则说明未配对的 d 电子愈多（磁化率愈大），对反应分子的化学吸附也愈强。

过渡金属的d带空穴和化学吸附以及催化活性间存在某种联系。由于过渡金属晶体具有d带空穴，这些不成对电子存在时，可与反应物分子的s或p电子作用，与被吸附物形成化学键。

通常d带空穴数越多，接受反应物电子配位的数目也越多，反之，d带空穴数目少，接受反应物电子配位的数目就少。如果d带空穴多导致其吸附能力过强，吸附在其上的物种很难脱附，从而降低了其催化性能。Ni的d带空穴为0.6，Cu的d带空穴为0，Fe的d带空穴为2.2。

Ni催化剂在苯加氢生成环己烷反应中有很高的催化活性，然而此反应用Cu-Ni合金作催化剂时，活性明显下降，这是因为Cu的d电子流向Ni，大大降低了Ni的d带空穴。Ni催化剂在苯乙烯加氢反应中有很好活性，然而用Ni-Fe催化剂时活性明显下降，这也是因为Ni的d电子流向了Fe，增加了催化剂的d带空穴，使得其吸附能力过强。

3.3.2 价键模型和d特性百分数的概念

价键理论认为，过渡金属原子以杂化轨道相结合。杂化轨道通常为s、p、d等原子轨道的线性组合，称之为spd或dsp杂化。杂化轨道中d原子轨道所占的百分数称为d特性百分数，用符号d%表示。它是价键理论用以关联金属催化活性和其他物性的一个特性参数。金属d%越大，相应的d能带中的电子填充越多，d空穴就越少。

实验研究得出，各种不同金属催化同位素（H_2和D_2）交换反应的速率常数，与对应的d%有较好的线性关系。但尽管如此，d%主要是一个经验参数。

d%不仅以电子因素关系金属催化剂的活性，而且还可以控制原子间距或晶格空间的几何因素去关联。因为金属晶格的单键原子半径与d%有直接的关系，电子因素不仅影响到原子间距，还会影响到其他性质。一般d%可用于解释多晶催化剂的活性大小，而不能说明不同晶面上的活性差别。

d%和d空穴是从不同角度反映金属电子结构的参量，且是相反的电子结构表征。它们分别与金属催化剂的化学吸附和催化活性有某种关联。对于广泛应用的金属加氢催化剂来说，d%在40%～50%为宜。

图3-7中的火山图说明了催化活性如何取决于用作催化剂的金属的性质。

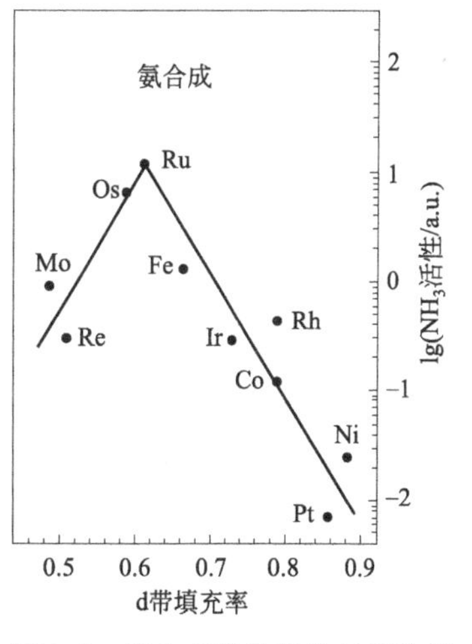

图3-7 氨合成催化活性与催化剂金属中d带填充率的关系

3.3.3 配位场模型

该模型借用配合物化学中键合处理的配位场概念。

在孤立的金属原子中，5个d轨道能级简并，引入面心立方的正八面体对称配位场后，简并能级发生分裂，分成t_{2g}轨道和e_g轨道。前者包括d_{xy}、d_{xz}和d_{yz}，后者包括d_{z^2}和$d_{x^2-y^2}$。d能带以类似的形式在配位场中分裂成t_{2g}能带和e_g能带。e_g能带高，t_{2g}能带低。

因为它们具有空间方向性，所以表面金属原子的成键具有明显的定域性。这些轨道以不同的角度与表面相交，这种差别会影响到轨道键合的有效性。用这种模型原则上可以解释金属表面的化学吸附。解释不同晶面之间化学活性的差别，不同金属间的模式差别和合金效应。

3.3.4 晶格间距与催化活性——多位理论

晶格间距对于了解金属催化活性有一定的重要性。图 3-8 显示了几个晶面及晶面指数，图中显示，不同的晶面取向，具有不同的原子间距。如 Fe 催化剂的不同晶面对 NH_3 合成的活性不同，如以（110）晶面的活性为 1，则（100）晶面的活性为它的 21 倍；而（111）晶面的活性更高，为它的 440 倍。

不同的晶格结构，有不同的晶格参数。实验发现，用不同的金属膜催化乙烯加氢，其催化活性与晶格间距有一定关系。Fe、Ta、W 等体心晶格金属，取（110）晶面的原子间距作晶格参数。活性最高的金属为 Rh，其晶格间距为 0.375nm。

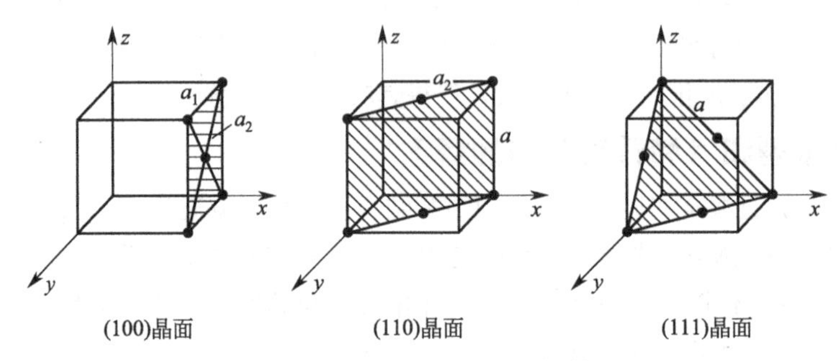

图 3-8　几个晶面及晶面指数

（1）晶体结构对催化作用的影响

金属催化剂晶体结构对催化作用的影响主要从几何因素与能量因素两方面进行讨论。

根据每一个反应物分子吸附在催化剂表面上所占的位数可分为独位吸附、双位吸附和多位吸附。对于独位吸附，金属催化剂的几何因素对催化作用影响较小。

多位吸附同时涉及两个以上吸附位，这样不但要求催化剂吸附位的距离要与反应物分子的结构相适应，吸附位的排布（即晶面花样）也要适宜，才能达到较好的催化效果。

（2）多位理论的几何适应性

巴兰金多位理论中心思想：反应物分子扩散到催化剂表面，首先物理吸附在催化剂活性中心上，然后反应物分子的指示基团（指分子中与催化剂接触进行反应的部分）与活性中心作用，于是分子发生变形，生成表面中间络合物（化学吸附），通过进一步催化反应，最后解吸成为产物。

在分子变形中，力求键长、键角变化不大，反应分子中指示基团的几何对称性与表面活性中心的对称性相适应；由于化学吸附是近距离的，两个对称图形的大小也要相适应。如，苯加氢和环己烷脱氢（图 3-9），只有原子的排列呈六角形，且原子间距为 0.24～0.28nm 的金属才有催化活性，Pt、Pd、Ni 金属符合这种要求，是良好的催化剂，而 Fe、Th、Ca 就不是。

需要注意的是，晶格间距表达的只是催化剂体系所需要的某种几何参数，反映的是静态过程。现代表面技术研究表明，金属的催化剂活性，实际上反映的是反应区间的动态过程。低能电子衍射（LEED）技术和透射电子显微镜（TEM）对固体表面的研究发现，金属吸附气体后表面会发生重排，表面进行催化反应时也有类似现象，有的还发生原子迁移和原子间距增大等。

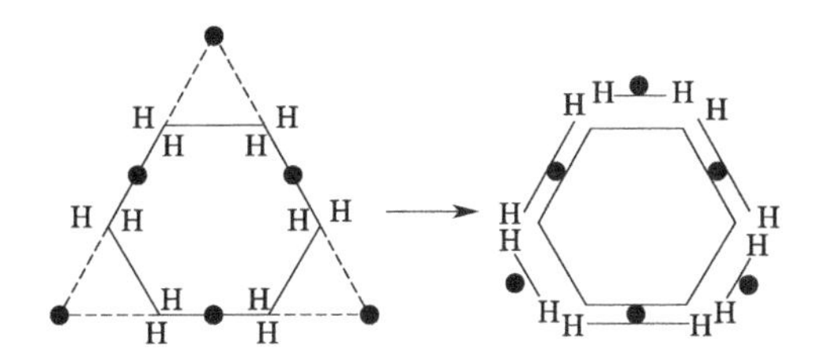

图 3-9　苯加氢和环己烷脱氢反应催化剂多中心几何结构示意图

图 3-10 和图 3-11 显示了醇脱水与脱氢在催化剂表面上活性官能团与催化剂的活性中心几何适配示意图。

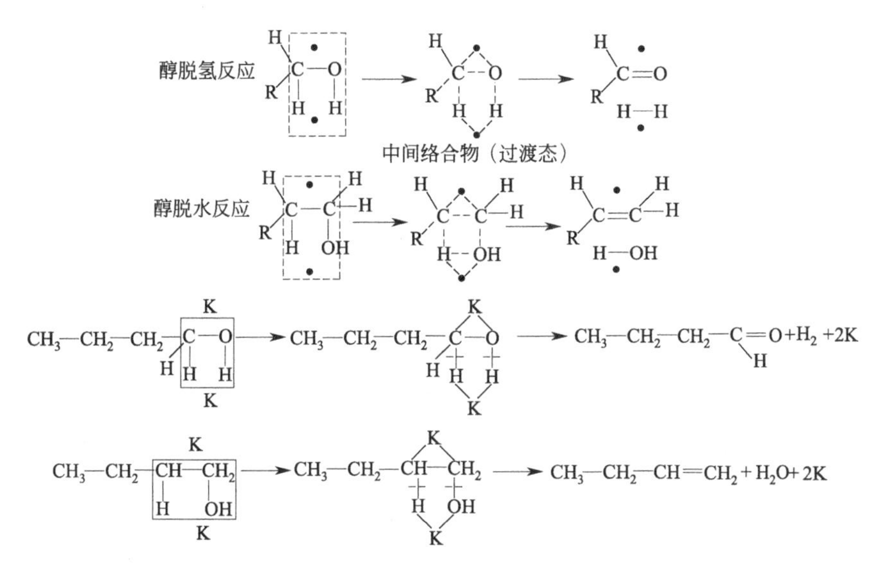

图 3-10　醇脱氢与脱水反应催化剂活性中心几何适配示意图
（•表示催化剂的多位体）

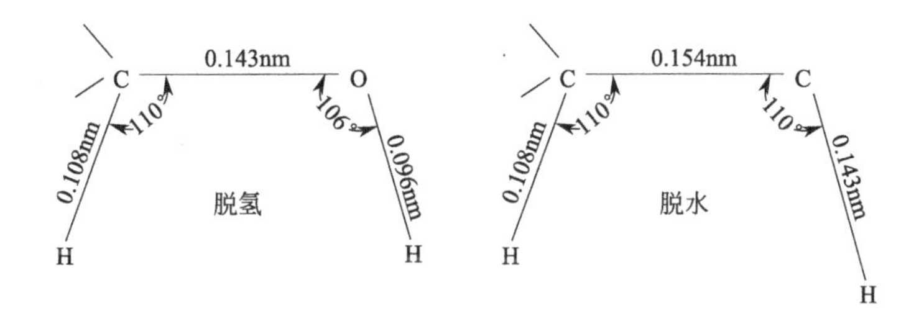

图 3-11　丁醇脱氢与脱水的指示基团几何构型

由于脱氢反应和脱水反应所涉及的基团不同，丁醇的指示基团吸附构型也不同。图 3-11 显示，前者要求 C—H 键和 O—H 键断裂，它的键长分别为 0.108nm 和 0.096nm；而后者要求 C—O 键断裂，其键长为 0.143nm，故脱氢反应较脱水反应要求的 K—K 距离也小一些。

丁醇在 MgO 上脱氢或脱水反应，在 400～500℃下可以脱氢生成丁醛，也可以脱水生成丁烯。MgO 的正常面心立方晶格值是 0.421nm，当制备成紧密压缩晶格时，晶格值是 0.416nm，此时脱氢反应最活泼，但当制备的晶格值是 0.424nm 时，脱氢活性下降，而脱水活性增加。

(3) 多位理论的能量适应性

多位理论又提出了能量适应性，认为能量适应性和几何适应性是密切相关的，选择催化剂时必须同时注意这两个方面。

中间络合物：

$$\begin{array}{ccc} \begin{matrix} & \mathrm{K} & \\ \mathrm{A} & & \mathrm{C} \\ | & & | \\ \mathrm{B} & & \mathrm{D} \\ & \mathrm{K} & \end{matrix} & \xrightarrow[(1)]{E_r'} \begin{matrix} & \mathrm{K} & \\ \mathrm{A} & \text{--} & \mathrm{C} \\ \vdots & & \vdots \\ \mathrm{B} & \text{--} & \mathrm{D} \\ & \mathrm{K} & \end{matrix} & \xrightarrow[(2)]{E_r''} \begin{matrix} & \mathrm{K} \\ \mathrm{A}\text{—}\mathrm{C} & \\ \mathrm{B}\text{—}\mathrm{D} & \\ & \mathrm{K} \end{matrix} \end{array}$$

总反应能量：$U=E_r'+E_r''=(Q_{AC}+Q_{BD})-(Q_{AB}+Q_{CD})$

反应物与产物的总键能：$S=(Q_{AB}+Q_{CD})+(Q_{AC}+Q_{BD})$

吸附能：$Q=Q_{AK}+Q_{BK}+Q_{CK}+Q_{DK}$

$E_r'=(-Q_{AB}+Q_{AK}+Q_{BK})+(-Q_{CD}+Q_{CK}+Q_{DK})=Q+(U-S)/2$

$E_r''=(Q_{AC}-Q_{AK}-Q_{BK})+(Q_{BD}-Q_{CK}-Q_{DK})=-Q+(U+S)/2$

反应确定后，U、S 一定；E_r 只随 Q 而变化，Q 和催化剂相关。良好的催化剂上反应物和产物的吸附既不能太强，也不能太弱。当 $E_r'=E_r''=Q=S/2$ 时，有利于总反应的进行。反应热与吸附热之间的关系见图 3-12。

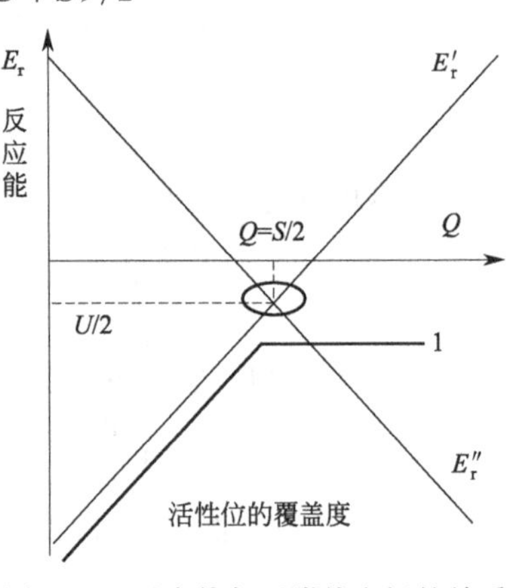

图 3-12 反应热与吸附热之间的关系

其不足之处在于：吸附并非需要完全断裂反应物的化学键。

金属 NPs 表面活性中心的几何和电学性质及其在催化过程中的结构演化和动力学行为，构成了多相催化的核心问题。金属 NPs 的特征是高度减小的尺寸，在 1～10nm 的典型范围内，显著提高了催化性能；但它们在反应条件下会发生结构和化学变化，主要是由高温下的反应气体引起的。

Fe 纳米粒子（5nm）暴露于空气中时容易被氧化，并被厚度为 2nm 的薄氧化壳覆盖。显然，铁基费-托合成催化剂中真实活性相的识别需要直接探测活性相的结构及其在实际活化和反应条件下的演化。

3.4 负载型金属催化剂

由于大多数催化作用发生在金属表面，反应物分子无法接触到的金属原子在很大程度上都会被浪费，因此应使这些金属原子的比例最小化：首选具有高表面积/体积比的较小金属粒子。为了防止在催化剂制备过程或催化反应期间金属 NPs 聚集，通常将金属 NPs 分散，负载在具有特定结构的载体上，借助于载体效应，以较少的活性组分量来获得较好的催化性能。多相催化中的载体效应是优化催化剂性能的一个重要研究领域，特别是金属与载体的强相互作用，电子结构的改变对它们的催化活性和稳定性起着决定性作用。

3.4.1 金属载体相互作用

金属载体相互作用（SMI）是控制金属催化性能的另一个重要途径。金属载体强相互作用（SMSI）被认为是多相催化中最重要的概念之一，在金属/氧化物催化剂中几乎是唯一被讨论的概念。

最早关于金属与载体相互作用的报道是 Tauster 等关于 TiO_2 负载的第Ⅷ族贵金属还原过程的研究。SMSI 效应的特征是干扰金属的催化行为，导致其 H_2 和 CO 化学吸附能力在 H_2 气氛中暴露于高温还原处理后急剧降低。事实上，这种效应只发生在可还原性载体上。进一步的研究表明，经过高温氧化处理后，催化剂的初始状态可以恢复。Tauster 等的研究表明，SMSI 效应与金属-TiO_2 界面上化学键的形成有关。Horsley 提出的 Pt/TiO_2 轨道理论研究进一步支持了这一观点。

如 Au/MoC_x 催化剂具有金在 MoC_x 表面层上高度分散、金属与载体间强界面电荷转移以及在低温水-气转换反应（LT-WGSR）中具有优异的活性等特点，显示了活性的 SMSI 状态。随后的氧化处理导致金纳米粒子的强烈聚集、弱界面电子相互作用和较低的 LT-WGSR 活性。通过交替的碳化和氧化处理，这两种界面状态可以相互转化。

Au/MoC_x 催化剂中的 SMSI 状态如图 3-13 所示，其特征是高度分散的 Au 覆盖层、从 Au 到碳化物的强电荷转移以及在 LT-WGSR 中的优异活性。高分散的 Au 覆盖层是以超薄润湿层的形式存在的，它是由金与 MoO_xC_y 和 MoC_x 相的强相互作用驱动和稳定的。

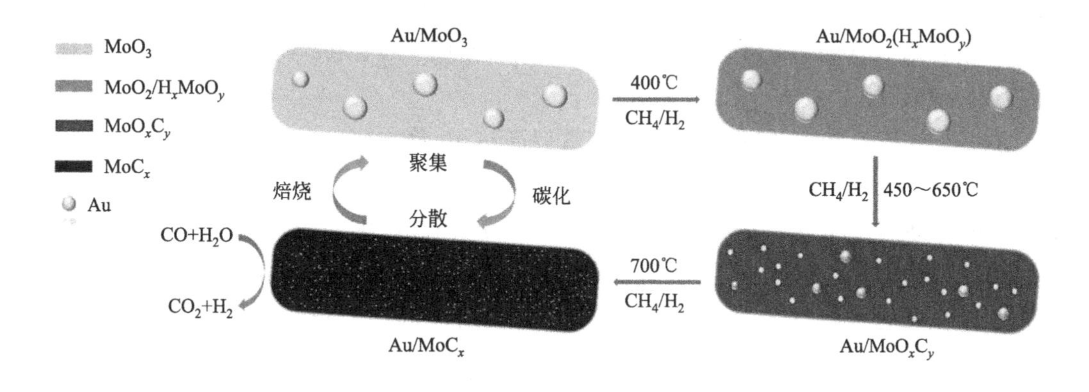

图 3-13　Au 覆盖层与碳化物载体之间的 SMSI 示意图

Au NPs 通常与氧化物载体（如 Fe_2O_3、TiO_2 和 CeO_2）发生强烈的相互作用，THR 表征表明了金属-氧化物界面的强电荷转移。近年来，在循环还原和氧化处理下，在 Au/氧化物催化剂上观察到了氧化物载体对 Au NPs 的可逆包覆，证明了经典的 SMSI 态。已经证明，在循环煅烧和碳化处理下，碳化物负载的 Au 催化剂可以经历可逆的聚集-分散转变，特别是碳化物载体的形成伴随着 Au 在载体表面的扩散或润湿，形成高度分散的金属覆盖层，在 LT-WGSR 中表现出高活性。

金属-载体相互作用可能以不同的方式影响催化性能，包括：①几何效应（由于载体的存在，NPs 尺寸、形态或应力发生变化）；②电子效应（如金属和载体之间的电荷转移或载体配位引起的“配体”效应）；③界面反应性（金属-载体界面上的特定位置提供给定的反应性）；④载体在催化中的直接参与。电子效应、几何效应和配体效应是相互关联的，并且不可能明确区分每一个单独的贡献。

金属和载体的作用有三种类型（图 3-14）：

第一类：金属颗粒和载体的接触位置在界面处，分散的金属可保持阳离子的性质。

第二类：分散的金属原子溶于氧化物载体的晶格中或与载体生成混合氧化物，其中 CeO_2、MoO_3、WO_3 或其混合物对金属分散相的改善效果最佳。

第三类：金属颗粒表面被载体上的氧化物所涂饰，涂饰物种可以和载体相同，也可以是部分还原态的载体。

涂饰改变了处于金属与金属氧化物接触部位表面上金属离子的电子性质，也可能在有金属氧化物黏附的金属颗粒表面的接缝处产生新的催化中心。

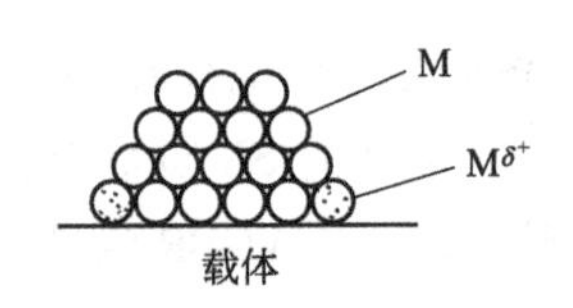

(a) 在金属颗粒和载体接缝处的M阳离子中心

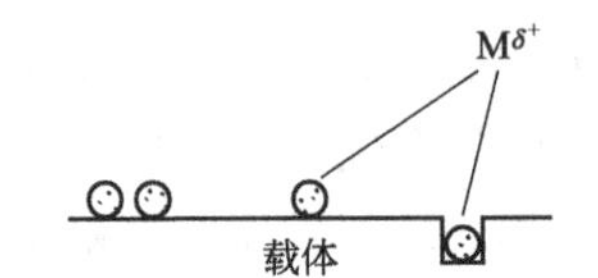

(b) 孤立金属原子和原子簇阳离子中心

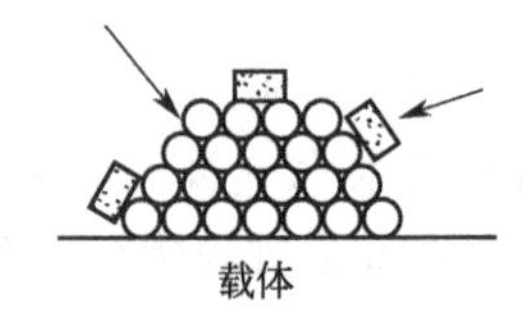

(c) 金属氧化物MO_x对金属粒面的涂饰

图 3-14　金属与载体作用的类型

金属与载体的相互作用可以改变催化剂的催化性能。例如，CO 加氢因载体的不同可得到不同的产物：用 La_2O_3、MgO 和 ZnO 负载 Pd 时，对生成甲醇有利；用 TiO_2 和 ZrO_2 负载时，则对生成甲烷有利。

TiO_2 对 Rh/SiO_2 加氢催化剂的助催化效应高达 10 倍之多。电镜研究证明 Rh/SiO_2 和 TiO_2 助 Rh/SiO_2 中的 Rh 颗粒中的一部分已被 TiO_2 涂饰。这种金属与载体的相互作用在金属颗粒减小时表现得更加明显。Rh 颗粒越小，越有利于含氧物生成烃类。

金属与载体的相互作用改变了金属的还原性，表现在其还原温度的改变上。例如，在 H_2 气氛中，非负载的 NiO 粉末，可在 673K 下完全还原成金属，而负载在 SiO_2 或 Al_2O_3 载体上的 NiO 还原就困难多了。一般载体在活性组分还原操作条件下本不应还原，由于还原的金属有催化活性，会把化学吸附在表面原子上的氢转到载体上，使之跟着部分还原。

由于载体的结构不同以及金属与载体的相互作用形式不同，多相催化剂在催化过程中表现出动态的结构转变。结构的变化将反映在几何结构和电子结构的变化上。图 3-15 给出了几种典型的结构转变。应该注意的是，对于给定反应中的给定催化剂，初始金属物种的结构可能呈现几种类型的演化行为，如表面迁移、烧结和再分散，这取决于反应条件、金属支撑相互作用和其他因素。

图中 3-15(a) 表示一个孤立的金属原子可以从一种结合位点迁移到另一种结合位点。当载体是多孔材料，如金属有机骨架（MOF）或分子筛时，孤立的原子可以通过多孔载体材料中的通道、孔或空腔从一个位置迁移到另一个位置。图 3-15(b) 表示金属物种的原子性可能从孤立的金属原子转变为含有少量原子的金属团簇，再转变为含有数十个或数百个原子的纳米粒子。转化是可逆的，这取决于反应条件和催化剂的物理化学性质。图 3-15(c) 是负载型单原子合金纳米粒子在反应条件下的潜在结构转变。由于气氛或环境的变化，单原子合金纳米粒子可

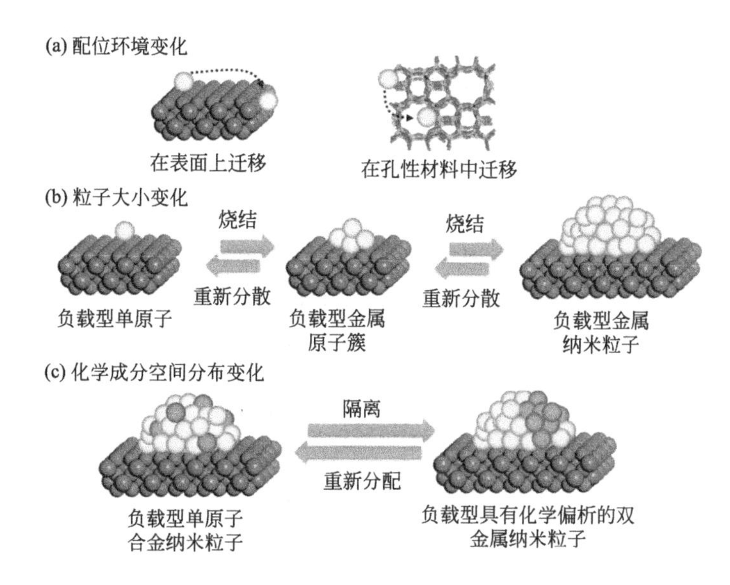

图 3-15 负载型金属催化剂在反应条件下的几种结构演变

能发生偏析。相比之下，在适当的条件下，具有化学偏析的双金属纳米粒子可以转变为单原子合金纳米粒子。

3.4.2 结构敏感和非敏感反应

对于负载型金属催化剂，Boudart 等总结归纳出影响转化频率（turn over trequency，TOF，活性表达的一种新概念，即一个表面原子单位时间内转化的分子数）的三种因素：

① 在临界范围内颗粒的大小和单晶的取向；

② 一种活性的第Ⅷ族金属与一种较小活性的ⅠB族金属形成合金（如 Ni-Cu）的影响；

③ 从一种第Ⅷ族金属替换成同族中另一种金属的影响。

根据对这三种影响因素敏感性的不同，催化反应可分为两大类：

一类是涉及 H—H、C—H 或 O—H 键的断裂或生成反应，它们对结构的变化、合金化的变化或金属性质的变化敏感性不大，称为结构非敏感性反应。另一类涉及 C—C、C—C 或 C—O 键的断裂或生成反应，对结构的变化，合金化的变化或金属性质的变化敏感性较大，称为结构敏感性反应。表 3-6 为催化反应活性（TOF）与金属分散度 *D* 间的关系。*D* 的变化引起 TOF 变化则该反应为结构敏感反应。

例如，环丙烷加氢就是一种结构非敏感性反应，用宏观的单晶 Pt 作催化剂（无分散，分散度 *D* 约为 0）与负载于 Al_2O_3 或 SiO_2 上的微晶（1～1.5nm）作催化剂（分散度 *D* 约为 1），测得的转化频数基本相同。氨在负载型铁催化剂上的合成是一种结构敏感型反应，因为该反应的转化率随分散度的增加而增加。

表 3-6 按 TOF 和 *D* 关系的反应分类

类别	典型反应	催化剂
TOF 与 *D* 无关	$2H_2 + O_2 \longrightarrow 2H_2O$	Pt/SiO_2
	乙烯、苯加氢	Pt/Al_2O_3
	环丙烷、甲基环丙烷氢解	Pt/SiO_2，Pt/Al_2O_3
	环己烷脱氢	Pt/Al_2O_3

续表

类别	典型反应	催化剂
D 小，TOF 大	乙烷、丙烷加氢分解	Ni/SiO_2-Al_2O_3
	正戊烷加氢分解	Pt/炭黑，Rh/Al_2O_3
	2,2-二甲基丙烷加氢分解	Pt/Al_2O_3
	正庚烷加氢分解	Pt/Al_2O_3
	丙烯加氢	Ni/Al_2O_3
D 小，TOF 也小	丙烷氧化	Pt/Al_2O_3
	丙烯氧化	Pt/Al_2O_3
	$CO + 1/2O_2 \longrightarrow CO_2$	Pt/SiO_2
	$CO + H_2 \longrightarrow CH_4$	Ni/SiO_2
	$CO + H_2 \longrightarrow C_nH_m$	Ru/Al_2O_3，CoO/Al_2O_3
	$2CO + 4H_2 \longrightarrow C_2H_5OH + H_2O$	Rh/SiO_2
	$N_2 + 3H_2 \longrightarrow 2NH_3$	Fe/MgO
TOF 有最大值	$H_2 + D_2 = 2HD$	Pd/C，Pd/SiO_2
	苯加氢	Ni/SiO_2
	苯加氢	Rh/SiO_2

对于乙烯加氢反应，相对反应速率与催化剂中金属晶格中金属-金属间距离的关系如图 3-16 所示。

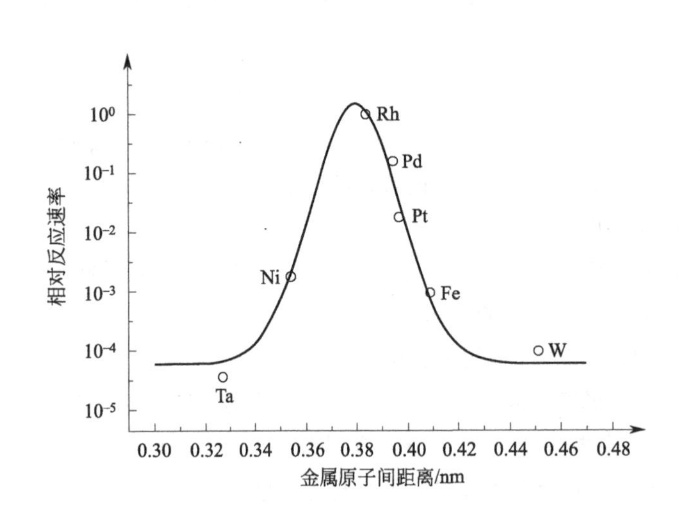

图 3-16 乙烯加氢的相对反应速率与晶格中金属-金属距离的关系

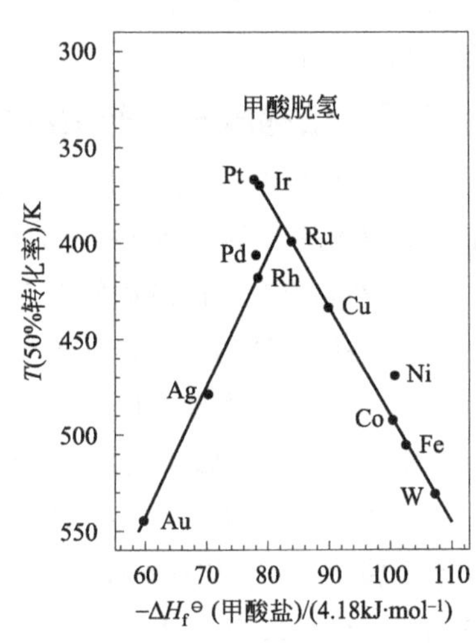

图 3-17 甲酸盐转化温度与生成焓之间的关系

由于在金属-金属距离过大的情况下，两点吸附不再可能，因此乙烯加氢的最佳催化剂应具有一定的介质相互作用间距，即几何效应。0.375nm 的 Rh 正是这种情况，但由于还必须考虑能量（吸附焓），因此不能说这仅仅是空间效应的结果。图 3-17 为甲酸盐在 50%转化率下的转化温度与生成焓之间的关系。

在许多反应中发现特定晶面是有利的。例如，(111) 晶面在 FCC 和 HCP 金属中特别活跃。氨合成对铁催化剂的依赖性很强，氨合成反应是结构最敏感的反应之一，前文已述，其在 Fe(111) 晶面活性最高。氨在铜上的分解顺序相反，即 (111) 小于 (100) 晶面。在甲酸分解过程中，Cu(111) 晶面的活性是 (110) 或 (100) 晶面的三倍。

由于金属-金属晶格间的原子距离不同，因此，在不同的反应中金属催化剂呈现的催化活性不同，表 3-7 给出了在一些加氢或脱氢等反应中的催化活性。

表 3-7　金属的相对催化活性

反应类型	催化活性顺序
烯烃加氢	Rh > Ru > Pd > Pt > Ir ≈ Ni > Co > Fe > Re ≥ Cu
乙烯加氢	Rh，Ru > Pd > Pt > Ni > Co，Ir > Fe > Cu
氢解	Rh ≥ Ni ≥ Co ≥ Fe > Pd > Pt
炔烃加氢	Pd > Pt > Ni，Rh > Fe，Cu，Co，Ir，Ru > Os
芳烃加氢	Pt > Rh > Ru > Ni > Pd > Co > Fe
脱氢	Rh > Pt > Pd > Ni > Co ≥ Fe
烯烃双键异构化	Fe ≈ Ni ≈ Rh > Pd > Os > Pt > Ir ≈ Cu
水合	Pt > Rh > Pd >> Ni ≥ W > Fe

3.4.3 单原子催化剂

负载型金属纳米结构是工业过程中应用最广泛的多相催化剂。金属颗粒的大小是决定催化剂性能的关键因素。特别地，由于低配位金属原子通常起催化活性中心的作用，每个金属原子的比活性通常随着金属颗粒尺寸的减小而增大。但是，金属的表面自由能随粒径的减小而显著增加，促进了小团簇的聚集。使用与金属物种强烈相互作用的适当载体材料防止这种聚集，形成稳定、精细分散的具有高催化活性的金属簇，是工业界长期以来采用的一种方法。然而，实际负载的金属催化剂是不均匀的，通常由纳米颗粒到亚纳米团簇大小的混合物组成。这种非均质性不仅降低了金属原子的效率，而且常常导致不必要的副反应。在金属颗粒的最小极限尺寸时形成的是单原子催化剂（SACs），它为分散在载体上的孤立金属原子。SACs 最大限度地提高了金属原子的利用效率，这对于负载型贵金属催化剂尤为重要。此外，SACs 具有良好的单原子分散性和均匀性，为实现高活性和高选择性提供了巨大的潜力。

图 3-18 显示了随着粒子大小的变化，其几何结构与电子结构的变化。

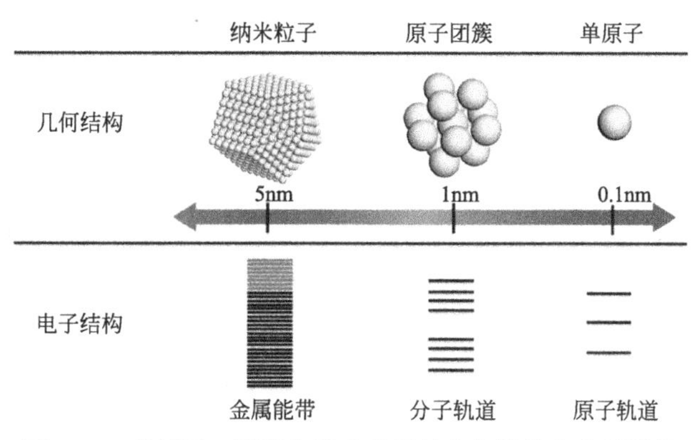

图 3-18　单原子、团簇和纳米粒子的几何结构和电子结构

单原子位催化为在原子水平上精确构建高效催化剂提供了一个有用的平台。设计不同活性中心的催化剂，充分发挥催化剂在催化过程中的协同效应，对合理调控催化剂结构，提高原子水平的精度具有重要意义。

SACs 这一定义于 2011 年首次由张涛等提出，他们报告了仅由分散在 FeO_x 上的孤立单 Pt 原子组成的单原子催化剂（Pt_1/FeO_x）的极高原子效率，用于 CO 氧化。该工作不仅首次实际制备了单 Pt 原子催化剂，而且结合密度泛函理论（DFT）研究，阐明了三个氧原子配位的单

Pt 原子在 Fe 空位上的强结合，同时解决了 CO 氧化的催化机理。SACs 除了极高的原子效率外，其独特结构和电子性质的配位不饱和金属原子的原子分散，为合理设计具有高活性、高稳定性和高选择性的催化剂提供了巨大的机会。

单原子催化作为均相催化和非均相催化之间的一个概念性桥梁，可以指导我们加深对催化位点上电子结构的理解，让我们可以从电子层面了解潜在的催化机制。

负载型单原子催化剂只包括分散在载体上的表面原子和与之配位的孤立的单个原子。图 3-19 显示了单原子锚定在不同载体表面的情况。SACs 不仅使贵金属的原子效率最大化，而且还提供了一种调节催化反应活性和选择性的替代策略。当单个金属原子被锚定在高比表面积的载体上时，SACs 提供了巨大的潜力来显著改变多相催化领域，这对于实现许多重要技术至关重要。成功开发实用 SACs 的一大挑战是找到适当的方法来锚定单个金属原子，并在期望的催化反应中保持它们的稳定和功能。

负载型和胶体型单原子催化剂具有优异的催化性能，特别是在 SACs 的制备方法、表征、催化性能和锚定于金属氧化物的机理等方面得到了广泛的应用。

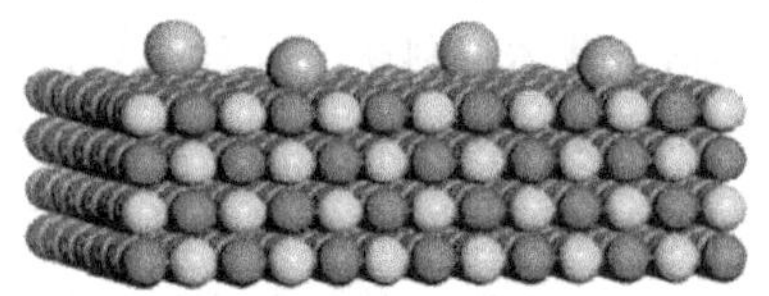

(a) 金属氧化物表面

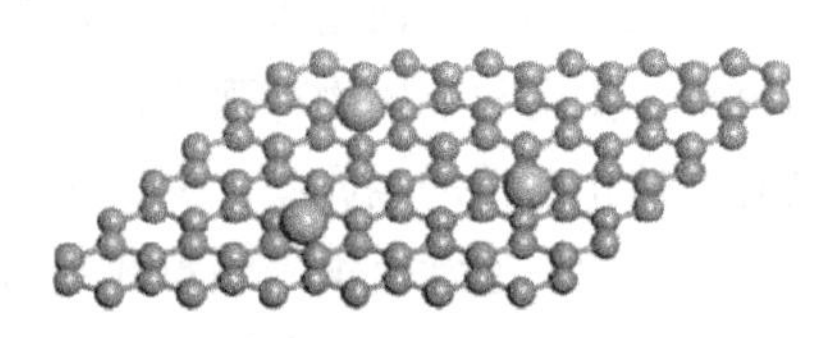
(b) 二维材料表面

(c) 金属NCs(纳米簇)表面

图 3-19　锚定在不同载体上的单原子催化剂

表 3-8 列出了一些单原子催化剂的合成方法。

表 3-8　单原子催化剂合成方法一览表

方法	对载体材料的评价	实例
质量分离软着陆	任何基底，除了高表面载体	Rh/Pd/Pt/Au，载体 MgO；Pt/Au，载体 Si；Au/Ag/Cu/Co，载体 Al_2O_3
用氰化物盐浸出金属	不能承受高 pH 值溶液的氧化物	Au/Pt/Pd，载体 CeO_2；Au/FeO_x；Au/Pt/TiO_2；Pt/SiO_2；Pt/MCM-41
共沉淀法	任何催化剂载体	Pt/FeO_x；Au/FeO_x；Ir/FeO_x
沉积-沉淀	在要求的溶液 pH 值下不溶解的任何载体材料	Au/FeO_x；Pd/Au/Pt/Rh，载体 ZnO；Au/Pt/Pd，载体 CeO_2
强静电吸附	在要求的溶液 pH 值下不溶解的任何载体材料	Pt/C；Pt/Au/Pd，载体 Al_2O_3；Au/Pt/Pd，载体 FeO_x；Pt/Pd/Au，载体 ZnO
原子层沉积	催化剂载体材料	Pt/C；Pt/SiO_2；Pt/TiO_2；Pt/ZrO_2；Pt/Al_2O_3
金属有机配合物	催化剂载体材料	Ir/Rh/Ru/Pt/Os 原子簇，载体 MgO/SiO_2/Al_2O_3/分子筛
燃烧合成	主要是氧化物	Pt/Rh/Pd/Au/Ag/Cu 掺杂进 CeO_2，TiO_2，Al_2O_3 或 ZnO
热解合成	主要是碳基材料	Pd/Pt，载体 C_3N_4；Pt/Pd/Nb/Co/Fe，载体 N-掺杂 C
高温蒸汽输送	选定的氧化物	Pt/CeO_2；Ag/Sb，载体 ZnO
簇合成	选定的材料	$[AuFeO_3]^-$，$[VAlO_4]^+$，$[PtZnH_5]^-$，$[AuCeO_2]^+$，$Au_x(TiO_2)_yO_z^-$，$AuAl_3O_5^+$，$PtAl_2O_4$
离子注入	不适用于内部表面或高表面积的载体	N-掺杂 C/SiC

在所有这些报道的单原子催化剂中，碳基 SACs 是最有前途的用于能源和技术相关催化反

应的可持续高级混合纳米催化剂（图 3-20）。负载型碳基SACs，因其形态可调、孔隙率有序、易于通过各种金属（贵金属和非贵金属）固定化等特点而被广泛研究，成为一种高效的单原子催化剂，有着广阔的应用前景。在此，我们将报告碳基单原子催化剂的研究进展，主要包括嵌入碳基质的金属，如 Co、Cu、Zn、Pd、Ni、Pt 等，并应用于有机催化、光催化和电催化。

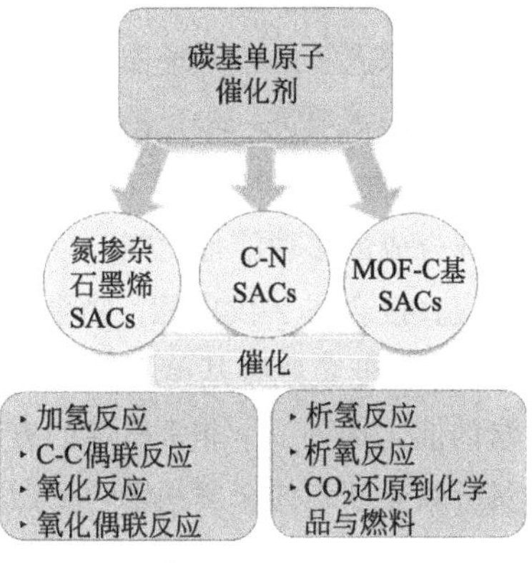

图 3-20　碳基 SACs 的类型与应用

（1）单原子催化剂的催化作用

在许多情况下，SACs 不仅具有催化活性，而且具有最高的活性，并且在催化反应过程中非常稳定，这主要是由于单个金属原子与载体表面上相应的锚定位点之间的强键合。图 3-20 简要说明了碳基单原子催化反应，主要有两个方面。

① 氧化反应　SACs 在各种氧化反应中显示出巨大的潜力，包括 CO 在富氢气流中的氧化或 CO 的选择性氧化（PROX）、甲醛氧化、甲烷氧化、苯的氧化、氧化偶联反应等。对于 CO 氧化和 PROX，实验结果表明单原子 Pt_1/FeO_x 催化剂的活性是亚纳米催化剂的 2～3 倍，在长期试验中是稳定的。催化剂活性与金属粒径的关系研究表明，在乙醇氧化反应中 SACs 是最活跃的。Metiu 及其同事的研究结果表明，含有更多孤立 Pt 原子的催化剂对甲烷氧化更为有效。

② 加氢反应　在金属单原子催化剂上进行的第一次加氢反应是由 Xu 及其同事在一系列 Au/ZrO_2 催化剂上进行的。他们发现少量的 Au^{3+} 分散在 ZrO_2 表面上，对 1,3-丁二烯的选择加氢具有很高的催化活性。这些分离的 Au^{3+} 物种的 TOF 和比速率都比 Au NPs 高出一个数量级。近年来，各种金属 SACs 的成功合成大大拓宽了它们在加氢/脱氢反应中的应用。例如硝基芳烃在 Pt_1/FeO_x SACs 上的加氢反应，苯乙烯和乙炔在 Pd_1/Cu SACs 上的选择性加氢反应，单原子 Pt_1/Cu 催化剂上 1,3-丁二烯选择性加氢制 1-丁烯的研究，单原子 Pd_1/C_3N_4 催化剂上 1-己炔选择加氢制 1-己烯的研究。

（2）单原子催化的挑战与前景

负载型单金属原子催化的最大挑战是将特定的金属原子牢固地锚定在具有高金属原子数密度的合适高比表面积载体上。为了实现这一目标，工程和功能化的载体表面变得至关重要。具有合理设计和开发形状可控纳米结构或其他类型复杂纳米结构的能力，人们预计在纳米结构和功能化金属氧化物及其他类型的载体材料方面的突破，将大大推动单原子催化剂发展，以获得广泛的技术应用。

孤立的金属原子会具有高的表面自由能（与块状金属相比），单个金属原子可以与载体表面发生强烈的相互作用。通过操纵金属原子与载体表面缺陷（高能位）的相互作用，复合系统（单个金属原子加上载体上的周围原子）的能量可能成为金属-载体复合系统能量中的局部最小值。

当这种情况发生时，金属原子可以锚定并且在高温下保持稳定。在电子显微镜内进行高温（800℃）处理后，观察到 Pt 原子被随机或超结构牢固地锚定在 SiC 纳米晶表面。对这种锚定机制的理解有助于深入研究并开发理想的载体材料来锚定单个金属原子。

以单层或薄层为载体的二维材料，由于其电子结构不同于体相材料，其单金属原子的分散和锚定应大不相同。因此，在二维载体上操纵单个金属原子可能为调节催化活性中心以进行所需的催化反应提供独特的机会。

为了深入了解单原子催化作用，最终实现所选催化应用的单原子催化剂的平衡设计，一些关键问题尚需要进一步讨论。

① 应建立多样化与多功能单原子催化剂　可持续化学和先进的绿色工艺追求开发用于生物燃料合成的多功能催化剂。以糠醇为原料，采用磁性 HZSM-5 催化剂，经串联醇解/加氢/环合反应直接合成 γ-戊内酯，需要在单原子催化剂上开发 163 种类似的催化体系。

② 高/低负载碳基单原子催化剂　使用传统的催化剂制备方法在大多数载体上制备低金属含量的催化剂是一个非常简单的方法。然而，要在单原子催化剂中实现高金属负载量（>1%，质量分数）而不使金属纳米粒子团聚仍是一个挑战。高负载金属催化剂的发展应在多相催化、流动化学以及气相反应等方面进行研究。尽管这些单原子催化剂不一定在所有情况下都能产生最好的催化活性，但它们肯定有利于主要需要更高金属负载量的反应。

③ ppm 级催化　考虑到可持续催化，降低过程成本是一个永恒建议，包括反应中的金属含量。然而，催化剂中很低的金属含量并不总是足以获得优异的选择性、活性和相应化合物的产率。通常，在大多数催化方案中，根据相应的反应和催化剂，金属含量在 0.5%～7%（质量分数）。在单一金属催化剂的情况下，需要重新研究“多多益善”的概念，研究重点应放在开发高活性、低金属含量的 SACs 上。

④ 高比表面积　催化剂的高比表面积在催化反应中一直是至关重要的，而且大多高比表面积是获得优异活性和选择性的附加优势。对于应用，需要具有高表面密度的活性金属部分的 SACs，这可以通过调节金属-支撑相互作用来恢复。

⑤ 先进的表征技术　SACs 的活性部位尚未被深入研究，需要更先进的显微镜技术、操作技术和 DFT 相结合的方法来证明活性中心的性质，并了解它们在催化循环中的行为。

⑥ 机械研究和流动/气体化学应用中的挑战　尽管最近有 DACs 和 TACs 单原子催化剂的报道，但此类催化剂应用的真正障碍是它们的稳定性和由于活性中心的复杂性而缺乏力学研究，特别是与特定载体和试剂的相互作用。因此，必须在设计原位表征技术和监测单个原子的动态结构方面作出更大的努力。此外，流动反应和气相反应需要更剧烈的反应条件，如高温和高压，为确保 SACs 在这些条件下持续，浸出将是关键问题。因此，为流动化学和气相反应设计更稳定、更可持续的 SACs 势在必行。

3.4.4 限域空间中金属粒子的催化作用

限域效应分为电子限域与空间限域，但二者之间是密切联系的。

3.4.4.1 分子筛笼限域空间中的金属纳米粒子

分子筛具有独特的微孔结构、均匀的笼状结构和可精确调控的酸碱位，是限制小金属颗粒尤其是小于 2nm 金属颗粒的最有希望的宿主材料。但另一方面，由于分子筛载体的微孔会导致分子扩散与金属位点的可及性问题，如果必须考虑分子扩散，则限制了金属颗粒在分子筛载体中的应用。利用改进宿主材料扩散性能的介孔分子筛作为金属颗粒的载体材料，可以解决这一问题，至少部分解决了这一问题。

对于分子筛支撑的金属物种，可以识别出三种典型类型：①负载在分子筛晶体外表面的金属物种；②封装在分子筛通道或空腔中的金属物种；③嵌入分子筛骨架中的金属物种（图 3-21）。

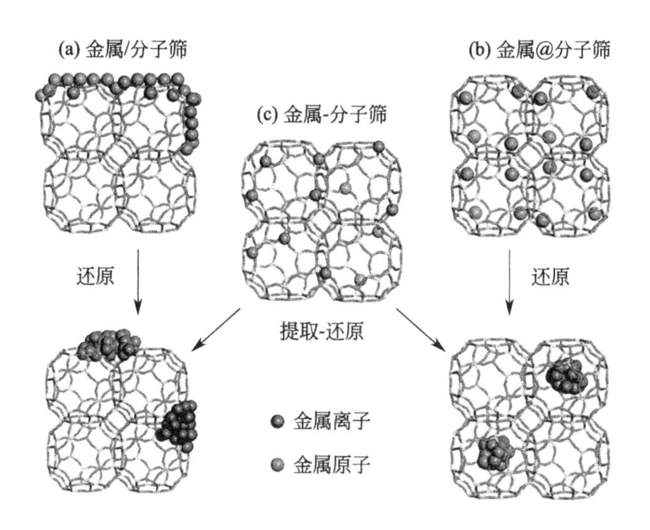

图 3-21　三种典型的含金属分子筛

图 3-21 中，样品（a）通常由分子筛载体和金属前驱体通过简单的浸渍制备而成，称为金属/分子筛。在煅烧和还原过程中，金属物种发生迁移并聚集成较大的颗粒。相反，对于被称为金属@分子筛的样品（b），分子筛物种有效地保护了金属物种。通道和微孔的复合体系可以提供强烈的限制效应，并显著抑制颗粒生长到特定尺寸区域。同时，分子筛的互连通道允许客体分子自由进入分子筛中的金属物种，此外，在非常有限的空间中具有强的限制效应和尽量接近性，可以从金属颗粒和分子筛的固有官能团在金属@分子筛中产生协同双功能样品，这有望得到更广泛的应用。以分子筛为代表的（c）样品中，标记为金属-分子筛，金属物种以阳离子的形式嵌入分子筛骨架中，进一步的提取和还原过程是获得分子筛负载金属粒子的必要条件。（c）样品可以转化为（a）或（b），这取决于提取和还原的详细步骤。图 3-22 示意了分子筛-金属复合材料的构建。

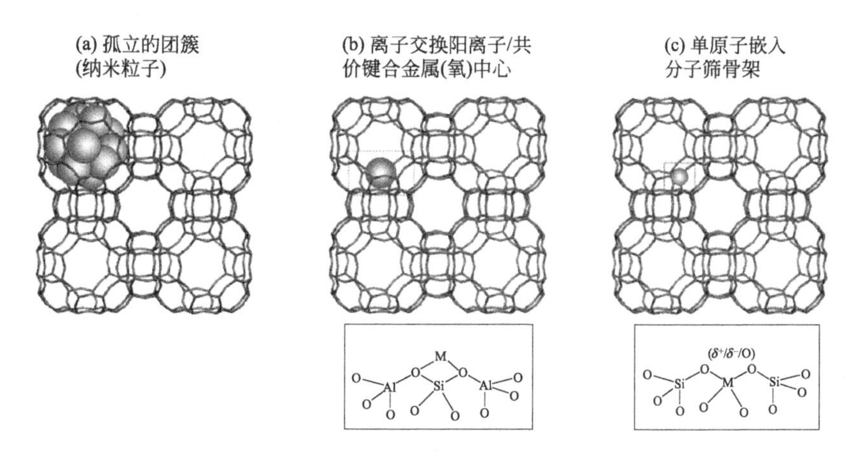

图 3-22　分子筛-金属复合材料的构建

限域环境中金属粒子的催化应用如表 3-9 所示。

表 3-9 过渡金属-沸石分子筛复合材料的催化应用

选定的应用	金属
石油加工	
加氢裂化	Ni/Mo, Ni/W, Pt, Pd
石脑油重整	Pt(Re、Sn、Ir、Ge 等做促进剂)
烷烃芳构化	Ga, An, Ag
天然气加工	
甲烷脱氢芳构化	Mo, Re, Fe
甲烷选择性氧化到甲醇	Cu, Fe
生物质转化	
碳水化合物转化至 5-羟甲基糠醛、γ-戊内酯、乳酸	Sn, Ti, Zr
环境应用	
NO_x 选择性催化还原(SCR)	Cu, Fe, Ag, Co
(光催化)去除挥发性有机化合物(VOC)	Ti, Cu, Pt, Pd
水体污染物深度催化氧化	Cu, Fe
CO 和碳氢化合物催化燃烧	Pd, Ni
化学品与化学中间体合成	
择形/双功能 F-T 合成	Co, Fe, Ru
烯烃环氧化	Ti
苯由 N_2O 氧化到苯酚	Fe, Ti
硝基芳烃选择性加氢	Pd, Pt
Diels-Alder 反应	Zn, Cr, Ga, Cu, Zr
酮的 Baeyer-Villiger 氧化、Meerwein-Ponndorf-Verley-Oppenauer 反应	Sn, Ti, Zr

(1) 催化中的尺寸效应

具有独特微孔结构的分子筛在限制贵金属纳米粒子方面具有广阔的应用前景，可用于研究催化反应中的尺寸依赖效应。Xiao 和他的同事在 MFI 分子筛上用 1.3～2.3nm 的一系列尺寸可控的 Pt 纳米粒子作催化剂，研究了挥发性有机化合物的全氧化反应。结果表明，由于 Pt 分散和 Pt^0 比例的平衡，1.9nm 的 Pt/MFI 在反应中是最活泼的。选定的金属纳米粒子可以通过限制在指定的空间中产生。Yu 和他的同事制备了包裹在纳米硅分子筛-1（即 Pd@MFI）中的超小 Pd 纳米粒子，用于在温和条件下甲酸完全分解产生高效的 H_2。值得注意的是，Pd@MFI 催化剂在 298K 和 323K 温度下的转化率值分别为 $856h^{-1}$ 和 $3027h^{-1}$，比参考催化剂 Pd/C 和 Pd/Silicalite-1 更为活跃。事实上，大多数金属@分子筛样品在各种反应中都能观察到分子筛中的贵金属颗粒的催化性能对尺寸依赖性。但是，这些效应常常受到其他因素的干扰，例如电子效应和空间效应。

(2) 抗烧结性能

分子筛骨架可以看作是贵金属颗粒理想的保护壳。由于被稳定的分子筛骨架所限制，贵金属颗粒在分子筛中最明显的优点在于其抗烧结性能。

例如，限制在 MWW 分子筛（骨架结构类型为 MWW 的一类人工合成分子筛，空间群为 P6/mmm）连接通道和笼中的 Pt 团簇在 813K 的空气中煅烧后仍表现出极高的热稳定性，Pt@MWW 表现出比 Pt/MWW 更高的活性，这可归因于 MWW 空腔对亚纳米 Pt 颗粒的限制和稳定。此外，被限制在 BEA 分子筛中的 Pd 纳米粒子，即 Pd@BEA，被证明在氧化气氛下在 873～973K 下具有抗烧结性，而均匀的分子筛微孔也使反应物的扩散接触到限制性的 Pd 位点。结果，Pd@BEA样品表现出很好的长期稳定性，在Cl分子的催化转化方面，包括水煤气变换反应、CO氧化、甲烷重整和CO_2加氢等，均优于传统的Pd/BEA催化剂和固体载体表面含Pd纳米粒子的工业催化剂。同样地，Pd纳米颗粒被限制在MOR沸石中，以提高甲烷氧化催化剂在低温下的稳定性，在<773K的低温下，用Pd@MOR催化剂在蒸汽的存在下可以保持90h的稳定甲烷转化率。

（3）底物形状选择催化

贵金属颗粒被限制在分子筛中，由于分子筛壳的形状选择性，是形状选择催化的可行候选物。通常，通过改变沸石通道内基质的扩散和限制的贵金属颗粒的可接近性，可以调节金属@分子筛的底物形状选择性。例如，Iglesia和他的同事通过直接水热合成成功地将一系列贵金属团簇（Pt、Pd、Rh、Ir和Ag）封装在LTA和GIS沸石中，所制备的金属@分子筛在醇（甲醇、乙醇、异丁醇）氧化脱氢和烯烃（乙烯、异丁烯）加氢反应中表现出较高的催化活性和良好的择形性能；比较了金属@分子筛和无约束金属/SiO_2催化乙烯、甲苯加氢和甲醇、异丁醇氧化脱氢的反应速率。他们揭示了金属@分子筛可以根据其分子大小有效地选择合适的反应底物，即反应底物的尺寸应小于分子筛通道的尺寸。此外，Iglesia和同事证实，分子筛壳（GIS和ANA）可以有效地保护限域的贵金属核，防止其在乙烯加氢过程中噻吩中毒，这可以从禁止大的有机硫通过分子筛的小八元环来解释。

H_2S存在和不存在时的H_2-D_2同位素交换反应，可为方钠石笼内包裹团簇对有毒硫化物中毒的有效防护提供依据。在H_2S存在下，Me@SOD上的H_2-D_2交换速率远高于Me/SiO_2上的H_2-D_2交换速率，这是由于H_2S在方钠石笼中受扩散限制不能到达金属团簇的表面。在随后的工作中，Iglesia和同事报告了LTA和MFI分子筛中的包埋团簇在醇氧化脱氢反应中明显的底物形状选择性，其中乙醇脱氢率远高于异丁醇，这是因为它们的大小不同。Song和他的同事报道了Pd粒子在MFI分子筛中的限制作用及其作为择形催化剂在羰基化合物加氢反应中的应用，3-甲基-2-丁烯醛（0.38nm×0.62nm）能有效地加氢，而二苯丙醛（0.81nm×1.0nm）不能有效地加氢。因为分子筛通道（0.53nm×0.56nm）对反应底物的尺寸选择很精确。

此外，Xiao和他的同事还设计了一种核壳Pd@BEA催化剂，以提高Pd纳米粒子在取代硝基芳烃氢化成相应苯胺过程中的性能。BEA分子筛壳的存在改变了硝基芳烃在Pd核上的吸附，因此，对催化剂的活性、选择性和使用寿命有着重要的影响。分子筛的孔道和孔口可以根据它们的大小和形状合理地选择反应底物，以与受限的贵金属颗粒接触。以这种方式，通过金属@分子筛催化的反应可以实现所需的底物形状选择性。另一方面，通过分子筛的孔道和孔口堵塞块状毒物试剂可以有效地防止由于中毒引起的受限贵金属颗粒的失活。此外，衬底形状选择性催化可以被看作是成功地限制贵金属颗粒在分子筛中的一个有力证据。

（4）分子筛微环境的催化调节

图3-23显示了分子筛中的微环境对贵金属粒子性能的影响。

除了受限的贵金属颗粒之外，铝硅酸盐分子筛不是惰性载体，它们可以提供精细调节的酸碱位点、特殊的电子相互作用和催化过程的明确通道。例如，分子筛中的酸碱位点与包封的纳米颗粒非常接近，并且可以进一步改变它们的性质，甚至可以共同构建协同催化剂，如双功能催化剂。在这里，所有这些因素被简单地归类在分子筛微环境中，这可以显著地调节催化活性，更重要的是，可调节限域的贵金属颗粒在某些反应中的选择性。Li和他的同事报道了在MFI分子筛中原位包裹Pd纳米粒子，并在包裹Pd纳米粒子和MFI分子筛微环境的基础上构

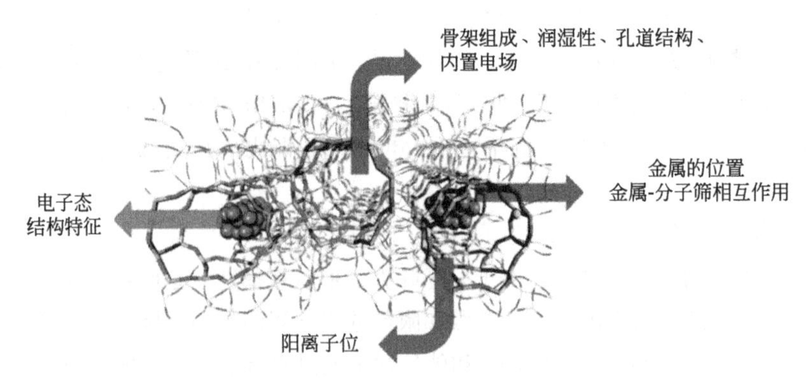

图 3-23　影响分子筛中贵金属粒子性质的主要因素

建了 Pd@MFI 催化剂。

如在糠醛的氢化反应中，分别以硅分子筛-1、Na-ZSM-5 和 H-ZSM-5 为载体制备了不同的产物，如呋喃、糠醇和 1,5-戊二醇。密度泛函理论计算和光谱研究清楚地表明，沸石微环境对糠醛的吸附和氢的活化都有显著影响，从而建立了通过调节分子筛微环境对 Pd 催化的选择性调制。

3.4.4.2　纳米管空间中限域金属纳米粒子的催化作用

纳米管的限域环境与分子筛明显不同，对其研究存在挑战。纳米管对金属粒子的限域效应研究主要集中在碳纳米管中的金属粒子。

碳纳米管是一种理想的催化剂载体，因为它具有高比表面积、优良的电子导电性以及即使在高温下也具有良好的抗酸碱性。到目前为止，许多金属，例如 Au、Ag、Pt、Ru、Rh、Pd、Ni、Zn、Co 和 Fe 修饰的碳纳米管，作为液相（氢化、氢甲酰化）或气相（费-托合成、氨合成和分解）反应的催化剂。碳纳米管基催化剂通常比传统载体上负载金属纳米粒子的其他催化剂（如 Al_2O_3、SiO_2，甚至活性炭）显示出更高的活性和/或选择性。特别是，填充在碳纳米管内的金属纳米粒子在催化应用中通常表现出比负载在外的催化剂更高的活性——碳纳米管的限制效应。

例如，采用湿化学方法制备了纳米 Cu 填充碳纳米管加氢催化剂。选择 MeOAc 加氢作为探针反应，研究了纳米 Cu 填充碳纳米管的催化性能和限制效应。结果显示，具有较小内径的碳纳米管对限制在其通道内的 Cu 纳米颗粒表现出前所未有的强自还原效应。

Ran 等证明了具有不同内通道直径的 Ru 纳米粒子作为多相催化剂可直接将纤维二糖转化为糖醇。碳纳米管负载纳米 Ru 催化剂的催化活性和还原性随碳通道直径的减小而提高。研究发现，与修饰在碳纳米管上的 Ru 纳米粒子相比，碳纳米管通道内的受限 Ru 纳米粒子的反应活性更高。Ru 纳米粒子在碳纳米管通道中的包埋提高了 Ru 的还原性，降低了 Ru 纳米粒子的浸出率。

3.4.4.3　MOF 中金属纳米粒子的催化作用

金属有机骨架（MOF）是通过将无机节点与有机连接体连接起来构建的。由于其化学组成的多样性、明确的晶体结构和超高的孔隙率，MOF 在催化领域引起了广泛的关注。将金属纳米粒子封装在 MOF 中，利用纳米孔的限制性或形状选择性，将使其具有独特的催化性能。

金属@MOF 的构建方法通常有三种：①通过浸渍和还原在 MOF 中沉积金属纳米粒子；

②在预先合成的金属纳米粒子上沉积MOF；③金属/金属氧化物在MOF中的原位转化。

金属纳米粒子在MOF中的沉积包括在预合成的MOF中浸渍金属前体，然后在MOF的微孔中还原金属前体，MOF作为主体材料并为金属纳米颗粒的成核提供受限空间。受益于空间限制，在MOF中可以制备出超细、无配体的金属纳米粒子。该方法可以在ZIF-8中合成第一过渡系列的金属纳米粒子（Fe、Co、Ni和Cu）。值得注意的是，金属纳米粒子的尺寸通常大于ZIF-8的笼形尺寸（1.1～2.2nm）。结果表明，金属纳米粒子的生长导致了ZIF-8局部结构的畸变，并且ZIF-8中的纳米空间不能完全限制金属纳米粒子的生长并决定其尺寸。

贵金属（Pd、Ru、Pt）与低成本过渡金属（Cu、Co、Ni）的合金化不仅可以减少贵金属的用量，而且可以通过调整贵金属的电子结构来提高其催化性能，因此受到了广泛的关注。如Cu-Pd、Cu-Ru、Cu-Pt、Co-Pd、Co-Ru、Co-Pt、Ni-Pd、Ni-Ru和Ni-Pt合金纳米粒子在MIL-101中高度分散，平均粒径为1.1～2.2nm，负载量高达10.4%（质量分数）。此外，MOF的无机节点也可以作为合金纳米粒子形成的金属源。

在预合成的金属纳米粒子上生长MOF是将金属纳米粒子封装在MOF中的另一个重要策略，这种方法不仅具有将不同尺寸和形状的金属纳米粒子结合在一起的独特优势，而且可以以可控的方式构建金属-载体界面。在这种方法中，金属纳米粒子核心与MOF壳层之间的相容性是成功形成金属@MOF的关键。

通过金属或金属氧化物的原位转化在金属纳米粒子上形成MOF覆盖层是制备MOF包覆金属纳米粒子的另一种策略。在这里，金属或金属氧化物作为MOF生长的牺牲模板。

3.5 金属合金催化剂

3.5.1 双金属合金催化剂

双金属纳米颗粒由于其独特的催化性能，在过去几十年中得到了广泛的研究。双金属并不是各组分金属的简单加和，其性质会因加入别的金属形成双金属而具有独特性。

近年来，双金属催化剂在多相催化领域有着举足轻重的作用，炼油工业中的Pt-Re及Pt-Ir重整催化剂的应用，使无铅汽油有了丰富的来源，汽车尾气三效催化剂的应用为解决废气污染作出了重要贡献。表3-10列出了工业过程中常用的双金属催化剂。

表3-10 工业过程中的双金属催化剂

催化剂	过程
Ni/Cu-SiO_2	溶剂工业中芳烃和长链烯烃的加氢
Pd/Fe-SiO_2	2,4-二硝基甲苯加氢制2,4-二氨基甲苯 （通过2-硝基-4-氨基甲苯和2-氨基-4-硝基甲苯）
Rh，Ru，Ni + Sn	酯加氢制酸或醇
Rh/Mo-SiO_2或Al_2O_3	CO和CO_2加氢制乙醇和二甲醚
Ni/Sn；Rh/Sn	乙酸乙酯加氢制乙醇
Pt/Sn	烷烃脱氢与裂解

双金属催化剂主要分为三类：

① 由第Ⅷ族元素和第ⅠB族元素组成，主要用于烃的氢解、加氢和脱氢反应，如Ni-Cu、Pd-Au等；

② 由两种第ⅠB族金属元素组成，用来改善部分氧化反应的选择性，如 Ag-Au、Cu-Au等；

③ 由两种第Ⅷ族金属元素组成，如 Pt-Ir、Pt-Fe 等，曾用来提高催化剂的稳定性。

双金属催化剂通常具有不同于其母体金属的电子和化学性质，可能表现出增强的性能。在所有的双金属催化剂中，Pt 族金属是研究最多的催化剂组分。

Au-Pd 合金由于其易得性和广阔的催化范围而成为研究最为广泛的双金属体系之一。Au-Pd 纳米粒子的催化性能与合金成分密切相关。例如，催化表面上的 Pd-Pd 距离是醋酸和乙烯合成醋酸乙烯的一个非常重要的参数。单体 Pd 对 Au(100) 表面的距离接近最佳，并且已证明其性能优于 Pd 对 Au(111) 面。古德曼和他的同事利用这一点为醋酸乙烯的生产创造了一种非常活跃和优异选择性的催化剂。最近，Zhang 和同事证明，离子交换树脂负载的 Au-Pd 纳米颗粒可以通过调节合金的物质的量之比来改变醇和胺的好氧氧化偶联途径。

然而，高成本和低可用性限制了它们在大规模过程中的应用。因此，人们的注意力转向了 Ni，这是一种低成本的替代品，它具有类似的电子性质，并且可以与 Pd 或 Pt 进行相同的元素反应。

含 Ni 的双金属合金在催化中的应用如图 3-24 所示。

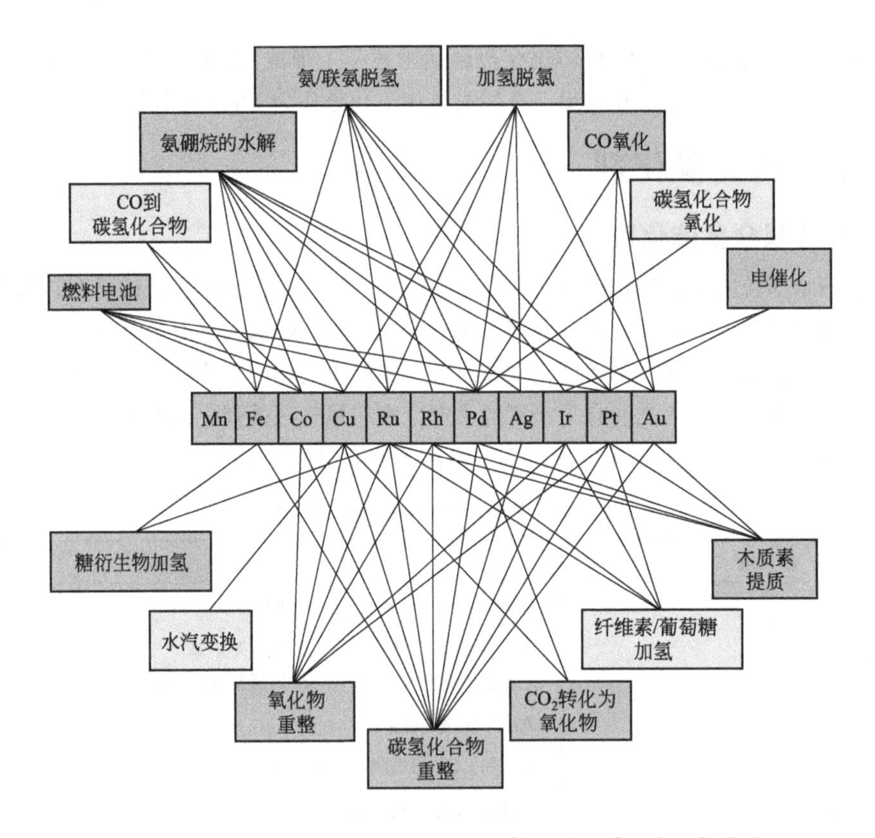

图 3-24　双金属 Ni-M 催化剂中不同的客体金属及其相应的催化应用

形成不同双金属催化剂结构的因素包括内部因素与外部因素，如图 3-25 所示。

从外部因素考虑，合金催化剂的性能取决于其制备方法。湿浸渍法广泛应用于形状、尺寸和组成可控的双金属催化剂的合成。各种湿化学方案已被应用于合成双金属纳米颗粒。根据形

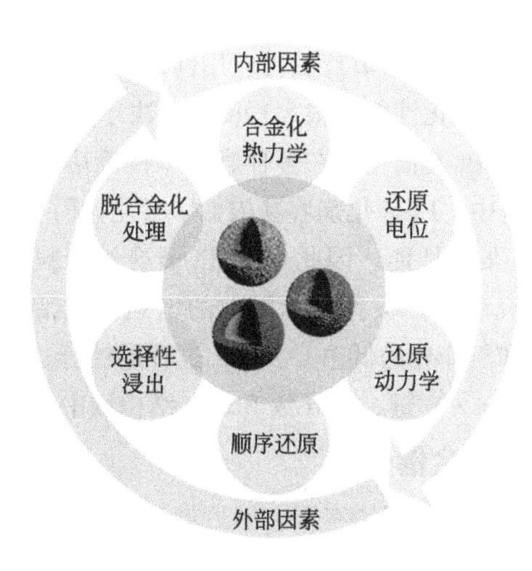

图 3-25　形成不同双金属催化剂结构的因素

成机理可分为两类：种子生长法（Seed-Mediated Growth）和一锅共还原法（One-Pot Co-reduction）。

考虑到金属的还原，有两种可能：①具有相似还原电位的金属同时还原形成合金结构；②具有不同还原电位的金属连续还原形成核壳结构。然而，还原动力学与还原电位之间并没有直接的关系，还原动力学也取决于所采用的合成条件。随着湿法浸渍工艺的发展，胶体化学在制备尺寸、形状和稳定性可控的无载体纳米颗粒方面得到了广泛的关注。胶体化学在贵金属双金属体系的合成中有着广泛的应用。

从内因考虑，决定双金属体系结构的另一个因素是两种金属在周期表中的相对位置。当两种金属在周期表中非常接近时，就会形成固溶体或可混溶体系。例如，Ni 可与 Co、Cu、Rh、Pd 和 Ir 以任何比例混溶，因此容易形成合金。离 Ni 更远的金属通常与其形成金属间化合物。例如，Pt 与 Ni 以不同的比例形成不同的金属间化合物，其中 Pt_3Ni 是最稳定的金属间化合物，以其电催化应用而闻名。

在双金属体系中，催化活性取决于两种金属成分的复合电子效应。d 带理论可以用来理解两种金属的组合效应。d 带理论的主要原理是吸附质与金属表面的结合能在很大程度上取决于表面的电子结构。金属 d 带与吸附质的 σ 键轨道杂交形成成键（d-σ）和反键 $(d\text{-}\sigma)^*$ 状态。反键 $(d\text{-}\sigma)^*$ 状态的填充增加对应于金属-吸附质相互作用的失稳，导致结合较弱，但活性更高。

如 Ni-Pd 纳米合金体系，应用 d 带理论可以确定 Pd 在加氢反应中对纯 Ni 的影响。氢与金属表面结合的能量（催化活性的决定性因素）很大程度上取决于 Ni/Pd 比。结果表明，Ni 和 Pd 含量相近的纳米合金比纯金属粒子具有更高的催化活性。

Ni 在双金属催化剂中的几何形态也是影响催化剂活性的一个关键因素。一般来说，当 Ni 与贵金属合金化时，有两种可能性：Ni 要么留在贵金属表面，要么扩散到内部形成亚表面区域。如 Ni-Pt 合金，在超高真空和加氢反应条件下，表面 Pt 层下的 Ni 原子具有良好的热力学稳定性，表现出良好的活性和稳定性。在其他类型的反应中，如氧化、脱氢和重整，Ni 封端的表面通常是有利的。

典型的双金属催化剂体系还包括以下体系：

Pt-Pd催化剂。Pt-Pd催化剂是质子交换膜（PEM）燃料电池中最有效的氢氧化和氧还原催化剂，在氧化还原反应（ORR）中有着广泛的应用前景。对Pt-Pd复合催化剂作用机理的研究表明，Pt-Pd复合纳米粒子的催化性能在很大程度上取决于其组成和结构。

Ru-Pt催化剂。Ru是提高Pt基催化剂在多种燃料电池反应中催化性能的另一个非常重要的元素。在直接甲醇燃料电池中，Pt催化剂容易被CO毒化，而Ru通过优先氧化有助于除去CO，从而提高Pt基催化剂的催化性能。因此，Ru-Pt复合纳米粒子被广泛应用于燃料电池电极的制备。密度泛函理论研究表明，核壳纳米颗粒的增强催化活性源于Ru@Pt纳米颗粒上CO游离Pt表面位置的增加和氢介导的低温CO氧化过程的结合。Oldfield等的研究结果表明，加入Ru可以削弱金属-CO（d-π*）键，并导致Pt/Ru结构域中CO热扩散的活化能较低。

3.5.2 三金属与多金属合金催化剂

关于三金属和多金属核动力源的报道有限，但近期研究兴趣迅速增长。Pt和Pd基双金属纳米颗粒作为燃料电池催化剂已经得到了广泛的研究。提高效率和降低总成本是燃料电池汽车商业化的两个关键问题。

将第三/第四种金属引入纳米催化剂有望产生诸如减少晶格距离、增加形成金属-氧键和吸附OH的表面位置以及修饰d带中心等综合效应。为了不断降低成本（通过减少催化剂中的Pt含量）并同时提高效率，最近还进一步开发了Pt和/或Pd基三金属和多金属纳米催化剂。

表3-11列出了三金属及多金属纳米粒子的催化反应。

表3-11 三金属和多金属纳米颗粒的协同催化效应

催化剂	纳米颗粒粒径/nm	催化反应
PtMFe/C (M=Ni, V)	约2	氧还原反应
Pd@FePt	约6	氧还原反应
Au@$FePt_3$	约10	氧还原反应
Au@Pd@Pt	约35	甲醇电氧化
Au@Pd@Pt	55	甲酸电氧化
AuCu@Pt/C	约4.3	甲醇电氧化，氧还原
Pt掺杂PdCo@Pd/C		氧还原反应
Pd-Pt-Ni	5	氧还原反应
Ru_5PtSn/SiO_2		对苯二甲酸二甲酯加氢制环己烷二甲醇
Pt-Pd-Au/CeO_2		甲烷完全氧化
Au@Pt@Rh	约3	丙烯酸甲酯加氢
Au@Ag@Rh	约3.5	丙烯酸甲酯加氢
Au/Ag/Pd	4.2±0.5	Sonogashira C-C偶联
Au-Ag-Pd	13±0.5	Suzuki C-C偶联
Pd-Bi-Au/C	13	聚乙二醇十二烷基醚的氧化

随着液体石油的预计枯竭，天然气向液体原料或燃料的转化将变得越来越重要。高级醇是化工和医药工业的重要原料，其作为潜在的燃料添加剂或燃料电池的氢载体在清洁能源输送中有着广泛的应用前景。由合成气合成高级醇一直是人们的兴趣所在，对于天然气转化，F-T合成是一重要技术。图3-26显示了由单金属到三金属催化剂在高级脂肪醇合成中的催化作用。

一般认为单金属催化剂是原子效率高的体系。由于高级脂肪醇合成（HAS）催化剂的双功能性要求，这类体系对HAS不具有吸引力。然而，四种不同的金属被报道为合成气合成HAS的单金属催化剂：Mo、Rh、Co和Fe。这些过渡金属通常表现出两个或多个氧化状态，这为形成具有双重活性位点（例如金属-氧化物对）提供了机会。

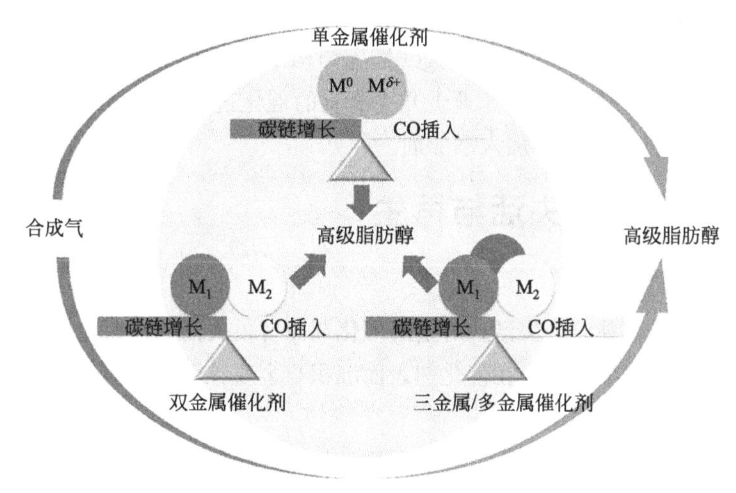

图 3-26　单金属、双金属与三金属催化剂在高级脂肪醇制备中的作用

根据共插入机理，从合成气中识别出两种不同类型的活性位点，一种活性为共解离和碳链生长，另一种活性用于共插入和醇形成。由于双金属催化剂有更多的机会根据上述所需的双功能性进行定制，因此自 1990 年以来，对其进行了大量研究。

在过去十多年中对三金属/多金属催化剂的兴趣迅速增长。三金属/多金属催化剂包含更多的变量，可以根据 HAS 的要求进行调整。

图 3-27 显示了从生物质与化石燃料制备高级脂肪醇的催化剂与催化路线。

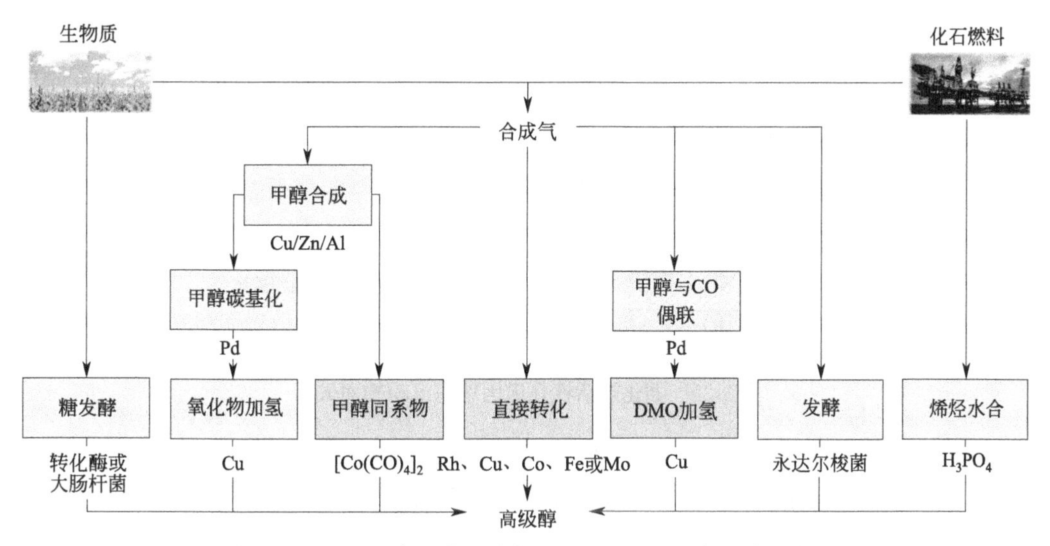

图 3-27　HAS 的商业化（浅灰）和设想的（深灰）合成路线

3.5.3　金属催化剂助剂

为了进一步优化金属催化剂的性能，常加入助剂。结构助剂（textural promoter）的工作原理是将金属颗粒彼此分离以尽量减少烧结，而电子和结构助剂则改变活性金属的电子或晶体结构。例如，在合成醋酸乙烯所用的 Pd/SiO_2 或 $Pd/\alpha\text{-}Al_2O_3$ 催化剂的 100nm 处加入少量醋酸钾，以促进醋酸的吸附，降低醋酸乙烯的生成障碍，从而提高了总的活性并使二氧化碳的产量

最小化。在水蒸气重整 Ni 催化剂中加入钾化合物或其他碱性物质，既有利于水的吸附，又有利于碳沉积的去除。在铁催化剂中加入 MgO 作为结构助剂以减少 Fe 的烧结，而 K_2O 作为电子助剂以提高 N_2 的解离吸附活性。工业上几乎所有的催化过程都或多或少涉及催化剂制备过程中加入助剂和/或反应混合物中加入添加剂。

3.6 金属催化剂的失活与再生

3.6.1 金属催化剂失活

催化剂可能会由于种种原因失活，对金属催化剂而言，失活的原因包括物理失活与化学失活。前者指由于使用过程中污染物在催化剂表面沉积与金属粒子的烧结，后者是指毒物分子与金属发生反应而使催化剂活性位中毒。

常见的失活模式如图 3-28 所示，其中反应气中的惰性组分沉积在催化剂活性组分表面，掩盖了催化剂的内部区域。这些沉积物的逐渐堆积限制或阻止了气体进入活性表面。这些沉积物通常由气体中的灰尘或污垢、腐蚀产物、蒸发水滴中的盐、金属氧化物等组成。

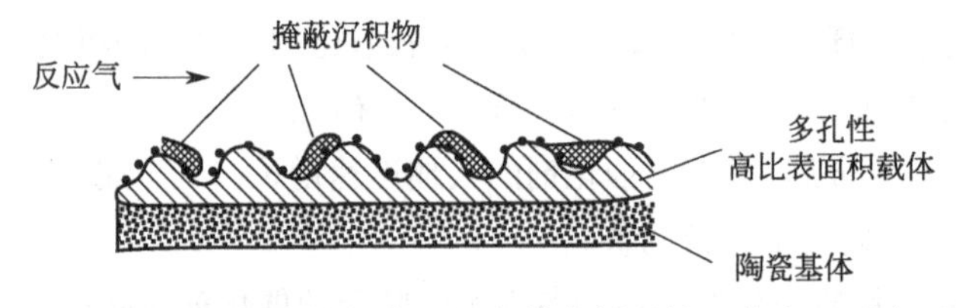

图 3-28　因进料惰性组分沉积在催化剂活性组分表面而失活

外部掩蔽沉积物的变化如图 3-29 所示，其中沉积物主要位于孔隙中，部分或完全堵塞孔隙。孔隙堵塞通常是由反应气中的 As 污染或硫酸盐造成的，这些物质可能在孔隙内形成。在脱硫与脱硝过程中，飞灰或煤烟的沉积导致催化剂失活。

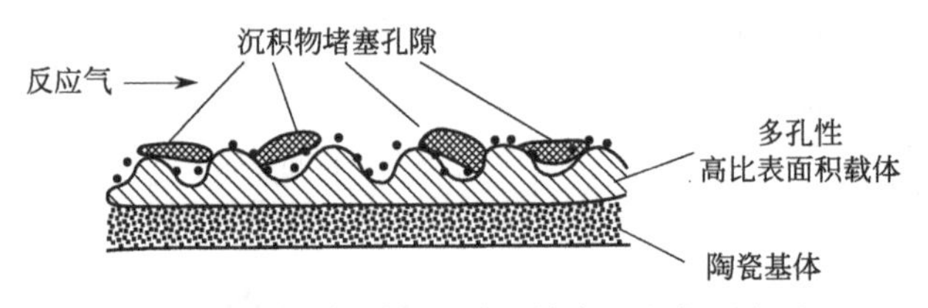

图 3-29　催化剂活性孔隙因堵塞沉积物而失活

金属催化剂因热烧结而失活的示意图如图 3-30 所示。这通常被认为是分散的金属颗粒在高温下流动的结果。随着时间的推移，这些小颗粒聚集成更大的颗粒。由于部分活性金属位于这些较大的团聚体中，因此不可用于催化反应，催化剂因此部分失活。

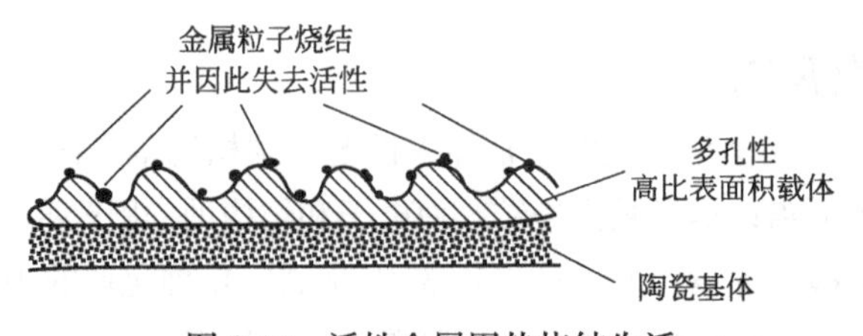

图 3-30　活性金属因热烧结失活

随着时间的推移，高温也会导致金属分散在多孔支架上的烧结，如图 3-31 所示。这里，载体的孔隙部分坍塌，比表面积损失，催化剂再次失活。

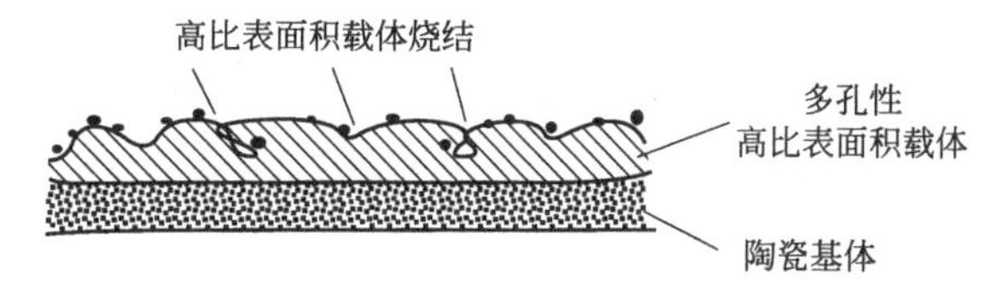

图 3-31　催化剂载体的热烧结失活和总比表面积的损失

注意，大多数失活的物理模型都改变了催化剂表面的形状和结构。对这种效应的正确描述是失活改变了催化剂的形态。实际上，更为明确的定义是，形态学研究的是表面在其生命史的任何阶段的形态和结构。因此，在催化科学的各个领域中，对催化剂失活过程中的表面形貌的研究最为恰当。催化剂表面形态的改变可能影响催化过程中反应组分的吸附以及传质过程，从而影响了催化活性。

显而易见，失活的主题包括化学、扩散和形态随时间的同时变化，所有这些最终都需要一个数学模型，将催化剂改进、反应器设计和成本优化的概念结合起来。

另一种失活方式称为中毒（图 3-32），包括可逆中毒与不可逆中毒。它是由气态物质与活性金属的化学反应（或者强化学吸附键）引起的。如：①反应过程中产生积碳；②硫和氮的失活，包括硫和氮中毒；③氧合物的抑制作用；④氯化物中毒；⑤浸出造成的活性金属损失；⑥污染金属的沉积。催化剂失活的这些模式是并行发生的，其程度和对整体失活的贡献可受进料性质和催化剂结构的影响。

对于一些酸性载体，碱金属与碱土金属离子也会导致催化剂中毒。如在负载的 V_2O_5 上，硫氧化物的酸性位点是 SCR 的活性原因。研究发现碱的强度和中毒的严重程度之间有直接的相关性，并且还观察到每当 B 酸位点的数目或强度增加时，例如，经 SO_2 或 HCl 处理，SCR 活性增加。

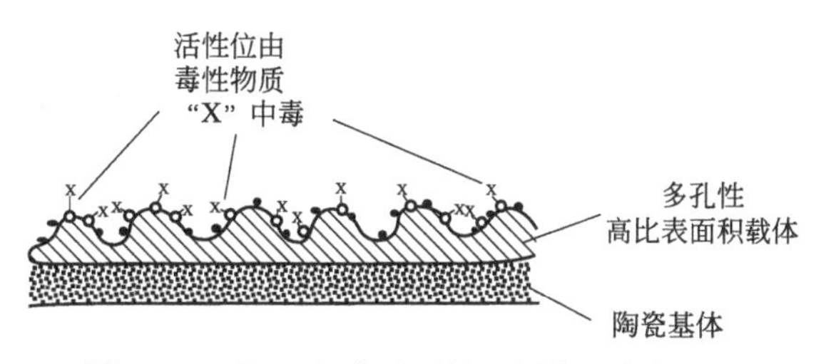

图 3-32　“X”组分对活性金属位的毒害失活

考虑图 3-31 所示的催化剂载体的热烧结引起的失活。失活可能是由高温引起的，导致比表面积的损失。通过降低温度来消除失活，不会恢复内表面，从而恢复原来的活性。因此，失活是不可逆的。理论上，通过从反应器中移除催化剂并重新分散金属，可以对图 3-31 所示金属部位的烧结进行原位修复。然而，失活仍然是不可逆的，因为在没有失活剂的情况下，在反应器继续原位操作，因此，在低温下不恢复原催化剂活性。

催化剂失活的研究涉及三个一般可区分的领域：①对失活过程的基本机理和动力学的研究；②颗粒催化剂失活速率的测定；③失活对实际反应器系统操作的影响的研究。这些领域从微观到宏观，涉及很多理论和技术。催化剂失活可以用与传统动力学相同的形式来描述，因此通常认为与失活有关的化学反应工程问题涉及时变系统，其中反应速率、输运速率（扩散和对流）的相互作用，以及失活率等决定系统行为。显然，它将是面对依赖于时间的活动的催化过程的一个密切相关的部分，因此，在分析大规模过程系统时会出现许多的优化问题。

在液-固相催化反应中，催化剂的失活现象、原因及表征分析如表 3-12 所示。

表 3-12　非均相催化剂在液相操作过程中所经历的失活类型以及检测方法

失活原因	结垢	中毒	浸出	活性位重组	(水)热溶解
描述	碳质残留物的积聚导致孔隙堵塞或形成表面覆盖物而限制了反应物到达活性位	催化剂活性位与特别的反应物种形成强的相互作用而失活	催化剂活性组分在反应介质中溶出	活性中心聚集导致活性表面积损失或特别活性位重构	晶态催化材料的非晶化或载体或活性位的相转变
是否永久性	常是可逆的	潜在性可逆	不可逆	潜在性可逆	不可逆
鉴别方法	·动力学研究 ·孔隙率测定 ·TGA(-IR/-MS) ·抽提研究 ·CHN 分析	·动力学研究 ·TGA(-IR/-MS) ·抽提研究	·动力学研究 ·元素分析(ICP) ·热过滤	·动力学研究 ·显微镜分析 ·UV-Vis 光谱分析 ·振动光谱研究 ·化学吸附研究 ·CHN 分析	·动力学研究 ·孔隙率测定 ·X 射线衍射分析 ·振动光谱研究

3.6.2　失活催化剂再生

失活催化剂的再生应在分析失活原因的基础上选择再生方法。因灰尘或污垢沉积导致催化剂失活，可采用水洗方式除去表面沉积物。

关于加氢过程中的贵金属催化剂再生大部分都涉及通过氧化烧除焦炭。很少有人尝试在还原条件下除去焦炭。然而，在含贵金属的加氢废催化剂上，焦炭的耐火性较低，表现为较高的 H/C 比，有利于还原再生。此外，贵金属的高加氢活性表明，氢溢流可能有助于活性金属附近焦炭的去除。对于 γ-Al_2O_3 和 C 负载催化剂，与酸性载体相比，去除沉积在裸载体上的焦炭的重要性要小得多。对于后者，裸露表面上的焦炭改变了酸性中心的分布，因此去除它是可取的。

在烧结失活的情况下，这将需要恢复金属部位。实现或甚至改进烧结催化剂的原始金属分散的再生过程称为“再分散”。可以恢复或甚至改进原始分散，并且在大多数情况下，通过这种重新分散金属颗粒的能力，可以恢复催化活性。

金属再分散的能力取决于许多因素，包括温度；氧化还原环境；金属与载体之间的相互作用，其影响原子从金属纳米粒子移动到载体的活化能；以及载体的表面积等。初始粒子尺寸越大，再分散过程越慢。同样，初始金属含量越高，再分散金属的难度就越大。一些金属烧结再分散策略见表 3-13。

表 3-13　金属烧结再分散策略总结

策略	金属
氧化和还原	Fe,Pt,Pd,Rh,Ag,Au,其他金属和双金属
氯化和氧氯化	Pd,Pt,其他金属和双金属
碘甲烷热处理	Au,Rh
用碘甲烷以外的卤代烃处理	Au

氧化和还原循环成功地实现了许多金属的再分散。然而，在一定条件下，这一过程有其局限性。例如，据报道，氧化和还原可用于再分散，前提是：①金属在使用的条件下可以被氧

化；②无需烧结即可进行还原（即烧结温度高于金属氧化物的分解温度）。

在发现氧化和还原不适合再分散的情况下，建议在形成金属硫化物、碳化物之后进行还原，或者氯化物可能是一个可行的替代品。

通过氧化/还原循环再分散的机理可概括如下：①氧化导致大的金属团聚体发生氧化；②颗粒表面形成含氧金属物种；③金属氧化物表面层和未氧化金属中金属-金属距离的变化导致/诱导金属应变能；④氧化金属颗粒逐渐从大颗粒碎裂（通过大颗粒破裂）；⑤破碎的含氧金属物种通过与载体的相互作用而分散。

卤素广泛应用于催化剂再生。虽然氯主要用于再分散，但也有报道称，Br 可用于金属的再分散，尤其是在 Al_2O_3 上的铂。其机理一般为：①金属晶体表面原子被氧氧化；②氧化部位受到氯离子的侵蚀，形成 MO_xCl_y 物种；③MO_xCl_y 物种迁移到载体表面；④金属从晶体中移除并重新分散。

使用氯化和氧氯化产生的一个问题是，由于氯中毒，催化剂可能进一步失活。因此，已经研究了可能更容易从催化剂后处理中去除的其他卤素。碘甲烷处理已被证明能够成功地将金属重新分散到更小的纳米颗粒中，主要适用于 Au，但也适用于其他金属（例如 Rh）。使用碘甲烷再生的一般机理为：①大型金团簇的表面原子受到碘离子的攻击，形成 Au_yI_z；②这些 Au_yI_z 物种会从团簇表面“侵蚀”出来；③移动 Au_yI_z 迁移至载体表面；④一层新的 Au 被碘化物暴露和侵蚀，并重复这一过程。

3.7 金属催化剂的应用

3.7.1 加氢反应

表 3-14 列出了一些重要的液相加氢反应。

表 3-14 重要的液相加氢反应

过程	反应方案实例	金属催化剂
烯烃和炔烃的加氢	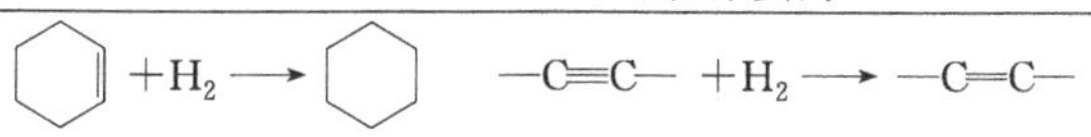 $+H_2 \longrightarrow$ ；—C≡C— $+H_2 \longrightarrow$ —C═C—	Pd,Rh,Pt
芳环加氢	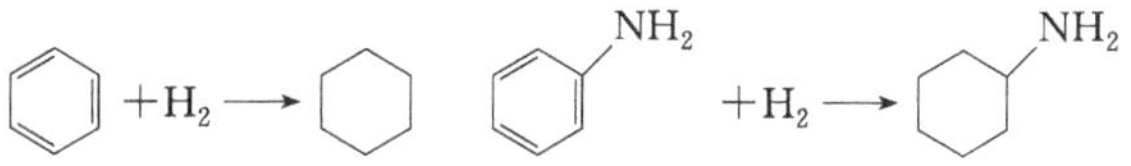 $+H_2 \longrightarrow$ ；NH_2 $+H_2 \longrightarrow$ NH_2	Rh,Ru,Pt
醛、丙酮、羧酸加氢制醇	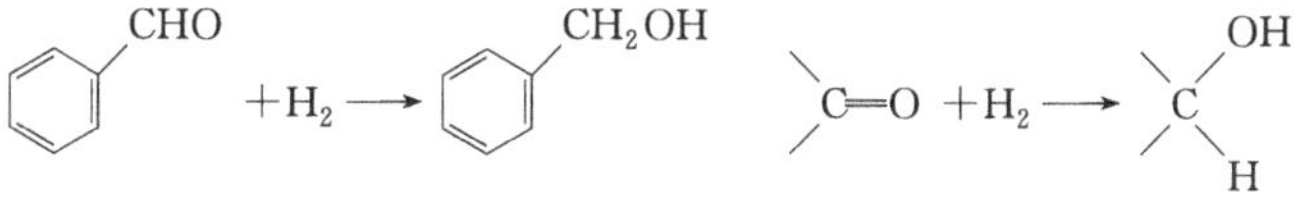 CHO $+H_2 \longrightarrow$ CH_2OH ；C═O $+H_2 \longrightarrow$ C(OH)(H)	Pt,Ru,Pd,Ir
硝基和亚硝基化合物加氢制胺	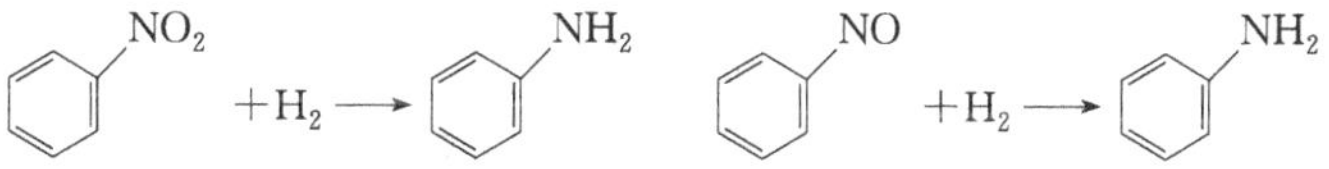 NO_2 $+H_2 \longrightarrow$ NH_2 ；NO $+H_2 \longrightarrow$ NH_2	Pd,Pt
腈加氢制胺	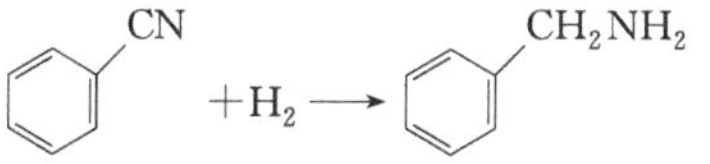 CN $+H_2 \longrightarrow$ CH_2NH_2	Rh,Pt,Pd
肟加氢制备胺、羟胺或亚胺	 C═NOH $+H_2 \longrightarrow$ $CHNH_2$ ；C═NOH $+H_2 \longrightarrow$ CHNHOH	Rh,Pt,Pd
亚胺加氢制肼	—CH═NNH_2 $+H_2 \longrightarrow$ —CH_2NHNH_2	Pt
α-或 β-酮酯的对映选择性加氢反应	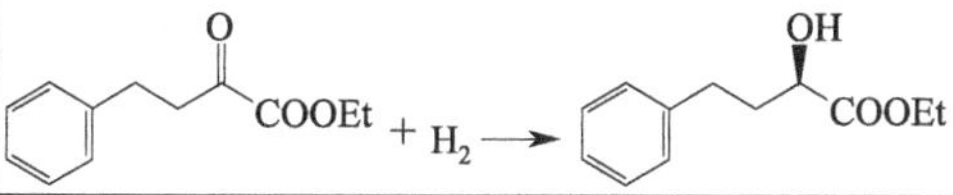 O, COOEt $+H_2 \longrightarrow$ OH, COOEt	Cinchona 改性 Pt,Pd 或酒石酸改性 Ni

续表

过程	反应方案实例	金属催化剂
加氢脱卤	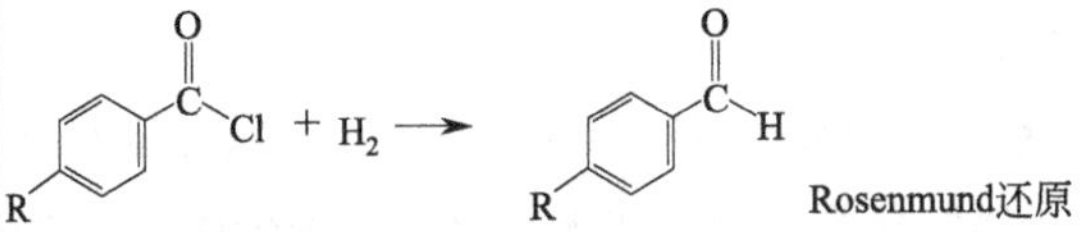 $R-C_6H_4-COCl + H_2 \longrightarrow R-C_6H_4-CHO$　Rosenmund还原	Pd
脱氢	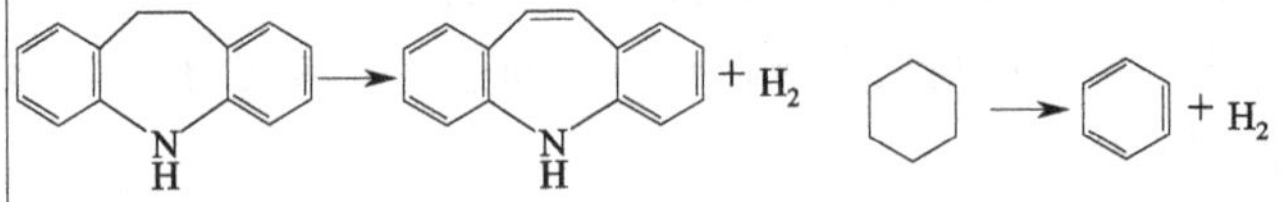 10,11-二氢二苯并[b,f]氮杂䓬 $\longrightarrow$ 二苯并[b,f]氮杂䓬 $+ H_2$；环己烷 $\longrightarrow$ 苯 $+ H_2$	Rh,Pt,Pd
氢解	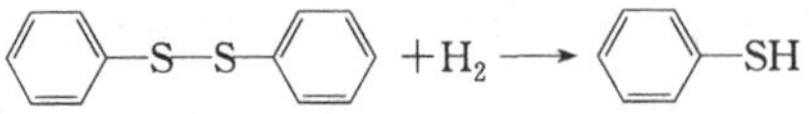 $C_6H_5-S-S-C_6H_5 + H_2 \longrightarrow C_6H_5-SH$	Re
还原烷基化	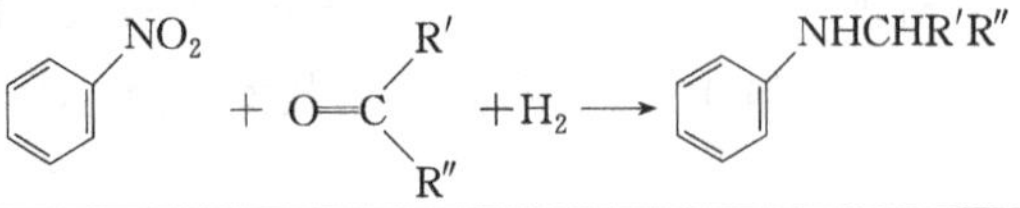 $C_6H_5NO_2 + O{=}CR'R'' + H_2 \longrightarrow C_6H_5NHCHR'R''$	Pt,Pd

加氢反应具有如下特点：

① 绿色化的化学反应。催化加氢一般生成产物和水，不会生成其他副产物（副反应除外），具有很好的原子经济性。

② 产品收率高、质量好。

③ 反应条件温和。

④ 设备通用性强。

常用的加氢催化剂有以下几种：

(1) Ni 系催化剂

前已叙述，骨架 Ni 是应用最广泛的一类 Ni 系加氢催化剂，也称 Renay Ni。它具有很多微孔，是以多孔金属形态出现的金属催化剂。制备骨架形催化剂的主要目的是增加催化剂的表面积，提高催化剂的反应面，即催化剂活性。

骨架 Ni 由于其在室温下的稳定性和高催化活性，被广泛应用于工业生产和有机合成中。

工业上使用骨架 Ni 的一个实例是苯被还原为环己烷。苯环的还原很难通过其他化学手段实现，但可以通过使用骨架 Ni 来实现。其他非均相催化剂，例如 Pt 族元素催化剂，也可以使用，效果类似，但这些催化剂的生产成本往往高于骨架 Ni。由此生产的环己烷可用于己二酸的合成，己二酸是尼龙等聚酰胺工业生产中使用的原料。

骨架 Ni 用于有机合成加氢脱硫。例如，在 Mozingo 还原的最后一步中，硫代缩醛将还原为碳氢化合物：

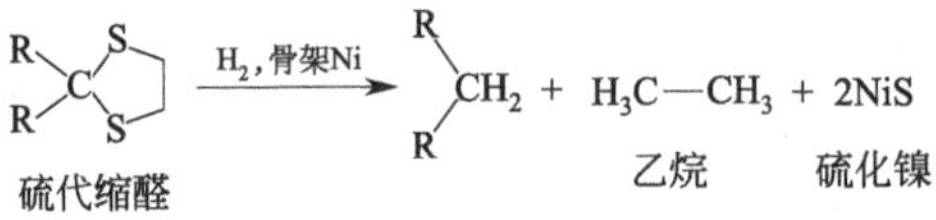

$$\underset{\text{硫代缩醛}}{R_2C(SCH_2)_2} \xrightarrow{H_2,\text{骨架Ni}} R_2CH_2 + \underset{\text{乙烷}}{H_3C-CH_3} + \underset{\text{硫化镍}}{2NiS}$$

将 Ni 和 Al、Mg、Si、Zn 等易溶于碱的金属元素在高温下熔炼成合金，将合金粉碎后，再在一定的条件下，用碱溶至非活性组分，在非活性组分去除后，留下很多孔，成为骨架形的 Ni 系催化剂。

多组分骨架 Ni 催化剂，是在熔融阶段加入不溶于碱的第二组分和第三组分金属元素，如 Sn、Pb、Mn、Cu、Ag、Mo、Cr、Fe、Co 等，这些第二组分元素的加入，一般能增加催化剂的活性，或改善催化剂的选择性和稳定性。

使用骨架 Ni 催化剂需注意：骨架 Ni 具有很大比表面积，在催化剂的表面吸附有大量的活化氢，并且 Ni 本身的活性也很高，容易氧化，非常容易引起燃烧，一般在使用之前均放在有机溶剂中。可以采用钝化的方法，降低催化剂活性或形成保护膜等，如加入 NaOH 稀溶液，使骨架镍表面形成很薄的氧化膜，在使用前再用 H_2 还原，钝化后的骨架镍催化剂可以与空气接触。

（2）Cu 催化剂

Cu 作催化剂具有比表面积大、活性高、成本低等优点，常用于烯烃的加氢。在加氢反应中活性次序是：Pt≈Pd>Ni>Fe≈Co>Cu。

Cu 的活性接近于中毒后的 Ni 催化剂，Cu 催化剂对苯甲醛还原成苯甲醇，或硝基苯还原成苯胺的反应具有特殊的催化活性。

Cu 催化剂主要用于加氢、脱氢、氧化反应，单独用的 Cu 催化剂很容易烧结，通常为了提高耐热性和抗毒性，都采用助催化剂和载体。铜（Ⅰ）催化的有机叠氮化合物和末端炔烃之间的 1，3-偶极环加成反应，通常称为 CuAAC 或点击（Click）化学，已被确定为最成功、通用、可靠的化学反应之一，以及快速和区域选择性构建 1，4-二取代的 1，2，3-三唑作为不同功能化分子的模块化策略。

（3）Co 催化剂

Co 催化剂的作用与 Ni 有很多相近之处，但一般来说活性较低，且价格比 Ni 高，所以不太用 Co 来代替 Ni 催化剂使用，但在 F-T 合成、羰基化反应及还原硝基而高得率制得伯胺等场合，却是重要的催化剂，Co 是催化转移氢化反应（CTH）工艺中开发最广泛的非贵金属，如含甲酸喹啉 CTH 反应。制造催化剂原料及方法大体与 Ni 催化剂相同。

（4）Pt 系催化剂

Pt 是最早应用的加氢催化剂之一，铂基催化剂广泛应用于丙烷脱氢，以满足专用催化工艺对丙烯需求的急剧增加。

金属 Pt 催化剂常用的两种类型是 Pt 黑和负载型铂。

① Pt 黑　在碱溶液中用甲醛、肼、甲酸钠等还原剂还原氯铂酸，能制得 Pt 黑催化剂。在常温、常压下，Pt 黑催化剂对芳环加氢显示活性。

② 负载 Pt　将氯铂（4 价）酸溶于水，使渗入适当的载体并进行干燥，用氢或其他还原剂还原后，即得负载 Pt。Pt/C 是最常用的加氢催化剂之一，广泛应用于双键、硝基、羰基等的加氢，而且效率高、选择性好。贵金属催化剂价格高昂，但由于是分散型催化剂，仅含 1%～5%的贵金属，相对来讲也可以承受，特别对于高附加值产品。

另有 Pt/石棉用于苯或吡啶的气相加氢；Pt/Al_2O_3 用于粗汽油的改性，即所谓的 Pt 重整。

（5）Pd 基催化剂

Pd 是催化加氢反应的优良催化剂。在石油化工中，乙烯、丙烯、丁烯、异戊二烯等烯烃类是最重要的有机合成原料。在石油化工中得到的烯烃含有炔烃及二烯烃等杂质，可将它们转化为烯烃除去。

Pd 催化剂具有很大的活性和极优良的选择性，常用作烯烃选择性加氢催化剂。常用于加氢反应的 Pd 催化剂有 Pd、Pd/C、$Pd/BaSO_4$、Pd/硅藻土、PdO_2、Ru-Pd/C 等。从乙烯中除去乙炔常用的催化剂是 0.03% Pd/Al_2O_3。在乙烯中加入 CO 可以改进 Pd/Al_2O_3 对乙炔的加氢选择性，并已工业化。甚至有工艺可将烯烃中的乙炔降至 1%以下。

① Pd/C催化剂　是催化加氢最常用的催化剂之一。活性炭具有大的比表面积、良好的孔结构、丰富的表面基团，同时有良好的负载性能和还原性，当Pd负载在活性炭上，一方面可制得高分散的Pd，另一方面炭能作为还原剂参与反应，提供一个还原环境，降低反应温度和压力，并提高催化剂活性。Pd/C主要用于NO_2的还原及选择还原碳碳双键。

② Pd/γ-Al_2O_3催化剂　作为一种工业成品催化剂，具有良好的加氢活性，广泛用于加氢反应。致密Pd金属膜是一类重要的无机催化膜，已成为脱氢或选择加氢反应的重要材料。但目前致密Pd基膜的商用仅限于氢的纯化，其原因之一是上述的Pd膜较厚，氢的渗透速度降低，膜组件的成本高。近年来，有关工作主要集中在Pd基金属复合膜的制备及应用研究上。

③ Pd基双金属催化剂　金属Pd被公认为是最出色的炔键和双烯键选择加氢催化剂活性组分，但仍存在许多缺点，如低聚副反应的发生、易被炔键络合、易中毒、稳定性差等。针对单Pd催化剂的缺点，通过添加第二金属助催化组分来进一步改善催化剂功能。Pd基双金属催化剂对炔/双烯加氢的选择性、活性、稳定性和寿命比单Pd催化剂有很大的提高，在烯烃的选择加氢催化剂中形成了一个优势，可视为该领域的第三代催化剂。

(6) Ru催化剂

Ru作为加氢反应的催化剂用得较多，在F-T合成、芳烃化合物（特别是芳香族胺类）的加氢等反应中，均发现有良好的活性和选择性。在Ru催化剂上进行的液相加氢中，水的存在显著地促进反应。它对醛酮加氢也有较高的活性，与其他Pt系催化剂相比，常表现出某些特异性质。Ru基催化剂在合成氨以及氨分解制氢方面由于Ru—N键键能而具有很突出的优势，在CH_4重整制氢有明显抗积碳性能。

(7) Rh、Ir、Os催化剂

常见负载催化剂Rh/Al_2O_3、Rh/CeO_2、Rh/SiO_2等多用于CO加氢成醇、芳烃和硝基加氢。

Ir的固体催化剂、均相催化剂的形式、活性与Rh相近。尤其在均相催化加氢中，也许是三价阳离子d^6电子分配相似的原因，但Rh加氢活性比Ir要高得多。Rh对NO_x高的还原性能而被用于汽车尾气处理的三效催化剂。

Rh、Ir的均相加氢研究与Ru很相近，尤其是Rh。对于不对称加氢，Ir应用相对少些，Os则更不常见。

3.7.2 氧化反应

这里氧化反应指有O_2参与的反应，一般金属被O_2氧化成氧化物，所以不合适作该反应的催化剂。但是像Ag、Au、Pt、Pd、Rh等抗氧化能力强，在氧化反应中仍保持0价状态，仅表面被部分氧化，这些催化剂主要用于乙烯部分氧化、甲醇转化为甲醛、氨氧化、尾气处理等。

这些催化剂昂贵，所以需要金属氧化物取而代之。如NH_3氧化制硝酸过程中，NH_3需在贵金属Pt-Rh丝网催化剂上进行，需要开发氧化物或复合氧化物催化剂取而代之。

氧化反应是不可逆反应，完全氧化产物是CO_2、H_2O，因此要想生产所需产品，必须选用选择性好的催化剂，并控制好反应的放热。

乙烯环氧化反应无论从理论上还是工业上都是一个重要的课题。在理论上，它代表了最基本的部分氧化反应之一，并且是表面科学中研究最多的催化反应之一。对催化环氧化的理解为多相催化剂如何允许热力学亚稳分子（如环氧化物）优先在热力学最稳定的产物CO_2上合成。

该反应通常是通过氧气在促进型Ag催化剂上直接氧化乙烯来生产的。比Ag便宜的催化剂和比氯化烃毒性更小的促进剂也是工业界感兴趣的。虽然 Ag 是唯一能很好地进行直接环氧化的催化剂，但最近的研究表明，Cu 也能表现出环氧化行为，并有望成为 Ag 催化剂的替代品或添加剂。

目前，工业上环氧乙烷（EO）是通过气相选择性乙烯氧化（乙烯环氧化）生产的，通常在 230～270℃和 1～3MPa 下使用负载 Ag/Al_2O_3 催化剂的固定床管式反应器进行。该反应为放热反应。

$$CH_2{=}CH_2 + \frac{1}{2}O_2 \longrightarrow \underset{\text{(环，经 O 桥连)}}{CH_2{-}CH_2} \qquad \Delta_r H_m = -105kJ\cdot mol^{-1}$$

EO 选择性是决定催化剂性能的最重要参数。乙烯选择性环氧化制环氧乙烷伴随着两个热力学上非常有利的副反应：乙烯的燃烧（完全氧化）（$\Delta_r H_m = -1327kJ\cdot mol^{-1}$）和环氧乙烷的燃烧（$\Delta_r H_m = -1223kJ\cdot mol^{-1}$）。这些副反应对环氧乙烷的高选择性具有很大挑战。

目前用于环氧乙烷生产的工业催化剂有两种：负载型 $Re/Cs/Ag/Al_2O_3$ 催化剂（在过量的 C_2H_4/O_2 下工作）和碱性金属（Na，Cs）促进的负载型 Ag/Al_2O_3 催化剂（在 O_2/C_2H_4 过量下工作）。发现 Mo 和 S 的氧化物也促进了负载型 $Re/Cs/Ag/Al_2O_3$ 系统用于 EO 的制备。

Ag 作为乙烯环氧化反应催化剂，在反应条件下，表面会形成不同类型的氧。乙烯环氧化反应至少需要两种不同类型氧。其中一种类型（亲核氧）应产生银离子，以形成乙烯的吸附位点。

第二种氧（亲电氧）是形成环氧乙烷环结构所必需的。此外，溶解氧存在于本体中，在反应过程中可能转化为亲电氧。乙烯吸附在 Ag^+ 位点上。当有亲电氧存在时，它会和吸附的乙烯的 π 体系相互作用，形成环氧乙烷，然后解吸。当有更多的亲核氧物种可用时，这种氧物种将激活 C—H 键，形成二氧化碳。在 π-络合物分解时，亲电氧的加入导致环氧乙烷的形成。即：

$$Ag + O_2 \longrightarrow (O{-}O)Ag \xrightarrow{C_2H_4} (O{-}O)Ag \cdots CH_2{=}CH_2$$

$$\longrightarrow Ag{-}O{-}O{-}CH_2{-}CH_2 \text{（环）} \longrightarrow CH_2{-}CH_2 \text{（O 桥连）} + O{=}Ag$$

$$6AgO + C_2H_4 \longrightarrow 2CO_2 + 2H_2O$$

总的结果：$7C_2H_4 + 6O_2 \longrightarrow 6C_2H_4O + 2CO_2 + 2H_2O$

根据上述机理，EO 的最高选择性为 6/7（85.7%），O_2 以分子态吸附在 Ag 上形成 AgO_2(ad)，AgO_2(ad) 与乙烯反应生成 EO；若 O_2 吸附形成原子态吸附 AgO(ad)，则与乙烯反应生成 CO_2 和 H_2O，该反应是一个结构敏感反应。

① 加入碱性助剂，活性提高，在此催化剂中碱性助剂显示了特殊的作用，它可使 Ag 在表面上富集，从而使分散度 D 增大。

② 颗粒大小对选择性 S 有影响，当颗粒减小为 40～50nm 时，选择性可提高 60%～70%。

第4章 固体酸碱及其催化作用

4.1 概述

固体酸是重要的非均相催化剂之一，在石油炼制、烷烃异构化、生物质转化等领域有着广泛的应用。

K. Tanabe教授在固体酸碱催化方面进行了早期开创性的工作，并通过协同作用稳定中间体，发现了酸碱对在赋予独特反应性和选择性方面的重要作用。他的著作《固体酸和碱》为解释氧化物和混合氧化物在催化反应中的反应活性以及酸和碱活性中心之间强度的适当平衡奠定了基础。

在工业过程中，固体酸碱催化剂（如分子筛、硅铝酸盐和碱土氧化物）的非均相催化与硫酸、氢氧化钠和叔丁醇钾等均相催化剂相比具有以下优点：

① 多相酸碱催化剂可采用连续生产系统，均相催化剂一般采用间歇式反应系统。

② 对于多相酸碱催化剂，反应可以在高温下进行，而对于均相催化剂，最高温度限制在溶剂的沸点。

③ 对于非均相酸催化剂系统，催化剂很容易从反应混合物中分离，如对于气相反应，催化剂可自动分离；对于液相反应，可以通过简单的过滤分离。通过燃烧沉积在催化剂表面的残余物，分离出的催化剂易于再生。

④ 非均相酸碱催化剂对设备无腐蚀性，可用于一般材料制成的反应器系统中，而均相酸碱催化剂具有腐蚀性，反应器系统应采用对酸碱有耐腐蚀性的材料。

⑤ 使用多相催化剂很容易建立环境友好的过程，均相酸碱催化剂通常在反应完成后需要分别用碱性和酸性溶液中和，会产生副产物。

⑥ 基于多相酸碱催化剂可以设计出多功能催化剂，如酸碱双功能催化剂、金属/酸（碱）双功能催化剂。

随着绿色化学化工的发展，固体酸碱的研究越来越深入，应用越来越广泛。

4.2 固体酸碱的分类及其性质

4.2.1 固体酸碱的概念与分类

（1）固体酸碱

某些固体物质如氧化物、分子筛或盐类，经过一定处理（如加热等）过程，可使这些物质某些部位具有给出质子或接受质子的性质；或某些部位可能形成具有接受电子对或给出电子对的性质，由此形成 Brönsted 酸碱或 Lewis 酸碱中心。

(2) 固体酸碱的分类

固体酸碱分为 Brönsted 酸（碱）和 Lewis 酸（碱），简称 B 酸（碱）和 L 酸（碱）。

B 酸提供一个质子，L 酸接受一个电子对；而 B 碱接受一个质子，L 碱提供一个电子对，如下所示：

AH	+	B	═══	A^-	+	BH^+
B 酸		B 碱		AH 的共轭碱		B 的共轭酸

A	+	:B	═══	A:B
L 酸		L 碱		

根据该定义，B 酸是能够将质子转移到 B 碱的物质，而 L 酸是能够接受 L 碱提供的一对孤对电子的物质。

4.2.2 固体酸碱的性质

(1) 固体表面的酸强度与酸量

B 酸强度是指给出质子的能力，L 酸强度是指接受电子对的能力。

酸强度通常用 Hammett 函数 H_0 表示：

$$H_0 = pK_a - \lg([BH^+]_s/[B]) \tag{4-1}$$

式中，[B] 和 $[BH^+]_s$ 分别为碱性指示剂的浓度及其在催化剂表面形成的共轭酸浓度，$pK_a = pK_{BH^+}$。若指示剂的中间色出现在其碱的共轭酸浓度达 50%时，即 $[BH^+]_s = [B]$，则 $H_0 = pK_a$。

H_0 值越小，表示酸强度越高，酸性越强。

固体表面的酸量用单位质量或单位表面积酸的物质的量表示，即 $mmol \cdot g^{-1}$ 或 $mmol \cdot m^{-2}$。

(2) 固体表面的碱强度与碱量

固体碱的强度，定义为表面吸附的酸转变为共轭碱的能力，也定义为表面给出电子对与吸附酸的能力。

$$AH + B^- \longrightarrow A^- + BH$$

表面碱性位 B^- 的 H_- 值就定义为：

$$H_- = pK_a - \lg([AH]_s/[A^-]) \tag{4-2}$$

式中，$[AH]_s$ 和 $[A^-]_s$ 分别代表酸指示剂 AH 和它的共轭碱 A^- 的浓度。

H_- 值越大，表示碱强度越高。

与固体酸一样，固体上碱基（碱中心）的量通常表示为每单位质量或每单位表面积固体上碱中心的物质的量，即 $mmol \cdot g^{-1}$ 或 $mmol \cdot m^{-2}$。

(3) 常用的固体酸碱催化剂

常用的固体酸碱催化剂分别见表 4-1 和表 4-2。

表 4-1 常用的固体酸催化剂

序号	固体酸催化剂
1	天然黏土矿：高岭石、膨润土、凹凸棒石、蒙脱石、硅藻土等，分子筛(HX，HY，H-ZSM 等)
2	负载酸：H_2SO_4、H_3PO_4、$CH_2(COOH)_2$ 负载于 SiO_2、石英砂、氧化铝或硅藻土上

续表

序号	固体酸催化剂
3	阳离子交换树脂
4	金属氧化物及硫化物：ZnO、CdO、Al_2O_3、CeO_2、ZrO_2、TiO_2、As_2O_3、Sb_2O_3、V_2O_5、Cr_2O_3、MoO_3、WO_3、CdS、ZnS 等
5	金属盐：金属硫酸盐、硝酸盐、磷酸盐、卤化物等
6	复合氧化物：SiO_2-Al_2O_3（TiO_2、SnO_2、ZrO_2、BeO 等）、Al_2O_3-ZnO（CdO、B_2O_3、TiO_2、ZrO_2、V_2O_5、MoO_3 等）、TiO_2-CuO（ZnO、ZrO_2、TiO_2-SnO_2、Bi_2O_3、V_2O_5、MoO_3、Fe_2O_3 等）、MoO_3-CoO-Al_2O_3、MoO_3- NiO-Al_2O_3、TiO_2-SiO_2- MgO、MoO_3-Al_2O_3-MgO 杂多酸等
7	碳基固体酸，包括碳基复合固体酸

表 4-2 常用的固体碱催化剂

序号	固体碱催化剂
1	负载碱：碱金属及碱土金属负载于 SiO_2、Al_2O_3、木炭上；K_2CO_3、Li_2CO_3 分散在 SiO_2 上等；NaOH、KOH 分散在 SiO_2、Al_2O_3 上；NR_3、NH_3、KNH_2 等分散在 Al_2O_3 上
2	阴离子交换树脂
3	碳在 1173K 下热处理或用 N_2O、NH_3 或 $ZnCl_2$-NH_4Cl-CO_2 活化
4	金属氧化物：Na_2O、K_2O、Cs_2O、BeO、MgO、CaO、SrO、BaO、La_2O_3、CeO_2 等
5	复合氧化物：SiO_2-MgO（CaO、SrO-BaO、ZnO、Al_2O_3、ThO_2、TiO_2、ZrO_2、MoO_3 或 WO_3 等）、Al_2O_3-MgO（ThO_2、TiO_2、ZrO_2、MoO_3 或 WO_3 等）、ZrO_2-ZnO（TiO_2、MgO 或 SnO_2 等）
6	金属盐：Na_2CO_3、K_2CO_3、$KHCO_3$、$KNaCO_3$、$CaCO_3$、$SrCO_3$、$BaCO_3$、$(NH_4)_2CO_3$、KCN 等
7	碱金属或碱土金属离子交换的各种分子筛
8	天然黏土矿：海泡石、水滑石

4.2.3 酸碱中心作用

B 与 L 酸碱中心因化学特征与结构特征不同，其产生的催化作用不同。

4.2.3.1 酸中心的作用

(1) B 酸中心的作用

① 烯烃质子化　如丁烷质子化反应生成仲丁基阳离子：

$$(\text{沸石})^- - H^+ + C_4H_8 \longrightarrow CH_3—CH^+—C_2H_5 + (\text{沸石})^-$$

B 酸　　　　碱　　　　　　碳正离子　　共轭碱

生成的仲丁基阳离子可发生双键异构化、二聚、骨架异构化、芳烃亲电取代（烷基化）等反应。

② 烷烃质子化　丁烷质子化反应生成五配位碳正离子。

$$(\text{沸石})^- - H^+ + C_4H_{10} \longrightarrow CH_3—CH_3^+—C_2H_5 + (\text{沸石})^-$$

五配位碳正离子

五配位碳正离子分裂为丁基阳离子和氢或丙基阳离子和甲烷。

③ 芳烃质子化　甲苯质子化生成异丙苯离子而导致裂解：

(沸石)⁻ $-H^+ +$ [异丙苯] ⟶ [质子化异丙苯 +] $+(\text{沸石})^-$ ⟶ [苯] $+C_3H_6+(\text{沸石})^- - H^+$

质子化环丙烷中间体中二甲苯离子的甲基转移导致异构化。

$H^+ +$ [邻二甲苯] ⟶ [+] ⟶ [H^+ 环丙烷中间体] ⟶ [+] ⟶ [间二甲苯] $+H^+$

④ 醇质子化　丙醇质子化反应生成氧鎓离子，通过 E1 机理脱水生成丙烯。

$$(沸石)^- -H^+ + C_3H_7OH \longrightarrow \underset{氧鎓离子}{C_3H_7OH_2^+} \longrightarrow C_3H_6 + H_2O + (沸石)^- -H^+$$

(2) L 酸中心的作用

① 与环氧化物的 O 配位　α-蒎烯氧化物与 Ti-β-沸石的 L 酸配位形成碳正离子，碳正离子经开环反应生成樟脑烯醛。

具有开放配位中心的金属中心作为 L 酸催化剂，由于其能激活羟基和羰基官能团而备受关注。

② L 酸催化的分子间 Cannizzaro 反应

4.2.3.2　碱中心的作用

(1) B 碱中心的作用

① 从烯烃中提取 H^+　1-丁烯脱质子化反应生成烯丙基碳负离子，Mg-OH^+ 中的质子通过分子内 H 转移返回到 C 端，导致双键异构化。

$$—Mg—O— + 1\text{-}C_4H_8 \longrightarrow —Mg—\overset{H^+}{O}— + C_4H_7^- \longrightarrow —Mg—O— + 2\text{-}C_4H_8$$

② 从 α-C 中提取 H^+　从丙酮中提取质子形成烯醇酸根阴离子，烯醇酸根阴离子对丙酮的亲核进攻导致羟醛加成形成双丙酮醇。

$$—Mg—O— + CH_3COCH_3 \longrightarrow CH_3CO\overset{-}{C}H_2 + —Mg—\overset{H^+}{O}— \xrightarrow{CH_3COCH_3} CH_3COCH_2C(CH_3)_2OH + —Mg—O—$$

(2) L 碱中心的作用

电子对与苯甲醛的羰基碳配位形成阴离子，另一个苯甲醛通过与羰基 O 上的酸位（金属离子）配位而极化。路易斯酸中心（金属阳离子）极化的苯甲醛的阴离子对羰基 C 的亲核进攻导致了苯甲酸苄酯的 Tishchenko 反应。

需要注意的是，根据酸（反应分子）的性质，同一位点充当 Brönsted 碱（H^+ 提取）或 Lewis 碱（电子对给予）。

4.2.3.3　酸碱位的协同作用

即酸碱中心与反应物分子同时相互作用，如在 Al_2O_3 上通过酸位和碱位的协同作用进行脱水。2-丁醇脱水历程如图 4-1 所示，其中酸位（表面 OH）和碱位（表面 O）分别通过 E2 机理同时与醇的羟基 O 和亚甲基 H 相互作用。

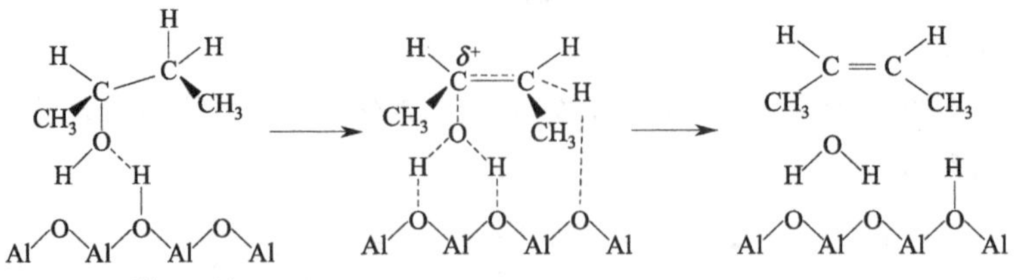

H　H　H　CH_3　C　C　CH_3　O　H　H　Al　O　Al　O　Al　O　Al
H　δ^+　H　CH_3　C　C　H　CH_3　O　H　H　Al　O　Al　O　Al　O　Al
H　C＝C　H　CH_3　CH_3　H　O　H　H　Al　O　Al　O　Al　O　Al

酸　碱

图 4-1　2-丁醇在 Al_2O_3 上通过 E2 机理脱水

丙酮与双丙酮醇的连续或单独的相互作用是通过从丙酮中提取 H^+ 形成的阴离子与路易斯酸极化的第二个丙酮分子反应进行的。双丙酮醇经酸性位脱水，完成羟醛缩合。在加成步骤中，酸碱中心相互配合，在脱水步骤中，酸中心依次操作。

$$2CH_3COCH_3 \longrightarrow CH_3COCH_2C(CH_3)_2OH \longrightarrow CH_3COCH{=}C(CH_3)_2$$

双丙酮醇　　　　　　异亚丙基丙酮

4.2.3.4　酸碱强度与催化反应的关系

烃类骨架异构化需要的酸性中心最强，其次是烷基芳烃脱烷基，再次是异构烷烃裂化和烯烃的双键异构化，脱水反应所需的酸性中心强度最弱。

如异丁烯与异丁醛反应中，异丁醛中的 C=O 双键和异丁烯中的 C=C 双键均具有一定的极性，在反应过程中均可受到亲电试剂如来自催化剂表面 B 酸（H^+ 质子）的进攻而被活化。与异丁烯中的 C=C 双键相比，异丁醛中的 C=O 双键极性更大，更容易被 B 酸质子化。异丁醛通过 B 酸质子化后形成碳正离子 A，该碳正离子同异丁烯发生亲核反应生成产物 B，B 既可以通过途径（a）生成目标产物 DMHD，也可以通过途径（b）消去质子和脱水生成目标产物 2,5-二甲基-2,4-己二烯，见图 4-2。

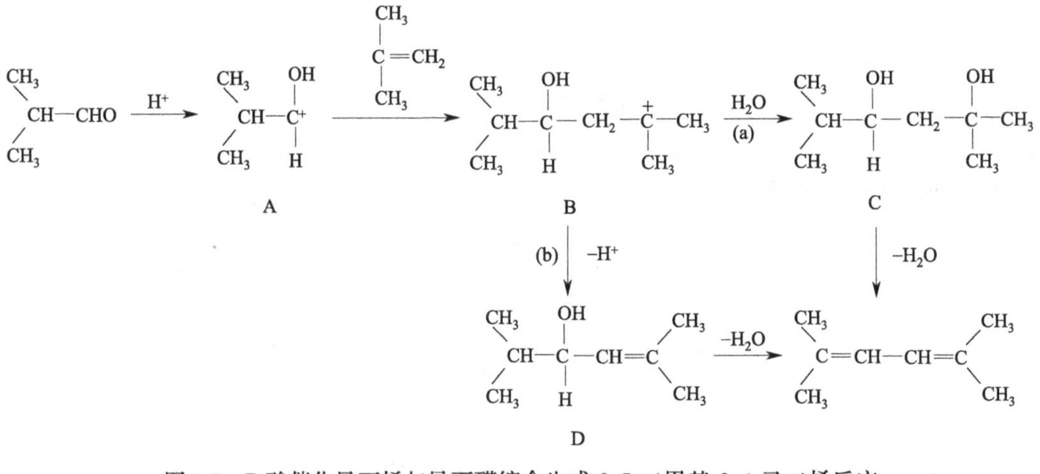

$(CH_3)_2CH—CHO \xrightarrow{H^+} (CH_3)_2CH—C^+H(OH)$ (A) $\xrightarrow{CH_2=C(CH_3)_2} (CH_3)_2CH—CH(OH)—CH_2—C^+(CH_3)_2$ (B) $\xrightarrow[(a)]{H_2O} (CH_3)_2CH—CH(OH)—CH_2—C(OH)(CH_3)_2$ (C)

B $\xrightarrow[(b)]{-H^+} (CH_3)_2CH—CH(OH)—CH=C(CH_3)_2$ (D) $\xrightarrow{-H_2O} (CH_3)_2C=CH—CH=C(CH_3)_2$

C $\xrightarrow{-H_2O} (CH_3)_2C=CH—CH=C(CH_3)_2$

图 4-2　B 酸催化异丁烯与异丁醛缩合生成 2,5-二甲基-2,4-己二烯反应

异丁烯通过 π 键吸附在催化剂的表面上。随着催化剂表面 B 酸强度增加，异丁烯 C=C 双键受到质子攻击的可能性增加。当异丁烯的 C=C 双键受到 H^+ 攻击后将发生如图 4-3 所示的

过程。

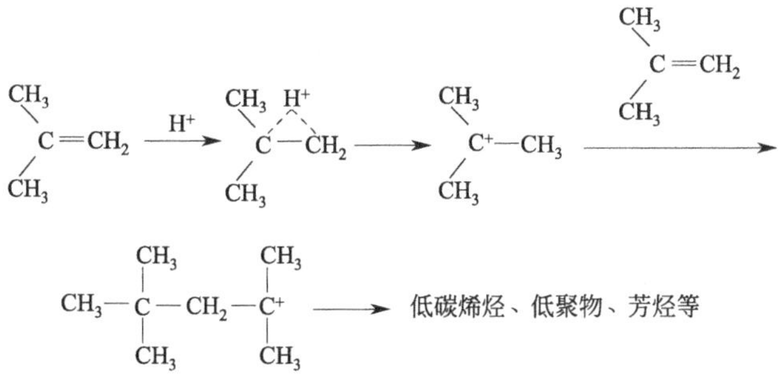

$$(CH_3)_2C{=}CH_2 \xrightarrow{H^+} (CH_3)_2\overset{H^+}{C{-}CH_2} \longrightarrow (CH_3)_2C^+{-}CH_3 \xrightarrow{(CH_3)_2C=CH_2}$$

$$CH_3{-}C(CH_3)_2{-}CH_2{-}C^+(CH_3)_2 \longrightarrow \text{低碳烯烃、低聚物、芳烃等}$$

图 4-3 异丁烯在 B 酸中心上发生的聚合反应

异丁烯质子化后将进一步发生聚合反应。随着催化剂表面 B 酸中心强度增加，异丁烯在 B 酸中心上的吸附能力增加，发生聚合的可能性增大。

4.3 固体表面酸碱性的表征

对固体表面酸碱性的表征通常包括酸/碱类型、酸/碱量、强度、强度分布等几个方面。

4.3.1 指示剂滴定法

酸性测定，一般用胺类碱。采用系列指示剂，可以测定酸量和强度分布，酸强度表达式见式（4-1）。

为了减少溶剂与酸中心的相互作用，可使用非极性溶剂，如苯和环己烷。从溶液中吸附碱性指示剂 B 后，当 $[BH^+]_s/[B] \gg 1$ 时，固体表面呈现其共轭酸 BH^+ 的颜色。而当 $[BH^+]_s/[B] \ll 1$ 时，显示 B 的颜色。当 $[BH^+]_s/[B]=1$ 时，表面酸性中心的 H_0 值等于质子化指示分子 BH^+ 的 pK_{BH^+}，$H_0 = pK_{BH^+}$。

在实践中，很难确定 [B] 和 $[BH^+]_s$。因此，酸的 H_0 被确定为指示剂 pK_{BH^+} 值中最低值、其在表面呈现共轭酸 BH^+ 的颜色。例如，当固体吸附亚苄基乙酰苯（$pK_{BH^+}=-5.6$）时呈黄色，而在吸附蒽醌（$pK_{BH^+}=-8.2$）时没有任何颜色变化，认为固体上酸性中心的 H_0 值在 $-8.2 \sim -5.6$ 之间。

按照惯例，纯硫酸（$18.4mol \cdot L^{-1}$ H_2SO_4；$H_0=-11.9$）的酸性强度被定义为超强酸的阈值，更负的 H_0 值表示更强的酸性。一些测定酸强度的碱性指示剂见表 4-3。

表 4-3 测定酸强度的碱性指示剂

指示剂	颜色		pK_a①
	碱形式	酸形式	
中性红	黄色	红色	+ 6.8
甲基红	黄色	红色	+ 4.8
苯基偶氮萘胺	黄色	红色	+4.0
p-二甲氨基偶氮苯	黄色	红色	+3.3
2-氨基-5-偶氮甲苯	黄色	红色	+2.0
苯偶氮二苯胺	黄色	紫色	+1.5
结晶紫	蓝色	黄色	+0.8
p-硝基偶氮苯-(*p'*-硝基-二苯胺)	橙色	紫色	+0.43
二苯基壬四烯酮	黄色	红色	− 3.0

续表

指示剂	颜色		pK_a[①]
	碱形式	酸形式	
亚苄基乙酰苯	无色	黄色	−5.6
蒽醌	无色	黄色	−8.2
2,4,6-三硝基苯胺	无色	黄色	−10.10
p-硝基甲苯	无色	黄色	−11.35
m-硝基甲苯	无色	黄色	−11.99
p-硝基氟苯	无色	黄色	−12.44
p-硝基氯苯	无色	黄色	−12.70
m-硝基氯苯	无色	黄色	−13.16
2,4-二硝基甲苯	无色	黄色	−13.75
2,4-二硝基氟苯	无色	黄色	−14.52
1,3,5-三硝基甲苯	无色	黄色	−16.04

①指示剂B的共轭酸BH^+的pK_a（$=pK_{BH^+}$）。

通过改变溶液中预先吸附的碱分子（例如丁胺）的量，也可以通过指示剂法来估计酸性位的数量。当碱分子的数目小于酸性位的数目时，指示剂可以吸附在剩余的酸性位上并呈现BH^+的颜色。另一方面，碱分子的数目超过酸中心的数目，指示剂显示B的颜色。一些固体酸的H_0值见表4-4。

表4-4　一些固体酸的H_0值

固体酸	H_0值
Amberlyst 15	$0.8 < H_0 < 3.0$
Nafion H	$-13.75 < H_0 < -10.99$
$Cs_{2.5}H_{0.5}PW_{12}O_{40}$	$-13.75 < H_0 < -13.16$
$Ag_2HPW_{12}O_{40}$	$-8.2 < H_0 < -3.0$
$H_3PW_{12}O_{40}$	$-13.75 < H_0 < -13.16$
H-ZSM-5	$-13.16 < H_0 < -12.70$
H-丝光沸石	$-13.75 < H_0 < -12.4$
H-Y	$-11.3 < H_0 < -8.7$
H-β-沸石	$-11.3 < H_0 < -8.7$
硅胶	$-3.3 < H_0$
WO_3/ZrO_2	$H_0 \leqslant -14.52$
硫酸酸化的ZrO_2	$-16.04 \leqslant H_0 \leqslant -14.52$

测定碱H_-值的实验程序与测定酸H_0值的基本相同。固体表面从溶液中吸附AH后，如果$[AH]_s/[A^-] \gg 1$，固体显示AH的颜色，而当$[AH]_s/[A^-] \ll 1$时则显示A^-的颜色。当$[AH]_s/[A^-]=1$时，表面碱性位的H_-值就等于指示剂AH的pK_a。碱强度H_-高于26者，称为超强碱。

同样，碱性位的H_-值为在表面显示共轭酸A^-颜色的指示剂的pK_a值中最高者。例如，当固体吸附2,4-二硝基苯胺时其固体呈现紫色（碱形式），$pK_a=15.0$，而当其吸附4-氯-2-硝基苯胺时呈现黄色，$pK_a=17.2$。因此，其碱性位的H_-为15.0～17.5之间。一些测定碱强度的酸性指示剂如表4-5所示，表4-6显示了典型固体碱的H_-值。

表 4-5　测定碱强度的酸性指示剂

指示剂	颜色		pK_a
	酸形式	碱形式	
溴甲酚蓝	黄色	绿色	7.2
2,4,6-三硝基苯胺	黄色	橘红色	12.2
2,4-二硝基苯胺	黄色	蓝紫色	15.0
4-氯-2-硝基苯胺	黄色	橙色	17.2
4-硝基苯胺	黄色	橙色	18.4
4-氯苯胺	无色	粉红色	16.5①

①估计值。

表 4-6　一些固体碱的 H_- 值

催化剂	H_-值	备注
$Na/NaOH/Al_2O_3$	$H_- \geqslant 37$	
KNO_3/Al_2O_3	$37 \geqslant H_- \geqslant 27$	负载量:35%(质量分数)
MgO	$18.4 \geqslant H_- \geqslant 17.2$	$Mg(OH)_2$ 于 673K 焙烧获得
CaO	$33.0 \geqslant H_- \geqslant 26.5$	$Ca(OH)_2$ 于 773K 焙烧获得
NaX	$9.3 \geqslant H_- \geqslant 7.2$	
Cs_2O/NaX	$26.5 \geqslant H_- \geqslant 18.4$	Cs(2.6 $mmol \cdot g^{-1}$)
Cs_2O/Al_2O_3	$H_- \geqslant +37$	
KF/Al_2O_3	$18.4 \geqslant H_- \geqslant 15.0$	773K 焙烧
Na_2SnO_3	$33.0 \geqslant H_- \geqslant 26.5$	$Na_2Sn(OH)_6$ 于 623K 焙烧

测定固体酸碱强度的指示剂法基于溶液中酸碱化学中建立的方法，将其用于固体表面酸碱位时存在如下问题。

① 原有酸性函数的概念是指水溶液给出/接受质子的能力，而非单个分子或离子的性质。当这个概念应用到固体酸碱化学时，酸碱强度被表示为单个酸碱位的性质。固体的酸碱性因此有两个内容：酸碱位的数目和强度（H_0 或 H_-）。

② H_- 函数建立在 B 酸碱化学的内涵上。例如氧负离子除了表现为 B 碱外也会表现为 L 碱。因此，指示剂法不能区分酸或碱的类型。

③ 实验方法本身很难辨别指示剂细微的颜色变化，判断临界点会因人而异，这可能导致较大的实验误差。

④ 在实验条件下，可能吸附平衡没有建立。如沸石孔笼中的金属离子会造成很大的空间位阻吸附，同时在分子筛孔口的指示剂可能会抑制指示剂在沸石孔隙系统内部的吸附。这种情况在其他微孔材料中同样存在。

⑤ 在限域环境中，由于受限域效应的影响，指示剂颜色的变化可能会出现偏差。

4.3.2 气相碱性（酸性）分子吸附法

程序升温脱附（Temperature Programmed Desorption，TPD）是指在设定的条件下通过探针分子在催化剂表面的吸附脱附过程展开的研究。

(1) NH_3-TPD

NH_3 常作为固体酸性位的探针，特别是在程序升温脱附特性下。TPD 曲线下的区域面积被用作酸性位点密度的测量，而峰值温度（T_M）作为酸性位强度的测量。

图 4-4 显示了在 H-丝光沸石、H-ZSM-5 和 H-β-沸石上观察到的 NH_3-TPD 曲线，每个曲线均由两个峰组成。在较高温度下出现的峰被认为是从强酸中心解吸的 NH_3，在较低温度下

出现的峰为弱酸性位上吸附 NH_3 的脱附峰。

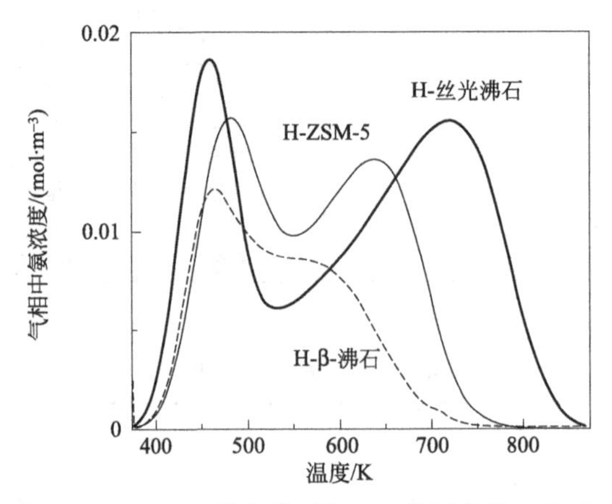

图 4-4　在 H-ZSM-5、H-丝光沸石和 H-β-沸石上的 NH_3-TPD 曲线

曲线中最大峰值处的温度（T_M）是对 NH_3 解吸的酸中心强度的测量。T_M 是吸附热、升温速率、载气流量和表面覆盖度的函数。酸强度可用吸附热表示（见 4.3.3 节）。

使用 NH_3-TPD 技术表征固体表面酸性特征时，需要注意：

① 高比表面材料 TPD 的峰值温度不是吸附强度的简单函数。同一 H-ZSM-5 样品的 NH_3 峰值温度变化可超过 100℃。解吸温度受再吸附和扩散的强烈影响，峰值温度将随酸性位密度、样品尺寸、微晶尺寸等而变化。因此，即使使用相同的装置进行实验，不同样品的解吸温度变化也可能没有比较的意义。

② 在几乎所有的表面上 NH_3 均发生吸附，而不仅仅是 B 酸性位上。应用 TPD 方法详细描述酸性中心时，需通过红外光谱等其他方法来确定 NH_3 的吸附位。如图 4-5（a）中，曲线 a 为 413K 活化 15h，曲线 b 为 438K 活化 23h，曲线 c 为 453K 活化 3h，曲线 d 为 563K 活化 3h，曲线 e 为 823K 活化 1h 后测得的 FTIR 光谱。图 4-5（b）为氨对应的信号强度随时间的变化曲线，以及通过曲线拟合获得的含量。阴影峰被指定为与 B 酸性位点相互作用的氨。

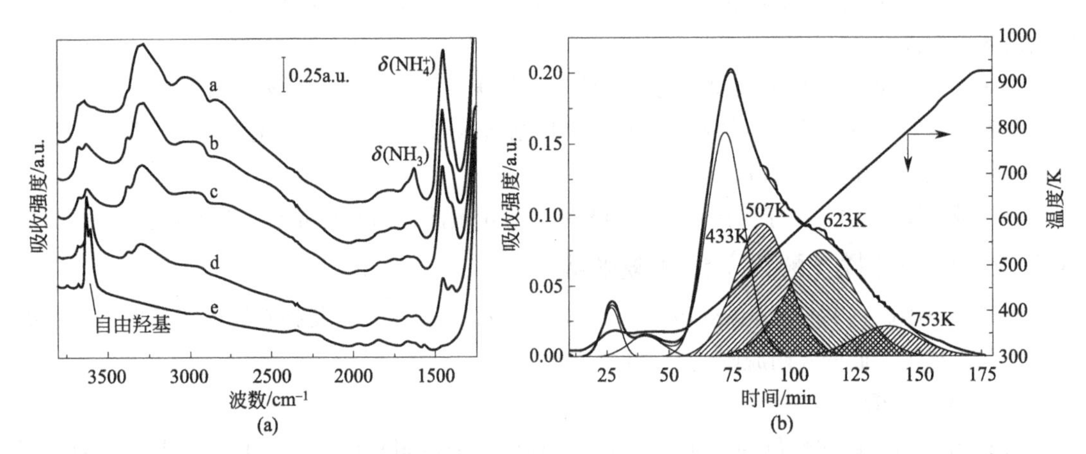

图 4-5　在干燥氮气流中 H-SAPO-34 样品吸附氨，然后进行 FTIR（a）和 TPD-MS（b）分析

③ B 酸中心对 NH_3 的吸附热不是催化活性的有用预测参数。如 H-MOR（丝光沸石）中非常小的 8 环侧位空穴的限制效应，这些侧位空穴允许与硅质壁发生额外的吸引作用。限制效

应当然会影响反应速率，但这是与酸强度完全不同的因素。

(2) CO_2-TPD

CO_2-TPD是评价固体碱催化剂基本性能最常用的方法之一。与固体酸催化剂NH_3-TPD一样，CO_2-TPD提供了碱性位的数量和强度信息，在较高温度下解吸的CO_2归属为更强的碱性位。碱量的大小根据TPD曲线中峰值的积分面积来估算。图4-6为碱土金属氧化物上的CO_2-TPD曲线。碱强度顺序为：BaO > SrO > CaO > MgO，单位质量碱性位数量则顺序相反。

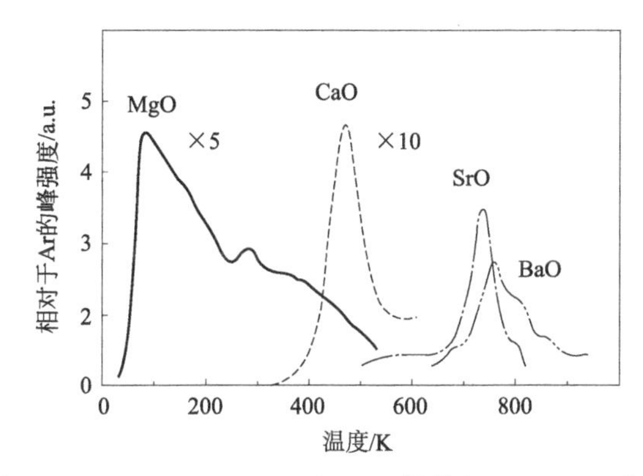

图4-6 MgO、CaO、SrO和BaO样品上CO_2-TPD曲线

4.3.3 微分吸附量热法

固体表面酸碱性质的完整描述必须包括酸碱位的数量、强度、强度分布和类型等。此外，还可以关联固体酸碱的组成元素、表面结构以及与之相关的酸碱催化反应。在这些方面，微分吸附量热法具有一定的优势。碱性分子NH_3、丁胺、哌啶以及酸性分子CO_2和SO_2等可作为探针分子，对酸强度和碱强度进行测量。

图4-7为423 K下ZrO_2、TiO_2-ZrO_2和TiO_2样品上的微分吸附热随NH_3覆盖度的变化曲线。

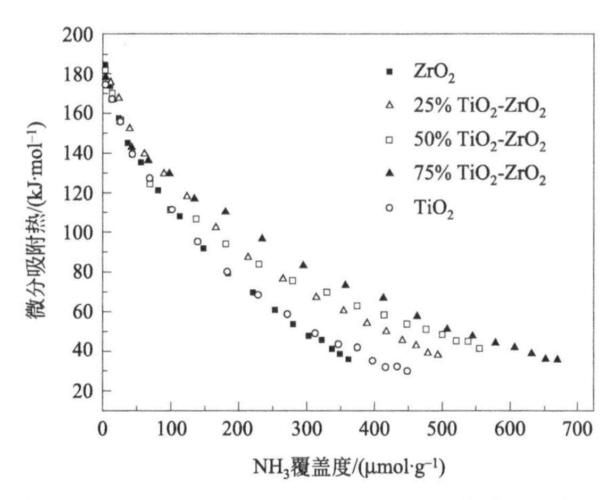

图4-7 423K时ZrO_2、TiO_2和TiO_2-ZrO_2上NH_3的微分吸附热随覆盖度的变化

图4-7中微分吸附热随氨覆盖度的增加而不断减小，表明五种样品的表面酸性中心分布不均匀。五种样品的初始微分吸附热差异不大，在174～184kJ·mol^{-1}范围内。从图4-7中可看

出，复合氧化物（25%TiO_2-ZrO_2、50%TiO_2-ZrO_2和75%TiO_2-ZrO_2）的氨饱和覆盖度分别为494μmol·g^{-1}、557μmol·g^{-1}和670μmol·g^{-1}，并且高于TiO_2和ZrO_2的氨饱和覆盖度448μmol·g^{-1}和361μmol·g^{-1}，表明复合氧化物比纯TiO_2和ZrO_2具有更多的酸量，这可能与它们的S_{BET}更大有关。

图4-8显示，从CO_2饱和覆盖度和初始微分吸附热看，在ZrO_2上，饱和覆盖度和初始微分热最大，说明碱量和碱强度分别是最大和最强的，而TiO_2的碱含量和碱强度均小于ZrO_2。ZrO_2与TiO_2复合后，复合氧化物的碱量和碱强度均小于ZrO_2，且随TiO_2含量的增加而降低。

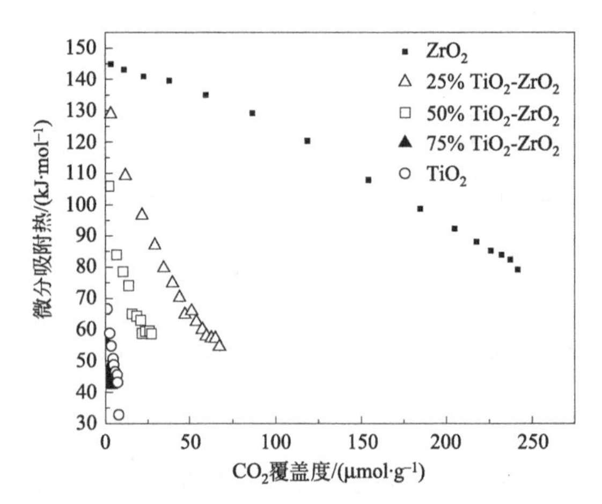

图4-8 423K时ZrO_2、TiO_2和TiO_2-ZrO_2上CO_2的微分吸附热随覆盖度的变化

对于微分吸附量热法表征酸碱位：

① 初始的高吸附热区域代表最强吸附位置。Q_{diff}与覆盖度曲线的初始下降，即使在表面明显均匀的吸附情况下，也可以归因于残余表面的非均匀性。因此，通常观察到1%～5%表面的吸附能呈指数递减，表现出强烈的非均质性，特别是分子筛中存在额外骨架铝物种的情况下。

② 中间强度中心有一个或多个区域，该区域中恒定热区域是一组强度均匀的酸/碱中心特征。

③ 在一些情况下，已经被吸附的分子之间的相互作用随气体覆盖度可以产生一个小的热增加。

④ 高覆盖度下的吸附热接近探针分子与样品之间氢键或探针物理吸附的几乎恒定值特征。该恒定值取决于探针的性质（即吸附温度下的汽化焓）。然后，热量下降到接近液相吸附质冷凝热的值。

4.3.4 IR方法

(1) 羟基（—OH）红外光谱

表面—OH基团的—OH伸缩振动在3800～3000 cm^{-1}区域给出了IR谱带。—OH的振动吸收频率取决于其所连接的金属阳离子性质及其配位结构，同时还与它所处的位置密切相关。通常，频率越高，—OH的碱性越强；而频率越低，其酸性越强。因此，这些羟基的振动频率反映了其酸碱性及强度，如表4-7所示。

表 4-7 —OH 伸缩振动频率（单位：cm^{-1}）和测试氧化物的不同类型—OH 基团的表面结构含义

氧化物	孤立羟基类型				氢键羟基	表面结构影响
	Ⅰ	Ⅱ	Ⅲ	Ⅳ		
Si	3745	—	—	3674		酸性羟基
				3575		低密度位
Al	3792	3724	3670	—	3582	酸性与碱性羟基
	3772	3684	3623			低与高密度位
						八面体与四面体对称的 Al^{3+}
SiAl	3774	3725	3676	—	3550	酸性与碱性羟基
						低与高密度位
						未暴露的 Si^{4+} 位
						八面体与四面体对称中的 Al^{3+}
Ti	3717	3640	—	—	—	酸性羟基
	3668	3620				低密度位
						锐钛矿与金红石结构中的 Ti^{4+}
Zr	3776	—	3679	3740	—	酸性与碱性羟基
			3668			在单斜与四方对称结构中的 Zr^{4+}
						Si^{4+} 杂质位
Ce	3674	3652	3621		3583	酸性与碱性羟基
						低与高密度位
						萤石结构的不同面中 Ce^{4+}

不同沸石分子筛表面羟基的红外光谱见图 4-9。

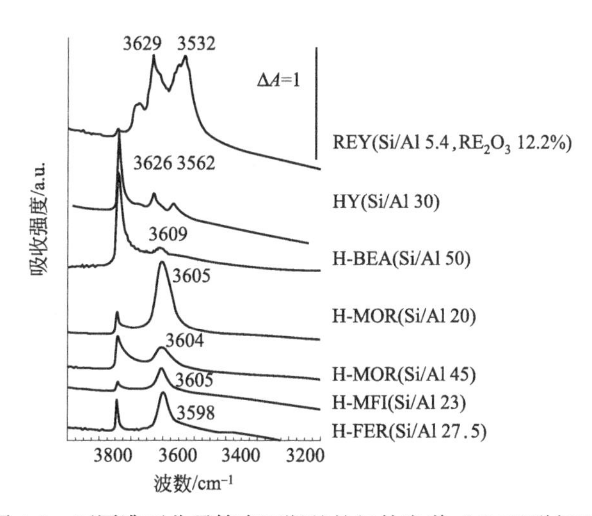

图 4-9 不同沸石分子筛表面羟基的红外光谱（450℃脱气后）

（2）CO 吸附 IR 谱（CO-IR）

O—H 伸缩振动的红外光谱对羟基环境的差异更为敏感，但吸光系数的不确定性使量化变得困难。此外，位点酸度与吸收频率之间的相关性不是很强，吸收频率可能会受到位置的强烈影响，—OH 与骨架的相互作用（例如通过氢键）也会降低频率。因此，在酸性研究中，红外光谱最好与碱性探针 CO 结合使用。

吸附 CO 时，表面—OH 基团的伸缩振动频率向低频移动，C—O 伸缩振动向更高频率移动。图 4-10 显示了丝光沸石 O—H 伸缩振动区和在 $p_{CO}=42.7Pa$、77K 下 CO 吸附后 C—O 伸缩振动区的红外光谱。通过比较不同样品中 O—H 伸缩振动范围，可用 FTIR 光谱法评估分级丝光沸石的酸度。在 FTIR 光谱 3603cm^{-1} 处检测到了 MOR 催化剂典型的 B 酸中心（Si—OH—Al）。商业丝光沸石（DeAl/MOR）脱铝使 Si(OH)Al 带的强度显著降低，伴随着与硅醇巢穴（3500cm^{-1}）中 H 键合 Si—OH 基团形成相关的低强度宽带的发展。用 NaOH 选择性处理的 MOR，表现为 3740cm^{-1} Si—OH 带强度的增加，这与新制备的中孔系统上硅醇基团的增加有关。低温下的 CO 吸附（图 4-10B）证明了 L 酸位源于脱氢作用，这表明引入脱硅混合物中的铝物种部分整合到沸石骨架中，从而产生 B 酸和 L 酸。从沸石中提取的铝原子与硅原子一起重新插入中孔壁上，形成新的酸中心，主要是路易斯酸中心。L 酸位的数量可以作为衡量脱硅沸石对热处理的阻力的指标，对于脱硅丝光沸石，这清楚地证实了它们的热稳定性高。

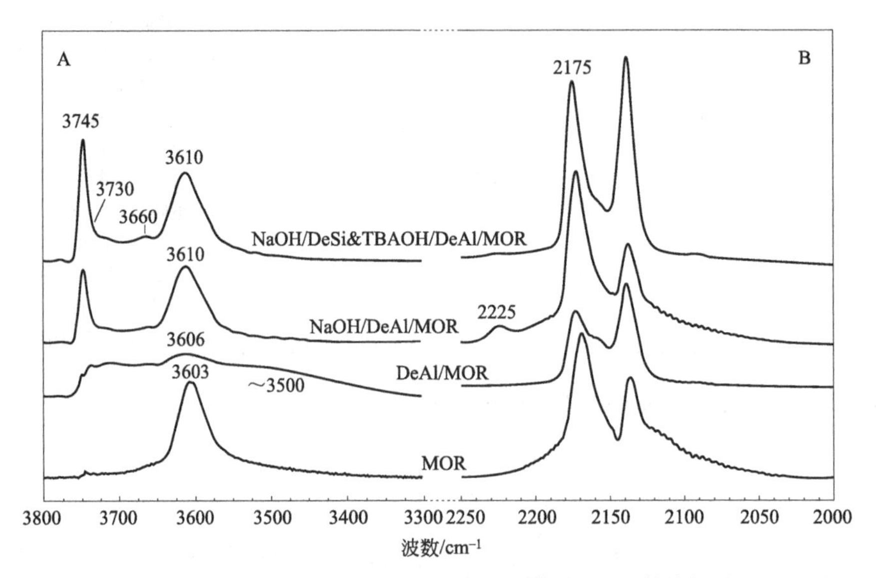

图 4-10　丝光沸石 O—H 伸缩振动区（A）和 77K 下 CO 吸附后 C—O 伸缩振动区（B）的 FTIR 光谱

（3）吡啶吸附 IR 谱（Py-IR）

B 酸位和 L 酸位可通过 Py 离子在 B 酸位上形成的 IR 带位置和与 L 酸位配位的 Py 来区分。吸附在 B 酸位的 Py 离子于 1540cm^{-1} 和 1490cm^{-1} 处产生吸收带，而与 L 酸位配位的 Py 在 1450cm^{-1} 和 1490cm^{-1} 处有吸收带。Py 离子和配位 Py 均在 1490cm^{-1} 处出现吸收带，但吸收率不同。吡啶离子、配位键合吡啶和氢键吡啶的红外光谱示例如图 4-11 所示。

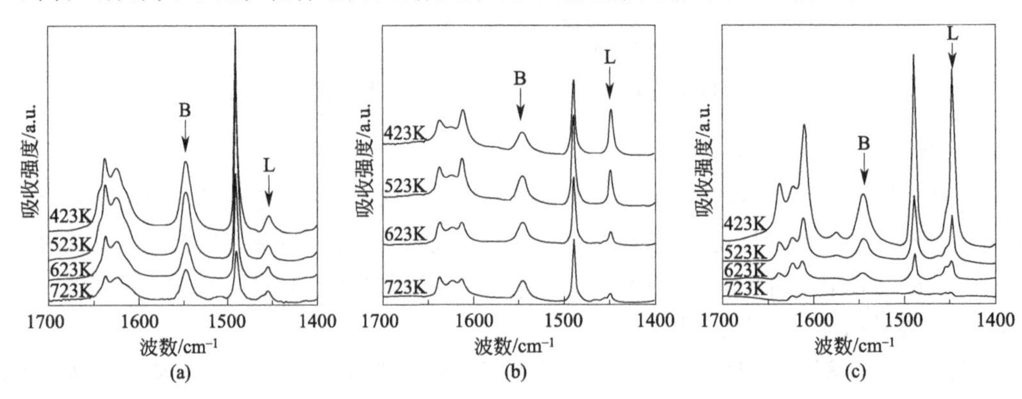

图 4-11　程序升温热脱附 Py-IR 谱图

（a）H-ZSM-5；（b）焙烧后的 MgAPO-36；（c）焙烧后的 MgAPO DAF-1

根据 1540cm^{-1} 和 1450cm^{-1} 处的谱带强度，用吸收系数校正法可分别计算 B 酸位和 L 酸位的数量。这两个位点的酸强度可以通过吡啶吸附样品脱气的温度来估算。物理吸附或氢键吡啶可以通过 423K 脱气去除。

(4) CO_2 吸附 IR 谱 (CO_2-IR)

由于 CO_2 是一种酸性分子，它以不同结构的碳酸盐形式吸附在碱基上。碳酸盐物种包括碳酸氢盐（重碳酸盐）、单齿碳酸盐、双齿碳酸盐、桥联碳酸盐和游离碳酸盐。这些碳酸盐物种如图 4-12 所示，红外光谱带的归属如表 4-8 所示。根据吸附碳酸盐的结构，可以估计碱基位的结构。

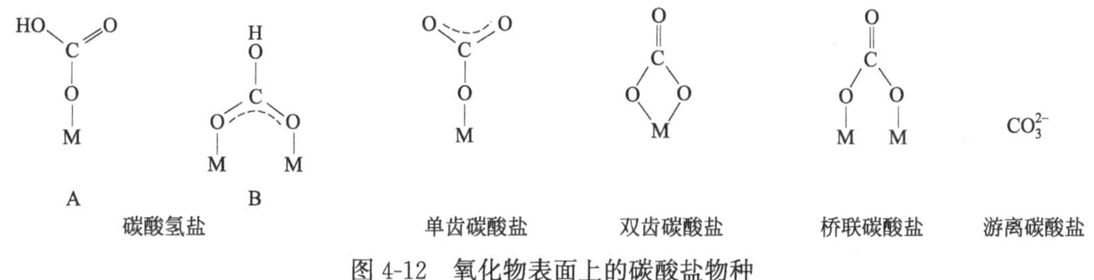

图 4-12 氧化物表面上的碳酸盐物种

表 4-8 碳酸盐的红外光谱谱带及其归属 单位：cm^{-1}

振动形式	碳酸氢盐	单齿碳酸盐	双齿碳酸盐	桥联碳酸盐	游离碳酸盐
ν(OH)	3620～3610				
ν_s(O—C—O)	1450～1440	1420～1350	1350～1260	1870～1800	
ν_{as}(O—C—O)	1670～1645	1560～1490	1680～1620	1280～1130	1450～1440
δ(C—O—H)	1280～1220				

4.3.5 NMR 方法

(1) ^{1}H-MAS-NMR

核磁共振是一种强大的分析工具，它通过原子核的化学位移和其他与原子核周围环境有关的参数对原子核的总体分布进行定量测量。

核磁共振氢谱直接测量了氢原子核的局部环境。一般来说，孤立羟基的化学位移随着酸强度的增加而增加。—OH 基团的酸强度随氢原子上电荷的减小而增大，这与氢原子的 ^{1}H 化学位移值较大相对应。图 4-13 给出了在多孔和层状固体中发现的各种质子的化学位移标度。

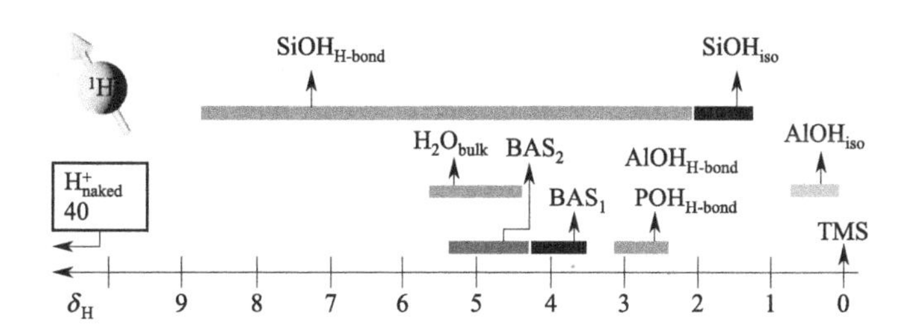

图 4-13 多孔固体中各种质子的 ^{1}H-MAS-NMR 化学位移标度

$AlOH_{iso}$—孤立的 Al—OH；$SiOH_{iso}$—孤立的 Si—OH；$AlOH_{H\text{-}bond}$—Al—OH 氢键；BAS_1—大空腔中的 Brönsted 酸中心；BAS_2—受限环境中的 Brönsted 酸中心；$SiOH_{H\text{-}bond}$—Si—OH 氢键；H^+_{naked}—裸质子

图 4-13 显示，^{1}H-MAS-NMR 谱能区分末端硅羟基、附于骨架外铝的羟基、硅羟基酸性质子。同时，由于限域效应，羟基质子酸性发生变化，反映在质子的不同化学位移。

化学位移 δ_{1H} 与 IR 伸缩振动的波数 ν_{OH} 相关。

$$\delta_{1H}=57.1-0.0147\nu_{OH}$$

通过该公式，可以发现^{1}H-MAS-NMR 的化学位移与 FTIR 光谱中羟基振动频率间的线性关系，用图形表示，可以发现它们之间的有效镜像组合，如与硅磷酸铝材料的—OH 基团有关的 δ_{1H} 与 ν_{OH} 间的关系如图 4-14 所示。

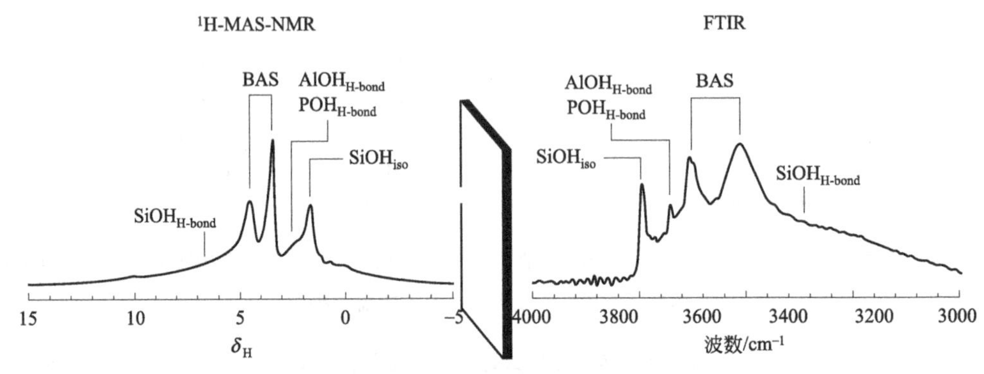

图 4-14 硅磷酸铝材料的—OH 基团的^{1}H-MAS-NMR 和 FTIR 光谱之间的有效镜像组合

一般来说，化学位移值较高的质子被认为是电子缺陷更厉害且酸性更强。此外，质子的化学位移值与酸强度的其他测量值相关。因此，由于桥联—OH 基团引起的化学位移值与—OH 基团的红外光谱波数及其脱质子化能相关，它们也与 Sanderson 沸石晶格中间的电负性密切相关。

分子筛中质子的化学位移随温度而变化，这与质子的离域有关。^{1}H-MAS-NMR 谱线宽度与温度的关系表明，H-ZSM-5 中的酸性质子在温度低至约 370K 时可移动，但在 298K 时不可移动。用 Na^{+} 或 K^{+} 取代一小部分质子，会大大降低剩余质子的迁移率和催化活性，表明酸中心之间存在长程相互作用。在 H-[B, Al]-ZSM-5 中，分别观察到两种来自桥羟基的质子，≡B—OH—Si≡和≡Al—OH—Si≡，说明质子的性质是由酸位的局部环境决定的。然而，硼的引入抑制了质子在铝基酸中心周围的局部迁移。

(2)^{31}P-MAS-NMR

虽然^{1}H-MAS-NMR 能直接提供固体酸催化剂上各种羟基的结构信息，但由于^{1}H 核上的化学位移范围很窄（约 20），光谱分辨率受到限制。因此，固态 MAS-NMR 光谱法表征酸通常需要吸附合适的探针分子，通过探针分子与 B 或 L 酸位之间的相互作用，可以提供有关酸特征的有用信息，如类型、强度和酸位分布。

含磷碱配合固态^{31}P-MAS 核磁共振是最合适的，因为它具有高同位素丰度（100%同位素丰度）和广泛的化学位移范围。最常用的探针分子是三甲基膦（TMP）和三烷基氧膦（R_3PO）。

TMP 与各种沸石中的 B 酸中心反应形成 $TMPH^{+}$，在 −5～−2 范围内产生^{31}P 共振峰，而 TMP 与 L 酸位相互作用的共振位于较高场，通常在 −60～−20 范围内。由于化学位移范围大，是一种灵敏的 L 酸位探针。TMP 在不同固体酸催化剂上的吸附^{31}P-NMR 化学位移见表

4-9。

表 4-9 TMP 在不同固体酸催化剂上的吸附^{31}P-NMR 化学位移

催化剂	$\delta^{31}P$		Lewis 酸中心
	Brönsted 酸位	Lewis 酸位	
γ-Al_2O_3	—	−51	Al
CH_3/Al_2O_3	−3.5	−44	Al
$AlCl_3/Al_2O_3$	−3.4	−41，−53	Al
H-ZSM-5	−3.5	−45	Al
H-Beta	−4.5	−32，−47	Al
H-Y(700℃焙烧)	−4.2	−32，−43.5，−46.5，−50.5，−54.5	Al
BF_3/ Al_2O_3	−4	−26	B
TiO_2	—	−35	Ti
TS 分子筛	−4.8	−34.2，−32	Ti
ZrO_2	—	−28，−43	Zr
WO_3/ZrO_2(5.3%)	−4	−35	Zr 或 W

然而，$TMPH^+$配合物的^{31}P 化学位移范围较窄（约 3），很难包含各种不同的 B 酸位。此外，由于 TMP 的易燃性和对空气的敏感性，要求样品的制备过程既严格又繁琐。在这种情况下，R_3PO 如三甲氧膦（TMPO）是更理想的探针。

氧化膦分子具有部分带负电荷的氧原子，与羟基（质子供体）形成氢键配合物，具有较大^{31}P 化学位移的^{31}P-MAS-NMR 共振能反映具有较高酸性强度的位点。

从理论上讲，可以通过探测质子从 BA 位到 R_3PO［表示为 O(P)］氧原子的转移程度来推断本征酸强度。因此，可以获得 R_3PO 的 O(P)—H 距离与理论 $\delta^{31}P$ 之间的相关性，如图 4-15 中，TMPO 吸附质的情况所示，因此，O(P)—H 距离可用于将酸性强度分为三类，即弱、强、极强的酸中心，相应的 $\delta^{31}P$ 阈值分别约为 66、76 和 86。

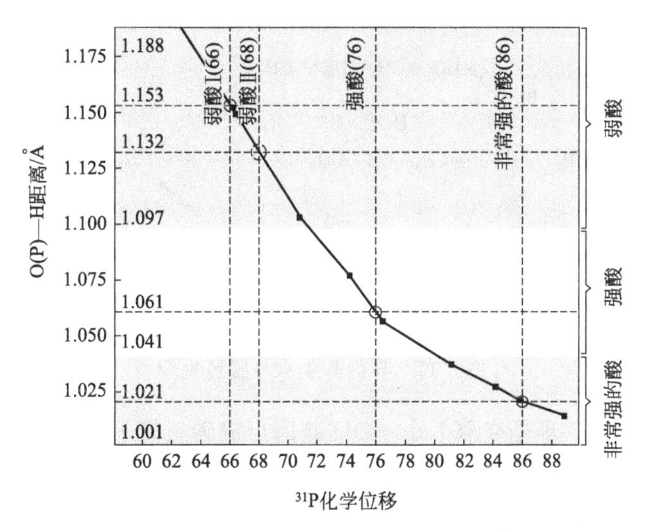

图 4-15 TMPO 在 MFI 分子筛上吸附的 O(P)—H 距离与计算的^{31}P 化学位移（$\delta^{31}P$）的相关性

［实验（竖直虚线）和理论 $\delta^{31}P$ 之间的截距（圆圈）用于获得外推的 O(P)—H 距离］

4.3.6 催化反应活性测定

光谱测量间接证明了酸位强度及其在酸催化反应中的可能性能，而标准化烃转化反应中催化活性的测量则提供了直接信息。

（1）丁烯异构化

1-丁烯异构化制备顺-2-丁烯和反-2-丁烯在许多固体酸和碱催化剂上得到了广泛的研究，其反应机理已经建立。酸催化和碱催化异构化的中间体如图 4-16 所示。2-丁基阳离子用于酸催化，顺式和反式烯丙基阴离子用于碱催化异构化。

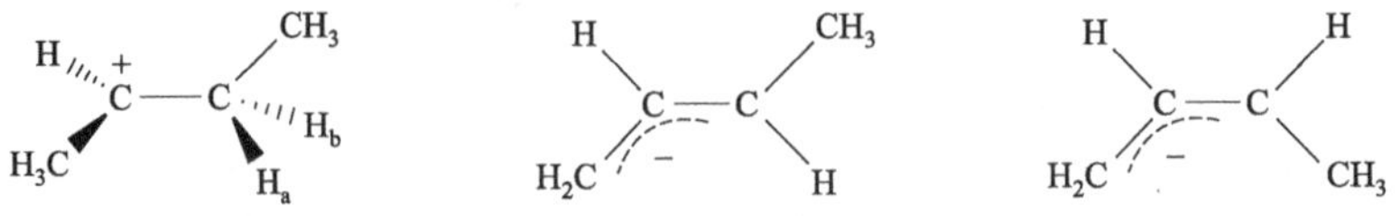

2-丁基阳离子　　顺-烯丙基阴离子　　反-烯丙基阴离子

图 4-16　丁烷异构化反应中间体

2-丁基阳离子是由 1-丁烯在酸性中心质子化形成的。从正丁烯失去 H_a 形成反-2-丁烯，失去 H_b 而形成顺-2-丁烯，失去 H_a 或 H_b 的概率相等。因此，无论反应温度如何，固体酸催化 1-丁烯异构化的顺反比都接近 1。

顺式和反式烯丙基阴离子是由一个碱基位吸收质子而形成的。在顺式和反式烯丙基阴离子的末端碳上加氢，分别生成顺-2-丁烯和反-2-丁烯。顺式烯丙基阴离子比反式烯丙基阴离子更稳定。因此，在固体碱上 1-丁烯异构化的初始阶段，顺-2-丁烯主要通过反-2-丁烯生成。

酸催化异构化和碱催化异构化反应过程中的氢转移不同。分子间氢转移由酸催化异构化所致，而分子内氢转移由碱催化异构化引起。

（2）醇脱水和脱氢反应

在酸碱催化剂上醇脱水和脱氢反应的机理有三种，可以异丙醇的脱水脱氢反应来说明（图 4-17）。

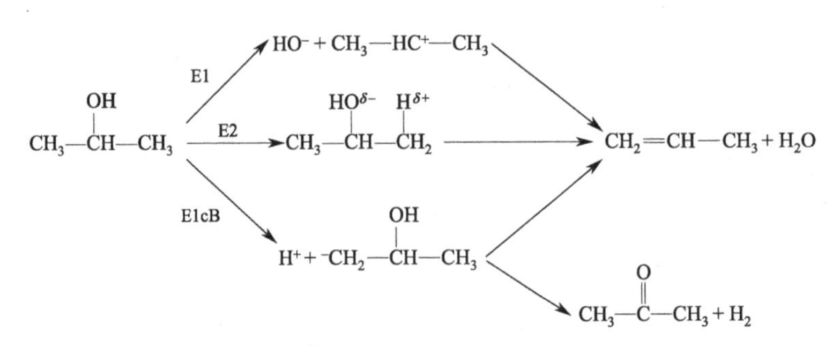

图 4-17　异丙醇脱水与脱氢机理

E1 机理：脱水的第一步是夺取一个—OH 基团形成碳正离子。这个机理发生在强酸催化剂上，如 H^+ 型沸石。酸性中心 A 既可以是 B 酸也可以是 L 酸。在 B 酸位上通过氧鎓离子形成碳正离子，并迅速失去 β 质子。

E2 机理：同时夺取醇分子的质子和羟基而不形成离子型中间体，碱基团接受质子。此机理同时需要酸性中心和碱性中心。

E1cB 机理：质子先离开，—OH 官能团随后离开。这是一个分两步进行的过程。中间体是带负电荷的物种（底物的共轭碱）。在许多涉及 C═O 键形成的 E1cB 消除中，初始步骤（质子的损失）也可能发生在氧原子上。

以上三种机理的相似性大于差异性。在每一种情况下，都有一个官能团带着它的电子对离开，而另一个（通常是氢）离开了它。唯一的区别是它们离开的顺序。现在人们普遍认为，有一系列机制，从一个极端，即离开的—OH官能团远远早于质子离开（纯E1），到另一个极端，即质子首先离开，然后在一段时间后，离开的官能团紧随其后（纯E1cB）。E2机理介于两者之间，两组同时离开。然而，大多数E2反应并不完全处于这两个极端的中间。

4.4 分子筛催化剂

4.4.1 分子筛的发展历程

沸石分子筛是天然或合成的铝硅酸盐，形成规则的晶格并在高温下释放水分。沸石这个词是由瑞典矿物学家克朗斯泰特在1756年提出的。分子筛的通式为：$M_{x/n}[(AlO_2)_x(SiO_2)_y]\cdot zH_2O$，其中M代表金属阳离子（人工合成分子筛一般为$Na^+$）；$n$代表金属阳离子价数；$x$代表铝氧四面体的数目；$y$代表硅氧四面体的数目；$z$代表水合水分子数。

根据分子筛骨架的Si/Al比来分类，可将其分为高硅（Si/Al＞5）、中硅（2＜Si/Al≤5）和低硅（1≤Si/Al≤2）。硅铝比会影响到沸石材料的亲油、亲水性能，Si/Al值增大会使分子筛骨架变得更为亲油，因而高硅分子筛对有机分子呈现较强的吸附性；而低硅分子筛则由于其Lewis碱及Brönsted酸性而表现为亲水性。

20世纪40年代，以R. M. Barrer为首的沸石化学家，成功地模仿天然沸石的生成环境，在水热条件下合成出首批低硅铝比的沸石分子筛，为20世纪直到21世纪的分子筛工业的大踏步发展奠定了科学基础。

1960年，Weisz和Frilette在研究小孔沸石的催化性能过程中提出规整结构分子筛的“择形催化”概念，继而发现它对催化裂化反应的惊人活性，引起了人们极大的兴趣。

20世纪70年代，Mobil公司开发了以ZSM-5为代表的高硅三维交叉直通道的新结构沸石第二代分子筛，其水热稳定性高，亲油疏水，在甲醇及烃类转化反应中表现出良好的活性及选择性。

1983年，Taramasso首次合成钛硅分子筛，由钛取代铝合成的钛硅杂原子分子筛（TS-1）有独特的催化氧化性能，可在有稀双氧水（质量分数为30%）参与的多种有机物选择氧化反应中表现出优异催化性能，被认为是分子筛研究领域的一个里程碑。

1992年，Mobil公司的科学家Beck和Kresge等首次在碱性介质中用阳离子表面活性剂作模板剂，水热晶化硅酸盐或铝硅酸盐凝胶一步合成出具有规整孔道结构和狭窄孔径分布的中孔（介孔）分子筛系列材料，记作M41s，揭开了分子筛科学的新纪元。

硅铝分子筛的酸性形式比任何其他材料都更广泛地用作酸性催化剂。它们的突出用途在于其相对较高的酸强度、较高的水热稳定性，它们通过择形选择性特征给予产品特定的分布，以及它们具有合成和修饰的再现性。这些优点都直接来源于它们的晶体结构。很少有其他种类的微孔固体能在酸催化方面与沸石竞争。

磷酸铝具有多种新颖的结构类型，超大孔VPI-5的发现引起了人们的极大兴趣，其18个环通道比任何沸石都大。但VPI-5与许多大孔磷酸铝一样，缺乏水热稳定性。小孔$AlPO_4$-34和$AlPO_4$-18、中孔$AlPO_4$-11和AlPO4-31以及大孔$AlPO_4$-5和$AlPO_4$-36的金属和硅取代形式是最有前途的。特别地，SAPO-34 被发现是甲醇-烯烃反应中的一种活性催化剂，采取合适的制备方法可对乙烯和丙烯表现出高选择性，SAPO-11 和 SAPO-31 被证明对形状选择反应有利，如催化脱蜡，其中直链烷烃被选择性异构化为单支化异构体而非多支化异构体，使烃混合物具有更小的黏度。

在其他微孔固体系列中，钛硅酸盐 ETS-10 在酸性形式下表现出较差的结构稳定性，而作为碱性催化剂则更为活跃。除磷酸铝之外的大多数开放式金属磷酸盐在模板去除后失去结晶度（一些镍磷酸盐除外）。MOF 型微孔固体中的固体酸性还没有得到充分的研究，但它们对空气中高温再生的固有不稳定性意味着它们对高温烃类转化并不适用。

表 4-10 列出了一些典型的分子筛结构特征与工业应用。

表 4-10　典型的分子筛结构特征与工业应用

分子筛	结构	环	孔径/nm	孔道结构	工业应用
Y	FAU	12	0.74×0.74	三维	FCC、乙苯合成、异丙苯合成、酰化
ZSM-5	MFI	10	0.51×0.55	三维	乙苯合成、二甲苯异构化、裂解脱蜡、甲苯歧化、甲醇制汽油、烯烃、环己烯水合、贝克曼重排
		10	0.53×0.56		
β-沸石	* BEA	12	0.66×0.67	一维	异丙苯合成、酰化
		12	0.56×0.56		
丝光沸石	MOR	12	0.70×0.65	一维	烷烃异构化、异丙苯合成、二甲苯异构化、甲苯歧化、甲胺合成
		8	0.57×0.26		
MCM-22	MWW	10	0.55×0.40	二维	乙苯合成、异丙苯合成
镁碱沸石	FER	10	0.42×0.54	二维	丁烯制异丁烯
		8	0.35×0.48		
Chabasite	CHA	8	0.38×0.38	三维	

4.4.2　分子筛的组成、结构与应用

所有沸石骨架的基本结构单元都是由四面体配位的硅原子和四个氧原子组成的。它们由坚固的结晶二氧化硅框架组成。在框架的某些地方，Si^{4+} 可以被 Al^{3+} 取代，并且在框架中产生负电荷。所有这些骨架电荷都被分子筛孔内的骨架外阳离子电荷平衡，而这些阳离子被松散地固定在那里。合成沸石中的阳离子可能是碱金属阳离子或烷基铵阳离子。为了获得酸性沸石，这些阳离子必须被质子取代。

用其他元素取代铝（同晶取代）极大地改变了羟基的酸强度。具有 MFI 结构的金属硅酸盐的酸强度由高到低依次为[Al]-ZSM-5≥[Ga]-ZSM-5>[Fe]-ZSM-5>[B] -ZSM-5。

不同组成的分子筛显示出不同的酸性特征，与它们的孔道结构共同促进了分子筛的结构稳定性，并适合于不同的反应。分子筛的应用包括三个主要领域，见图 4-18。

（1）催化

它包括两个主要领域——酸催化和氧化还原催化。酸催化在石化工业中被大规模使用，它利用了沸石的酸性。这是由于骨架上有两种酸中心，即 B 酸中心，在某些情况下，还有额外的骨架 L 酸中心。

最大的单一应用是将长链碳氢化合物（从原油的重馏分）催化裂解成适合汽油的短链分子，其中 Y 型沸石是催化剂，而 B 酸中心提供了活性中心。其他应用包括异构化和碳氢化合物合成。氧化还原催化一般是通过骨架取代金属离子来实现的，TS-1 氧化催化剂则是典型的例子。在所有情况下，一个关键特征是催化剂的“择形性”，其中微孔结构可通过对反应物、

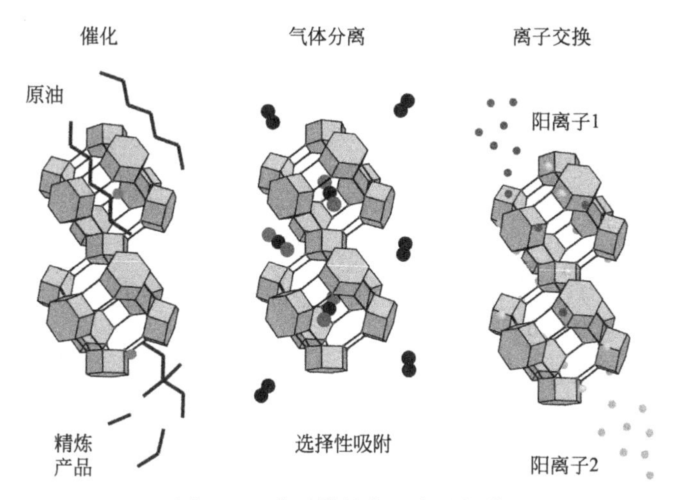

图 4-18　分子筛的主要应用领域

产物或过渡态的空间约束来控制产物分布。

（2）气体分离

可能直接依赖于微孔结构，本质上是利用孔结构来分离不同大小和形状的分子。这种分离技术应区别于差分吸附，后者可能利用分子对分子筛内中心（如阳离子）的不同亲和力。

（3）沸石的离子交换

分子筛中松散结合的骨架外阳离子可被轻易交换。这些应用在软化水（包括去污）方面具有重要意义，而更专业的应用包括从采矿或核电站去除污染水中的阳离子。

4.4.3　分子筛的酸碱性质

作为催化剂，分子筛最重要的特性之一是表面酸性。

4.4.3.1　分子筛酸碱中心形成理论

（1）分子筛酸中心形成理论

① 分子筛的酸性来源于交换态铵离子的分解、氢离子交换，或者是所包含的多价阳离子在脱水时的水解。例如：

$$NH_4^+ + M \longrightarrow NH_3 + HM$$

$$H^+ + NaM \longrightarrow HM + Na^+$$

② 骨架外的铝离子等三价离子或不饱和的四价离子会强化酸位，形成 L 酸位中心。

在氨型分子筛变化过程中，含有三配位铝的结构是不稳定的，易从中脱出，以 $(AlO)^+$ 或 $(AlO)_p^+$ 阳离子形式存在于孔隙中。骨架外的 Al 离子易形成 L 酸中心，当它与羟基酸位中心相互作用时可使之强化。

③ 多价阳离子也可能产生羟基酸位中心，类似于 Ca^{2+}、Mg^{2+}、La^{3+} 等多价阳离子经交换后可以显示酸性中心。如：

$$[La(H_2O)_n]^{3+} + 3Na^+Z^- \xrightarrow{-3Na^+} [La(H_2O)_n]^{3+}(Z^-)_3 \xrightarrow[-(n-2)H_2O]{\text{约 } 300℃}$$

$$[(LaOH)(H_2O)]^{2+}H^+(Z^-)_3 \longrightarrow [La(OH)_2]^+(H^+)_2(Z^-)_3$$

④ 过渡金属离子还原后也可形成酸位中心，其簇状物存在时，可促使分子氢与质子之间

的转化。如：

$$[Pd(NH_3)_4]^{2+} + 2Na^+Z^- \xrightarrow{-2Na^+} [Pd(NH_3)_4]^{2+}(Z^-)_2$$

$$\xrightarrow[-4NH_3]{\text{约 }300℃} Pd^{2+}(Z^-)_2 \xrightarrow{+H_2} Pd^0(H^+)_2(Z^-)_2$$

两个羟基脱水将形成 L 酸中心，其结构是一个三配位铝原子和同时生成的一个带正电荷的硅原子。

有一种看法认为 L 酸产生于在阳离子位置上所形成的六配位铝原子（见图 4-19），分子筛的硅铝比对其酸度和酸强度有很大的影响。

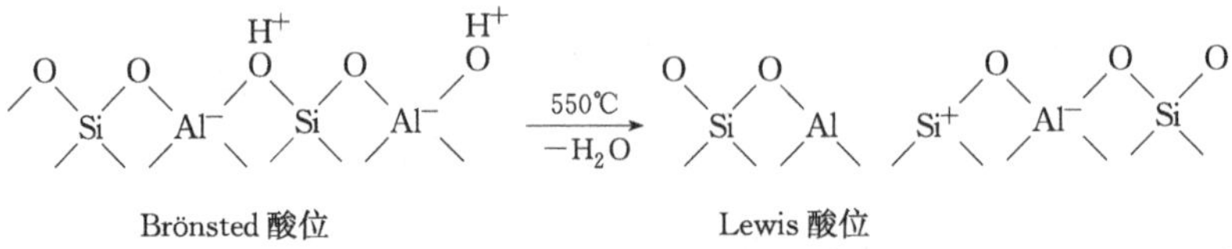

图 4-19　沸石中 L 酸中心的形成

(2) 分子筛碱中心形成理论

一般来说，对分子筛碱性的研究远远少于对其酸性的研究，这是因为使用碱性或两性催化剂的工业多相催化工艺远不如酸催化工艺发达。碱性分子筛通常用于干燥、分离或离子交换等过程，但关于这些材料碱性的基础研究却很少。

与前面讨论的碱中心的定义类似，根据 Brönsted-Lowry 的定义，分子筛中的 B 碱位从酸 HA 中接受一个质子：

$$ZB^- + HA \longrightarrow ZB-H + A^-$$

L 碱 ZB：将一对电子给酸 A，形成酸碱对 ZB：A：

$$ZB: + A \longrightarrow ZB:A$$

然而，对于碱性中心，迄今为止还不能进行这样的分类，因为孤对电子供体（L 碱）也是质子受体。在这里，碱性中心的类别，即 L 碱或 B 碱，需要与研究的内容联系起来，并由与其相互作用的酸的类别定义，无论它是用于表征碱度的探针分子、参与碱催化反应的反应物，还是用于捕获或从混合物中分离的吸附质。

迄今为止，最重要的碱性沸石是非质子、离子交换分子筛家族，尤其是 FAU 分子筛（X 或 Y 型），可被视为典型的碱性分子筛。

在这些材料中，骨架 Al^{3+} 引起的电荷缺陷由骨架外的单价或多价阳离子 M^{n+} 进行补偿。氧骨架携带的负电荷主要取决于分子筛的结构和化学成分。Sanderson 的电负性均衡原理是一个简单但非常有用的概念，它能使骨架氧原子的平均负电荷与待评估的组分进行比较。将该原理应用于沸石，则骨架氧原子的平均部分电荷 δ_O 与沸石原子的中间电负性 S_{int} 和氧的电负性之差成正比（$S_O=5.21$）：

$$\delta_O \propto S_{int} - S_O$$

式中，S_{int} 是分子筛组分原子电负性的几何平均值。换句话说，阳离子的电负性越低，中间电负性越低，氧骨架原子的电负性就越大。因此，氧上的电荷随着骨架中铝含量的增加而增加（$S_{Al}=2.22$，$S_{Si}=2.84$），或当骨架外反离子的电负性较低时，例如，对于碱金属交换分子筛，氧电荷从 Li 到 Cs 交换的分子筛：$S_{Li}=0.74$，$S_{Cs}=0.28$。

4.4.3.2 分子筛催化剂中典型的催化反应

① 催化裂解 催化裂解是在催化剂存在的条件下，对石油烃类进行高温裂解来生产乙烯、丙烯、丁烯等低碳烯烃，并同时兼产轻质芳烃的过程。催化裂解催化剂分为金属氧化物型裂解催化剂和沸石分子筛型裂解催化剂两种。催化剂是影响催化裂解工艺中产品分布的重要因素。具体在 4.5 节详细分析。

② 催化裂化 催化裂化是在热和催化剂的作用下使重质油发生裂化反应，转变为裂化气、汽油和柴油等的过程。所用的催化剂主要成分为硅酸铝，起催化作用的是其中的酸性活性中心。

20 世纪 40 年代起，开发了微球形（40～80 μm）硅铝催化剂，并在制备工艺上作了改进，20 世纪 70 年代初期，开发了高活性含稀土元素的 X 型分子筛硅铝微球催化剂。之后又开发了活性更高的 Y 型分子筛微球催化剂。

③ 烷基化反应 烷基化是一种亲电取代反应。亲电试剂，即碳正离子，是由烯烃、醇或卤代烷在催化剂表面的酸性中心帮助下形成的烷基化剂。由于 L 和 B 酸中心的存在，固体酸成功地起到了烷基化催化剂的作用。

④ 甲醇制烯烃 甲醇制烯烃（Methanol to Olefins，MTO）是重要的 C1 化工新工艺，是指以煤或天然气合成的甲醇为原料，借助类似催化裂化装置的流化床反应形式，生产低碳烯烃的化工技术。早期甲醇转化为烃的研究，多数是在中孔沸石 HZSM-5 催化剂上进行的。HZSM-5 有较强的酸性，对 MTO 反应有很高的活性，但乙烯选择性较差而丙烯和 C_6 芳烃的收率较高。

⑤ 双功能催化剂 分子筛上可负载 Pt、Pd 之类金属，得到兼有金属催化功能和酸催化功能的双功能分子筛催化剂。一般用金属氨基络合物与分子筛进行阳离子交换，继而进行还原分解。

$$NaY + Pt(NH_3)_4^{2+} \longrightarrow Pt(NH_3)_4^{+}Y + Na^{+}$$

$$2\,Pt(NH_3)_4{}^{+}Y + H_2 \longrightarrow 2Pt^0HY + 8\,NH_3$$

金属可以为原子态分散，同时也存在着二聚态甚至多聚态。

晶内空间的金属还可以向外表面迁移。除贵金属外，许多过渡金属离子也可以被引入分子筛而构成双功能催化剂。如第 2 章图 2-28 介绍了 Pd/HY 催化剂乙醇通过吸附氧结合反氢溢流机理生成乙酸乙酯。在该催化剂上的 B 酸性位可以使乙醇脱水，Pd 表面上的活性 O 可以导致乙醇深度氧化（图 4-20）。

⑥ 芳烃烷基化 芳烃烷基化生产的重要产品包括乙苯（进一步转化为苯乙烯用于聚合物生产）、异丙苯（生产苯酚和丙酮的中间体）、烷基萘（高级聚合物的前体）和烷基苯磺酸盐（洗涤剂助剂）。沸石分子筛由于其多级孔结构和相应的酸性，特别适合于特定烷基化芳香族化合物的制备，包括这些化合物的单一异构体。图 4-20 显示了苯与乙烯生成乙苯的反应，以及乙苯与苯之间的烷基化转移反应，它们是典型的酸催化反应。

烷基化反应

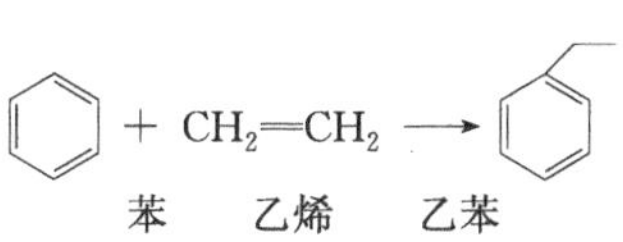

$$C_6H_6 + CH_2{=}CH_2 \longrightarrow C_6H_5C_2H_5$$

苯　　乙烯　　乙苯

图 4-20

烷基转移反应

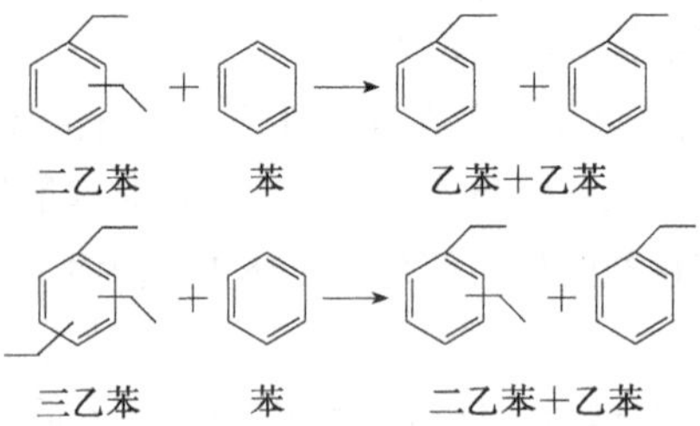

二乙苯　　苯　　乙苯+乙苯

三乙苯　　苯　　二乙苯+乙苯

图 4-20　乙苯生产的烷基化和烷基转移反应

分子筛具有规整而均匀的晶内孔道，且孔径大小接近分子尺寸，使得分子筛的催化性能随反应物分子、产物分子或反应中间物的几何尺寸的变化而显著变化。如具有二维 10-R 正弦通道和 12-R 超笼的分子筛 MWW，具有新颖的构筑，在芳烃烷基化反应中具有优异的性能。

⑦ 择形催化　分子筛催化剂的另一特征是它所具有的形状选择性。由于分子筛的催化作用一般发生于晶内空间，分子筛的孔径大小和孔道结构对催化活性和选择性有很大的影响。

4.4.4 择形催化

当晶体分子筛或其他分子筛的微孔内进行有机转化时，如图 4-21 所示，这些新的维度为控制反应途径和选择性提供了很多的机会。表 4-11 列出了一些用于择形催化作用的分子筛以及工业过程或应用技术。

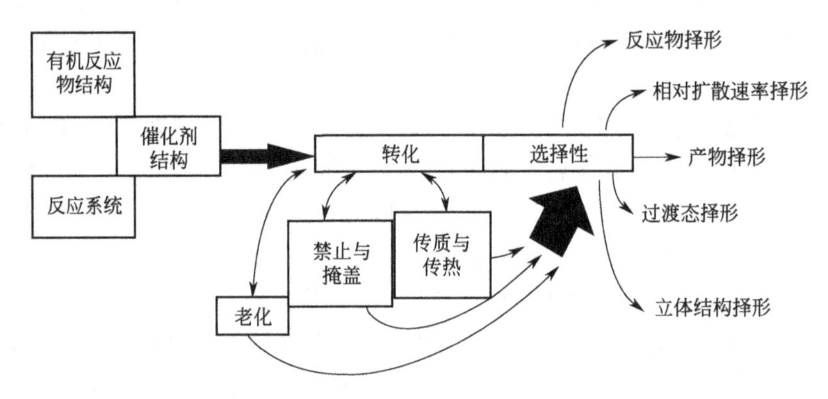

图 4-21　分子筛催化转化中有机反应物、催化剂结构和反应体系相互作用：形状选择性成因

表 4-11　用于择形催化作用的分子筛以及工业过程或应用技术

分子筛/微孔材料	工业过程或应用技术
LTA(A 型分子筛)	助洗剂,分离,干燥
FAU(X 和 Y 型分子筛)	催化裂化,加氢裂化,分离,纯化和干燥,芳烃烷基化
BEA(β-沸石)	FCC 添加剂,异丙苯和乙苯生产
MOR(丝光沸石)	加氢裂化,加氢异构化,脱蜡,NO_x 还原,吸附,异丙苯合成,芳烃烷基转移
MWW(MCM-22)	乙苯与异丙苯生产
MFI(ZSM-5)	脱蜡,加氢裂化,乙苯(Mobil-Badger)与苯乙烯生产,二甲苯异构化,甲醇制汽油(MTG),苯烷基化,吸附,催化芳构化,FCC 助剂,甲苯歧化
ERI(毛沸石)	选择重整,加氢裂化
LTL(KL-型沸石)	催化芳构化
CHA(SAPO-34)	甲醇制烯烃
FER(镁碱沸石)	正丁烯骨架异构化

续表

分子筛/微孔材料	工业过程或应用技术
TON(Theta-1,ZSM-22)	长链烷烃异构化
AEL(SAPO-11)	长链烷烃异构化

(1) 择形催化机制

择形催化是在催化反应过程中分子筛催化剂根据分子的相对大小和反应发生的孔隙空间来区分反应物、产物或过渡态物种。还有一种是由孔腔中参与反应的分子的扩散系数差别引起的，称为质量传递选择性。

① 反应物择形催化　当反应混合物中某些参与反应的分子由于动力学直径太大而不能扩散进入催化剂孔腔内时，只有那些直径小于内孔径的分子才能进入内孔，在催化活性部位进行反应。

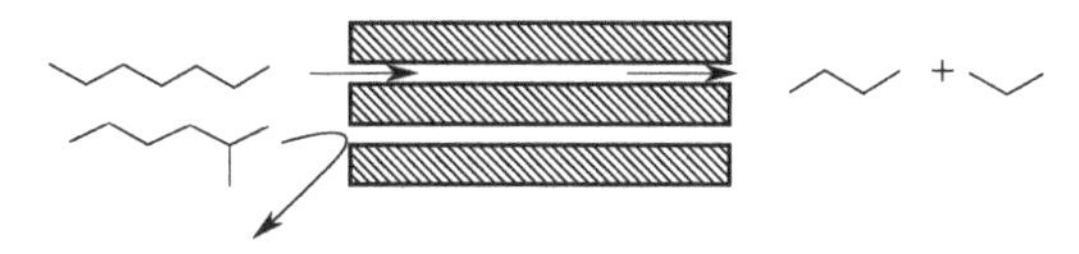

② 产物的择形催化　当产物混合物中某些分子动力学直径太大，难以从分子筛催化剂的内孔窗口扩散出来时，就形成了产物的择形选择性。

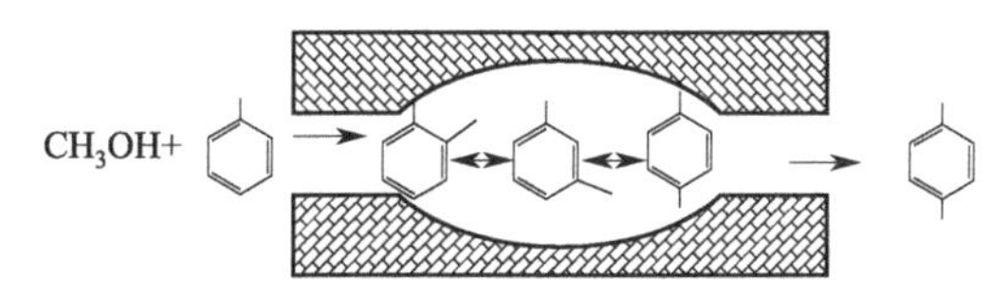

③ 过渡态限制的选择性　指有些反应其反应物分子和产物分子都不受催化剂窗口孔径扩散的限制，只是由于需要内孔或笼腔有较大的空间，才能形成相应的过渡态，否则该反应无法进行。相反，有些反应只需要较小空间的过渡态就不受这种限制，这就构成了限制过渡态的择形催化。

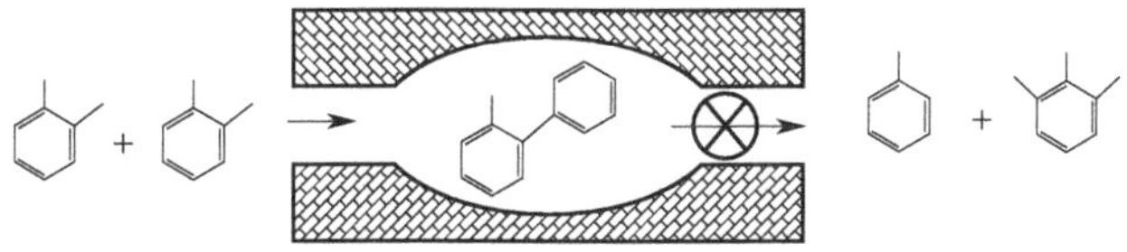

ZSM-5 常用于这种过渡态选择性的催化反应，最大优点是阻止结焦。因为 ZSM-5 较其他分子筛具有较小的内孔，不利于焦生成的前驱物聚合反应需要大的过渡态形成。因而它比别的分子筛和无定形催化剂具有更长的寿命。

利用分子筛独特的孔道结构所带来的择形催化能力，制备了特定孔道大小的分子筛，控制甲醇转化过程中的有机中间体的大小，使得反应可以进行到催化循环中的中间步骤，而不能产生烯烃，从而避免了二级反应的影响，为甲醇转化机理研究提供了新的思路。

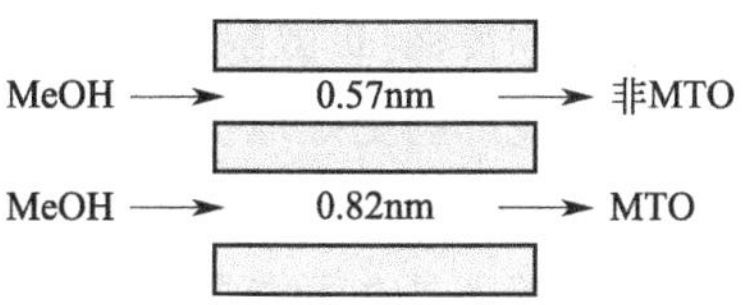

MeOH → 0.57nm → 非MTO
MeOH → 0.82nm → MTO

④ 分子交通控制的择形催化　对于具有两种不同形状、大小和孔道的分子筛，反应物分子可以很容易地通过一种孔道进入催化剂的活性部位进行催化反应，而产物分子则从另一孔道扩散出去，尽可能地减少逆扩散，从而增加反应速率。这种分子交通控制的催化反应，是一种特殊形式的择形选择性，称分子交通控制择形催化。图 4-22 显示在 ZSM-5 催化剂的孔道中甲苯通过酸中心异构化，形成的对二甲苯可以通过孔道扩散而离开催化剂。

炼油用大孔分子筛的孔径，存在一些较重的组分在分子筛晶粒内扩散缓慢的现象。这是经常需要增加沸石孔隙率的原因之一。可以通过控制晶体结构的破坏和合成后通过酸、碱或水蒸气处理产生更大孔隙来实现。如油气分子可以通过较大的通道扩散到酸中心，但不能通过较小的通道扩散。在酸中心，汽油分子发生裂解，形成汽油馏分范围内的小分子，这些小分子优先通过较小的通道扩散出去，而不经历不必要的连续裂解。图 4-23 显示了分子筛孔道对分子扩散择形催化作用。

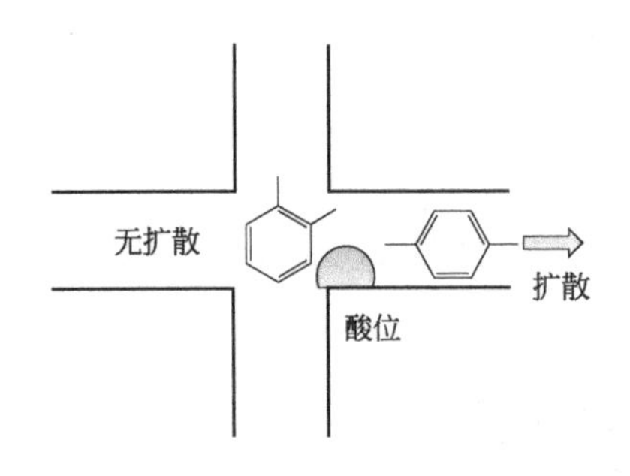

图 4-22　ZSM-5 中甲苯歧化生成对二甲苯的形状选择性图示

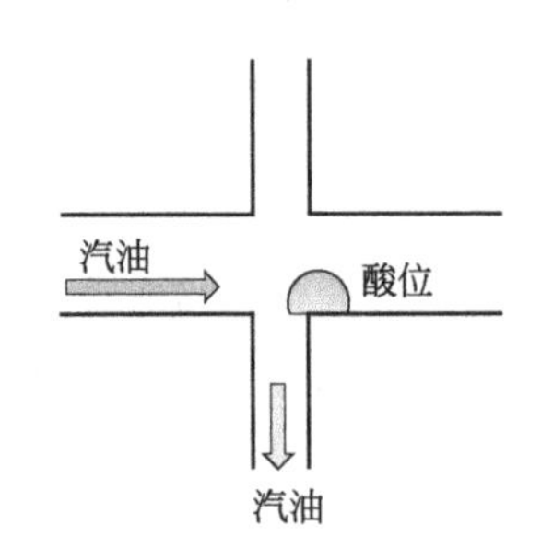

图 4-23　粗柴油通过 18 元环通道的分子交通到达酸中心，汽油通过较小的通道扩散

(2) 多级孔道分子筛

在分子筛中，由于反应物/产物的晶内扩散速率有限，其唯一小于 1nm 的微孔常常引起严重的传质问题。分子筛通道中的传质问题会影响催化剂的活性、选择性和寿命，从而降低催化效率和活性中心的利用率。此外，分子筛材料的这种典型的“1nm 笼”也限制了其中大分子的转化。这些问题可以通过在一个或多个维度上减小晶粒尺寸或在分子筛中引入介孔来解决。

分级结构的孔隙率促进了分子筛晶体内部的扩散，增加了可接近的活性中心的数量。这种相对新颖的分子筛在各种石油化工反应中取得了很好的结果。由于与生物量相关的反应通常包含比化石燃料产生的大得多的分子，因此分级分子筛的潜力在一些大分子催化转化中可能更大。通过在微孔分子筛催化剂中引入介孔，大大提高了微孔通道的扩散率和活性中心的可及性。缩短的扩散路径可以降低二次反应的概率，从而提高产物的选择性。此外，二维分子筛，即其结构仅仅沿着二维方向生长，其三维尺寸限制在 2～3nm 或 1～2 个单胞，也被认为是克服反应物/产物在分子筛中扩散限制的有希望的候选材料之一。二维分子筛的吸附和催化行为几乎发生在其外表面或孔口，避免了分子筛在吸附和催化过程中的狭长孔道限制。此外，这些材料额外的外表面可以提供更高的结焦容忍性以及大分子催化转化的可能性。传统沸石分子筛和分级沸石分子筛中反应物分子的进入和传输/扩散限制见图 4-24。

对活性中心更好的可接近性也可能使产物更好地扩散出晶体，从而缩短产物与活性中心的接触时间。因此，由于对二次反应的敏感性较低，可获得选择性增强。对于生物质转化而言，这一优势导致了更高的优选产品收率。特别是在可能涉及酸催化键断裂的反应中，分级孔隙率

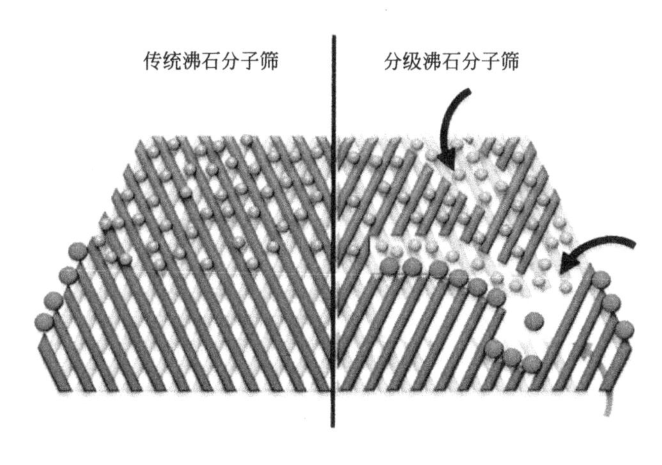

图 4-24　传统沸石分子筛和分级沸石分子筛中传输/扩散限制的示意图

被证明是一个强有力的工具，可以将开裂程度控制到所需的分数，并控制不需要的副产品的数量。这些优点已经在使用分级 USY 八面沸石和分级丝光沸石的真空裂解中观察到，也适用于生物质转化。图 4-25 展示了纳米与分级结构分子筛的催化应用。

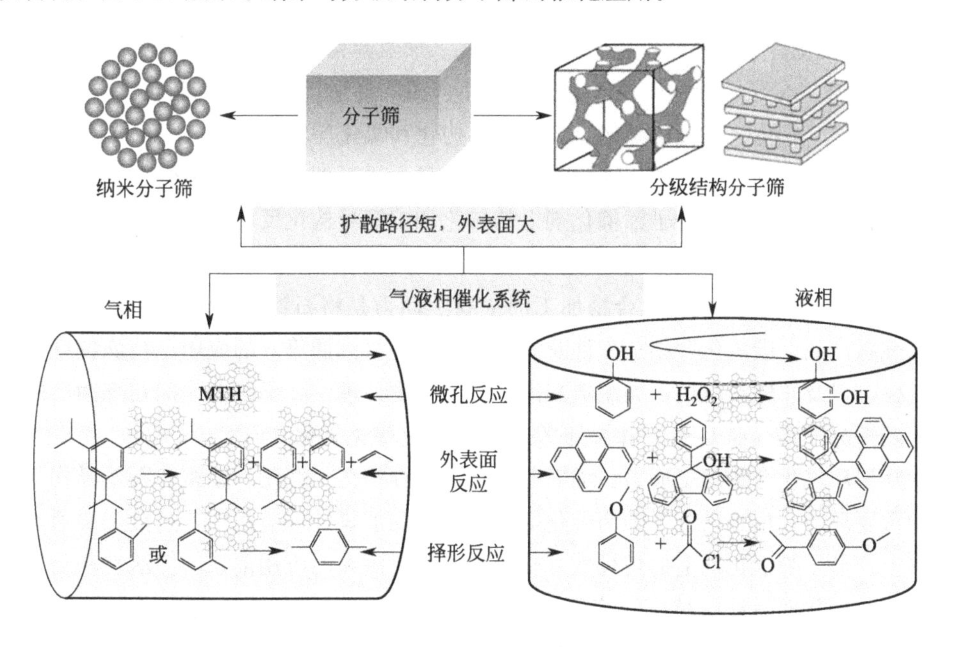

图 4-25　纳米与分级结构分子筛的结构特征及其在气/液相反应中的催化应用

（3）择形催化的应用

从 20 世纪 60 年代到 80 年代初，分子筛作为石油、石化和合成燃料的催化剂得到了广泛的应用。其中包括使用合成八面分子筛催化剂的催化裂化和加氢裂化、用 Pt/KBaL 重整轻直馏石脑油和 Pt/丝光沸石上的石蜡异构化。但 ZSM-5 等中孔高硅氧化铝分子筛的发现，使其具有显著的择形控制反应选择性的能力。如表 4-12 所示，它们在芳烃加工（例如二甲苯异构化、乙苯合成和选择性甲苯歧化）、催化脱蜡、裂解中增加辛烷值、甲醇制汽油等工艺中有重要的工业应用。

表 4-12 择形分子筛的一些商业应用

过程	描述
流化床催化裂解	ZSM-5 作为提高辛烷值和生成低碳烯烃的催化剂
选择形式	选择性石蜡裂解（八面沸石）重整后辛烷值提高
M-形成阶段	通过选择性石蜡裂解和裂解碎片进行芳烃烷基化后重整法提高辛烷值和降低苯含量
M2-Forming	石蜡和其他脂肪族化合物高温转化为 BTX 芳烃和轻瓦斯副产品
MLDW，MDDW	通过选择性 MDDW 裂解正构烷烃和单支链烷烃，对润滑油基础油或馏分油进行脱蜡，同时保留基本润滑油分子
MOGD	$C_2 \sim C_{10}$ 烯烃低聚、歧化和芳构化制汽油和馏分油
MTG	甲醇制汽油系列（$C_4 \sim C_{10}$）异构烷烃和芳烃的转化
MTO	甲醇转化为 $C_2 \sim C_5$ 烯烃而不转化为芳烃
MVPI，MHTI，MHAI，MLPI	二甲苯异构化以获得高收率对二甲苯；各种催化体系和工艺模式
MTDP	甲苯长周期和极小副反应的异构化反应产生苯和二甲苯
MEB	低副反应高产合成乙苯
MBR	低碳烯烃烷基化和低辛烷值烷烃裂解法降低重整油中苯以提高辛烷值
ISOFIN	正丁烯/正戊烯异构化成相应的异烯烃；用于醚合成

需要注意的是，择形催化并不仅仅局限于分子筛的使用。事实上，有许多应用涉及过渡金属物种，这些过渡金属物种被支撑在分子筛的笼子或孔道内，或在分子筛的孔道内“合成（瓶装）”，可用于催化许多选择性反应，如加氢裂化、加氢异构化、加氢和氧化反应。

① 有机合成　分子筛催化剂用于有机化学品合成的择形反应包括烷基化、异构化、歧化、烷基转移、氧化、氢化、环转移异构化、构象异构化和氯化反应。

在烃基化学品的制备方法中，大批量的化学品是由择形催化剂上的芳烃烷基化、异构化和歧化反应得到的。轻质烃在分子筛催化剂上的转化和烷烃异构化反应，无论是在基础认识上还是在实际应用中都受到越来越多的关注。

② 碳氢化合物加工　碳氢化合物加工的主要驱动力是将石油馏分转化和精炼成高质量的燃料和非燃料产品。碳氢化合物加工涉及制造运输燃料（汽油等）的应用，精炼特定原料以满足燃料规格，以及非燃料应用，如制造润滑油的馏出物处理。分子筛催化剂在炼油厂的主要应用是使用酸性分子筛（如 USY）和添加 ZSM-5 的流化催化裂化（FCC）。

对于择形碳氢化合物加工而言，加氢裂化、加氢异构化、裂化、脱蜡和石蜡异构化是炼油过程中的重要环节，也是以分子筛为催化剂组分的。在加氢处理应用中，过渡金属通常被支撑在分子筛上。分子筛催化剂上的烷烃烷基化反应也具有潜在的应用前景，但活性和稳定性尚待建立。反应物形状选择性已被广泛应用，并将继续应用于改进现有工艺和开发石油加工新工艺，如石蜡异构化，石蜡加氢裂化，甲醇、低碳烯烃和低碳烷烃的转化。

③分离　与择形过程相关的是分子筛上的选择性吸附的择形分离。基于沸石或其他分子筛的分离与上述化学过程具有一些共同的择形加工特征。由于化学处理通常涉及产品混合物的分离，分子筛已开始发挥形状选择性吸附剂的作用。例如，有些分子筛可以作为选择性吸附剂，从对二甲苯与邻二甲苯和间二甲苯的混合物中分离。

4.5 固体酸碱催化的应用

4.5.1 固体酸催化反应

固体酸结构与活性关系研究包括的内容可用图 4-26 概括。

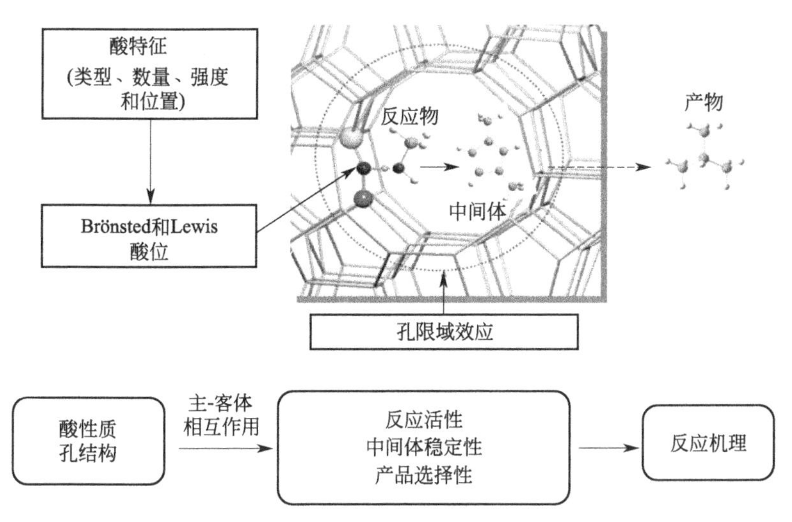

图 4-26 固体酸结构与活性关系研究所涉及的内容

具有可调结构和酸性的固体酸材料是一种很有前途的多相催化剂，用于控制和/或模拟工业重要催化反应的活性和选择性。另一方面，酸催化反应的性能主要取决于酸的性质，即酸位的类型（B 酸与 L 酸）、酸量、酸强度和局部环境。后者与它们的位置（晶内和晶外）、可能的限域以及 B-L 酸协同效应有关，这些效应可能会强烈影响催化体系的主-客体相互作用、反应机理和形状选择性。

酸性强度对催化活性和反应途径影响的理论基础，包括中间体和过渡态（TS）的特征，在固体酸催化剂上烯烃的质子化反应中发现，在强酸性催化剂上，离子对中间体优先形成，其稳定性优于共价化合物（π 络合物和烷氧基）。此外，无论反应物、中间体或过渡态如何，随着酸强度的增加，能量的减小程度通常遵循离子对 > 共价对应物（π 络合物、烷氧基物种）的顺序。这些结果为深入理解其他固体酸催化反应提供了坚实的基础，如需要强酸性位的烷烃活化和异构化反应、优先选择弱酸性位的 MFI 型分子筛上的贝克曼重排（BR）反应等。

因此，为了正确解释反应活性、形状选择性和反应机理，应同时考虑沸石催化剂的酸性强度和孔限制效应。最近的研究表明，由于酸性和孔限制的协同作用，H-丝光沸石分子筛两个不同通道（12-MR 和 8-MR）中不同烯烃的质子化作用明显不同。由此得出结论，当吸附质分子尺寸与 H-丝光沸石通道相比较小时，孔限制作用较弱，如乙烯（0.19nm×0.24nm）。因此，乙烯质子化优先发生在强酸位点所在的 12-MR 通道中。对于丙烯质子化（0.27nm×0.3nm），虽然反应倾向于在 12-MR 和 8-MR 通道中进行，但增强中间产物稳定性和过渡态的限制效应也倾向于补偿 8-MR 通道中的弱酸性。

对于 B 酸催化，关键步骤是质子化，它降低了进一步反应的活化能垒。质子化难易程度的顺序是：含氧和含氮化合物>烯烃和芳烃>烷烃，随着分子碱度的降低而降低。因此，涉及含氧化合物（如酯化和醚化）或烯烃（如芳烃的异构化、低聚和烷基化）的反应在比烷烃催化转化更低的温度下进行。L 酸接受电子密度，通过极化分子来降低活化能，使其活性更强，并且通常催化与 B 酸相同的反应类型。

在含杂化合物的 B 酸催化反应中，重要的第一步是碱的质子化，使分子更具活性。例如，质子化羰基更容易受到亲核攻击，而其他带正电荷的物种可以充当亲电试剂。L 酸催化剂通过与羰基氧相互作用和增强键的极性来激活羰基。如图 4-27 所示。

对碳氢化合物反应的酸催化机理的理解大多源于对超强酸的研究。超强酸比浓硫酸强，通常由一种高度稳定的阴离子的酸形式组成。它们是足够强的质子供体，可以在溶液中使包括烯烃在内的非常弱的碱质子化。由此产生的碳离子有足够长的寿命来研究其化学性质。碳离子的选择性反应如表 4-13 所示，包括重排、断裂、氢化物提取、低聚和烷基化。表 4-13 中的基本步骤（或密切相关的步骤）被认为是碳氢化合物反应的主要步骤，如异构化、烷基化和裂解。

B酸催化的亲核取代反应

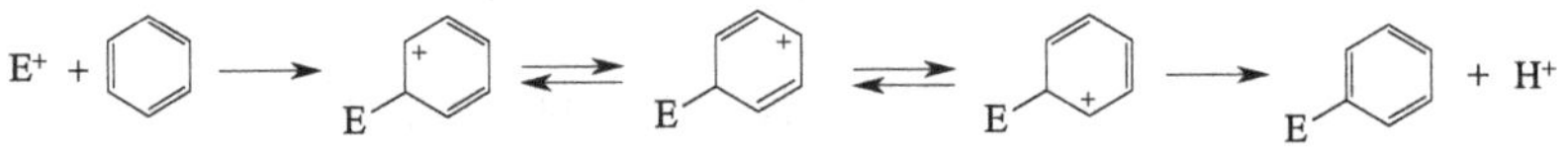

$E^+=R^+$、RCO^+等

L酸亲电芳香取代

图 4-27　酸催化取代反应

表 4-13　与酸催化有关的碳离子在固体酸上的选择性反应

反应	相关的碳正离子反应	烃类转化
1,2-烷基转移		支化异构化
芳烃的烷基转移	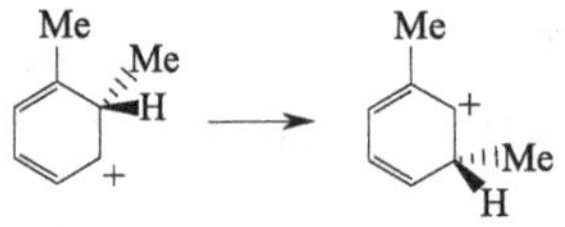	二甲苯异构化
氢化物提取		氢转移
β-断裂		裂解
芳烃加成		芳烃烷基化
烯烃加成	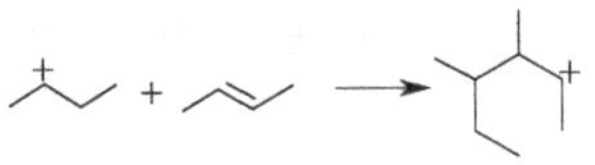	低聚
烷烃加成	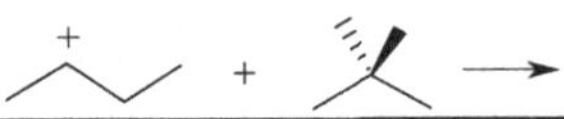 → 异-C_8碳正离子	烷烃的烷基化

4.5.1.1　异构化

异构化是指一个分子转变成具有相同分子式但结构不同的分子即异构体的反应。工业上重要的异构化反应是 C_4～C_8 碳氢化合物的碳骨架重排，以及烷基苯同分异构体之间的异构化，如二甲苯和乙苯。包括杂原子的异构化，如环氧丙烷制烯丙醇和环己酮肟贝克曼重排制备(E)-己内酰胺，也是重要的工业过程。

烷烃的骨架异构化是由碳正离子的形成引起的。碳正离子重排导致分支程度的改变是通过质子化环丙烷环中间体进行的。

$$-C-\overset{+}{C}-C-C-C- \longrightarrow -C-C\overset{C\ \ H^+}{\triangle}C-C- \longrightarrow -C-\underset{}{\overset{C}{\overset{|}{C}}}-\overset{+}{C}-C-$$

二甲苯的甲基转移也通过质子化环丙烷环中间体进行。

含有四个以上碳原子的烷烃很容易异构化。另一方面，C_4 烷烃很难异构化，因为反应涉及伯碳离子。含六个以上碳原子的烷烃易发生裂解和异构化反应。对于丁烷异构化，提出了一些催化剂上的双分子机理，即首先发生二聚反应，然后是骨架异构化和裂解。这是基于同位素研究的结果，其中同位素标记丁烷 1,4-^{13}C 丁烷被用作反应物。产物不仅由含有两个^{13}C 原子的异丁烷，还包括含有两个以上或两个以下^{13}C 原子的异丁烷异构体。

烯烃化合物的双键异构化，即双键转移和顺反异构化，已被广泛研究，以阐明反应机理和表征催化剂。双键异构化通过双键上或旁边 C—H 键的断裂和形成而进行。其机理可根据添加或移除 H^+ 以及 C—H 键断裂和形成的时间进行分类，即先断裂后形成或先形成后断裂。同时发生键断裂和键形成在形式上是可能的，但没有确凿的证据表明这种机制。下面以正丁烯为例说明这些机制。式（1）适用于固体质子酸（质子先加成后去除），式（2）适用于固体碱（第一步是提取质子形成烯丙基阴离子）。

$$CH_2=CH-CH_2-CH_3 \xrightarrow{+H^+} CH_3-CH^+-CH_2-CH_3 \xrightarrow{-H^+} CH_3-CH=CH-CH_3 \quad (1)$$

$$CH_2=CH-CH_2-CH_3 \xrightarrow{-H^+} [CH_2=CH=CH-CH_3]^- \xrightarrow{+H^+} CH_3-CH=CH-CH_3 \quad (2)$$

4.5.1.2 烷基化

早期对 X 型和 Y 型分子筛，特别是稀土交换型分子筛的研究表明，在苯或甲苯与烯烃或醇的烷基化反应中它们表现出了有效的性能。对二甲苯是一种有价值的芳香族化合物，因为它可以氧化成聚酯纤维中的主要成分对苯二甲酸。

1970 年，Yashima 和他的同事将注意力集中在各种阳离子交换 Y 型分子筛上甲苯与甲醇烷基化生成的二甲苯异构体的分布。在某些催化剂的作用下，得到了选择性相对较高的对位异构体（选择性为 45%～50%）。他们把这归因于对位异构体的优先形成和在分子筛超笼中形成的对位异构体的异构化被抑制。

用多种化学试剂处理后，ZSM-5 的形状选择性发生了显著的变化。例如，用磷或硼进行改性，方法是用含水磷酸或正硼酸浸渍分子筛晶体，然后在空气中煅烧，将酸转化为氧化物。普通 ZSM-5 烷基化反应中，对位异构体的选择性接近热平衡，但改性后的 ZSM-5 选择性高达 97%。

乙苯是生产苯乙烯的关键中间体，苯乙烯是重要的工业单体之一。几乎所有的乙苯都是由苯和乙烯合成的。在传统的乙苯工艺中，氯化铝-氯化氢组合是应用最广泛的催化剂。氯化铝的强腐蚀性要求在反应容器和产品装卸设备的制造中使用特殊的电阻材料。铝氯化物的污染性进一步要求对产品进行处理以处理废催化剂。

1958年引进的氧化铝负载三氟化硼醇法是一种高压固定床工艺。该工艺允许使用炼油厂天然气中的低碳烯烃（乙烯+丙烯），这些气体已作为燃料燃烧。乙苯和异丙苯质量优良。然而，商业经验表明，腐蚀问题仍然存在，产品预处理是去除三氟化硼的必要条件。

随着八面沸石分子筛在石油裂化中的应用，气相烷基化反应的研究重新引起了人们的兴趣。有几项研究报道了利用假沸石或丝光沸石制备乙基苯。它们非常活跃，但与焦炭形成的快速老化有关。因此，以八面沸石为催化剂的工业烷基化反应一直没有发展。

4.5.1.3 甲醇转化为碳氢化合物

甲醇可以转化为汽油馏分碳氢化合物或轻烯烃。甲醇转化为碳氢化合物，通常被称为MTH反应，使用酸性分子筛，如ZSM-5和SAPO-34分子筛作为催化剂。根据目标产物的不同，MTH反应可进一步分为MTG（甲醇制汽油）和MTO/MTP（甲醇制烯烃/丙烯）。1986年，新西兰政府开始了将天然气转化为汽油的商业MTG流程（6万t/a）。该工艺采用了以ZSM-5分子筛为催化剂的固定床反应器。

德国Lurgi公司利用南方化学生产的ZSM-5分子筛开发出了固定床MTP工艺，并分别于2010年和2011年由我国神华宁煤集团和大唐国际集团实现了50万t/a MTP技术的工业化。工艺采用了两个连续的固定床反应器系统，即一个二甲醚预反应器和三个主反应器。甲醇被预热至50～350℃后，进入预反应器经氧化铝的催化作用转化成甲醇、二甲醚和水的平衡混合物。图4-28显示了甲醇在H-ZSM-5催化剂上生成碳氢化合物的反应情况。

20世纪90年代，UOP和NORSK Hydro（现为INEOS）开发了基于SAPO-34的MTO工艺，采用低压流化床反应器设计，实现高效的温度控制和连续再生。该工艺以SAPO-34为催化剂，这是一种与菱沸石分子筛结构相同的SAPO（silicoalumiphosphate分子筛）。对乙烯和丙烯的选择性约为80%。乙烯/丙烯比可在0.75～1.5之间调节。该工艺可与烯烃裂解工艺结合，显著提高工艺性能。以碳为基准，总乙烯和丙烯收率可提高到85%～90%。

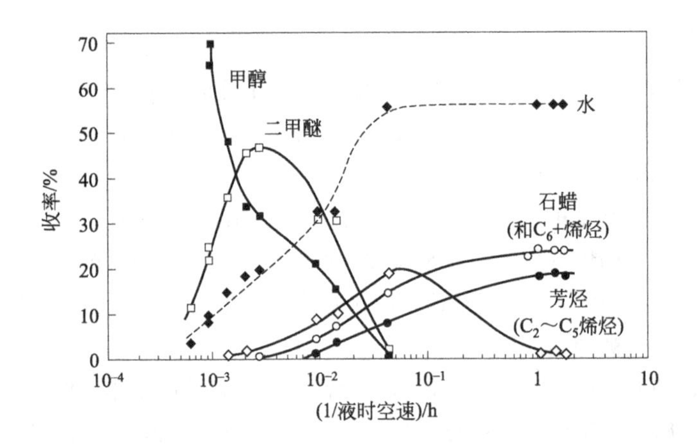

图4-28 甲醇在H-ZSM-5上的反应路径

2010年，世界上第一个年产60万吨低碳烯烃的商用MTO装置（DMTO、二甲醚或甲醇制烯烃）开始在中国投产，其采用SAPO-34流化床反应器，甲醇转化率100%，选择性大于80%。在第二代DMTO工艺（DMTO-Ⅱ）中，大于4个碳的副产物从产物流中分离出来，并在第二裂解流化床反应器中进一步转化为乙烯和丙烯。当大于 4 个碳的产物回收率为 60%时，乙烯丙烯的选择性提高到 85.7%。2014 年，商用 DMTO-Ⅱ装置启动。

若采用其他具有小孔结构的分子筛，可提高低碳烯烃的选择性，却极易积碳导致失活；若采用大孔而酸性低的催化剂，虽可延长寿命，但对轻烯烃的选择性极差，同时还生成芳烃等副产物。

人们希望寻找一种选择性良好的催化剂，既具有小孔结构和适当的酸性，使用寿命又长。美国 UCC 公司于 1984 年发明了具有更小孔径的沸石分子筛催化剂 SAPO-n。其中，SAPO-34 分子筛由于在 MTH 反应中显示出了优异的低碳烯烃选择性，被公认为 MTO 反应中的最佳催化剂。SAPO-34 的拓扑结构见图 4-29。

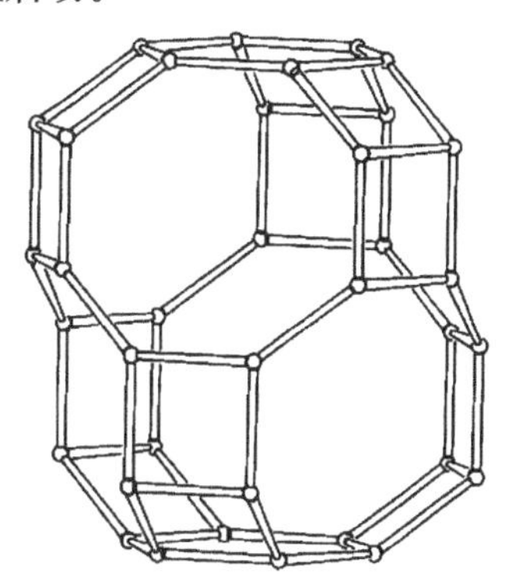

图 4-29　SAPO-34 的拓扑结构

SAPO 系列属通用性较强的催化材料，尽管它与分子筛的热稳定性不同，但其化学性质和晶体结构与分子筛材料很相似，具有均一的孔隙率、晶体结构、可调酸度、择形催化以及酸性交换能力。其最大的改进在于孔隙更小，酸性位和强度具有可控性。

SAPO-34 催化剂是磷酸硅铝分子筛 SAPO-n 中的一种，由于 SAPO-34 对甲醇转化乙烯和丙烯具有较高的选择性，它因在甲醇制备烯烃这一反应中表现出优异的催化性能而引起了各国科研工作者的广泛关注。

SAPO-34 分子筛的择形催化作用限制了甲醇转化的气态产物只有 C_1、C_2、C_3 烃类。虽然在其晶体内可能存在支链的 C_4 和 C_5 饱和烃类，如异丁烷和异戊烷的形成，但它们的体积太大以至于不能离开晶体，同时它们的存在对长直链烃的扩散又形成额外的空间阻力。

ZSM-5 分子筛较大的孔结构使得烯烃的选择性很高但乙烯选择性低，同时缺少高碳芳烃生成的空间，因此失活速率较慢。

所以，唯有 C_2 和 C_3 烃类可以很容易地扩散出晶体外，这便使 SAPO-34 对甲醇转化制轻烯烃具有显著的选择性；而且它们具有中等的酸强度，酸性太强的酸中心倾向于分子量较大的烃生成，而中等强度的酸中心限制了乙烯、丙烯的进一步反应。

MTO 的化学机理可能是多相催化中最有争议的过程之一。人们认为在稳态下烯烃的形成存在两条主要途径，即烯烃甲基化/裂解循环和碳池机理。

烯烃甲基化/裂解机理：该机理与 MTG 反应机理相近。像丙烯这样的低碳烯烃与甲醇快速连续甲基化，形成高级烯烃。这一阶段主要消耗甲醇。高级烯烃裂解成更小的烯烃，形成丙烯和丁烯。由于乙烯的甲基化反应相对缓慢，而且乙烯不可能是高级烯烃裂解的产物，因此乙烯不是这个循环的一部分。

碳池机理：在酸性分子筛上甲醇制烃（MTH）催化反应中，有机中心被限制在沸石孔隙中，并充当助催化剂，如图 4-30 所示。一般来说，其机理是通过甲基化试剂（如甲醇或二甲醚）使碳池中的物种连续甲基化，然后轻烯烃被分离。

碳池中可以是芳香烃，但烯烃也可以起到这一作用。在某些材料中，双循环取决于操作条件（图 4-31）。在这种情况下，烯烃本身可以连续地甲基化，然后通过裂解低碳烯烃来生产。两个循环相互交织，各种反应步骤、中间产物和反应循环的重要性取决于多种因素，如催化剂的拓扑结构、操作条件和催化剂组成。

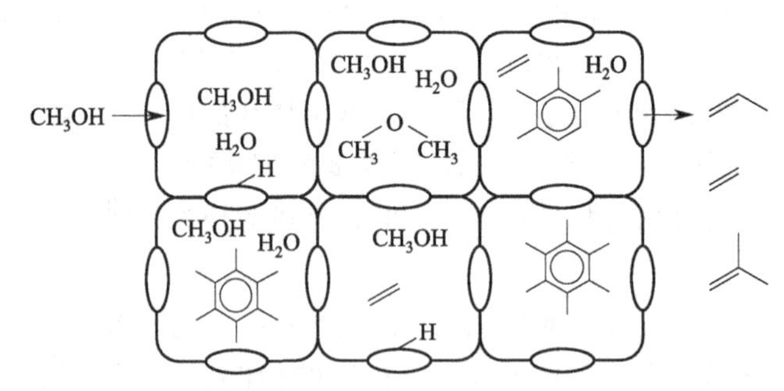

图 4-30　MTO 过程沸石孔中可能组成的示意图

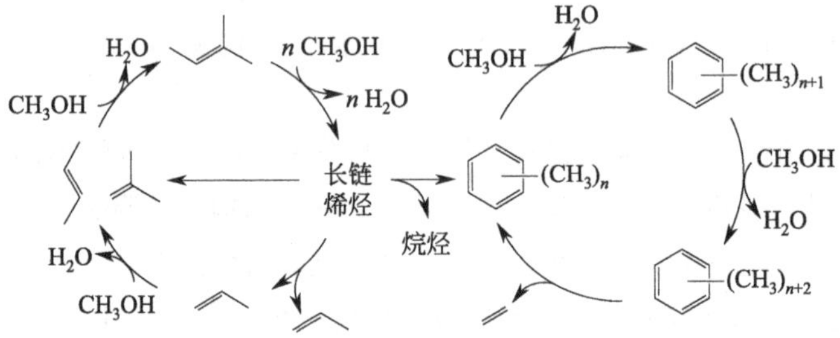

图 4-31　假设的 H-ZSM-5 上甲醇转化的双循环

芳香族和烯烃双重催化循环的发现为合理化这种复杂化学的结构-功能关系提供了新的思路。这一观点考察了 MTH 碳池机理中涉及的六种主要化学反应（烯烃甲基化、烯烃裂解、氢转移、环化、芳烃甲基化和芳香族脱烷基），见图 4-32～图 4-34。目前对 MTH 的机械理解限制了结构-功能关系与分子筛骨架对碳池特征和由此产生的产品选择性的影响。

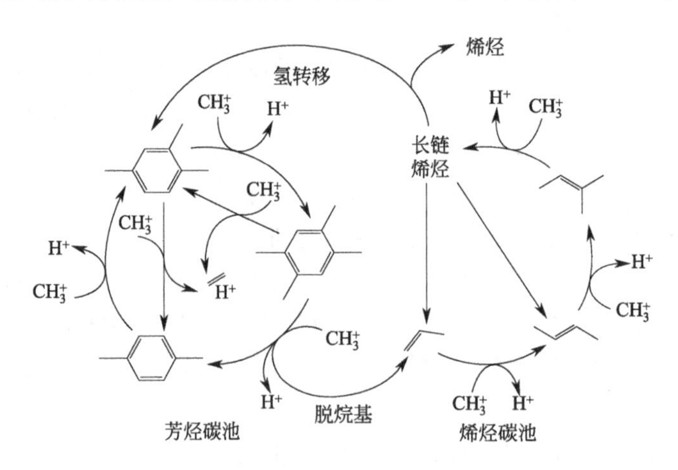

图 4-32　H-ZSM-5 催化剂上甲醇制烃的双烯烃和芳烃甲基化催化循环

中科院大连化物所是国内最早从事 MTO 技术开发的研究单位。该所从 20 世纪 80 年代便开展了由甲醇制烯烃的工作。采用中孔 ZSM-5 分子筛催化剂达到了当时国际先进水平。20 世纪 90 年代初又在国际上首创“合成气经二甲醚制取低碳烯烃新工艺方法（简称 SDTO 法）”。该新工艺是由两段反应构成，第一段反应是合成气在以金属-分子筛双功能催化剂上高选择性

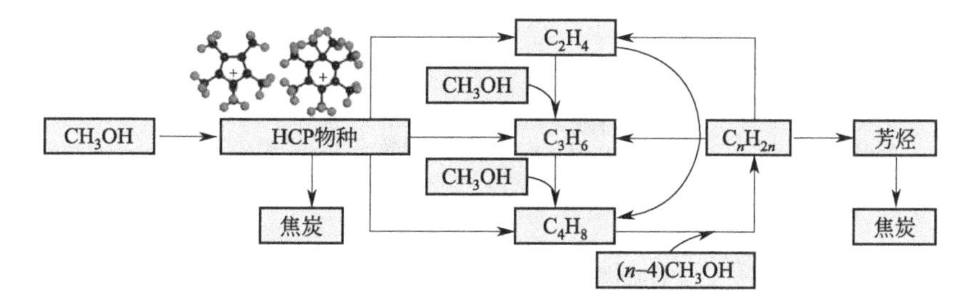

图 4-33　甲醇转化反应网络

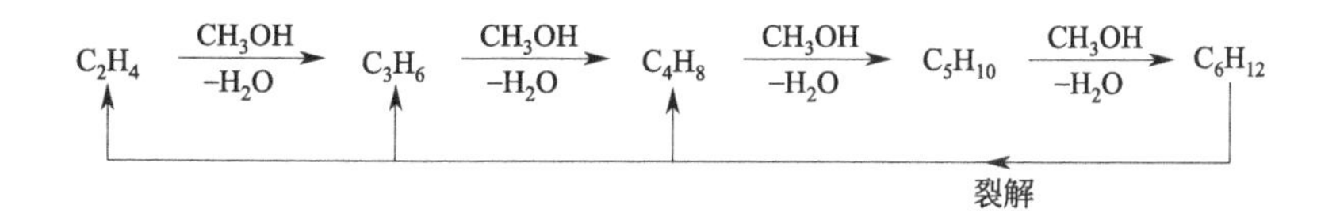

图 4-34　烯烃链增长和裂解反应

地转化为二甲醚，第二段反应是二甲醚在 SAPO-34 分子筛催化剂上高选择性地转化为乙烯、丙烯等低碳烯烃。

SDTO 新工艺具有如下特点：

①合成气制二甲醚打破了合成气制甲醇体系的热力学限制，CO 转化率可接近 100%，与合成气经甲醇制低碳烯烃相比可节省投资 5%～8%；

②采用小孔磷硅铝（SAPO-34）分子筛催化剂，比 ZSM-5 催化剂的乙烯选择性大大提高；

③第二段采用流化床反应器可有效地导出反应热，实现反应-再生连续操作；

④新工艺具有灵活性，它包含的两段反应工艺既可以联合成为制取烯烃工艺的整体，又可以单独应用。尤其是 SAPO-34 分子筛催化剂可直接用作 MTO 工艺。

4.5.1.4　催化裂解

裂解催化剂应具有高的催化活性和选择性，既要保证裂解过程中生成较多的低碳烯烃，又要使氢气和甲烷以及液态产物的收率尽可能低，同时还应具有高的稳定性和机械强度。

第一个在工业过程中使用的催化剂是膨润土黏土，其中含有约 90%的蒙脱石。由于天然黏土的组成随开采地点的不同而变化，其催化性能并不稳定。Houdry 工艺于 1940 年推出了第一种合成裂化催化剂，它是由 SiO_2 和 Al_2O_3 组成的混合氧化物，即所谓的“硅铝”催化剂。

沸石分子筛的活性很高，用于裂解重质石油馏分中的碳氢化合物，以生产较轻的材料，如汽油。这种强效催化剂的发现大大减少了焦渣的非选择性沉积。将非微孔黏土和非晶态硅铝催化剂改为沸石基催化剂，有效产物收率从 70%提高到 90%。对于分子筛裂解催化剂，其孔结构、酸性及晶粒大小是影响催化作用的三个最重要因素。催化裂解催化剂性能趋势见图 4-35。

使用沸石的碳氢化合物催化裂解反应可根据以下三种主要的机理途径进行分类：

① 经典的裂解机理包括氢转移到碳原子上，然后再分解，如图 4-36 所示。

② 通过碳正离子过渡态进行的非经典 Haag-Dessau（热解）裂解机理如图 4-37 所示。

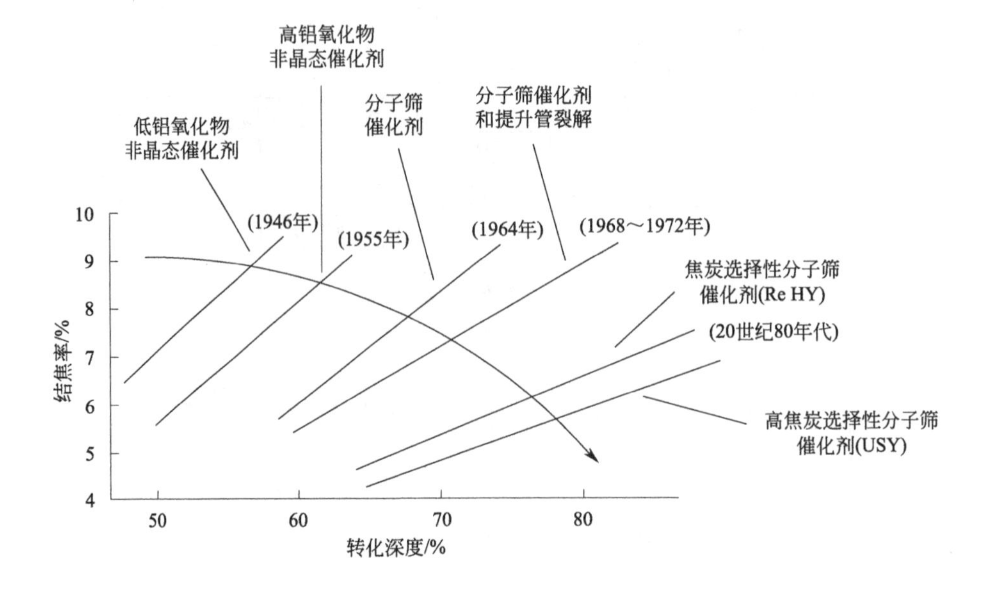

图 4-35　催化裂解催化剂性能趋势

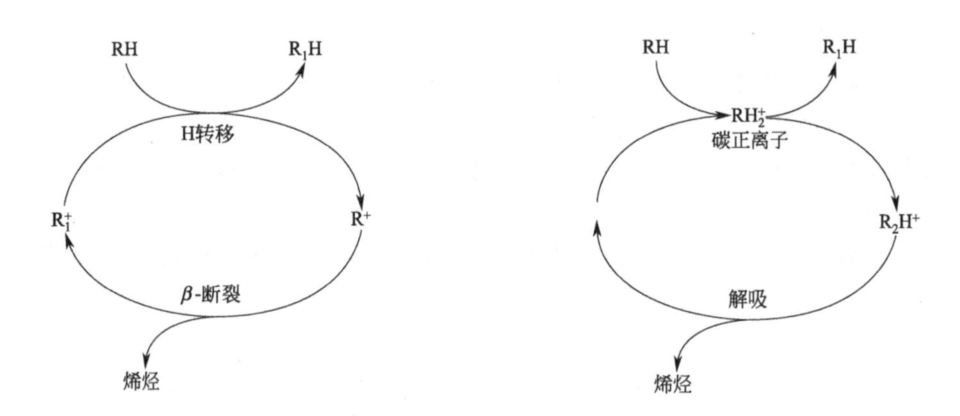

图 4-36　烷烃分子的经典裂解机理

图 4-37　烷烃分子的非经典 Haag-Dessau 裂解机理

分子筛中烷烃裂解的基本步骤是复杂的，它需要强的酸性中心使烷烃裂解和碳离子生成，以及通过氢化物萃取形成碳负离子的强 L 酸。随后，大部分的化学反应来自碳正离子，包括重排、氢化物提取、β-断裂和烯烃形成。

③ 低聚裂解。经典的裂解机理是基于碳原子从烷烃中提取出氢化物，形成另一个碳正离子，碳正离子通过 β-断裂（β 位的 C—C 键断裂到带正电荷的三价碳原子上），形成烯烃。

整个过程是由碳原子在不同反应状态下的稳定性决定的。此外，反应速率的降低顺序为：叔碳正离子 ＞ 仲碳正离子 ＞ 伯碳正离子。

图 4-38 显示了分子筛催化剂上烷烃催化裂解的网络。

典型的副反应是在弱 B 酸位上发生经典的裂解和低聚反应，产生较大的烯烃，这些烯烃参与烷基化反应并形成较大的烷基化物分子，这又会加快催化剂的失活。焦炭是通过氢化物转移、分子间和分子内烷基化反应以及低聚物形成的重的、不饱和的环状和无环化合物。

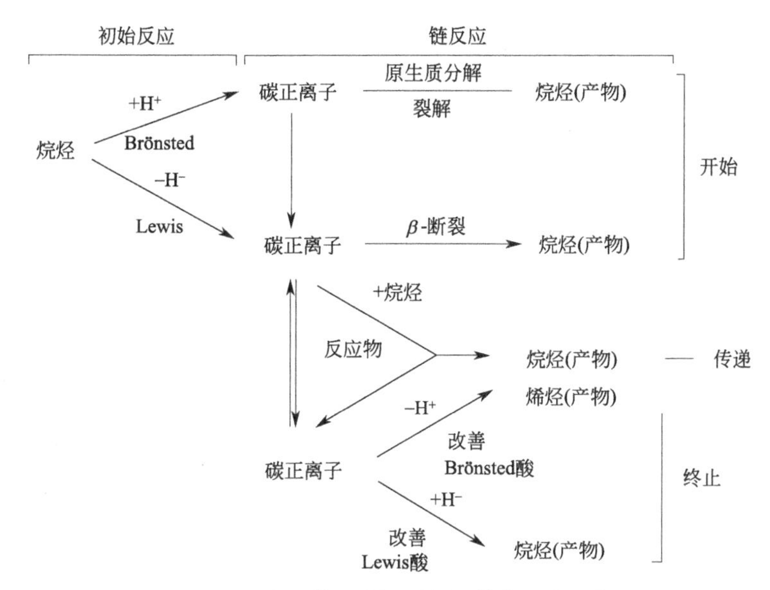

图 4-38　分子筛上烷烃裂解的简化反应网络

反应器是影响催化裂解产品分布的重要因素。反应器类型主要有固定床、流化床、移动床、提升管反应器等。工艺过程中将反应物和催化剂的混合物从管道（提升管）转移到流化床时，反应完成，这个反应器被称为“提升管反应器”。流化床起到分离催化剂和产物的作用。提升管反应器有利于多产乙烯，而提升管加流化床反应器有利于多产丙烯。流化床催化裂化反应器示意图见图 4-39。

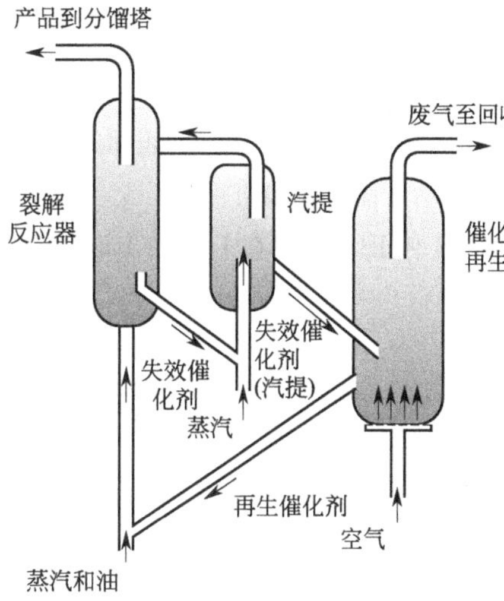

图 4-39　流化床催化裂化反应器

4.5.1.5　烯醛缩合反应

烯烃与醛的缩合反应（Prins 缩合）是获得各种饱和与不饱和醇、二醇、醛缩醇、β-羟基酸以及共轭二烯等的重要反应。

这种缩合通常由强无机酸（如 H_2SO_4）在均相催化中催化，但在某些应用中，例如异戊二烯的合成，使用固体酸作为催化剂最合适，两类酸催化过程见图 4-40。

无机酸催化通过两步过程，即液相缩合与气相分解过程，分别在硫酸与磷酸催化作用下进行，最终生成产物异戊二烯。而在固体酸催化作用下，一步即可生成异戊二烯。

但在异戊二烯的早期合成方法中，通过与无水氯化氢和甲醇反应，首先将甲醛转化为氯甲基甲醚，从而提高了异戊二烯的收率。向异丁烯中加入氯甲基甲醚，得到 3-氯-3-甲基丁基甲醚。该中间体通过高效的热解反应分解为异戊二烯、甲醇和氯化氢。

异丁烯（IB）与异丁醛（IBA）在酸催化作用下缩合生成 2,5-二甲基-2,4-己二烯（DM-HD）：

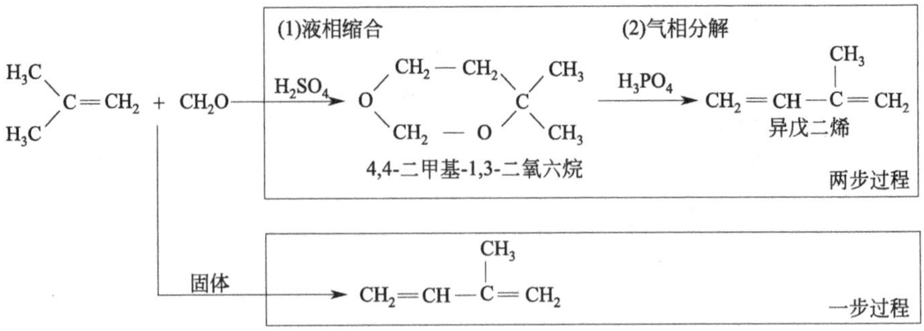

(1)液相缩合 (2)气相分解

$(CH_3)_2C{=}CH_2 + CH_2O \xrightarrow{H_2SO_4}$ 4,4-二甲基-1,3-二氧六烷 $\xrightarrow{H_3PO_4} CH_2{=}CH{-}C(CH_3){=}CH_2$（异戊二烯） 两步过程

$(CH_3)_2C{=}CH_2 + CH_2O \xrightarrow{固体} CH_2{=}CH{-}C(CH_3){=}CH_2$ 一步过程

图 4-40 异戊二烯的矿物酸催化与固体酸催化的图例

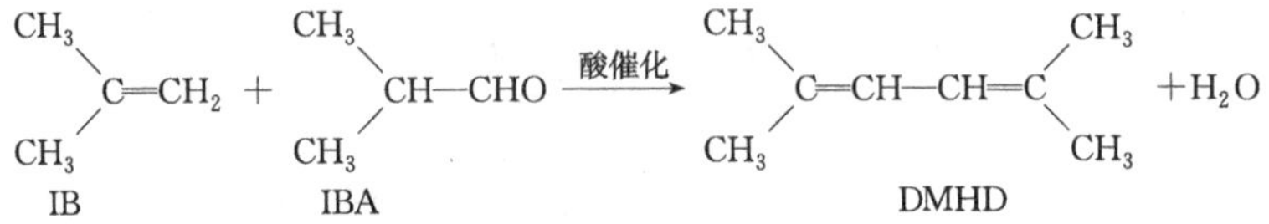

$$\underset{IB}{(CH_3)_2C{=}CH_2} + \underset{IBA}{(CH_3)_2CH{-}CHO} \xrightarrow{酸催化} \underset{DMHD}{(CH_3)_2C{=}CH{-}CH{=}C(CH_3)_2} + H_2O$$

DMHD是制备农药、医药及多种有机合成的重要有机中间体。该反应在液体酸或固体酸催化作用下进行。固体酸显示出环境友好等诸多优点。何杰等使用铌酸与负载型 Nb_2O_5 作为催化剂，研究了载体的类型、催化剂表面酸性特征等对该反应转化率、选择性等的影响，结果表明，催化剂表面的酸性特征对 DMHD 的形成有很大的影响，载体通过影响催化剂表面铌氧物种的聚集状态从而影响催化剂表面的酸性。B 酸对 IB 与 IBA 缩合生成 DMHD 反应催化的可能机理已显示于图 4-2 和图 4-3。

而当 IB 和 IBA 吸附在 L 酸位上时，其反应历程示于图 4-41。

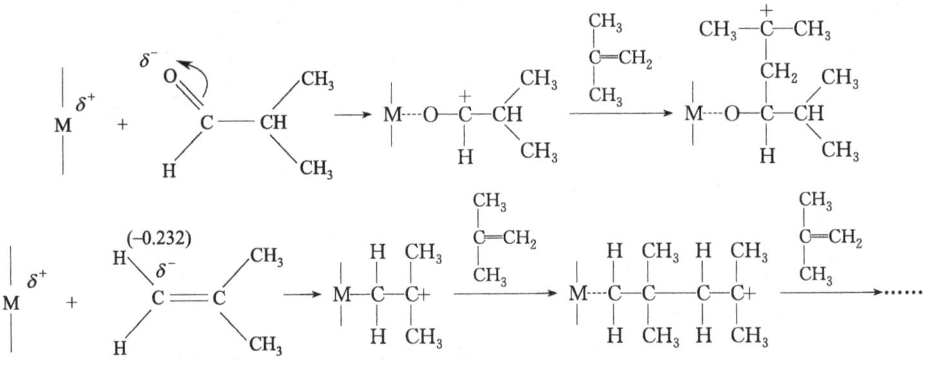

M δ^+ + δ^- O=C(H)—CH(CH₃)₂ → M---O—C⁺(H)—CH(CH₃)₂ $\xrightarrow{CH_2=C(CH_3)_2}$ M---O—C(H)(CH₂—C⁺(CH₃)₂)—CH(CH₃)₂

M δ^+ + (−0.232) $H_2C{=}C(CH_3)_2$ (δ^-) → M—CH₂—C⁺(CH₃)₂ $\xrightarrow{CH_2=C(CH_3)_2}$ M---CH₂—C(CH₃)₂—CH₂—C⁺(CH₃)₂ $\xrightarrow{CH_2=C(CH_3)_2}$ ……

图 4-41 IB和IBA在L酸位反应机理示意图

随着催化剂表面 B 酸酸性增强，不仅 IBA 中的 C=O 键被质子化，同时 IB 中 C=C 双键质子化的可能性增加，从而导致发生聚合反应的概率增加。B 酸位酸性越强，烯烃发生聚合和芳构化的程度越大，不仅导致 IBA 转化率下降，目标产物 DMHD 的选择性降低，同时产物 DMHD 也将在强的 B 酸位上发生吸附进而发生聚合等反应而在催化剂表面滞留并形成积碳，结果导致催化剂活性和选择性降低。如用 H_2SO_4 酸化 $Nb_2O_5/\gamma\text{-}Al_2O_3$ 催化剂时，当 H_2SO_4 浓度大于 $0.05\ mol\cdot L^{-1}$时，DMHD 的选择性明显下降，并且随着反应的进行 IBA 的转化率减小。当反应物 IB 和 IBA 吸附在 L 酸位上后，形成的碳正离子将引起烯烃在催化剂表面发生聚合反应，从而导致目标产物的选择性大幅度下降。因此，对于表面几乎只有 L 酸的 NA-K 和 NTA-K，IB 与 IBA 缩和形成 DMHD 的选择性很小，低至 30%左右。

4.5.2 固体碱催化反应

固体碱的研究可以追溯到 1958 年，当时 Pines 和 Haag 首次报道了金属 Na 在 Al_2O_3 上的分散，所得材料用作 1-丁烯双键迁移的催化剂，顺式和反式 2-丁烯的比例比热力学平衡混合物高 15 倍。考虑到 Na 的强电子输运倾向，很容易理解 Al_2O_3 负载 Na 是一种有效的碱性催化剂。随着材料化学和催化化学的发展，大量的固体碱被报道出来。碱性中心可以是无机物种到有机物种，它可以通过如浸渍、离子交换和嫁接等方法引入。图 4-42 简述了由固体碱催化的典型反应。

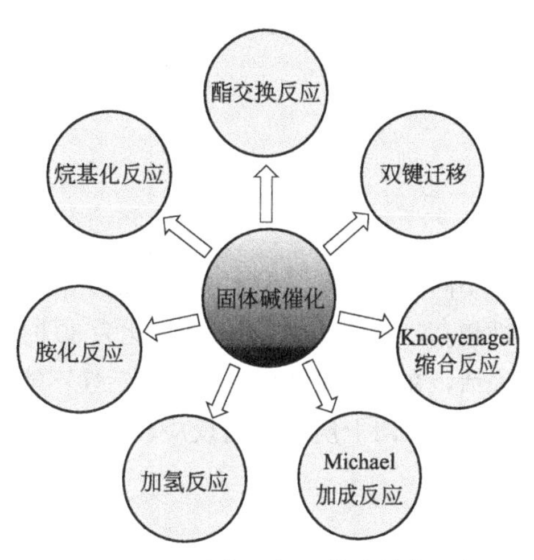

图 4-42 几种典型的固体碱催化反应

4.5.2.1 烯烃异构化

反应可能的机理如图 4-43 所示。

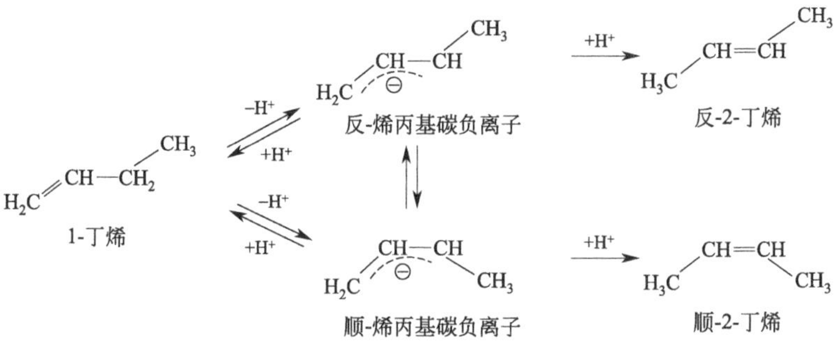

1-丁烯 ⇌(−H⁺ / +H⁺) 反-烯丙基碳负离子 →(+H⁺) 反-2-丁烯

1-丁烯 ⇌(−H⁺ / +H⁺) 顺-烯丙基碳负离子 →(+H⁺) 顺-2-丁烯

反-烯丙基碳负离子 ⇌ 顺-烯丙基碳负离子

图 4-43 固体碱催化剂上 1-丁烯异构化反应机理探讨

反应通过碱性位从 C_3 中提取 H^+，生成顺-烯丙基碳负离子和反-烯丙基碳负离子。由于顺式结构比反式结构更稳定，顺式结构的烯丙基碳负离子的浓度比反式的高。当 H^+ 加入烯丙基碳负离子时，其几何结构保持不变；当 H^+ 加入顺式和反式时，分别形成顺-2-丁烯和反-2-丁烯。相应地，顺-2-丁烯在 1-丁烯的初始阶段主要是在反-2-丁烯上形成的异构化。

由于 C_2—C_3 键具有双键特性，顺式和反式之间的相互转化具有很高的能垒。因此，在顺-2-丁烯异构化的初始阶段，即使在 1-丁烯的平衡浓度下，1-丁烯也主要通过反-2-丁烯生成。

在丁烯异构化、分子内氢转移中，从分子中提取出来的氢原子返回到同一分子中，形成异构产物。这与酸催化丁烯异构化反应中分子间氢转移相反。与固体酸催化剂相比，固体碱催化剂的双键异构化活性普遍较高，且无裂化活性。因此具有活性和选择性的固体碱催化剂用于不饱和烃的双键异构化，反应在较低温度下进行，以避免副产物形成。

将 1-丁烯异构化的基础研究扩展到具有更复杂结构的烯烃的双键迁移，如蒎烯、莰烯、5-乙烯基双环[2.2.1] 庚烷等，这些烯烃含有易在酸性催化剂上开环的双键迁移，但它们也可以在固体碱上有效地异构化。碱性催化剂的一个特点是缺乏 C—C 键断裂。

固体碱催化剂的另一个优点是双组分的活性含杂原子的不饱和化合物的键异构化。当固体酸催化剂被氮、氧等杂原子的反应物毒化时，固体碱催化剂不会中毒。

在碱土金属氧化物上，具有外双键的烯烃如 β-蒎烯能定量地转变为其异构体。

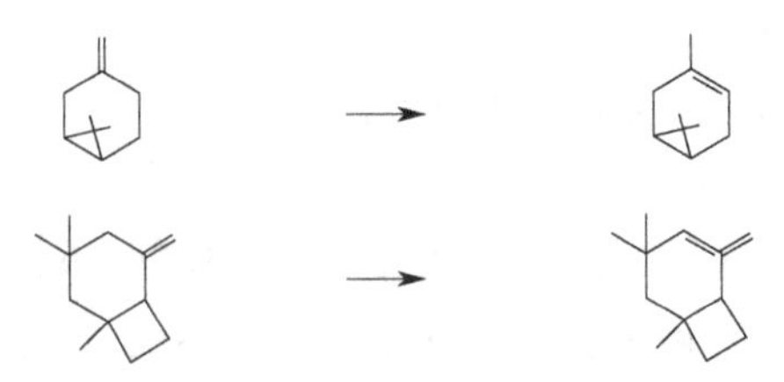

不同的固体超强碱上 β-蒎烯的异构化也有报道。其中 $Na/NaOH/Al_2O_3$ 和 Cs_xO/Al_2O_3 的活性最高，当反应物/催化剂之比为 30 时，室温下反应 30min 后转化率达到 98%。反应后催化剂失活，在所使用的再生条件下活性不能恢复。5-乙烯基双环[2.2.1] 庚-2-烯异构化为 5-亚乙基双环[2.2.1] 庚-2-烯的反应在 243K 就能进行到底，后者是重要的硫化试剂。

烯丙胺可异构化为烯胺。1-*N*-吡咯烷基-2-丙烯在碱土金属氧化物上在 313K 就能异构化为 1-*N*-吡咯烷基-1-丙烯。

$$CH_2{=}CH{-}CH_2{-}N\bigcirc \longrightarrow H_3C{-}CH{=}CH{-}N\bigcirc$$

Matsuhashi 和 Hattori 报道了在一系列金属氧化物上丙烯基醚的异构化反应。其中 CaO 活性最高，La_2O_3、SrO 和 MgO 的活性也很高，但每一种反应物所需要的反应温度不同。

有 KNH_2/Al_2O_3 存在时，炔烃很容易异构化。在 333K 的二噁烷溶液中反应 20h，1-己炔就能 92%地转化变成 2-己炔。在 998K 下抽真空焙烧 $CaCO_3$ 制备的 CaO 也能催化 1-己炔异构化，在 313K 下反应 20h，2-己炔和 3-己炔收率分别为 79%和 13%。在固体碱上有取代基的 2-丙炔醇可异构化为 α,β-不饱和酮。

4.5.2.2 羟醛加成和羟醛缩合

羟醛加成和缩合反应对 C—C 键的形成是十分有用的。这类反应可以由酸或碱催化。有碱存在时，醛或酮的烯醇离子亲核加成到另一个分子的羰基上形成 β-羟基醛或酮（羟醛加成）。而形成的 β-羟基醛或酮在该反应条件下很容易脱水形成 α,β-不饱和酮（羟醛缩合）。

Tanabe 和其同事们曾研究金属氧化物上丁醛的羟醛加成反应。273K 时碱土金属氧化物对此反应呈高活性，La_2O_3 和 ZrO_2 则活性很低。单位比表面的活性次序为 SrO > CaO > MgO >> La_2O_3 > ZrO_2。氧化铝也有活性，但比 MgO 和 CaO 低。反应产物并不完全是二聚物，含有大量由二聚物与丁醛经 Tishchenko 交叉酯化反应形成的三聚物（三聚乙二醇酯）。以 MgO 为催化剂时，产物中二聚物 2-乙基-3-羟基己醛和 2-乙基己烯醛占 83.7%，三聚物占 16.3%。以 CaO 为催化剂时，产物中三聚物占 56.9%。丁酸丁酯是丁醛的 Tishchenko 反应产物。Tishchenko 反应既需要酸性位也需要碱性位。事实上，当氧化铝上负载一种碱金属氧化物时，反应活性显著增加。羟醛加成的反应产物选择性也增加到> 92%，而三聚物的收率降至 3%以下。

醛在固体碱催化作用下可发生自缩合反应，其可能路线如图 4-44 所示。

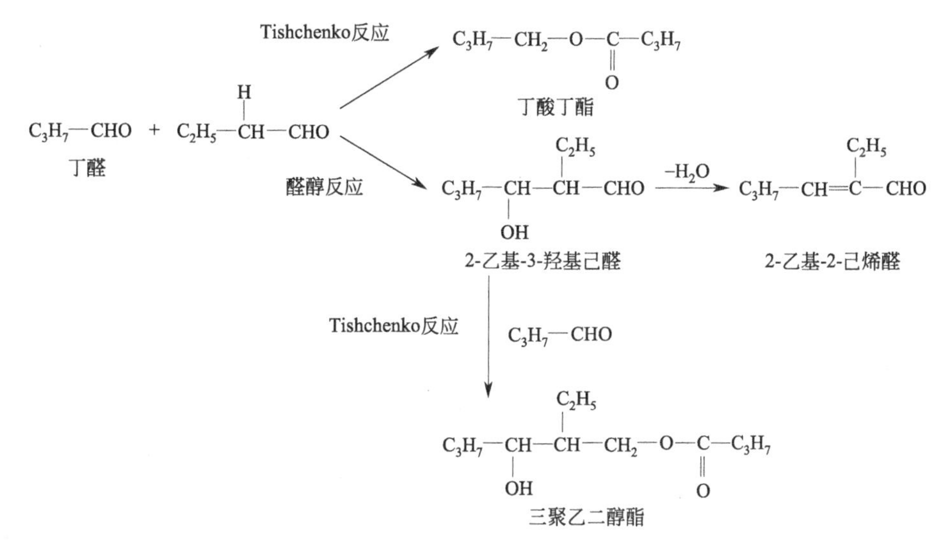

图 4-44　固体碱催化剂上丁醛自缩合反应路线图

4.5.2.3　侧链烷基化

甲苯与甲醇在碱性沸石上反应，在 723～773K 的温度范围内生成苯乙烯和乙苯。该反应不是酸性催化剂上烷基化的替代物，反应如图 4-45 所示。甲醇脱氢生成甲醛（步骤 1），甲醛与甲苯反应生成苯乙烯（步骤 3）。苯乙烯进一步与甲醇反应，通过转移加氢反应生成乙苯和甲醛（步骤 2）。苯乙烯加氢反应比转移加氢反应慢。步骤 4 和步骤 2 的出现降低了苯乙烯的收率。

反应所有的步骤都涉及碱，但每一步的有效碱性位点是不同的。步骤 3 需要强碱性位，其中涉及从甲苯中提取 H^+。然而，过强的碱性位会促进步骤 2 和 4 降低苯乙烯的收率。弱碱性位促进步骤 1，但不能促进步骤 3。因此，强弱碱中心的平衡组合有利于提高苯乙烯的收率。

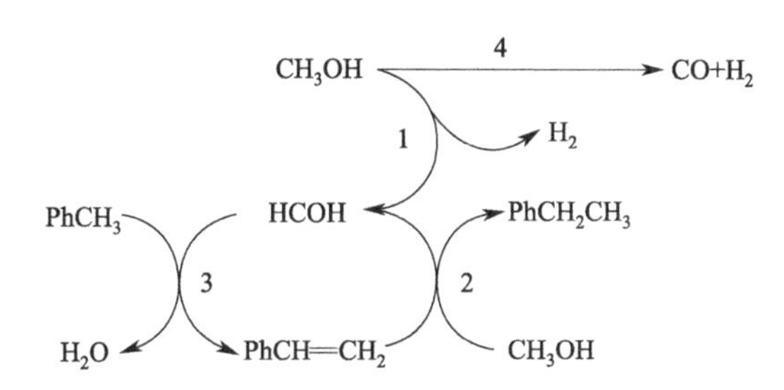

图 4-45　甲苯与甲醇侧链烷基化合成苯乙烯的途径

在固体碱催化剂中，Cs-X 和 Rb-X 对苯乙烯和乙苯具有很高的选择性，K-X 和 Na-X 除苯乙烯和乙苯外，还生成二甲苯异构体。在 Cs-X 中加入 ZrB_2O_5 和 ZnO 可以提高苯乙烯的收率。ZrB_2O_5 和 ZnO 的作用是通过吸附甲醇促进甲醇选择性脱氢制甲醛的 IR 研究来推测的。

4.5.2.4　加氢

在碱催化加氢反应中，共轭烯烃比孤立烯烃具有更高的反应活性。例如，在 MgO 上，1，3-丁烯加氢反应在 273K 下进行，而 1-丁烯加氢在 473K 以上进行，这是由中间阴离子的稳定性不同造成的。共轭烯烃加氢反应的中间阴离子是稳定的烯丙基碳负离子，而孤立烯烃加氢反应的中间阴离子是烷基碳负离子，其稳定性不如烯丙基碳负离子。

碱催化加氢反应中的一个关键步骤是将 H_2 异裂成 H^+ 和 H^-，也可以说是从 H_2 分子中提取 H^+。含 H 的化合物 X—H，H^+ 和 X^- 异构化解离，X^- 加入分子形成碳负离子，然后 H^+ 加入碳负离子以完成碱催化加成。共轭二烯烃的碱催化加氢反应是一种基础酶催化反应。

烯烃的加氢是由一些固体碱催化剂催化的，如碱土氧化物、稀土氧化物和 ZrO_2。碱催化加氢与金属催化加氢在某些方面有所不同。首先，在固体碱催化剂上，共轭烯烃比孤立烯烃具有更高的反应活性，而共轭烯烃和孤立烯烃在金属催化剂上的加氢速率相似。其次，两个氢原子与共轭烯烃的加成方式为 1,4-加成反应，而传统金属催化剂通常采用 1,2-加成反应。最后，碱催化加氢反应保留了氢原子的分子特性——产物中的两个氢原子起源于一个氢分子，这在金属催化加氢中是没有观察到的。

1,3-丁二烯在氧化镁上加氢的机理如图 4-46 所示，其中用 D 取代 H。D_2 在 Mg^{2+}-O^{2-} 对上异构化为 D_2 和 D_1。1,3-丁二烯在 273K 下由 93%的 *S*-反式构象物组成，D_2 攻击 1,3-丁二烯中的一个末端 C 原子，形成大部分反-烯丙基碳负离子，该负离子经过相互转化形成更稳定的顺-烯丙基碳负离子，或加入 D_1 形成反-2-丁烯。由于烯丙基碳负离子的电子密度在 C 端最高，D_1 选择性地加入 C 端，完成 D 原子的 1,4-加成，得到 2-丁烯异构体。如果烯丙基碳负离子的相互转化比 D_1 的加成快，则可以得到顺-2-丁烯 D_2，这在碱土氧化物中也可以观察到。另一方面，如果加成比相互转化快，则可以得到反-2-丁烯-D_2，这在 ZrO_2 和稀土氧化物中观察到。

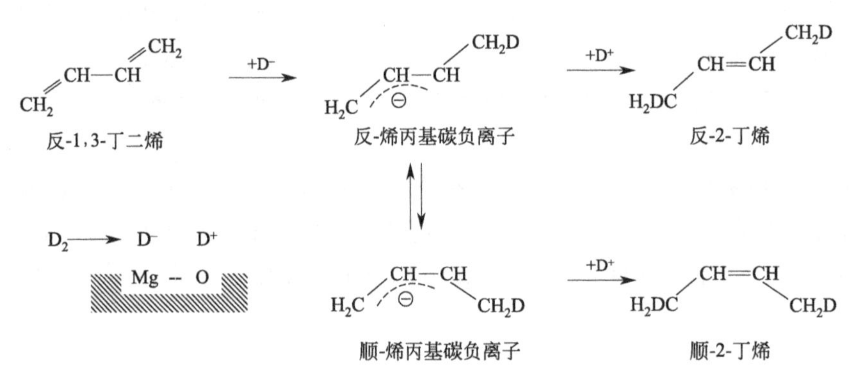

图 4-46　1,3-丁二烯在 MgO 上加氢的机理（H 原子被 D 原子取代）

4.5.2.5　醇分解

醇在酸和碱催化剂上进行脱水和脱氢。乙醇脱水有 E1、E2 和 E1cB 三种机理。E1 机理为酸催化脱水、E2 为酸碱协同机理、E1cB 为碱催化脱水。以异丙醇分解为例，如图 4-47 所示。在固体碱催化剂上，脱水和脱氢取决于催化剂和反应器的类型。对于这两种反应，第一步都是从醇中通过碱性位提取 H^+ 形成阴离子，形成羰基如醛或酮，而 H 的提取得到烯烃。大多数固体碱催化剂用于醇类脱氢。一些固体碱催化剂，如 ZrO_2、ThO_2 和稀土氧化物用于醇脱水反应。

碱催化 2-丁醇脱水根据 E1cB 机理通过伯碳负离子生成 1-丁烯，而酸催化 2-丁醇脱水根据 E1 机理通过仲碳离子生成丁烷异构体混合物，由 E1cB 和 E1 引起的不同中间体所致。一级碳负离子比二级碳负离子更稳定，而二级碳正离子比一级碳正离子更稳定。采用碱催化从 2-醇中脱水优先生成 α-烯烃，用于乙烯基环己烷的工业生产。

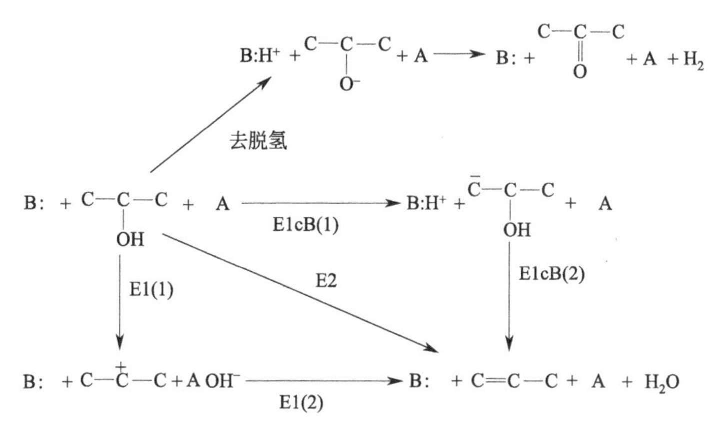

图 4-47　酸、碱催化剂上异丙醇脱水脱氢反应机理

4.6　双功能催化剂

有许多反应需要不同功能的催化作用才能完成。酸或碱性中心可以与具有不同催化功能的其他中心共存。

4.6.1　金属/酸双功能催化剂

用于重整的第一批催化剂仅具有酸性功能，引入负载 Pt 的酸性催化剂的主要原因是提高抗结焦能力。然而，人们很快就认识到，新的 Pt 负载酸催化剂对（环）烷烃异构化具有非常高的活性和选择性。此外，Mills 等发现只有（脱）加氢功能或酸功能的催化剂异构化活性非常低，而同时具有两种功能的催化剂表现出相当大的异构化活性。Weisz 也获得了类似的结果，他发现在 SiO_2-Al_2O_3 和 Pt/SiO_2 的混合物上，正己烷转化为异己烷的转化率比单独使用这两种成分的转化率要高得多。在这个方案中，烷烃在金属位上脱氢，然后将生成的烯烃转移到发生异构化的酸位。结合分离加氢和酸功能的概念，经典的双功能机理（对于正构烷烃）如图 4-48 所示。

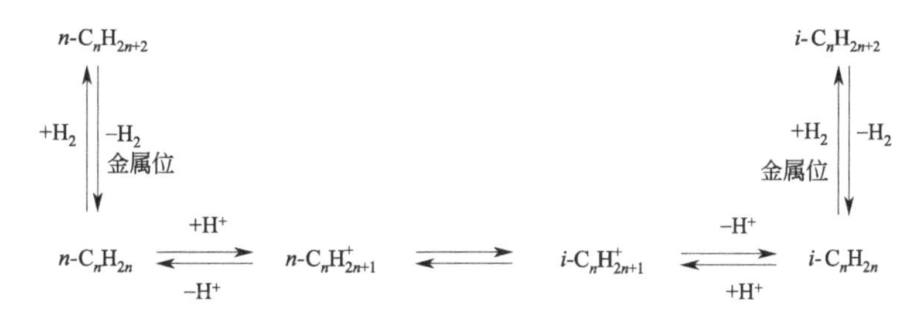

图 4-48　正构烷烃加氢异构化的经典双功能机理

需要注意的是，碳离子在形式上不是中间体，而是过渡态。通过烯烃中间体的异构化路线比直接活化烷烃的路线快得多。

金属/酸双功能催化反应的表观动力学一般受金属与酸中心比及其邻近程度的影响。Ester Gutierrez-Acebo 等对以 Pt 为金属活性中心，EU-1 分子筛为酸中心的双功能催化剂进行了研究。制备了两系列不同金属酸中心比和不同金属酸中心间距的双功能催化剂，并用于催化乙基环己烷加氢转化反应。通过增加金属酸中心比，催化活性和异构化选择性增加，直至达到平台，与经典的双功能机理一致。同时，对 Weisz 的亲和力标准进行了评价：在给定的金属酸中心比下，活性和选择性不受其距离（可达微米级）的影响。

用于一段 F-T 工艺的双功能催化剂由一个用于 CO 加氢的金属活性中心和一个用于加氢裂化和异构化的酸中心组成，如图 4-49 所示。

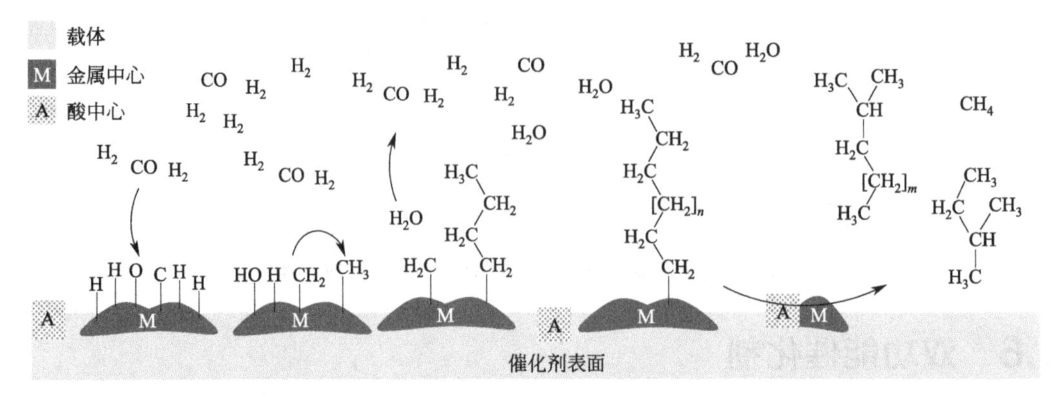

图 4-49　一段 F-T 工艺过程示意图（碳氢链增长后加氢裂化和异构化）

H_2 和 CO 在金属表面的活化与分子物种的解离化学吸附有关，从而产生原子 H、C 和 O 物种。由于 H_2 的解离比 CO 容易，F-T 反应的金属中心的活性主要取决于它们活化 CO 的能力。过渡金属，如 Fe、Co 和 Ru，在其表面与 CO 有强烈的相互作用，因此，激活了 CO 的解离，促进氢化反应。理想的 F-T 活性中心必须同时有利于 C—H 和 C—C 偶联；如果只发生 C—H 偶联，则主要产物将是 CH_4。Co 对 F-T 合成反应非常活跃，对长链烷烃具有很高的选择性。Fe 的活性不如 Co，但其低廉的价格使其具有工业化应用的吸引力。Fe 还表现出对烯烃和有价值的化学品（如醇）的良好选择性，对水-气变换（WGS）反应具有活性。酸可以是 B 或 L 类型，其功能是催化加氢裂化和异构化。加氢裂化包括打破 C—C 键以获得较轻的碳氢化合物，而异构化则是通过增加辛烷值来形成烃分支以改善燃料质量。

Khadijah Alharbid 等利用双功能金属/酸催化剂，在有氢和无氢的情况下，在气-固界面上研究了醚类和酯类［包括苯甲醚、二异丙醚（DPE）和丙酸乙酯（EP）］的脱氧和分解。研究的双功能催化剂以 Pt、Ru、Ni、Cu 为金属组分，以 Keggin 型杂多酸 $H_3PW_{12}O_{40}$（HPA）的酸性铯盐 $Cs_{2.5}H_{0.5}PW_{12}O_{40}$（CsPW）为酸性组分。研究发现，在 H_2 存在下，双功能金属/酸催化比相应的单功能催化能更有效地进行醚和酯的脱氧，并且金属和酸催化的途径在这些反应中起着不同的作用。

正己烷转化为苯的双功能催化反应的反应顺序如图 4-50 所示。高比表面积 Al_2O_3 的酸性质子催化了封环反应。由烷烃在铂催化下脱氢生成的己二烯在酸性质子作用下通过中间甲基环戊基阳离子骨架异构化转化成环丙基环阳离子，环丙基阳离子保持吸附并异构化为环己基阳离子。脱质子后，环己烯脱附，铂催化连续脱氢生成苯。

$$H_3C-CH_2-CH_2-CH_2-CH_2-CH_3 \underset{-H_2}{\overset{Pt}{\rightleftharpoons}} H_3C-CH=CH-CH_2-CH_2-CH_3$$

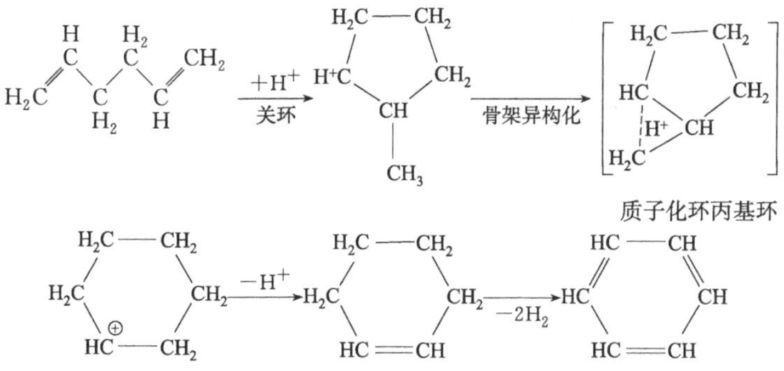

图 4-50　正己烷合成芳烃双功能反应框架

过渡金属实现了 C—H 键活化和形成，酸性质子催化烃骨架异构化

另外，金属/分子筛催化剂体系在许多生物质加氢脱氧（HDO）路线中发挥着重要作用。金属/分子筛催化剂涉及四个关键概念，即金属与 B 酸中心的结合、中心比平衡、金属与酸中心距离的优化以及形状选择性的利用。

4.6.2　金属/碱双功能催化剂

以丙酮为原料，经羟醛加成得二丙酮醇（DAA）、酸催化 DDA 脱水生成甲基异丁烯酮（MO）和 MO 选择性加氢三步反应制备甲基异丁基酮（MIBK）。

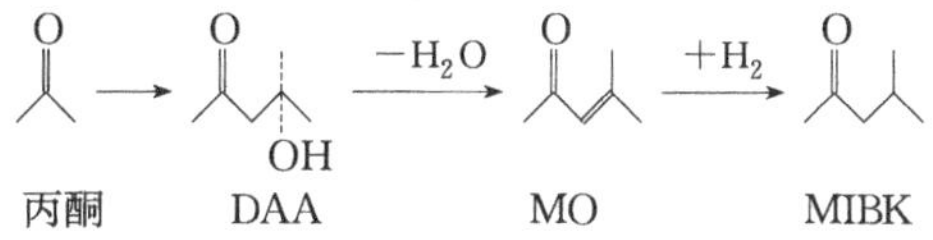

丙酮　DAA　MO　MIBK

对于丙酮合成 MIBK，研究了负载于固体碱上的金属催化剂。以 Pt/KOH-Al_2O_3、Pt/MgO-SiO_2、Ni/MgO、Na/Pd/MgO 以及 Ni 或 Pd 负载在镁铝水滑石等作为催化剂。反应第一步（羟醛加成）由固体碱催化，第二步（脱水）在固体酸催化剂上进行。第三步（氢化）由金属催化剂催化。过高的加氢活性会导致醇的进一步氢化。酸性、碱性和加氢能力的平衡对于获得高收率非常重要。

正丁醛经羟醛加成、脱水、加氢等步骤也可生产 2-乙基-1-己醛。报道了固体碱催化剂 Na/SiO_2 负载钯作为一种高效催化剂。

4.6.3　酸碱双功能催化剂

在酸碱双功能催化反应中，金属氧化物催化剂的反应是由碱性位引发由酸性位（金属阳离子）驱动的。一个碱性位给醛的羰基 C 提供一对电子，然后负电荷的羰基 O 与吸附在金属阳离子上的另一种醛的带正电荷的羰基 C 相互作用。这是一种酸碱双功能催化。

（1）乙烯-丁烯复分解制丙烯

乙烯与 2-丁烯通过有效性复分解反应生成丙烯，但乙烯与 1-丁烯的反应由于非有效性复分解而不产生丙烯，如图 4-51 所示。为了提高丙烯的收率，应将 1-丁烯异构体异构化为 2-丁烯，所以催化剂中除了复分解的活性中心外，异构化的活性中心还需要共存。

异构化催化剂的选择是提高异构化生产效率的关键。在复分解条件下考察了固体碱催化剂对丁烯异构化反应的影响。传统上，该反应在 448K 氢气存在下，在 WO_3/SiO_2 金属化催化剂和异构化催化剂作用下可获得较高的丙烯收率。异构化催化剂包括稀土氧化物（Y_2O_3 或 La_2O_3）、碱土氧化物（MgO）和 Al_2O_3。将复分解催化剂和异构化催化剂两种催化剂颗粒进行物理混合。两种类型的催化剂在异构化活性保持较高的条件下，丙烯收率保持较高值。氢的积极作用是因为去除了原料中的有毒物质，如二烯和炔类化合物。

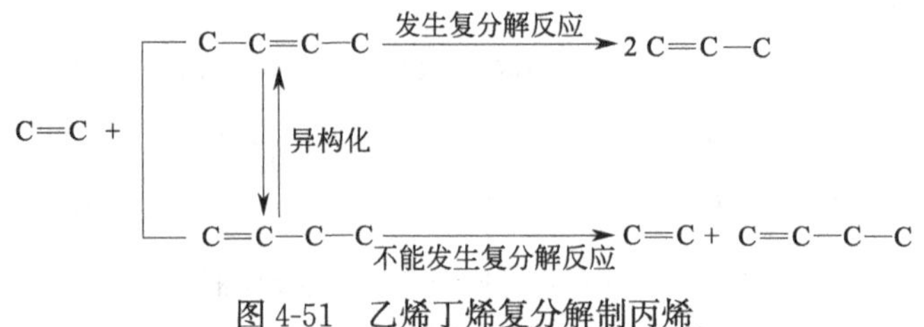

图 4-51　乙烯丁烯复分解制丙烯

（2）乙醇脱水/脱氢

在大多数情况下，乙醇脱水是通过固体酸进行的，脱氢是在固体碱的作用下进行的。然而，脱水也可通过一些固体碱进行。因此，脱水的发生并不一定表明催化剂具有酸性。

自 20 世纪中叶以来，许多学者对不同催化剂（活性氧化铝、磷酸、氧化镁、分子筛、杂多酸等）的乙醇脱水反应机理进行了研究，但至今仍未达成共识，这方面的研究还在继续。

乙醇脱水反应除产生主要产物乙烯和主要副产物乙醚外，还可能产生少量的副产物，如乙醛、烃类（甲烷、乙烷、丙烯、丁烯）、轻基物质（CO_2、CO、H_2 等）。由于乙醇脱水反应中其他副产物的含量较少，大部分机理研究主要考虑乙烯和乙醚的生成，可归纳为以下三种途径：

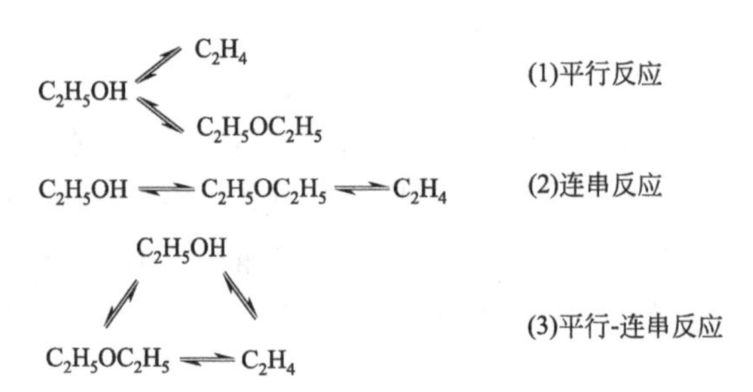

主要的争议在于乙烯是由乙醇直接生成还是由乙醚间接生成，或者两种途径共存。以上三条反应路线分别是乙醇分子内脱水制乙烯、乙醇分子间脱水制乙醚和乙醚脱水制乙烯三种可逆反应。

在不同的反应条件下，乙醇催化脱水制烯烃的反应机理主要有三种，即 E1、E2 和 E1cB 机理，如图 4-52 所示，其中 A 和 B 分别为催化剂的酸性中心和碱性中心。类似于图 4-17 所示的异丙醇脱水脱氢。

B: H—C—C—OH + A —E1cB→ B: H ⊖C—C—OH + A

E1 ↓　　E2 ↘　　↓

B: + H—C—C⊕ AOH → B: + H_2C═CH_2 + A + H_2O

图 4-52　乙醇脱水脱氢机理

E1、E2 和 E1cB 的反应是消除反应，它们是竞争反应。E1 反应是单分子消除反应，首先生成碳酸化中间体，这是速率控制步骤，是一级反应，然后迅速失去 β-氢生成烯烃。E2 反应为双分子消除反应，反应一步完成，反应速率受两种化合物浓度的影响，为二级反应。E1cB 反应为单分子共轭碱消除反应，反应过程中亲核中心首先捕获反应物的 β-氢生成碳负离子（共轭碱），然后共轭碱的羟基离开生成烯烃，这是第一步反应，应该是一个速率更快的平衡反应。第二步是整个反应的限速步骤，反应速率较慢，只受一种分子浓度的影响。

研究发现，E1 反应中的碳正离子不会生成乙醇，E2 反应是不可逆的，E1cB 反应中的碳负离子可以生成乙醇。乙醇脱水过程的反应机理受乙醇、催化剂类型等因素的影响。

乙醇分子内脱水制乙烯的活性中心是催化剂的弱酸中心和相对强酸中心。然而，强酸中心容易导致乙烯聚合，这对乙醇脱水反应的稳定性很不利。

由于乙醇燃料生产技术的重大进展，使用乙醇作为化学品生产的原料很有吸引力，最近几项研究报告了乙醇转化为 1,3-丁二烯（BD）、乙烯、乙醛、乙酸、乙酸乙酯和乙醚的情况。1,3-丁二烯已广泛用于橡胶生产，其产量占全球橡胶产量的 25%。乙醇向 1,3-丁二烯转化的机理很复杂。简单地说，它主要涉及以下五个主要反应（图 4-53）：①乙醇脱氢生成乙醛；②乙醛与乙醛的羟醛缩合生成 2-羟基丁醛；③2-羟基丁醛脱水生成巴豆醛，或与乙醇之间的 Meerwein-Ponndorf-Verley（MPV）反应生成 3-羟基丁醇；④巴豆醛通过 MPV 反应得到 2-丁烯-1-醇，进一步脱水生成 1,3-丁二烯；⑤3-羟基丁醇脱水成 1,3-丁二烯。类似于一步乙醇-异丁烯和乙醇-丙烯反应，需要合适的酸度来抑制乙醇直接脱水并保证脱水将丁醇转化为 1,3-丁二烯。同时，碱度对催化脱氢和羟醛缩合反应同样重要。

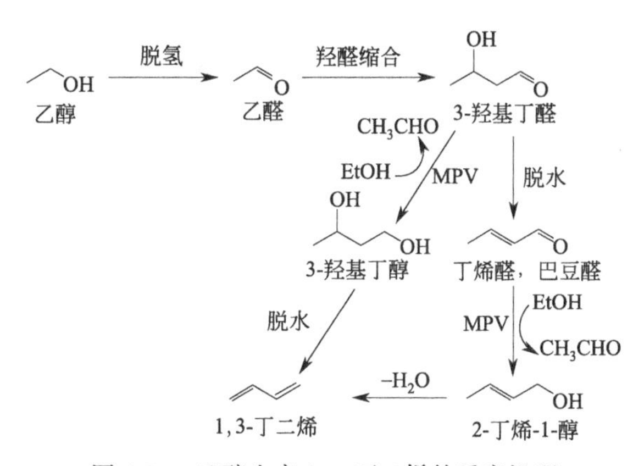

图 4-53　乙醇生产 1,3-丁二烯的反应机理

为了抑制乙醇直接脱水，保证丁醇脱水为 1,3-丁二烯，需要控制合适的酸度，同时，碱度对催化脱氢和羟醛缩合反应同样重要。

(3) 气相羟醛缩合反应

乙醇制 1,3-丁二烯过程的第二步即为羟醛缩合反应。乙醇制 1,3-丁二烯的金属氧化物催化剂和混合氧化物催化剂是近年来研究的热点。只有那些具有酸碱双官能团的化合物在乙醇一步转化为 1,3-丁二烯的过程中具有良好的产率。SiO_2/MgO 基材料因其对 1,3-丁二烯的高选择性而备受关注。结果表明，用 0.1%Na 湿捏合法制备的 MgO-SiO_2 催化剂降低了载体的酸性，从而使 1,3-丁二烯产率从 44%提高到 87%。更重要的是，酸与碱的比例以及氧化还原促进剂的性质对提高 1,3-丁二烯收率和抑制乙醇脱水制乙烯有重要作用。

在乙醇到1,3-丁二烯的转化过程中，还研究了各种金属氧化物的其他组合。最有希望的催化剂似乎是Zr-Zn负载在SiO_2上，Zr/Zn的质量比为1.5∶0.5，对1,3-丁二烯的选择性为66%，乙醇和乙醛共进料（进料比为8∶2）。Zn(Ⅱ)和Zr(Ⅳ)都是L酸中心，它们可以提高活性。选择性的提高归因于乙醛的加入有利于羟醛缩合反应。

$MgO-Al_2O_3$氧化物（焙烧后的水滑石）可用作甲醛和丙酮生成甲基乙烯基酮（MVK）反应的催化剂。673K时MVK的产率为20%，以丙酮和甲醛计的选择性分别为95%和20%。

$$HCHO + CH_3COCH_3 \longrightarrow CH_2=CHCOCH_3 + H_2O$$

对于甲醛和乙醛经羟醛缩合生成丙烯醛（2-丙烯醛）的反应：

$$HCHO + CH_3CHO \longrightarrow CH_2=CHCHO + H_2O$$

在二元氧化物中，$MgO-SiO_2$、Li_2O-SiO_2、Na_2O-SiO_2和$ZnO-SiO_2$收率最高。在553～613K，丙烯醛产率达到96%。反应原料为乙醛、甲醛、甲醇、水、N_2，空速分别为$13mmol \cdot h^{-1}$、$26mmol \cdot h^{-1}$、$5.6mmol \cdot h^{-1}$、$71mmol \cdot h^{-1}$、$350mmol \cdot h^{-1}$。弱碱性位被认为是催化剂的活性位。

由水滑石材料得到的$MgO-Al_2O_3$混合氧化物也被用于该反应。含Mg和Al或Co和Al的氧化物的丙烯醛选择性很高（80%）。其反应机理为：达到一定强度的碱性位活化乙醛，在α-位上抽取一个质子，而弱酸性位则通过增强碳原子的亲电子性活化甲醛。

分子筛催化剂上甲醛和丙酸甲酯经羟醛缩合生成甲基丙烯酸甲酯的反应也有报道。在633K、甲酸甲酯/甲醛比为3∶4时，在负载KOH的KY分子筛上丙酸甲酯转化率为13.8%，甲基丙烯酸甲酯选择性为74.1%。在一系列负载碱金属离子的SiO_2上，甲醛和丙酸反应生成甲基丙烯酸。活性和选择性的增加次序为$Li < Na < K < Cs$。表征结果说明催化该反应同时需要酸性位和碱性位。598K下，当原料中丙酸和甲醛之比为3∶2时，负载Cs的SiO_2上丙酸转化率为14.7%，而反应选择性达到100%。

第5章 金属氧化物催化剂及其催化氧化作用

5.1 概述

如果说催化对化学工业至关重要，以某种方式参与了90%的工业化学品的生产，并占全球GDP的35%左右，那么选择性氧化反应就是催化反应中最重要的一个部分。这些选择性氧化过程在石油化学工业中尤为重要，所获得的大多数产品是单体，它们是由C_1～C_8碳氢化合物作为原料生产的，而目前这些原料大多可直接或间接地与石油和天然气分离。在选择性氧化所使用的催化剂中，除了贵金属外，主要是过渡金属氧化物。多相催化中一些选择性氧化反应的实例如表5-1所示。

表5-1 多相催化中主要的选择性氧化反应

反应类型	反应物	产物	催化剂	状态
选择性氧化	甲烷	甲醛	MoSnPO	R
	乙烯	乙醛	V_2O_5＋$PdCl_2$	I
		乙酸	MoVNbO ＋ Pd/Al_2O_3	I
	乙烷	乙酸	MoVNbO	P
	丙烯	丙烯醛	BiFeCoMoO	I
		丙烯酸	钼酸钴＋$MoTe_2O_5$	I
	丙烷	丙烯酸	MoVNb(Te,Sb)O	NI
	正丁烷	马来酸酐(顺丁烯二酐)	$(VO)_2P_2O_7$	I
	异丁烷	甲基丙烯酸	HPA，氧化物	R
	异丁烯	甲基丙烯醛	SnSbO	NI
	邻二甲苯	邻苯二甲酸酐	V_2O_5/TiO_2	I
	丙烯醛	丙烯酸	VMoWO	I
	甲基丙烯醛	甲基丙烯酸		I
	叔丁醇	甲基丙烯醛	BiMoFeCoO	I
氧化脱氢	C_2H_6	C_2H_4	Pt,MoVTeNb混合氧化物	NI
	丙烷	丙烯	VMgO	NI
	丁烷	丁烯,丁二烯	金属钼酸盐	NI
	丁烯	丁二烯	P-Sn-Bi氧化物	I
	乙苯	苯乙烯	$FeO-AlPO_4$	P
	甲醇	甲醛	$FeMoO_4$	I
	异丁酸	甲基丙烯酸	$FePO_4$	NI
	丁烯	马来酸酐	$V_2O_5-P_2O_5-TiO_2$	I
	苯	马来酸酐	V_2O_5-(Ag, Si, Ni, P)等氧化物,Al_2O_3	I

续表

反应类型	反应物	产物	催化剂	状态
氨氧化	丙烯 + NH_3	丙烯腈	MoBiFeCoNiO	I
	丙烷 + NH_3		VSbO,MoVO	I

注：状态一栏中，NI—尚未工业化；I—已工业化；P—试点；R—研究。

1955 年，SOHIO 的研究人员使用固态 Bi-Mo-P-O 催化剂将丙烯转化为丙烯醛，产率很高。这一事实促使研究人员获得更多有意义的产品，如丙烯腈和丙烯酸。1957 年，采用与丙烷-丙烯醛反应中使用的类似催化剂，开发了一种一步法工艺，可将丙烯氨氧化高效地转化为丙烯腈。通过这种方法，丙烯腈可以很容易地商业化，与以前的乙炔技术相比，工艺成本大大降低。同时，由于丙烯醛很容易转化为丙烯酸，从丙烯中获得丙烯醛也导致了丙烯酸的高效生产。目前，采用以钼酸铋为主的优化催化剂，丙烯醛、丙烯酸和丙烯腈的产率分别为 85%、80%和 80%。

20 世纪 70 年代，磷酸钒（通常称为 VPO）作为正丁烷转化为顺丁烯二酸酐的有效催化剂的发现意味着另一个重要的突破。这是第一个大规模开发的烷烃气相选择性催化氧化反应。

在催化氧化反应中，典型的原料是烯烃、芳烃、烷烃和生物质。同时，前两类化合物（烯烃和芳烃）的应用正处于发展的高级阶段，目前的主要兴趣集中在后两类化合物（烷烃和生物质）的功能化上。使用烷烃和生物质的主要优势在于其高可用性和低价格。遗憾的是，目前的选择性氧化产物主要是从烯烃中获得的，从芳烃中获得的也较少。在过去的几十年里，人们对烷烃的开发进行了广泛的研究。图 5-1 显示了氧化反应中相关概念的发展历程，与使用烷烃开发的少数工艺相比，使用烯烃作为原料已经商业化的工艺数量有所增加。

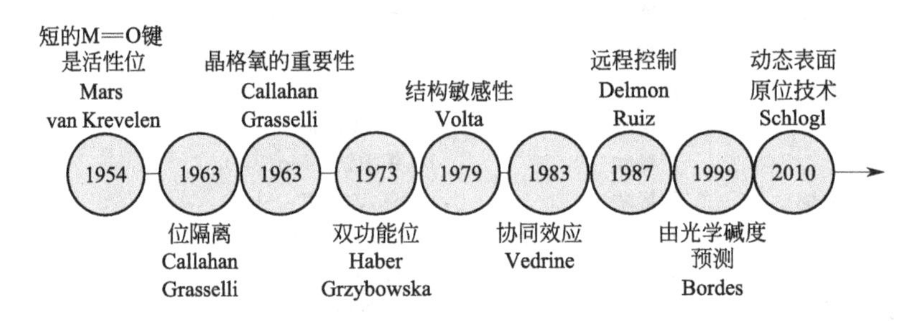

图 5-1　气相选择氧化反应中的重要概念发展历程

催化氧化不仅在当前的化学工业中起着重要的角色，生产关键的中间体，如醇类、环氧化物、醛类、酮类和有机酸，而且将有助于建立新的绿色和可持续的化学工艺。从绿色化学和可持续化学的观点来看，选择性氧化反应具有重要意义，但仍然具有挑战性。实际上，一些众所周知的具有高度挑战性的化学反应涉及选择性氧化反应。

5.2 过渡金属氧化物的半导体特性

5.2.1 金属氧化物的半导体性质

5.2.1.1 半导体的能带结构

能带理论定性地阐明了晶体中电子运动的普遍特点，简单来说固体的能带结构主要分为导带、价带和禁带三部分，如图 5-2 所示。原子中每一电子所在能级在固体中都分裂成能带。这些允许被电子占据的能带称为允带。允带之间的范围是不允许电子占据的，这一范围称为禁带。因为电子的能量状态遵守能量最低原理和泡利不相容原理，所以内层能级所分裂的允带总是被电子先占满，然后再占据能量更高的外面一层允带。凡是能被电子完全充满的能带叫满带。原子的最外层电子称为价电子，这一壳层分裂所成的能带称为价带。比价带能量更高的允带称为导带；没有电子进入的能带称为空带。任一能带可能被电子填满，也可能不被填满，满带电子是不导电的。同理，未被填满的能带能导电。对于导体、半导体与绝缘体，其能带图如图 5-3 所示。

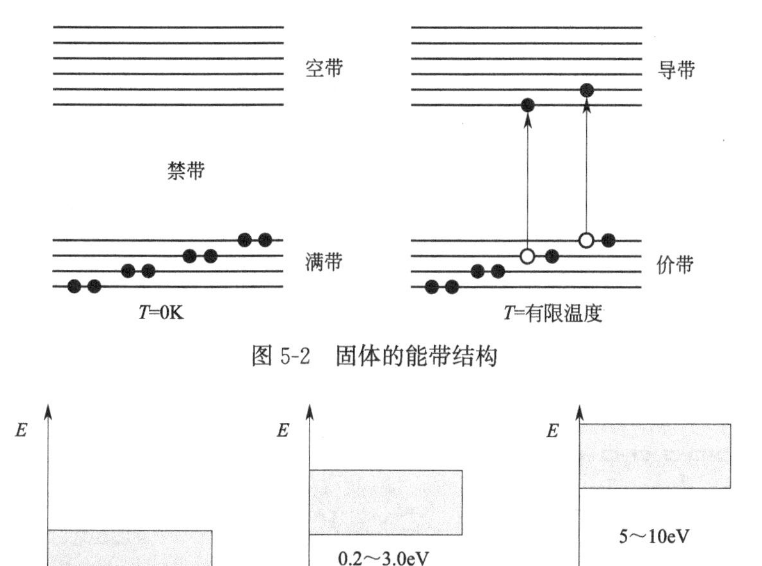

图 5-2　固体的能带结构

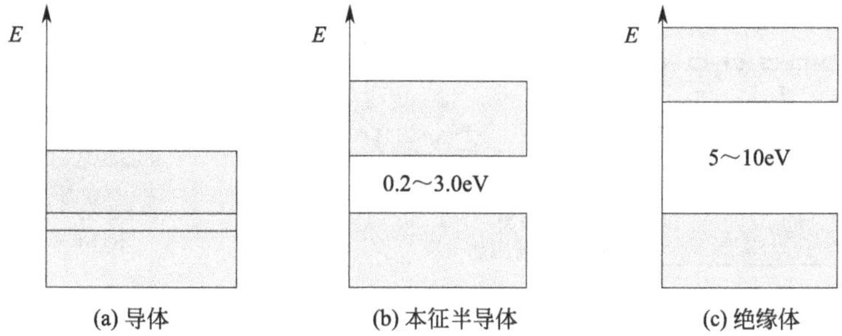

图 5-3　导体、半导体与绝缘体的能带图

对于半导体，又分为本征半导体（i 型）和非本征半导体，而非本征半导体又分为 n 型和 p 型半导体。在本征半导体中，电子是由于固体中的单极键在热或光的作用下（光电导性）分裂而产生的（见图 5-4）。

这些被激发的电子可以跃过禁区，占据导带中的自由态。同时，价带中出现了一个空位，称为正空穴。必须克服的禁区大小一个衡量标准是光吸收开始的波长，相应的能量 E 足以将电子从价带的最高能级提升到导带的最低能级。

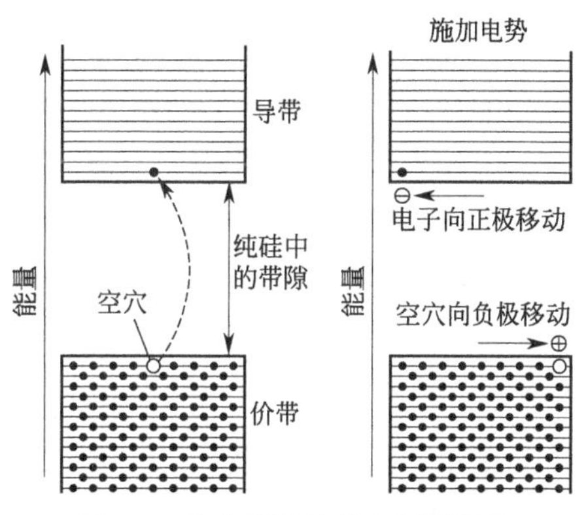

图 5-4　具有激发能的本征半导体

对于非本征半导体，假设晶体的某些组成部分被作为电子供体的外来原子所取代，这些电子位于禁区，即在导带下面，只需要一个很小的电离能 E_i 就可以到达导带（图 5-5），正电荷仍然局限在施主原子上。这种靠准自由电子导电的是 n 型半导体。通常这些作为电子供体添加的元素是元素周期表ⅤA 族元素，如 Sb 作为杂质添加到 Si 中形成的 n 型半导体。

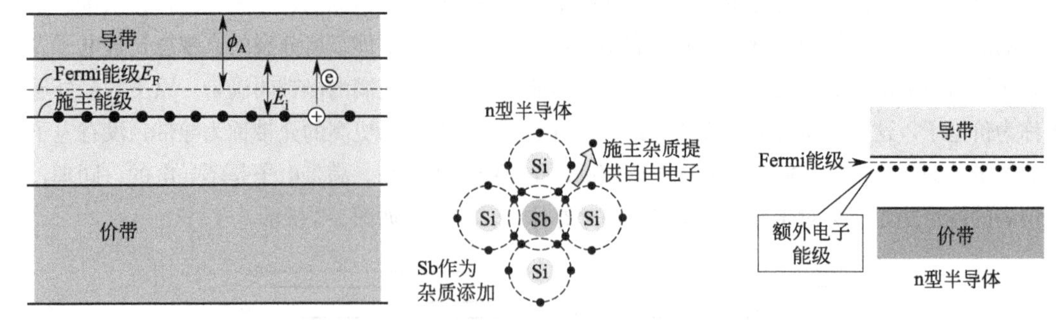

图 5-5 n 型半导体的能带图

在 Si 晶格中加入电子受体时，它们很容易从价带中吸收一个电子（图 5-6）。加热时，价带中的一个电子进入受主能级并保持在那里，从而在价带中产生一个正空穴，此时电离能 E_i 也很低。其结果是受主能级与价带交换空穴，这种靠准自由空位导电的称作 p 型半导体，通常这些作为电子受体添加的元素是元素周期表ⅢA 族元素，如将 B 掺杂到 Si 中形成 p 型半导体。

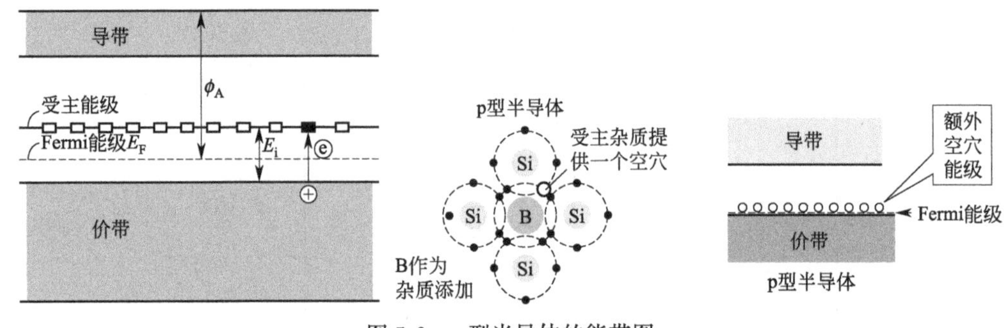

图 5-6 p 型半导体的能带图

在半导体中，费米能级 E_F 位于禁区。温度为热力学零度时固体能带中充满电子的最高能级，它是介于最高填充带和最低空带之间的电化学电位。n 型半导体费米能级靠近导带边，过高掺杂会进入导带。p 型半导体费米能级靠近价带边，过高掺杂会进入价带。

5.2.1.2 非计量化学物的半导体特征

过渡金属氧化物催化剂，一般为非化学计量化合物，存在着正、负离子过量或缺位，形成特定的活性中心；分子结构中的某些金属-氧键的强度往往与计量化合物不同，能通过电子转移的机理而使反应物活化。

由非计量化合物形成的半导体金属氧化物代表着一类最重要和广泛应用的固体催化剂，它们既可以作为活性相使用，也可以作为载体使用。

非化学计量半导体氧化物起着重要作用。在晶格上加热，释放氧气，形成 n 型半导体。将 O_2 分子以 O^{2-} 的形式并入晶格中，形成高价离子，每个离子产生一个正空穴，形成 p 型半导体（见表 5-2）。

表 5-2 半导体金属氧化物的分类

空气中加热的效应	类别	示例
失去 O_2	n 型	ZnO、Fe_2O_3、TiO_2、CdO、V_2O_5、CrO_3、CuO
得到 O_2	p 型	NiO、CoO、Cu_2O、PbO、Cr_2O_3

(1) 含有过量正离子的非计量化合物

如，ZnO 中有过量的 Zn 原子，过量的 Zn 出现在晶体内的间隙处（图 5-7）。

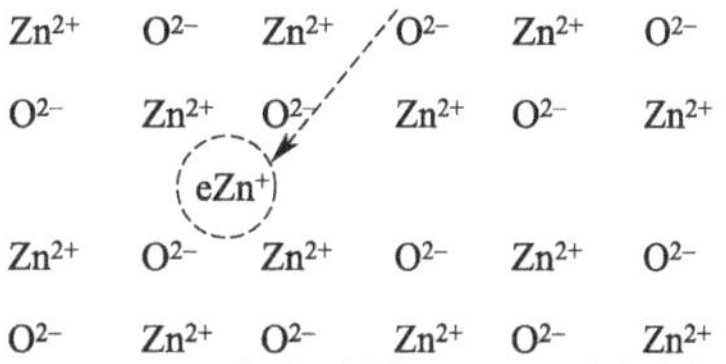

这种被束缚的电子脱离 Zn^+，形成准自由电子，构成了半导体中的施主，形成 n 型半导体。

Zn^{2+} O^{2-} Zn^{2+} O^{2-} Zn^{2+} O^{2-}
O^{2-} Zn^{2+} O^{2-} Zn^{2+} O^{2-} Zn^{2+}
eZn^+
Zn^{2+} O^{2-} Zn^{2+} O^{2-} Zn^{2+} O^{2-}
O^{2-} Zn^{2+} O^{2-} Zn^{2+} O^{2-} Zn^{2+}

图 5-7 ZnO 中含过量 Zn（Zn 原子束缚电子以 eZn^+ 表示）

ZnO 制备时分解或还原产生下列反应：

$$2Zn^{2+}+O^{2-}\longrightarrow[2Zn^{2+}+\frac{1}{2}O_2+2e^-]\longrightarrow 2\boxed{Zn^+}+\frac{1}{2}O_2 \tag{5-1}$$

$$2Zn^{2+}+2O^{2-}\longrightarrow[2Zn^{2+}+O_2+4e^-]\longrightarrow 2\boxed{Zn}+O_2 \tag{5-2}$$

反应可由升高温度或室温下与还原性气体（如 H_2、CO 和碳氢化合物）反应产生。Zn 离子和 Zn 原子占据晶格间的位置，起到电子供体的作用。等效数量的准自由电子给出了电中性。非化学计量化合物的公式可以写成 $Zn_{1+x}O$。

如果氧被化学吸附在 ZnO 上，导电性就会降低，因为氧起到了电子受体的作用［式 (5-3)］。

$$Zn^++O_2\rightleftharpoons Zn^{2+}+O_2^- \tag{5-3}$$

化学吸附氢作为电子供体，根据反应增加导电性：

$$Zn^++O^{2-}+\frac{1}{2}H_2\rightleftharpoons Zn^{2+}+OH^- \tag{5-4}$$

n 型氧化物中金属与氧的原子数目比不是严格按照化学计量式之比，而是金属原子数目略多。n 型氧化物中存在两种类型的结构缺陷，一种是间隙金属离子，另一种是氧离子空位。n 型氧化物常仅以一种氧化状态存在或存在最高状态的氧化物，如 ZnO、TiO_2、V_2O_5、MoO_3、Fe_2O_3。

(2) 正离子缺位的非计量化合物

如 NiO：由于氧化条件变化可产生过量氧离子，相当于 Ni^{2+} 缺位，缺少 2 个正电荷，为使整个晶体保持电中性，在缺位附近必有 2 个 Ni^{2+} 束缚一个正电荷空穴，这样就在满带附近出现一个受主能级，它可以接受满带跃迁的电子，使满带出现正空穴，形成空穴导电，生成 p 型半导体（见图 5-8）。

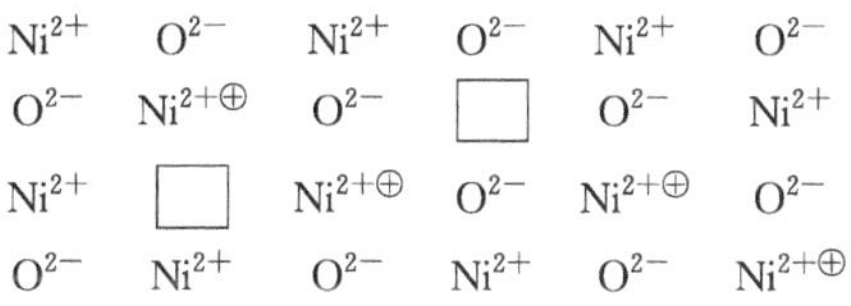

Ni^{2+} O^{2-} Ni^{2+} O^{2-} Ni^{2+} O^{2-}
O^{2-} $Ni^{2+}\oplus$ O^{2-} □ O^{2-} Ni^{2+}
Ni^{2+} □ $Ni^{2+}\oplus$ O^{2-} $Ni^{2+}\oplus$ O^{2-}
O^{2-} Ni^{2+} O^{2-} Ni^{2+} O^{2-} $Ni^{2+}\oplus$

图 5-8 NiO 中的 Ni^{2+} 缺位（“□”表示缺位）

其反应可以描述为：

$$4Ni^{2+}+O_2\longrightarrow 4Ni^{3+}+2O^{2-} \tag{5-5}$$

p 型或缺陷半导体具有化学式 $Ni_{1-x}O$。形成这种 p 型氧化物的金属常是以几种氧化状态存在的金属。这类金属氧化物通常氧原子数目略多，存在的结构缺陷为金属离子空位。氧化物中金属原子以低氧化态形式存在（如 Ni^{2+}、Co^{2+}、Cu^+），然后进入较高的氧化态（Ni^{3+}、Co^{3+}、Cu^{2+}）。

(3) 负离子缺位的非计量化合物

表 5-2 显示，一些氧化物在受热情况下失去氧而在晶格中形成 O^{2-} 空位，如 V_2O_5（见图 5-9）：

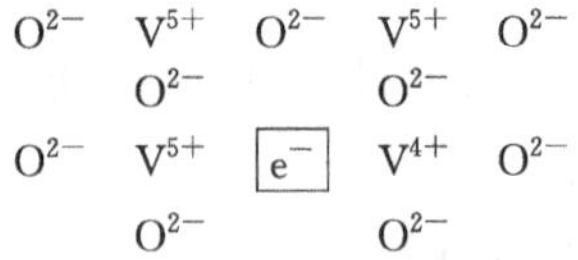

O^{2-}	V^{5+}	O^{2-}	V^{5+}	O^{2-}
	O^{2-}		O^{2-}	
O^{2-}	V^{5+}	$\boxed{e^-}$	V^{4+}	O^{2-}
	O^{2-}		O^{2-}	

图 5-9　含 O^{2-} 缺位的 V_2O_5

(4) 含杂质的非计量化合物

当在非计量化合物中掺入杂质后，如 NiO 中加入 Li^+，因 Li^+ 与 Ni^{2+} 半径相近，因此，Li^+ 出现在 Ni^{2+} 缺位中比较合适（见图 5-10）。

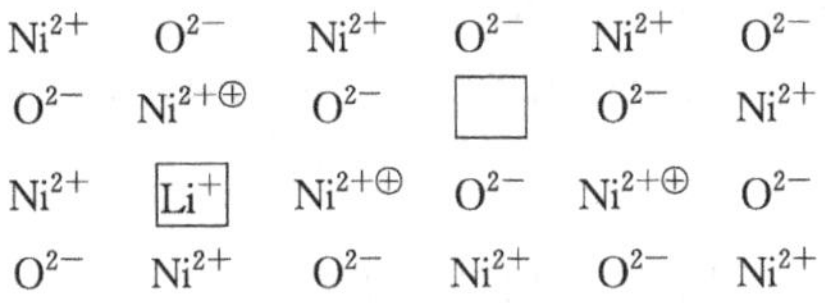

Ni^{2+}	O^{2-}	Ni^{2+}	O^{2-}	Ni^{2+}	O^{2-}
O^{2-}	$Ni^{2+\oplus}$	O^{2-}	$\square$	O^{2-}	Ni^{2+}
Ni^{2+}	$\boxed{Li^+}$	$Ni^{2+\oplus}$	O^{2-}	$Ni^{2+\oplus}$	O^{2-}
O^{2-}	Ni^{2+}	O^{2-}	Ni^{2+}	O^{2-}	Ni^{2+}

图 5-10　掺杂 Li^+ 的 NiO

与图 5-8 相比，当 Li^+ 填充到 Ni^{2+} 缺位时，在 Li^+ 附近要有一个 $Ni^{2+\oplus}$ 变成 Ni^{2+}，以保持电荷平衡。这一过程相当于 Li^+ 将电子给了 $Ni^{2+\oplus}$，使其变为 Ni^{2+}，此时掺入的 Li^+ 起着施主作用。然而，当掺入的 Li^+ 的量超过 NiO 中 Ni^{2+} 缺位时，Li^+ 除了填满缺位外，多余的 Li^+ 取代了晶格上的 Ni^{2+}。当一个 Li^+ 取代一个 Ni^{2+} 时，相应地引起附近的 Ni^{2+} 变成 $Ni^{2+\oplus}$，与 Li^+ 填充量低时相反，这时的 Li^+ 称为受主。

另外，还有一种很少出现的情况，即含有过量负离子的非计量化合物。由于负离子的半径比较大，晶体中的空隙处不易容纳一个较大的负离子，因此，出现间隙负离子的机会很少。

n 型和 p 型氧化物的电导率通常都很低。在 p 型半导体中，必须增加正空穴的数量，这可以通过在晶格中加入另一种低氧化态的氧化物来实现。因此，在 NiO 晶格中用 Li^+ 取代 Ni^{2+} 会导致过量的 O^{2-}（产生电中性）并形成 Ni^{3+}。而掺杂价态高于 Ni^{2+} 的离子，如 Cr^{3+} 会产生相反的效果。

相反，在 n 型半导体如 ZnO 中，Ga_2O_3、Cr_2O_3 或 Al_2O_3 的掺杂导致电导率增加，而 Li_2O 的添加降低了电导率。掺杂只需要少量的外来原子，通常小于 1%。表 5-3 总结了非化学计量半导体氧化物的一般行为。表 5-4 根据其电子行为对最重要的氧化物进行了分类。

表 5-3　非化学计量半导体氧化物的行为

	n 型	p 型
层间带离子的氧化物	ZnO,CdO	UO_2
空位氧化物	TiO_2,ThO_2,CeO_2	Cu_2O,NiO,FeO
电导率类型	电子	正电荷空穴
添加 $M_2^{\mathrm{I}}O$	降低导电率	增加导电率
添加 $M_2^{\mathrm{III}}O_3$	增加导电率	降低导电率
O_2,N_2O 吸附	降低导电率	增加导电率
H_2,CO 吸附	增加导电率	降低导电率

表 5-4 过渡金属氧化物按电子性质分类

n型	p型	i型
ZnO，CdO，HgO，Sc_2O_3，TiO_2，V_2O_5，Fe_2O_3，ZrO_2，Nb_2O_5，MoO_3，Ta_2O_5，HfO_2，WO_3，UO_3	NiO，Cr_2O_3，MnO，FeO，CoO，Cu_2O，Ag_2O，PtO	Fe_3O_4，Co_3O_4，CuO

通过掺杂来改变廉价半导体催化剂的电子性质，使其活性与昂贵贵金属催化剂相当，具有重要的研究与实际意义。

5.2.1.3 半导体催化剂化学吸附与催化作用

半导体氧化物提供空穴能级接受被吸附反应物的电子或提供电子能级供给反应物电子，从而促进氧化还原反应的进行。气体分子在半导体上的化学吸附可以相对简单地理解为吸附质与催化剂的化学反应。但由于氧化物表面上有金属离子、氧负离子和缺位等，因而其吸附行为比金属复杂得多。

就化学吸附而言，根据化学吸附状态可分为 3 种吸附类型。

① 弱键吸附　半导体催化剂的自由电子或空穴没有参与吸附键的形成，被吸附分子仍保持电中性，这种结合状态称为弱键吸附。

② 受主键吸附（强 n 键吸附）　受主键吸附是指吸附分子从半导体催化剂表面得到电子，吸附分子以负离子态吸附。

③ 施主键吸附（强 p 键吸附）　施主键吸附是指吸附分子将电子转移给半导体表面，吸附分子以正离子态吸附，如丙烯（见表 5-5）。

表 5-5 一些常见气体分子在半导体催化剂上吸附的带电情况

催化剂	吸附气体							
	O_2	CO	H_2	C_3H_6	C_3H_7OH	C_2H_5OH	$(CH_3)_2CO$	C_6H_6
NiO(p 型)	－	＋	弱	＋	＋	＋	＋	＋
CuO(本征)	－	＋	弱	＋	＋	＋	＋	＋
ZnO(n 型)	－	弱	弱	＋	＋	＋	＋	＋
V_2O_5(n 型)	－	＋	＋	＋	＋	＋	＋	＋

在 n 型半导体上，H_2 和 CO 等还原性气体或给电子气体几乎完全覆盖了表面，而 p 型半导体上的化学吸附则不太广泛。在这种强化学吸附中，晶格中的自由电子或正空穴参与了化学吸附键。这就改变了吸附中心的电荷，从而将电荷转移到被吸附的分子上。

表面电荷密度的变化会阻碍同一气体分子的进一步吸附。吸附热随覆盖度的增加而降低，从而偏离 Langmuir 吸附等温线。

CO 的化学吸附通常首先发生在金属阳离子上，然后根据方程式(5-6) 与氧化物离子发生反应。这种反应最终会导致氧化物完全还原为金属。

$$CO+M^{2+}+O^{2-} \longrightarrow M+CO_2 \tag{5-6}$$

当氧吸附在 n 型半导体上时，电子从施主层流动，可以观察到 O^- 和 O^{2-}。固体表面变得负极化，吸附更多的氧需要越来越多的能量。因此，n 型半导体对氧的吸附受到很快的自抑制作用。如果像 ZnO 这样的 n 型半导体具有精确的化学计量组成，则它们就不能化学吸附氧。如果它们是缺氧的，它们可以精确地化学吸附所需的氧气量，以填补阴离子缺陷和再氧化 Zn 原子。

有利于吸附氧的金属有 5、7、8 或 10 个 d 电子。优先顺序为：

$$Cu^{+} \approx Ag^{+} > Pt^{2+} > Mn^{2+} > Rh^{2+} > Ir^{2+} > Co^{2+} > Hg^{2+}$$

因此，相应的 p 型半导体 Cu_2O、Ag_2O、MnO 和 PtO 是氧活化的高效催化剂。

在 n 型半导体中，具有 1、2 或 5 个 d 电子的金属离子有利于氧的吸附。实验测定了以下系列：

$$V^{5+} > Mo^{6+} > W^{6+} > Cr^{3+} > Nb^{5+} > Ti^{4+} > Mo^{4+}$$

因此，n 型半导体如 V_2O_5、MoO_3、WO_3、Cr_2O_3 和 TiO_2 是有效的氧化催化剂。

当氧在 p 型氧化物 NiO 上的化学吸附［式（5-5）］的结果是高度的覆盖，并最终在表面完全覆盖形成 O^- 或 O^{2-}。同时，Ni^{2+} 在表面被氧化［式（5-7）］。吸附热几乎保持不变，而表面变得充满氧气。

$$2Ni^{2+} + O_2 \longrightarrow 2\,(O^- \cdots Ni^{3+}) \tag{5-7}$$

在半导体氧化物上的反应过程也可能取决于起始材料的结合位置及其结合方式。考虑到氢的吸附，研究表明，氢在氧化锌表面被异相裂解，从而同时形成施主和受主。活性氢化物与 ZnO 表面结合：

$$\begin{matrix} H^- & & H^+ \\ | & & | \\ Zn^{2+} & — & O^{2-} \end{matrix}$$

Cr_2O_3 可以通过两种方式异质分解 H_2：

$$Cr^{3+}-O^{2-}+H_2 \longrightarrow \begin{matrix} H^- & & H^+ \\ | & & | \\ Cr^{3+} & — & O^{2-} \end{matrix} \tag{5-8}$$

$$2Cr^{2+}-O+H_2 \longrightarrow \begin{matrix} H^- & & \\ | & & \\ 2Cr^{3+} & — & O \end{matrix} \tag{5-9}$$

研究一些气体在具有表面缺陷（氧空穴）的特殊 TiO_2 表面上的吸附时发现：H_2 游离地结合在 Ti 上；O_2 解离结合并填充 O^{2-} 空位；CO 分子与 Ti 原子上的 O^{2-} 空位结合；CO_2 与氧离子反应形成表面碳酸盐，这不受氧空位的影响。这些发现对于理解半导体催化剂上的反应机理具有重要意义。同时，吸附物种对半导体性质产生影响，表 5-6 与表 5-7 显示了这种影响。

表 5-6　吸附质对半导体物性影响情况

吸附气体	半导体类型	逸出功	电导率	吸附中心	吸附状态	表面电荷
给电子气体	n	减少	增加	晶格金属离子	正离子气体吸附在低价金属离子上	增多
	p	减少	减少	高价正离子	正离子气体吸附在低价金属离子上	增多
受电子气体	n	增加	减少	低价正离子缺位	负离子气体吸附在高价金属离子上	减少
	p	增加	增加	晶格金属离子	负离子气体吸附在高价金属离子上	减少

表 5-7　施电子气体和受电子气体在半导体表面上吸附时对 E_F、$\boldsymbol{\Phi}$ 和电导率的影响

吸附气体	半导体类型	吸附物种	吸附和发生变化				
			吸附位置	吸附状态	E_F	Φ	电导率
受电子气体（O_2）	n 型（V_2O_5）	$O_2 \longrightarrow O^{2-}, O^-, O_2^{2-}, O_2$	$V^{4+} \rightarrow V^{5+}$（晶格上）	负离子气体吸附在高价金属离子上	下降	增加	减少
	p 型（Cu_2O）	$O_2 \longrightarrow O^{2-}, O^-, O_2^{2-}, O_2$	$Cu^{+} \rightarrow Cu^{2+}$（晶格上）	负离子气体吸附在高价金属离子上	下降	增加	增加

续表

吸附气体	半导体类型	吸附物种	吸附和发生变化				
			吸附位置	吸附状态	E_F	Φ	电导率
施电子气体(H_2)	n型(ZnO)	$1/2\ H_2 \longrightarrow H^+$	$Zn^{2+} \rightarrow Zn^+$，Zn^0(间隙位置)	正离子气体吸附在低价金属离子上	上升	减少	增加
	p型(NiO)	$1/2\ H_2 \longrightarrow H^+$	$Ni^{3+} \rightarrow Ni^{2+}$，($Ni^{3+}$晶格上)	正离子气体吸附在低价金属离子上	上升	减少	减少

5.2.2 半导体氧化物催化剂的催化机理

(1) n型半导体利于加氢反应

在n型半导体上，如ZnO上，H_2吸附时会使ZnO表面上$Zn^{2+} \longrightarrow Zn^+$，在表面上$Zn^{2+}$大量存在，故$H_2$吸附可达到很高浓度。

从能带上看，n型半导体可以利用其导带中的空能级来接受电子，由于导带中有很多空能级可以利用，因此在n型半导体上H_2吸附是大量的。

在p型半导体如NiO上，H_2的吸附会使$Ni^{3+} \longrightarrow Ni^{2+}$，但NiO表面上$Ni^{3+}$只有少量，如不断进行吸附，就需要$Ni^{3+}$从半导体内部向表面迁移，需克服很大的能垒，迁移很慢，故H_2吸附少。

(2) p型半导体利于氧化反应

在p型半导体如NiO上，O_2的吸附是利用Ni^{2+}，表面上有很多Ni^{2+}可利用，因此O_2的吸附可不断进行。

从能带上看，电子是从NiO的满带经过受主能级向表面迁移，满带电子很多，故O_2的吸附量可以很大。

当氧吸附在p型半导体上时，由于O_2的存在，相当于增加了受主杂质，它可接受来自价带中的电子，使价带中空穴增加；随氧压力增加，电导率增大。

由于价带中有大量电子存在，氧以负离子态吸附可以一直进行，可使氧负离子覆盖度很高。

(3) 选择性氧化是固体氧化物催化剂应用的主要方向之一

在氧化物催化剂表面上氧的吸附形式主要有：电中性的氧分子物种$(O_2)_{ad}$，及带负电荷的氧离子物种(O_2^-、O^-、O^{2-})。这几种吸附态的氧物种可以通过电导、功函、ESR谱等方法测定出来(见表5-8)。

表5-8 氧化物表面上的氧物种

催化剂	温度范围/K	氧物种	催化行为
Co_3O_4	293～423	O_2^-	完全氧化
	573～673	O^-	完全氧化
V_2O_5和V_2O_5/TiO_2	293～393	O_2^-	完全氧化
	533～653	O^-	选择性氧化
	653	O^{2-}	选择性氧化
$Bi_2Mo_3O_{12}$	583～673	O^{2-}	选择性氧化

从表中可以看出，当氧化物表面上出现O_2^-或O^-物种时，烃化物的催化氧化中出现完全氧化；而当O^{2-}物种存在时，则导致选择性氧化。

单一过渡金属氧化物若是非计量化合物，它们的组成取决于晶格与气相组成物间的平衡，氧分压的改变可以使氧化物的化学计量关系发生变化；微晶的晶格也可能发生如下变化，即点缺陷或因配位多面体间键连方式改变而形成扩展缺陷。

由于点缺陷的存在引起非计量关系时，存在一系列气相氧和不同吸附氧物种之间的平衡，并逐渐增加电子达到 O^{2-} 状态，而当其成为晶格氧掺到固体最上面的表面层中时，一种合适的点缺陷会同时生成或彻底消失。

在足够高的温度下，表面上的缺陷会扩散到体相中；在较低温度时，体相内的缺陷变为冻结形式，同时气相氧和固体的相互作用限制了亲电氧物种（如 O_2^- 和 O^-）的吸附形式。在金属氧化物表面上各种氧物种间的平衡在下一节将具体分析。

有关半导体氧化物化学吸附的知识使之成为可能更好地理解这些材料作为氧化催化剂的行为。氧化反应包括几个步骤：

①在被氧化的起始物质和催化剂之间的化学吸附；②氧的化学吸附；③通过催化剂将电子从要氧化的分子（供体）转移到受体（O_2）；④起始物质产生的离子、自由基或自由基离子与氧离子之间的相互作用，形成中间产物（或氧化产物）；⑤中间产物的可能重排；⑥氧化产物的解吸。

因此，氧化催化剂必须能够与反应物形成键并在它们之间转移电子。p 型氧化物比 n 型氧化物具有更高的活性，它们倾向于吸附氧直至表面完全饱和。遗憾的是，活性和选择性大多不平行，对于选择性氧化，p 型半导体的选择性比 n 型半导体低。

p 型半导体通常可以使碳氢化合物完全氧化为 CO_2 和 H_2O，而 n 型半导体氧化物通常允许对相同的碳氢化合物进行受控氧化。p 型半导体氧化物上吸附的氧与碳氢化合物的比率通常很高，即使在较低的氧分压下也很难控制。结果往往是碳氢化合物完全燃烧。相比之下，n 型半导体上吸附的氧的量通常很小，并且容易通过掺杂剂的性质和量来控制，使得选择性碳氢化合物氧化成为可能。

然而，实际上 p 型和 n 型半导体都不是高选择性氧化的良好催化剂。试验已经显示，这两种半导体结合形成的半导体就催化活性和选择性而言也不能给出突出的结果。

氧化催化剂不可能有普遍有效的选择性系列，每个反应必须单独研究。如模型反应 N_2O 的分解：

$$2N_2O \longrightarrow 2N_2 + O_2 \tag{5-10}$$

反应机理如下：

$$N_2O + e^- \longrightarrow N_2 + O_{ads}^- \tag{5-11}$$

$$O_{ads}^- + N_2O \longrightarrow N_2 + O_2 + e^- \tag{5-12}$$

向催化剂释放电子是速率决定步骤；此外，一个好的催化剂应该很容易吸附氧。只有当表面的 E_F 低于吸附氧的电离势时，电子才能从吸附氧转移出去。这种情况更可能发生在 p 型半导体上，如图 5-11 所示，给出了该反应的活性系列，判据是分解开始的温度。正如预期的那样，p 型半导体氧化物是最活跃的催化剂，其次是绝缘体氧化物，最后是 n 型半导体氧化物。这一排序已通过后续工作得到验证，相关活动也已确定。总体趋势不遵循任何相关关系，结果可能受到其他因素的影响，如分散性、杂质、活性中心的数量和对称性。供体对 NiO 催化剂的影响可以清楚地看到，如下系列所示：

(NiO + 2% LiO_2) > NiO >> (NiO + 2% Cr_2O_3)

因此，p 型掺杂具有正效应，而 n 型掺杂具有负效应。研究还发现，n 型半导体催化剂 ZnO 的给体反应是速率决定的，在掺杂 Li_2O 后表现出相当高的活性。

半导体氧化物也是重要的载体材料。即使载体在所考虑的反应中是非活性的，它也能显著改变它所支撑的催化剂的反应性，如第 3 章讨论的金属与载体间的相互作用（SMI）是控制金属催化性能的一个重要途径。例如，Ni 和 Ag 等金属通常通过气相沉积应用于掺杂的 Al_2O_3。由此产生的催化剂系统的行为类似于整流器，因为电子从载体通过催化剂金属流向反应物。

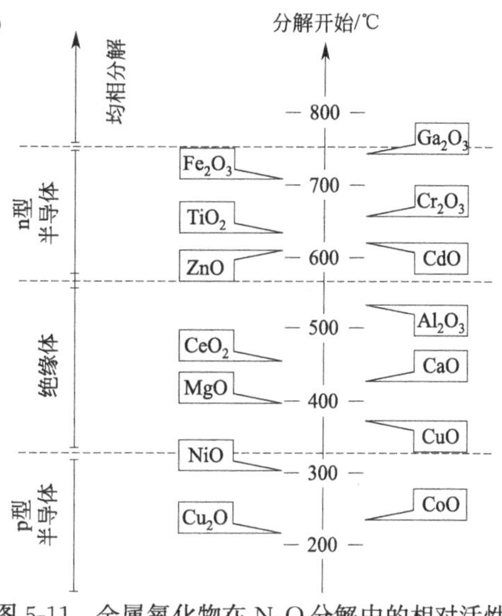

图 5-11 金属氧化物在 N_2O 分解中的相对活性

5.3 选择性氧化反应活性中心的性质

5.3.1 选择性氧化反应活性中心

对于选择性氧化反应，固体催化剂的典型材料是金属氧化物、负载型催化剂和大块多组分混合金属氧化物。通常，催化剂的配方是复杂的，需要增加组分的数量才能获得最佳的组成。然而，基本结构通常不是那么复杂，即：V-P-O、Bi-Mo-O、Fe-Sb-O、Mo-V-Te-Nb-O 等，所使用的其他固体催化剂包括固定在沸石或廉价载体（如 SiO_2 或 Al_2O_3）中的金属络合物。金属有机框架（MOFs）也被证明是有效的选择性和手性氧化催化。

为了描述氧化物的活性和选择性，特别是在氧化过程中，Grasselli 提出了七个支柱，即：主体结构、氧化还原性、金属-氧键、晶格氧、相协同作用、活性中心的多功能性和活性位点隔离，如图 5-12 所示。Grasselli 的七个支柱提出了选择性原则中的大部分特征（图 5-13）：①晶格氧的重要性，②氧和金属-氧键的类型，③表面活性中心所在的适当主体结构的需要，④催化剂的还原和再氧化速率，⑤反应速率活性中心的多功能性，⑥位置隔离原则，⑦如果不能获得多功能相，则采用不同相间的协同作用。

尽管这些支柱提供了明确的概念指导，但它们都是以定性的方式描述的。因此，在图 5-13 中的描述可被视为一组一般原则，而不是可调整以达到所需反应性的定量参数。此外，有些支柱不是正交的，因此它们不能单独定制，妨碍了对所述化学过程的直接解释。

类似地，Vedrine 提出了金属氧化物作为部分非均相氧化的有效催化剂应控制的一些基本因素：①表面原子的配位环境，②氧化还原、酸碱和电子转移性质，以及③表面阳离子的氧化状态。Trifiro 及其同事提出了催化剂应具备的特性，以有效地将短链烷烃转化为部分氧化产物。

表 5-9 对 Grasselli 提出的七个支柱概念做了进一步描述与扩充。但是必须注意，在反应条件下，表面的状态通常在化学计量、构型、电子结构等方面非常特殊。通常，这些描述符被用来描述原始表面，而不是工作条件下的催化剂状态，它们可能与现场反应无关。

图 5-12 Grasselli 选择性催化氧化七个支柱示意图

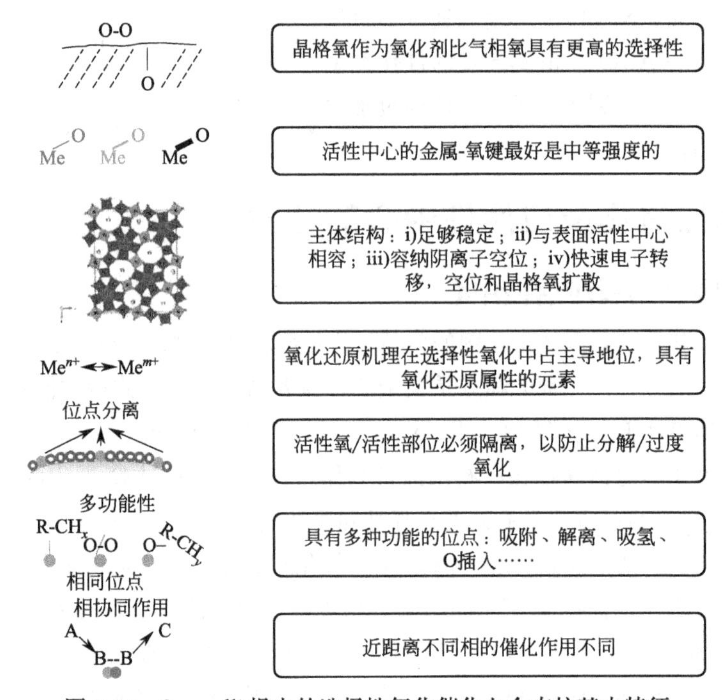

图 5-13 Grasselli 提出的选择性氧化催化七个支柱基本特征

表 5-9 Grasselli 提出的七个支柱的实验和理论绘图

柱	性质	实验技术	计算描述符
主体结构	三维结构	XRD，中子散射	距离，拓扑结构
	局部协调	EXAFS，STM	局部协调
M—O 键	能量	拉曼	结合能
			空位形成能量
	几何结构	EXAFS	几何结构
氧化还原性质		TPR，XPS，UPS，EPR	电离能
		循环伏安	电子亲和势
晶格氧	空位形成	OSC	空位形成能
	扩散	OSC	扩散活化能 E_a
	碱性	TPD(CO_2)+IR	O_{2p}，E_{CO_2}
	M-相关酸性	TPD(CO，NH_3)	E_{CO}

续表

柱	性质	实验技术	计算描述符
位点分离		催化试验选择性评价①	横向相互作用
活性位多功能性		多功能分子的 TPD,探针分子的 FTIR	不同构型取样点的吸附能-酸碱/几何描述相符合
相协同作用	不同相	XRD	平衡相图
	利用	PGAA	静息状态第一原理 热力学

①根据部分加氢和氧化反应的选择性评价，可以提出在催化表面进行位点分离的建议。

几乎所有的烷烃部分氧化反应，不管金属氧化物如何，都遵循 Mars-van Krevelen 反应动力学，即利用晶格氧原子使还原的金属中心再氧化，而气态 O_2 反应物补充这些晶格氧空位。我们将在下一节对其进行详细描述。

然而，“晶格氧”是所有选择性氧化反应中的活性氧的原理在某些情况下受到质疑。其中一个例子是在载体上分散的金属氧化物组成的催化剂上进行的选择性氧化。单层分散容量以下的这些表面覆盖层（膜）似乎无法将晶格氧传递到活性表面，这种氧的作用尚不清楚。在均相催化液相选择性氧化反应中，晶格氧的贡献也有许多值得怀疑的例子。

在任何情况下，晶格氧在大多数选择性氧化反应中的作用都是非常重要的。但并非所有的晶格氧在选择性氧化反应中都同样有效。因此，对于烯烃氧化，有人提出了晶格氧的类型与氧化反应中催化剂效率之间的联系。在氧化物表面末端双键（Me═O）存在于许多选择氧化催化剂中，如 V_2O_5 和 MoO_3。相反，在完全氧化反应中有效的金属氧化物，如 Co_3O_4 和 NiO 中，则没有末端双键。但这并不一定意味着双键氧是反应机理中的主要参与者，因为已经观察到参与氧化反应的氧是桥接氧（Me—O—Me）。这一点在以 MoO_3 为催化剂的丙烯选择氧化反应中也得到了证实。

根据 Haber 和 Serwicka 的观点，Mo═O 中的氧不参与反应，而桥氧键 Mo—O—Mo 的氧被消耗。因此，这些作者将与氧的催化反应分为两类：亲电氧化和亲核氧化。在亲电氧化的情况下，这是通过分子氧的活化进行的。亲电氧使活性碳的 C—C 键断裂，常产生裂解产物和碳氧化物。相反，亲核氧物种倾向于攻击 C—H 键进入先前活化的有机分子，保持相同的碳氢化合物大小，从而使亲核氧插入最终产物成为可能。因此，选择氧化反应首选亲核氧。在金属端氧键 M═O（如 Mo═O 或 V═O）中，金属倾向于抽离电子，而氧呈现亲电性质。相反，桥接的 M—O—M 物种（如 Mo—O—Mo、V—O—P 或 V—O—V）倾向于保持一对孤电子，并且氧呈现亲核特性。

使用其他氧化剂代替分子氧可以提高部分氧化产物的选择性，但通常价格昂贵。与使用 O_2 相比，使用 N_2O 会使催化剂的表面活性中心减少得更多。因此，N_2O 在部分还原表面有利于生成所需产物的反应中特别感兴趣。在使用 Fe/ZSM-5 催化剂将苯氧化为苯酚的反应中，N_2O 作为氧化剂表现出了良好的性能。目前，该工艺尚未完全开发。研究的另一种氧化剂是 CO_2，它比分子氧具有更低的氧化性。这样可以减少所需产物的过度氧化，提高对部分氧化产物的选择性。在 CO_2 被报道用作氧化剂的不同反应中，可以提到短链烷烃和乙酰苯的氧化脱氢、低级烃的芳构化和甲烷的氧化偶联。与 O_2 工艺相比，CO_2 的使用具有其他优势，例如在某些工业中的高可用性以及在反应混合物中较低的可燃性风险。另一种用于气相氧化的氧化剂是 H_2O_2。与 N_2O 和 CO_2 相比，H_2O_2 通常比分子氧具有更高的氧化电位，在酸性和碱性的反应条件下都很有效。汽化的 H_2O_2 可以直接用作氧化剂，但更有趣的是，它是由分子氢和分子氧与选择性氧化反应串联原位合成 H_2O_2。

CO_2 比 N_2O 便宜，在许多工业中，特别是在石油化工加工环境中，CO_2 的浓度很高。但 CO_2 的化学反应性很低，很难活化。大多数情况下，它需要不希望的高反应温度。因此，高温活化的底物（如甲烷和乙烷）的功能化可能是一个很好的选择，如甲烷与 CO_2 的干重整反应。

H_2O_2 在工业中可广泛获得，但也比较昂贵。目前，H_2O_2 是通过蒽醌路线商业化生产的，这样会得到高浓度的过氧化氢。然而，浓缩态 H_2O_2 的储存和运输存在安全性和经济性缺陷。这些问题可以通过将分子氧和氢原位生成的过氧化氢以及与随后的氧化反应相结合来解决。这种串联工艺不需要中间提纯和/或分离步骤，可以降低资本和运营成本。使用原位生成的过氧化氢研究的主要反应是丙烯环氧化生成环氧丙烷。

表面氧的键能也是设计选择氧化催化剂时应考虑的一个参数。将 O_2 的解离吸附热作为表面氧键能的间接测量方式，观察到适合于选择氧化的金属氧化物与适合于完全氧化的金属氧化物之间存在显著差异。据报道，在选择性氧化催化剂中存在的金属氧化物，这种热效应明显高于完全氧化催化剂中的金属氧化物。因此，可以设想选择氧化是由强键合的亲核晶格氧提供的，而完全氧化是由弱键合的亲电氧提供的。其他因素应该考虑到解释一个完整的反应，如底物吸附、氧解离和氧扩散。而且，在 Me—O 强度和催化性能之间并不总是有精确的相关性。

为了发生选择性氧化反应，必须发生 C—H 键的活化。事实上，给定催化剂的碳氢化合物氧化速率通常与碳氢化合物 C—H 键的平均键强度相关，即 C—H 平均键强度越低，催化活性越高。这种关联虽然“忘记”了 O-插入等其他因素，但可以应用于许多反应。然而，并不是所有碳氢化合物的 C—H 键都被激活，所以平均键强度不应该是最相关的参数，而是最容易断裂的键的强度，正如 Hodnett 及其同事所建议的那样。通过比较反应物和产物的键，也可以评估选择性。

有研究者提出，催化剂在特定反应物生成特定产物的过程中起着非常重要的作用，但存在一个与热力学无关的、不能超过的选择性转化极限。这个极限与反应物和产物中键焓有关。因此，在文献中所报道的 H—C 键与 C—C 键之间的关联性最高，也就是 C—C 键与 C—C 键之间的关联性最弱。如果差值小于 $30kJ \cdot mol^{-1}$，则可获得高选择性。相反，如果差值大于 $70kJ \cdot mol^{-1}$，则总是获得低选择性。根据这些工作，可以得出结论，反应产物必须比反应物更稳定。

在一项半预测工作中，Bordes 等人提出了特定选择性氧化反应的特征与催化剂性能之间的相关性。催化剂的基本性质被认为是光学碱度，它是一个表征晶格氧给电子能力的参数，它取决于阳离子的价态、配位和自旋。这一概念是由 Duffy 提出的，它的优点是理论上可以估计，并且通过了解催化剂的实际成分可以很容易地确定。光学碱度的重要性是因为不仅考虑了催化剂的 L 酸碱性质，而且还考虑了氧化还原特性；然后根据这一概念，考虑催化剂中发生反应所需控制的主要因素。由于存在具有不同机理和特征反应，因此，根据反应类型的不同，光学碱度和电离电位之间的差异关联也不同。例如，在烷烃反应和烯烃反应中观察到两种不同的关联。这是有意义的，因为烷烃的活化与烯烃的活化非常不同。类似地，其他因素，如酸碱度降低和再氧化速率在两组碳氢化合物之间也有很大差异。最终，这种方法被证明符合许多点，并有助于设计新的选择性催化剂，只有很少的数据显示偏离预测的行为。预测烷烃 ODH 的催化剂必须比选择性氧化为含氧化合物的催化剂更碱性。

Norskov 提出了一种预测催化剂在涉及 C—H 键活化的反应中的催化性能的方法。为了获得高活性，需要调整的参数是活性位点基序（Gf）的形成能。事实上，通过用 Gf 表示 lg(反应速率)，可以清楚地得到火山图。遗憾的是，它无法保证对所需部分氧化产物的选择性。但有趣的是，许多催化剂可以按照这一原则而摒弃。

5.3.2 Mars-van Krevelen 反应机理

大多数选择性氧化反应是通过 Mars-van Krevelen（MvK）还原氧化机理发生的，因此需要氧化还原特性。在 MvK 还原氧化反应中，反应物（通常是碳氢化合物）被阳离子氧化，然后阳离子被还原。金属氧化物催化剂的晶格氧被并入最终的部分氧化产物中，并且为了完成循环，气相分子氧补充消耗的晶格氧留下的空位。催化剂的再氧化并不是那么简单，通常需要氧空位迁移到催化剂表面附近，在那里发生分子氧的解离；最后气相氧原子并入催化剂的晶格中。图 5-14 描述了这种机理。

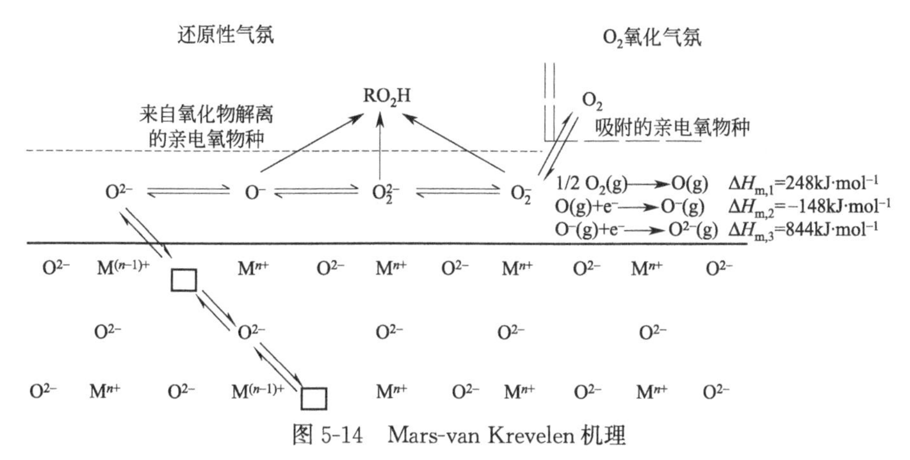

图 5-14 Mars-van Krevelen 机理

金属氧化物中的晶格氧 O^{2-} 是碳氢化合物 RH 氧化为一般氧化产物 RH（O）的活性物质。在此过程中，晶格金属中心由 Mn^+ 减少到 $M^{(n-1)+}$。在循环结束时，金属被反应气氛中的 O_2 重新氧化。在气相中形成的氧通过涉及 O_2^{2-} 和 O^- 的平衡重新插入晶格

选择氧化反应最理想的氧物种是表面晶格氧 O^{2-}，因为它们负责破坏碳氢化合物的 C—H 键，这在许多反应中是控制步骤，从而影响催化活性。此外，该 O^{2-} 物种还被并入最终部分氧化产物（或氧化脱氢反应的水）中，因此它也决定了对该产物的选择性。这种 MvK 机理最初应用于氧化钒基催化剂上的单芳烃和多环芳烃的氧化，后来被推广到其他底物，如烷烃、烯烃和醇，以及其他基于不同金属和具有氧化还原性质的金属氧化物的催化剂，如氧化铈、钼氧化物、氧化铁。

在还原氧化机制进行中，作为催化剂的金属氧化物：①一个重要的原则是“活性位隔离”，其中活性氧必须优先隔离，以防止所需部分氧化产物的分解或过度氧化。②为了进行不同的步骤（催化剂的多功能性），催化剂应具有不同的活性中心。其中一个步骤应包括形成烯烃作为反应中间体，在下一个步骤中，烯烃将转化为含 O 的产物。然后，首先从烷烃中提取 H，然后插入 O；这两个步骤必须以适当的速率协调进行。除氧化还原性质外，催化剂的酸碱性在每种情况下都应优化，这不仅是因为它们可以作为活性中心，而且特别是因为反应物、中间体和反应产物的吸附/解吸依赖于它。重要的是没有反应中间体的脱附。我们必须注意，上述烷烃选择性活化的性质可以推广到几乎所有的选择性氧化反应。③由于选择性氧化过程需要不同的催化功能，因此在某些情况下，催化功能不能存在于同一主体结构中。在这种情况下，必须找到含有所需活性中心的两个或更多相。不同的催化功能必须由不同的相紧密地承担，如前所述。

在选择性氧化反应中，由于部分氧化产物的连续反应，进料中过量的氧通常有利于碳氧化物的形成，从而降低选择性。这一缺点可以通过至少三种方法来解决或减轻：①降低进料中的氧浓度，然后在低转化率下工作并回收未反应进料，②使用不同的氧化剂而不是分子氧，③通过使用不同的反应器系统设计，如膜反应器或带分离容器的反应器，尽量减少碳氢化合物和氧气之间的接触。

在选择性氧化反应中，通过 MvK 机制进行时涉及晶格氧，因此，催化活性必须取决于催化剂的 Me—O 键，因为 Me—O 键的氧必须释放才能发生反应。如果 Me—O 键很强，由于活性氧难以释放，因此催化活性预计很低；而如果 Me—O 键很弱，则催化活性预计很高。因此，中间 Me—O 键通常呈现中间活性。在 5.4.2 中将具体讨论催化剂的金属-氧键强度对催化反应的影响。

5.3.3 用于氧化反应的金属氧化物催化剂的结构特征

如前所述，大多数气相部分氧化反应使用混合金属氧化物作为催化剂，这些催化剂在组成上具有如下特征：①有几种主要化学元素决定了催化剂的结构；②有一些次要元素也存在于催化剂结构中；③除此之外，还有其他元素，少量被认为是促进剂；④大多数工业或工业前催化剂与一个或多个晶相（主要由一次和二次元素形成）有关，其中活性中心包含在骨架中；⑤促进剂的作用主要与氧化还原和/或酸碱性质的变化或催化剂热稳定性的改变有关。

事实上，在大多数拟用催化剂中至少存在以下元素中的一种，即 Mo、V 和 Sb，其次是 W 或 U。这是因为它们呈现多种氧化状态，并且具有形成包括一种以上氧化状态和/或配位的晶相的能力，如图 5-15 所示。此外，它们呈现出相对较弱的酸性，并且能够与呈现 Me═O 双键的其他元素（包括非化学计量氧化物本身或与其他元素）形成含氧化合物或固溶体。最后，这些主要元素的氧化物对部分氧化反应具有相对高的选择性，符合 Grasselli 提出的基本原理，它们可以分散在金属氧化物载体（负载型催化剂）上，形成各种单体、聚合物或结晶金属氧化物。

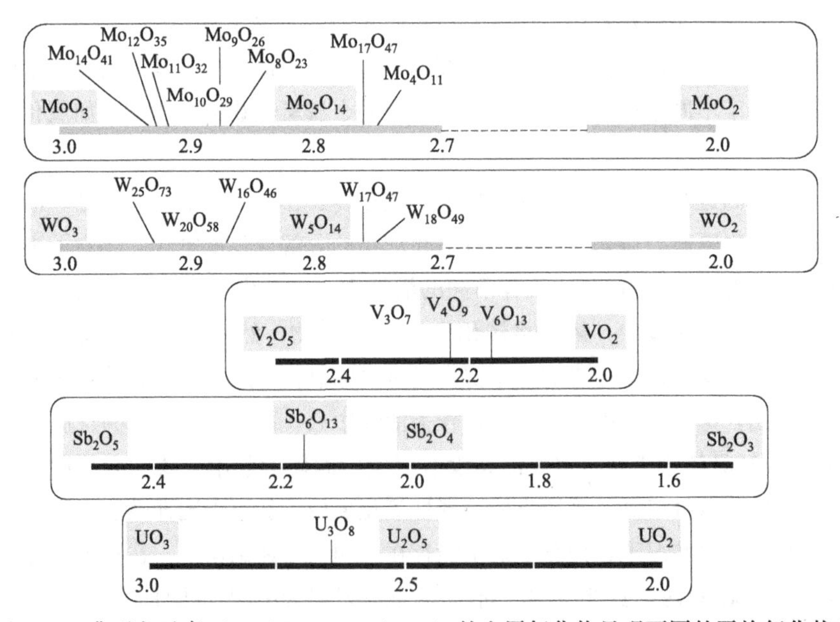

图 5-15　典型主元素（V，Mo，W，Sb，U）的金属氧化物呈现不同的平均氧化状态

对于同种氧化物，它们可能具有不同的晶相结构。在这些结构中，由于配位及 M—O 键强度不同而呈现不同的催化活性。例如，氧化态为＋6 的钼氧化物可合成为正交 α-MoO_3、单斜 β-MoO_3 或六方 MoO_3。还存在呈现不同氧化状态和/或与氧原子（四面体、八面体和双锥体）配位的其他钼氧化物，其中一些钼氧化物具有氧化反应的催化性质（如 MoO_3、Mo_8O_{23}、Mo_5O_{14}、$Mo_{17}O_{47}$、Mo_4O_{11}、MoO_2、Mo_9O_{16}）。同样，氧化态为＋5 的钒氧化物可以表现出不同的晶体结构和不同的配位，但也有其他含混合价氧化物的钒氧化合物（如 V_3O_7、V_4O_9、V_6O_{13}、VO_2、V_4O_7、V_3O_5、V_2O_3），其中一些，如 V_6O_{13} 或 V_4O_9，在氧化反应中具有特定催化行为。同样的情况也发生在锑、铀或钨氧化物中，以及几种非化学计量化合物，它们在氧化反应中表现出有趣的催化行为。

除这些主要元素外，在许多活性和选择性催化剂中还观察到第二类元素，如 Bi^{3+}、Fe^{3+}/Fe^{2+}、Te^{6+}/Te^{4+}、Sb^{5+}/Sb^{3+}、P^{5+}。它们能够与主要元素（即钼酸盐、钒酸盐、钨酸盐或锑酸盐）形成含氧化合物，其中一些元素在部分氧化反应中具有活性和选择性。最具代表性的晶相结构：Mo-Bi-O 中的 α-$Bi_2Mo_3O_{12}$、β-$Bi_2Mo_2O_9$ 和 γ-Bi_2MoO_6；Fe-Mo-O 中的单斜 $Fe_2(MoO_4)_3$，U-Sb-O 中的正交 USb_3O_{10}，Fe-Sb-O 中的金红石型 $FeSbO_4$、Te-Mo-O 中的 $CdTeMo_6$，金红石 Sb-V-O 中的 $Sb_{0.9}V_{1.1}O_4$ 型，或 V-P-O 中的 $(VO)_2P_2O_7$ 型。

另一方面，Mo、V 和 W 也有能力在其结构中容纳多种阳离子，形成各种新形式，其平均氧化状态低于相应的钼酸盐、钒酸盐或钨酸盐。例如 $(MoVW)_5O_{14}$ 青铜结构，对丙烯醛部分氧化为丙烯酸具有活性和选择性；伪六方 $Te_{0.33}(Mo,V)O_{3.33}$ 青铜，对丙烯氧化为丙烯酸具有活性和选择性。

此外，还有具有四方钨青铜（TTB）结构的多组分 Mo(W)-Nb-V-Te-O，其对丙烯、丙烯醛和丁烯、丁二烯具有选择性。具有六方钨青铜结构的 h-$W_xV_yMo_{1-x-y}O_z$ 对甘油氧化水合制丙烯酸具有活性和选择性；而 NaV_6O_{15} 钒青铜对 H_2S 部分氧化制硫具有活性和选择性。

次要元素的作用可概括为：①它们能够与主要元素反应，形成呈现几种氧化状态和/或不同配位数的各种结晶无机化合物；②其中一些能够形成金属-氧链——Me-O-Me-O-Me-（即 Bi、Te、Sb 或 U）；③它们具有活化烯烃、醇等的能力。

事实上，根据催化剂中的主要晶相，已经提出了几种促进剂。这些促进剂通常以少量的形式存在，但由于它们能改变主要组分金属元素的氧化还原态和酸性特征，也能改变它的配位数，所以起着重要的作用。一个明显的例子是 Fe 和 Bi 离子在钼酸盐基催化剂中的作用。因此，钼酸铁在甲醇制甲醛过程中具有活性和选择性，而在丙烯制丙烯醛过程中具有很强的活性和选择性。相反，钼酸铋对丙烯转化为丙烯醛具有活性和选择性，但在甲醇转化为甲醛的过程中表现较差。在钼酸铋中加入少量 Fe^{3+} 可显著提高丙烯氧化的催化活性，但与相应的未掺杂钼酸铋相比，不会显著影响丙烯醛的选择性。

然而，当在催化剂表面加入少量元素时，也可以观察到强烈的酸碱性改性。一个明显的例子是，当用少量碱金属盐（特别是钾）浸渍固体时，催化剂表面的酸中心部分或全部被消除。例如，在烷烃的氧化脱氢反应（ODH）中，酸中心的存在或不存在可以强烈地改变对烯烃的选择性。当比较未掺杂和 K 掺杂 VO_x/Al_2O_3 催化剂上 C_2～C_4 烷烃 ODH 中获得的烯烃选择性时，结果发现，在催化剂表面掺入少量钾（K/V 比为 0.1）后，对 C_3 或 C_4 烯烃的选择性显著提高，而对乙烯的选择性下降幅度较大。这是氧化铝负载的钒酸催化剂的酸性中心的大幅度减小，有助于 C_3 和 C_4 烯烃解吸的结果。

一些最有效的催化剂表现出各向异性的性能。大多数的晶相中，它们的晶面分布与催化行为之间没有明显的相关性，但在某些情况下会出现结构敏感的催化氧化。如 α-MoO_3 中晶面分布对丙烯部分氧化以及对 1-丁烯、2-丁烯或异丁烯在无载体上部分氧化的重要性。在 C_4 烯烃中，丁二烯通过氧化脱氢在（100）侧面形成，而碳氧化物在（010）基面形成。有研究表明，在含 MoO_3 的混合氧化物上同时存在 L 和 B 酸位：L 酸位可能位于 MoO_3 微晶的（010）晶面上，B 酸位于 MoO_3 微晶的（001）、（101）和（100）晶面上。这种不同晶面上的酸碱分布直接影响着产物的选择性。

5.4 氧物种特征对催化氧化作用的影响

5.4.1 过渡金属氧化物催化剂的氧化还原机理

在 5.3.2 中，简要讨论了 O_2 在金属氧化物表面形成的氧物种，并讨论了它们在 Mars-van Krevelen（MvK）还原氧化机制的作用。各种氧物种在催化氧化反应中表现出不同的反应性能。Haber 和 Serwicka 根据氧物种反应性能的不同，将氧的催化氧化大体分为两类：一类是经过氧活化过程的亲电氧化，另一类是以烃的活化为第一步的亲核氧化，如图 5-16 所示。

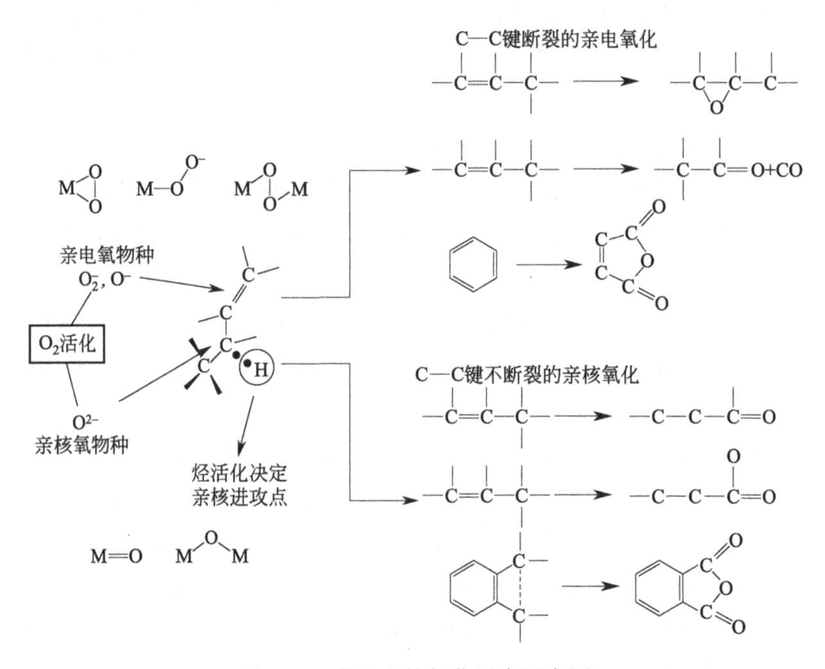

图 5-16　亲电亲核氧化反应示意图

作为强亲电反应物种 O_2^- 和 O^-，它们进攻有机物分子中电子密度最高的部分，如烯烃，这种亲电氧物种导致形成过氧化物或环氧化物中间物，而这些中间物在多相催化氧化中，它们导致烯烃首先生成醛，芳烃生成相应的酐，在较高的温度下可能进一步发生反应而导致完全氧化。作为亲核试剂的晶格氧 O^{2-}，它没有氧化性质，其参与反应的途径是通过亲核加成插入由于活化而引起烯烃缺电子的位置，如 α-碳，导致选择性氧化，如丙烯部分氧化生成丙烯酸或丙烯醛。因此，选择氧化反应首选亲核氧。

反应的关键是氧的活化。对于部分氧化 C—C 键断裂的催化过程，表面物种为亲电子的 O_2^- 和 O^-，对于无 C—C 键断裂的主要采用 O^{2-} 晶格氧。

金属氧化物催化剂与金属催化剂的区别是氧化物可以催化氧化还原反应，主要是氧化反应，其次是脱氢、氧化脱氢及加氢。氧化物只要有可变的价态都有一定的催化作用，而不像金属催化剂受周期表位置的限制。但氧化物的催化活性比金属要差，而抗中毒方面相对金属而言要好一些，同时熔点高耐热性强。

5.4.2 催化剂的金属-氧键强度对催化反应的影响

用过渡金属氧化物催化多相氧化反应，通常是通过催化剂的反复氧化还原进行的。常常将反应分为氧化反应和还原反应两步进行讨论。如：乙烯完全氧化反应用金属氧化物催化剂氧化包括两个步骤：

$$M+\frac{1}{2}O_2 \longrightarrow MO \tag{5-13}$$

$$\frac{1}{6}C_2H_4+MO \longrightarrow \frac{1}{3}CO_2+\frac{1}{3}H_2O+M \tag{5-14}$$

图 5-17 中横坐标 $-\Delta_f H_m^{\ominus}$ 常代表氧化物的生成焓，表示“金属-氧”键的强弱。由图可见，氧化物生成焓与乙烯氧化反应活性呈火山曲线关系。按照能量适应原理，$\Delta_f H_m^{\ominus}=1/2\Delta H$ 时活性最大。

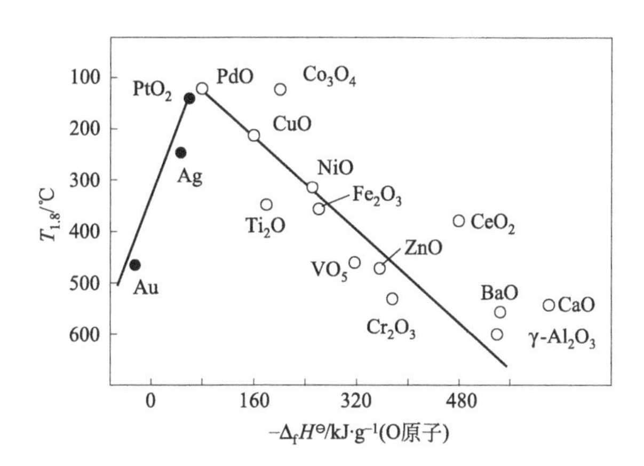

图 5-17 乙烯完全氧化的活性和氧化物生成焓的关系

图 5-17 的顶端左侧的氧化物催化剂（如 Au、Ag）生成焓小，说明它们的金属-氧键较弱，容易把氧给反应物，但却难以被氧氧化，即 Ag 和 Au 难以提供足够的 Ag_2O 和 Au_2O 参与反应，所以催化活性不高。相反，顶端右侧的氧化物（如 Cr_2O_3、ZnO 等）生成焓大，说明它们的金属-氧键特别强，不容易把氧给予反应物，却容易生成氧化物，此时反应物难以被氧化，所以表现出反应活性也不高。

对于复合氧化物催化剂，其给出氧的趋势是衡量它能否进行选择氧化的关键。如果 M═O 键解离出氧（给予气相的反应物分子）的热效应 ΔH_D 小，则容易给出氧，催化剂活性高，选择性小（容易深度氧化）；如果 ΔH_D 大，则难以给出氧，催化剂活性低。用作选择性氧化的最好金属氧化物催化剂，其热效应 $\Delta_f H_m^{\ominus}$ 值范围在－250～－200kJ·mol^{-1}。

金属-氧键（桥氧）IR：ν_{M-O-M} 在 800～900cm^{-1}，导致深度氧化，如 MnO_2、Co_3O_4、NiO、CuO 等；而金属端氧键 IR：$\nu_{M=O}$ 在 900～1000cm^{-1}，则产生选择性氧化，如 V_2O_5、MoO_3、Bi_2O_3-MoO_3 等。

在碳氢化合物选择性氧化中：

① 从热力学考虑，最终均氧化为 CO_2 和 H_2O，因此，所有部分氧化产品均是中间产物，它们由反应动力学控制；

② 碳氢化合物与氧混合物通常沿几种途径发生平行和连续反应，因此，催化剂必须控制它们的相对速率，加速那些所需要的目标产物的反应，控制那些无用副产物的反应；

③ 在初始反应物中的 C—H 键通常比那些在中间产品中更强，使得这些中间体迅速进一步氧化而损失了反应的选择性；

④ 所有的氧化反应过程都是强放热的，因此，必须高效去除过程中产生的热量而使反应处于严格控制之下；

⑤ 碳氢化合物的氧化也可以按照非催化的自由基反应历程进行，因此，必须考虑避免反应形成爆炸混合物。

5.4.3 金属氧化物催化剂氧化还原机理（Redox 机理）

在氧化物表面上催化的氧化还原过程通常用一个通用的氧化还原机理来描述：

$$\text{Cat-O} + \text{Red} \longrightarrow \text{Cat} + \text{Red-O} \tag{5-15}$$

$$\text{Cat} + \text{Ox-O} \longrightarrow \text{Cat-O} + \text{Ox} \tag{5-16}$$

这两步反应净结果是氧从一个物种转移到另一个物种。氧化还原过程必须具有微观可逆性。

在反应与活化过程中，一种氧化物催化剂是一个动态的系统，各中心可以形成或消失，包括在催化剂内部和表面的扩散现象中。大部分发生在氧化物催化剂表面的氧化还原反应中，氧虽然也可以从气相供给，但它的来源是金属氧化物表面的晶格氧（图 5-18）。

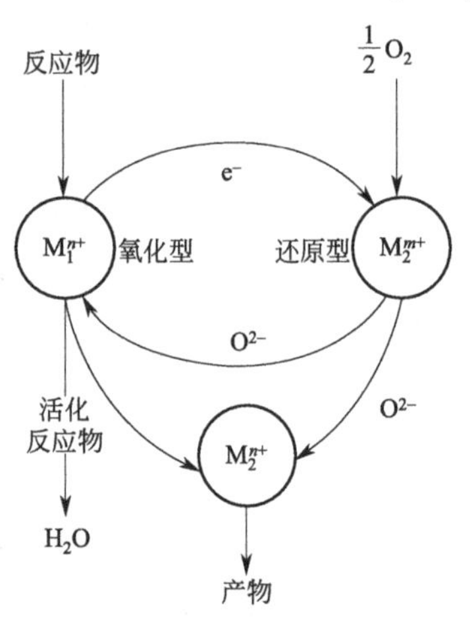

图 5-18 多相选择性氧化的氧化还原机理（Redox 机理）

在这个机理中，催化剂必须具备：①含有氧化还原对，如：过渡金属离子；②高的导电性有利于电子转移；③在晶体内部具有较高的晶格氧离子迁移，以保证处于还原态的催化剂重新氧化。

由于金属氧化物不同，还原程度也不同，氧化反应也不同。可将金属氧化物分为两类：

① 只有表面层被还原的氧化物，如 TiO_2、Cr_2O_3、ZnO、In_2O_3、SnO_2 等。

② 还原进行到体相的氧化物，如 V_2O_5、MnO_2、Fe_2O_3、Co_3O_4、NiO、Bi_2O_3、MoO_3、WO_3 等。

这种差异来源于金属氧化物的热力学稳定性。当催化剂的还原性较强时，其表面金属氧结合不牢，容易脱去，因而有较高的反应活性，但同时反应中间物和产物的深度氧化也容易发生，使反应选择性下降。当催化剂的氧化性较强时，其表面金属氧结合牢固，流动性较差，烷烃如丙烷氧化转化率下降，但丙烯选择性较高。

5.4.4 复合金属氧化物催化剂

复合氧化物系指多组分氧化物，其中至少有一种是过渡金属氧化物。复合氧化物催化剂中，有的组分为主催化剂，有的组分明显作为载体。多数组分间要发生相互作用，形成相当复杂的结构。如杂多酸、含氧酸盐、尖晶石等复合氧化物，各种离子相互交叉的固溶体以及单组分氧化物的各种混合物。

(1) 尖晶石结构的催化性能

尖晶石的结构通式可写成 AB_2O_4，A＝Li，Mn，Zn，Cd，Co，Cu，Ni，Mg，Fe，Ca，Ge，Ba 等；B = Al，Cr，Mn，Fe，Co，Ni，Ga，In，Mo 等。其中金属 A 占据四面体配位中心，金属 B 占据八面体配位中心，阴离子（例如 O^{2-}）位于多面体顶点（对于普通尖晶石）。通常，四面体间隙小于八面体间隙。因此，半径较小的阳离子更喜欢占据 A 位，而半径较大的阳离子更喜欢占据 B 位。如 $MgAl_2O_4$、$MgCr_2O_4$、$ZnCr_2O_4$。在尖晶石化合物中，以 $MgAl_2O_4$ 的结构最为典型。如图 5-19 显示了集中代表性的尖晶石结构。

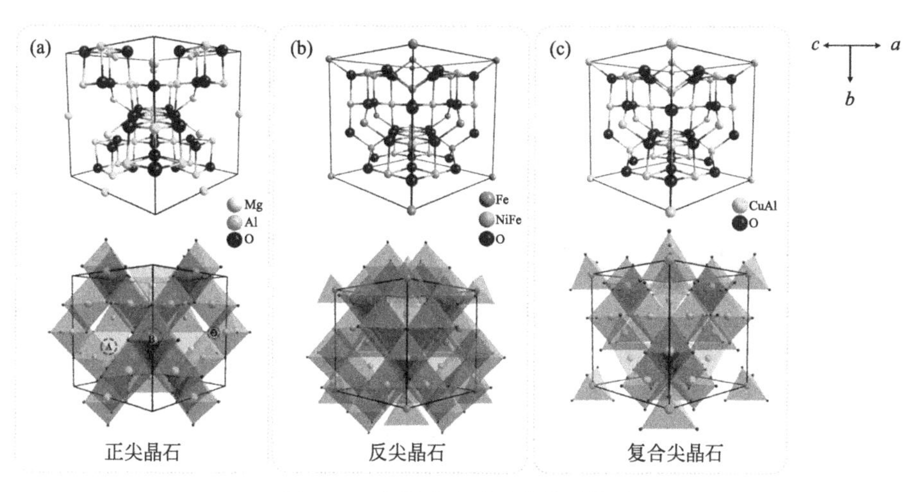

图 5-19 几种代表性的尖晶石结构

(a) 正尖晶石（$MgAl_2O_4$）；(b) 反尖晶石（$NiFe_2O_4$）；(c) 复合尖晶石（$CuAl_2O_4$）

尖晶石具有难还原、半导体性和顺磁性等特性，既可作为催化剂的活性组分（如 Fe_3O_4、Al_2O_3、Co_3O_4 等），也可作为载体使用。尖晶石型催化剂的工业应用一般在催化氧化领域，包括烃类的氧化、脱氢。例如，乙苯脱氢制苯乙烯、丁烯脱氢制丁二烯、$CO + H_2O$ 变换为 $CO_2 + H_2$ 等重要化工过程。

(2) 钙钛矿型结构的催化性能

钙钛矿型化合物分为无机氧化物钙钛矿、碱金属卤化物钙钛矿和有机金属卤化物钙钛矿。它们由结构式 ABX_3 表示，其中 B 是金属阳离子，X 是由氧化物或卤化物组成的阴离子。B 和 X 离子形成 BX_6 八面体，B 在中心，X 在角落。通过连接角，BX_6 八面体延伸形成三维结构，如图 5-20 所示。

钙钛矿型化合物具有强度好、耐热、结构稳定的特点，当用不同离子取代时，可以具有不同的性能。作为催化剂使用的钙钛石主要用于深度氧化，如 $LaMnO_3$ 等用于处理汽车尾气。但

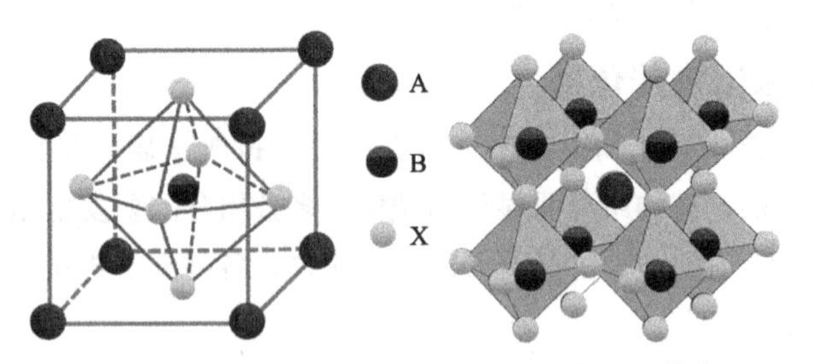

图 5-20　ABX_3 型钙钛矿结构（B 原子在八面体中心）

钙钛矿型氧化物也可作为部分氧化催化剂，如表 5-10 显示。

表 5-10　钙钛矿型氧化物作部分氧化催化剂

催化反应	催化剂
$CH_4 + O_2 \longrightarrow C_2H_6, C_2H_4$	ABO_3(A=Ca,Sr,Ba;B=Ti,Zr,Ce) $La_{1-x}A'_xMnO_3$(A'=La,K,Na),$BaPb_{1-x}Bi_xO_3$
$CH_3OH + O_2 \longrightarrow HCHO$	$SrVO_3$
$C_2H_5OH + O_2 \longrightarrow CH_3CHO$	$La_{1-x}Sr_xFeO_3$,$LaBO_3$(B=Co,Mn,Ni,Fe)
$C_3H_8 + O_2 \longrightarrow CH_3OH, CH_3CHO, CH_2=CHCHO$	$Ba_{1.85}Bi_{0.1}[\ ]_{0.05}(Ba_{2/3}[\ ]_{1/3}Te)O_6$ [ ]：阳离子空位
i-$C_4H_8 + O_2 \longrightarrow CH_2=C(CH_3)CHO$	$LaBO_3$(B=Cr,Mn,Fe)
1-$C_4H_8 + O_2 \longrightarrow C_4H_6$,顺-和反-2-$C_4H_8$	$La_{1-x}Sr_xFeO_3$
$C_6H_5CH_3 + O_2 \longrightarrow C_6H_5CHO$	$LaCoO_3$
$C_6H_5CH_3 + NH_3 + O_2 \longrightarrow C_6H_5CN$	$YBa_2Cu_3O_{6+x}$

5.4.5　酸碱性对催化性能的影响

无论是从 B 酸碱特征考虑还是从 L 酸碱特征考虑，氧化过程中酸碱性中心均起着十分重要的作用——金属-氧的离子/共价特征确定了其酸性特征。在金属氧化物表面，不完全配位的过渡金属阳离子被认为是 L 酸中心，而晶格氧被认为是 L 碱中心。这些氧化物的酸性主要影响反应物活化，竞争反应路径的相对速率以及反应物与产物的吸附脱附速率等。这些特性在反应条件下可能会发生变化，主要依靠催化剂表面的氧化状态而定。

在某些情况下，表面 L 酸或碱位被认为有助于或阻碍反应产物的解吸。例如，在乙烷的氧化脱氢（ODH）反应中，由于烯烃从附近的 M^+ 位快速解吸，氧化还原位和酸性 M^+ 位之间的接近提高了烯烃的选择性。有趣的是，这种效应可能与烷烃的长度有关，酸性位点有利于短烷烃（即乙烷）的 ODH，碱性位点有利于长烷烃（即正丁烷）的 ODH（见表 5-11）。

表 5-11　金属氧化物中的酸碱催化剂

酸催化剂		碱催化剂	
单组分氧化物	复合氧化物	单组分氧化物	复合氧化物
Al_2O_3	SiO_2- Al_2O_3	BeO	CaO-ZnO
ZnO	B_2O_3- Al_2O_3	MgO	MgO-Al_2O_3
TiO_2	MoO_3- Al_2O_3	CaO	SiO_2-MgO
CeO_2	ZrO_2- SiO_2	SrO	SiO_2-CaO
As_2O_3	V_2O_5- SiO_2	BaO	SiO_2-SrO
V_2O_5	TiO_2-ZnO	ZnO	SiO_2-BaO
SiO_2			
Cr_2O_3			
MoO_3			

催化剂的酸碱性对烷烃如丙烷选择氧化反应的影响较复杂，不仅对丙烷的活化起作用，而且对产物的选择性也有较大的影响。

有人认为催化剂的中等碱性有利于低碳烷烃发生氧化脱氢反应，而适当提高酸性有利于生成含氧化合物。如，在丙烷氧化脱氢催化剂负载的 Al_2O_3 中添加碱金属，催化剂的碱性增强，有利于催化剂表面丙烯的脱附，从而提高了丙烯的选择性和产率。

催化剂载体的酸碱性影响与活性位离子的作用及表面物种的聚积状态，从而使催化剂有不同活性。

催化剂表面的酸碱性质对催化活性及反应选择性的影响，常常不是通过改变分子中官能团的反应能力，而仅仅是单纯地改变吸附性质，即改变反应物分子或产物分子在催化剂表面上的停留时间。如有机分子在催化剂表面上停留时间越长，则被进一步深度氧化的可能性越大。

图 5-21 显示了在 Bi-Mo 催化上丁烯与丁二烯部分氧化产物的选择性与催化剂酸碱性的关系。图中显示，随着复合氧化物中 Bi/(Mo＋Bi) 原子比增加，催化剂表面碱性增强，酸性减弱。丁烯氧化为丁二烯与丁二烯氧化为顺丁烯二酸酐的选择性开始随催化剂的 Bi/(Mo＋Bi) 的增加先增加，达极大值后再降低。

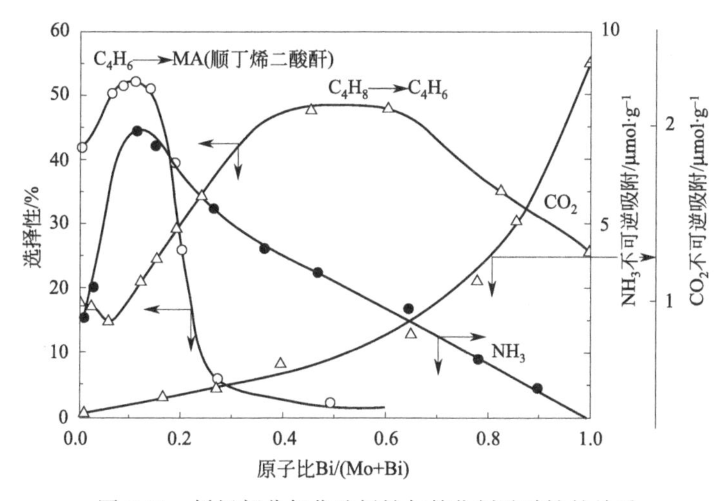

图 5-21　烯烃部分氧化选择性与催化剂酸碱性的关系

5.5　选择性催化氧化反应实例

选择性催化氧化反应在当今化学工业中占有举足轻重的地位。氧化是化学工业中仅次于聚合反应的第二大过程，约占化学工业总产量的 30%。通过选择性催化氧化，可生产醇、环氧化物、醛、酮和有机酸等许多关键化学品和中间体。在目前化学工业的选择氧化工艺中，丙烯选择氧化制丙烯醛、丙烯胺氧化制丙烯腈、丁烷选择性氧化制顺酐、乙烯环氧化制丙烯、甲醇选择性氧化制甲醛是最著名的例子。这些反应的成功使我们对选择性氧化催化的科学理解有了新的认识。

醇催化氧化制醛或酮，是公认的有机化学最基本的转化之一，是绿色氧化的一个例子。开发以氧气或空气为氧化剂的多相催化体系，既廉价又安全，而且只产生水，将有助于建立绿色、可持续的化工过程（见表 5-12）。

表 5-12 几种选择性氧化工艺:烷烃和烯烃原料的比较

最终产物	烯烃				烷烃			
	反应物	催化剂	当前状态	评价	反应物	催化剂	当前状态	评价
环氧乙烷	乙烯	Ag-K-Cl/Al_2O_3	工业化	高选择性约 90%。单程转换率低,约 15%	乙烷		未开发	努力不多,因为它的应用现实性很低
乙醛	乙烯	Pd,Cu,Ag	工业化	取代了以前的乙醇和乙炔工艺	乙烷	Mo/SiO_2,碱金属钼酸盐	未开发	单次通过率低于 5%
乙酸乙烯酯	乙烯	Pd,Cu	工业化	通常单次产率低,选择性 90%	乙烷	—	未开发	—
氯乙烯	乙烯	Pd-Cu/Cl/Ce 基	工业化	产量约 90%	乙烷	Cu/Cl/Ce 基	中试阶段	与烯烃工艺相比还不具有竞争力
乙酸	乙烯	Pd/POM	工业化初期	比甲醇羰基化法使用少	乙烷	Pd-Mo/V/Nb	中试阶段	很有前途,经济(便宜)
乙烯	—	—	—	—	乙烷	MoVTeNb NiO 促进	高速发展,尚未工业化	产率超过 70%,超过蒸汽裂解
氧化丙烯	丙烯	1)钛硅岩 TS-1 2) Au/TiO_2	1)工业化 2)研究	1)使用 ROOH 或 H_2O_2,液相 2)原位 H_2O_2(H_2/O_2)	丙烷	—	未开发	努力不多,因为它的生存能力很低
丙烯醛	丙烯	Bi-Mo-(Fe,Co,K)	工业化	高产率约 85% 商业化 60 多年	丙烷	(Ag)BiMoV	未开发	低收益。不同稳定性反应/产物
丙烯腈	丙烯	Bi-Mo-(Fe,Co,K)	工业化	高产率约 80% 典范过程	丙烷	Mo/V/(Te,Sb)/Nb	工业初期	烷烃应用的新成功 (单程 50%的产量)
丙烯酸	丙烯	Bi-Mo-(Fe,Co,K)+MoVW 两步法	工业化	优于一步法,收率约 80%~85%	丙烷	Mo/V/(Te,Sb)/Nb	高度发展	有前途的
丙烯	—	—	—	—	丙烷	V/高硅沸石	开发水平低	丙烯很容易分解成 CO_x
马来酸酐	1)苯 2)1-丁烯	1)V-Mo-O 2)VPO	1)工业化 2)象征性的工业化	几乎完全被烷烃过程所取代	丁烷	V-P-O	工业化	收率 60%,副产品很少,最大的成功
丁二烯	丁烯	Bi-Mo-基	象征性的工业化	与蒸汽裂解法不具有竞争性	丁烷	1)V-催化剂(氧化) 2)Cr/Al_2O_3(非氧化)	1)研究 2)工业化,但废弃	与蒸汽裂解法不具有竞争性
甲基丙烯醛	异丁烯	Bi-Mo-(Fe,Co,K)	工业化	产率约 85%	异丁烷	POM,Mo-V-O	研究	低产率,POM 低稳定性
甲基丙烯酸	异丁烯	Bi-Mo-(Fe,Co,K) + MoVW 两步法	工业化	以丙烯醛为中间体,两步收率 80%	异丁烷	Sn-Sb-O,POM	高速发展	收率(65%)高于丙烯醛
异丁烯	—	—	—	—	异丁烷	VO_x/载体	低水平开发	收率低,产品稳定性不足 15%

此外，利用多种资源，特别是丰富、廉价和可再生的资源来替代日益减少的石油也是一个前景光明的研究目标。

5.5.1 轻质烷烃的选择性氧化

近年来，使用天然气而不是石油作为原料化学品的原料已变得有利；在过去几十年中，世界已探明的天然气储量稳步增加，部分原因是从页岩矿床等非常规来源的开采量增加。现有的将天然气转化为烯烃的工艺，如费-托转化为烯烃（FTO）和甲醇转化为烯烃（MTO），首先要求轻烷烃在最终转化为烯烃之前通过水蒸气重整转化为合成气（CO 和 H_2）。因此，通过 C_1～C_4 烷烃的选择性催化氧化直接合成烯烃和含氧化合物是工业界和学术界研究的热点。

烷烃的好氧氧化需要烷烃和分子氧的共同供给（理想情况下）仅产生所需的氧化产物（烯烃、醇、醛和羧酸）和作为副产物的水，整个过程环境友好。烷烃的好氧氨氧化生成腈，也可以通过同时供给烷烃、氧和氨而产生水作为唯一副产品来实现。氧化物催化剂活化氧的能力，以及在氧化条件下的高热稳定性，使金属氧化物成为这些转化的有效催化剂。

轻质烷烃（甲烷、乙烷、丙烷、正丁烷和异丁烷等）的好氧氧化遵循相同的初始机理步骤，沿着它们的路线得到所需的产物。每一种轻烷烃最初都必须通过 C—H 键的断裂激活，C—H 键强度在 400～440kJ·mol^{-1} 之间，强度的增加顺序为：第三、第二、第一和甲基碳原子。可以直观地假设烷烃中最弱的 C—H 键将在其他键之前发生反应，并且这种初始 C—H 键裂解是整个烷烃转化的速率决定步骤。

在金属氧化物催化剂中，烷烃很少与暴露的金属原子直接配位，而是与活性金属结合的氧原子配位。烷烃的初始 C—H 键裂解几乎总是被认为是通过 H 原子转移进行的，来自末端 M═O 位的电子进入金属的 d 轨道，来自烷烃的 H 原子被与金属结合的氧原子接受，如图 5-22 所示。在许多有氧氧化应用中，活性金属原子被完全氧化，因此将电子送入金属 d 轨道所需的能量被确定为配体-金属电荷转移（LMCT）。

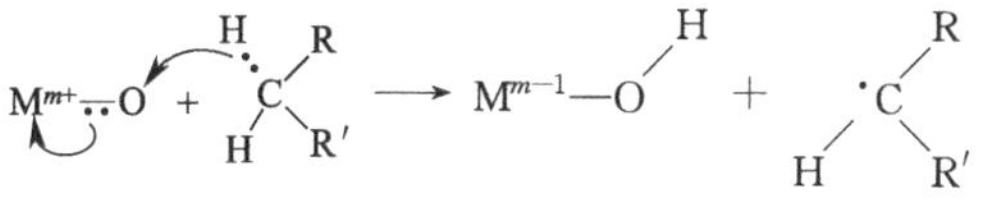

$$M^{m+}{\cdots}O + H{-}C(H)(R)(R') \longrightarrow M^{m-1}{-}O{-}H + \cdot C(H)(R)(R')$$

图 5-22 从烷烃到金属氧化物催化剂活性中心的氢原子转移

在这种初始 C—H 键裂解之后，烷烃进一步转化的机制将根据烷烃部分氧化的类型和所用金属氧化物催化剂的类型而有所不同。均裂 C—H 也会留下高度活性的碳中心自由基。进一步，一些自由基物种继续通过第二个 C—H 反应生成产物。

使用金属氧化物催化剂时，通常烷烃的好氧氧化动力学由 MvK 机制描述。假设烷烃转化后形成的还原金属中心被体相氧化物本身提供的氧原子（即“晶格”氧原子）再氧化。气态分子氧的作用是通过在氧空位处补充催化剂本体晶格氧原子来重新氧化载体氧化物。MvK 机理的特点是反应对烷烃呈一级反应，而对氧呈零级反应。但这并不影响氧的重要性。实际上，表面氧物种的电子性质对金属氧化物的反应性至关重要。尽管 MvK 机制被广泛用于描述烷烃氧化反应，但它忽略了其他类型氧物种对催化活性的贡献。

首选氧物种因应用而异。例如，需要更多的活性亲电氧物种来激活 CH_4 的强 C—H 键，虽然它们主要导致其他烷烃的完全氧化。C_2～C_4 烷烃的选择性脱氢和氧插入需要表面亲核氧物种来防止所需物种的过度氧化。

5.5.1.1 甲烷的选择性转化

通过合成气选择性地将 CH_4 转化为有价值的化学物质，已经报道了许多潜在的途径，这里不再讨论。图 5-23 示出了 CH_4 通过氧化或非氧化途径转化而形成的典型产物。

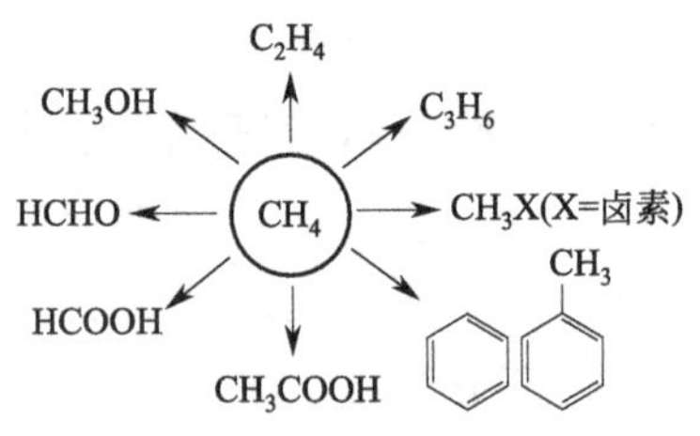

图 5-23 CH_4 选择性转化为有价值化学品的潜在途径

(1) CH_4 活化的一般机理

甲烷的选择性部分氧化是从 C—H 键或氧化剂的活化开始的。在非均相过程中，C—H 键的裂解经历了异裂或均裂解离：

异裂解离：

$$[O^{2-}]+CH_4 \longrightarrow [O^{2-}\cdots H^+]+{}^-CH_3 \tag{5-17}$$

均裂解离：

$$[O]+CH_4 \longrightarrow [OH]+\cdot CH_3 \tag{5-18}$$

表面中心 [O] 与氢原子具有高亲和力，碳负离子或甲基自由基的进一步转化，例如加氧、与 CO 或 NH 基团结合或与甲基自由基偶联以及随后的脱氢，导致氧化物、腈、乙烷和乙烯等的形成。

利用时间产物分析（TPA）反应技术证实，甲基自由基是通过气态甲烷与表面氧物种的直接反应在活性氧化物上形成的，反应机理为 Eley-Rideal 型。动力学同位素效应（KIE）研究表明，C—H 键的断裂是 O_2 作为氧化剂的 OMC 过程的速率限制步骤。然而，Lunsford 等人提出，反应没有唯一的限速步骤，因为 KIE 随 CH_4/O_2 比率而变化。CH_4 还原的催化剂的再氧化可能是速率决定步骤。在这种情况下，稳态反应的速率通过 MvK 机制进行。

气相氧化剂活化产生的亲电氧物种主要负责 C—H 键的均裂解离。因此，在存在气相氧化剂的情况下，甲烷的反应性通常要大得多。另一方面，有人提出亲核氧有助于 C—H 键的异裂解离，确定了亲核氧对甲烷催化氧化的影响。在 Mo 基催化剂上甲烷氧化制甲醛时，Mo═O 基团密度高，活性低，但选择性高。而 TPA 获得的结果表明，即使是体相晶格氧也可能参与反应，但反应速率较慢。此外，值得一提的是，不能排除亲电氧和亲核氧之间的平衡。

(2) 甲烷氧化制甲醇

甲醇是目前使用的最重要的化工原料之一，主要用于制造甲醛和二甲醚，最近用作生产烯烃和汽油的原料，如第 4 章所述的 MTO 与 MTP 反应。甲烷直接氧化制甲醇，从绿色化学角度考虑，其原子利用率为 100%：

$$CH_4+1/2\ O_2 \longrightarrow CH_3OH \tag{5-19}$$

由于甲烷分子具有高度对称性，以及分子中 C—H 键较强。298.15K 下，甲烷中第一个 C—H 键解离能为 $440kJ\cdot mol^{-1}$，平均键能为 $416kJ\cdot mol^{-1}$。因此，到目前为止，在使用氧气作为氧化剂产生甲醇时，甲烷转化率小于 1%。活化甲烷所需的高温导致甲醇中间体快速分解为甲醛和环氧化合物产物。

甲烷氧化制甲醇领域的发展前景受到酶法工艺的启发。甲烷单加氧酶能够激活甲烷并在室温下选择性地将其转化为甲醇。这些酶中的活性位点由 Fe_2O_2 或 Cu_2O_2 组成，它们稳定在较大的酶结构中。在多相催化剂中模拟这种环境，适用于分子筛的封闭孔和笼状环境。以 N_2O

或 H_2O_2 为氧化剂，Fe 交换的 ZSM-5 为催化剂，在室温下以甲烷为原料成功地制备了甲醇。

在以 O_2 为氧化剂的体系中，铜交换沸石引起了更多的关注，Groothaert 等人于 2005 年首次报道了它的成功实施案例。其中 Cu-ZSM-5 或 Cu-MOR 在 450°C 下用氧气预氧化，然后在 175°C 下与甲烷反应，使用水-乙腈混合物萃取产物进行分析。在 Cu 交换的分子筛中，可能存在着两种活性中心，即 Cu_2O_2 与 Cu_2O：

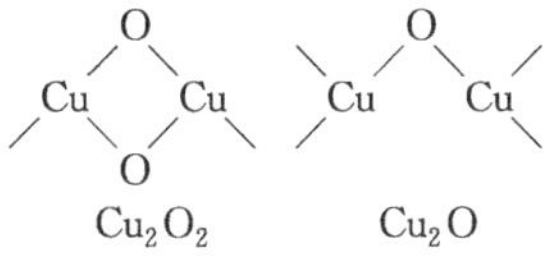

Cu_2O_2　　　Cu_2O

正如对甲烷活化的预期，从利用 CD_4 作为底物时观察到了动力学同位素效应，最初的氢原子提取被认为是动力学相关的。

Groothaert 等人的早期研究估计只有 4.6%的铜原子参与甲烷氧化。铜原子的不完全参与意味着交换到沸石结构中的铜所处的位置类型的不均匀性，使活性结构的任何明确表征变得复杂化。

进一步研究发现甲醇产率与沸石中铜浓度之间存在线性关系，计算出一个甲烷分子转化过程中三个铜中心的化学计量比。这种线性关系表明，所有最活跃的沸石上的铜位都与甲烷氧化有关。

(3) 甲烷氧化制甲醛

由于甲醇在甲醛的生产中被大量使用，甲烷直接好氧氧化制甲醛的研究已经进行了几十年，以期提高工艺效率。研究最多的两种甲烷好氧氧化制甲醛催化剂体系是负载型 MoO_x/SiO_2 和 VO_x/SiO_2。MoO_x 催化剂对甲醛有较高的选择性，但在相同的反应条件下反应性也较差。当甲烷转化率为 1%时，MoO_x/SiO_2 的甲醛选择性为 80%，而 VO_x/SiO_2 的甲醛选择性为 60%。然而，为了实现这种转化，VO_x/SiO_2 需要 530℃的温度，而 MoO_x/SiO_2 需要 590℃。更高的转化率导致甲醛选择性急剧下降，在使用 VO_x/SiO_2 进行 5.5%甲烷转化时选择性降至约 10%。

在甲烷和氧气的流动下，很少量的 MoO_x 物种以还原状态存在，反应机制涉及在一种 Mo^{4+} 物种上形成过氧化氢物种（见图 5-24），这是甲烷活化的原因。

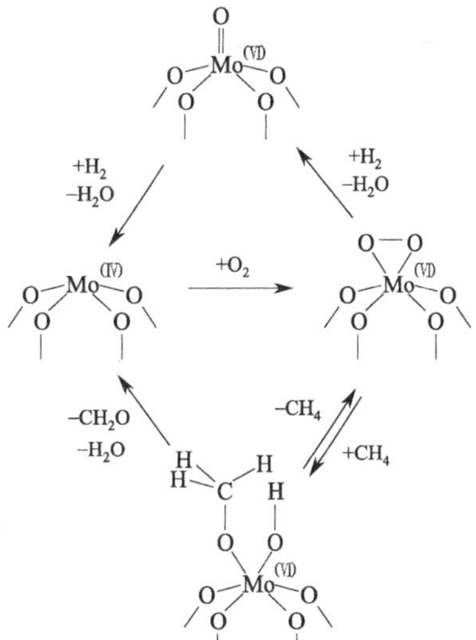

无论这种还原的 Mo^{4+} 位点来自何处，过氧物种似乎对任何类型的甲烷活化都至关重要。根据它们计算的反应机理，表面 MoO_x 物种最可能的结构是具有两个末端 Mo═O 键，这与它们的实验反应动力学模型一致。未来 MoO_x/SiO_2 催化体系的研究重点将放在过氧化物种的测定上。

图 5-24　假设在分离的 MoO_x/SiO_2 催化剂上通过过氧化物物种的 C—H 活化机制

甲烷好氧氧化制甲醇和甲醛活性催化剂的机理研究取得了很大进展，但连续生产条件下甲醇产率的研究进展不大。这是由于与甲烷相比，反应产物的反应活性更高。一个替代直接生产甲醇的方法被证明在均相催化中是可行的，即形成“受保护”的甲醛衍生物，如甲醛和甲酸甲酯。

5.5.1.2 乙烷氧化制乙醛和乙酸

$$C_2H_6 + O_2 \longrightarrow CH_3CHO + H_2O \tag{5-20}$$

$$C_2H_6 + 3/2O_2 \longrightarrow CH_3COOH + H_2O \tag{5-21}$$

除了氧化脱氢（ODHE）产生乙烯外，使用金属氧化物进行乙烷好氧氧化的其他应用很少。这里简要介绍乙烷好氧氧化生成乙醛和乙酸（HOAc）。

有文献报道，使用掺Cs的负载型 VO_x 催化剂，乙醛的选择性高达30%，但乙烷转化率非常低，仅为约3%。有趣的是，实验还发现丙烯醛的选择性相对较高（15%），乙烯的选择性较低（约7%），剩下的产物主要是环氧乙烷。

使用金属氧化物催化剂将乙烷直接好氧氧化形成 HOAc 的相关文献比乙醛合成的文献较为常见，但对这种转化的研究仍然很少。含有典型 Mo—V—Nb 原子的混合金属氧化物催化剂（MMO）是该过程中最常见的。其中，掺杂 Pd 的 Mo—V—Nb 催化剂表现最好，在文献中显示 HOAc 的产率高达3%～5%。这些催化剂提出了 HOAc 形成所需的两个位置：乙烷被假设进行反应与 MMO 的晶格氧在反应性 V^{5+} 位形成乙烯，而发现乙烯在分散的 Pd^{2+} 原子上经历 Wacker 反应形成 HOAc。Linke 等人发现水蒸气的存在对乙烯转化率的增加和 HOAc 选择性的提高起着关键作用（以 CO_x 为代价）。当在 Pd—Mo—V—Nb—O 催化剂上供给乙烯和氧气时，他们观察到乙烯转化率为20%，对 HOAc 和 CO_x 的选择性分别为73%和24%。通过向进料流中添加水蒸气，他们发现乙烯转化率增加到99.4%，对 HOAc 的选择性增加到93%，CO_x 选择性降低到7%。他们认为水的作用有助于促进 HOAc 从表面的解吸，从而协助 Pd^{2+} 反应中心的 Wacker 样过程。

有研究者探讨了催化剂微孔中的限域效应对 C_2H_6 的活化作用。将 C_2H_6 与 C_6H_{12} 做比较，C_2H_6 和微孔的大小表明其与客-主紧密结合，但 C_6H_{12} 不能进入孔内位点。在 MoVTeNbO 上测得的 C_2H_6 与 C_6H_{12} 的活化率比值远高于在非微孔钒氧化物 VO_x/SiO_2 上测得的活化率比值和用 DFT 在外表面上估计的活化率比值，表明在典型条件下，MoVTeNbO 上的 C_2H_6 活化大多发生在微孔内。在 MoVTeNbO 上，C_2H_6 和 C_6H_{12} 之间的活化能差更低，因为微孔通过范德华相互作用稳定 C—H 活化过渡态。C_2H_6 和 C_6H_{12} 的产物选择性表明，VO_x/SiO_2 在产物中激活 C—H 键和抵抗 O 插入的能力类似于 MoVTeNbO 的外表面，但后者氧化物中的微孔对 C—H 激活更具选择性。DFT 计算表明，微孔中的紧密限制阻碍了 O-插入所需的 C—O 接触。图5-25显示了微孔对 C—H 活化与 O-插入的影响。

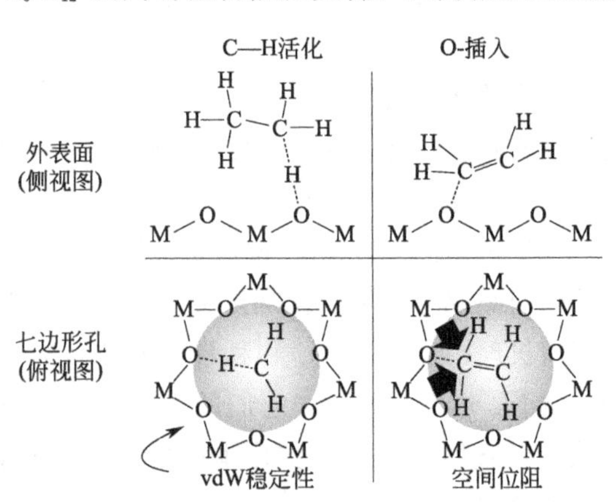

图5-25 限制在七边形孔中对 C—H 活化和 O-插入步骤的影响（vdW 稳定性指范德华稳定性）

来自实验和理论的分析捕捉到了复杂 MoVTeNb 氧化物的结构特征在选择性 C_2H_6-ODH 中的重要作用，并证明了孔隙环境如何引导催化转化，以提高选择性，甚至超过通过选择金属氧化物的最佳元素组分所实现的选择性。目前的研究结果加强和推进了先前混合氧化物中的位置隔离启发式概念，该概念指导了混合氧化物的初步发现和改进，通过提供更严格的分子连接，将孔隙中分子的定位和隔离与选择性增强联系起来。这些研究结果对以分散力和空间力为设计参数的选择性氧化催化剂的开发具有重要的指导意义。

5.5.1.3 丙烷选择性氧化制丙烯醛与丙烯酸

以丙烷为原料，相关反应的网络与热力学参数如图 5-26 所示。

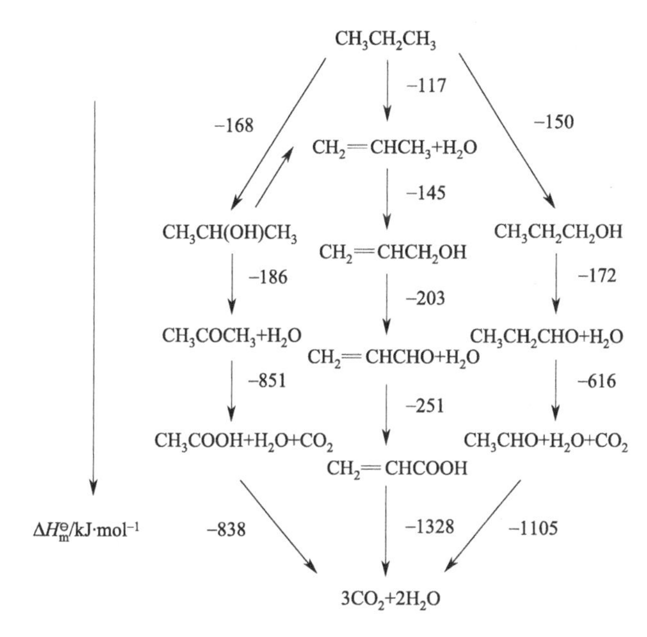

图 5-26 丙烷氧化相关反应及热力学参数图

(1) 丙烷氧化制丙烯醛

丙烯醛（ACR）是利用金属氧化物催化剂对丙烯进行好氧氧化的产物。它主要用作除草剂，但也是合成丙烯酸、喹啉和蛋氨酸等的重要化学品前驱体。

$$C_3H_8 + 3/2O_2 \longrightarrow CH_2=CHCHO + 2H_2O \qquad (5\text{-}22)$$

丙烷氧化制 ACR 最有前景的金属氧化物催化剂是 Mo—V—Te—P—O 系列 MMO 催化剂，能够实现高达 22%的丙烯醛产率。MMO 中磷原子的应用是独特的，并且不同于用于丙烷（amm）氧化为丙烯腈和丙烯酸的典型 M1/M2 催化剂，其包含 Mo—V—Te—Nb—O 原子。研究表明，需要 1∶2 磷/钒的最佳摩尔比才能对 ACR 的选择性甚至丙烷的转化率产生积极影响。在此最佳磷含量下，丙烷转化率达到 47%，ACR 选择性为 47%。随着磷含量的增加，对 ACR 的选择性降低。用 H_2-TPR 法研究了磷对催化剂还原性能的影响，结果表明，当 P/V 比为 1∶2 时，催化剂的还原性最佳。

(2) 丙烷选择性氧化制丙烯酸

$$C_3H_8(g) + 2O_2(g) \longrightarrow CH_2=CHCOOH(g) + 2H_2O(g) \qquad (5\text{-}23)$$

反应热效应 $\Delta_r H_m^{\ominus} = -718kJ \cdot mol^{-1}$。

早期采用 Co-Mo 催化剂体系，反应温度达 623K，丙烯酸的收率也较低（<70%）。目前催化剂是以 Mo-V 为主的多组分体系，如 Mo-V-Cu-W-Cr 体系（收率达 99.5%）和 Mo-V-Cu-As-

Zn 体系（收率 96.0%）

Mo-V 催化剂体系采用偏钒酸铵、仲钼酸铵和硅溶胶为原料，用共沉淀法制备，将得到的悬浮液喷雾干燥，并在空气中焙烧和在组成为 $C_3H_4O:O_2:H_2O:N_2=4:8:40:8$ 的反应物料气氛中预活化。若将活性组分分散在 SiO_2 载体上，从而增大活性组分的有效表面积和传热效果以及防止催化剂的活性下降。

催化剂的活性和选择性依赖于催化剂的组成（V/Mo 原子比和助催化剂的量）、物相、活化条件和载体的表面积。为了维持催化剂具有长时间的高活性和高选择性，催化剂本身必须处于某种程度的还原状态，这一点对于顺利进行氧化还原循环是必要的。

5.5.1.4 丁烷好氧氧化制马来酸酐

马来酸酐（MA）是一种多用途的化工中间体。主要用于合成聚酯树脂、农业肥料和食品工业添加剂，也是合成丁内酯和四氢呋喃的中间化合物。

$$C_4H_{10}+3.5O_2 \longrightarrow C_4H_2O_3+4H_2O \tag{5-24}$$

在 20 世纪 70 年代，人们对利用丰富的 C_4 馏分作为工业生产顺酐的替代原料越来越感兴趣。当时已经证明了用磷酸钒催化剂转化正丁烷可以得到顺丁烯二酸酐。这一工艺的重要性在于低活性短链烷烃（如正丁烷）已被选择性氧化，其产率优于基于烯烃(丁烯）或芳烃(苯）的类似工艺。目前，大多数工厂使用正丁烷作为原料，而不是像以前以苯为原料的工艺。使用正丁烷成本较低，MA 的产率较高，产生少量的副产物，而使用苯或丁烯会产生许多副产物。同时正丁烷的毒性明显低于苯。

目前正丁烷生产顺酐的工业工艺（见图 5-27）被认为是催化领域最成功的工艺之一。

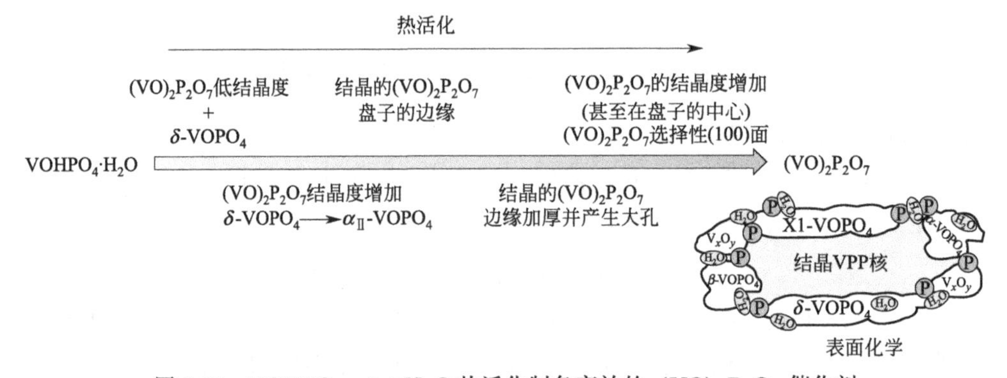

图 5-27 $VOHPO_4\cdot0.5H_2O$ 热活化制备高效的 $(VO)_2P_2O_7$ 催化剂

工业上使用的催化剂以磷酸钒（VPO）为基础包括 V^{5+} 正磷酸钒(α-、β-、γ-、δ-、ε-和 ω-$VOPO_4$ 以及 $VOPO_4\cdot2H_2O$)和 V^{4+} 磷酸钒氢盐［$VOHPO_4\cdot4H_2O$、$VOHPO_4\cdot1/2H_2O$、$VO(H_2PO_4)_2$］、焦磷酸钒［$(VO)_2P_2O_7$］和偏磷酸钒［$VO(PO_3)_2$］。但通常使用 $VOHPO_4\cdot H_2O$ 作为前体获得焦磷酸钒 $(VO)_2P_2O_7$（简称 VPP）作为主相。在 VPP 催化剂中加入合适的助催化剂元素，可以提高催化剂的催化性能。通常这些元素属于周期表的ⅠA、ⅠB、ⅡA、ⅡB、ⅢA、ⅢB、ⅣA、ⅣB、ⅤA、ⅤB、ⅥA、ⅥB和ⅧA簇。

图 5-28 显示了在该催化剂上正丁烷生成顺丁烯二酸酐所涉及的步骤。

$(VO)_2P_2O_7$ 是该反应最有效的相，而 $(VO)_2P_2O_7$ 的（100）面似乎特别活跃。这是因为（100）表面的氧化导致选择性的 γ-或 δ-$VOPO_4$ 相在表面形成，而其他表面被氧化成非选择性

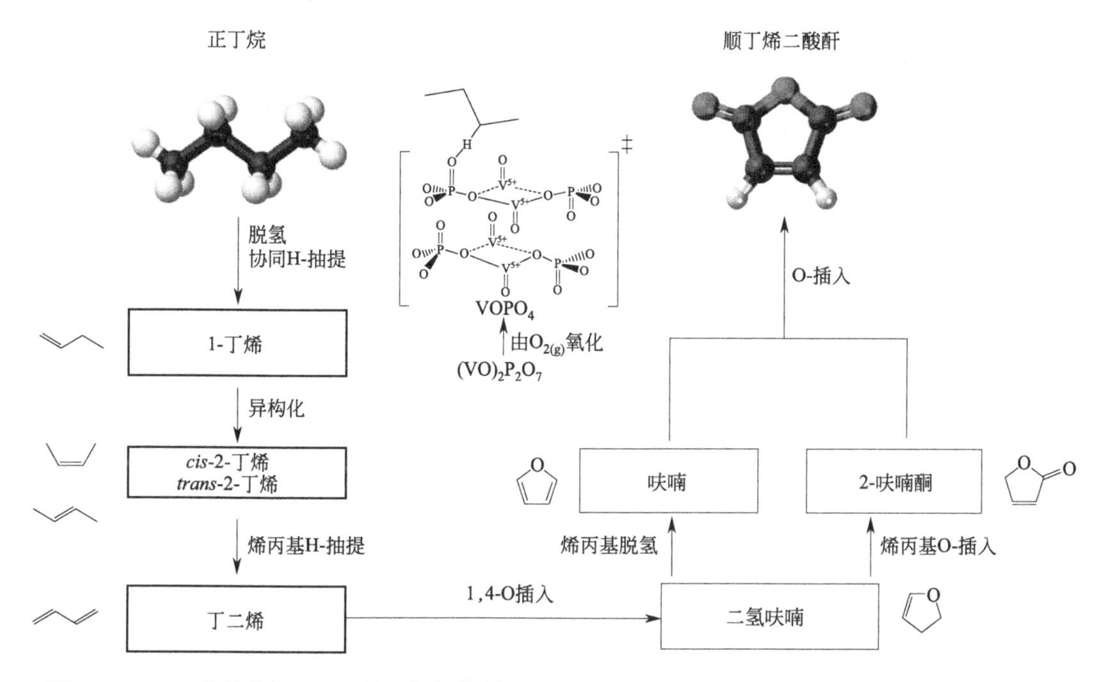

图 5-28　VPO 基催化剂上正丁烷选择氧化制顺酐的反应途径及 P＝O 活化 C—H 期间的拟定过渡态

为清楚起见，省略了一些 V—O 键

的化合物，如 α-或 β-$VOPO_4$。

在 VPO 催化剂中检测到钒的两种主要氧化态：V^{4+} 和 V^{5+}。V^{3+} 也已在活性高的 VPO 催化剂中被确定，但含量明显较低。与化学计量比 P/V＝1 相比，最佳活性催化剂呈现：①过量的 P/V 比率；②钒的氧化状态必须接近＋4（介于 4～4.05 之间），尽管 V^{5+} 物种很可能起到积极作用；③V^{3+} 物种的存在是有效性能的必要条件，在 $(VO)_2P_2O_7$ 晶格中产生一定浓度的 V^{3+} 物种以及由此形成的阴离子空位似乎对催化活性起到了积极的作用；④速率决定步骤是通过抽氢激活丁烷，可能是 V-物种中的丁烷。

正丁烷选择氧化制 MA 是一种特殊的氧化反应，它能吸收 8 个质子，在不裂解碳碳键的情况下裂解 8 个 C—H 键。同时，插入三个 O 原子也是必要的。反应遵从 MvK 氧化/还原催化，其中生成 MA 的活性氧是位于最上面几层的晶格氧。图 5-28 也显示了这种复杂的结果，尽管如此，这种反应的选择性相对较高。

催化剂的酸性对催化性能似乎有着重要的影响。磷酸钒具有一般的酸性，拥有 L 和 B 酸位。Abon 和 Volta 提出 H-提取发生在 L 酸位上，这可以决定 MA 的活性和选择性。Cornaglia 等人未能发现 L 或 B 酸位点与 MA 活性或选择性之间的相关性。然而，他们发现强 L 位点负责第一步，即丁烷⟶丁烯。B 酸位点的作用似乎并不那么直接，尽管它与一些积极作用有关，如稳定反应中间体和吸附氧物种，以及形成参与氧活化或转运的有机表面物种。

5.5.2　烯烃的选择性氧化

5.5.2.1　丙烯氧化制丙烯醛——α-H 氧化

$$CH_2{=}CHCH_3 + O_2 \longrightarrow CH_2{=}CHCHO + H_2O \qquad (5\text{-}25)$$

丙烯部分氧化制丙烯醛的过程始于氧化亚铜作为催化剂，部分氧化反应最重要的进展之一是1959年俄亥俄州标准石油公司（SOHIO）发现了混合氧化物的催化性能，特别是钼酸铋，用于烯烃的气相部分氧化。

在20世纪80年代以前，使用的催化剂Mo-Bi-Fe-Co体系以及少量的其他元素（如Ni、Ti和P），其优点是获得较好的丙烯醛收率，但反应温度偏高，强度和使用寿命不够理想。80年代以后，采用Mo-Bi-Fe-Co-Zr-Ca-Ti催化剂体系，丙烯醛的单程收率比原来的催化剂提高了几个百分点，可达90%；丙烯的转化率可达97%～99%，反应的主要副产物是乙醛和丙烯酸；催化剂的强度比原来的催化剂提高2～3倍，不易粉化。

Mo-Bi-O二元体系是SOHIO公司开发的丙烯醛工业催化剂的基础。最重要的催化剂是Bi/Mo原子比在(2∶3)～(2∶1)范围内的催化剂，呈现三种晶体结构：①单斜α-$Bi_2Mo_3O_{12}$，其特征在于存在三种不同的四面体配位的Mo位（称为α_1、α_2、α_3）；②单斜β-$Bi_2Mo_2O_9$（Erman相），其特征在于存在平行于b轴的Bi_3O_2链和仅结合到MoO_4四面体的Bi原子；③γ-Bi_2MoO_6（钾长石），其特征在于具有由（Bi_2O_2）$_n^{2+}$和（MoO_2）$_n^{2+}$片构成的层状结构，所述$(Bi_2O_2)_n^{2+}O_n^{2-}(MoO_2)_n^{2+}O_n^{2}$排列中通过$O^{2-}$连接。对于α、β和γ三种晶相，丙烯醛的选择性为74%、87%和52%。

然而，一种或多种晶相的形成及其催化性能将取决于制备方法，包括pH值、Mo浓度、温度等。在丙烯部分氧化反应中，α-$Bi_2Mo_3O_{12}$具有较高的活性和选择性，但也较为稳定。然而，不同相之间存在动态平衡，这使得催化剂可以根据所需的反应条件进行优化。

事实上，根据Grasselli的观点，在α-$Bi_2Mo_3O_{12}$的情况下可以很容易地观察到位置隔离，其中Bi对通过阳离子空位（可能是空穴）相互分离，而在选择性较差的γ-Bi_2Mo_6中则没有观察到。因此，在最佳催化剂（包括$Bi_9PMo_{12}O_{52}/SiO_2$）中观察到α-$Bi_2Mo_3O_{12}$和γ-Bi_2MoO的混合物。因此，有人提出三个相中至少有两个相之间的协同作用。

Grasselli等人提出了丙烯氧化成丙烯醛的反应机理［图5-29(a)］：①Bi-O位上的α-氢提取（通常是速率决定步骤）；②在二氧代Mo^{6+}位上形成π-烯丙基物种，$O=Mo^{6+}=O$；③在二氧代Mo^{6+}位上形成σ-氧代烯丙基物种；④通过与Mo^{6+}位的相互作用和丙烯醛的形成进行第二次吸氢；⑤通过恢复活性位的分子氧对催化剂进行再氧化。因此，Bi^{3+}位直接参与氢的提取，而Mo^{6+}位则与烯烃的吸附和O-插入有关。最近，基于两个相邻的二氧代Mo^{6+}物种在丙烯氧化中的可能重要性，考虑到π-烯丙基物种的形成发生在两个相邻的二氧代Mo^{6+}物种形成的中心，提出了一种改进的机理［图5-29(b)］。

除了快速提取氢（催化剂还原）外，最佳催化剂还应呈现快速再氧化。这样，随着$Bi_2Mo_6 > Bi_2Mo_2O_9 > Bi_2Mo_3O_{12}$（晶格氧化物离子参与反应），氧化物离子迁移速率增加。晶格氧的参与可以通过加入其他元素进行修饰。因此，α-$Bi_2Mo_3O_{12}$的活性可以通过在白钨矿相中引入其他元素（如Fe、V、W）来改变。

钼酸铋催化机理及动力学研究可由图5-30表示。

丙烯氧化成丙烯醛的动力学数据最好用从氧化还原MvK机理导出的方程式拟合，其中丙烯醛的形成速率可描述为：

$$r_i = [k_r p_h^{\alpha} p_o^{\beta}] / [k_r p_h^{\alpha} + k_o p_o^{\beta}] \tag{5-26}$$

式中，k_r和k_o分别为还原和再氧化的速率常数；p_h和p_o分别为丙烯和氧的分压；α和β为相应的反应级数。

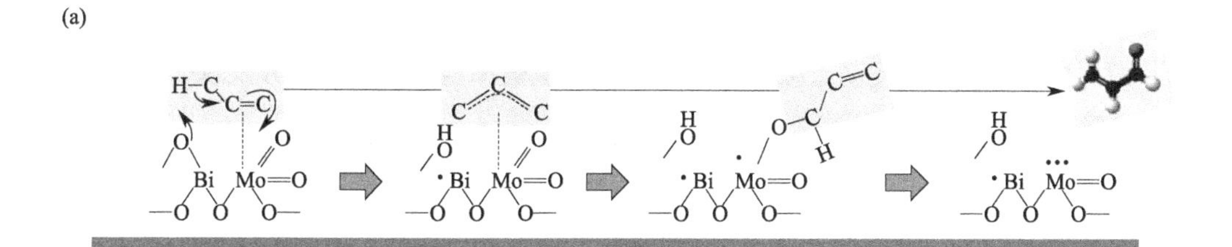

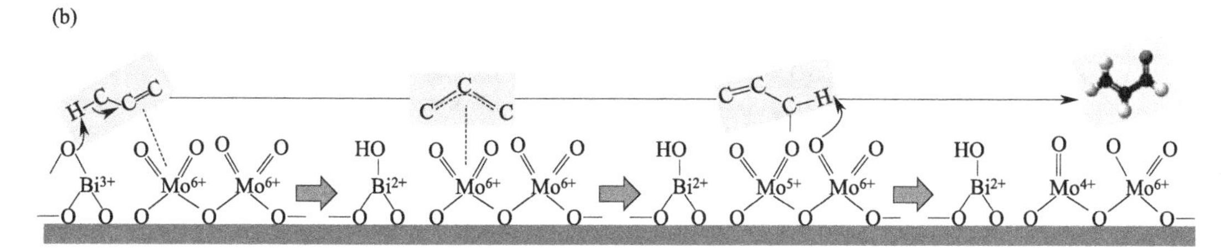

图 5-29　Bi-Mo-O 基催化剂上丙烯选择氧化制丙烯醛的反应机理

（a）初始机理；（b）修正机理

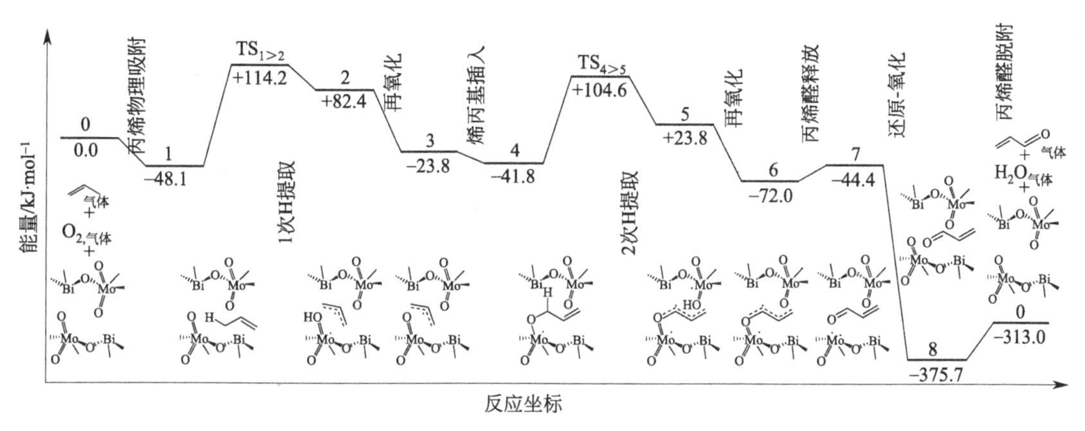

图 5-30　Bell 及其同事提出的丙烯氧化各反应步骤的能量图

钼酸铋催化剂不仅对丙烯醛或丙烯腈的产率和选择性比氧化亚铜催化剂高，而且还可以催化其他工业反应，如丙烯氨氧化制丙烯腈，异丁烯氨氧化制甲基丙烯醛或甲基丙烯腈，丁烯氧化脱氢生成丁二烯。

5.5.2.2　丙烯酸与丙烯腈的制备

丙烯酸（AA）是制备纤维、涂料、合成橡胶和合成树脂的重要中间体，以丙烯为起始原料，经丙烯醛两步气相氧化法生产。另一方面，丙烯腈（ACN）是由丙烯在多组分双金属催化剂上工业化生产的。

$$CH_2=CHCH_3 + 3/2O_2 \longrightarrow CH_2=CHCOOH + H_2O \quad (5\text{-}27)$$

$$CH_2=CHCH_3 + NH_3 + 3/2O_2 \longrightarrow CH_2=CHCN + 3H_2O \quad (5\text{-}28)$$

然而，从廉价的碳源出发，减少全球 CO_2 排放量，开发高效的一步法工艺将更为方便。一种替代方法是用丙烷逐步取代丙烯，因为丙烷的成本较低，而且 CO_2 排放量较低，对环境的影响较小。

丙烯氨氧化制丙烯腈工业上所用催化剂是多组分钼铋系复氧化物催化剂。第一代磷钼铋（$Bi_9PMo_{12}O_{52}$）催化剂载体为 SiO_2；第二代是锑铀（$UO_3Sb_2O_3$）催化剂；第三代是磷钼铋铁钴镍氧七组分催化剂，这类催化剂的活性组分是 MoO_3 和 Bi_2O_3。

在钼酸铋催化剂上，其反应机理如图 5-31 所示。动力学实验结果表明，反应速率 $r=kp(C_3H_6)$，原料中氨和氧的浓度高于某一最低值后，反应速率与氨和氧的浓度无关，丙烯腈的生成仅与丙烯分压的一次方成正比。

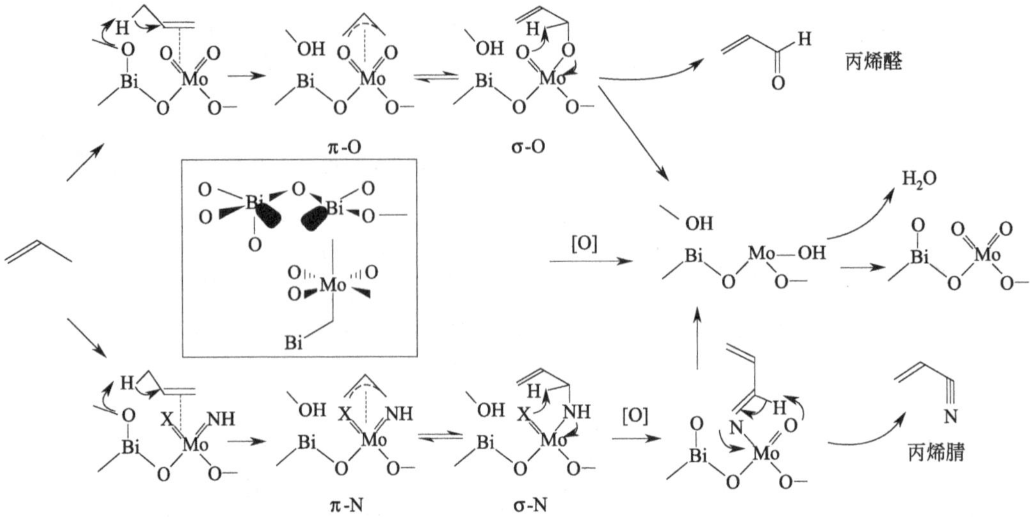

图 5-31　丙烯氨氧化制丙烯腈的机理及活性中心

20 世纪 90 年代，Mitsubitshi 提出了一种新型催化剂，以多组分 MoVTe(Sb)NbO 混合氧化物为基础，用于丙烷部分氧化制丙烯酸和丙烷 amm 氧化制丙烯腈。用这些材料可以在 400～450℃的反应温度下工作。

丙烷氧化和 amm 氧化的主要反应网络是在不同的晶相上依次经历氧化脱氢制丙烯和丙烯氧化制丙烯酸（或 amm 氧化制丙烯腈）两个步骤，提出了 MoVSbNbO 复合氧化物作为活性和选择性催化剂的应用。

在过去的十年中，这些催化体系得到了广泛的研究，在元素组成为 $Mo_{0.1}V_{0.3}Te_{0.23}Nb_{0.12}O_x$ 的催化剂上获得了最高的产率。此外，还提出了类似的无碲 Mo-V-O 和无铌 Mo-V-Te-O 催化剂，其对丙烯酸的选择性相对较低。此外，V、Nb 或 Te 以及合成的 pH 值、起始材料、还原剂/氧化酸的存在或最终热处理的影响似乎对晶相的性质以及最终对其催化性能有很大的影响。V/Mo 和 Nb/Mo 的比值在最佳催化剂中可以变化，但分别接近于 0.3 和 0.1。此外，合成凝胶中草酸铌的存在阻止了水热合成过程中长而大针状物的形成，稳定了晶体结构。

Ueda 等人提出了结晶 Mo-V-O 基催化剂的关键方面。正交 Mo-V-O 对部分氧化产物不具有选择性，而正交 Mo-V-Te-O 对丙烯酸具有部分选择性，正交 Mo-V-Te-Nb-O 对丙烯酸具有高度选择性。相反，Mo-V-O 催化剂呈现 Mo_5O_{14} 结构或 Mo-V-Te-O 材料具有六方 MoVTeO 青铜或 $TeMo_5O_{16}$ 结构，导致丙烷氧化不活跃。

在含 Te 材料（即 MoVTeNbO）的情况下，已证明存在：正交相 $(Te_2O)M_{20}O_{56}$ (M=Mo, V, Nb)，命名为 M1 相，空间群为 Pba2，化学式为 $(Mo^{5+})_{0.55}(Mo^{6+})_{6.76}(V^{4+})_{1.52}(V^{5+})_{0.17}(Te^{4+})_{0.69}(Nb^{5+})_{1.00}(O^{2-})_x$ $(28.34 < x < 28.69)$。该相与 $Cs_{0.7}(Nb,W)_5O_{14}$ 同构。正交（M1 相）和伪六方[$(TeO)M_3O_9$ (M=Mo, V, Nb, M2 相)]晶体的形态也不同，表明晶体成分对其晶

体生长有很大影响。

人们普遍认为，纯 M1 相（Te_2O）$M_{20}O_{56}$ 在丙烷和丙烯的氧化和 amm 氧化制 AA 或 CAN 中具有活性和选择性。而 M2 相 $Te_{0.33}MO_{3.33}$ 仅对丙烯的部分氧化具有活性和选择性。因此，Mo-V-Te-Nb 催化剂的大部分催化结果可以用 M1 相的特征来解释。然而，M2 相和 M1 相的存在对丙烯酸的活性和选择性有积极的影响，特别是在高丙烷转化率下。

由于丙烯酸的部分降解，丙烯酸的最大产率有一个极限（丙烷转化率约为 50%时，选择性约为 70%）。因此，今后的研究目标必须是对催化剂进行改性，以提高丙烯酸在反应条件下的稳定性，避免或减轻其分解。

使用相同的 MoVTeNbO 催化剂，可以通过 amm 氧化反应获得较高的丙烯腈选择性，产率约为 62%，这可以解释为丙烯腈相对于丙烯酸的稳定性较高。因此，对于丙烯氧化反应而言，加入促进剂可以提高催化剂的催化性能。

使用密度泛函理论的 B3LYP 计算表明，反应涉及在氧化钼上（使用 Mo_3O_9 团簇模型）将烯丙基活化的中间体转化为丙烯腈，调整相关参数以描述进料中 NH_3 的高分压和低分压，相关机理示于图 5-32。反应过程中亚氨基（Mo═NH）有两个作用：①直接作用于 H 的提取障碍，亚氨基的 H 提取比氧基的 H 提取有利（约 32kJ·mol^{-1}）；②间接作用使 H 提取能垒额外降低了约 62kJ·mol^{-1}。因此，在较高的 NH_3 压力下（增加了 Mo═NH 键的数量），第二个 H 提取能垒显著降低，实验结果表明，在较高的 NH_3 分压下丙烯转化率较高。同时还发现，反应过程中的再氧化是烯丙基容易转化为丙烯腈的必要条件。

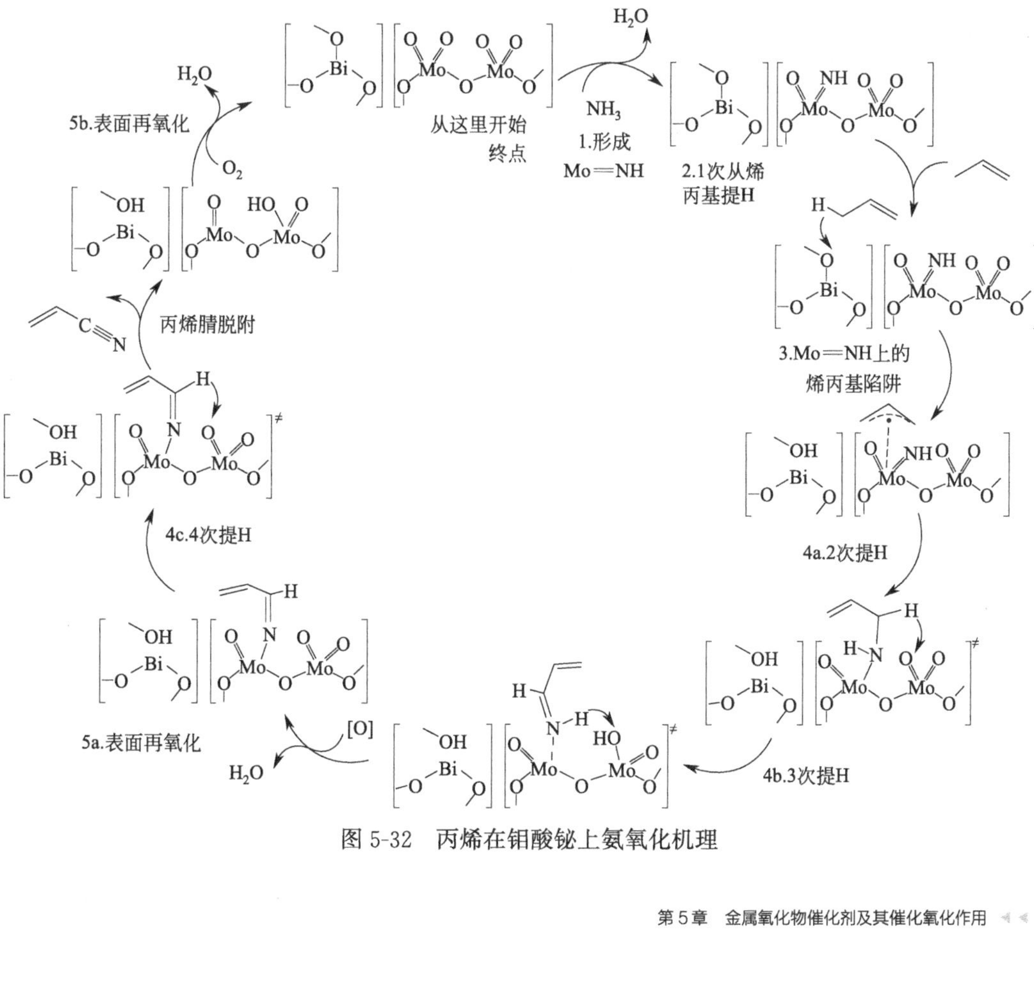

图 5-32　丙烯在钼酸铋上氨氧化机理

有研究基于先前的 Grasselli 机制基础上结合量化计算，认为该反应包括以下步骤：①氨在钼位上活化生成 Mo ═NH 基团，特别是具有两个 Mo ═NH 键的表面位；②丙烯被铋的表面氧化物活化生成 π-烯丙基中间体；③烯丙基与 Mo ═NH 位点 1 结合（由附近的 Mo ═NH 或 Mo ═O 协助，具体取决于 NH_3 暴露的程度）在钼（σ-N-烯丙基中间体）上形成 C—N 键；(4abc) 随后通过单独的 Mo ═NH 或 Mo ═O 位点 2、3 和 4（各由旁观者 Mo ═NH 协助）三次吸氢，最终形成丙烯腈通过晶格氧迁移和气态氧填充空位来实现活性中心的再氧化。

5.5.2.3 乙烯氨氧化

$$CH_2 = CH_2 + O_2 + NH_3 \longrightarrow CH_3CN + 2H_2O \tag{5-29}$$

乙腈（CAN）是一种重要的基础化工产品，具有多种工业用途。对于直接氨氧化，已经研究了几种催化剂体系，例如 Cr-Nb-Mo-O 催化剂和沸石负载过渡金属催化剂。到目前为止，离子交换法制备的沸石负载过渡金属催化剂可以在液相中进行，也可以通过固相交换反应进行。沸石和固体前驱体盐之间的固态离子交换反应最近受到了相当大的关注。

钒能催化乙烯氨氧化生成乙腈，但催化效率较低。另一方面，发现双金属 V-Mo/ZSM-5 催化剂比单金属 Mo/ZSM-5 和 V/ZSM-5 催化剂对乙腈具有更高的活性和选择性。观察到活动顺序按以下方式变化：V-Mo/ZSM-5＞Mo/ZSM-5＞＞V/ZSM-5。结果表明 V 和 Mo 之间存在某种协同效应，这种协同效应与 V 和 Mo 之间存在短程电子相互作用有关，这可能影响催化剂的氧化还原性能，在氨氧化反应中起着重要作用。

5.5.3 短链烷烃的氧化脱氢制烯烃

轻质烷烃的氧化脱氢（ODH）在工业上有很大的用途，可以替代目前的烯烃生产工艺。从能源消耗的角度来看，它更具可持续性，无需再生步骤，因而它有高的能量效率。与热解不同，ODH 反应是在释放热量而不是吸收热量的情况下进行的。

与甲烷中的 C—H 键能为 $440kJ \cdot mol^{-1}$ 相比，乙烷（$420kJ \cdot mol^{-1}$）、丙烷（$412kJ \cdot mol^{-1}$）、正丁烷（$410kJ \cdot mol^{-1}$）和异丁烯（$404kJ \cdot mol^{-1}$）中明显较弱的 C—H 键允许它们在比甲烷更低的温度下活化。此外，在有氧的情况下进行脱氢可以克服热力学限制，在一个循环中利用显著较低的反应温度（ODH 为 450℃±50 ℃，蒸汽裂解为 850℃±50℃）达到较高的原料转化率。

图 5-33 显示了 C_2～C_4 烷烃 ODH 的大多数选择性催化剂中实现的最高选择性（在转化率为 30%下）的比较。根据 Costine 和 Hodnett 估计的稳定性，即产物中最弱的 C—H 键与反应物中最弱的 C—H 键或 C—C 键的解离焓之差。可以看出，乙烷的 ODH 中乙烯的产率最高（超过 95%），而其他烷烃的产率不超过 75%。这种差异可以通过乙烯与其烷烃相比具有较高的相对稳定性来证明。

因此，乙烷的 ODH 似乎离商业化实施不远，而丙烷、正丁烷或异丁烷的 ODH 实施似乎极其复杂。

对于短链烷烃 ODH 催化剂的合理设计，至少应考虑三个因素：活性中心的性质（配位和氧化状态）、催化剂的酸碱特性和载体/基质的性质。在目前许多类型的材料中，有四种催化体系可以突出显示：①存在 V 或 Mo 孤立中心的催化体系；②NiO 基催化剂；③具有正交青铜结构的 Mo、V 多组分氧化物，即所谓的 M1 相；④基于不可还原金属氧化物的催化剂。前三个体系反应温度较低（550℃以下，大多数情况下低于 450℃），而第四个体系需要较高的反应

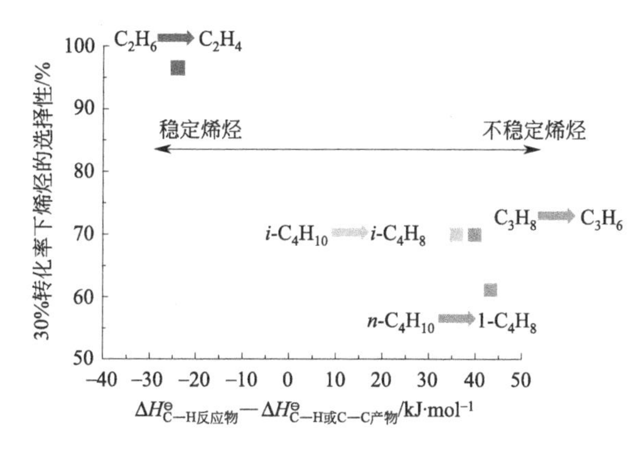

图 5-33 短链烷烃氧化脱氢对烯烃的选择性与烷烃/烯烃的相对稳定性

温度。

第 1 组包括负载型 V 和/或 Mo 氧化物、金属钒酸盐和/或钼酸盐，或含 V 分子筛（微孔或介孔，V 位于骨架位置）。在中等温度（400～600℃）下，它们在 ODH 中 C_2～C_4 具有相对的活性和选择性。然而，在这种催化体系中，烷烃活化的活性中心对烯烃的燃烧也非常活跃，最终导致烷烃转化率高时烯烃选择性低。就 V 基催化剂而言，V 物种的性质、氧化还原性质和催化剂的酸碱特性强烈影响这类材料的催化性能。孤立的活性中心似乎对烷烃的选择性活化非常重要。另一方面，乙烷 ODH 有利于呈现酸性特征的催化剂，而丙烷，尤其是正丁烷 ODH 有利于无酸中心的催化剂。酸中心的存在有利于 C_3～C_4 烯烃的高吸附，有利于快速降解和碳氧化物的形成。改善短链烷烃 ODH 催化性能的一个有趣的途径是对负载型 V（或 Mo）催化剂的合成进行改性，以增加 V 原子的分散性。这样，当烷烃转化率增加时，V 或 Mo 催化剂中观察到的烯烃选择性的急剧下降可以得到缓和。

第 2 组是基于 NiO 的催化剂。通过改变催化剂的 Nb/Ni 原子比，可以获得最佳的催化性能。当 Nb/Ni 比在 0.11～0.20 范围内，乙烷转化率低于 40%时，催化剂对乙烯的选择性可达 90%左右。原因在于，在单层分散以下，Nb^{5+} 阳离子溶解在样品的 NiO 晶格中。当 Nb 含量较高时，NiO 和 Nb_2O_5 相发生不均匀和偏析，导致乙烯选择性降低。

NiO 基催化剂与 V 基催化剂之间最显著的区别是，在 NiO 基催化剂上不生成 CO，当控制进料中的氧含量时，乙烯的选择性在乙烷转化率高达约 40%的范围内几乎没有下降。

以混合金属氧化物催化剂（MMO），特别是由 Mo-V-Nb-Te-O 原子组成的 M1/M2 催化剂，是 ODHE 的一些性能最好的催化剂。几十年前，类似的 Mo-V-O MMO 最初显示出良好的乙烯选择性。现在，M1/M2 催化剂报告在乙烷转化率大于 80%时乙烯选择性大于 80%，导致乙烯产率为约 75%。除了指出的高产率之外，M1/M2 催化剂还受益于在较低温度下活化乙烷，而不是其他 ODHE 催化剂，所需温度为 340～400°C。M1/M2 具有高选择性的一个主要原因是它不催化乙烯的连续氧化。这与 C_3～C_4 烷烃原料的使用形成强烈对比，C_3～C_4 烷烃原料的产率不高，而高的是其各自的顺序氧化产物，如丙烯酸或马来酸酐。

5.5.3.1 甲烷氧化偶联制乙烯

甲烷氧化偶联（OCM）催化反应是由 Keller 和 Bhasin 于 1982 年首次报道的，多年来一直引起了人们的广泛关注，目的是使 OCM 催化过程在商业上可行。尽管 OCM 不受热力学限制，但它在动力学上受到阻碍，仍然需要性能更好的催化剂才能使 OCM 在工业上可行。OCM 催化反应面临选择性问题，如在 800℃时，OCM 反应的自由能变化为约$-154kJ\cdot mol^{-1}$，而 CH_4 完全氧化为 CO_2 的自由能变化为约$-801kJ\cdot mol^{-1}$，OCM 催化过程涉及非均相和均相反应步骤。该过程涉及通过多相催化步骤激活 CH_4 的 C—H 键以形成气态甲基自由基（$CH_3\cdot$），随后是 $CH_3\cdot$自由基的气相均相复合步骤以产生 C_2H_6。C_2H_6 可在同一催化剂上进一步氧化脱氢以形成高度期望的 C_2H_4 产品。与能源和资本密集型间接途径相比，OCM 作为最具成本效益和环境友好的 CH_4 转化为化学品的方法具有最大的潜力。

$$2CH_4 + 1/2O_2 \longrightarrow CH_3CH_3 + H_2O \tag{5-30}$$

$$2CH_4 + O_2 \longrightarrow CH_2{=}CH_2 + 2H_2O \tag{5-31}$$

其反应网络如图 5-34 示意。

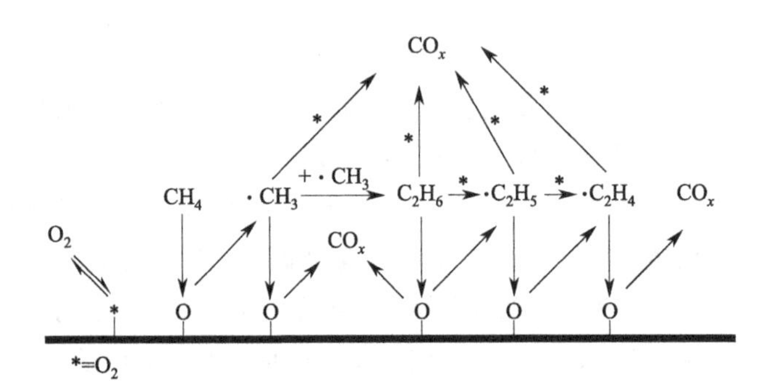

图 5-34　OCM 反应网络示意图

为了寻找高 C_2H_4 选择性和抑制过氧化生成碳氧化物（CO_x）的催化剂，研究了数百种催化剂（由ⅠA族、ⅡB族和过渡金属氧化物组成）。尽管 Li/MgO 催化剂中的锂（Li）作为结构促进剂通过 Li 迁移到表面来增强 OCM 性能，但由于其在高反应温度下随着时间的推移损失过多，因此存在固有的不稳定性。镧基催化剂具有较好的热稳定性，但存在选择性问题。

图 5-35 显示了报告的 C_2 产率高于 25%的有前景的催化剂体系。特别是三种主要类型的催化剂家族：①碱土金属氧化物与碱金属掺杂，②镧系金属氧化物与碱金属或碱土金属掺杂，③含碱和过渡金属掺杂的锰基氧化物。从这些催化剂家族中可以看出，碱度是 OCM 催化剂的一个重要性质，它可能是活化甲烷的一个关键因素。图 5-36 显示了 Na_2WO_4/Mn_xO_y 催化剂上甲烷 OCM 反应网络。

负载型 $Mn/Na_2WO_4/SiO_2$ 催化剂是 OCM 条件下长时间稳定运行的催化剂体系，CH_4 产率约为 30%（转化率约为 35%，C_2 选择性约为 80%）。

Na-W-氧化物体系的协同作用可能与结构效应和表面碱性中心的引入有关。Na 的加入有助于 Mn 转移到催化剂表面，也使氧化钨组分更容易还原，这可能对 OCM 有积极意义。同时含有 Mn 氧化物和 W 氧化物的催化剂表现出更好的选择性，但活性略低于单独含有 Mn 氧化物的催化剂。SiO_2 负载的 Mn-Na-W-氧化物催化剂的活性略低于活性最强的 Na-W-氧化物催化剂，但表现出明显更高的选择性。

5.5.3.2 乙烷氧化脱氢制乙烯

传统上，乙烯是在原油的石脑油馏分的蒸汽裂解中产生的。随着近年来页岩气资源的激增，化工生产企业认为用富乙烷页岩气代替石脑油生产低成本乙烯具有经济效益。

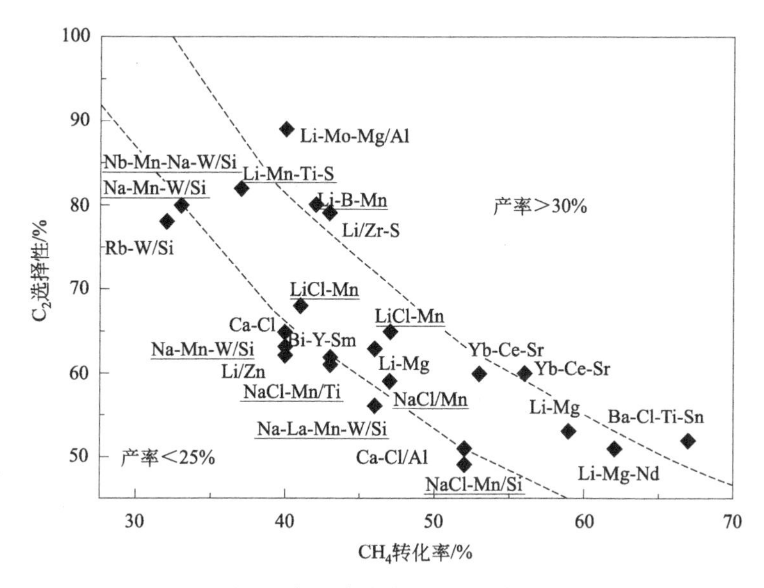

图 5-35　乙烷和乙烯联合产率大于 25%的 OCM 催化剂

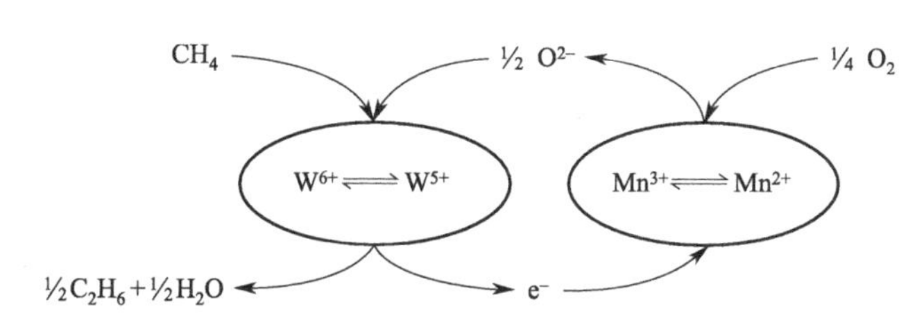

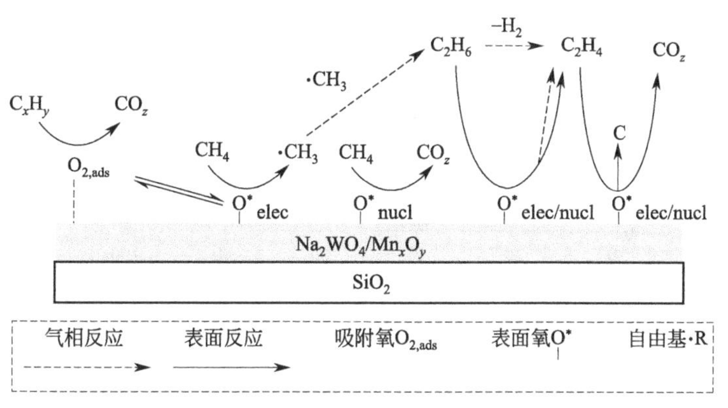

图 5-36　仅含晶格氧的 OCM 反应网络

elec—亲电；nucl—亲核

$$C_2H_6 + 1/2\ O_2 \longrightarrow CH_2{=}CH_2 + H_2O \qquad (5\text{-}32)$$

负载型 VO_x 催化剂是 ODHE 研究最多的催化剂之一，尽管它们的性能不如 M1/M2 催化剂。一些性能好的负载型 VO_x 催化剂的乙烯产率约为 25%，它们使用 K^+ 掺杂的 VO_x/Al_2O_3 催化剂。已经证实，ODHE 使用负载型 VO_x 催化剂遵循 MvK 机理，在乙烷和氧气中分别显示一级和零级依赖性。

载体氧化物的选择对负载型 VO_x 催化剂的活性有很大的影响。研究表明，负载型 VO_x 催化剂的 TOF 按 $VO_x/SiO_2 < VO_x/Al_2O_3 < VO_x/ZrO_2$ 的顺序增加，而在这些载体上 V^{5+} 结构的还原性按相同的顺序增加，因此，建立了负载型 VO_x 催化剂的活性与 V 位还原性之间的关系。

另一种催化 ODHE 的负载型金属氧化物是负载型 MoO_x。总体上，负载型 MoO_x 催化剂的活性低于负载型 VO_x 催化剂。

在催化剂设计中，另一个需要考虑的因素是金属-氧键的强度以及它对乙烯选择性的影响。若金属-氧键很弱，催化剂可能非常活跃，但没有选择性，因为进一步氧化步骤很容易。相反，强的金属-氧键使催化剂表面活性降低，但可能导致 CO_x 选择性降低。这样的分析有助于证明为什么三维 V_2O_5（V^{5+} 配位到五个 O 原子）比负载分散的二维 VO_x（V^{5+} 含末端 V═O）对乙烯的选择性低，对 CO_x 的选择性高。以多组分 Mo-V-(Te,Sb)-Nb-O 复合氧化物为基础的第三种催化体系对乙烷的 ODH 反应也有特殊的兴趣。

图 5-37 显示了乙烷 ODH 中获得的一些最具代表性的结果，包括这些催化系统随后的变化。三维大块 V_2O_5 的选择性催化性能较差，但分散在适当的载体上，如 γ-Al_2O_3，可以改善其性能。单独使用 NiO 也是一种不好的催化剂，加入促进剂，如 Nb，选择性会急剧增加。图 5-37 也显示了 Mo-V-Nb 催化剂具有优异的乙烯收率，通过添加 Te 和改进制备工艺可以进一步提高乙烯收率。

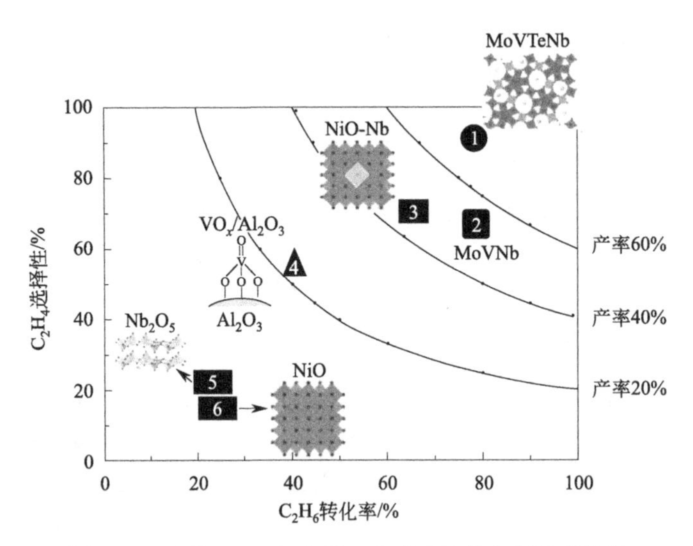

图 5-37 乙烷 ODH 制乙烯一些代表性催化剂反应结果

图 5-38 与图 5-39 分别反映了 MoVTeNbO 体系的热处理温度对催化剂的物相结构以及 V 物种的配位情况对反应结果的影响。控制合适的反应温度以及 V 物种的配位结构是取得高的乙烷转化率和乙烯选择性的重要因素。

该催化体系还以丙烷、正丁烷和异丁烷为原料提供有用的产物，但在这些情况下，得到的主要反应产物不是烯烃，而是丙烯酸、马来酸酐和甲基丙烯醛/甲基丙烯酸。

5.5.3.3 丙烷氧化脱氢制丙烯

$$C_3H_8 + 1/2O_2 \longrightarrow CH_3CH{=}CH_2 + H_2O \tag{5-33}$$

负载型金属氧化物催化剂，特别是负载型 VO_x 作为活性金属氧化物的催化剂，是丙烷氧化脱氢（ODHP）反应文献中最具选择性和研究最多的金属氧化物催化剂。一些性能最好的负

(a)

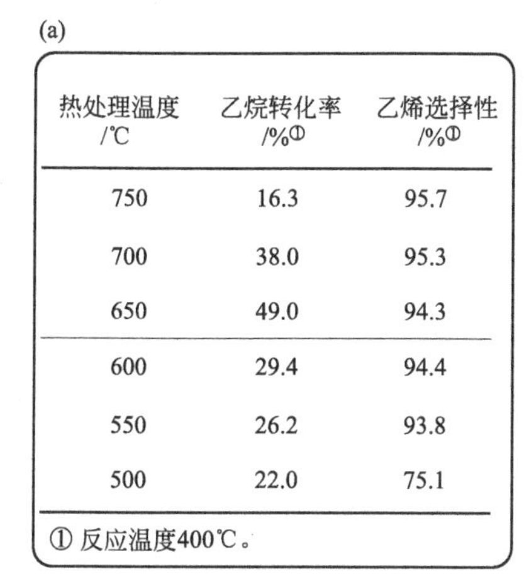

热处理温度/℃	乙烷转化率/%①	乙烯选择性/%①
750	16.3	95.7
700	38.0	95.3
650	49.0	94.3
600	29.4	94.4
550	26.2	93.8
500	22.0	75.1

① 反应温度400℃。

(b)

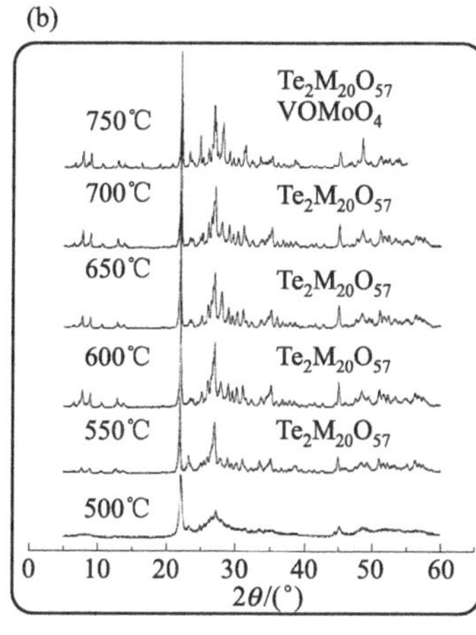

图 5-38 MoVTeNbO 催化剂上热处理温度对晶体结构、活性和选择性的影响

(a) 催化剂的活性和选择性随温度的变化；(b) 相应温度下 MoVTeNbO 催化剂的 XRD 图

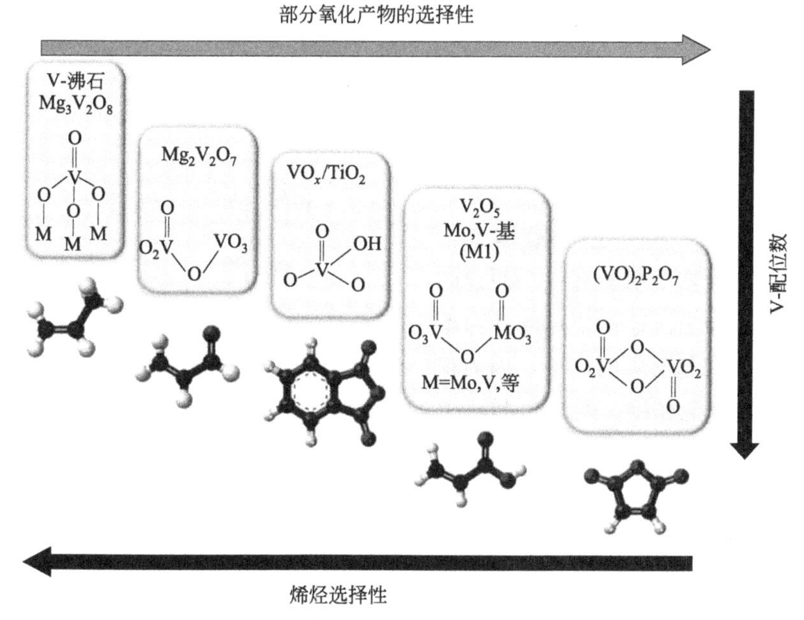

图 5-39 V 物种配位对部分氧化产物和烯烃选择性的影响

载型 VO_x 催化剂使用介孔二氧化硅材料作为载体，VO_x/MCM-48，丙烯产率为约 17%。尽管负载型 VO_x 材料已经研究了几十年，但尚未观察到可丙烯选择性的实质性改善。

研究人员希望通过策略性地将注意力集中在几个领域来提高选择性和反应性：①选择性更强的 VO_x 位点的表面分散，氧化物表面上仅存在二维（2D）VO_x，有利于直接脱氢途径，而三维（3D）V_2O_5 纳米颗粒的出现加速了丙烯过度氧化成 CO_x 的速率。②改变氧化物载体的特性，在某些情况下使用高比表面积载体，如大块氧化物 Al_2O_3（约 $220m^2 \cdot g^{-1}$）、ZrO_2（约 $40m^2 \cdot g^{-1}$）、TiO_2（约 $50m^2 \cdot g^{-1}$）和 CeO_2（约 $40m^2 \cdot g^{-1}$）的表面积存在很大差异，但这些氧化物都允许最大 2D VO_x 分散度为 $8 \sim 9V \cdot nm^{-2}$。向这些表面添加更多 VO_x 会触发不需要的 3D V_2O_5 的形成。当在 SiO_2 上负载 VO_x 时，观察到较低的可实现 2D VO_x 表面密度，在触发

3D V_2O_5 形成之前仅允许达约 $3V\cdot nm^{-2}$。③引入额外的表面金属氧化物物种以与表面 VO_x 具有组合效应或协同效应。如在 SBA-15 上同时负载 VO_x 和 TiO_x 可提高单独 VO_x/SBA-15 催化剂的反应性。通过这种方式，将 VO_x/SBA-15 催化剂的高选择性与 VO_x/TiO_2 催化剂的高反应性结合起来。这种 VO_x/TiO_x/SBA-15 催化剂提高了催化生产率。类似研究表明，在 SiO_2 表面同时支持 VO_x 和 TaO_x 时，效果相似。

Chen 等人通过将 VO_x、MoO_x 和 WO_x 负载在 ZrO_2 上并比较每种材料的反应活性，帮助确定了负载 VO_x 作为 ODHP 最优选的负载型金属氧化物催化剂。他们观察到，活化能按 $VO_x/ZrO_2 < MoO_x/ZrO_2 < WO_x/ZrO_2$ 的顺序增加，丙烷脱氢反应速率随时间的延长而降低，反映了金属氧化物的还原性。金属阳离子的 L 酸性（按 $V^{5+} < Mo^{6+} < W^{6+}$ 顺序增加）对丙烯和丙烷的吸附焓起作用，这也有利于丙烯从 VO_x/ZrO_2 催化剂上的脱附，特别是，由于丙烯与金属中心的相互作用更强，L 酸性增加。

ODHP 反应遵循 MvK 机理，在 O_2 中表现出零级依赖性，对 C_3H_8 表现出一级依赖性。实验和/或 DFT 计算的一些研究提供了 ODHP 在 2D VO_x 位置上的潜在反应路径。三种氧位点可能是 H 原子的提取剂：①端氧基（V═O）；②桥连氧原子到载体（V—O—S），或③ V 中心之间的桥连氧原子（V—O—V）。考虑到这些载体氧化物表面的无定形性质以及通常用于形成这些载体 VO_x 材料的合成方法，应该预期所有三个假设的氧位同时存在于表面上。这些位点的共存增加了确定哪个氧位点起反应的难度，因为很可能所有的氧位点都起作用。图 5-40 提供了整个机械途径。

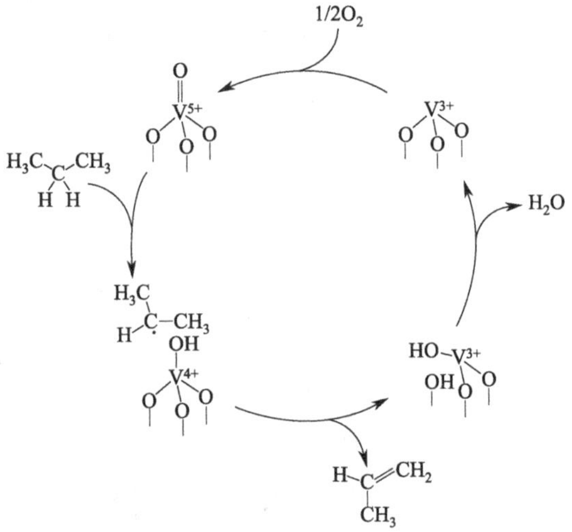

图 5-40　负载型 VO_x 催化剂催化 ODHP 的机理探讨

5.5.3.4　丁烷氧化脱氢制丁烯

丁烷氧化脱氢包括从正丁烷制备 1/2-丁烯和丁二烯，以及异丁烷制备异丁烯。

正丁烷和异丁烷是天然气中的次要组分（物质的量分数高达 2%），它们的高效利用引起了人们极大的研究兴趣。正丁烷反应的 ODH 通常与乙烷和丙烷的 ODH 平行研究，这是由于这些轻烷烃之间的相似性，从而提供了有关反应机理的见解。此外，乙烷和丙烷 ODH 选择性催化体系往往是开发正丁烷 ODH 催化剂的出发点。与乙烷和丙烷仅产生一种烯烃不同，正丁烷氧化可产生多种 ODH 产物：1-丁烯、顺/反-2-丁烯和 1,3-丁二烯。因此，正丁烷氧化的一个研究重点是探索导致观察到的产物分布的因素。

V 基金属氧化物催化剂对正丁烷的 ODH 具有催化活性。Chaar 等人报道，在 28%正丁烷转化率下，VMgO MMO 对组合 C_4 烯烃和二烯烃的选择性高达 60%。纯 V_2O_5 和 MgO 对照化合物对 C_4 烯烃的转化率和选择性低，表明 V 和 Mg 的化学相互作用对催化活性至关重要。V_2O_5 质量分数为 20%～60%的催化剂对脱氢产物表现出最高的选择性。推测钒的四面体配位导致 V═O 末端原子的存在是 V 的活性中心。VMgO 的碱性可能导致丁烯和丁二烯的弱吸附，阻止进一步氧化成顺丁烯二酸酐。

尽管四面体配位 VO_x 物种是正丁烷 ODH 的最具选择性的活性中心，但仍需要一项涉及单体、低聚物、单层和纳米粒子结构明确定义的 V 催化剂的研究，以充分阐明 V 物种形成对 TOF 和选择性的影响。迄今为止，对正丁烷 ODH 的含 VO_x 催化剂的研究表明，ODH 产物选择性高于 65%的例子很少，即在正丁烷活化生产丁烯所需的反应条件下，VO_x 基催化剂的选择性似乎是有限的。替代催化剂材料可能有助于进一步提高 ODH 产品的选择性。

钼酸镍，尤其是 $NiMoO_4$，是正丁烷 ODH 制丁烯和 1,3-丁二烯的活性催化剂。在 $NiMoO_4$ 中，α 相和 β 相是活性 ODH 催化剂。特别是，在可比较的接触时间内，发现 α-$NiMoO_4$ 比 β-$NiMoO_4$ 转化更多的烷烃进料。此外，在相当的正丁烷转化率下，β-$NiMoO_4$ 催化剂对 C_4 ODH 产物表现出较高的选择性（β 相的 C_4 选择性为 45%，α 相的 C_4 选择性为 30%）。α-$NiMoO_4$ 与 Mo^{5+} 呈畸变的八面体配位，而 β-$NiMoO_4$ 与 Mo^{5+} 呈四面体配位。

Madeira 等人还研究了碱和碱土掺杂对 $NiMoO_4$ 活性产生的影响。Cs 掺杂材料对 ODH 产物的选择性最高，接近 100%，但其代价是转化率急剧下降。Ba 掺杂并没有像 Cs 那样提高总选择性，但它确实导致了产物分布的显著变化。在相当的转化率水平下，掺 Ba 的催化剂对 1,3-丁二烯的选择性高于掺 Cs 的催化剂。

5.5.3.5 异丁烷氧化脱氢

$$(CH_3)_2CHCH_3 + 1/2O_2 \longrightarrow (CH_3)_2CH{=}CH_2 + H_2O \tag{5-34}$$

异丁烯是生产甲基丙烯酸酯、丁基橡胶、聚异丁烯以及乙基叔丁基醚（汽油添加剂）的重要石化原料。异丁烯的进一步氧化用于制造甲基丙烯醛和甲基丙烯酸，这两种化合物都是树脂和环氧化合物的前体。与线性正丁烷类似，异丁烷的好氧氧化制异丁烯在过去几十年中引起了研究兴趣。正丁烷和异丁烷在 ODH 条件下具有相似的反应性。这导致了在正丁烷和异丁烷的 ODH 中都具有反应性的 V 基催化剂材料的开发。如以混合金属氧化物（MMO）VMgO 作为催化剂，四面体 V 配位的 $AMg_3(VO_4)_2$ 催化剂在转化率为 4%时异丁烯选择性为 70%。在相同转化水平下，正丁烷 ODH 期间，异丁烯选择性几乎与组合 C_4 烯烃（即 1-丁烯、顺/反-2-丁烯和 1,3-丁二烯）的选择性相同。因此，可以认为丁烷异构体表现出类似的反应机理。为了探索活性位结构的作用，比较 $Mg_3(VO_4)_2$ 中的 V 配位与二聚体 $Mg_2V_2O_7$（共角 V 四面体）和二聚体 VPO（V 为八面体配位，共有两个氧原子）。在使用 VPO 催化剂的异丁烷 ODH 过程中，不产生异丁烯，而乙酸是主要氧化产物。

其他负载型钒催化剂的选择性较差，SiO_2 和 TiO_2 载体的选择性低于 40%。虽然有文献显示了不同的进料条件和温度，但与丙烷的 ODH 相比，异丁烷 ODH 的负载钒系统的性能似乎存在显著差异，这可能是由于在反应条件下形成的异丁基中间体具有更高的反应活性。Ovsitser 等人研究表明，在 V/SiO_2 催化剂上，烷烃的反应性随 $C_2H_6 < C_3H_8 < n\text{-}C_4H_{10} < i\text{-}C_4H_{10}$ 的顺序增加。这与最弱分子中的氢键，在异丁烷中最低。改进的催化剂系统可能需要能够在比钒所需温度更低的温度下激活异丁烷的活性中心，以保持选择性。

在异丁烷 ODH 研究中发现的另一种金属是 Cr。Grabowski 等人研究了 SiO_2、Al_2O_3、TiO_2、ZrO_2 和 MgO 负载的 CrO_x 上异丁烷的 ODH。在这些材料中，Al_2O_3 和 TiO_2 负载的 CrO_x 物种对异丁烯的选择性最高（在 5%转化率下为 70%，在 10%转化率下为 60%）。这些材料的高选择性的一个重要因素可能是异丁烷活化所需的中等温度（220～260℃）与其他需要更高温度的载体材料相比，使用 CrO_x/MgO 激活异丁烷时温度高达 420℃。

比较 CrO_x/Al_2O_3 系统对不同烷烃 ODH 的性能时发现，与乙烷、丙烷和正丁烷相比，其对异丁烷的选择性形成鲜明对比。在所有测试的转化率水平下，除了异丁烷的 ODH 之间，对所需烯烃产品的选择性小于 20%。而 VMgO-MMO 催化剂在正丁烷和异丁烷的 ODH 过程中表现出几乎相同的性能。

钼基催化剂在以前的研究中主要用于乙烷、丙烷和正丁烷的氧化脱氢。例如，钼氧化物（包括 MoO_3 微晶、MoO_x 单体或聚合物）的催化性能通常受到载体物种、钼氧化状态和金属分散情况的影响。有研究表明，在循环流化床装置中，当异丁烷转化率为 45%时，Mo/$MgAl_2O_4$ 催化剂可实现约 78%的异丁烯选择性。在有序的介孔钼酸-氧化铝催化剂上，中等或强酸性位点与强金属偶联-载体间的相互作用偶合有利于有序介孔钼酸盐的稳定性和抗结焦性。当 Mo 基催化剂被 H_2S 硫化时，改善 C—H 的活化能力优于 C—C 的活化，其异丁烯产率高达 56.3%。然而，这些催化剂需要采取硫补充措施，硫损失会导致催化活性显著降低。考虑到碳化钼和氮化物的贵金属特性，目前的研究主要集中在丙烷和正丁烷的氧化脱氢，而异丁烷的直接脱氢研究较少。

总之，负载型金属氧化物、混合金属氧化物和沸石，经常被用作 C_1～C_4 烷烃好氧部分生成烯烃、醇、醛、羧酸和腈的催化剂。使用烷烃作为反应物具有经济效益，因为烷烃的成本比更多的氧化化合物（即烯烃或含氧化合物）低，这在很大程度上是由于它们目前可从天然气中获得。事实上，目前使用烯烃或含氧化合物作为反应物的石化工艺显示出巨大的生产成本，甚至在某些情况下，大部分成本归因于原料。所有部分烷烃氧化的主要挑战仍然是实现对所需产物的高选择性而不过度氧化到不需要的 CO_x。

尽管用于这些转化的金属氧化物催化剂在结构和电子方面存在差异，但在这些应用中，一些机理是一致的。一般认为，使用金属氧化物催化剂的部分烷烃 amm 氧化通过 MvK 机制进行，晶格氧原子负责烷烃转化后形成的还原金属中心的再氧化。然后，气相 O_2 用于补充大块金属氧化物的氧空位。在许多性能最好的金属氧化物催化剂中，V^{5+} 表面物种是激活烷烃的必要成分。烷烃转化以 C—H 键断裂，最常见的是通过氢原子的提取形成烷基、还原金属位点和表面羟基官能团。需要连续氧化的转化（即烷烃→ 烯烃→ 羧酸）要求每个步骤都有单独的反应位点，并受益于那些不直接参与反应的旁观者原子提供的这些位点的分离。

值得注意的是，甲烷、乙烷、丙烷和丁烷的氧化拟通过烷烃的普通 H 原子提取开始，但不存在有效实施这些转化的统一金属氧化物催化剂。这一事实说明了烷烃部分氧化的复杂性以及需要考虑特定反应环境（即烷烃的特征、反应温度、进料组成、表面氧形态等）对催化剂的结构和电子性质的影响。忽视这些动态将阻碍优化催化系统的发展。

5.6 选择性氧化过程发展趋势

金属氧化物催化是一个不断发展的领域，反映了所涉及的催化反应的广泛性。与环境问题和立法限制有关的商业过程的催化剂和发展，催化技术面临的挑战是在单程或多程反应（被称为“绿色化学”）中实现所需产物分子的 100%选择性，并开发基于可再生能源的工艺。目前，选择氧化反应的前景无疑是光明的。

表 5-13 显示了未来为了在选择氧化反应中获得成功而可以采取的一些策略。从非常规原料出发，可以开发出许多新的反应来获得商品。由于新原料的性质不同，不仅可以获得现有商品，而且还可以获得具有高度潜在工业利益的新产品。在中期使用的理想原料中，我们仍然相信短链烷烃是烯烃（和芳烃）的重要替代品。这种方法不仅值得在成熟的工业过程中用烷烃取

代烯烃，而且也值得从相应的烷烃中直接生成烯烃。

表 5-13　选择性氧化反应的未来策略

中期变化	短期变化
使用可再生原料(生物质,特别是木质纤维素)	工业过程中用烷烃代替烯烃和芳烃作为原料
采用膜基反应器时反应物的适宜用量	两步到一步的过程(活性部位的组合)
组合催化(数据处理)新型催化剂	组合催化(数据处理)
	旧催化系统的优化
在反应发生时测定催化剂的表面特性	
实施集约化理念	
使用氧基循环工艺代替空气基工艺,以减少排放	

催化选择氧化是一个科学领域，这可能需要通过创新的眼光重新思考化学产品。然而，关键问题仍然是选择性。在催化氧化方面，最近的发展清楚地表明，更好的选择性、更好的稳定性和更好的经济性往往是相辅相成的。

(1) 过程活力指数量化

使用烷烃代替烯烃可以节省成本，因为原材料价格非常低，但从环境角度来看，这也意味着一个优势。低碳烯烃主要通过催化裂化生产，特别是蒸汽裂解，这是化学工业中最耗能的工艺之一。除了能源的高货币成本外，能源生产还涉及相关的 CO_2 排放。因此，在通过蒸汽裂解获得丙烯的情况下，每生产 1kg C_3H_6 排放约 1.2kg CO_2，而在直接从天然气生产丙烷的情况下，排放约低五倍（约 0.23kg $CO_2 \cdot kg^{-1}$ C_3H_8）。因此，与烯烃工艺相比，使用烷烃将减少 CO_2 排放。

然而，甲烷、乙烷、丙烷和丁烷的高可用性和价格低并不意味着从它们衍生的选择氧化工艺的大规模发展。使用轻质烷烃的主要缺点是，与反应产物相比，它们的稳定性很高，而且目前以烯烃（或芳烃）为原料的商业化工艺已得到完善和优化。

Hermans 及其同事提出了一个指数来估计给定过程的可行性，这取决于许多因素。原料的可用性必须能够满足产品需求，否则这个过程就没有意义了。过程的生存能力将与原料的可用性成正比，与产品的需求成反比。此外原料必须比所需产品便宜得多。最后，该过程的复杂度应较低，否则该过程可能会经过大量的反应步骤，从而增加该过程的成本。活力指数量化公式如下：

$$\phi=\frac{\text{供给的原料}}{\text{目标产品}}\times\frac{\text{产品单价}}{\text{原料单价}}\times\frac{\text{分子量}_{\text{反应物或产物}}}{\text{分子量}_{\text{反应物或产物}}}$$

尽管该指数具有局限性（反应的实际复杂性，价格经常剧烈波动，不考虑工艺的收率…），是一种粗略但简单的方法来估计一个过程的可行性。如果将烯烃和烷烃作为原料进行比较，很明显，在烷烃的情况下，上述定义的生存能力明显更高。在烷烃的情况下，ϕ 大约是 10～100 倍。不幸的是，在大多数烷烃加工过程中，实际获得的产率都很低。除了众所周知的正丁烷氧化制顺丁烯二酸酐外，在过去二十年中，在商业上几乎没有几个使用烷烃的工艺得到实施，丙烷氧化制丙烯腈的初期 amm 氧化工艺即是这样。然而，有许多使用烷烃的工艺有显著的改进。最有希望用作原料的烷烃似乎是乙烷，因为其转化为乙烯、乙酸或氯乙烯具有高收率和高催化剂稳定性。显然，最有意义的过程是那些涉及甲烷的过程，因为它是最丰富和最容易获得的，而且它有最稳定的 C—H 键。尽管甲烷转化为甲醇和甲醛等化合物还远未实现商业化，但其氧化转化为合成气的前景十分广阔。

(2) 组合化学

利用组合化学可以进一步优化选择氧化反应。从已知的活性中心开始，组合催化可以得到快速有效的结果。然而，使用“盲”组合化学可能是一个非常有意思的选择：①摆脱了对高效催化剂性质的“催化”偏见；②反应系统能够在短时间内测试数千种催化剂，并且可以快速处理数据。

(3) 原位技术

对于选择氧化的最佳催化剂的合适设计，需要了解催化剂的知识，特别是表面的特性以及反应物在反应过程中发生吸附和活化的方式。所有这些都需要在实际的原位反应条件下对催化剂进行物理表征，目前可以通过一系列技术来实现。然而，原位技术仍然存在严重的局限性，尽管通过适当的建模和动力学研究可以获得更深入的知识。

(4) 生物质产品的应用

如果使用烷烃而不是烯烃和/或芳烃作为原料来获得部分氧化和脱氢的产品，可能意味着整个过程的重大变化，那么使用生物质衍生物将意味着一种新的化学开始。除了环境优势，例如生物质是一种可再生原料（可持续的和几乎碳中性的），生物质的氧化反应，使用生物质衍生物可能意味着无限的原料。有许多关于使用生物质衍生物作为合成化学品和燃料的原料的研究，其中大部分使用酸性催化剂。此外，许多可能的反应都考虑使用液相反应，包括部分氧化反应。然而，人们对开发新的气相部分氧化工艺也越来越感兴趣，这种工艺可以部分或完全取代使用烯烃或石蜡的现有工艺，尽管目前技术与经济的竞争力还不够强。

如以糠醛为原料，以 γ-Al_2O_3 为载体的钼酸铁或钒钼磷氧混合氧化物为催化剂合成顺丁烯二酸酐或以焦磷酸钒为催化剂，以生物丁醇为原料合成顺丁烯二酸酐。然而，目前它们中没有一个对当前的工业过程具有竞争力。另一个需要考虑的方面是原料的纯度。事实上，催化行为的差别很大程度上取决于其起始原料的特性如纯度、水分等。

乳酸 ODH 为丙酮酸也是一个高度关注的问题，在混合金属氧化物催化剂上乳酸的气相 ODH 获得了有趣的结果。从使用复合磷酸铁［即 $FePO_4$、$Fe_2P_2O_7$ 和 $Fe_3(P_2O_7)_2$］、钼酸碲盐（尤其是 α-Te_2MoO_7）或 $M^{II}TeMoO_6$（M^{II}=Co、Mn、Zn）的先驱研究，到最近使用具有不同 Ni/Nb 比率的 MoVNbO 混合氧化物或镍铌混合氧化物催化剂的报道结果。然而，有人提出乳酸也可以用于合成乙酸。使用 MoVNbO 混合氧化物催化剂（Mo∶V∶Nb=19∶5∶1），在 400℃的静态空气中活化 4h。

近年来，作为生物燃料合成过程中的副产品，甘油的产量不断增加，这引起了人们对开发以甘油为原料的具有竞争力的新工艺的关注。它现在被认为是一种重要的生物平台分子，可以通过乙酰化、缩醛化、醚化、还原、重整、脱水等方法进行转化，合成各种化学品和燃料添加剂。同时也通过氧化和 amm 氧化反应制丙烯酸与丙烯腈。

与传统的石油化工路线相比较。在甘油氧化/amm 氧化的两种情况下，考虑到两种不同类型的催化剂，反应可通过两步过程在连续反应器中进行。第一步是甘油脱水成丙烯醛，这可以在具有 Brönsted 酸位的酸催化剂上有效地进行。在第二个反应器中，丙烯醛 amm 氧化为丙烯腈或丙烯酸可以通过使用带有氧化还原中心的催化剂来进行。丙烯醛 amm 氧化制丙烯腈可在 Fe-Sb-P-O、Fe/Sb/O 催化剂或双钼酸盐基催化剂上进行。或者，对于丙烯醛部分氧化制丙烯酸，可使用选择性催化剂进行反应，例如丙烯醛氧化中商用的 V-Mo-O 混合氧化物、W-V-Mo 混合氧化物、CSi 上负载的 V-Mo-O 混合氧化物和正交晶系 Mo_3VO_x 混合氧化物催化剂。

将甘油转化为丙烯酸的第二种替代方法是在一个反应器中使用两种不同的催化剂（呈现酸和氧化还原性质）。即：①磷酸/SiO_2 和 Mo-V-W-Cu-O 型复合氧化物；②不同类型的沸石和 SiO_2 负载的 V-Mo 氧化物；③氧化钒和酸性沸石；④$H_4SiW_{12}O_{40}/Al_2O_3$ 和 Mo_3VO_x/Al_2O_3 混合催化剂；⑤Mo/V 和 W/V 氧化物催化剂，即 $Mo_6V_9O_{40}$ 和含 V 的 WO_3。

Soriano 等人首次报道了在 W/V 混合氧化物上一锅法将甘油选择性转化为丙烯酸。这些催化剂同时存在：①Brönsted 酸位，与 HTB 结构中的 W 位有关；②氧化还原位，与 WO_3 晶格中的 V^{4+}/V^{5+} 对有关。结果表明，V/(W＋V) ＝0.12～0.21 的最佳原子比，丙烯酸收率为 25％（对残余丙烯醛的选择性为 11％）。需要注意的是，必须优化钒的含量，因为额外骨架 V 物种的出现促进额外骨架 V^{4+} 物种部分氧化为 V^{5+}，有利于持续深度氧化。另一个需要考虑的重要方面是热稳定性。因此，h-$(W_{1-x}V_x)O_{3-z}$（在寿命实验期间稳定的 HTB 结构）比 h-WO_3（在反应期间部分转化为活性和选择性较低的单斜 m-WO_3）热稳定性更高。事实上，众所周知，h-WO_3 转变为单斜 m-WO_3 是 NH_4^+ 完全消除和 W^{5+}/W^{6+} 转变为 W^{6+} 的结果。然而，添加 V 抑制了这种转变。

在未来，应鼓励开发新的多功能催化剂，以便用于以烷烃和/或生物质衍生物为原料的其他催化剂部分或全部替代已建立的以烯烃为原料的试验。因此，寻找能够容纳这种多功能性的新晶体结构将是非常有意义的。

第6章 多相催化剂的制备

6.1 概述

多相催化剂通常为固体或固体混合物，但术语“固体”必须以其最广泛的含义理解（包括整体催化剂、负载型催化剂——活性成分浸渍在多孔载体上）。

多相催化剂通常是复合材料，其特征在于：①不同组分（活性物质、物理和/或化学促进剂和载体）的相对量；②形状；③尺寸；④孔隙体积和分布；⑤表面积。

最佳的催化剂是那些以可接受的成本提供必要的性能组合（活性、选择性、寿命、再生容易性和抗毒性）的催化剂。这些要求在许多情况下是冲突的，催化剂设计主要是适当地折中。目前，组合合成和快速筛选为多相催化剂的制备提供了许多便利，它们通过组合合成制得大量催化材料，随后对这些材料进行高通量测定和大规模数据分析，探索大量不同的成分和参数空间。进行筛选的实验数量以指数级增加，因此，使得发现新催化剂或材料的可能性更高。

6.1.1 催化剂制备的重要性

对工业催化剂有许多要求，如活性高、选择性好、寿命长、热稳定性好、有良好的抗毒性、机械强度等；在动力学方面要求其传热好、传质好、压力降小等。工业催化剂的活性、选择性和稳定性，不仅取决于它的化学组成，也与其物理性质有关，如图6-1所示。

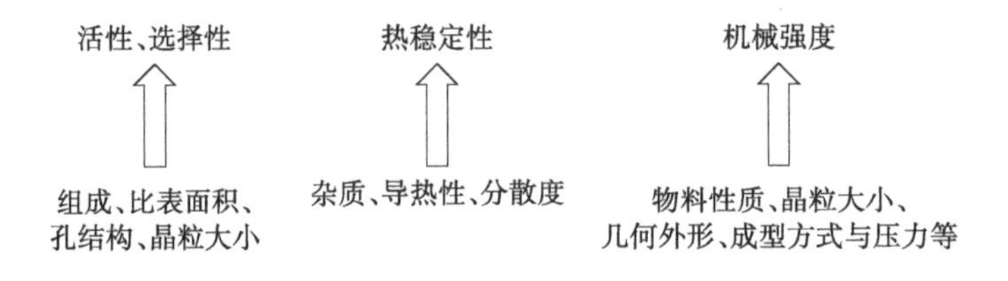

图6-1 催化剂性能与其物理性质之间的关系

在许多情况下，催化剂的各种物理特性也会影响其对某一特定反应的催化活性，影响催化剂的使用寿命，更重要的是影响反应动力学和流体力学的行为。因此，工业催化剂应该有特定的化学组成，而且还应有适宜的物理结构，如晶粒大小、几何外形、物相、相对密度、比表面积、孔结构等。催化剂的化学结构包括催化剂的元素种类、组成、化合状态、化合物间的反应深度等；催化剂的物理结构包括催化剂的结晶构造（如晶粒大小、晶型、晶格缺陷）、孔结构、表面构造及形状构造等。要满足化学与物理两方面的要求，天然矿物或工业化学品一般不能直接用作催化剂，须经过一系列化学和物理加工，才能变成符合要求的具有规定组成、结构和形状的催化剂。图 6-2 给出了催化剂性能与组成、结构及制备方法之间的关系。

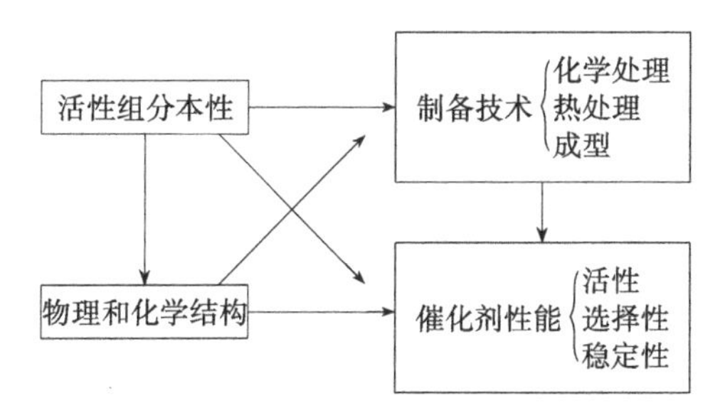

图 6-2　催化剂性能与组成、结构及制备方法之间的关系

在同一种催化剂的生产中，有时由于细节上的差异，可能会导致产品质量上的不同，最终导致催化性能上的差异。因此，必须慎重选择生产方法，并严加控制。例如，机械强度是工业催化剂的一个重要指标，随着现代化工工艺过程向加压方向发展，对催化剂的机械强度提出了更高的要求。如果在使用中机械强度很快下降造成催化剂破碎和粉化，就会使反应气体通过催化剂床层的压力降大大增加，催化效能也会显著降低。在生产上很多催化剂的更换就是由于催化剂破碎，压力降增大，无法正常操作而进行的。催化剂的机械强度既与组成物质的性质有关，也与制备方法有关，见图 6-3。对负载型催化剂来说，所选择的载体的机械强度对催化剂成品的机械强度的影响很大，成型方法及使用设备也直接影响催化剂的机械强度。应根据原料的性质、成品所需的组成和结构来选择或设计制造方法。

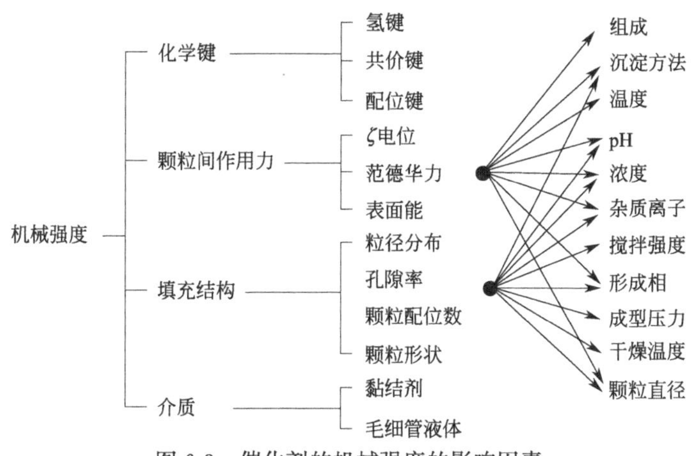

图 6-3　催化剂的机械强度的影响因素

选择制备方法时还应考虑以下因素：价格便宜、原料易得、易加工（纯度好，不需要的杂质易除去，无毒物，溶解度高等）、产品重现性好等。

催化剂制造涉及固体化学、配位化学、表面化学等学科的理论；许多工艺如耐火工艺、陶瓷工艺、粉末工艺、黏结工艺等常用的某些技术也常常被借鉴用于催化剂制造过程中。因此，长期以来，催化剂制造工艺一直处于“技艺”阶段，即依靠前人的经验和手艺来进行生产，现在有许多商品催化剂的制造技术均被列为专利。

近代科学技术的发展正在逐步使催化剂制造从一门技艺变为一门科学。随着科学仪器如 X 射线衍射仪、电子显微镜、热分析技术、固体表面测试仪等的出现和使用，人们已经能够对商品催化剂作相当全面的剖析，能够鉴别其化学组成，甚至能够确定其结构。但这些仪器只能分析出最终产品的化学组成、晶粒大小、缺陷结构等信息，不能揭示产品在生产过程中的变化过程及相应的加工条件。

6.1.2 固体催化剂的构成

催化剂通常是由多种物质组成的，但一般有三类可区分的组分，即活性组分、助催化剂和载体等。图 6-4 显示了各种组分之间的关系。

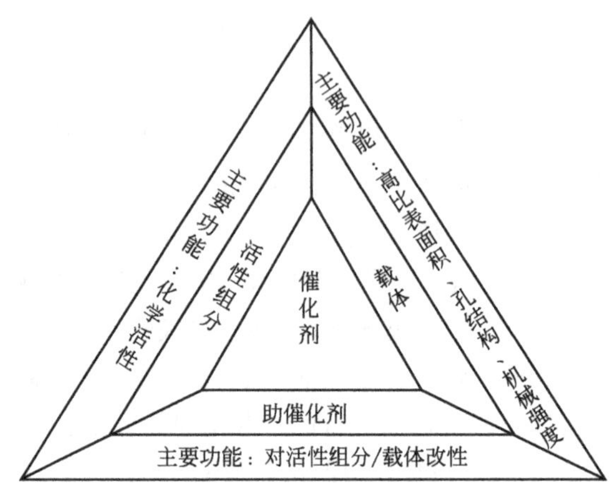

图 6-4 催化剂的组成与功能的关系

(1) 活性组分

活性组分（Active Composition）是使催化剂具备催化活性所必需的成分，例如催化加氢用的 Ni-硅藻土催化剂中的 Ni，合成氨用的 $Fe\text{-}K_2O\text{-}Al_2O_3$ 催化剂中的铁。固体催化剂是借助其表面与作用物接触才发生催化作用的，故多数为具有较高比表面积的物质。但并非固体的全部表面均具有催化活性，具有活性的部分称为催化活性中心或活性位。活性中心的组成、构造及其生成和破坏，在催化理论和实践中均具有重要意义。

活性组分是催化剂的主要成分，催化剂没有它就没有活性。在寻找和设计催化剂时，选择活性组分是首要步骤。目前，催化剂活性组分的选择虽有一些理论的指导，但仍然是经验性的。活性组分的分类见表 6-1。

表 6-1 活性组分的分类

类别	导电性 （反应类型）	催化反应举例	活性组分
金属	导电体 （氧化、还原反应）	选择性加氢：$C_6H_6+3H_2 \longrightarrow C_6H_{12}$ 选择性氢解： $CH_3CH_2(CH_2)_nCH_3 + H_2 \longrightarrow CH_4 + CH_3(CH_2)_nCH_3$ 选择性氧化：$C_2H_4+[O] \longrightarrow (CH_2)_2O$	Fe,Ni,Pt Fe,Ni,Pt Ag,Pd,Cu
过渡金属氧化物、硫化物	半导体 （氧化还原反应）	选择性加氢、脱氢： $C_6H_5CH{=}CH_2+H_2 \longrightarrow C_6H_5CH_2CH_3$ 氢解：$C_4H_4S+2H_2 \longrightarrow C_4H_6+H_2S$ 氧化：$CH_3OH+[O] \longrightarrow HCHO$	ZnO,CuO,NiO,Cr_2O_3 MoS_2,Cr_2O_3 $Fe_2O_3\text{-}MoO_3$
非过渡元素氧化物	绝缘体 （碳离子反应） （酸碱反应）	聚合、异构化：正构烃⟶异构烃 裂化：$C_nH_{2n+2} \longrightarrow C_mH_{2m}+C_pH_{2p+2}$ 脱水：异丙醇⟶丙烯	$Al_2O_3,SiO_2\text{-}Al_2O_3$ $SiO_2\text{-}Al_2O_3$,分子筛 分子筛

有的催化剂，其活性组分不止一个，而且同时起催化作用。例如在MoO_3-Al_2O_3型脱氢催化剂中，单独的MoO_3和γ-Al_2O_3都只有很小的活性，但把两者组合起来，却可制成活性很高的催化剂。

（2）助催化剂

助催化剂（Promoter）是加到催化剂中的少量物质，是催化剂的辅助成分，其本身没有活性，或者活性很小，但是加到催化剂中后，可以改变催化剂的化学组成、化学结构、离子价态、酸碱性、晶格结构、表面构造、孔结构、分散状态、机械强度等，从而提高催化剂的活性、选择性、寿命和稳定性。

助催化剂的功效往往很大，同一活性组分加入不同的助剂其效应不同；助催化剂的含量效应也比载体的含量效应敏感得多。表6-2给出了一些重要过程的助催化剂。

表6-2　常见的助催化剂及其功能

催化剂(用途)	助催化剂	功能
Al_2O_3(载体及催化剂)	SiO_2,ZrO_2,P	增加热稳定性
	K_2O	阻抑活性中心上积碳
	HCl	增加酸性
	MgO	减缓活性组分烧结
SiO_2/ Al_2O_3(裂解催化剂及黏结剂)	Pt	增加CO氧化作用
Pt/ Al_2O_3(催化重整)	Re	减轻烧结与氢解活性
MoO_3/ Al_2O_3(加氢精制,脱硫,脱氮)	Ni,Co	增加C—S键和C—N键的氢解
Ni/陶瓷载体(水蒸气转化)	K	改善消碳作用
Cu/Zn/ Al_2O_3(低变)	ZnO	减轻Cu烧结
Fe_3O_4(合成氨)	K_2O	电子给体,促进N_2解离
	Al_2O_3	结构型助剂
Ag(合成环氧乙烷)	碱金属	增加选择性,阻止晶粒长大,稳定某些氧化态

助催化剂可以元素状态加入，也可以化合物状态加入。有时加入一种助剂，有时则加入多种。几种助催化剂之间可以发生交互作用，所以助催化剂的作用机制是比较复杂的。助催化剂的选择和研究是催化领域中十分重要的问题。有关助催化剂的资料在文献上往往是不公开的，许多研究者的探索也常常集中在这一方面。

助催化剂按作用机理的不同可分为结构型助催化剂和电子型助催化剂两类。

① 结构型助催化剂　通过改变催化剂的化学组成、化学或晶格结构、孔结构、分散状态、机械强度等并提高活性组分的分散性和热稳定性的助催化剂。如合成NH_3催化剂Fe-K_2O-Al_2O_3中的Al_2O_3。Fe_3O_4还原后的α-Fe对于NH_3的合成有很高活性，但在高温、高压（550℃，300atm）下，α-Fe微晶迅速长大而使活性下降，寿命不超过几小时。Al_2O_3加入后使α-Fe分散度大大提高，不仅使活性表面积增大，而且阻止了α-Fe微晶相互结合长大。

结构型助催化剂的作用是提高比表面积和活性组分的结构稳定性，它没有改变催化反应总活化能的能力，有时也被称作稳定剂。

② 电子型助催化剂　通过改变催化剂的电子结构，促进催化剂的选择性。如合成NH_3催化剂中的K_2O。K_2O在合成氨熔铁催化剂中起电子给体作用，K容易失电子给Fe的空d轨道，Fe得电子后电子云密度增加，活性升高。又如，如K_2O在Fe_3O_4-Cr_2O_3中对乙苯脱氢起加速作用。电子型助催化剂可使催化反应活化能降低。

助催化剂除促进活性组分功能外，也可以促进载体功能，最明显的是控制载体的热稳定性。如 γ-Al_2O_3 表面积大，α-Al_2O_3 表面积小，当 700℃以上时 γ-$Al_2O_3 \longrightarrow \alpha$-$Al_2O_3$，加入少量 SiO_2 或 ZrO_2 可使 γ-Al_2O_3 的热稳定性增加，阻止相变。

(3) 载体

载体（Carrier，Support）又称担体，是活性组分的分散剂、黏合物或支撑体，是负载活性组分的骨架。活性组分和助剂负载于载体上形成的催化剂，称为负载型催化剂。载体能使制成的催化剂具有合适的形状、尺寸和机械强度，以符合工业反应器的操作要求。载体的种类很多，有天然的也有人工合成的，可分为低比表面积载体和高比表面积载体两类。目前，国内外研究较多的催化剂载体有：SiO_2、Al_2O_3、玻璃纤维网（布）、空心陶瓷球、海砂、层状石墨、空心玻璃珠、石英玻璃管（片）、普通（导电）玻璃片、有机玻璃、光导纤维、天然黏土、泡沫塑料、树脂、木屑、膨胀珍珠岩、活性炭等。常见的载体如表 6-3 所示。

表 6-3 常见载体的类型

载体	比表面积 /($m^2 \cdot g^{-1}$)	比孔容 /($mL \cdot g^{-1}$)	载体	比表面积 /($m^2 \cdot g^{-1}$)	比孔容 /($mL \cdot g^{-1}$)
低表面积			高表面积		
刚玉	0～1	0.33～0.45	氧化铝	100～200	0.2～0.3
碳化硅	<1	0.4	SiO_2-Al_2O_3	350～600	0.5～0.9
浮石	0.04～1	—	铁矾土	150	0.25
硅藻土	2～30	0.5～6.1	白土	150～280	0.3～0.5
石棉	1～16	—	氧化镁	30～140	0.3
耐火砖	<1	—	硅胶	400～800	0.4～4.0
			活性炭	900～1200	0.3～2.0

6.1.3 催化剂主要组分的设计

催化剂的设计涵盖从活性相的选择到形成颗粒的方法的所有方面，它可以是严格和详细地从基础开始以获得新工艺的最佳催化剂，但在许多情况下，只是对一个现有工业催化剂进行改进。在任何情况下，活性物种的选择需要在催化剂设计的开始就考虑整个过程中所期望的及不期望的反应以及不同步骤中的基本属性和它们之间的相互关系（见图 6-5）。通常加入合适的助剂以获得足够的性能，它们增强催化反应以提供更好的活性或选择性或可以改变催化剂结构从而改善稳定性。然而，活性物种的性质始终是最重要的因素。

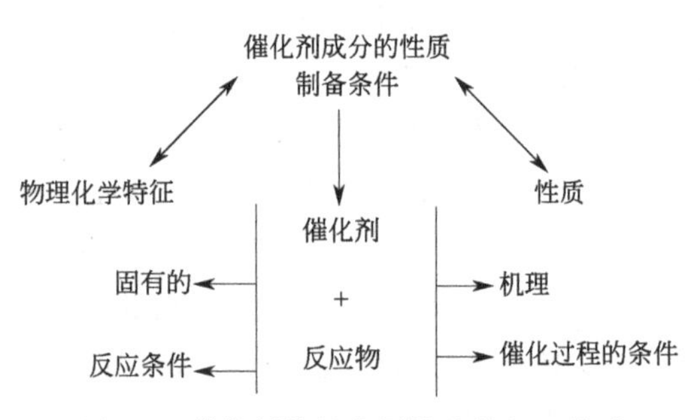

图 6-5 催化剂的基本属性及其相互关系

6.1.3.1 活性组分的设计

设计催化剂最为关键的核心是寻找活性组分。关于催化剂活性组分的选择，可以遵循某些基本原理，如基于吸附作用或反应分子活化模式分析，还可以基于催化几何构型因素等。下面以一些例子予以说明。

例 6-1 基于键合理论设计催化剂的活性组分

催化作用涉及配位化学键合，有三种理论解释这种键合，即价键理论、分子轨道理论和晶体场或配位场理论。Dowden 曾采用晶体场理论设计并解释 O_2、H_2、H_2O 等分子在离子型晶体上的活化吸附与吸附态。若设计以 MgO 为吸附剂，对于完整的菱镁矿晶面（001）来说，每个表面离子位于金字塔构型中心，各表面原子的电子能态可用已知的整体状态法加以测定，即把 O_2 的解离活化吸附分解成三个连续的过程：

$$O^{2-} \longrightarrow O^{2-}_{gas} + V_0(\text{空位}) + 4ae^2/r - R$$

$$O^{2-}_{gas} \longrightarrow O^{-}_{gas} + e^- + E$$

$$V_0 + O^{-}_{gas} \longrightarrow O^- - 2ae^2/r + (R_0 - \omega)$$

这三个过程的加和组成氧的化学吸附。其中，V_0 为空位；a 为 Modeling 常数；r 为离子半径；R 为相邻 O^{2-} 间的相斥能；R_0 为相邻 O^- 的相斥能；E 为电子亲和能，ω 为格子极化能。将实验得到的 R、R_0、ω、E 和 $2ae^2/r$ 等数据代入求算，得出表面氧吸附的电子能态为 -9.4eV。如果再将晶格不完整性考虑进去，在 MgO 的情况下由于 Mg^{2+} 空位造成电离能（$4ae^2/r$）和格子亲和能（E）发生变化，最后得数据为 -10eV，能较好地与实验结果相吻合。

Dowden 用类似方法处理了 H_2 在 MgO 上吸附的物种（可能的吸附态）：中性分子（H_2、H)、离子化物种（H_2^+、H^+、H_2^-、H^-）。其吸附过程可表达为：

$$H_2(g) \longrightarrow 2H(g) + 4.5\text{eV} \quad (6\text{-}1)$$

$$Mg^{2+}_m + O^{2-} \longrightarrow Mg^+_m + O^- + 5\text{eV} \quad (6\text{-}2)$$

$$Mg^+_m + H(g) \longrightarrow MgH^+_m - 2.1\text{eV} \quad (6\text{-}3)$$

$$O^- + H(g) \longrightarrow OH^- - 4.7\text{eV} \quad (6\text{-}4)$$

$$Mg^{2+}_m + O^{2-} + H_2(g) \longrightarrow MgH^+_m + OH^- + 2.7\text{eV} \quad (6\text{-}5)$$

其中，下标 m 表示格子金属，整个吸附过程的能量变化为 $+2.7$eV，这表明 H_2 在 MgO 上为弱化学吸附。实验证明确实如此。

固体催化剂表面的吸附，可以看作为配位数的改变。例如，在面心晶格结构中，化学吸附导致其配位数的改变：

(100)面，从四角棱锥体变为正八面体。

(111)面，从三角形变为正四面体，最后变为正八面体。

(110)面，从正四面体变为四角棱锥体，再变为正八面体。

根据这些配位数的变化，可以计算出相应的晶体场稳定化能（CFSE），数据参见 Trimm 的专著。计算表明，不论配位数如何变化，能量变化显示轨道上的电子数为零（d^0）和 10（d^{10}）之间有双峰分布存在，见图 6-6。这是 Dowden 和 Wells 研究气体在离子型金属氧化物上化学吸附得出的场效应。

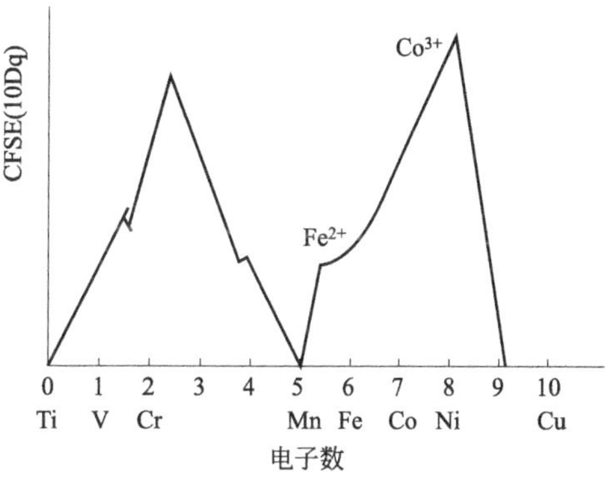

图 6-6　d 电子数与 CFSE 的关系

当人们认识到多相催化的重要前提是化学吸附时，这些规律性的结果对判断和了解催化活性是有指导意义的，对于催化剂设计来说也很有参考价值，当然对这些做进一步的改进也是有可能的，如将催化看作表面上进行的反应，计算的复杂性会加大，而所得的结果未必更准确。

基于半导体电子能带理论设计主催化剂组分也有成功实例，以催化氧化反应来予以说明。催化氧化反应机理可简述为：

$$\text{反应物}+\text{催化剂}\xrightarrow{}[\text{反应物}]^{+}+[\text{催化剂}]^{-} \quad (\text{反应物}\xrightarrow{e^-}\text{催化剂}) \tag{6-6}$$

$$[\text{催化剂}]^{-}+O_2\longrightarrow\text{催化剂}+O_2^{-} \quad ([\text{催化剂}]^{-}\xrightarrow{e^-}O_2) \tag{6-7}$$

$$[\text{反应物}]^{+}+O_2^{-}\longrightarrow\text{含氧的氧化产物} \tag{6-8}$$

因为n型半导体给出电子e^-，p型半导体接受e^-，此处要求p型半导体。事实上p型半导体为活性催化剂。理论研究表明，对于许多涉及氧的反应，p型半导体氧化物（有可利用的空穴）最具活性，绝缘体次之，n型半导体氧化物最差。经典实例是N_2O催化分解催化剂类型的选择。

活性最高的半导体氧化物催化剂，常常是易于与反应物交换格子氧的催化剂。N_2O催化分解、CO催化氧化、烃选择性催化都遵循这种规律。NiO、CoO均为p型半导体，在400℃以下对N_2O催化分解具有较好活性。

（1）氧化物

① 一些金属氧化物作催化剂时，其活性模型示于图6-7中，这一规律适合于很多反应。

② 含有能获得d^0或d^{10}电子结构的金属，它们的氧化物是选择性很好的氧化催化剂。

③ 有些氧化反应中，其活性与每个氧原子的金属氧化物生成热有关，如图6-8所示。

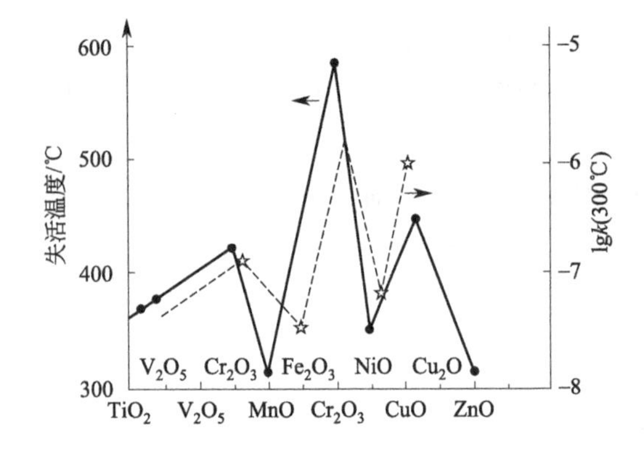

图6-7 过渡金属氧化物对氧化反应的活性模型

●—氨的氧化反应；☆—丙烯氧化反应

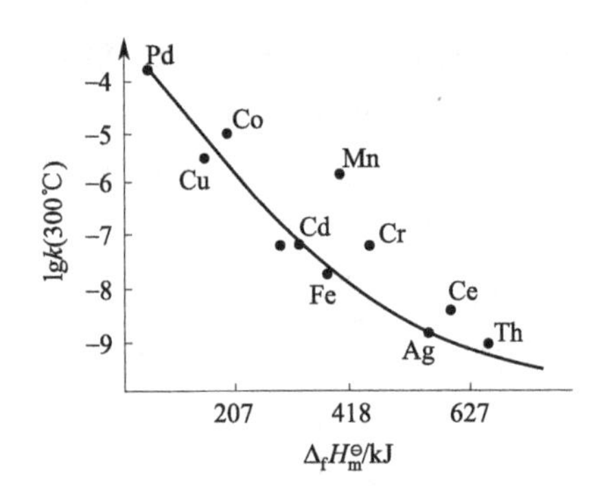

图6-8 丙烯氧化反应速率与每个氧原子生成焓的关系

④ 过渡金属氧化物可催化氧化和脱氢反应。

（2）硫化物

① 在还原条件下，常用作催化剂的硫化物的元素如下：

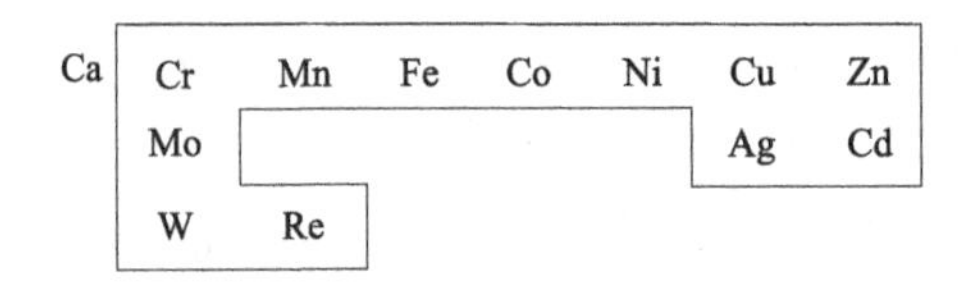

Ca	Cr	Mn	Fe	Co	Ni	Cu	Zn
	Mo					Ag	Cd
	W	Re					

② 通常硫化物可作为高压加氢和加氢脱硫反应的催化剂，如WS_2、MoS_2等。

(3) 固体酸碱性与催化性质

① 裂化、异构化、烷基化、聚合、歧化、水合和脱水等反应为酸催化的反应（C^+反应）。裂化、聚合和异构化通常需要中强酸和强酸部位；醇脱水、酯化和烷基化通常需要中强酸和弱酸部位。对 HZSM-5 分子筛表面酸性的研究证明乙醇脱水成烯反应在弱酸位进行，正己烷裂化在强酸位进行。

②有些聚合反应、异构化反应、烷基化反应、缩合、加成和脱卤化氢反应可被碱催化。例如，碱金属和碱土金属的氧化物、碳酸盐、氢氧化物［MgO、CaO、SrO、Na_2CO_3、K_2CO_3、$CaCO_3$、$SrCO_3$、NaOH、$Ca(OH)_2$］对甲醛、环氧乙烷、氧化丙烯、内酰胺和β-丙内酯的高聚合反应是有活性的；1-丁烯异构化成顺和反-2-丁烯的立体选择性由碱性催化剂催化。

③ 芳烃环上烷基化发生在酸催化剂上，而侧链烷基化主要发生在碱催化剂上。

④ 催化剂的酸性有利于积碳，碱性有利于抑制积碳。

⑤ 酸部位的类型和催化活性　实验证明，异丁烯聚合、丙烯聚合、异丙苯裂化、二甲苯异构化和甲苯歧化等反应是质子酸催化的反应；异丁烷分解、二氯甲烷转化成甲醛的反应是 L 酸催化的反应；三聚乙醛的解聚反应既可被质子酸催化也可被 L 酸催化。

6.1.3.2　载体的选择

相比之下，设计催化剂时对载体的选择设计范围相对较小，难度也较低，这是因为载体的共性较多。催化剂载体的选择，原则上是根据研究对象的需要和载体在其中起的作用来确定，应考虑的因素有化学和物理两方面内容，大致包括载体的化学组成、杂质及含量、物理性质、制备方法和来源等，诸方面因反应不同而有所侧重。下面按化学因素和物理因素分述如下。

(1) 化学因素

载体的作用真正完全是惰性的情况实际上是很少的，载体并非简单地提供一个活性组分的分散介质，载体和助催化剂的作用难以完全分开。活性组分与载体间存在着相互作用，其行为可以用 Wachs 的羟基滴定模型，陈懿的嵌入模型等来解释。有数据表明，仅仅载体不同，表现在选择性、相对活性及反应速率等的影响上竟能相差几倍到几十倍，这是不能用各种载体比表面积不同来解释的。因此，从化学方面要考虑的有：比活性、活性组分间的相互作用、催化剂失活以及反应物或溶剂有无相互作用等。

① 载体对希望的反应是否需要有活性？

② 载体与催化剂活性组分是否有相互作用，希望有还是不希望有？如 Ni/Al_2O_3 在 500℃左右可生成 $NiAl_2O_4$，这种结构对加氢、氢转移等反应是无活性的，且很难还原，故不希望其生成。但对制氢催化剂，则可有少量 $NiAl_2O_4$，因为它强度好，可改善催化剂的稳定性。

③ 载体是否和反应物或产物相互作用？如 SiO_2 载体，当有 HF 或 F 存在时（在气相）可与 SiO_2 生成 SiF_4，载体的物理性质与化学性质均被破坏。

④ 催化剂的活性组分能否以所希望的形式沉积在载体上？

⑤ 载体是否抗中毒？

⑥ 在操作条件下，载体的稳定性如何？

(2) 物理因素

首先要考虑的是载体的机械强度。催化剂的机械强度是催化剂一切其他性能赖以发挥的基础。负载型催化剂的强度主要取决于其载体的强度。机械强度高的载体有烧结的人造刚玉、碳化硅等，经常被用作一些氧化反应的催化剂的载体。此外，也可对固定床催化剂用的载体采用高温烧结或加黏结剂黏结增强等措施来提高机械强度。

其次还应注意载体的导热性问题。载体导热性会影响催化剂颗粒内外的温度以及固定床反应器反应管横截面的温差。这种温差会影响反应速率、扩散系数等。在某些情况下，这种温差有利于催化剂的选择性，因而希望载体具有不良的导热性。然而对于反应热效应特别大的反应，则需要从催化剂上移走大量的热，此时则又希望载体具有良好的导热性。何时选用什么样导热性能的载体，应视具体情况而定。通常可在载体中加入适量的导热好的物质和选择较佳的催化剂颗粒、形状及与反应管尺寸的恰当匹配。

第三需要关注的是载体的宏观结构，这包括载体的内表面、孔隙率、孔径分布等，新的研究还包括分级孔结构等。载体的宏观结构在传质、传热过程对选择性有影响时起重要作用。绝大多数催化剂都是具有较大内表面的多孔固体，因此对载体的宏观结构中表面积、孔径研究是比较关键的问题。

固定床多用片状、条状、柱状和异形；流化床多用微球形；悬浮床多用微米级球体。

6.1.3.3 助催化剂的选择

当基本选择了活性组分和载体后，应该考虑助催化剂的选择问题，对活性组分选择的规律原则上都适用于助催化剂的选择。但是，由于助催化剂一般本身没有活性或活性很小，所以运用这些规律时有困难。目前对助催化剂的选择还只限于具体问题的实际考察阶段。助催化剂的选择大体根据经验、实验和反应机理研究，后一方面要借助于近代物理方法才有可能实现，否则存在困难。主要根据现有的研究成果，从助催化剂影响和改变主催化剂组分的化合形态和物理结构角度总结调节和改善催化剂性能的几个方面。

通过反应机理研究助催化剂的设计，需要知道某一特定变化对反应机理造成的影响，目前发展了两种较为实用的方法：

① 研究催化剂的类似物，可以通过控制初始催化剂一种组分的位置或价态进行调变。这样的类似物有 ABO_3 系、白钨矿型、硫钾钠铝矿型等。

例 6-2 $LaCoO_3$ 设计用于 CO 氧化型催化剂，其活性强弱取决于 B（B＝Mn、Fe、Co 等）位元素的种类，$LaCoO_3$ 催化剂的活性最高。为进一步提高其催化活性，将晶格中的 La^{3+} 部分被 Sr^{2+} 取代。由于 La^{3+} 被 Sr^{2+} 取代造成电荷不平衡，导致 Co^{3+} 的相同份额由 Co^{3+} 氧化成 Co^{4+}（$La^{3+}_{1-x}Sr^{2+}_{x}Co^{3+}_{1-x}Co^{4+}_{x}O$）。因为 Co^{4+} 属于非正常价态，趋于部分还原，从晶格中放出 O^{2-}，增强了 Sr^{2+} 取代催化剂的氧化能力，故催化活性增强。这种控制 B 位元素价态的方法，是助催化剂设计的有力工具之一。价态变化和氧空位的形成，关联每种 ABO_3 型结构的热力学稳定性、温度和体系氧分压，要针对具体对象作具体分析。

② 制备足够小的金属簇状物，可以消除载体的影响，除极邻近的效应外，再无其他的配位效应（包括电子效应和几何构型效应）。

一种助催化剂的作用往往在“活性、选择性和寿命”方面都有所表现，只是程度不同而已。目前所获得的研究结果表明，作为助剂的金属多数是碱金属、碱土金属及其化合物、非金属元素及其化合物，以及ⅠB族元素，如 K_2O、BaO、MgO、Au、Ag 等，其原因可能与耐高温和电子组态有关。

选用结构性助催化剂时应注意以下原则：

① 助催化剂要有较高的熔点，工作条件稳定；

② 无催化活性，否则将可能改变催化剂活性组分的活性和选择性；

③ 助催化剂和主组分不发生化学变化（如生成合金、新的化合物等）。

一些工业催化剂的活性组分、助催化剂和载体见表 6-4。

表 6-4　一些工业催化剂的活性组分、助催化剂和载体

活性组分	反应类型	助剂	载体
Al_2O_3	脱氢	KOH,CaO,BaO,MgO	
	裂解	K_2O,BeO,Fe_2O_3,SiO_2	
	脱水	ZnO,ThO_2,CaO,MgO	
Cr_2O_3	脱氢	K_2O, BaO, CaO, MgO, $AlPO_4$, SiO_2, CeO_2, SnO_2, ZrO_2,ThO_2,Sb_2O_5	Al_2O_3,MgO
Cu 或 CuO	脱氢	K, Na, Ca, Mg, $Ba(NO_3)_2$, Al_2O_3, ZnO, $Al_2O_3+Ti_2O_3,MnO_2,CeO_2,TiO_2,Ni,Co,Fe_2O_3$	Al_2O_3,活性炭
	加氢	$CaO,MgO,SnO_2,Cr_2O_3,ZnO,NiO$	Al_2O_3,硅藻土
	胺化	HBO_3,H_3BO_3,H_3PO_4	
	氧化	Fe_2O_3	
	合成甲醇	Cr_2O_3,ZnO	
Fe 或 Fe_2O_3 或 Fe_3O_4	合成氨	$Al_2O_3,SiO_2,K_2O,CuO,TiO_2$	
	费-托合成	$Al_2O_3,Cu,CuO,K_2CO_3,K_2O,MgO,H_3BO_3$	MgO
	加氢	Al_2O_3,Cr_2O_3	
	CO 变换	$Al_2O_3,K_2O,Cr_2O_3,MgO,PbO$	
	脱氢	$CuO,K_2O,KF,Cr_2O_3,K_2Cr_2O_4$	
	氧化	CuO	
Co 或 CoO	费-托合成	碱,$BeO,MgO,CeO_2,ThO_2,Cr_2O_3,Cu,CuO$	硅藻土,MgO
	胺化	MnO	
MoO_2	脱氢	$Li_2O,BeO,BaO,CaO,MgO,SrO,AlPO_4,SiO_2,TiO_2,ZrO_2,Cr_2O_3,ZnO,Cu,W,Ag,Au$,黏土	Al_2O_3,CaO,ZnO
Ni 或 NiO	加氢	碱,$BeO,MgO,SiO_2,ThO_2,HF,Cu,Cr_2O_3,Fe,ZrO_2,MnO,Pt,Pd,K_2CO_3$	Al_2O_3,浮石,硅藻土
	脱氢	$KOH,Al_2O_3,Fe,Cu,W,ThO_2$	
	费-托合成	MgO,Al_2O_3,ThO_2,MnO_2	
SiO_2-Al_2O_3	裂化	$HF,BF_3,BaO,CaO,MgO,TiO_2,H_3PO_4$,稀土	
SiO_2-MgO	脱水或脱氢	碱,ThO_2,ZrO_2,CuO,MoO_3	

6.1.4 催化剂的一般制备

目前有两种生产工业催化剂的途径（见图 6-9），并且超过 80%的工业催化剂是按照这两个途径制造的。第一种途径产生非负载型催化剂，从催化剂前体的沉淀开始，再将沉淀进行过滤、干燥和成型。干燥后或成型后可包括煅烧步骤。第二种途径以载体材料开始，将载体材料用盐溶液浸渍或粉末涂覆，再经干燥和煅烧得到最终催化剂。使用的载体可以是粉末、颗粒或挤出物、各种形式的片剂和蜂窝状或泡沫状结构，粉末通常源于途径一沉淀。

6.1.4.1 固体催化剂的结构

这里所说的催化剂结构是指它的微观结构和颗粒结构等。固体催化剂的结构与其组成有直接关系，但是化学组成不是决定催化剂结构的唯一条件，制备方法对催化剂结构的影响往往更明显。如化学组成同样是 TiO_2，预处理温度不同，可以呈现锐钛矿、金红石和板钛矿结构，这些不同晶相结构的 TiO_2 催化性能差别很大；即使是具有锐钛矿结构的 TiO_2，用不同制备方法可制备出孔结构和粒子形貌不同的催化剂，这些催化剂所表现出的催化性能差异很大。图 6-10 说明了固体催化剂的组成与结构的关系。

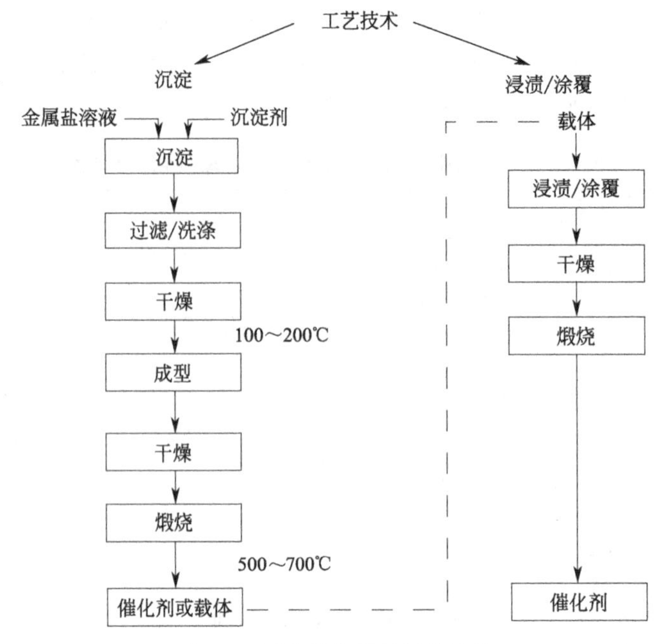

图 6-9　工业催化剂的制备途径

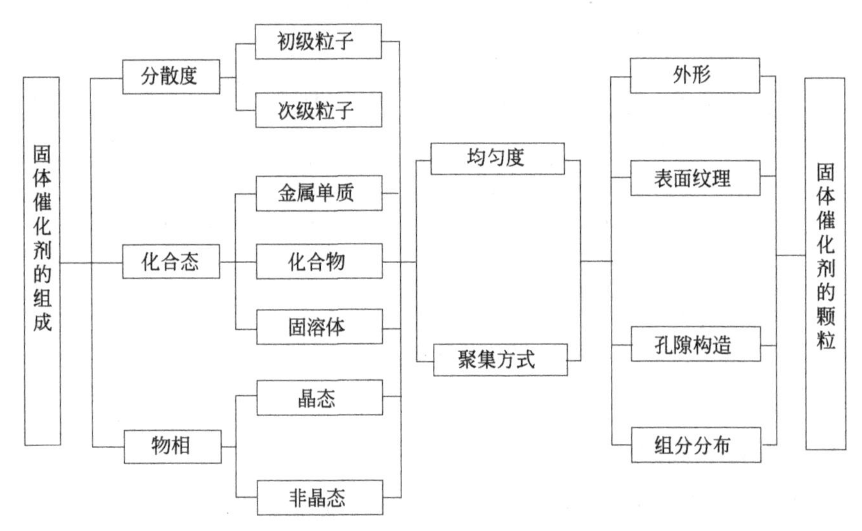

图 6-10　固体催化剂的组成与结构关系

大多数工业用固体催化剂为多组元并具有一定外形和大小的颗粒，这种颗粒是由大量的细小粒子聚集而成的。由于聚集方式不同，可造成不同粗糙度的表面，即表面纹理，而在颗粒内部形成孔隙构造。这些分别表现为催化剂的微观结构特征，即表面积、孔体积、孔径大小和孔分布。催化剂的微观结构特征不但影响催化剂的反应性能，还会影响催化剂的颗粒强度，也会影响反应系统中质量传递过程。

制备方法不但影响固体催化剂的微观结构特性，还影响固体催化剂中各组元（主催化剂、助催化剂和载体）的存在状态，即分散度、化合态和物相等，这些将直接影响催化剂的催化特性。

（1）分散度

固体催化剂可将组成颗粒的细度按其形成次序分为两类：一类为初级粒子，其尺寸多为 Å

级（10^{-10} m），其内部为紧密结合的原始粒子；另一类为次级粒子，大小为 μm 级，是由初级粒子以较弱的附着力聚集而成的。催化剂颗粒是由次级粒子构成的（mm 级）。图 6-11 形象地说明了初级粒子、次级粒子与催化剂颗粒的构成。图 6-12 给出了含大孔、微孔和晶粒的复合颗粒。催化剂的孔隙大小和形状取决于这些粒子的大小和聚集方式。初级粒子聚集时，在颗粒中造成细孔，而次级粒子聚集时则造成粗孔。因此，在催化剂制备时调节初、次级粒子的大小和聚集方式，就可以控制催化剂的表面积和孔结构。还应注意，负载金属催化剂在高分散时金属的物理化学特性可能发生变化。因为高分散度粒子由少量原子（离子）组成，其性质往往与大量原子组成时不同，同时受载体的影响也更明显。

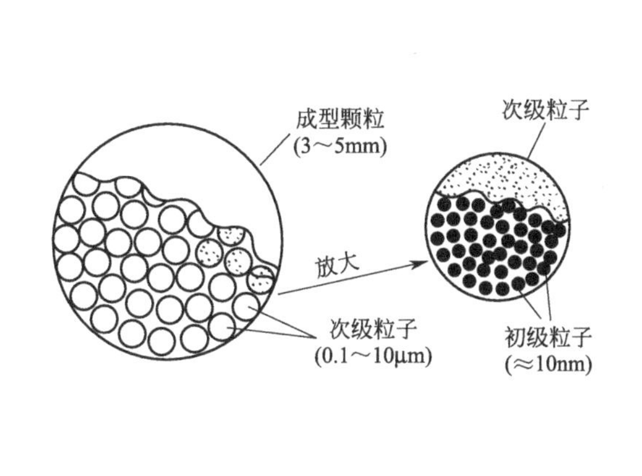

图 6-11　成型催化剂颗粒的构成

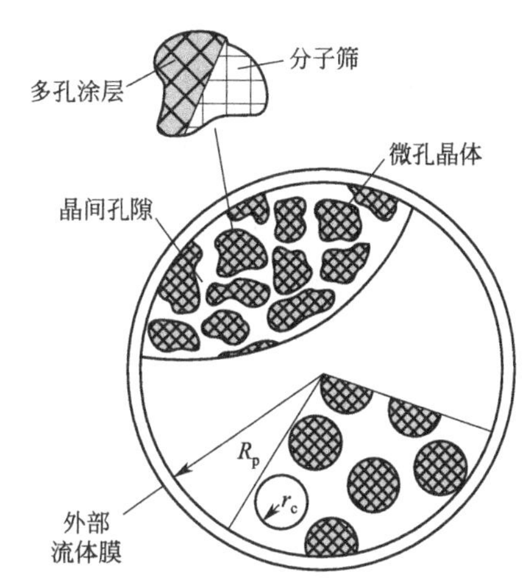

图 6-12　含有大孔、微孔和晶粒的复合催化剂颗粒

（2）化合态

固体催化剂中活性组分在催化剂中可以以不同化合态（金属单质、化合物、固溶体）存在，化合态主要指初级粒子中物质的化合状态。具有不同化合态的活性组分以不同催化机理催化各种反应进行。例如，过渡金属单质（Ni、Pt、Pd）、过渡金属氧化物和硫化物（V_2O_5、MoO_3、NiS、CoS）及过渡金属固溶体（Ni-Cu 合金、Pd-Ag 合金）都可进行氧化还原型反应。而氧化物（Al_2O_3、SiO_2-Al_2O_3）、分子筛和盐类（$NiSO_4$、$AlPO_4$）则催化酸碱型反应。有时制备的催化剂化合态并不是反应所需要的，但通过催化剂预处理可以转化为所需要的化合态。如硫化物催化剂通常是制备出氧化物催化剂，再经硫化预处理即可变为硫化状态。催化剂中组分的化合态与催化剂制备方法有直接关系。因此，通过选择适宜的制备方法可以满足催化剂对各组分化合态的要求。

（3）物相

固体催化剂各组元的物相也是很重要的，像前面提到的 TiO_2 具有的三种不同物相结构。因为当同一物质处于不同物相时，其物化性质不同，致使其催化性能也不同。通常催化剂物相可分为非晶态相（无定形相）和晶态相（晶相）两种，结晶相物质又可分为不同晶相。例如，氧化铝就有 γ、η、ρ、σ、χ、κ、θ、α 等物相。当氧化铝处于 α 相时，比表面积很小，对多数反应是无活性的。但氧化铝处于 γ 相时，比表面积较大，对许多反应都有催化活性。在一定条件下非晶态物质可转变成晶态物质，各种晶相之间也可以相互转变，温度与气氛对这种晶相转变起重要作用。固体催化剂由于晶相的转变而改变催化活性和选择性。

(4) 均匀度

在研究多组元物系固体催化剂时必须考虑物系组成的均匀度，包括化学组成和物相组成的均匀度。通常希望整个物系具有均匀的组成。例如，合金催化剂要求各部分组成一致。但是，由于制备方法与物质的固有特性常常出现组分不均一现象。在合成氨用的 α-Fe-Al_2O_3-K_2O 催化剂，对于 K^+ 而言，其在表面上的浓度高于体相浓度。在 Ni-Cu 合金催化剂中，由于 Cu 的表面富集表面层 Cu 的浓度也高于体相浓度。因此，必须注意组分在催化剂的某部分集中分布带来的效应。在有些场合人们有意识地制造不均匀分布的催化剂，例如，Pd-Al_2O_3 催化剂，为提高 Pd 的利用率，可用专门方法使活性组分 Pd 集中分布在催化剂颗粒表面的薄层中。

6.1.4.2 催化剂的一般制备方法

催化剂的制备可以简化为一系列基本步骤或单元操作，其呈现出明显的相似性，并且可以以一般方式描述。图 6-13 中总结了制备非负载型催化剂的主要途径和目标，包括高温和溶液方法。其他可以考虑的实例，如非负载型金属，其工业应用非常少（如氨氧化中的贵金属丝网或甲醇氧化中的银团聚的树枝状晶体颗粒），其中试剂的纯度和催化反应的速率很高，以至于小的金属区域就足够了。

通常，催化剂可根据制备方法进行分类：①整体催化剂或载体；②浸渍催化剂。在此基础上，相关的制备方法是：①催化活性相作为新的固相产生；②通过本质上取决于载体表面的方法将活性相引入或固定在预先存在的固体上。

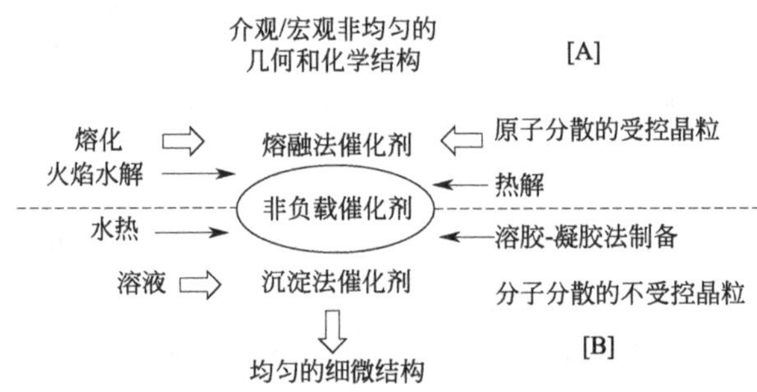

图 6-13 制备非负载型催化剂的主要途径和目标

虚线上方［A］为高温方法，虚线下方［B］为溶液方法

常用的固体催化剂制备方法有很多，如沉淀法、浸渍法、离子交换法、机械混合法、熔融法等，见表 6-5。催化剂的制备方法和制备条件会影响催化剂成品的化学组成、晶相、杂质种类与数量、组分间相互作用程度、活性组分分布情况、晶粒聚集方式及粒度大小、孔径分布、机械强度等，从而使催化剂的特性显著不同（见例 6-3 和表 6-6）。应选择合适的制备方法，使制得的产品能满足生产上使用的要求。

表 6-5 常用的固体催化剂制备方法

制备方法	举例
沉淀法	水合氧化物，如氢氧化铁等的制备
浸渍法	贵金属负载到金属氧化物 Al_2O_3 或 SiO_2 等载体上
混合法	氧化铁-氧化铬 CO 变换催化剂的制备
机械混合法	
熔融法	合成氨的铁催化剂的制备
固相反应法	

续表

制备方法	举例
沥滤法	雷尼镍催化剂的制备
离子交换法	
水热合成法	
溶胶-凝胶法	

例 6-3 辛烯醛加氢制取辛醇的催化剂 Ni-Cu-Mn-SiO_2，用五种不同制备方法所得到的催化剂的加氢性能，如图 6-14 所示，其活性顺序为 B≈C>A>D>E。

又如，吡啶＋H_2 ⟶哌啶⟶C_4H_{12}＋NH_3 的反应中制备镍-钨加氢精制催化剂，催化剂的制备方法与制备条件对催化剂性能的影响如表 6-6 所示。

表 6-6 制备方法、制备条件对催化剂性能的影响

样品	制备方法	化学组成/%	焙烧条件	吡啶转化率/%
S5-3	沉淀法	NiO 1.6，WO_3 22.3		8.2
S1-3	共浸渍法	NiO 2.2，WO_3 28.2		36.5
S1-2	共浸渍法	NiO 2.2，WO_3 28.2	500 ℃	43.2
S1-3			550 ℃	36.5
S1-4			600 ℃	36.7
S1-5			650 ℃	22.5
S1-6			700 ℃	18.6
S1-3	共浸渍法	NiO 2.2，WO_3 28.2	4h	36.15
S2-2			12h	35.7
S2-3			20h	29.7
S2-4			28 h	24.5

6.1.4.3 几种常见催化剂制备方法的一般步骤及要点

催化剂制备工艺一般包括两类操作，即催化剂前驱体的制备及分离、干燥、成型、焙烧、活化等辅助工序。

(1) 沉淀法制备催化剂的一般步骤及要点

沉淀法制备催化剂是借助于沉淀反应，用沉淀剂将可溶性催化剂组分转化为难溶化合物，经过滤、洗涤、干燥、成型等工序得到催化剂前驱体，再经焙烧、活化等工序制得成品催化剂。

用沉淀法制备多组分催化剂时，总是希望尽可能获得最大的均匀度。

沉淀是（或许将一直是）合成固体催化剂的最重要方法之一。该领域中的改变通常不是革命性的，但是新方法正在不断加入其中。对于通过沉淀法工业化制备催化剂，操作的容易性和成本必须始终与催化剂性能相平衡。在大多数情况下，先进的沉淀方法，例如微乳液合成，不能产生质量足够优异的催化剂，以补偿合成中所需的更多努力。此外，合成工艺越复杂，通常就越不稳固，这也是工业实施的主要障碍。因此，常规沉淀和水溶液共沉淀很可能在之后很多年都继续成为催化剂合成的“主力”。

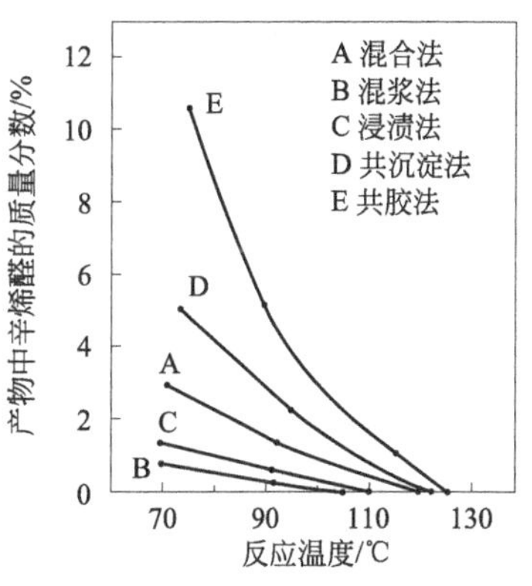

图 6-14 不同方法制备的辛烯醛加氢催化剂的性能

（2）浸渍法制备催化剂的一般步骤及要点

浸渍法制备催化剂是将选好的载体浸泡在含有活性组分（主、助催化剂组分）的可溶性化合物溶液中，接触一定时间后除去过剩的溶液（如果有），再经干燥、煅烧和活化（还原），制得催化剂成品。有过量溶液浸渍法、等体积溶液浸渍法、多步浸渍法等。

使活性组分在载体上均匀分布是浸渍法的关键问题，干燥和煅烧时，盐类也可能发生迁移，造成活性组分分布不均匀，这就需要控制适宜的操作条件。

另外，载体的物理性能在很大程度上影响催化剂的物理性能，甚至还影响催化剂的化学活性，因此正确选择和预处理载体是浸渍法的重要步骤。

6.1.5 催化剂制备技术的新进展

随着新型催化材料的不断开发，纳米催化材料、膜催化反应器等的研究进展，促成了众多催化剂制备新技术的不断涌现。纳米技术、超临界流体技术、成膜技术等都被认为是与催化剂制备直接或间接相关的新技术。

6.1.5.1 纳米技术与催化剂制备

（1）纳米效应

纳米粒子具有表面效应和量子尺寸效应，表现出与传统固体材料不同的特异性质。纳米粒子表面存在大量的悬空键和晶格畸变，呈现出较大的化学活性，呈现更强的氧化还原能力，有很高的催化活性；纳米半导体粒子有优异的光电催化活性等。

（2）纳米催化剂

从纳米的概念出发，催化剂可以分为纳米尺度催化剂和纳米结构催化剂两大类。纳米尺度催化剂主要是一些超细金属、合金以及金属氧化物催化剂，酶催化剂也是一类非常典型的纳米尺度催化剂，超细分子筛的研究也已引起广泛关注，将成为新的纳米催化剂的研究热点。纳米结构催化剂则是化学催化剂的主体，包括负载型、植入型金属催化剂和纳米孔结构、纳米界面结构催化剂等。一些新的纳米结构催化材料，如纳米管、纳米纤维、纳米球、纳米膜等也给催化研究带来新的机遇与选择。

（3）纳米催化剂的制备

主要以化学合成方法为主，包括气相法、液相法及固相法等，其中，最有代表性的是纳米介孔分子筛的液相合成技术。纳米结构自组装合成体系、纳米结构分子自组装合成体系、模板剂法、溶胶-凝胶法、化学气相沉积法等，是目前研究最为活跃的纳米结构催化剂合成技术。

6.1.5.2 超临界技术与催化剂制备

（1）超临界流体

超临界流体是指处在其临界温度（T_c）和临界压力（p_c）以上状态的流体。它兼有气体、液体的双重特性，溶质在超临界流体中的溶解度可较常压下溶质在相同的温度下同种气体中的溶解度大许多。在超临界条件下，降低压力可以导致高的过饱和度，压力在流体中的传递几乎在瞬间完成，整个流体均匀成核，固体溶质从超临界溶液中沉析出来，形成平均粒径很小的均匀粒子。在超临界流体中，溶质的溶解度可随温度和压力在较大的范围内调节，由此可控制过饱和度以及粒子的尺寸。因此，从超临界溶液中进行固体沉积是一种很有应用前景的新技术，能制备出均匀粒子。

(2) 超临界流体制备超微粉体的两种方法

超临界流体快速膨胀法是在超临界流体用作萃取分离的基础上拓展的，溶质溶于超临界流体中，形成超临界溶液后，溶液通过一个喷嘴雾化喷出，由于压力的变化导致流体溶解能力发生变换而形成很高的过饱和度，过饱和比可达 10^6，使溶质在极短的时间内（1×10^{-5}s）沉析迅速成核，以微球、纤维或者膜的形式生成粒度极细、分布较窄的超细颗粒。

超临界抗溶剂法是以超临界流体为萃取剂，溶质与溶剂互溶，而在超临界流体中的溶解度极小，当超临界流体溶解到溶液中时，与溶剂发生快速的相互扩散，溶剂体积膨胀，对溶质的溶解能力降低，高过饱和度使溶质结晶析出，形成纯度高、粒径分布均匀的微细颗粒。

6.1.5.3 膜技术与催化剂制备

(1) 膜催化技术

膜催化技术是当前众多催化反应技术中很有前景的一个领域，它可以同时完成催化反应和产品分离两大任务。膜催化技术的发展不仅会促进新催化过程的开发，而且会导致新型化工单元操作的出现，为催化工艺的发展开辟广阔的领域，特别是对于热力学和动力学控制的反应来说。

膜分离技术是近 30 年迅速兴起的分离技术，在多相催化中，将催化反应与膜分离技术结合起来，为膜催化反应器的研究提供了条件。膜与催化剂一般以四种形式组合：①膜与催化剂是两个分离的部分；②催化剂装在膜反应器中；③膜本身具有催化作用；④膜作为催化剂的载体。

③和④两种形式称为膜催化剂或催化膜，其优于常规催化剂之处是扩散阻力小，温度易控制，选择性高，反应可以不生成副产物，可获得纯度很高的产品，甚至不需要分离工序而完成产品生产。

(2) 典型的膜催化剂

① 用于加氢反应的 Pd 合金膜催化剂　膜催化反应器装有 200 根用该膜制成的螺旋管，用来加氢制沉香醇，收率达 96%，成本明显降低。

② 用于脱氢反应的 Pd 合金膜催化剂　原则上，用于加氢反应的催化剂都可以用于脱氢反应。

③ 加氢脱氢反应的其他膜催化剂　用于烃类转化的陶瓷膜催化剂由两层化合物复合而成；环己烷脱氢制苯的多孔玻璃膜；多孔 γ-Al_2O_3 膜负载于支撑物上，用于甲醇脱氢反应。

④ 其他膜催化剂　用于 CH_4 氧化制甲醇的复合氧化物膜催化剂。

此外还有碳膜、分子筛膜、有机聚合物膜等。

(3) 膜催化剂制备技术——成膜技术

① 固态粒子烧结法　将无机粉料微小颗粒或超细粒子与适当介质混合，分散形成稳定的悬浮液，制成生坯后进行干燥，然后在高温（1000～1600℃）下烧结处理。这种方法不仅可以制备微孔陶瓷膜或陶瓷膜载体，也可用于制备微孔金属膜。

② 溶胶-凝胶法　主要是浸涂制膜。

③ 薄膜沉积法　采用溅射、离子镀、金属镀及气相沉积等方法，将膜材料沉积在载体上制备薄膜的技术。沉积过程大致分为 2 个步骤：一是膜料的气化；二是膜料的蒸气依附于其他材料制成的载体上形成薄膜。其中电化学气相沉积法和化学镀膜法是应用最广的两种方法。

此外还有阳极氧化法、相分离-沥滤法、水热法等。

6.2 浸渍法

以浸渍为关键和特殊步骤制造催化剂的方法称浸渍法。用浸渍法制备的催化剂具有许多用沉淀法所不及的优点：

① 浸渍法所制得的催化剂，其表面积与孔结构接近于所用载体，因此可使成品的宏观结构预先受到控制，即可根据反应所要求的催化剂宏观结构，选择所需的载体。

② 在适当的操作条件下，活性组分可以均匀的薄层附着在载体表面上，因此大大提高了活性组分的利用率，这对用贵金属为活性组分的催化剂尤为有利。

③ 浸渍法所涉及的过程比用沉淀法单纯得多，而且在工艺上也比较简单。所以，用浸渍法制备催化剂在技术上比较容易掌握。因此，该法也是目前催化剂工业生产中广泛应用的一种方法。

用浸渍法时，也有一些问题应予以重视。作为活性组分原料的物质，其中所不需要的部分最好能经热分解除去，故常用硝酸盐或铵盐为原料。浸渍物干燥后，一般不能用洗涤法或离子交换法脱除杂质。浸渍法制得的成品，活性组分常常是物理附着在载体表面上，因此在使用时，有时会由于活性组分附着不牢而流失。

6.2.1 浸渍法的基本原理及影响因素

浸渍法制备催化剂的基本原理是毛细管吸附，即固体与液体接触时，由于表面张力的作用而产生毛细管压力使液体渗透到毛细管内部，溶液中的活性组分在毛细孔内扩散及在载体表面吸附。

沉积在催化剂载体上的金属的最终分散度取决于许多因素的相互作用，这些因素包括浸渍方法、吸附的强度、以吸留溶质形式存在的金属化合物相比于吸附在孔壁上的物种的程度，以及加热与干燥时发生的化学变化等。这些与浸渍液的性质、载体的性质、竞争吸附剂、浸渍条件、热处理条件等有关。

虽然浸渍过程中，大多数金属试剂都可以不同程度地吸附在载体上，但是吸附过程相当复杂，不同类型的吸附都可能发生，可以是金属离子与含有羟基的表面吸附，也可以是含有碱金属及碱土金属离子的表面进行阳离子交换。载体的表面结构还可能因浸渍步骤不同加以改变，从而更改表面的吸附特性。这些在工艺实施过程中必须加以考虑。

6.2.1.1 载体的选择与预处理

浸渍催化剂的物理性能在很大程度上取决于载体的物理性质，载体甚至还影响到催化剂的化学活性。因此，正确地选择载体和对载体进行必要的预处理，是采用浸渍法制备催化剂时首先要考虑的问题。

(1) 载体的选择

载体除了有支撑活性组分的作用外，还有影响反应物和产物扩散、金属与载体相互作用而改变催化剂性能等其他作用。载体的酸碱性、孔结构等对制备催化剂的细节和催化剂的性能均有不同程度的影响。在 6.1.3.2 载体的选择中已经进行了讨论。

(2) 载体的预处理

购入或贮存过的载体，由于与空气接触，其性质会发生变化而影响负载能力，因此在使用前常常需要进行预处理，预处理条件要根据载体本身的物理化学性质和使用要求而定。例如，通过热处理使载体结构稳定；当载体孔径不够大时可采用扩孔处理；而载体对吸附质的吸附速度过快时，为保证载体内外吸附质的均匀，也可以进行增湿处理。但对人工合成的载体，除有特殊需要，一般不进行化学处理。选用天然载体如硅藻土时，除要进行选矿外，还需经水煮、酸洗等化学处理除去杂质。且要注意不同产地的载体的性质可能有很大差异，可能影响到催化剂的性能。

6.2.1.2 浸渍液的配制

通常用活性组分金属的易溶盐配成溶液，所用的活性组分化合物应该是易溶于水（或其他溶剂）的，且在煅烧时能分解成所需的活性组分，或在还原后变成金属活性组分；同时还必须使无用组分，特别是对催化剂有毒的物质在热分解或还原过程中挥发除去。因此，最常用的是硝酸盐、铵盐、有机酸盐（乙酸盐、乳酸盐等）。一般以去离子水为溶剂，但当载体能溶于水或活性组分不溶于水时，则可用醇或烃作为溶剂。

浸渍液的浓度必须控制恰当，溶液过浓不易渗透粒状催化剂的微孔，活性组分在载体上也就分布不均。制备负载型催化剂时，高浓度浸渍液容易得到较粗的金属晶粒，并且使催化剂中金属晶粒的粒径分布变宽。溶液过稀，一次浸渍就达不到所要求的负载量，而要采用多次浸渍。

浸渍液的浓度取决于催化剂中活性组分的含量。对于惰性载体，即对活性组分既不吸附又不发生离子交换的载体，假设制备的催化剂要求活性组分含量（以氧化物计）为 a（质量分数），所用载体的比孔容为 V_P（$mL \cdot g^{-1}$），以氧化物计算的浸渍液浓度为 c（$g \cdot mL^{-1}$），则 1 g 载体中浸入溶液所负载的氧化物量为 $V_P c$。因此：

$$a=\frac{V_P c}{1+V_P c}\times 100\%$$

用上述方法，根据催化剂中所要求活性组分的含量 a，以及载体的比孔容为 V_P，就可以确定所需配制的浸渍液的浓度。

6.2.1.3 活性组分在载体上的分布与控制

浸渍时溶解在溶剂中的活性组分的盐类（溶质）在载体表面的分布与载体对溶质和溶剂的吸附性能有很大关系。

Maatman 等曾提出活性组分在孔内吸附的动态平衡过程模型，如图 6-15 所示。图中列举了可能出现的四种情况，为了简化起见，用一个孔内分布情况来说明。图 6-15(a) 是溶液刚刚充满微孔时，活性组分在孔内的分布情况。浸渍时，如果活性组分在孔内的吸附速率快于它在孔内的扩散速率，则溶液在孔中向前渗透过程中，活性组分就被孔壁吸附，渗透至孔内部的液体就完全不含活性组分，活性组分主要吸附在孔口近处的孔壁上。这时如果分离出过多的浸渍液，并立即快速干燥，则活性组分只负载在载体颗粒孔口与颗粒的外表面，分布显然是不均匀的。图 6-15(b) 是溶液充满微孔后分离出过多的浸渍液，并静置一段时间，让孔中的溶质达到吸附、脱附、扩散平衡，使活性组分重新分配，最后活性组分就均匀分布在孔的内壁上。图 6-15(c) 是让过量浸渍液留在孔外，载体颗粒外面的溶液中的活性组分通过扩散，不断补充到孔中，直到达到平衡为止。这时吸附量将更多，而且在孔内呈现均一性分布。图 6-15(d) 则表明，当浸渍液中的活性组分浓度低，在达到均匀分布前，孔外活性组分已耗尽，又过早干燥或吸附键很牢，则活性组分的分布仍是不均匀的，在孔口处特别多。一些实验事实证明了上述的吸附、扩散、平衡模型。

由此模型可知，要获得活性组分均匀分布的催化剂，①浸渍液中活性组分的含量应多于载体内外表面能吸附的活性组分的量，以免出现孔外浸渍液中活性组分被耗尽的情况。②当吸附速率>扩散速率，立即进行快速干燥时，活性组分只负载在孔口和外表面上；当吸附速率>扩散速率，静置一段时间后再进行干燥时，活性组分迁移而实现再分配，活性组分在载体是均匀分布的。因此，分离出过多的浸渍液后，不要立即干燥，而是静置一段时间，让吸附、脱附、扩散达到平衡。

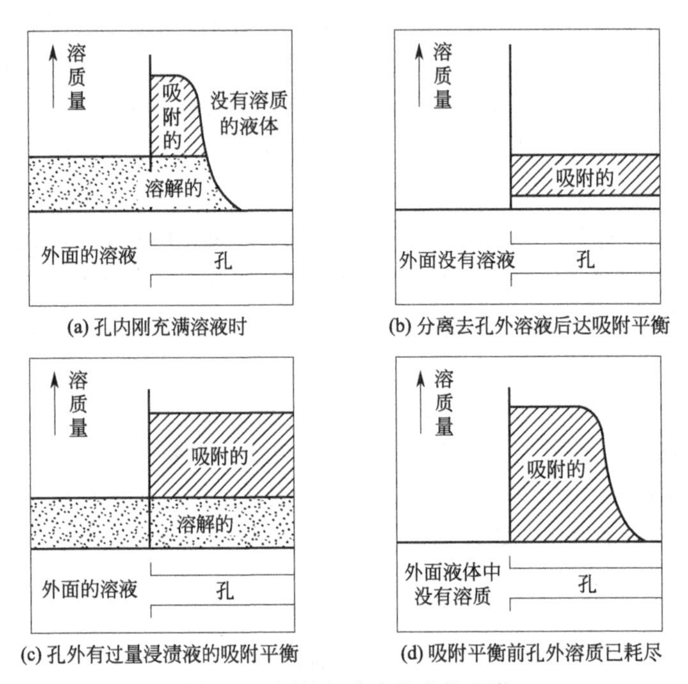

图 6-15　活性组分在孔内的吸附

对于贵金属负载型催化剂，由于贵金属含量低，要在大表面积上得到均匀分布，常常在浸渍液中加入竞争吸附剂。常用的竞争吸附剂有盐酸、硝酸、三氯乙酸、乙酸等。如，在制备 $Pt/\gamma\text{-}Al_2O_3$ 重整催化剂时，加入竞争吸附剂乙酸，由于这些吸附剂分子占据了表面部分吸附位，迫使少量的 H_2PtCl_6 均匀地渗透到孔内表面，形成均匀分布，从而使催化剂的活性提高，见图 6-16。

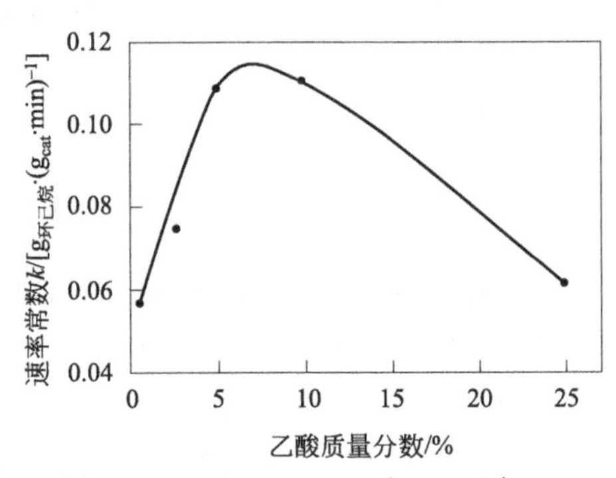

图 6-16　$Pt/\gamma\text{-}Al_2O_3$（含 0.36% Pt）对环已烷的加氢活性

还应指出，并不是所有的催化剂都要求均匀负载。如球形催化剂，活性组分在载体上分布的形式有均匀型、蛋壳型、蛋白型及蛋黄型四种，如图 6-17 所示。

究竟选择何种类型，主要取决于催化反应的宏观动力学。当催化反应受外扩散控制时，以蛋壳型为宜，因为在这种情况下处于孔内部深处的活性组分对反应已无效用，这对于节省活性组分量，特别是贵金属更有意义。当催化反应受动力学控制时，以均匀型分布为好，因为这时

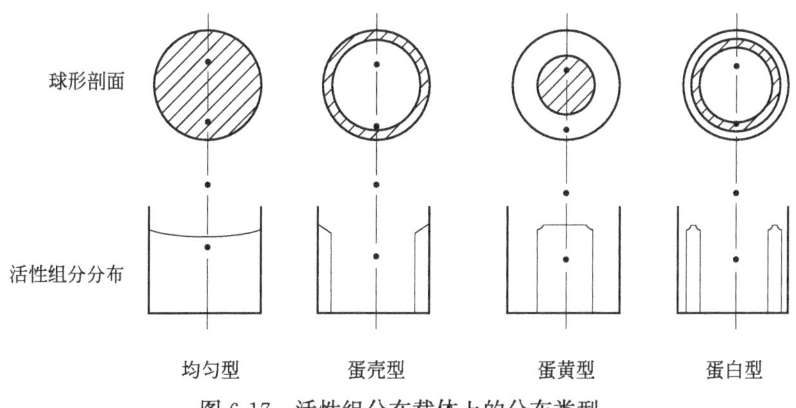

图 6-17　活性组分在载体上的分布类型

催化剂的内表面可以利用，而一定量的活性组分分布在较大面积上，可以得到高的分散度，增加了催化剂的热稳定性。当介质中有毒物，载体又能吸附毒物时，则以蛋白型分布为好，这时外层载体起过滤毒物的作用，可以延长催化剂的寿命。

上述各种活性组分在载体上的分布类型，也可以采用竞争吸附剂来得到。选择竞争吸附剂时要考虑活性组分与竞争吸附剂间吸附特性的差异、扩散系数的不同以及用量不同的影响，还需注意残留在载体上的竞争吸附剂对催化作用是否产生有害影响，最好选用易于分解挥发的物质。如用氯铂酸（H_2PtCl_6）溶液浸渍 Al_2O_3 载体，由于浸渍液与 Al_2O_3 的作用迅速，Pt 集中吸附在载体外表层上，形成蛋壳型分布。用无机酸或一元酸作竞争吸附剂时，由于竞争吸附从而得到均匀型催化剂。若用多元有机酸（柠檬酸、酒石酸、草酸）为竞争吸附剂，由于一个二元酸或三元酸分子可以占据一个以上吸附中心，在二元酸或三元酸区域可供 Pt 吸附的空位很少，大量的氯铂酸必须穿过该区域而吸附于内部。根据形成的二元酸或三元酸竞争吸附剂分布区域的大小，可以得到蛋白型或蛋黄型的分布。采用不同用量吸附剂，则可以控制金属组分的浸渍深度，这就可以得到满足催化反应的不同要求的催化剂。

6.2.2　各种浸渍法工艺及要点

（1）过量溶液浸渍法

过量溶液浸渍法是将载体浸泡入过量的浸渍溶液中，待吸附平衡后，滤去过剩溶液，然后干燥、活化后即得催化剂成品。

在操作过程中，如载体孔隙吸附着大量空气，就会使浸渍溶液不能完全渗入，因此可以先进行抽空，使活性组分更易渗入孔内得到均匀的分布。此方法常用于已经成型的大颗粒载体的浸渍，或用于多组分的分段浸渍。浸渍时要注意选用适当的液固比，通常借助调节浸渍液的浓度和体积来控制吸附量。在生产过程中，可以在盘式或槽式容器中间歇进行；如要连续生产，则可采用传送带式浸渍装置，将装有载体的小筐安装在输送皮带上，送入浸渍液池中浸泡一定时间（池的长度一定时可调节传送带速度来改变），回收带出的残余溶液，随后将浸渍物送入热处理系统中干燥、活化。

（2）等体积溶液浸渍法

等体积溶液浸渍法是预先测定载体吸入溶液的能力，然后加入正好使载体完全浸渍所需要的溶液量。此法可省去过滤多余浸渍液的步骤，而且便于控制催化剂中的活性组分含量。

浸渍可以在转鼓式搅拌机中进行，将溶液喷洒到不断翻滚着的载体上。也可以在流化床中进行，流化床浸渍工艺流程如图 6-18 所示。

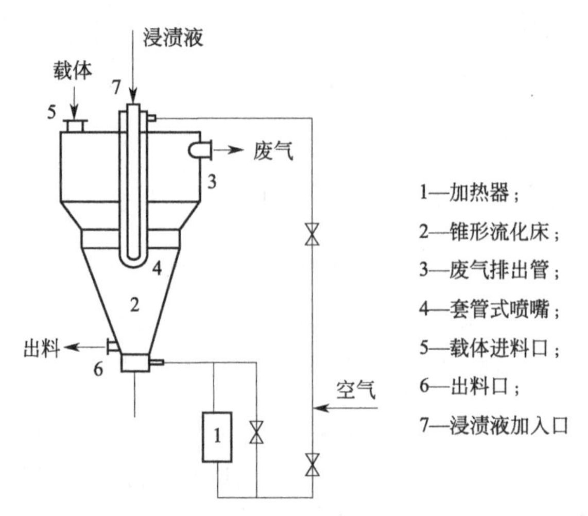

图 6-18　流化床浸渍法流程示意图

（3）多次浸渍法

多次浸渍法是将浸渍、干燥、焙烧反复进行数次。

采用这种方法有下面两种情况：①浸渍化合物的溶解度小，一次浸渍不能得到足够大的吸附量，需要重复浸渍多次；②进行多组分浸渍，由于各组分的吸附能力不同，常使吸附能力强的活性组分浓集于孔口，而吸附能力弱的组分则分布在孔内，造成组分分布不均。

改进的方法之一就是采用多次浸渍，将各组分按顺序先后浸渍。每次浸渍后，必须进行干燥和焙烧，使之转化为不溶性物质，这样可以防止上次已经浸渍在载体上的化合物又重新溶解到浸渍液中，也可以提高载体在第二次浸渍时的吸入量。多次浸渍法工艺操作复杂、劳动效率低、生产成本高，一般情况下应尽量少用。

（4）浸渍沉淀法

在浸渍液中预先配入沉淀剂母体，待浸渍单元操作完成之后，加热升温使待沉淀组分沉积在载体表面上。此法可以用来制备比浸渍法分布更加均匀的金属或金属氧化物负载型催化剂。

（5）蒸气浸渍法

蒸气浸渍法借助浸渍化合物的挥发性，以蒸气相形式将它负载于载体上。

例 6-4　正丁烷异构化的 $AlCl_3$/铁矾土催化剂，在反应器内先装入铁矾土载体，然后以热的正丁烷气流将活性组分 $AlCl_3$ 气化，并带入反应器，使之沉积于载体上。当负载量足够时，切断气流中的 $AlCl_3$，通入正丁烷进行反应。

用此法制备的催化剂在使用中活性组分易于流失，为了维持催化剂性能的稳定，必须随时通入 $AlCl_3$ 进行补充。

（6）流化床浸渍工艺

该法是在流化床内放置一定量的多孔性载体，通入气体使载体流化，再通过喷嘴将浸渍液向下或沿切线方向喷入床内负载在载体上；当溶液喷完后，用热空气或烟道气对浸渍物进行流化干燥，然后升高床温进行焙烧，活化后卸出催化剂（见图 6-18）。流化床浸渍具有流程简单，操作方便，周期短，可在同一设备内完成浸渍、干燥、焙烧、活化等过程，且劳动条件好等优点，一般适用于多孔性微球和小粒状载体的浸渍。对于无孔载体，由于流化时常将表面的活性组分磨脱，故不宜采用。

6.2.3 浸渍颗粒的热处理

(1) 干燥过程中活性组分的迁移

用浸渍法制备催化剂时，毛细管中浸渍液所含的溶质在干燥过程中会发生迁移，造成活性组分的不均匀分布。这是由于在缓慢干燥过程中，热量从颗粒外部传递到其内部，颗粒外部总是先达到液体的蒸发温度，因而孔口的溶剂先蒸发，使一部分溶质先析出。由于毛细管上升现象，孔内溶液不断补充到孔口，使得活性组分向表层集中，而得不到均匀分布的催化剂。因此，为了减少干燥过程中活性组分的迁移，常采用快速干燥法，使溶剂迅速蒸发，溶质迅速析出。有时亦可采用稀溶液多次浸渍来加以改善。

(2) 煅烧与活化（还原）

煅烧使浸渍在载体上的盐类发生分解以得到活性组分。煅烧后活性组分表面积会发生变化，这是因为，负载型催化剂中的活性组分（例如金属）是以高度分散的形式存在于高熔点载体上的，在焙烧过程中，这类催化剂的活性组分晶粒会长大，由于金属晶粒大小的变化而导致了活性表面积减小。图 6-19 示出了 Pd/Al_2O_3 催化剂的金属活性表面积与热处理温度的关系。图中看出，随热处理温度升高，金属的表面积下降。

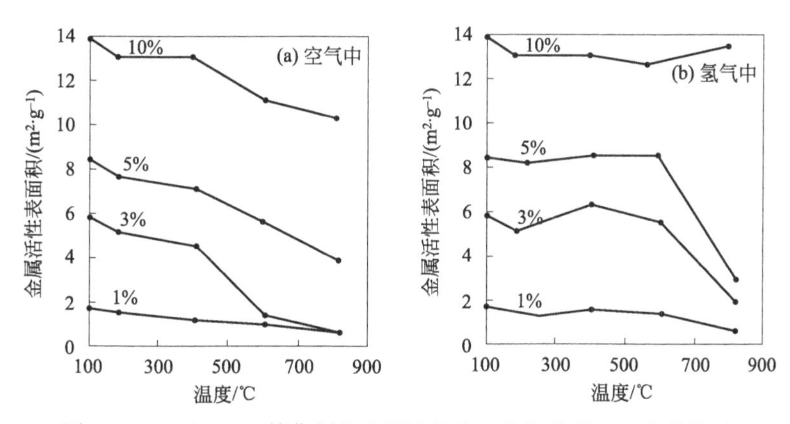

图 6-19 Pd/Al_2O_3 催化剂的金属活性表面积与热处理温度的关系

在实际生产过程中，可以加入耐高温的稳定剂起间隔作用，以防止微晶相互接触而导致的烧结。易烧结物在烧结后的平均晶粒度与加入的稳定剂的量及其晶粒大小有关。在金属负载型催化剂中，载体实际上也起着间隔作用，载体的晶粒越小，则煅烧后的金属晶粒也越小。

对于负载型催化剂，除了焙烧可影响金属晶粒大小外，还原条件对金属的分散度也有影响。按结晶学原理，在还原过程中增大晶核生成的速率，有利于生成高分散度的金属微晶；而提高还原速率，特别是还原初期的速率，可以增大晶核的生成速率。在实际操作中，可采用下面的方法来提高还原速率，以获得高分散度的金属催化剂：

① 在不发生烧结的前提下，尽可能高地提高还原温度。提高还原温度可以大大提高催化剂的还原速率，缩短还原时间；而且由于还原过程有水分产生，缩短还原时间减少了已还原催化剂暴露在水汽中的时间，减少了被反复氧化还原的机会，有利于生成高分散度的金属微晶。

② 使用较高的还原气空速。高的还原气空速加快水汽扩散，使气相中水汽浓度降低，从

而使催化剂孔内水分容易逸出，有利于还原反应平衡向右移动，提高还原反应速率。

③ 尽可能地降低还原气体中水蒸气的分压。一般来说，还原气体中水分和氧含量越高，还原后的金属晶粒就越大，因此，可在还原前先将催化剂进行脱水，或用干燥的惰性气体通过催化剂层等。

(3) 互溶与固相反应

在热处理过程中活性组分和载体之间可能生成固溶体或化合物，可以根据需要采用不同的热处理条件，促使或避免它们生成。

Andrew 总结了催化剂生产中常用的 Cu、Fe、Ni、Zn、Mg、Ca、Al 的二元氧化物在 700℃以下（焙烧常用温度）的互溶性，如表 6-7 所示。如果负载的活性组分能与载体生成固溶体，而在催化剂还原时，负载的活性组分最后能被还原，则互溶将促使金属与载体达到最密切的混合；如果负载的活性组分最后不能被还原，则这部分金属氧化物是无效的。固溶体的生成，一般可以减缓晶体长大的速率。如纯 NiO 样品在 500 ℃下焙烧 4h，NiO 晶粒粒径成长到 30～40μm，而 NiO 与 MgO 形成固溶体后，在同样的焙烧条件下，固溶体中 NiO 的晶粒度仅为 8.0μm 左右。

表 6-7　700℃以下二元氧化物的互溶性

金属	Al	Mg	Ca	Zn
Cu	很小	很小	很小	很小
Fe	$FeO\cdot Al_2O_3$，$Fe_2O_3\cdot Al_2O_3$	全部互溶 $MgO\cdot Fe_2O_3$	$CaO\cdot FeO$,$CaO\cdot Fe_2O_3$	$ZnO\cdot Fe_2O_3$
Ni	$NiO\cdot Al_2O_3$	全部互溶	很小	小
Zn	$ZnO\cdot Al_2O_3$	很小	很小	—
Mg	$MgO\cdot Al_2O_3$	—	很小	很小
Ca	$CaO\cdot Al_2O_3$	很小	—	很小

活性组分与载体之间发生固相反应也是可能的。与前述生成固溶体一样，当金属氧化物与载体发生固相反应后，而金属氧化物在最后的还原阶段又能被还原成为金属时，由于金属与载体形成最紧密的混合，阻止了金属微晶的烧结，使催化剂具有高活性和长寿命。然而如果活性金属氧化物与载体生成的化合物不能被还原时，则化合物中这部分金属就是无效的而被浪费。例如，生产苯乙烯的 $ZnO-Al_2O_3$ 催化剂在焙烧时可能生成没有催化活性的 $ZnAl_2O_4$，在制备和使用中要设法防止这种锌铝尖晶石生成。NiO 和载体 Al_2O_3 进行固相反应生成 $NiAl_2O_4$，它虽然较难还原，但一旦还原成金属 Ni 后，则具有与用 NiO 还原所得的 Ni 不同的催化活性。

在催化剂制备的热处理过程中，有意识地利用互溶或固相反应，对催化剂进行调整，有可能改变或提高催化剂的性能。

6.2.4　浸渍法制备催化剂的实例

例 6-5　铂重整催化剂的制备　其流程如下所示。

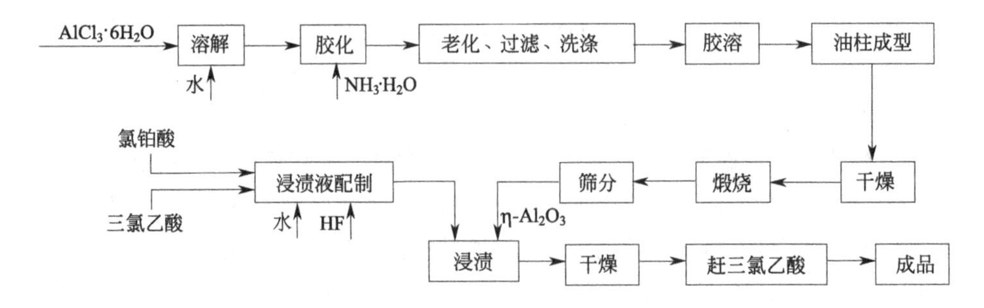

例 6-6 超声波浸渍法（Ultrasonic Impregnation）制备 $MnO_2/\gamma\text{-}Al_2O_3$ 催化剂

选用直径为 4～5mm 的活性 $\gamma\text{-}Al_2O_3$ 作催化剂载体，制备酸改性 $\gamma\text{-}Al_2O_3$ 作催化剂成分。称量酸改性 $\gamma\text{-}Al_2O_3$ 加入质量分数 30％的乙酸锰溶液中，采用超声波处理器，在 30℃下以超声波促进浸渍。超声波辐照频率 20kHz、电功率 100W，辐照时间 30min。然后立刻过滤、干燥，再在 400℃下焙烧 4～6h，制得催化剂。

6.3 沉淀法

沉淀法是制备固体催化剂最常用的方法之一，广泛用于制备高含量非贵金属、金属氧化物、金属盐催化剂和载体。

6.3.1 沉淀过程和沉淀剂的选择

沉淀作用给予催化剂基本的催化剂属性，沉淀物实际上是催化剂或载体的前驱物，对所制得的催化剂的活性、寿命和强度有很大影响。

例如 $Al_2O_3 \cdot xH_2O$ 可由如下两个沉淀过程得到：

$$\begin{cases} Al(NO_3)_3 + NH_3 \cdot H_2O \longrightarrow Al_2O_3 \cdot xH_2O + NH_4{}^+ \quad \text{pH 由小} \rightarrow \text{大} \\ NaAlO_2 + HCl \longrightarrow Al_2O_3 \cdot xH_2O + Na^+ + Cl^- \quad \text{pH 由大} \rightarrow \text{小} \end{cases}$$

不同沉淀过程所生成的沉淀物所带的杂质离子的种类不同，$NH_4{}^+$ 易于洗涤，其残留也能在热处理过程中分解而除去；而 Cl^- 则难以洗涤除去，在热处理过程中也不会分解，故会残留在催化剂成品中影响催化剂的性能。

$NaAlO_2$ 若换用 CO_2 为沉淀剂，则

$$AlO_2^- + CO_2 \xrightarrow[40\sim60^\circ C]{pH>12} \alpha\text{-}Al_2O_3 \cdot 3H_2O \xrightarrow{450^\circ C} \chi\text{-}Al_2O_3$$

生成的 $\chi\text{-}Al_2O_3$ 无催化活性。

因此，在沉淀过程中采用什么沉淀反应，选择什么样的沉淀剂，是沉淀工艺首先要考虑的问题。同一催化剂可以从不同的原料开始制造，如 Ni 可以制成 $Ni(OH)_2$ 沉淀或 $NiCO_3$ 沉淀，再焙烧、还原而得；同一种离子可以以正离子状态存在，也可以以负离子状态存在，如 Cr^{3+} 与 CrO_4^- 。究竟应该用哪种形态，应根据生产过程特点加以选择。

选择原料须有一定纯度，对有害杂质须加以限制。从制造过程看，最好选用硝酸盐、铵盐、碳酸盐等，而少用硫酸盐、氯化物等。因为前者带入的杂离子 NO_3^-、NH_4^+、CO_3^{2-} 容易去除（洗涤除去，残存者在加热处理过程中可分解掉），而后者带入的杂离子 SO_4^{2-}、Cl^- 难以彻底去除。

选择沉淀剂应满足下列技术和经济要求：

① 生产中常用的沉淀剂有：碱类（$NH_3 \cdot H_2O$、NaOH、KOH）、碳酸盐［Na_2CO_3、$(NH_4)_2CO_3$］、有机酸（乙酸、草酸）、CO_2 等。其中最常用的是 $NH_3 \cdot H_2O$ 和 $(NH_4)_2CO_3$，因为铵盐在洗涤和热处理时容易除去，一般不会残留在催化剂中，为制备高纯度催化剂提供了条件。而 KOH、NaOH 会残留 K^+、Na^+ 于沉淀中，尤其是 KOH 价格较贵，一般不使用。CO_2 虽可避免引入有害离子，但其溶解度小，难以制成溶液，沉淀反应为气-液-固三相反应，控制较为困难。有机酸价格昂贵，只在必要时使用。

② 沉淀剂的溶解度要大，一方面可以提高阴离子的浓度，使金属离子沉淀完全；另一方

面，溶解度大的沉淀剂可能被沉淀物吸附的量比较少，洗涤脱除也较快。形成的沉淀物溶解度要小，这样沉淀反应更完全，原料消耗少，这对于贵金属尤其重要。

③ 形成的沉淀物必须便于过滤和洗涤。沉淀可分为晶形沉淀和非晶形沉淀；晶形沉淀又有粗晶体和细晶体。晶形沉淀带入的杂质少，也便于过滤和洗涤。因此应尽量选用能形成晶形沉淀的沉淀剂。盐类沉淀剂原则上可以形成晶形沉淀，而碱类沉淀剂一般会生成非晶形沉淀（难滤、难洗）。

④ 沉淀剂必须无毒，不应造成环境污染。

6.3.2 沉淀法的影响因素

沉淀过程是一个复杂的化学反应过程。当金属盐水溶液与沉淀剂作用，离子浓度积大于该条件下的溶度积时产生沉淀。要得到结构良好而纯净的沉淀物，必须了解沉淀形成的过程和沉淀物的性状。

沉淀物的形成包括晶核生成和晶核长大两个过程：①形成沉淀物的离子相互碰撞生成沉淀的晶核，该晶核在溶液中处于沉淀与溶解的平衡状态；②溶质分子在溶液中扩散到晶核表面，晶核继续长大成为晶体。晶核生成速率和晶核长大速率的相对大小直接影响生成的沉淀物的类型。图 6-20 显示了影响沉淀的一些参数。

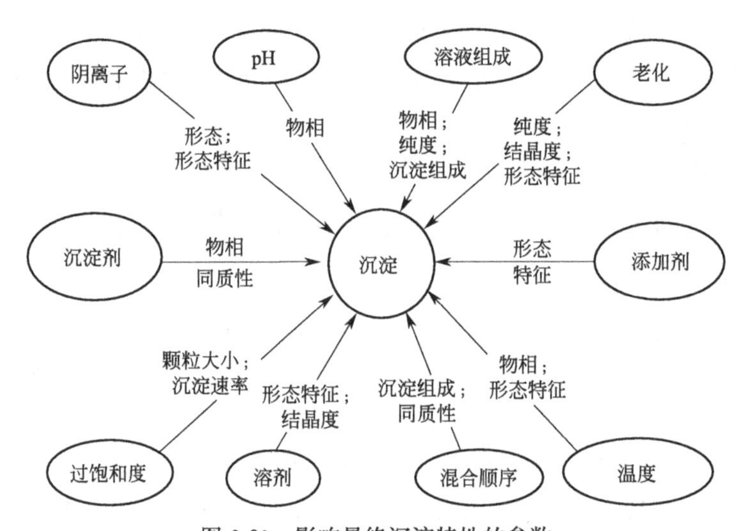

图 6-20　影响最终沉淀特性的参数

6.3.2.1 浓度（过饱和度）

获得什么性状的沉淀物取决于在形成沉淀的过程中，晶核的生成速率与长大速率的相对大小，而速率大小又与浓度有关。

(1) 晶核生成速率

一般用下式表示晶核生成速率：

$$N=k(C-C^{*})^{n}$$

式中，N 为单位时间内单位体积溶液中生成的晶核数；k 为晶核生成速率常数；$n=3\sim4$。

(2) 晶核长大速率

晶核长大过程分为两步，一是溶质分子首先扩散通过液固界面的滞流层；二是溶质分子在晶粒表面进行沉淀反应，分子或离子被接受进入晶格之中。

扩散过程速率：$\frac{dm}{dt}=\frac{D}{\delta}A(C-C')$

表面沉淀速率：$\frac{dm}{dt}=k'A(C'-C^*)$

式中，m 为在时间 t 内沉积的固体量；D 为溶质在溶液中的扩散系数；δ 为滞留层厚度；A 为晶体表面积；C 为液相浓度；C'为界面浓度；k'为表面反应速率常数；C^* 为固体表面浓度，即饱和溶解度。

稳态平衡时，扩散速率 = 表面沉淀速率，则有：

$$\frac{dm}{dt}=A(C-C^*)/\frac{\delta}{D}+\frac{1}{k'}$$

实验表明：$\frac{dm}{dt}=k''A(C-C^*)^{\beta}$，$1\leqslant\beta\leqslant 2$

β 值取决于盐类的性质和温度。过程是扩散控制还是表面反应控制，或者两者各占多少比例均由实验确定。一般地说，扩散控制时速率决定于湍动情况（搅拌情况），而表面反应控制时则决定于温度。

综上所述，无论晶核生成速率还是晶核长大速率都与溶液中 $C-C^*$ 的数值有关，可以看出，溶液浓度提高，即过饱和度增加更有利于晶核长大，见图 6-21。为了得到预定组成和结构的沉淀物，沉淀应在适当稀的溶液中进行，这样沉淀开始时，溶液的过饱和度不至于太大，可以使晶核生成速率降低，利于晶体的长大。另一方面，在过饱和度不太大时（$S=1.5\sim2.0$），晶核的长大主要是离子（或分子）沿晶格长大，可以得到完整的结晶。当过饱和度较大时结晶速率很快，容易产生错位和晶格缺陷，也容易包藏杂质。在开始沉淀时，沉淀剂应在不断搅拌下均匀而缓慢地加入，以免局部过浓，同时也维持一定的过饱和度。否则生成的粒子大小不均匀，甚至在组成上也可能有差异。强烈的搅拌还能打碎胶团，有利于沉淀粒子由胶体转变为晶体，减少杂质的吸附和包藏。

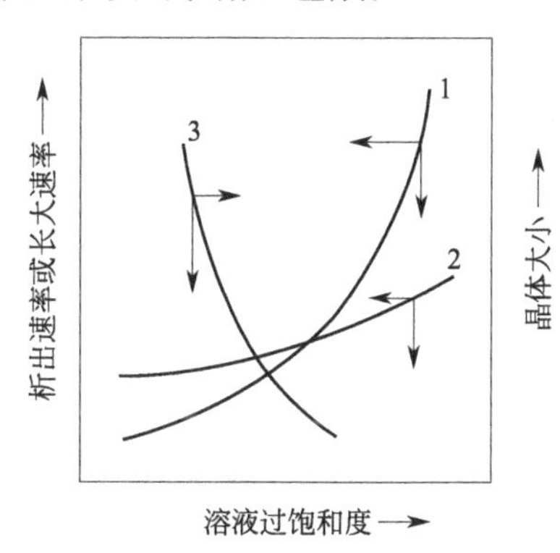

图 6-21　晶核生成、长大速率与溶液饱和度的关系

1—晶核生成速率；2—晶核长大速率；3—晶体大小

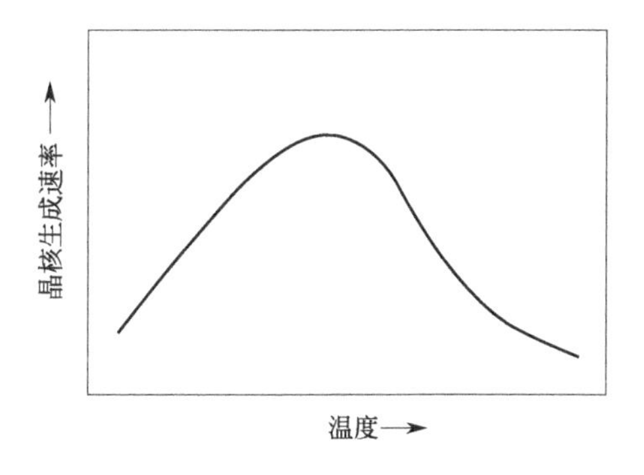

图 6-22　温度对晶核生成速率的影响

6.3.2.2 温度

溶液的过饱和度与温度有密切关系，当溶液中溶质数量一定时，升高温度，溶液的过饱和度降低，晶核的生成速率减小；降低温度时溶液的过饱和度增大，晶核的生成速率提高。但

是，如果考虑能量作用因素，它们之间的关系就变得复杂了。当温度低时，溶质分子能量很低，晶核的生成速率仍然很小；随着温度的提高，晶核生成的速率可达一极大值，继续提高温度，一方面由于过饱和度下降，同时由于溶质分子动能增加过快，不利于形成稳定的晶核，因此晶核的生成速率又趋于下降。研究结果还表明，对应于晶核生成速率最大时的温度，比晶核长大最快所需温度低得多，即低温有利于晶核生成而不利于晶核长大，故低温沉淀时一般得到细小的颗粒。高温有利于晶粒长大，得大晶粒。温度对晶核生成速率的影响见图 6-22。

6.3.2.3 pH

在沉淀的过程中，溶液的 pH 会发生变化，由于不同金属离子开始沉淀和完全沉淀所需的 pH 不同，因此沉淀物的生成过程就会受到溶液 pH 变化的影响。表 6-8 给出了当金属离子浓度为 $0.01mol \cdot L^{-1}$时，一些常用的金属氢氧化物开始沉淀及完全沉淀的 pH 和溶度积。

表 6-8 常见离子的氢氧化物沉淀时的 pH 和溶度积（298K）

金属离子($0.01mol \cdot L^{-1}$)	开始沉淀的 pH	完全沉淀的 pH	溶度积
Fe^{3+}	3	>4	4×10^{-33}
Al^{3+}	5	6～7.5	2×10^{-32}
Cu^{2+}	5	6.5	5.6×10^{-20}
Cr^{3+}	6	8～10	6.0×10^{-31}
Zn^{2+}	6	9	1.2×10^{-17}
Fe^{2+}	7	—	8.0×10^{-16}
Ni^{2+}	7	8～10	6.5×10^{-18}
Co^{2+}	7～8	10	2.0×10^{-16}
Mn^{2+}	8～9	9～10	1.9×10^{-18}
Mg^{2+}	9.5	>11	1.8×10^{-11}

例 6-7 铝盐用碱沉淀，在其他条件相同，pH 不同时可以得到三种产品：

$$Al^{3+} + OH^- \begin{cases} \xrightarrow{pH<7} Al_2O_3 \cdot mH_2O \text{ 无定形胶体} \\ \xrightarrow[80^\circ C]{pH=9} \alpha\text{-}Al_2O_3 \cdot H_2O \text{ 针状胶体} \xrightarrow{450^\circ C} \gamma\text{-}Al_2O_3 \\ \xrightarrow{pH>10} \beta\text{-}Al_2O_3 \cdot nH_2O \text{ 球状结晶} \xrightarrow{400^\circ C} \eta\text{-}Al_2O_3 \end{cases}$$

β-$Al_2O_3 \cdot nH_2O$ 是球形颗粒紧密堆积而成的结晶，易于洗涤过滤。其他两种胶体则因颗粒过细而难于洗涤。生产上为了控制沉淀颗粒的均一性，有必要保持沉淀过程的 pH 相对稳定，这可以通过加料方式进行控制。

6.3.2.4 加料顺序

加料顺序不同，直接影响沉淀过程中的 pH，因而对沉淀物的性能也会有很大的影响。加料顺序有“顺加法”“逆加法”和“并加法”。把沉淀剂加到金属盐溶液中称为顺加法；把金属盐溶液加到沉淀剂中称为逆加法；把金属盐溶液和沉淀剂同时按比例加到中和沉淀槽中则称为并加法。

当盐溶液中有几种金属离子需要沉淀，且溶度积各不相同时，顺加法就会造成不同金属离子先后沉淀出来，造成沉淀物的组成不相同，这在催化剂制备时要尽量避免。逆加法则在整个沉淀过程中 pH 是一个变值。要维持沉淀过程中一定的 pH，使整个工艺操作稳定，一般采用并加法。

6.3.2.5 搅拌

搅拌加强溶液的湍动，减小扩散层厚度 δ，加大扩散系数 D。因此搅拌有利于晶粒长大，同时促进晶核的生成，但对后者的影响微弱。实验证明，随着搅拌速度的提高，开始时晶粒长大速率急剧增加；当达到一极值后，再继续提高搅拌速度时，晶粒长大速率就基本不变。这是因为，当搅拌速度高于某一数值后，控制步骤由扩散控制转为表面反应控制。

6.3.2.6 沉淀物的老化

沉淀反应结束后，将沉淀物与溶液在一定条件下接触一段时间，称为沉淀物的老化。

（1）老化的作用

在老化这段时间内沉淀物会发生一些不可逆变化，老化阶段的变化（或作用）如下：

① 颗粒长大　在老化过程中结晶沉淀可由小逐渐长大成一定的颗粒。细小晶体的溶解度比粗晶体的溶解度大，会逐渐溶解，并沉积到粗晶体上。如此反复溶解、反复沉积，老化基本上消除了细晶体，获得了颗粒大小较为均匀的粗晶体，孔隙结构和表面积也相应发生变化。在老化过程中，随着细晶体的溶解，吸附在细晶体上的杂质也转入溶液。粗晶体的表面积较小，吸附的杂质少。

② 晶形完善及晶型转化　在形成沉淀时，由于离子聚集成晶核的聚集速度与离子按一定的晶格排列成晶体的定向排列速度不同而可以得到晶形或非晶形沉淀。

极性强的盐类，如 AgCl、CuS 具有较大的定向速度，易形成晶形沉淀；高价金属的氢氧化物，如 $Fe(OH)_3$ 和 $Al(OH)_3$，结合的羟基离子越多，定向排列越困难，定向速度小，很难形成晶形沉淀。需经过一段时间老化，晶形才会逐渐完善。另外，初生的沉淀不一定具有稳定的结构，老化时会逐渐变成稳定的结构。新鲜的无定形沉淀，在老化过程中逐步晶化也是可能的。

③ 凝胶的脱水收缩　由溶胶变为凝胶的胶凝作用并不是变化的终点，凝胶仍是不稳定系统，在许多情况下将其放置一段时间后凝胶会发生脱水，与此同时，凝胶的体积收缩。脱水收缩是凝胶老化的一种表现。凝胶在老化过程中由于发生脱水收缩而使粒子间的结合更加牢固，从而加强了凝胶骨架的强度。这对制备多孔结构的载体或催化剂具有重要意义。

（2）老化条件

老化介质、温度、时间等对凝胶的脱水收缩均有影响，因而影响产品的性质。

如在碱性介质（pH＞7）中老化可以加速脱水收缩。因为老化时发生溶液中的阳离子与凝胶粒子溶剂化层中的 H^+ 交换，因而降低了凝胶团的亲水性，使得包围胶团的溶剂化层减小，而使胶团容易聚结，加快脱水收缩过程。

老化温度和时间对凝胶的结构也有明显的影响。例如，老化温度从 30℃升高到 60℃时，硅酸铝的孔半径可从 2nm 增大到 4.5nm；老化时间从 5h 增加到 30h，孔体积从 $0.56mL \cdot g^{-1}$ 增大到 $0.70mL \cdot g^{-1}$。

6.3.3 沉淀法工艺的分类

沉淀法工艺有单组分沉淀法、均匀沉淀法、共沉淀法、超均匀共沉淀法、浸渍沉淀法和导晶沉淀法等。

6.3.3.1 单组分沉淀法

单组分沉淀法是最常用的方法之一。操作不太困难，可以用来制备非贵金属的单组分催化剂或载体。如果与机械混合和其他操作单元组合又可以用来制备多组分催化剂。

6.3.3.2 均匀沉淀法

均匀沉淀法不是把沉淀剂直接加入待沉淀溶液中，也不是加沉淀剂后立即沉淀，而是首先使待沉淀溶液与沉淀剂母体充分混合，造成一个均匀的体系，然后调节温度，使沉淀剂母体加热分解，转化为沉淀剂，从而使金属离子产生均匀沉淀。

一般的沉淀法制备催化剂由于溶液在沉淀过程中浓度的变化，或加料流速的波动，或搅拌不均匀，致使过饱和度不一，颗粒粗细不等，乃至介质情况的变化引起晶形改变，对于要求特别均匀的催化剂，可采用均匀沉淀法。

例 6-8 铝盐加尿素（沉淀剂母体），均匀混合后加热至 90～100℃，尿素水解释放出 OH^-，使 Al^{3+}沉淀。尿素的水解速率随温度而改变，调节温度可以控制沉淀反应所需的 OH^- 浓度，使 $Al(OH)_3$ 沉淀在整个体系内均匀地形成。

用均匀沉淀法得到的沉淀物，由于过饱和度在整个溶液中比较均匀，所以沉淀颗粒粗细较一致而又致密，便于洗涤和过滤。

某些沉淀剂母体和所利用的反应列于表 6-9 中。均匀沉淀不限于利用中和反应，也可采用酯类或其他有机物的水解、络合物的分解、氧化还原反应等方式。

表 6-9 沉淀剂母体和所利用的反应

生成的阴离子	沉淀剂母体	反应
OH^-	尿素	$(NH_2)_2CO + 3H_2O \longrightarrow 2NH_4^+ + CO_2 + 2OH^-$　(6-9)
PO_4^{3-}	三甲基磷酸	$(CH_3)_3PO_4 + 3H_2O \longrightarrow 3CH_3OH + H_3PO_4$　(6-10)
$C_2O_4^{2-}$	尿素或 $HC_2O_4^-$	$2HC_2O_4^- + (NH_2)_2CO + H_2O \longrightarrow 2NH_4^+ + CO_2 + 2C_2O_4^{2-}$　(6-11)
$SO_4{}^{2-}$	二甲基硫酸	$(CH_3)_2SO_4 + 2H_2O \longrightarrow 2CH_3OH + 2H^+ + SO_4^{2-}$　(6-12)
SO_4^{2-}	磺酰胺	$NH_2SO_3H + H_2O \longrightarrow NH_4^+ + H^+ + SO_4^{2-}$　(6-13)
S^{2-}	硫代乙酰胺	$CH_3CSNH_2 + H_2O \longrightarrow CH_3CONH_2 + H_2S$　(6-14)
S^{2-}	硫脲	$(NH_2)_2CS + 4H_2O \longrightarrow 2NH_4^+ + CO_2 + 2OH^- + H_2S$　(6-15)
CO_3^{2-}	三氯乙酸盐	$2CCl_3CO_2^- + H_2O \longrightarrow 2CHCl_3 + CO_2 + CO_3^{2-}$　(6-16)
CrO_4^{2-}	尿素与 $HCrO_4^-$	$2HCrO_4^- + (NH_2)_2CO + H_2O \longrightarrow 2NH_4^+ + CO_2 + 2CrO_4^{2-}$　(6-17)

6.3.3.3 共沉淀法

将含有两种以上金属离子的混合溶液与一种沉淀剂作用，同时形成含有几种金属组分的沉淀物，称为共沉淀法。共沉淀法的特点是几个组分同时沉淀，各组分间达到分子级的均匀混合，在热处理（煅烧）时可加速组分间的固相反应。利用共沉淀的方法可以制备多组分催化剂，这是工业生产中常用的方法之一。

在共沉淀过程中，由于组分的溶度积不同，不同的沉淀条件会得到明显不均匀的沉淀产物，使共沉淀物的组成比较复杂。当生成氢氧化物共沉淀时，沉淀过程的 pH 及加料方式对沉淀物的组成有明显的影响。

如甲醇分解用的 CuO-ZnO 催化剂，采用 $Cu(NO_3)_2$ 和 $Zn(NO_3)_2$ 加 NaOH 沉淀剂共沉淀而制备。若用顺加法，则 $Cu(OH)_2$ 先沉淀，$Zn(OH)_2$ 后沉淀，造成产物组分不均匀；若用逆加法，即将 $Cu(NO_3)_2$ 和 $Zn(NO_3)_2$ 溶液加到 NaOH 溶液中，沉淀初期由于溶液浓度大大超过 $Cu(OH)_2$ 和 $Zn(OH)_2$ 的溶度积，$Cu(OH)_2$ 和 $Zn(OH)_2$ 同时沉淀，但在沉淀后期，沉淀物的成分发生变化，过程的重现性不好。当用并加法，可保持在恒定 pH 条件下进行沉淀，则能获得组成均一的产品。

Andrew 提出，当用 Na_2CO_3 溶液沉淀 Cu、Fe、Ni、Zn、Mg、Ca、Al 等金属盐溶液时，可能生成复盐化合物。复盐化合物的形成进一步增进沉淀物组分之间的相互作用和均匀性，在煅烧过程中形成化合物或固溶体，从而影响催化剂的性能。表 6-10 给出了一些金属离子生成复盐化合物的可能性。

表 6-10　共沉淀时复盐化合物生成的可能性

金属离子	Al^{3+}	Mg^{2+}	Ca^{2+}	Zn^{2+}	金属离子	Al^{3+}	Mg^{2+}	Ca^{2+}	Zn^{2+}
Cu^{2+}	+	−	−	+	Zn^{2+}	+	−	−	
Fe^{3+}	+	+	−	−	Mg^{2+}	+		+	−
Ni^{2+}	+	+	−	−	Ca^{2+}	−	+		−

从表 6-10 看出，可能生成 Cu-Al 或 Cu-Zn 的复盐，但不可能生成 Cu-Mg 或 Cu-Ca 的复盐化合物。如用 $Cu(NO_3)_2$ 和 $Zn(NO_3)_2$ 的混合溶液与 Na_2CO_3 溶液反应，经 XRD 测定生成了 $(Zn\cdot Cu)_5(OH)_6(CO_3)_2$ 复盐化合物。

6.3.3.4　超均匀共沉淀法

超均匀共沉淀法基本原理是将沉淀操作分两步进行，首先制成盐溶液的悬浮液，并将这些悬浮层（一般是 2～3 层）立即瞬间混合成为过饱和的均匀溶液；然后由过饱和溶液得到超均匀的沉淀物。例如用超均匀共沉淀法制备硅酸镍催化剂，是先制得 Na_2SiO_3（$\rho=1.3$）、20% $NaNO_3$（$\rho=1.2$）、$Ni(NO_3)_2+HNO_3$（$\rho=1.1$）三层盐溶液，再瞬间混合。两步操作直接所需要的时间随溶液中的组分及其浓度而不同，通常需要数秒钟或数分钟。瞬间立即混合是本法的关键，它防止形成不均匀沉淀。

6.3.3.5　浸渍沉淀法

在普通浸渍法基础上辅以沉淀法发展起来的一种新方法，即在盐溶液浸渍操作完成之后再加沉淀剂，使待沉淀组分沉积在载体上。

6.3.3.6　导晶沉淀法

借助晶化导向剂（晶种）引导非晶形沉淀转化为晶形沉淀。普遍用来制备以价廉易得的水玻璃为原料的高硅钠型分子筛。

6.3.4　沉淀物的过滤、洗涤、干燥、焙烧

6.3.4.1　沉淀物的过滤与洗涤

过滤可使沉淀物与水分开，同时除去不需要的离子。目前工业上用于催化剂生产的过滤设备主要有：板框过滤机、叶片过滤机、真空转鼓过滤机及悬框式离心过滤机等。选择过滤设备需根据悬浮液和沉淀物的性质以及工艺上的要求，主要是悬浮液中固相含量、颗粒的平均直径及液体的性质；同时要考虑工业上对滤饼含水量的要求及生产能力等。

过滤后的滤饼尚含有 60%～80%的水分，这些水分中仍然含有一部分盐类，同时沉淀物还吸附了一部分杂质离子，因此过滤后的滤饼必须进行洗涤，以除去杂质。由于原料不同，常使成品中所含的杂质不同，而不同的制备方法也使杂质的存在形态不同。一般来说，杂质的存在形式可能为：①机械地掺杂于沉淀中；②黏着于沉淀的表面；③吸附于沉淀的表面；④包藏于沉淀内部；⑤成为沉淀中的化学组成之一。各种杂质的清除难易程度随上述顺序越来越难，前三种可用洗涤方法除去，后两种不能洗涤除去。为了减少包藏性杂质，要求原料

溶液的浓度较低，在沉淀过程中进行充分搅拌。为了避免第五种形态的杂质，要求慎重地选择沉淀反应。

要注意洗涤方法。从沉淀中除去母液后，把剩下的滤饼放于大容器中，加水强烈搅拌，使沉淀分散悬浮于水中，过滤后再重复洗涤多次，直到杂质的含量符合规定值为止。一般可在洗涤液中加入试剂检定洗净的程度，如检测 SO_4^{2-} 可用 Ba^{2+}，检测 Cl^- 可用 Ag^+。

洗涤沉淀的效率主要取决于杂质离子从表面脱附的速度和从界面至溶液体相的扩散速度，因此要求有充分的搅拌和一定的洗涤时间。升高温度，提高了过程的速度，因此有利于洗涤。凝胶物质可在适当干燥收缩后再进行洗涤，这将有利于杂质从孔隙中向外扩散。另外，若洗涤时间过长时，由于沉淀物吸附的反离子被脱除，可能会导致沉淀物因胶溶而流失，在这种情况下可向洗液中加少量的 NH_4^+，以防止这种胶溶现象。

6.3.4.2 沉淀物的干燥

干燥是固体物料的脱水过程，通常在 60～200℃的空气中进行，一般对化学结构没有影响，但对催化剂的物理结构，特别是孔结构及机械强度会产生影响。

经过滤洗涤后的沉淀物中还含有相当一部分水分，水分有润湿水分、毛细管水分和化学结合水。润湿水分是物料粗糙外表附着的水分；毛细管水分是微粒内与微粒间孔隙或晶体内孔穴所含的水分；化学结合水是与阳离子结合的水分。化学结合水须经焙烧后才能去除完全。

干燥时，大孔中的水分由于蒸气压较大而首先蒸发；而较小的孔中水分蒸发时，由于毛细管作用，会把大孔中的水分抽吸过来补充。如果在较高温度下快速干燥，常常会导致颗粒强度降低和产生裂纹。因此，要达到较好的干燥效果，要求在逐步提高温度、逐步降低周围介质湿度的条件下，用较长的时间来缓慢进行，最好将湿物料不断进行翻动。

凝胶基体干燥时有可能使胶体转变为晶体。通常干燥时胶体粒子进一步凝聚、脱水、收缩，这些均使得胶体骨架增强，强度上升。大块的多孔性凝胶物料干燥时，物料收缩率较大，如果外层或大孔中的水分先失去而收缩，而内层细孔水分不易挥发，其体积保持不变，收缩的外层向内部施加压力，就可能造成龟裂和变形。此外，水分的扩散速度与水分浓度有关，表面干燥的外层水分浓度较低，扩散推动力小，在极端的情况下，可能造成表面结起一层水分完全透不过的皮层，将物料包住，使内部水分无法蒸发除去。降低干燥速度或者添加表面活性剂，可以缓和或消除这种现象。

6.3.4.3 沉淀物的焙烧（煅烧）

经干燥后的物料通常含有水合氧化物或可热分解的碳酸盐、铵盐等。须把它们进一步焙烧或再进一步还原处理，使之具有所要求的化学价态、相结构、比表面积和孔结构，并具有一定性质和数量的活性中心，即转变为催化剂的活性态。

焙烧是使催化剂具有活性的重要步骤，在焙烧过程中既发生化学变化也发生物理变化，焙烧有三个作用：

① 除去化学结合水和挥发性物质（CO_2、NO_2、NH_3 等），使之转化成所需的化学成分和化学形态。气体逸出后在催化剂中留下空隙，使内表面增加。

例 6-9 异丁烷脱氢的催化剂，其基体物料含 $Al_2O_3 \cdot nH_2O$、CrO_3、KNO_3，它们在空气气氛中于 550℃下热分解：

$$Al_2O_3 \cdot nH_2O \longrightarrow Al_2O_3 + nH_2O \uparrow \quad (6\text{-}18)$$

$$4CrO_3 \longrightarrow 2Cr_2O_3 + 3O_2\uparrow \quad (6\text{-}19)$$

$$2KNO_3 \longrightarrow K_2O + NO\uparrow + NO_2\uparrow + O_2\uparrow \quad (6\text{-}20)$$

② 通过控制焙烧温度，使基体物料向一定晶型或固溶体转变，如图 6-23。

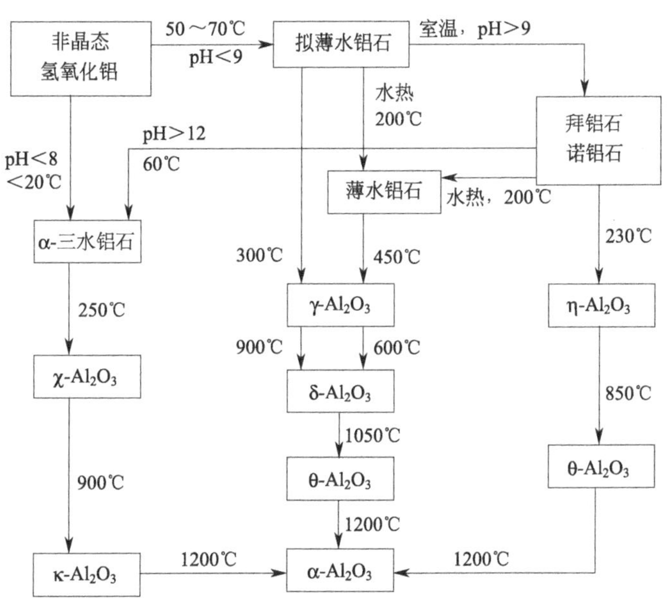

图 6-23 控制焙烧温度使基体向一定晶型或固溶体转变示例

③ 在一定的气氛和温度条件下，通过再结晶与烧结过程，控制微晶粒的数目与晶粒大小，从而控制催化剂的孔径和比表面积等，控制其初活性，还可以提高机械强度。

焙烧过程一般为吸热过程，提高温度有利于焙烧时分解反应的进行，降低压力或降低气体分压对分解反应也有利。但也要指出，焙烧温度不是越高越好，在生产上必须很好地控制。焙烧温度过低，达不到活化的目的；焙烧温度过高，又会造成烧结，使催化剂活性下降。在实际操作中，焙烧温度通常略高于催化剂的使用温度。

6.3.5 沉淀法制备催化剂的实例——活性 Al_2O_3 的制备

氧化铝在催化领域中有重要作用，不同晶型的氧化铝不仅可作催化剂，也可作载体使用。目前已知 Al_2O_3 共有 8 种变体，其中 γ-Al_2O_3 和 η-Al_2O_3 具有较高的化学活性（酸性），称之为活性氧化铝，是一种良好的催化剂及载体。而 α-Al_2O_3（刚玉）因其结构稳定而成为一种耐高温、低比表面积、高强度的载体。各种变体的氧化铝，都是先制得氧化铝水合物，再经转化而得到的。水合氧化铝的变体也有很多，通常按所含结晶水数目的不同而分为三水和一水氧化铝。依据水合氧化铝的制备方法不同，活性氧化铝的制备也有不同方法，下面以酸中和法和碱中和法加以说明。

例 6-10 酸中和法 用酸（HNO_3）或 CO_2 气体等为沉淀剂，从偏铝酸盐溶液中沉淀出水合氧化铝：

$$AlO_2^- + H_3O^+ \longrightarrow Al_2O_3 \cdot nH_2O\downarrow \quad (6\text{-}21)$$

用 HNO_3 中和偏铝酸钠制备 γ-Al_2O_3 的流程如图 6-24 所示。该法具有生产设备简单、原料易得且产品质量较稳定的优点。

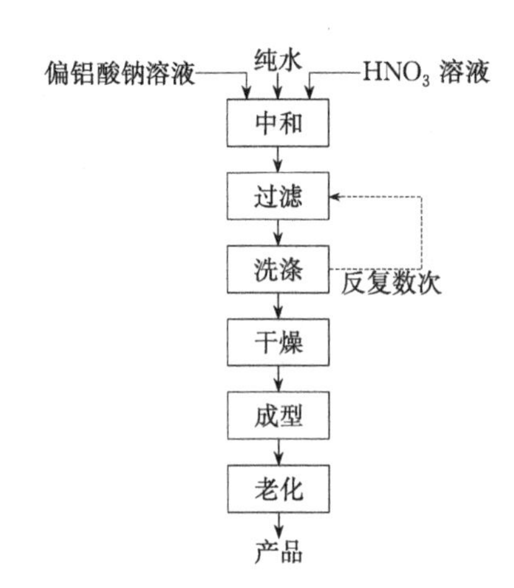

图 6-24　酸中和法生产 γ-Al_2O_3 的流程示意图

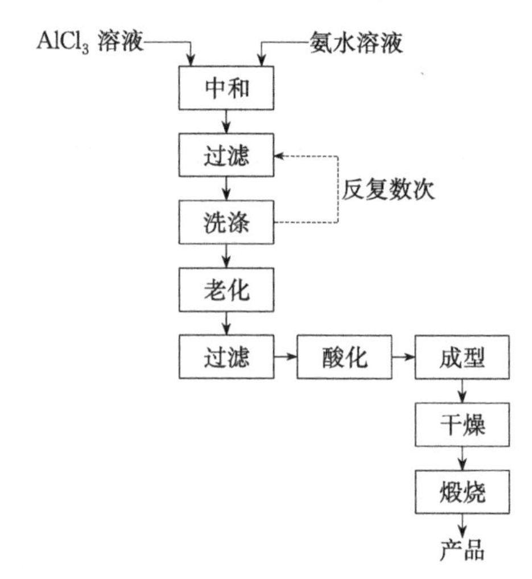

图 6-25　碱中和法生产 η-Al_2O_3 的流程示意图

例 6-11　碱中和法　盐溶液［$Al(NO_3)_3$、$AlCl_3$、$Al_2(SO_4)_3$ 等］用氨水或其他碱液（NaOH、KOH）中和，得到水合氧化铝：$Al^{3+}+OH^- \longrightarrow Al_2O_3 \cdot nH_2O\downarrow$

用 $NH_3 \cdot H_2O$ 中和 $AlCl_3$ 溶液制备 η-Al_2O_3 的流程如图 6-25 所示。该法中的老化操作非常重要，要注意控制老化的温度和 pH。

用沉淀法制备水合氧化铝各工序的工艺条件，各步骤对产品的质量，特别是结构参数产生影响。

① 原料的种类　用 $NH_3 \cdot H_2O$ 从 $Al(NO_3)_3$、$AlCl_3$ 和 $Al_2(SO_4)_3$ 溶液沉淀时，从 $Al_2(SO_4)_3$ 沉淀得到晶粒比从 $AlCl_3$ 和 $Al(NO_3)_3$ 所得到的晶粒小得多，因而具有更强的吸附能力，用此晶粒制得的微球氧化铝具有更高的机械强度。

使用不同的沉淀剂从 $Al_2(SO_4)_3$ 溶液中沉淀时，所得晶粒的大小按 NaOH、$NH_3 \cdot H_2O$、Na_2CO_3 顺序递降。$Al_2(SO_4)_3$ 和 Na_2CO_3 溶液在 pH=5.5～6.5 时可得到最高分散度的结晶。

② 溶液的浓度　在其他条件一定时，用浓溶液获得沉淀物的粒子较细、比表面积大，但孔径小；用稀溶液所得的沉淀物，晶体粒子较粗、孔径大，但比表面积较小。用浓溶液沉淀容易增加对杂质的吸附作用，使洗涤工序负荷增加。溶液过浓也会造成沉淀物的不均匀。

③ 沉淀的温度和 pH　pH 对晶粒大小和晶型的影响，在一般情况下有如下规律，即在较低温度下，低 pH 时生成无定形氢氧化铝及假一水软铝石；高 pH 时生成大晶粒 β-$Al_2O_3 \cdot 3H_2O$ 及 α-$Al_2O_3 \cdot 3H_2O$，在较高温度下还会转变成大晶粒的 α-$Al_2O_3 \cdot H_2O$。沉淀的温度对 α-$Al_2O_3 \cdot H_2O$ 的生成速率也有重要影响，见表 6-11（$NH_3 \cdot H_2O$ 中和 $AlCl_3$），温度升高使氧化铝中小孔减少、大孔增加，平均孔径增大，孔容也有所增加。

表 6-11　中和沉淀温度对氧化铝性质的影响

性质		中和温度/℃			
		50	60	70	80
孔径分布	≈50Å	44.0	35.1	30.1	27.6
	0～200Å	47.3	45.6	50.4	51.0
	20～327Å	8.7	19.3	19.5	21.4
比表面积/($m^2 \cdot g^{-1}$)		227	265	253	257
BET 孔容/($mL \cdot g^{-1}$)		0.495	0.667	0.777	0.766
平均孔径/Å		43.6	50.4	61.5	60.5

④ 老化　可加速凝胶向晶体转化。如将 $Al(OH)_3$ 凝胶在 pH≥9 的介质中老化一段时间，即可转化为 β-$Al_2O_3 \cdot 3H_2O$ 晶体；将 $Al(OH)_3$ 凝胶在 pH > 12、80℃老化，可得晶形很好的 α-$Al_2O_3 \cdot H_2O$。老化时间对氧化铝性质的影响见表 6-12。

表 6-12　老化时间对氧化铝性质的影响（氨水中和硫酸铝）

老化时间	性　质			
	$g_{H_2O}/100g_{Al_2O_3}$	$g_{SO_3}/100g_{Al_2O_3}$	表面积/($m^2 \cdot g^{-1}$)	X 射线衍射图
0h	81.3	23.2	<1	无定形
1h	40.2	13.1	12	拟薄水铝石
44h	27.8	4.0	201	拟薄水铝石
166h	26.7	3.5	236	拟薄水铝石
290h	26.2	3.0	242	拟薄水铝石＋少量拜铝石
3 周	32.7	2.1	192	拟薄水铝石＋少量拜铝石
6 周	48.6	0.8	75	近乎纯拜铝石
10 周	51.4	0.3	34	拜铝石

⑤ 洗涤　用不同的洗涤介质洗涤 $Al(OH)_3$ 凝胶时，造成干燥时毛细管力不同，影响 Al_2O_3 的孔结构。实验证明，用水洗涤氧化铝水合物时，孔容、表面积都会降低；而用异丙醇洗涤时，则孔容、表面积都会增加。使用甲醇、乙醇、正丁醇等醇类溶剂洗涤时，也会有类似结果。

6.4 溶胶-凝胶法

6.4.1 溶胶-凝胶法简介

溶胶-凝胶（Sol-Gel）技术是 20 世纪 70 年代迅速发展起来的一项新技术，由于其反应条件温和、制备的产品纯度高、结构可控且操作简单，因而受到人们的关注，目前被广泛应用于金属氧化物类纳米粒子的制备。对于一些多孔性的金属氧化物纳米粒子的制备，该法显得更为优越，因为在溶胶-凝胶反应体系可以加入一些表面活性剂或模板剂，使其按一定的方向聚合，形成具有特定孔结构的金属氧化物纳米粒子。同时，该法也是研制无机膜材料的主要方法之一，更是目前研究非常活跃的纳米结构材料的主要合成方法之一。

溶胶-凝胶法是通过金属化合物或配合物经水解反应、缩聚反应来制备具有三维结构的凝胶类氧化物的。溶胶-凝胶反应如下：

水解反应：
$$MOR + H_2O \longrightarrow MOH + HOR \tag{6-22}$$

缩聚反应：
$$MOR + HOM \longrightarrow MOM + HOR \quad (失醇缩聚) \tag{6-23}$$

$$MOH + HOM \longrightarrow MOM + H_2O \quad (失水缩聚) \tag{6-24}$$

例 6-12　溶胶-凝胶法合成硅胶

选用正硅酸乙酯（TEOS）在无机酸或有机碱催化剂的作用下进行水解，形成 Si—OH 官能团，然后再进行相邻 Si—OH 间的缩聚或凝胶脱水反应，形成硅胶。由于在溶液体系中反应，水解和脱水缩合反应连续进行，因此硅胶形成经历了无机低聚体、高聚体等非常多的反应中间体。随着聚合反应进行深度的增大，溶液体系的黏度会逐步增加，一定程度时会到达临界点，在该点附近控制合成条件，可形成硅胶薄膜或硅胶纤维。对硅胶进行高温焙烧处理深度脱水，可得到干硅胶。

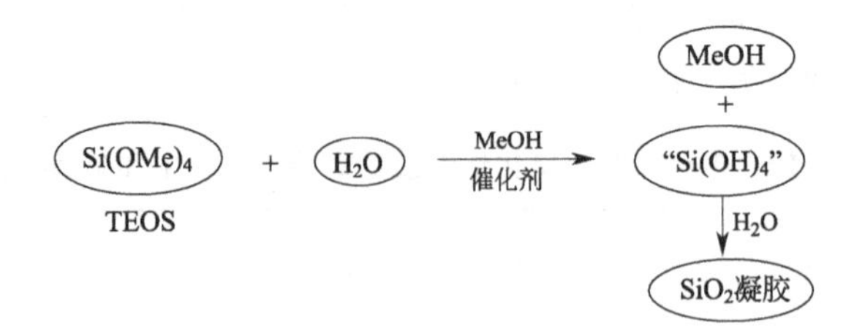

许多物质都表现出溶胶-凝胶化学特性，非常多的前驱体可以作为制备的原料，通过不同的化学反应进行组合，将前驱体和反应物溶液制备成氧化物聚合物。该聚合物具有在三维方向上相互连通的微孔结构型骨架，其孔径大小、孔方向都可以通过一定的手段进行控制。因此，溶胶-凝胶法可以看作是一类快速固化技术，所制备的氧化物一般呈亚稳态，是优越的吸附、催化材料或催化剂载体材料，其工艺如图 6-26 所示。

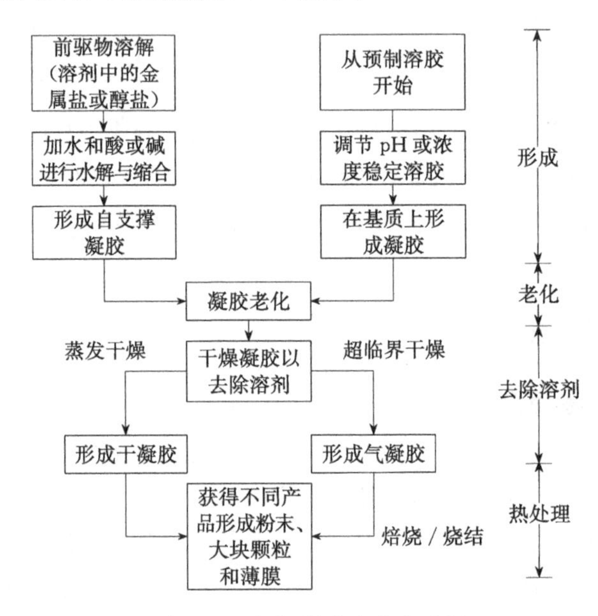

图 6-26　溶胶-凝胶法合成过程

6.4.2　溶胶-凝胶法制备催化剂的一般步骤

溶胶-凝胶法制备催化剂主要包括：金属醇盐水解、胶溶、陈化胶凝、干燥、焙烧等步骤。最终催化剂的结构和性能与所采用的原料以及制备工艺各步骤的工艺条件密切相关。以金属醇盐制备催化剂的溶胶-凝胶过程如图 6-27 所示。

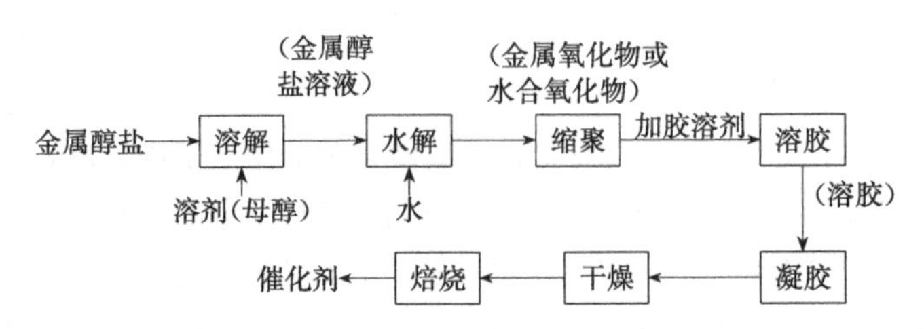

图 6-27　金属醇盐制备催化剂的溶胶-凝胶过程示意图

6.4.3 溶胶-凝胶法的影响因素

6.4.3.1 原料——金属醇盐

首先是制取包含金属醇盐和水在内的均相溶液，以保证金属醇盐的水解反应在分子水平均匀进行。由于一般金属醇盐在水中的溶解度不大，因而常常用与金属醇盐和水都互溶的醇作溶剂先将金属醇盐溶解。醇的加入量要适当，如果加入量过多，将会延长水解和胶凝的时间。醇的增多必然导致醇盐浓度降低，对缩聚反应不利。如果醇加入量过少，醇盐浓度过高，水解缩聚产物浓度过高，得不到高质量的凝胶。

通常是将醇盐溶解在其母醇中。在某些情况下，当醇盐不完全溶于其母醇中时，可通过醇交换反应进行调整。由于受到空间位阻因素的影响，醇解反应速率依 MeO>EtO>*i*-PrO>*i*-BuO 顺序下降。此外，醇解反应还会受到中心金属原子化学性质的影响，而同一中心金属原子的不同醇盐水解速率也不同。例如用 $Si(OR)_4$ 来制备 SiO_2 溶胶，胶凝时间随烷基中碳原子数的增加而延长，这是由于随烷基中碳原子数的增加，醇盐水解速率降低。在制备多组分氧化物溶胶时，活性不同，但如果选择合适的醇品种，可使不同金属醇盐的水解速率达到较好匹配，从而保证溶胶的均匀性。

6.4.3.2 水解

金属醇盐在过量的水中完全水解，生成金属氧化物或水合金属氧化物的沉淀。在水解过程中存在两个反应，水解反应和缩聚反应，缩聚反应又分为失水缩聚和失醇缩聚。

上述三个反应几乎同时发生，生成物是不同大小和结构的溶胶粒子，影响水解反应的主要因素是水的加入量和水解温度。

由于水本身是一种反应物，水的加入量对溶胶的制备及其后续工艺过程都有重要影响，被认为是溶胶-凝胶法工艺中的一个关键参数。升高水解温度有利于增大醇盐水解速率，特别是对水解活性低的醇盐（如硅醇盐），常常升高温度以缩短水解时间，此时制备溶胶和凝胶的时间会明显缩短。水解温度还影响水解产物的相变化，从而影响溶胶的稳定性。

对于制备组成、结构都均匀的多组分催化剂，要特别注意在制备溶胶的过程中，尽量保持各醇盐的水解速率相近。办法是：对水解速率不同的醇盐可以采用适当的水解步骤依次水解；选择水解活性相近的醇盐；或采用多核金属的醇盐来水解；还有就是采用螯合剂（如乙二醇、有机酸等）降低高活性醇盐的水解速率，以达到同步水解的目的。

6.4.3.3 胶溶

胶溶是向水解产物中加入一定量的胶溶剂，使沉淀重新分散为大小在胶体范围内的粒子，从而形成金属氧化物或水合氧化物溶胶。只有加入胶溶剂才能使沉淀成为胶体分散而且被稳定下来。胶溶是静电相互作用引起的，向水解产物中加入酸或碱胶溶剂时，H^+ 或 OH^- 吸附在粒子表面，反应离子在液相中重新分布从而在粒子表面形成双电层。双电层的存在使粒子间产生相互排斥，当排斥力大于粒子间的吸引力时，聚集的粒子便分散为小粒子而形成溶胶。

多孔材料可能形成的最小孔径取决于溶胶的一次粒子的大小，而孔径分布及孔的形状则分别取决于胶粒的粒径分布及胶粒的形状。对于制备超微胶粒，单一粒径分布的溶胶是获得细孔径和窄孔径分布材料的关键。

实际过程中胶溶剂一般多采用酸。实验表明，酸的种类及加入量常常影响胶粒大小、溶胶的黏度和流变性等性能。就不同种类的酸对 AlOOH 溶胶的胶溶效果而言，发现 HCl、HNO_3、CH_3COOH 均能使体系胶溶，但 H_2SO_4、HF 则不能。不同类型酸对 SiO_2 凝胶孔径分布影响的考察结果表明，随着酸强度的增加，孔径分布范围增大，但平均孔径变小。此外，酸胶溶剂种类对溶胶的黏度和流变性也有影响。例如，在制备 AlOOH 溶胶中，以盐酸作胶溶剂，溶胶表现出强烈的触变性，并具有较高的黏度，易于胶凝；而以硝酸作胶溶剂，溶胶具有较低的黏度和良好的流动性，无有机添加剂存在时，在室温下长期存放也不会胶凝。酸加入量对溶胶粒子大小也有影响。如在制备 TiO_2 溶胶时，当酸加入量过少时，会造成粒子沉淀；而酸加入量过多又会造成粒子团聚；只有酸加入量适当时才能制得稳定的溶胶，这时 H^+ 与 Ti 的物质的量之比应在 0.1～1.0 之间。当溶胶被水稀释时，上述比值范围还可以扩大，这可能是由于在稀溶液中粒子距离增加，使聚集困难。

6.4.3.4 胶凝

溶胶中的胶粒在水化膜或双电层的保护下，可以保持相对独立而暂时稳定下来。但如果加入脱水剂或电解质，破坏上述保护作用，胶粒便会凝结，逐渐连接形成三维网状结构，把所有液体都包进去，成为冻胶状的水凝胶，这就是胶凝作用。溶胶-凝胶法大致分为溶胶制备和凝胶形成这两个阶段，这两个阶段并没有明显的界限，缩合反应一直延续到过程的终了，凝结作用也并非基本粒子的机械堆砌，而是缩合反应的中间阶段。溶胶凝结成凝胶后，还处于热力学不稳定状态，其性质还没有全部固定下来，也要经过陈化过程处理。在此阶段的陈化中，随着时间的延长，凝胶中的固体颗粒将发生再凝结和聚集、脱水收缩、粒子重排、凝胶网络空间缩小，粒子间结合得更为紧密，从而增强了网络骨架的强度。如对于 Si、Al、Fe 等高价金属的氢氧化物则是通过羟基桥连接初级粒子形成网络结构，而羟基桥又能脱水形成氧桥，这对催化剂的制备具有重要意义。

6.4.3.5 干燥和焙烧

前面介绍的沉淀物的干燥、焙烧规律和条件一般也适用于湿凝胶的干燥和焙烧。凝胶的干燥过程中需要除去其孔隙中大量的液体介质，干燥的方式直接影响干凝胶的性质。使用普通干燥的过程中，凝胶孔中气液两相共存，产生表面张力和毛细管作用力，产生压力的大小可以由平衡静电力计算：

$$2\sigma r\cos\theta = r^2 h\rho g\text{，即 } p_s = h\rho g = \frac{2\sigma}{r}\cos\theta$$

式中，θ 为液体和毛细管壁的接触角；σ 为表面张力；r 为孔半径。若以在半径为 20nm 的圆形直通孔中干燥酒精来计算，乙醇的密度 $\rho=0.789\text{g}\cdot\text{cm}^{-3}$，表面张力 $\sigma=2.275\times10^{-4}\text{N}\cdot\text{cm}^{-1}$，计算出其静液压为 0.225MPa。这样大的压力，将使干凝胶的孔结构产生孔壁塌陷，直接影响到最终的孔结构。

6.4.4 溶胶-凝胶法制备催化剂实例

溶胶-凝胶法主要用于无机氧化物分离膜、金属氧化物催化剂、杂多酸催化剂和非晶态催化剂等的制备。

例 6-13 溶胶-凝胶法制备 Al_2O_3 膜（图 6-28）

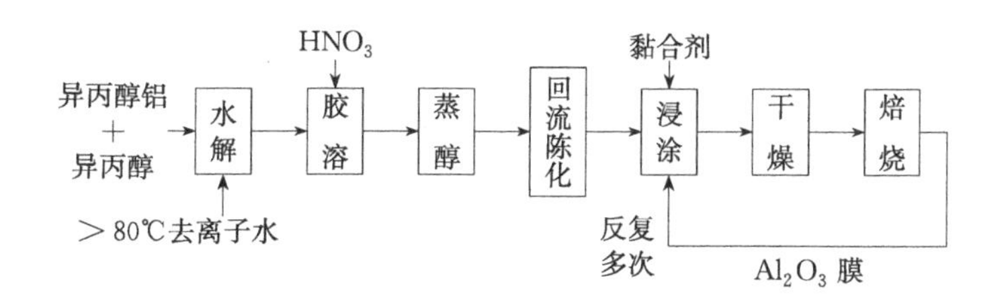

图 6-28　溶胶-凝胶法制备 Al_2O_3 膜工艺流程示意图

6.5　水热（溶剂热）合成法

水热合成可以定义为在高压和高温条件下，在含水溶剂或矿化剂存在下，以任何非均相反应来溶解和重结晶（回收）在常规条件下相对不溶的物质。Byrappa 和 Yoshimura 将水热定义为在室温以上和压力大于 1atm（101325Pa）的溶剂（无论是水溶液还是非水溶液）存在下的任何非均相化学反应。溶剂热是指在超临界或近超临界条件下在非水溶剂或溶剂存在下的任何化学反应。

溶液体系给分散、吸收、反应速率和晶化的加快提供了可能性，水热条件下则更为明显。在水热条件下，水的黏度、介电系数和膨胀系数会发生相应变化，水热溶液的黏度较常温常压下的约低 2 个数量级，热扩散系数较常温常压下有较大增加，因此在水热溶液里存在着十分有效的扩散，水热溶液有更大的对流驱动力，从而使得晶核和晶粒较其他水溶液体系中有更高的生长速率。

水热法是制备结晶良好、无团聚的超细陶瓷粉体的主要方法之一。按研究对象和目的不同，可分为水热晶体生长、水热合成、水热反应、水热处理等，分别用来生长各种单晶、制备陶瓷粉体等。水热晶化合成是指采用无定形前驱物经过水热反应后形成结晶完好的晶粒的过程。水热合成法制备粉体具有晶粒发育完整、粒度小且分布均匀、颗粒团聚较轻、易得到合适的晶型的优点；尤其是制备陶瓷粉体时不需要高温煅烧处理，避免了煅烧过程中晶粒长大、缺陷形成和引入杂质；此外，水热合成法采用常规反应设备，可使用便宜原料，能耗大大降低。

水热合成法是合成分子筛的主要方法，该方法也可以用来合成一些晶型的氧化物纳米晶粒，在合成时往往要加入一些有机胺类表面活性剂作为模板剂，以定向控制其晶化过程，形成特定几何结构的金属氧化物纳米粒子。近年来，使用微波、超声波、机械和电化学反应增强水热反应动力学的兴趣日益增加。实验的持续时间至少减少了 3～4 个数量级，这使得该技术更加经济。随着对复合纳米结构的不断增长的需求，水热技术提供了一种独特的方法，用于在金属、聚合物和陶瓷上涂覆各种化合物，以及制造粉末或块状陶瓷体。它现已成为纳米技术先进材料加工的前沿技术。

6.5.1　水热法合成分子筛

在 1940～1950 年期间，Barrer 和他的同事在苛刻的碱度和温度条件下复制了天然沸石的结晶过程，并且能够在数小时到数天的反应时间内得到第一种合成沸石结晶。在 Barrer 和 Milton 的开创性研究之后，研究者们陆续合成了许多新的分子筛类型和骨架组合物。自 20 世纪 70 年代中期以来，许多研究工作致力于揭示分子筛的成核和晶体生长机制，已经开发出量身定制的分子筛结晶的概念，分子筛合成的“艺术”成为一个真正的科学问题。

硅铝酸盐分子筛的水热合成即硅和铝化合物、碱金属阳离子、有机分子和水的混合物通过过饱和溶液转化成微孔结晶硅铝酸盐的一种方法。这种复杂的化学过程称为沸石化。胶体 SiO_2、水玻璃、热解 SiO_2 或硅醇盐如四甲基和四乙基原硅酸酯是硅的常见来源。这些原料在硅酸盐的聚合度方面不同。铝可以通过诸如三水铝石、假勃姆石、铝酸盐、烷醇铝等化合物或作为金属粉末引入。阳离子和中性有机分子作为溶剂或结构导向剂（Structure-Directing Agent，SDA）加入。除 SiO_2、Al_2O_3 和水外，分子筛合成混合物通常包含碱金属或碱土金属、有机化合物或碱金属和有机化合物的组合。

当混合反应物时，通常形成硅铝酸盐水凝胶或沉淀物。例如，向 SiO_2 溶胶中加入铝酸钠溶液可提高溶液的离子强度，从而立即凝胶化，即溶胶脱稳定化形成胶体硅铝酸盐颗粒网络。

由矿化剂催化的无定形固相的溶解为溶液提供硅酸盐和铝酸盐单体和低聚物，其凝结成结晶沸石相。几十年来，阐明所涉及的关键物种的性质和生长机制一直是一项科学挑战。原则性增长模型是：①成核，然后通过添加预组装的基本单元进行晶体生长；②通过聚集生长。

沸石化的关键参数如下。

① 反应混合物的组成　为了合成某种类型的分子筛，必须配制具有一定配比的反应混合物。反应混合物的配比不同，所得到的分子筛品种也不同。反应混合物的组成是影响分子筛产品及合成过程的最主要因素。为了考察反应混合物的组成对分子筛产品的影响，常制作成 M_2O-Al_2O_3-SiO_2-H_2O 四元体系（其中 M 一般为 Na 或 K）的组成图，如图 6-29 所示。在这种四面体中，每个顶角代表一种组分，而在它所对的三角面上，该组分的含量为零，四面体中任意一点都代表这四个组分的含量，其值可通过该点作平行于四个三角面的平面，由这些平面与各棱的交点得到。根据给定体系中水量的不同，可以得到若干与底面平行的三角面，因此，当体系中水含量固定为某一数值时，则可用 Na_2O-Al_2O_3-SiO_2 三元体系组成图来表示。

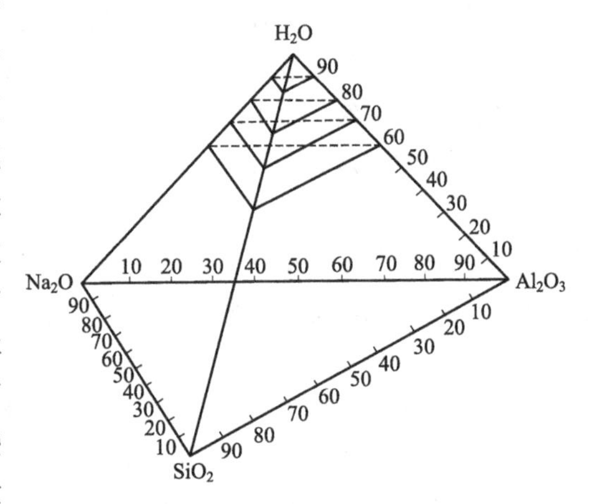

图 6-29　Na_2O-Al_2O_3-SiO_2-H_2O 四元体系组成图

在反应混合物的组成中，硅铝比和碱度是影响沸石的合成过程及产品质量的主要因素。

② 矿化剂　大多数分子筛晶化在碱性条件下进行，合成溶液的 pH 通常在 9～13 之间，这是至关重要的。OH^- 在无机结晶领域中起着至关重要的催化作用，定义为矿化功能。成核速率和结晶速率受介质碱度的影响。此外，碱度对分子筛产物的 Si/Al 比有影响，甚至对最终分子筛晶体的长宽比也有影响。

矿化剂的选择不限于 OH^-。实际上，F^- 也可以实现这种催化功能，允许在酸性介质中进行沸石化。F^- 的使用通过络合增加了某些三价和四价元素（如 Ga^{3+}、Ti^{4+}）的溶解度。然而，当于更高浓度存在时，F^- 将抑制缩合反应，因为它保留在金属原子的配位球中。

③ 温度和时间　通常，由于结晶是活化过程，在一定限度内，温度对沸石化具有积极影响。晶体生长速率目前表示为线性生长速率，计算为 $k=0.5\mathrm{d}l/\mathrm{d}t$，其中 l 是晶体长度。温度升高产生更陡的结晶曲线，向更短的结晶时间移动，如图 6-30 中合成丝光沸石所示。

温度也影响结晶沸石相的性质。温度升高产生更密集的相，因为在水热合成条件下，液相中的水分（其通过填充孔来稳定多孔产物）减少。因此，对于每种特定分子筛和分子筛的形成存在着温度上限。

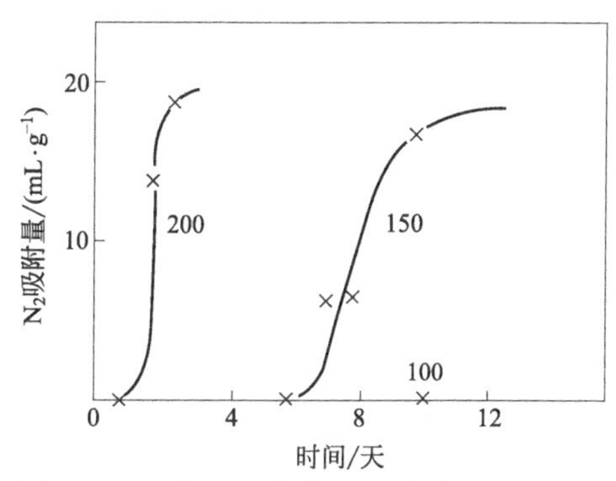

图 6-30　温度对丝光沸石晶化动力学的影响（用 N_2 吸附量表示结晶度）

由于在结晶过程中，固体产物通常由分子筛和未反应的无定形固体的混合物组成（部分转化为前体物质），产物的结晶度会随时间增加。但是，由于分子筛是亚稳相，因此分子筛结晶受到连续相变的影响；这被称为连续相变的 Ostwald 规则。热力学上最不利的相首先结晶，然后被更稳定且通常更致密的相在时间上相继替换。通常，存在以下结晶序列：

$$\text{Na-Y(FAU 骨架型)} \longrightarrow \text{Na-P(GIS 骨架型)} \qquad (6\text{-}25)$$

$$\text{Na-Y} \longrightarrow \text{ZSM-4（MAZ 骨架型）} \qquad (6\text{-}26)$$

④ 模板剂的作用　模板（有时也称为结构导向剂，SDA）将硅铝酸盐低聚物组织成特定的几何形状，因此，为“模板化”的分子筛结构的成核和生长提供了前体物种。它们有助于在沸石化过程中形成分子筛晶格，主要影响凝胶化、前体形成、成核和晶体生长过程。在分子筛微孔中加入模板通过降低界面能而降低了沸石的化学势。沸石微孔中的模板通过新的相互作用（氢键、静电和范德华相互作用）有助于稳定性，并且还通过几何因素（形式和大小）控制特定拓扑的形成。显然，由模板的几何或物理性质引起的电荷密度的变化将反映在给定拓扑的化学组成（Si∶Al 比）中。

长期以来一直在寻求预测给定结构和组成所需模板的能力。因此，在硅酸盐基沸石的合成中，模板设计已经成功地用于迫使多维通道系统形成沸石。在选择可能的模板时，必须考虑到候选分子的模板潜力的一些一般标准，包括溶液中的溶解度、合成条件下的稳定性、空间相容性和骨架稳定性。在不破坏框架的情况下移除模板的可能性也是一个重要的实际问题。

6.5.2　有序介孔材料的水热合成

6.5.2.1　合成方法

为获得窄孔径分布的介孔材料，尝试了在烷基三甲基铵阳离子存在下水热合成制备无定形 SiO_2-Al_2O_3 来控制孔径。其他有序的非结晶中孔氧化物分子筛是通过嵌入层状（柱撑）材料如双氢氧化物、钛和锆的磷酸盐或黏土来合成的，其表现出宽的中孔尺寸分布。超分子组装体（即胶束聚集体而不是分子物种）作为结构导向剂的引入允许合成新的中孔 SiO_2 和硅铝酸盐化合物家族，其被称为 M41S。这些固体的特征在于中孔的有序排列，其具有窄的孔径分布。这一发现被证明是一项重大突破，随后在化学和材料科学的许多领域开辟了一个完整的研究领域和新的可能性。

用于构建有序介孔材料的三种主要合成策略如图 6-31 所示。自从发现 MCM-41 以来，基于与用于原始 MCM-41 合成的模板机制相关的模板机制，在许多新的介孔固体的开发方面取得了较大进展。这些途径中的大多数包括使用有机前体物质（其允许形成液晶），例如分子表面活性剂或嵌段共聚物。存在两种通用途径：

① 表面活性剂-无机复合中间相复合物由溶液中存在的物质协同形成（即协同自组装），其在前体混合之前不处于液晶状态。

② 使用渗透了无机物质（所谓真正的液晶模板）的液晶前体相。

模板自组装过程之后（或同步）形成沉积在“自组装基底”周围的无机网络，无机复制发生在由预组织或自组装模板构建的可达界面上。在许多情况下，协同自组装在模板物种和矿物网络前体之间原位发生，具有同步的自组装和无机网络形成，产生高度有组织的介观体系结构。

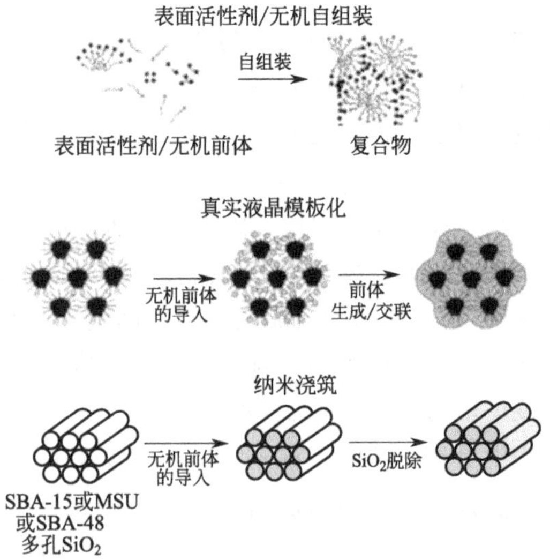

图 6-31 生成有序介孔材料的途径的示意图

在大多数情况下，模板化包括使用合成溶液和模板分子或分子组装。制备模板化固体的溶液含有前体，其允许某些形式的固化，其可以是从溶液中沉淀、无机材料的溶胶-凝胶合成、导致金属沉积的氧化还原过程或有机单体的聚合。在此期间，通过直接压印模板的形状和纹理来发生形态结构。因此，模板被描述为网络形成的中心结构。去除模板后产生的空腔保留了中心结构的形态和立体化学特征。沸石和沸石型材料在单个小的有机模板或 SDA（通常为季烷基铵离子）存在下合成。随后通过去除模板产生孔隙率。

6.5.2.2 有序介孔材料的功能化

有序介孔 SiO_2 本身不常用作催化剂，更常见的是通过在 SiO_2 壁内引入活性位点，或通过在中孔的内表面上沉积催化物质来引入官能团。多种不同的质地特性、孔径和孔形状、高表面积和大孔体积，使有序介孔 SiO_2 作为载体具有极强的吸引力。有许多方法可用于改性有序中孔材料，但是，根据所结合的官能团的位置，可以有两个方面的修饰：①表面限制的官能化；②在框架壁内放置活性物质或官能团的骨架官能化。在这两种情况下，都可以引入各种官能团，包括无机活性物质（杂元素、簇、纳米粒子、氧化物层）、有机官能团（酸、碱、配体、手性实体）、分子有机金属催化剂和聚合物（填料、涂料、树枝状大分子）。此外，官能团或修饰的引入可以在材料合成期间直接进行，或者随后通过合成后程序进行。

6.5.2.3 金属氧化物纳米材料的水热处理

金属氧化物在水热条件下的加工构成了材料水热加工的一个重要方面，因为它在制备高度单分散的纳米颗粒方面具有控制尺寸和形态的优点。这些金属氧化物中最受欢迎的是 TiO_2、ZnO、CeO_2、ZrO_2、CuO、Al_2O_3、Dy_2O_3、In_2O_3、Co_3O_4、NiO 等。金属氧化物纳米颗粒在各种应用中具有实际意义，包括高密度信息存储、磁共振成像、靶向给药、生物成像、癌症治疗、热疗、中子俘获疗法、光催化、发光、电子、催化、光学等。这些应用中的大多数需要高分散性的具有预定尺寸和窄尺寸分布的颗粒。因此，在水热技术中进行了各种各样的改进。

例 6-14 TiO_2 纳米粒子的水热处理

由于 TiO_2 纳米粒子作为光催化剂的重要性，其在先进材料的水热加工中占有独特的地位。大量研究者进行了 TiO_2 的水热处理。

TiO_2 的光催化活性取决于其晶体结构（锐钛矿或金红石）、表面积、尺寸分布、孔隙率、掺杂剂的存在、表面羟基密度等。这些因素直接影响电子对的产生、表面吸附和解吸过程、氧化还原过程。

TiO_2 的合成通常在具有 Teflon 衬里的莫雷型小型高压釜中进行。用于合成 TiO_2 颗粒的条件是：$T \leqslant 200℃$，$P < 100bar$。使用 Teflon 衬里有助于获得纯净且均匀的 TiO_2 颗粒。已经证明，粒径是电子空穴复合过程动力学中的关键因素，其抵消了纳米晶体 TiO_2 超高表面积的好处。对于 TiO_2，主要的 e^+/h^+ 重组途径可以是不同的。

将几种溶剂如 NaOH、KOH、HCl、HNO_3、HCOOH 和 H_2SO_4 作为矿化剂处理，发现 HNO_3 是一种更好的矿化剂，在实验条件下获得了具有均匀组成的单分散 TiO_2 纳米颗粒。

TiO_2 具有两种重要的多晶形式，例如金红石和锐钛矿，两者都显示出光催化性质。若以 $TiCl_4$ 作为前驱物，所得产物包含锐钛矿和金红石。单相的形成需要适当选择介质的 pH 以及结晶温度。当培养基的 pH 低（pH＝1～2）时，仅形成金红石相；当 pH 保持甚至更低时，即在负范围内时，产物也含有少量锐钛矿。随着培养基的 pH 增加，产物基本上是含有非常少量金红石的锐钛矿。因此，通过添加 KOH 或 NaOH，有利于形成锐钛矿相。随着 pH 的进一步增加，即在本实验温度下超过 12，仅获得无定形材料。温度升高导致形成碱金属钛酸盐。因此，必须在体系中保持适当的酸度以获得均匀的金红石相。类似地，对培养基的温度、时间和 pH 的控制有助于制备所需的粒度和形状。当反应温度和时间增加时，它导致形成更大尺寸的晶面颗粒。

在一些实验中，引入非常少量的四丁基氢氧化铵或乙醇或尿素极大地增强了结晶动力学，并且还提高了 TiO_2 收率。然而，这些有机物的质量分数保持在＜0.1%，因为它改变了颗粒的尺寸和形状。

若不加入表面活性剂，单纯通过控制晶化条件，如 pH、晶化温度、晶化时间以及前驱物的结构，也可以得到纳米粒子。

例 6-15　水热法合成 MoO_3 纳米粒子

以 $(NH_4)_6Mo_7O_{24}$ 为原料，以 $2.2mol \cdot L^{-1}$ 的 HNO_3 溶液调节 pH，首先制备 pH＝5 的 $(NH_4)_6Mo_7O_{24}$ 前体饱和溶液。将该溶液进一步稀释并调节 pH，转入自热高压合成釜，在 140～200℃晶化 5～62h。即得到 MoO_3 纳米纤维或纳米棒，其 SEM 图见图 6-32。其中，

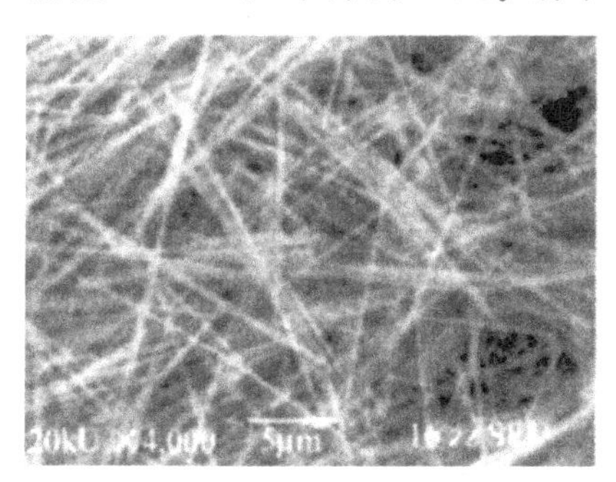

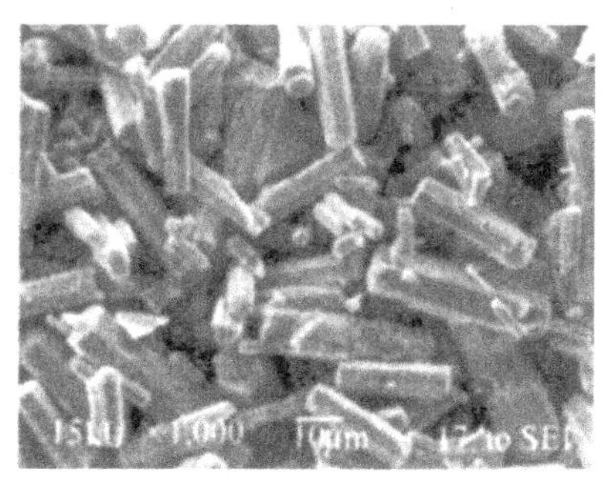

图 6-32　水热法合成的 MoO_3 纳米纤维和纳米棒

$(NH_4)_6Mo_7O_{24}$ 饱和溶液是在密闭容器中老化 1 个月的前驱体，晶化得到的产物为纳米纤维，而新鲜的 $(NH_4)_6Mo_7O_{24}$ 前驱体饱和溶液晶化得到的产物则为纳米棒。

6.6 其他制备方法

6.6.1 锚定法（化学键合法）

均相催化剂的多相化在 20 世纪 60 年代开始引起人们的注意，这是因为均相络合物催化剂的基础研究有了新的进展，其中有些催化剂的活性、选择性很好，但由于分离、回收、再生工序烦琐，难于应用到工业生产中去。因此，如何把可溶性的金属络合物变为固体催化剂成为当务之急。络合物催化剂一旦实现了载体化，就有可能兼备均相催化剂和多相催化剂的长处，弥补它们各自的不足。

锚定法是将活性组分通过化学键合方式定位在载体表面上。此法多以有机高分子、离子交换树脂或无机物为载体，负载 Rh、Pd、Pt、Co、Ni 等过渡金属络合物。能与过渡金属络合物化学键合的载体的表面上有某些官能团（或经化学处理后接上官能团），例如—X、—CH_2X、—OH 等基团。将这类载体与膦、胂或胺反应，使之膦化、胂化、胺化。再利用这些引入载体表面的磷、砷、氮原子的孤对电子与络合物中心金属离子进行配位络合，可以制得化学键合的固相化催化剂。如果在载体表面上连接两个或多个活性基团，制成多功能固相化催化剂，则在一个催化剂装置中可以完成多步合成。

6.6.2 混合法

混合法分为干法和湿法两种。混合法的制造工艺流程如图 6-33 和图 6-34 所示。

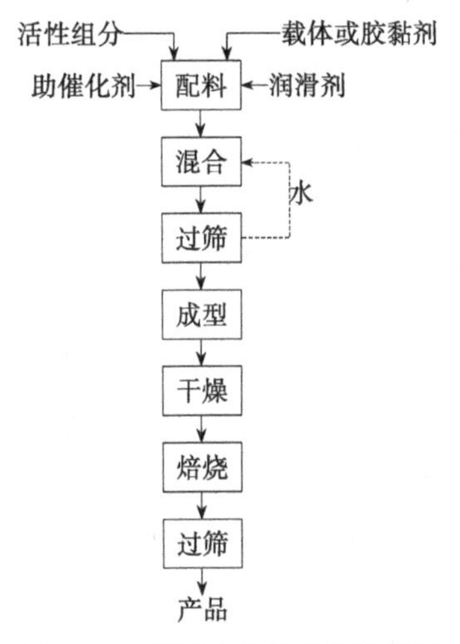

图 6-33 干混法工艺流程示意图

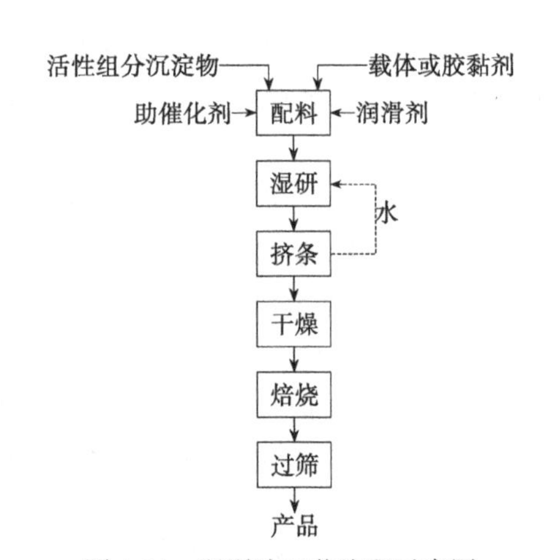

图 6-34 湿混法工艺流程示意图

混合过程在带有搅拌的密封容器内进行，充分混合后加入少量水，先成型再进行干燥和煅烧。活性组分和助催化剂是金属氧化物，不宜采用金属盐类，否则易造成催化剂碎裂、粉化。在煅烧活化过程中，各组分可能发生化合。煅烧采用带式焙烧炉或高温连续式隧道窑最为适宜，可以使催化剂铺成薄层而焙烧匀透，并避免局部过热。

混合法制备多组分催化剂的影响因素有：催化剂原料的物化性质、原料混合的程度、干燥焙烧的温度等。

① 用机械混合法制备催化剂时，原料的物化性质是影响催化剂性能的重要因素。应注意原料的来源、杂质的种类、原料的物理性质等。如干法合成甲醇催化剂时，作为主催化剂的 ZnO 的性能对催化剂性能影响极大，取白菱锌矿煅烧得到的 ZnO 制备催化剂的活性比用 $Zn(NO_3)_2$、$Zn(HCOO)_2$ 和 ZnC_2O_4 分解的 ZnO 制取催化剂的活性高，不仅是由于其晶体小，还因含有少量的 Zn-Cd 固溶体而增加了催化剂的活性。因为在催化剂使用过程中 CdO 被还原成 Cd，它具有较高蒸气压，易被产品带走而使 ZnO 的晶格中出现空隙，增加了催化剂的活性。

②混合的均匀程度对催化剂的活性、稳定性及抗毒性都有很大的影响，由于该法是通过简单的机械混合，将各组分原料及载体混匀，难免出现混合不匀的现象，直接影响催化剂的使用性能，这是混合法的最大缺点。

③干燥和煅烧温度的升降要尽量缓慢，这样可使颗粒焙烧匀透，避免水蒸气气化形成高压使颗粒破碎。

混合法的优点是方法简单、生产量大、成本低，适用于大批量催化剂的生产。其缺点是催化剂各组分间难以混合均匀，组分间相互作用程度小，难以协同起催化作用，催化剂的活性、稳定性较沉淀法、浸渍法的差；此外，在生产过程中粉尘大、劳动条件恶劣，尤其是生产毒性较大的催化剂时，对工人身体损害很大。采用湿式混合法可以改善组分间混合的均匀程度，加深组分间的相互作用程度，并可降低生产过程中的粉尘量，改善劳动条件。

例 6-16 铁-铬-镁系 CO 变换催化剂的制备

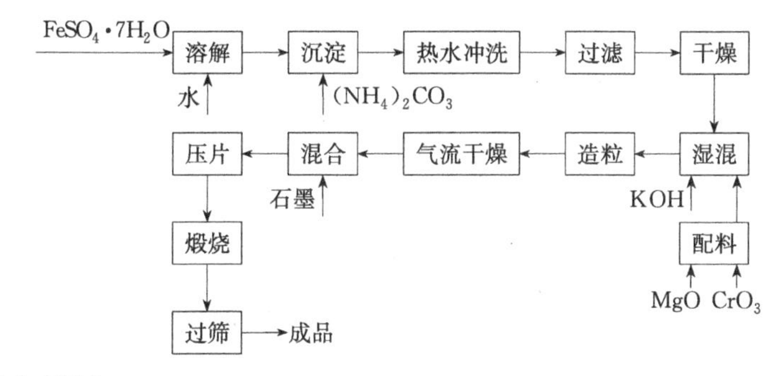

6.6.3 离子交换法

离子交换法是利用载体（如合成沸石分子筛、阳离子或阴离子层状材料等晶体物质）表面上存在着可进行交换的离子，将活性组分（如稀土元素和某些贵金属）通过离子交换而交换到载体上，然后再经适当的后处理，如洗涤、干燥、煅烧、还原，最后得到负载型金属催化剂。

离子交换法制备催化剂，可使贵金属 Pt、Pd 等以原子状态分散在有限的交换基团上，从而得到充分利用，制备原理如图 6-35 所示。

离子交换反应在载体表面固定而有限的交换基团和具有催化性能的离子之间进行，遵循化学计量关系，一般是可逆的过程。采用离子交换法制备催化剂，金属离子负载量主要取决于载体表面可以交换的离子的数目，而不是决定于孔结构和表面积。例如，Al_2O_3 的比表面积有时可以大于 SiO_2 的比表面积，但 SiO_2 表面可交换的 H^+ 含量多于 Al_2O_3 表面可交换的 H^+ 含量，其可能达到的负载量也大。

离子交换法制得的催化剂分散度好，活性高。尤其适用于制备低含量、高利用率的贵金属

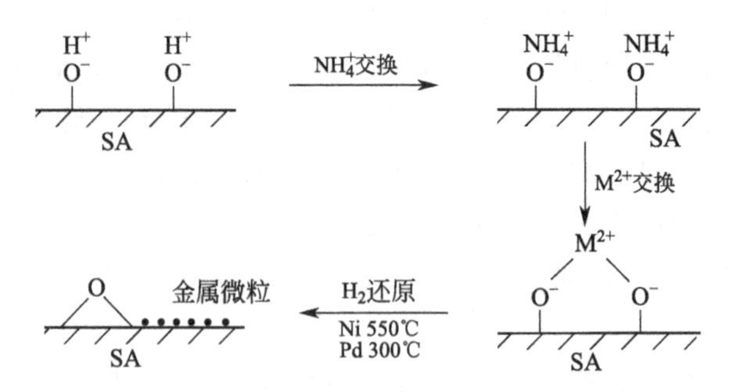

图 6-35 离子交换法制备金属负载型催化剂原理示意图

催化剂。如用离子交换法制备 Pd/SA（硅酸铝）催化剂，当每克 SA 中 Pd 含量<0.03mmol 时，Pd 几乎以原子状态分散；该催化剂只加速苯环加氢反应，而不会进一步断裂环己烷的 C—C 键。

在制备贵金属负载型催化剂或金属负载型催化剂时，利用离子交换法能够更好地提高颗粒大小的均一性。如图 6-36 所示，在同样焙烧条件下，用离子交换法制备的 Pt/Al_2O_3 催化剂上 Pt 的平均粒径比浸渍法的更为稳定。

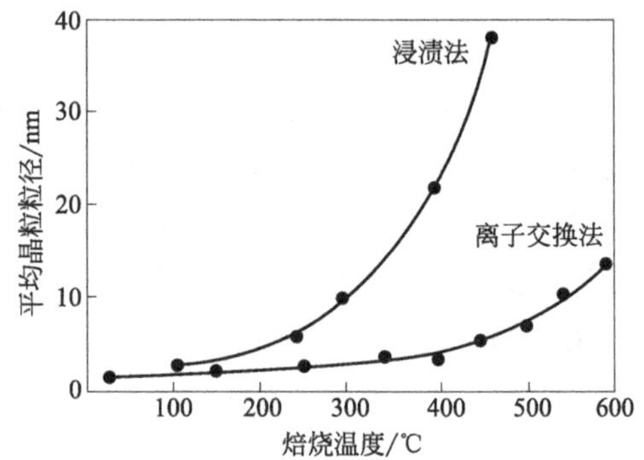

图 6-36 热处理过程中 Pt 晶粒长大的情况

在比较高的 pH 下，许多金属离子易生成水合氧化物或氢氧化物沉淀，妨碍离子交换的进行，这时可添加过量的氨，使金属离子（主要是指过渡金属离子）生成氨的络合物，然后进行交换。如用 $[Pt(NH_3)_4]^{2+}$ 进行交换，即使 Pt 在硅胶上的负载量变化 40 倍，所得催化剂中 Pt 晶粒大小几乎不变（见表 6-13）。

表 6-13 离子交换法中 Pt 负载量与晶粒粒径的关系

负载量/%	H_2 吸附量/($mL \cdot g^{-1}$)	比表面积/($m^2 \cdot g^{-1}$)	晶粒平均直径/nm	晶粒数目/($\times 10^{17} \cdot g^{-1}$)
0.10	0.033	0.16	1.5	0.14
0.40	0.126	0.60	1.6	0.47
0.94	0.28	1.34	1.6	1.0
2.45	0.879	4.21	1.4	4.3
2.64	0.863	4.13	1.5	3.7
3.78	1.267	6.07	1.5	5.4
4.45	1.474	7.06	1.5	6.3

均相络合催化剂的“固相化”和沸石分子筛、离子交换树脂的改性过程也常常采用这种方法。如 Na 型分子筛和 Na 型离子交换树脂常用离子交换除去 Na^+，而制得许多不同用途的催化剂。与酸（H^+）交换制得的 H 型离子交换树脂可用作某些酸碱反应的催化剂；用 NH_4^+、碱土金属离子、稀土金属离子或贵金属离子与分子筛交换，可得到许多相对应的分子筛催化剂，石油工业上使用的稀土 Y 型分子筛催化裂化催化剂、柴油降凝催化剂和乙烯苯烷基化合成乙苯的 HZSM-5 分子筛催化剂等，都用此法制得。

6.6.4 熔融法

熔融法是在高温条件下进行催化剂组分的熔合，使之成为均匀的混合体、合金固溶体或氧化物固溶体，然后冷却、破碎成一定粒度，再经活化后即得催化剂。

例 6-17 合成氨的铁催化剂（Fe_3O_4-K_2O-Al_2O_3）的制备

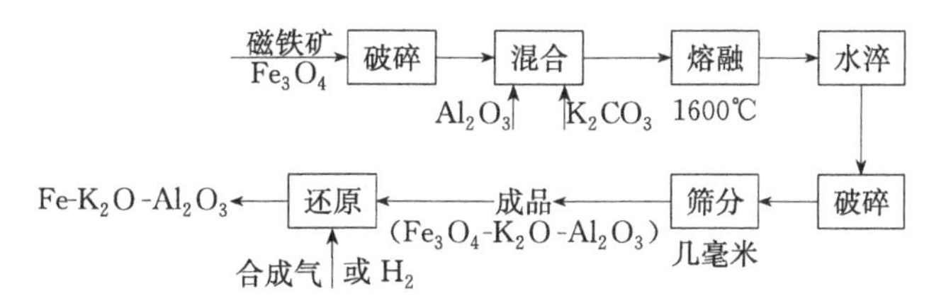

熔融法制造工艺显然是高温下的过程，因此温度是关键性的控制因素。提高熔融温度，可以降低熔浆的黏度，加快组分间的扩散，弥补缺乏搅拌之不足。在熔融温度下，金属、金属氧化物都呈流动状态，有利于它们的混合均匀，促使助催化剂组分在主活性相上的分布，无论在晶相内或晶相间都达到高度分散，并以混晶或固溶体形态出现。熔融温度的高低，视金属或金属氧化物的种类和组分而定。采用精心控制的固化过程，能保证熔融态的介稳结构，直到在使用温度下仍为介稳态。熔体分步冷却会导致达到热力学平衡时的稳态结构，骤冷才能达到所期望的介稳结构，故采用快速冷却工艺，让熔浆在短时间内迅速淬冷，一方面是保证 Fe_3O_4 及其固溶体、混合均匀相的生成，防止分步结晶；另一方面，可以产生内应力，得到晶粒细小的产品。

熔融态催化剂没有载体，属于非负载型催化剂的一个小分支。熔融法制备催化剂，其活性好、机械强度高，且生产能力大。缺点是通用性不大，采用熔融法制备的多相催化剂为数不多，主要是因为这是一种耗能的高温过程。在某些特定情况下只得采用熔融这种耗能的方法，除此之外得不到最终催化剂的最佳亚微观和宏观结构。熔融法主要用于制备合成氨的铁催化剂、F-T 合成的催化剂、氨氧化 Pt-Rh 或 Pt-Rh-Pd 催化剂、甲醇氧化的 Zn-Cr-Al 合金催化剂及 Raney 型骨架催化剂的前驱物。

6.7 催化剂的最终形成

6.7.1 催化剂活化

煅烧后的催化剂大多数尚未具备催化活性，需用氢气或其他还原性气体还原，成为活泼的金属或低价氧化物，此操作称为还原（活化）。当然，还原并不是活化的唯一方式（如硫化等）。

6.7.1.1 催化剂的还原活化

催化剂的还原实际上是其制备过程的继续，是投入使用前的最后一道工序，也是催化剂形成活性结构的过程。在此过程中，既有化学变化也有宏观物性的变化。

还原过程通常在催化剂使用装置上进行，这是由于还原后的催化剂再暴露于空气中容易失活，某些甚至会引起燃烧，须一经活化立即投入使用，故催化剂制造厂家常以未活化的催化剂包装作为成品。使用前须先活化才能使用。催化剂的还原有时也在制造厂进行，即所谓的预还原。这是由于某些催化剂还原时间长，占用反应器的生产时间；或是由于要在特殊条件下还原，才可以获得最好的还原质量；或是由于还原与使用条件相差太大，器内还原无法进行，要求在专用设备内预先还原并稍加钝化，提供预还原的催化剂，使用时只要略加活化即能投入使用。

催化剂的还原必须达到一定的温度后才能进行。从室温到还原开始以及从开始还原到还原结束，催化剂床层都需逐渐升温，稳定而缓慢进行，并不断脱除催化剂表面所吸附的水分。升温还原的好坏将直接影响到催化剂的使用性能。通常升温到某一阶段需恒温一段时间，以使催化剂床层的径向温度均匀分布；特别在接近还原温度时，恒温更加重要。还原开始后，一般有热量放出，许多催化剂床层能自身维持热量或部分维持热量，但仍要控制好温度，必须均匀地进行，严格遵守操作规程，密切注意不要使温度发生急剧的改变。

例如低温CO变换用的CuO-ZnO催化剂，还原时放热高达88kJ·(mol 铜)$^{-1}$，而铜催化剂对温度又很敏感，极易烧结，在这种情况下可用氮气等惰性气体稀释还原气，降低还原速率。对于还原气体也有用水蒸气稀释的，但如果是氧化物的还原，由于有水的生成，还原过程中水蒸气存在会影响还原反应的平衡，使还原度降低。此外，水蒸气存在还会使还原后的金属重新氧化，使催化剂中毒。

影响还原的因素有：还原温度、气氛、还原气体的空速与压力，以及催化剂的组成与粒度等。

① 就还原温度来说，每一种催化剂都有一个特定的起始还原温度、最快还原温度及最高允许还原温度。因此，还原时要根据催化剂的性质，选择并控制升温速率和还原温度，按程序进行。提高温度可以加快还原速率，缩短还原时间。但温度过高，催化剂的微晶尺寸增大，比表面积下降；温度过低，还原速率太慢，影响反应器的生产周期，而且也可能延长已还原催化剂暴露在水汽中的时间，增加氧化-还原的反复机会，也会使催化剂质量下降。

② 在还原时，不同的还原剂有不同的还原能力，具有不同的还原速率和还原深度。因此，采用不同的还原气体所得结果都不相同。

③ 还原气体的空速和压力也能影响还原质量。催化剂的还原是从颗粒的外表面开始的，然后逐渐向内扩展，空速大可以提高还原速率。如果还原是分子数减少的反应，则提高压力可以提高催化剂的还原度。

④ 催化剂的组成也影响自身的还原行为，负载的氧化物比纯氧化物所需的还原温度要高些。此外，催化剂颗粒的大小也是影响还原效果的一个因素。

还原性气体有H_2、CO、烃类等含氢化合物（甲烷、乙烷）等，用于工业催化剂还原的还有N_2-H_2、H_2-CO等，有时还原性气体还含有适量水蒸气配成湿气。不同还原性介质的效果不同；同一种还原气因组成或分压不同，还原后催化剂的性能也不同。一般说来，还原气中水分和氧含量越高，还原后的金属晶粒越粗。还原气的空速和压力也影响还原质量，高空速有利于还原的平衡和速度；提高压力可以使分子数减少的催化剂还原反应平衡移动而提高催化剂的还原度。

例如，烃类水蒸气转化及其逆反应甲烷化反应的催化剂，出厂时以氧化镍存在，要用H_2、CO、CH_4等还原性气体将其还原为活性Ni，其涉及的活化反应有：

$$NiO+H_2 \longrightarrow Ni+H_2O \qquad \Delta H(298K)=2.56kJ\cdot mol^{-1} \tag{6-27}$$

$$NiO+CO \longrightarrow Ni+CO_2 \qquad \Delta H(298K)=30.3kJ\cdot mol^{-1} \tag{6-28}$$

$$3NiO+CH_4 \longrightarrow 3Ni+CO+2H_2O \qquad \Delta H(298K)=30.3kJ\cdot mol^{-1} \tag{6-29}$$

又如，工业CO中温变换催化剂，氧化铁以Fe_2O_3形态存在，必须在有水蒸气存在条件下，以H_2和/或CO还原为$Fe_3O_4(FeO+Fe_2O_3)$，才会有更高的活性。

$$3Fe_2O_3 + H_2 \longrightarrow 2Fe_3O_4 + H_2O \quad \Delta H(298K) = -9.6kJ \cdot mol^{-1} \tag{6-30}$$

$$3Fe_2O_3 + CO \longrightarrow 2Fe_3O_4 + CO_2 \quad \Delta H(298K) = -50.8kJ \cdot mol^{-1} \tag{6-31}$$

再如，工业合成氨催化剂，Fe_3O_4无活性，须经用H_2或N_2-H_2还原为Fe才会有活性。

$$Fe_3O_4 + 4H_2 \longrightarrow 3Fe + 4H_2O \quad \Delta H(298K) = 149.9kJ \cdot mol^{-1} \tag{6-32}$$

6.7.1.2 催化剂的硫化活化

烃类加氢脱硫的钼酸钴催化剂$MoO_3 \cdot CoO$，其活化状态是硫化物而非氧化物或单质金属，故催化剂使用前须经硫化处理而活化。硫化反应可以用多种含硫化合物做活化剂，其反应和热效应不同。若用CS_2做活化剂，其活化反应如下：

$$MoO_3 + CS_2 + 5H_2 \longrightarrow MoS_2 + CH_4 + 3H_2O \tag{6-33}$$

$$9CoO + 4CS_2 + 17H_2 \longrightarrow Co_9S_8 + 4CH_4 + 9H_2O \tag{6-34}$$

除活化外，个别工业催化剂还有其他一些预处理操作，例如CO中温变换催化剂的放硫操作（指催化剂在还原过程中，尤其是在还原后升温过程中，制备催化剂时原料带入的少量或微量硫化物，以H_2S的形式逸出）。放硫操作可以使下游的低温变换催化剂免于中毒。再如合成顺丁烯二酸酐用的某些钒系催化剂，在使用前要在反应器中“高温氧化”处理，以获得更高价态的钒氧化物。

6.7.1.3 催化剂活化实例——铁-铬系CO中温变换催化剂的活化

以铁-铬系CO中温变换催化剂的活化为例，简要说明活化操作可能面临的种种复杂情况及其相应对策。

前已述及，工业CO中温变换催化剂的活化是在有水蒸气存在的条件下，活化反应的最佳温度在300～400℃，因此，活化的第一步需将催化剂床层升温，可以选用的升温循环气体有N_2、CH_4等，有时也用空气。用这些气体升温，在达到还原温度前，一定要预先配入足够的水蒸气后，方能配入还原工艺气进行还原，否则会发生深度还原，生成金属铁。

生成金属铁的条件取决于水氢比值。

用N_2或CH_4升温还原时，除有极少量金属铁生成而影响活化效果之外，可能还会有甲烷化反应发生，且由于该反应放热量大，在金属铁催化下反应速率极快，容易导致床层超温。

$$CO + 3H_2 \longrightarrow CH_4 + H_2O \quad \Delta H(298K) = -206.2kJ \cdot mol^{-1} \tag{6-35}$$

$$CO_2 + 4H_2 \longrightarrow CH_4 + 2H_2O \quad \Delta H(298K) = -165.0kJ \cdot mol^{-1} \tag{6-36}$$

催化剂中含有1%～3%石墨，若用空气升温，应绝对避免石墨中游离碳的燃烧反应：

$$2C + O_2 \longrightarrow 2CO \quad \Delta H(298K) = -220.0kJ \cdot mol^{-1} \tag{6-37}$$

$$CO + 1/2O_2 \longrightarrow CO_2 \quad \Delta H(298K) = -401.3kJ \cdot mol^{-1} \tag{6-38}$$

在这种情况下催化剂常会超温到600℃以上，甚至引起烧结。为此，生产厂家应提供不同O_2分压条件下的起燃温度，例如国产催化剂，建议在常压或低于0.7MPa条件下，用空气升温时，最高温度不得超过200℃。

用过热蒸汽或湿工艺气升温，必须在高于该压力下露点温度20～30℃才可使用，以防止液体冷凝水出现，破坏催化剂机械强度，严重时导致催化剂粉化。

不论用何种介质升温，加热介质的温度和床层催化剂最高温度之差最好不超过180℃，以防催化剂因过大温差产生的应力导致颗粒机械强度下降，甚至破碎。

在常压下以空气升温，当催化剂床层最低温度点高于120℃时，即可用蒸汽置换。当分析循环气中空气已被置换完全，床层上部温度接近200℃时，即可配入工艺气，开始还原。还原时，初期配入的工艺气量不应大于蒸汽流量的5%，逐步提量，同时密切注意还原时伴有的升温。一般控制还原过程中最高温度不得超过400℃。待温度有较多下降，如从400℃降至350℃以下时，再逐步增加工艺气通入量。按这种稳妥的还原方法，只要循环气空速大于150h^{-1}，从升温到还原结束，一般均可以在24h内顺利完成。

6.7.2 催化剂成型

催化剂的几何形状和几何尺寸对流体的阻力、气流速度梯度分布、温度梯度分布、浓度梯度分布等都有影响，它直接影响到催化剂的实际生产能力及生产费用。因此，必须根据催化反应工艺过程的实际情况，如使用反应器的类型、操作压力、流速、床层允许的压力降、反应动力学及催化剂的物化性能、成型性能和经济因素等综合起来考虑，正确选择催化剂的外形及成型方法，以获得良好的工业催化过程。

固体催化剂常用的形状有球形、柱形、片状、条状、环状（见图6-37)，以及特殊形状，如网状、带状、蜂窝状，或为不规则的块状、粉末。催化剂对流体的阻力是由固体的形状、外表面的粗糙度和床层的空隙率所决定的。具有良好的流线形的固体的阻力较小，一般固定床中球形催化剂的阻力最小，不规则形状的阻力最大。

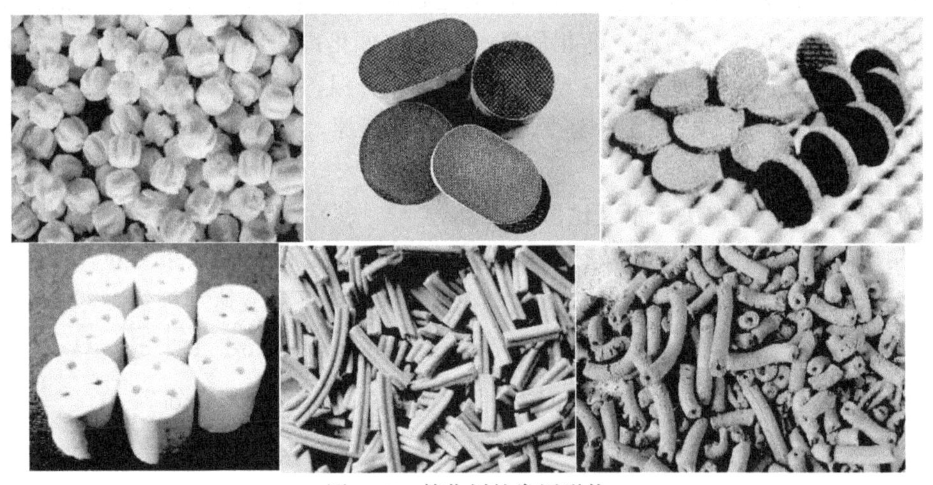

图6-37 催化剂的常用形状

由于反应器的形状和操作条件不同，常常需要不同形状的催化剂以符合其流体力学条件。对于生产上使用的大型列管式反应器来说，使流经各管的气体阻力一致是非常重要的，因此必须十分认真地进行催化剂的填充，要求催化剂的形状和大小基本一致。从实际使用来看，当粒径与管径之比＜1/8时容易避免器壁效应、沟流和短路现象，使各管的阻力基本一致，得到气体的均匀分布。但粒径过小又会增加床层阻力，通常要求粒径与管径之比＜1/5。为提高反应器的生产能力，总希望单位反应器容积具有较高的装填量。一般球形催化剂的装填量最高，其次是柱状的；而柱状催化剂中，长条的又比短条的好，但长条催化剂的强度较差。由于床层中各种因素的影响，强度较差的固体颗粒易破碎，致使床层中流体力学条件破坏，因此在选择催化剂时，必须考虑到不同形状催化剂的强度因素。对于柱状催化剂，为了同时考虑强度和装填量，一般采用径/高=1的形状。通常情况下，不规则形状的催化剂易于磨损，强度最差。流化床中一般采用细粒或微球形的催化剂，要求催化剂具有高的耐磨性；另外，为了达到一定的流化质量，催化剂颗粒还要求有一定的粒度分配。催化剂的几何尺寸小至几微米，大到几十毫米。工业上常用的催化剂形状与大小如下。

① 固定床催化剂：粒状、球状、片状、条状，一般直径在4mm以上；

② 移动床催化剂：球状，$\phi3\sim4mm$；

③ 沸腾床催化剂：$\phi30\sim200\mu m$，无棱角；

④ 悬浮床催化剂：$\phi1\sim2mm$，要求颗粒在液体中容易悬浮循环流动。

6.7.2.1 成型方法

为了生产特定形状的催化剂，需要通过成型工序。催化剂的成型方法通常有破碎成型、挤条成型、压片成型及造球等。成型方法的选择主要考虑两方面因素：成型前物料的物理性质，成型后催化剂的物理、化学性质。无疑后者是重要的，当两者有矛盾时，大多数情况下，宁可改变前者而尽可能照顾后者。

（1）破碎成型

直接将大块的固体破碎成无规则的小块，然后筛分。优点：制备方法简单。缺点：催化剂形状不定，气体流通阻力不均匀，且大量的小颗粒难以利用。

（2）挤条成型

将湿物料或粉末物料中加适量水，碾捏成具有可塑性的糊状物料，然后放置在开有小孔的圆筒中，在外力推动下，物料呈细条状从小孔中挤压出来，并切割为一定长度，如图6-38所示。挤条成型一般适用于亲水性强的物质，如氢氧化物等。

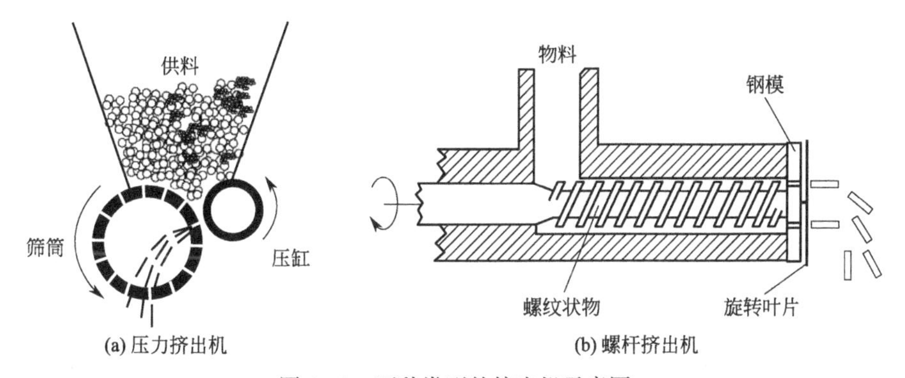

图6-38 两种类型的挤出机示意图

这种方法制备的催化剂形状包括圆柱体、空心圆柱形。规则而表面光滑的圆柱体在填充催化剂床层时很容易移动，因此充填均匀，有较均匀的自由空间分布、均匀的流体流动性质，以及良好的流体分布。圆柱形催化剂也是工业催化剂中应用最广的一种类型。而空心圆柱形催化剂具有表观密度小和单位体积的表面积大的优点。通常用于热流密度大的反应，如烃类化合物经蒸汽变换制合成气过程及部分氧化反应过程；也用于要求流速大、压力降小的场合，如用于大气净化处理过程等。

（3）压片成型

压片成型是常用的成型方法，某些不易挤条成型的物料，可用此法成型。在压片时，应严格控制压力，使物料处于弹性变形阶段之前。在压片过程中，为了增加物料的润滑和可塑性能，往往添加润滑剂。图 6-39 为一种旋片式压力机的示意图。

（4）造球成型

球形颗粒状催化剂具有充填均匀、流体阻力均匀而稳定的特点。当反应器的一定容积内希望充填尽量多催化剂，球形是最适宜的形状。球形颗粒耐磨性能也较佳，故它的应用日趋广泛。常用的造球方法有：

① 滚动造球法　此法适用于干燥的粉状物成型。以一定粒级的粒子作种子，放入滚球机中，将待成型的粉末物料加入，并缓慢喷入黏结剂（如水），由于毛细管力作用使粉末黏附于种子上，随着滚动逐渐长大而成为球，浮在表面的大球符合粒度要求后，从圆盘的下边沿滚出，如图 6-40 所示。

球的粒度与圆盘的转速、深度、倾斜度以及黏结剂的种类有关。

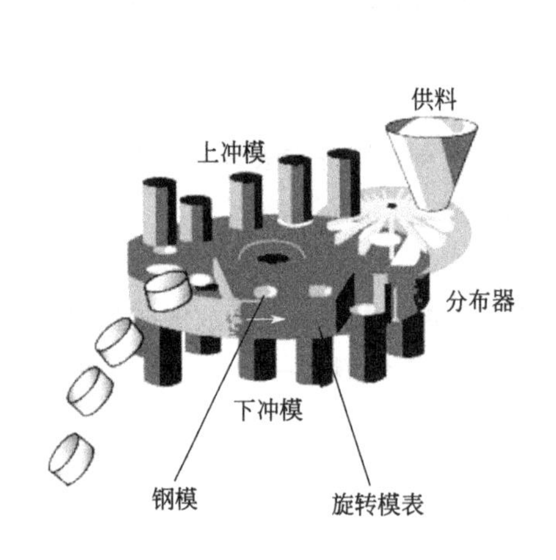

图 6-39　一种旋片式压片机示意图

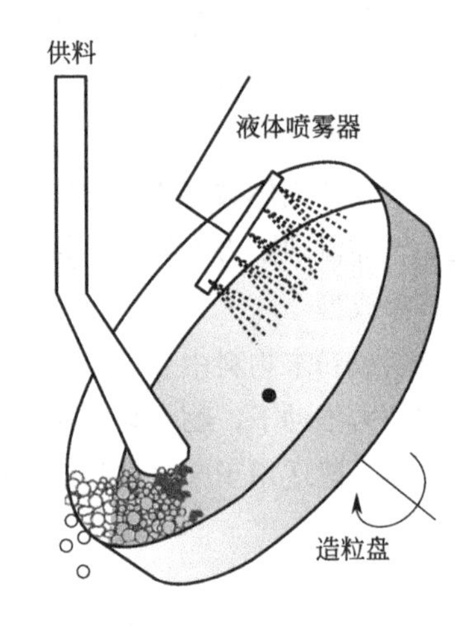

图 6-40　可连续生产颗粒的造粒盘示意图

② 流化法造球　基本上与滚动造球法相似，但是在流化床中进行。

③ 油浴造球法　将原料溶液分为两路，按一定的流速比例打入低压（几 kgf❶/cm²）喷头，在喷头内迅速混合并形成溶胶，离开喷头后以小液滴状态分散在温热的轻油或变压器油柱中，几秒内凝结成水凝胶，干品呈微球或小球状，微球粒度 70～800μm，小球粒度 2～5μm。喷雾成型和油柱成型所得的产品，形状规则，表面光滑，机械强度良好。微球催化剂用于沸腾床反应器，小球催化剂用于固定床或移动床反应器。硅胶、铝胶、硅铝胶、分子筛催化剂或载体常用此法成型。凝胶的粒度可由喷头的压力调节，压力愈高，粒度愈小。

④ 喷雾造球法　由喷雾成型或油浴成型所得的催化剂粒子形状规则，表面光滑，机械强度良好。微球形氧化铝、硅铝胶、分子筛等常用此法制成。

❶　1kgf＝9.80665N。

(5) 烧结成型

对于耐高温难成型的物料，有时可用烧结法成型。

6.7.2.2 成型过程添加剂

(1) 胶黏剂

在催化剂成型过程中，为了赋予挤压成型后的产品在干燥和焙烧后有足够的强度，需要在浆料中加入胶黏剂。表6-14列出了一些胶黏剂。但在工业催化剂制备中，多数挤出物需在高温下焙烧，因此，有机胶黏剂不适合挤出物的稳定。催化剂最终的强度必须来自无机胶黏剂，经常用的是 Al_2O_3、SiO_2 溶胶或黏土。

氧化铝通常以勃姆石或拟薄水铝石的形式加入，煅烧后，转换为过渡型氧化铝。勃姆石针状晶体形态有助于提高其结合能力，因为其提供了一个像针似的网络。在煅烧过程中，化学键（氧桥）在初级颗粒之间形成，这提高了最终产品的稳定性。硅溶胶在凝胶化处理和焙烧过程中作为胶黏剂加入，也产生一种强的化学键合的网络。

黏土（常用膨润土）具有层状结构，能够溶胀和一定程度上的剥离，干燥和煅烧后形成附聚物，这些剥离的片状物赋予了挤出物的稳定性。在一些氧化物上，也可能形成纤维而缠绕，从而有助于提高机械强度。除了作为胶黏剂的功能，黏土也可作为增塑剂，改善浆料的性能。表6-14是一些胶黏剂的分类与实例。

表6-14 胶黏剂的分类与实例

基本胶黏剂	薄膜胶黏剂	化学胶黏剂	基本胶黏剂	薄膜胶黏剂	化学胶黏剂
沥青	水	$Ca(OH)_2+CO_2$	黏土	淀粉	水玻璃$+CO_2$
水泥	水玻璃	$Ca(OH)_2$+糖蜜	干淀粉	皂土	铝溶胶
棕榈蜡	合成树脂,动物胶	$MgO+MgCl_2$	树脂	糊精	硅溶胶
石蜡	硝酸,醋酸,柠檬酸	水玻璃$+CaCl_2$	聚乙烯醇	糖蜜	

(2) 润滑剂

在催化剂的成型过程中，还需要加入润滑剂。润滑剂有助于挤压过程，但是，它们的作用常没有被清晰地描述。表6-15列出了挤压过程中常用的一些润滑剂。

表6-15 常用的成型润滑剂

液体润滑剂	固体润滑剂	液体润滑剂	固体润滑剂
水	滑石粉	可溶性油和水	硬脂酸镁或其他硬脂酸盐
润滑油	石墨	硅树脂	二硫化钼
甘油	硬脂酸	聚丙烯酰胺	石蜡

(3) 其他添加剂

① 增塑剂　增塑剂是改善浆料流变学行为的添加剂，可以是无机的（如黏土）或有机的。黏土本身具有理想塑性行为，将它添加到浆料中，提供一些纯黏土浆料的特点。此外，黏土作为最终挤出物的胶黏剂，具有双重功能。

② 胶溶剂　在大多数的pH下，分散相粒子带电。如果固体表面的电荷平衡（即没有净电荷存在），即为零电荷点（PZC）。在较低的pH，颗粒是带正电的，因为表面的氧化物或氢氧化物的基团是质子化的。在高于PZC以上的pH，粒子表面因羟基去质子化而带负电。因此，如果体系的pH偏离PZC时的值，颗粒电荷斥力将它们分开，这通常会降低

黏度。在PZC附近的pH，浆料的黏度最高，在该pH下，液体浆料可能凝结。通常，为了防止浆料凝结，在挤压分散颗粒的浆料时，pH通常调节到偏离PZC值。这种用于调节浆料的胶体化学性质的试剂被称为胶溶剂。通常情况下，硝酸、甲酸或醋酸选作胶溶剂。

③ 致孔剂　如有机增塑剂或润滑剂在焙烧去除的过程中在催化剂中留下空隙，即致孔剂。基于此，有机质因造孔的目的可以在焙烧步骤中添加。原则上任何有机材料都可以应用，如炭黑、淀粉、木屑。

6.7.2.3　成型工序在制造工艺中的位置

成型工序在整个制备过程中所处的位置可因催化剂的特点及制备基体的方法而不同。采用浸渍法时，一般是预先成型的；但如果用粉末浸渍，则在浸渍后成型。有些物质经高温活化后难以成型，因此应在活化前成型。有些物质在热处理过程中放出大量气体，使成型物崩解，因此应在热处理后成型。

第7章 多相催化剂的表征与活性评价

7.1 概述

多相催化研究的一个根本问题就是固体催化剂的催化性能与它的物理和化学性质的关联——结构与性能的关系。就传统的表征方法而言，采用的技术和获得的信息如表 7-1 所示。

表 7-1 传统的催化剂表征方法

使用的原理		获得的信息
气体吸附	物理吸附	表面积(表面粗糙度)
		孔体积
		孔径分布
		孔的维度
	化学吸附	“活性”表面积
		负载型催化剂的分散度
功函数和电导率的变化		电子流入或流出表面的方向

吸附作为一种现象具有普遍的适用性。例如，用于氨合成的铁催化剂的总可及面积是通过 N_2 吸附获得的等温线求得的，被促进剂 K_2O 覆盖的表面部分由 CO_2 的吸附等温线获得，从游离 N_2 的化学吸附量或 N_2O 对氧的吸收量中推断出 Fe 所覆盖的部分，由此也可以推断出另一种助剂 Al_2O_3 组成的表面部分。使用一系列分子尺寸范围内的吸附质，可以确定给定尺寸和形状的吸附质物种的比表面积。

就催化剂的结构与组成，根据吸收、发射或散射光子、电子、中子或离子的能力，可以对目前使用的许多表征方法进行分类（见表 7-2）。其中一些方法［如 LEED、二次离子质谱(SIMS) 和 X 射线诱导光电子能谱 (XPS)］非常复杂，仅适用于专门的模型系统，而另一些方法［扩展 X 射线吸收精细结构 (EXAFS)、XRD、XRE 和质子诱导 X 射线发射 (PIXE)］或多或少具有普遍适用性。有一些重要的方法（例如基于量热或热测量的方法）在这里不进行分类。

表 7-2 光子、电子和离子组合产生的催化剂表征方法

主光束	出射光束		
	光子	电子	离子
光子	核磁共振(NMR)	紫外诱导光电子能谱(UPS)	激光微探针质谱(LMMS)
	电子自旋共振(ESR)	X 射线诱导光电子能谱(XPS 或 ESCA①)	—
	傅里叶变换红外光谱(FTIR)	X 射线光电子衍射(XPD)	—
	拉曼光谱(RS)	—	—

续表

主光束	出射光束		
	光子	电子	离子
光子	穆斯堡尔谱(MS)	显微镜(PEEM)	光电子发射
	X射线吸收(近边)光谱	转换电子穆斯堡尔谱(CEMS)	—
	扩展X射线吸收精细结构(EXAFS)	—	—
	X射线荧光(XRF)	—	—
	X射线光电子衍射(XRD)	—	—
	椭圆偏振技术	—	—
	光学显微镜	—	光电显微术
	表面等离子体显微术	—	—
电子	X射线发射光谱(XRE)	低能电子衍射(LEED)	
	阴极发光(CL)	俄歇电子能谱(AES)	—
	—	扫描俄歇显微镜(SAM)	—
	—	高分辨电子能量损失谱(HREELS)	—
	—	电子能量损失谱(EELS)	—
	—	扫描电子显微镜(SEM)	—
	—	透射电子显微镜(TEM)	—
	—	电子衍射(ED)	—
	—	高分辨电子显微镜(HREM)	—
	—	电子层析成像(ET)	—
	—	扫描透射电子显微镜(STEM)	—
	—	扫描隧道显微镜(STM)	—
离子	质子诱导X射线发射(PIXE)	—	离子散射光谱(ISS)
	正电子湮没光谱(PAS)	—	二次离子质谱(SIMS)
		—	离子探针显微分析(IMM)
		—	卢瑟福背散射(RBS)

① ESCA代表用于化学分析的电子能谱学。

自20世纪80年代中期以来，基于电子技术，其中，电子束被用作表面探针（用于衍射和光谱）或利用光发射电子（其强度和能量）来产生信息，这大大扩展了人们对模型催化剂表面化学和物理的知识。即使在中等压力下，气体中的平均自由程也非常小，几乎没有任何真实的催化剂可以用基于电子的方法进行研究。当离子用作探针时，也有类似的限制。

在本章，我们仅对一些方法作简要介绍，在前面相关章节已描述的，这里不再赘述。

7.2 固体催化剂物理性质的表征

7.2.1 表面积与孔径分布

当催化剂的化学组成和结构一定时，单位质量（或体积）催化剂的活性取决于其比表面积的大小。人们常以催化剂单位面积上呈现的活性——比活性来衡量各种催化剂的固有催化性能。

固体催化剂一般是多孔的颗粒。同比表面积一样，工业催化剂的孔结构特征不但直接影响物料分子的扩散，影响催化剂的活性和选择性，而且直接影响催化剂的强度和寿命。

固体催化剂的比表面积和孔结构是表征其催化性能的重要参数，二者都可以由物理吸附来测定。

7.2.1.1 表面积的测定

固体催化剂的表面积常以比表面积表示（S_g）——即每克催化剂所具有的表面积。常用BET法进行测试。

BET公式：

$$\frac{p}{V(p_0-p)}=\frac{1}{V_m C}+\frac{C-1}{V_m C}\frac{p}{p_0} \tag{7-1}$$

由关于吸附等温方程的讨论可以知道，当经过实验测量出一系列不同的 p/p_0 对应的吸附量后，以 $p/V(p_0-p)$ 对 p/p_0 作图，利用BET吸附等温方程可以得到直线的斜率 $(C-1)/(V_m C)$ 和直线在纵轴上的截距 $1/(V_m C)$，由此通过下式求出单层饱和吸附量 V_m：

$$V_m=\frac{1}{\text{斜率}+\text{截距}} \tag{7-2}$$

设每一吸附质分子的平均横截面积为 $A_m(\text{nm}^2)$，此 A_m 就是该吸附质分子在吸附剂表面上占据的表面积，当 V_m 取 $\text{mL}\cdot\text{g}^{-1}$ 为单位时：

$$S_g=A_m N_A \frac{V_m}{22400W}\times 10^{-18}, \text{m}^2\cdot\text{g}^{-1} \tag{7-3}$$

BET法有单点法和多点法。

（1）单点法

氮吸附时常数 C 通常都在50～200之间，由于常数 C 较大，所以在BET作图时的截距 $1/V_m C$ 很小，在比较粗略的计算中可以忽略，即可以把 p/p_0 在0.20～0.25的一个实验点和原点相连，由它的斜率的倒数计算 V_m 值，通常称为单点法或一点法。

在 $C \gg 1$ 的前提下，二者误差一般在10%以内。

（2）多点法

相对于单点法来说，常规BET作图测定比表面积要进行多个实验点（不少于5个点）测量，因此又称多点法。

多点BET与单点BET直线见图7-1。

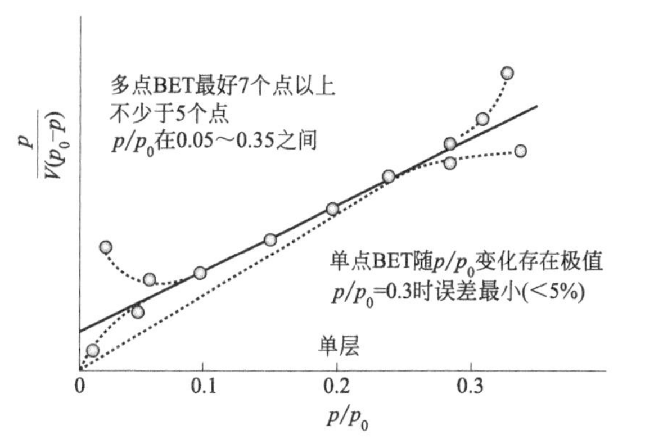

图7-1　多点BET与单点BET直线

BET二常数方程式中，常数 C 反映了吸附质与吸附剂之间作用力的强弱。C 值通常在50～300之间。当BET比表面积大于 $500\text{m}^2\cdot\text{g}^{-1}$ 时，如果 C 值超过300，则测试结果是可疑的。高的 C 值或负的 C 值与微孔有关，BET模型如果不修正是不适合进行分析的。

在没有一个比较标准的数值下，A_m 的数值也可以按液体或固体吸附质的密度来计算：

$$A_m=4\times 0.866\times\left(\frac{M}{4\sqrt{2}Nd}\right)^{2/3} \tag{7-4}$$

实验结果表明，多数催化剂的吸附实验数据按BET多点作图时的直线范围一般是在 p/p_0 为0.05～0.35之间。

(3) B 点法和 A 点法

埃米特和布朗诺尔将Ⅱ型等温线和Ⅳ型等温线上的第二段直线部分起始的扭转点称为 B 点。当 C 值很大时（C 大于 100，B 点容易确定；$C<80$ 时，V_m 与 V_B 近似相等），B 点相应的吸附量 V_B 可以当作饱和吸附量，因此可由吸附等温线上的 B 点直接确定 V_m，这种方法称为 B 点法。显示 B 点的Ⅱ型和Ⅳ型吸附等温线分别见图 7-2 和图 7-3。

$$S_g = A_m \times N_A \times \frac{V_m}{22414} \times 10^{-18}, \mathrm{m^2 \cdot g^{-1}} \tag{7-5}$$

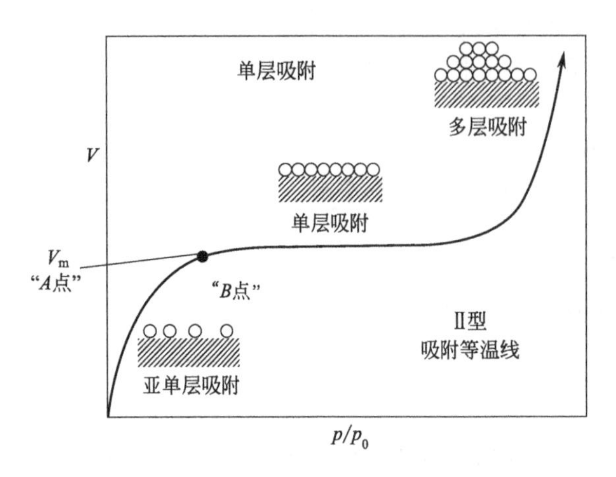

图 7-2　显示 B 点的Ⅱ型吸附等温线

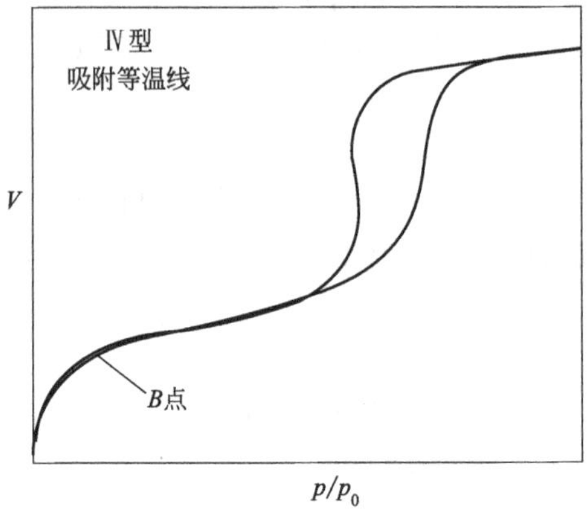

图 7-3　显示 B 点的Ⅳ型吸附等温线

一般当 C 值较大时（$C>100$），等温线有很确定的 B 点。

实验中，有时 B 点难以确定，因此也可将等温线中等相对压力的平台直线段外延至吸附量轴，得到 A 点，以此点值作为单层吸附量 V_m，计算比表面积。A 点法求出的表面积小于 B 点法。

(4) 吸附层厚度法

即 t-Plot 法。此法在一些情况下可以分别求出不同尺寸的孔的比表面积（BET 和 Langmuir 法计算出的都是催化剂的总比表面积）。

$V=S \cdot t$，由 V、t 可以求出比表面积。对于固体表面上无阻碍地形成多分子层的物理吸附，BET 理论给出吸附层数：

$$\bar{n} = \frac{V}{V_m} = \frac{C \times \frac{p}{p_0}}{\left(1-\frac{p}{p_0}\right)\left[1+(C-1)\frac{p}{p_0}\right]} \tag{7-6}$$

上式可以由 BET 方程导出：

$$\bar{n} = f_c\left(\frac{p}{p_0}\right) \tag{7-7}$$

令单层的厚度为 t_m(nm)，则吸附层厚度 t(nm) 由下式给出：

$$t = \bar{n} t_m = t_m f_c(p/p_0) = F_c(p/p_0) \tag{7-8}$$

$F_c(p/p_0)$ 表达了吸附层厚度随 p/p_0 而改变的函数关系。

对于 77.4K 时固体表面上的氮吸附来说，C 值虽然不可能在各种样品上都相等，但受 C 变动的影响并不大，已由德·博尔等从实验上求得，称为氮吸附的公共曲线。

以上所介绍的计算比表面积的方法，在原理上都是以吸附质分子的单分子-多分子层吸附为基础，因此它们也只能适用于Ⅱ型和Ⅳ型等温线。对于微孔吸附剂（r<2.5nm）的物理吸附可使用 Langmuir 等温方程来描述。因此在这种情况下，可以利用 Langmuir 方程式求出其单层饱和吸附量 V_m，然后按照式(7-3) 求出该微孔吸附剂的比表面积。

测定表面积使用的吸附质除氮以外，最常用的还有氦、氪等，后者尤其适用于小表面积。

不用 BET 方程处理表面积实验结果的研究也一直在进行，其中以 Jovanovic 方程最为突出，由该方程求出的表面积，不仅在精确测量吸附压力的范围内与 BET 表面积相符，而且此种方法的可测参数也比 BET 参数可靠，并且能够用于Ⅲ型等温线。

7.2.1.2 孔径分布的测定

催化剂是由具有各种半径的孔组成的多孔物质，只知道它的总孔容积是不够的，还必须了解其各种孔所占的体积分数。这就是催化剂孔分布的测定，也就是指催化剂内大孔（一般指 $r>100$nm）、中孔（$1.5\text{nm}<r\leqslant100\text{nm}$）和微孔（$r\leqslant1.5$nm）所占百分数。根据孔径范围的不同，孔分布的测定可选用不同方法。用气体吸附法测定半径 1.5～1.6nm 微孔以及 20～30nm 中孔的孔径分布；用压汞法可以测定大孔孔径分布和孔径 4nm 以上中孔的孔径分布。

（1）气体吸附法

气体吸附法测定孔径分布是基于毛细管凝聚现象。当吸附质的蒸气与多孔固体表面接触时，在表面吸附力场的作用下形成吸附质的液膜，在孔内的液膜则随孔径的不同而发生不同程度的弯曲，而在颗粒外表面上的液膜相对比较平坦。蒸气压力增加时，吸附液膜的厚度也增加。当达到某一时刻，弯曲液面分子间的引力足以使蒸气自发地由气态转变成液态，并完全充满毛细孔，这种现象称为毛细管凝聚。毛细管凝聚是与液面发生弯曲密切相关的。能否发生毛细管凝聚的压力分界线——临界蒸气压力与液面的曲率半径有关。Kelvin 由热力学推导得到，半球形（凹形）液体弯月面的曲率半径 r_k(cm) 和液面上达到平衡的蒸气压 p 之间关系如下：

$$\ln(p/p_0)=-\frac{2\gamma V_m\cos\theta}{RTr_k} \tag{7-9}$$

由式(7-9) 可见 $p/p_0\leqslant1$，而且 r_k 越小，p/p_0 也越小。这意味着对于很细的孔来说，在蒸气压力 $p\ll$吸附温度下的 p_0 时就可以发生毛细管凝聚。而且 r_k 还具有临界孔径的意义，即在平衡蒸气压 p 时，凡固体中孔半径⩽式(7-9) 给定值 r_k 的孔，都发生毛细管凝聚；而孔半径>式(7-9) 给定值 r_k 的孔，就不会发生毛细管凝聚，而只有在孔壁上的多分子层液膜。因此，如果近似地忽略发生毛细管凝聚前已经存在的液膜体积时，则多孔固体在两个不同蒸气压下的吸附量之差（按液体体积计）就是孔半径介于两个相应 r_k 之间孔的体积。

为了得到孔分布，只需测定在不同 p/p_0 下的吸附量，即吸附等温线（V-p/p_0）；然后借助 Kelvin 公式 r_k-p/p_0 计算出相应 p/p_0 下的临界半径 r_k；这样即可得到吸附量与临界半径的关系，即 V-r_k。以 r_k 对吸附量（体积以液体计）作图，得到所谓结构曲线。在结构曲线上用作图法求取当孔半径增加 Δr 时液体吸附量的增加体积 ΔV，然后以 $\Delta V/\Delta r$ 对 r 作图，即得到催化剂的孔分布曲线。

孔径分布——BJH 法（介孔体积和介孔孔径分布）由 Barrer、Joiyner 和 Halenda 提出。被指定为 ASTM（American Society for Testing and Materials）标准方法，也被广泛用于商业仪器

计算介孔孔径分布。

当压力由 p_1/p_0 降至 p_2/p_0 时，测得的脱附体积为 ΔV_1：

$$V_{p_1}=DV_1\frac{r_{p_1}^2}{(r_{K_1}+Dt_1)^2}=R_1 DV_1 \tag{7-10}$$

当压力由 p_2/p_0 降至 p_3/p_0 时，测得的脱附体积为 ΔV_2：

$$\left.\begin{aligned}
&V_{p_2}=\frac{r_{p_2}^2}{(r_{K_2}+Dt_2)^2}(DV_2-V_{Dt_2})=R_2(DV_2-V_{Dt_2})\\
&V_{\Delta t_2}=\Delta t_2 A_{c_1}\\
&\Longrightarrow V_{p_2}=R_2\Delta V_2-R_2\Delta t_2 Ac_1
\end{aligned}\right\}$$

$$V_{p_n}=R_n DV_n-R_n Dt_n\sum_{i=1}^{n-1}Ac_i$$

$$R_n=\frac{r_{p_n}^2}{(r_{K_n}+Dt_n)^2}$$

$$r_{p_n}^2=r_{K_n}+t$$

(p/p_0)-r_k 之间的关系可由 Kelvin 方程解决；(p/p_0)-Δt 之间的关系可由实验测定。

一般情况下，孔径计算应该采用脱附支数据。

① 对于理想的两端开口的圆筒形孔，吸附支和脱附支重合。

② 对于两端开口的圆柱形孔，吸附支对应的弯液面曲率是圆柱面，而脱附支对应的才是在孔口处形成的球形弯液面。

③ 平板孔和由片状粒子形成的狭缝形孔，吸附时不发生毛细管凝聚，而脱附支数据才反映真实的孔隙。

④ 对于口小腹大的“墨水瓶”孔等带有咽喉孔口的孔，吸附是一个孔空腔内逐渐填满的过程，根据吸附支数据可得到空腔内的孔径分布，但是脱附支能反映喉部的孔径。而多孔催化剂的内扩散速率恰恰是被孔道最窄的喉部尺寸限制，而不是扩展的空腔尺寸。

脱附支是孔大小更好的度量。特别是当交织的孔结构具有几条平行的喉管时，脱附支反映的是其中最粗的喉管尺寸，而这恰好又能正确地反映孔结构对催化剂内扩散的限制作用。

⑤ 吸附时，在毛细凝聚前可能需要一定程度的过饱和，Kelvin 公式所假定的热力学平衡可能达不到。

还有脱附时毛细孔内的凝聚液与液体本体性质接近，而吸附时，物理力（特别是第一层）与液体本体分子间力不一样，这时 Kelvin 公式使用液体本体表面张力与液体的摩尔体积比较勉强。

Wheeler 考虑了包括了吸附质液膜的毛细管凝聚，见图 7-4。

即当蒸气在孔内凝聚时，总的来说是厚度为 t 的多分子层吸附和在孔核内毛细管凝聚两者的加合。

对于尚未发生毛细管凝聚的孔，它们并不是“空”的，而是壁上有着厚度为 t 的液膜；因

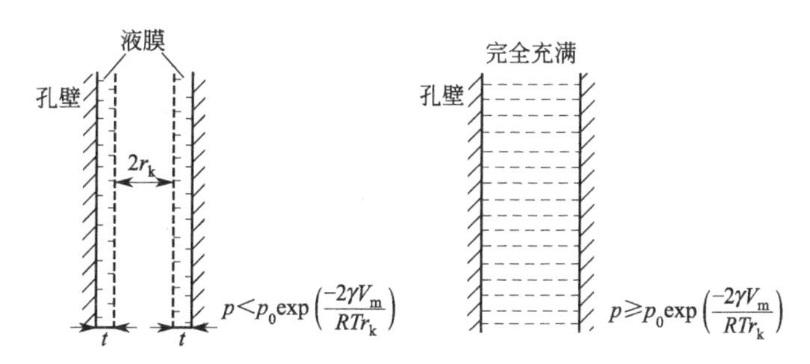

图 7-4　包括吸附质液膜的毛细管凝聚

此圆筒形孔的孔半径 r_p 和孔核半径 r_k 之间有如下关系：

$$r_k=r_p-t=-\frac{2\gamma V_m}{RT\ln(p/p_0)} \tag{7-11}$$

吸附层的厚度 t 通常按 Halsey 公式计算，对于 N_2 吸附：

$$t=0.354\left[\frac{-5}{\ln(p/p_0)}\right]^{1/3} \tag{7-12}$$

由式(7-11) 和式(7-12) 就可以求得在某平衡压力 p 时发生毛细管凝聚的临界孔半径 r_p。此时多孔物质中凡半径$\leqslant r_p$ 的孔都发生毛细管凝聚。然后再借助吸附等温线，即可求得样品的孔分布。

微孔容积和孔分布是衡量微孔材料孔性质最重要的指标。

微孔物质的物理吸附等温线通常呈Ⅰ型。在很低的相对压力下，微孔即吸附饱和，等温线形成一平台。

用吸附法测定微孔材料的孔容积，首先要测准样品在很低相对压力下的吸附等温线，要做到这一点除了要求仪器有较高的系统真空度（0.5～1kPa）和高精度压力传感器外，还要选择合适的吸附质分子，以及恰当的样品处理和测定条件。

尽管 N_2 是测量 BET 表面积和中孔分布最常用的吸附质，但它并不一定是测量微孔体积的最好选择。如由于极性的 N_2 分子与分子筛孔道内阳离子存在较强的相互作用，导致等温线显示出复杂的变化，影响分析结果的真实性。选择惰性的球形分子 Ar 作为吸附质更合适。

一般来说，微孔性材料与非微孔性材料相比，样品脱气处理条件要苛刻一些，原因是排除微孔内的吸附物要比中孔或大孔内的吸附物困难得多。微孔容积的求算还需要选择合理的孔模型和相应的计算方法。

(2) 压汞法

汞对大多数固体是不润湿的，其接触角 $\theta>90°$，当它浸入毛细管孔中时，由于汞的表面张力，使它受到阻碍，必须外加压力，克服毛细管阻力，汞才能进入毛细孔。

作用在半径为 r 的毛细孔截面上的力为：$\pi r^2 p$

沿毛细孔周长由表面张力引起的阻力为：$-2\pi r\gamma\cos\theta$

当外力与阻力相等时，汞才能进入半径为 r 的毛细孔，所以 $\pi r^2 p=-2\pi r\gamma\cos\theta$

$$r=\frac{-2\gamma\cos\theta}{p} \tag{7-13}$$

对于汞来说，取 $\theta=140°$，$\gamma=480\times10^{-5}$ N·cm^{-1}，则式(7-13) 简化为：

$$r=7500/p \tag{7-14}$$

式(7-14) 表明压汞法所测孔半径的大小仅与外压 p 有关。当 $p=98.1\text{kPa}$ 时，汞不能自动进入< 7500nm 的孔中。随外压升高，压入催化剂孔隙中的汞量增多，直至达到某一给定的外压力值时，汞进入而充满所有半径大于式(7-10) 计算所得到的孔中。因此，由给定的孔分布可得唯一的压力曲线；相反，根据压力曲线则可计算孔的分布。实验时，记录一定外压 p 所压入的汞量，然后借助式(7-14) 计算出相应的外压下孔的半径，这样就可求出对应尺寸的孔体积，得到孔体积随孔尺寸变化的曲线，从而得出催化剂孔径分布。

7.2.2 粒径与分布

7.2.2.1 粒径的测定

颗粒材料的许多重要特性是由颗粒的平均粒度及粒度分布等参数所决定的。

粒径可以用化学和物理方法测量。化学方法基于颗粒表面化学吸附气体量进行测量。如果对吸附的化学计量学和暴露在表面上的原子面的性质作出一些假设，则可使用方程式获得表面积和粒径。该技术仅限于金属，但由于其不需要任何昂贵的设备或特殊技能而得到广泛应用。就物理技术而言，传统的粒径测量方法有筛分法、显微镜法、沉降法、电感应法等，近年来发展的方法有激光衍射法、在显微镜法基础上发展的计算机图像分析技术、基于颗粒布朗运动的粒度测量法及质谱法等。电子显微镜是测量颗粒尺寸的最强大技术。实际上，从原子尺度到宏观尺度的粒子都可以在催化剂图像上直接观察和测量。基于 X 射线衍射技术，如线加宽分析（LBA）和小角度 X 射线散射（SAXS）也是有用的方法，它们会获得平均尺寸和尺寸分布（见表 7-3）。

表 7-3 实验室常用的粒度分析方法及其特点

方法	原理、等效径和分布	工具或仪器	测量范围/μm
筛分法	物理筛分	标准筛	40～
	筛分等效径		
	质量分布		
显微镜法	图形分析	光学显微镜	1～6000(1600 倍)
	几何等效径	SEM	0.01～($5\sim3\times10^5$ 倍)
	个数分布(代表性差)	TEM	0.001～($1\sim10^6$ 倍)
沉降法	Stokes 公式	Andreassen 移液管	10～300
	流体动力学等效粒径	沉降天平	1～300
	质量分布	X 射线透过重力沉降仪	10～300
		X 射线透过离心力沉降仪	1～100
		X 射线透过离心力沉降仪	0.1～10
电阻法	库尔特原理	库尔特粒度仪	0.4～1200
	几何等效径		
	个数和体积分布		
激光衍射法	Fraunhofer 衍射理论或 Mie 散射理论	激光粒度仪(Fraunhofer)	1～12000
	光学散射等效径	激光粒度仪(Mie)	0.02～3000
	截面积分布(Fraunhofer)		
	体积分布(Mie)		
动态光散射法	动态光散射理论	动态光散射纳米粒度仪	0.001～7
	流体动力学等效粒径		
	体积分布		
电泳法	动态光散射理论	Zeta 电位仪	0.0001～30
	流体动力学等效粒径		

续表

方法	原理、等效径和分布	工具或仪器	测量范围/μm
	体积分布		
BET 比表面积法	BET 公式	物理吸附仪	0.01～1
	表面积等效径		
	无粒度分布数据		
空气透射法	空气渗透性原理	费氏粒度仪(Fisher Subsieve Sizer)	0.2～50
	表面积等效径	勃氏透气仪(Blaine Permeameter)	
	无粒度分布数据		
X 射线衍射宽化法	Scherrer 公式	X 射线衍射仪	0.005～0.05
	X 射线衍射等效径		
	很难得到粒度分布		
化学吸附法	化学吸附的选择性	化学吸附仪	0.001～0.01
	往往以分散度表示	H_2、H_2-O_2、CO 等	
	无粒度分布数据		

7.2.2.2 X 射线衍射法

许多固体物质经常以小颗粒状态存在，小颗粒往往是由许多细小的单晶体聚集而成的。这些小单晶称为物质的一次聚集态。小颗粒为二次聚集态。通常所说的平均晶粒度是指物质一次聚集态晶粒的平均大小。

晶粒度直接关系到相关材料的物理与化学性能，在催化材料以及其他化学化工的生产与研究工作中，应用十分广泛。因此，测定物质的平均晶粒度（一次聚集态）有重要意义。

X 射线衍射宽化法测量的是同一点阵所贯穿的小单晶的大小，它是一种与晶粒度含义最贴切的测试方法，也是统计性最好的方法。

对于实际的小晶体，不能近似地看成有无限多晶面的理想晶体。当 X 射线入射到小晶体时，其衍射线条将变得弥散而宽化，晶体的晶粒越小，X 射线衍射谱带的宽化程度就越大，根据衍射峰的宽化程度，通过 Scherrer 方程，可以测定样品的平均晶粒度：

$$D_{hkl}=\frac{k\lambda}{\beta\cos\theta_{hkl}} \tag{7-15}$$

利用该方程计算平均晶粒度需要注意：

① β 为半峰宽度，即衍射强度为极大值一半处的宽度，单位以弧度表示。

② D_{hkl} 只代表晶面法线方向的晶粒大小，与其他方向的晶粒大小无关。

③ k 为形状因子，对球状粒子 $k=1.075$，立方晶体 $k=0.9$，一般要求不高时就取 $k=1$。

④ 测定范围 3～200nm。

（1）小晶粒衍射峰的宽化效应

X 射线入射到小晶体 hkl 面上（h、k、l 为互质的整数），小晶粒中共有 p 层这种晶面，其晶面间距为 d，当入射角为 θ，满足 $2d\sin\theta=n\lambda$ 关系将产生衍射。当衍射方向有一个小小的偏离，衍射角为（$\theta+\varepsilon$）时，程差也将有相应的改变。

（2）Scherrer 方程结果分析

① 精度估计

a. 当衍射仪功率比较大、强度数据比较可靠时，D 值误差约为 10%。

b. 就样品而言，小晶粒比大晶粒的测试结果更准确。如果晶粒度超过 100nm，测量的准确度将会降低，严格地说，超过 50nm 偏差就会增大。

c. 不同的仪器对衍射峰的宽化影响不同，因此应就使用的仪器进行校正。

② 团簇分散与单（分子）层分散

经验说明，应用 Scherrer 公式测量晶粒粒径时，当晶粒粒径大于 200nm 时衍射峰宽化不明显，难以得到确切的结果；小于 3nm 时衍射峰宽化严重以致弥散，I_{max} 很小，测量工作难以进行。对于单相体系，在一般情况下测量范围为 3～200nm。

当考虑盐类或氧化物在载体上的分散状态时，无论其载体是 γ-Al_2O_3 还是某种其他无机氧化物，其 XRD 的实验结果衍射峰的交叠、背底或其他连续谱底干扰致使晶粒度测量和物相检出的准确性都大大降低。在这种情况下造成衍射峰检测不出或实际消失的原因应有多种可能性。

在研究盐类或氧化物分散状态时，单以高度分散相的衍射峰消失来确定它是单（分子）层分散，其结论有可能是错误的。衍射峰的消失只是单（分子）层分散的必要条件，而不是充分必要条件。

对于大块催化剂，通常采用 XRD 进行分析。因此，先前研究的固体的可用特征 d 间距和强度的库全面——ASTM 和 JCPDS 索引包含超过 80000 个条目，并可通过适当的计算机搜索程序访问，即可从衍射图（如图 7-5 所示）快速推断出催化剂的成分。几百毫克催化剂的 X 射线衍射图可以使用计算机连接的数字系统进行长时间（通常为 100h）的累积或重复扫描，以便最大限度地检测少数相。

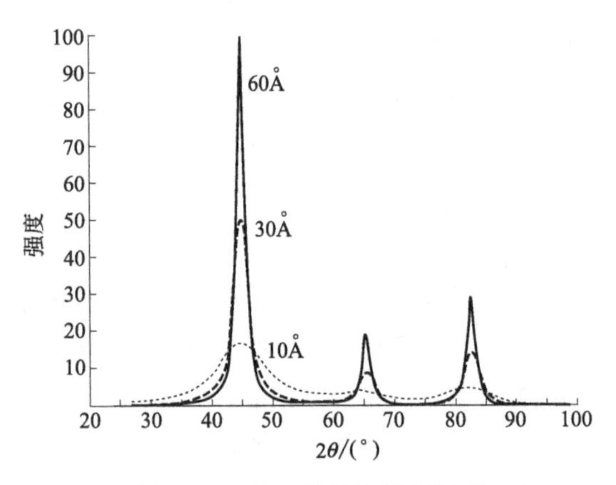

图 7-5　α-铁微粒的计算衍射图

X 射线衍射图揭示了几个重要的性质。首先，它们表示催化剂或其组成部分是非晶态还是半晶态；第二，它们给出可能存在的微晶尺寸的估计；第三，由于 XRD 图谱产生 d 间距和晶胞尺寸，可以深入了解晶胞的原子成分；最后，可以在有利的条件下，通过原位实验，说明反应气体混合物对催化剂的内部结构以及外表面的结晶顺序有何影响。因此，非晶态催化剂（通常是用于碳氢化合物裂解的硅铝凝胶）没有显示出尖锐的衍射峰，只有很宽的特征。此为人们对没有长程、平移顺序的材料的期望。微晶产生的衍射峰变宽，因为产生布拉格衍射的平面越少，衍射峰越不尖锐。如果 β 是加宽峰半高宽（FWHM）处的全宽，λ 是 X 射线波长，d 是垂直于衍射面方向上晶体的厚度，那么可以得到式(7-15)。

直径为 60Å、30Å 和 10Å 的 α-铁颗粒的峰形由与式(7-15）相关的方程式计算得出。X 射线谱峰展宽的更为复杂的应用导致了负载金属尺寸分布的测定。

粉末照片是通过将 X 射线对准占据所有方向的大量微晶来制作的。各阶衍射光束（hkl）将形成一个圆锥体。当记录在垂直于入射光束的照相底片上时，每个衍射级都将出现在围绕中心光斑的环形物上。现在照相底片已被数码记录方式取代。

如果在衍射实验中使用固体催化剂的细粉末作为样品，则从统计学上讲，单位晶胞的

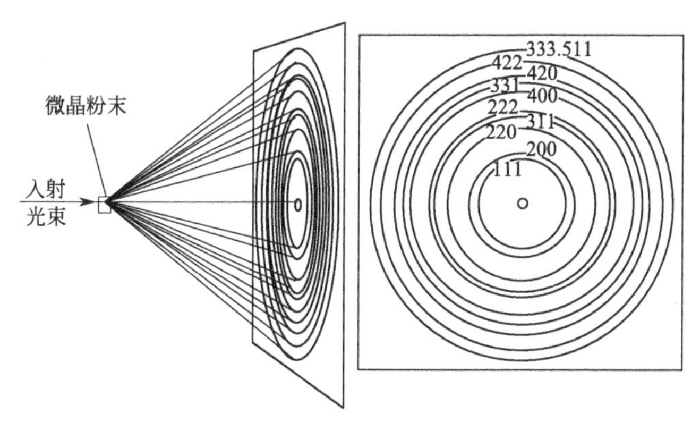

图 7-6　X 射线衍射锥示意

所有可能取向都存在于入射 X 射线探测的体积中光束。这样，对于每个晶格面 hkl，样品的某一部分将在对应于 d_{hkl} 的相应角度处满足布拉格方程。这就产生了衍射锥，如图 7-6 所示。

通过 XRD 可以用另一种方法来确定颗粒大小，即使用小角 X 射线散射（SAXS）。

如果催化剂制备过程中的粒子尺寸在 500～5000Å（直径）范围内，它们会像原子一样散射 X 射线。在这种情况下，最大散射角由比值 λ/D 给出，其中 λ 是辐射波长，D 是粒径，催化剂小颗粒的大小可由 X 射线散射推断。很明显，散射强度的中心峰随粒径的增大而变宽，波长减少约 1Å，通常可测量的尺寸范围为 10～1000Å；但通过在其他 X 射线波长下操作，可扩大此范围。例如，对于 Cu Kα 辐射（$\lambda=1.542$Å），散射主要发生在 2θ 小于 2°处。

7.2.3　电子显微镜技术

7.2.3.1　扫描电镜法

图 7-7 为扫描电子显微镜（SEM）的工作原理示意图。具有一定能量的电子（束）与固体试样作用，会发生电子透射和被固体吸收、散射等多种物理效应。利用这些效应的电子光学特性，可以得到固体表面特性的电子显微图像。也就是利用电子技术检测高能电子束与样品作用时产生的二次电子、背散射电子、吸收电子、X 射线等并放大成像。

图 7-7 显示，电子枪产生的电子通过阴极板加速，并通过磁透镜聚焦。由扫描线圈控制电子束对试样进行扫描，二次电子探头探测到的二次电子信号经电子学处理后输入调制显像亮度的栅极，然后严格同步电子束扫描线圈和显像管偏转线圈的扫描电流，即可在显像管上得到对应试样扫描区不同的形貌显示出不同亮度的二次电子像。

SEM 的样品，一般采用原颗粒固定-真空喷涂法制取，要求保持样品有良好的导电性。由于 SEM 成像衬度机制是信号，所以除实验参数调节以外，使用电子计算机对信号进行甄别处理，提高信噪比，常可达到提高衬度质量的要求。

SEM 谱图的表示方法：背散射像、二次电子像、吸收电流像、元素的线分布和面分布等。所提供的信息包括样品断口形貌、表面显微结构、薄膜内部的显微结构、微区元素分析与定量元素分析等。

图 7-8 给出了化学方法生长的 ZnO 纳米阵列的 SEM 图，图 7-9 分别给出了层状 $KTiNbO_5$

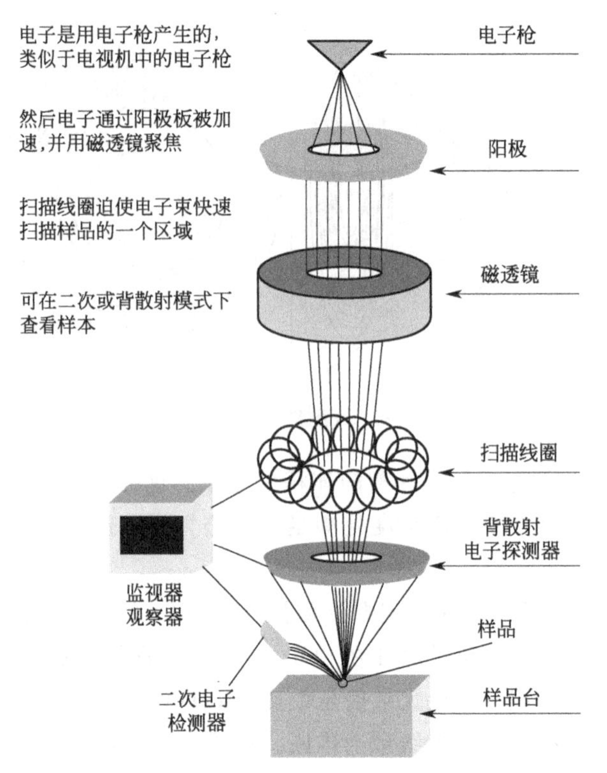

图 7-7　SEM 的工作原理示意图

与 $H_4Nb_6O_{17}$ 纳米管的 SEM 图，SEM 图像具有很强的立体感，很好地显示了样本的形貌。

扫描电镜的特点如下：

① 可以观察直径为 0～30mm 的大块试样，场深大，适用于粗糙表面和断口的分析观察；图像富有立体感、真实感，易于识别和解释。

② 放大倍数变化范围大，一般为 15～200000 倍，具有相当高的分辨率，一般为 3.5～6nm。对于多相、多组成的非均匀材料便于低倍数下的普查和高倍数下的观察分析。

图 7-8　化学方法生长的 ZnO 纳米阵列 100000x 倾斜 35°

③ 可以通过电子学方法有效地控制和改善图像的质量，如通过调制可改善图像反差的宽容度，使图像各部分亮暗适中。采用双放大倍数装置或图像选择器，可在荧光屏上同时观察不同放大倍数的图像或不同形式的图像。

④ 可进行多种功能的分析。与 X 射线能谱仪配接，可在观察形貌的同时进行微区成分分析；配有光学显微镜和单色仪等附件时，可观察阴极荧光图像和进行阴极荧光光谱分析等。

⑤ 可使用加热、冷却和拉伸等样品台进行动态试验，观察在不同环境条件下的相变及形态变化等。表 7-4 中给出了采用 SEM 附带的 X 射线能谱仪进行测量的 Ni-Co/SiC 的组成。图 7-10 是 Ni-Co/SiC 相应的 EDS 图。

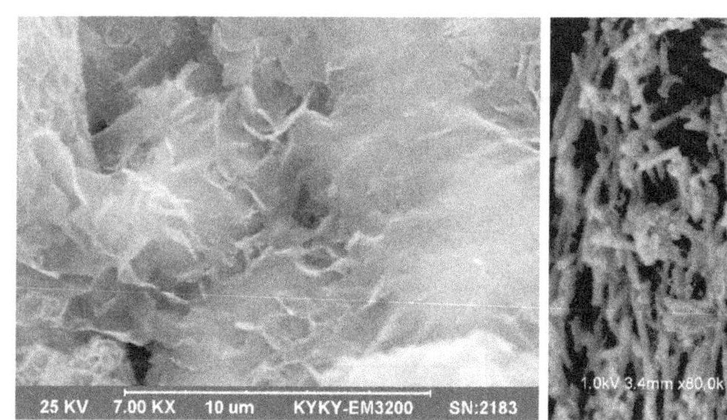

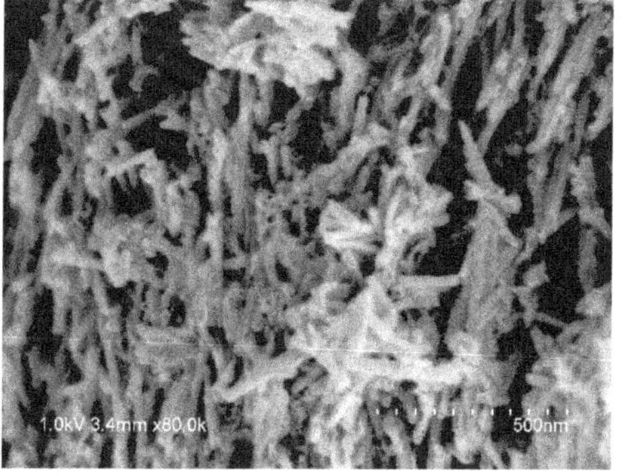

图 7-9 层状 $KTiNbO_5$ 与 $H_4Nb_6O_{17}$ 纳米管

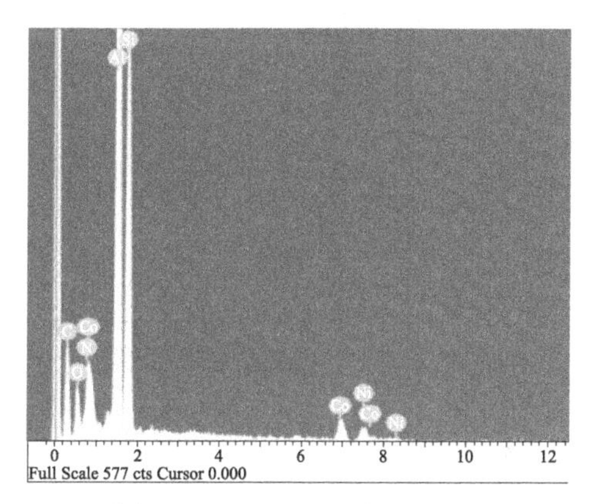

图 7-10 Ni-Co/SiC 的 EDS 图

表 7-4 Ni-Co/SiC 的组成

元素	质量分数/%	摩尔分数/%	元素	质量分数/%	摩尔分数/%
C K	30.82	51.19	Ni K	5.75	1.95
O K	6.43	8.02	Co K	6.98	2.36
Al K	32.66	24.15	总数	100.00	100.00
Si K	17.36	12.33			

7.2.3.2 透射电镜法

图 7-11 显示，透射电子显微镜（TEM）的电子束是来自一可对电子聚焦成束的电子枪。由物镜得到放大的试样像，通过中间（透）镜在一定范围内连续调节放大倍数，物镜光阑挡住衍射束，仅允许透射电子的衍射衬度成像，得到试样亮场像；反之，物镜光阑挡住直接透射电子，仅允许由散射电子成像，则得到暗场像。图 7-12 显示了 TEM 的两种工作模式，由于物镜孔位置的不同，使两种状态之间的强度发生强烈变化。

由于电子束的穿透力很弱，因此 TEM 的测试要求使用薄试样，多数情况限于数十纳米。图 7-13 为 Cu_2O/HTi_2NbO_7 纳米片的 TEM 照片。但 TEM 的放大倍数可达近百万倍，分辨率可达 0.2nm。当 TEM 配备电子束扫描试样微区和接受该微区发射特征 X 射线的器件时，即可在获得试样几何结构信息的同时获得组成元素分布的信息。这类电镜称为分析电镜（AEM），主要使用能量色散波谱仪（简称能谱仪 EDX）探测扫描微区特征 X 射线，不仅定性给出元素分析结果，且可定量分析元素含量及其面或线分布；也可以用波长色散（WDX）型谱仪分析元素组成，尤其是轻元素组成。

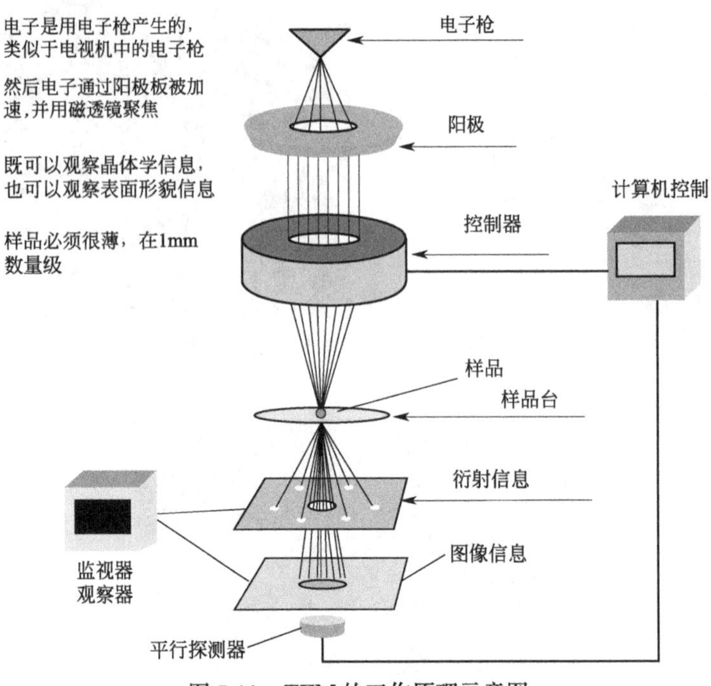

图 7-11　TEM 的工作原理示意图

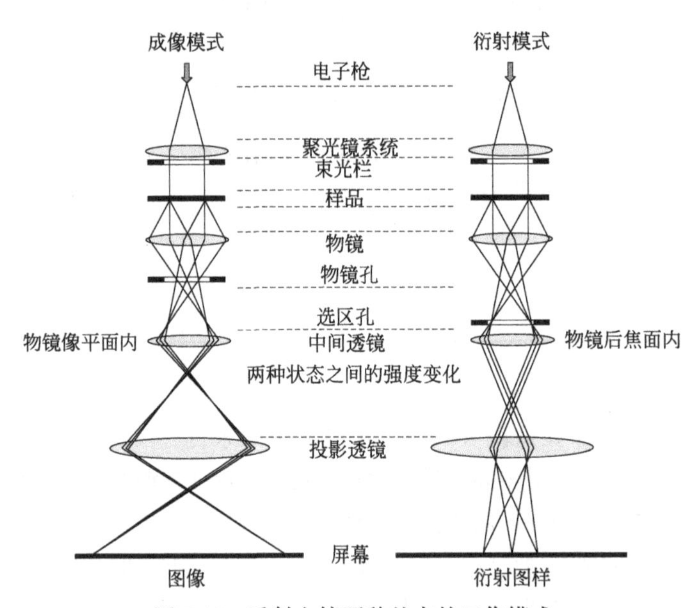

图 7-12　透射电镜两种基本的工作模式

TEM 谱图的表示方法：质厚衬度像、明场衍衬像、暗场衍衬像、晶格条纹像和分子像。提供的信息包括：晶体形貌、分子量分布、微孔尺寸分布、多相结构、晶格与缺陷、金属与载体相互作用等。配合能谱仪可以对各种元素进行定性、定量及半定量的微区分析。

晶体学信息。电子衍射可以确定样品的局部和整体对称性和空间群。TEM 中的选区电子衍射（SAED）可以确定感兴趣的体积相的晶体结构。电子纳米衍射通过形成非常窄的电子束来获得衍射图案，从而提供有关纳米颗粒的晶体结构、缺陷或形状的信息。会聚束电子衍射（CBED）可以直接观察到小体积样品的倒易晶格，测量晶格参数的局部变化，并确定晶体结构的对称性。

高分辨率透射电镜（HR-TEM）可以直接成像样品的原子结构。HR-STEM 是原子散射成像，本质上是一种高角度环形暗场（HAADF）技术，其中重原子是最强的散射体，看起来很亮（见图 7-13）。

在多相催化中，通过纳米颗粒与载体之间的界面电荷转移引起的电子结构的扰动可以显著影响气体分子的化学吸附和催化反应的能量。现代电子显微镜技术（如 EELS 或电子全息术）为探索金属中的电荷转移提供了机会，并以此来解释催化行为。

多相催化剂的活性中心通常是单原子、团簇或颗粒上的台阶、扭结或缺陷。高分辨率 TEM/STEM（带像差校正器）可用于识别固体催化剂延伸表面的活性中心及其在反应中的作用。

催化剂表面经常有意或无意地覆盖着在气体/液体环境中或通过杂质分离得到的原子或分子。这会改变催化剂的表面结构、组成甚至形貌，从而影响催化剂的性能。畸变校正 TEM 现在能够在原子水平上成像吸附剂和可能的结构修饰；然而，它的解释需要图像模拟和 DFT 计算的支持。

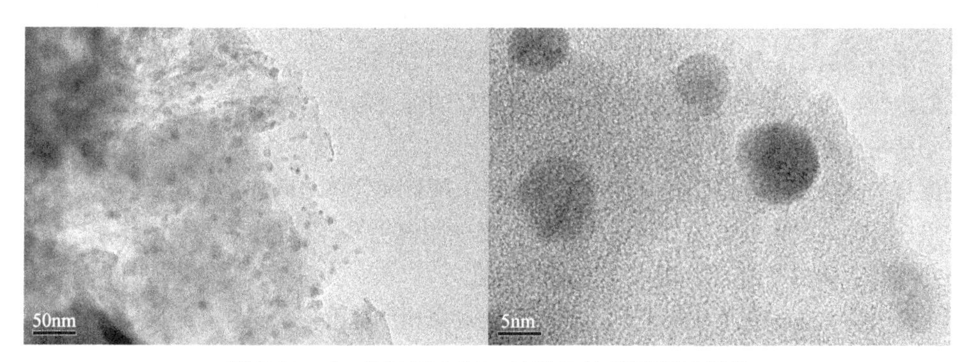

图 7-13　Cu_2O/HTi_2NbO_7 纳米片的 HRTEM 照片

透射电子显微镜的局限性及应注意的事项：

① 电子显微像是入射电子透过试样后形成的二维投影像，因此用一张电镜照片不能简单地解释试样的三维结构。尤其是催化剂比表面积大、多孔样品多时，从一张投影照片不能判断出金属粒子是负载在载体表面还是在载体孔道内部。

② 催化反应中使用的催化剂是大量的，如果是负载型金属粒子催化剂，参加反应的金属粒子有上亿个。电子显微镜具有高空间分辨率，但给出的是局域信息。

③ 如要用电子显微镜精确测量晶格参数，一定要用标样标定放大倍数。

7.2.3.3　扫描隧道显微镜法

扫描隧道显微镜（STM）的原理是基于 20 世纪 60 年代所发现的量子隧道效应。其工作原理如图 7-14 所示。将极细的磁探针和待研究样品表面作为两个电极，当二者间距非常接近时（通常小于 1nm），电子在外加电场作用下会穿过两电极间的绝缘层从一极流向另一极，产生与极间距和样品表面性质有关的隧道电流，这种效应是电子具有二象性的直接结果。隧道电流对极间距非常敏感，如果间距减少 0.1nm，电流将增加一个数量级。因此，通过电子反馈线路以

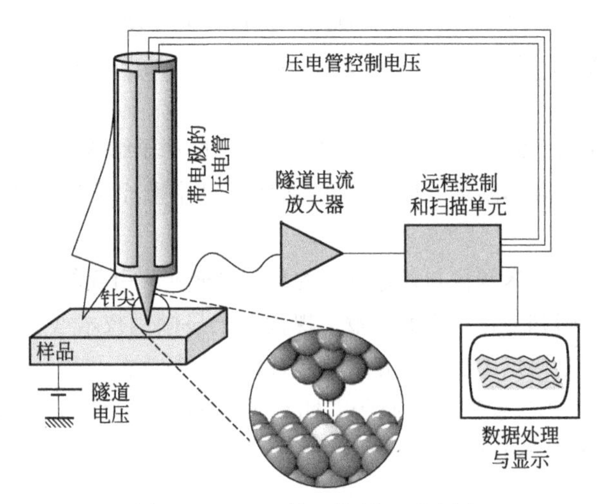

图 7-14　STM 的工作原理示意图

控制隧道电流的恒定，通过压电陶瓷材料以控制针尖在样品表面的扫描，探针在垂直于样品方向上的高低变化就反映出样品表面的起伏。若将扫描运动轨迹直接在荧光屏或记录纸上显示出来，就得到了样品表面态密度的分布或原子/分子排列的图像。

另外，如果表面原子/分子种类不同，或表面吸附有原子/分子时，由于不同种类的原子或分子具有不同的电子态密度和功函数，此时 STM 给出的等电子态密度轮廓不再对应于样品表面的几何起伏，而是原子起伏和表面不同性质组合的综合结果。此时可采用扫描隧道谱得到与表面电子结构相关的信息。

隧道扫描显微镜没有镜头，它使用一根探针。探针和物体之间加上电压。

如果探针距离物体表面很近（大约在纳米级的距离上），隧道效应就会起作用。电子会穿过物体与探针之间的空隙，形成一股微弱的电流。

如果探针与物体的距离发生变化，这股电流也会相应地改变。这样，通过测量电流就能知道物体表面的形状，分辨率可以达到单个原子的级别。

STM 的分辨率极高，纵向可达 0.01nm 以下，水平可达 0.1nm 以下，实现了人们“看”原子或分子的梦想。

最初的 STM 工作主要集中于超高真空之中，用此技术，第一次观察到了 Si(111) 表面的 (7×7) 重构组织，从而轰动了整个科学界。

与其他显微分析仪器相比，STM 具有以下特点。

① 具有原子级的分辨率，可分辨出单个原子。

② 能够实时获得表面的三维图像，可用于表面结构研究和表面扩散等动态过程研究。

③ 可直接观察到表面缺陷、表面重构和表面吸附体的形态和部位。

④ 可以在大气、真空、常温、低温甚至液体中工作，不需要特别的制样技术，探测过程对样品无损伤，特别适用于研究生物制品。

⑤ 配合 STS 可以获得有关表面不同层次的电子密度、表面势垒的变化和能隙结构等。

⑥ 利用 STM 的针尖可以对原子和分子进行操纵。

STM 所观测的样品必然具有一定程度的导电性，对于半导体观测的效果就不如导体，对于绝缘体则根本无法直接观测。如果在样品表面覆盖导电层，则由于导电层的粒度和均匀性等问题限制了图像对真实表面的分辨率。为了弥补STM，经各国科学家的共同努力，后来又陆续发展了一系列新型的扫描探针显微镜，如原子力显微镜（AFM）、激光力显微镜（LFM）、摩擦力显微镜、磁力显微镜（MFM）、静电力显微镜等。扫描探针显微镜（SPM）与其他显微技术的分辨能力范围比较如图 7-15 所示。

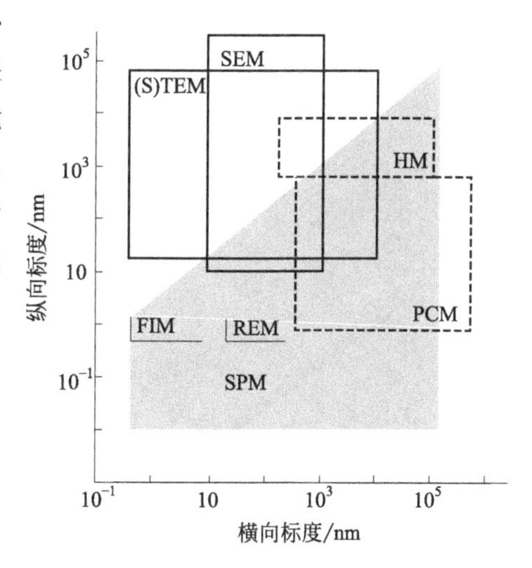

图 7-15 扫描探针显微镜（SPM）与其他显微镜技术的分辨能力范围比较
HM—高分辨光学显微镜；PCM—相反差显微镜；(S)TEM—(扫描）透射电子显微镜；FIM—场离子显微镜；REM—反射电子显微镜

7.2.3.4 原子力显微镜

原子力显微镜（AFM）的简单工作原理如图 7-16 所示。AFM 由四部分构成，即扫描探头、电子控制系统、计算机控制及软件系统、步进电机和自动逼近控制电路。将一个对微弱力极敏感的悬臂一端固定，另一端有一微小的针尖，针尖与样品表面轻轻接触，由于针尖端原子与样品表面原子间存在极微弱的排斥力（10^{-8}～10^{-6}N），通过在扫描时控制这种力的恒定，带有针尖的微悬臂将对应于针尖与样品表面原子间作用力的等位面而在垂直于样品的表面方向起伏运动。观测可以采用光学法或隧道电流观测法。半导体激光器发出的激光束，经透镜会聚后打到微探针的头部，并反射进入四象限位置检测器中，转化为电信号后再由前置放大器放大后送给反馈电路。计算机发出的数字信号在转化为模拟信号、经高压运算放大器放大后驱动压电陶瓷管在二维平面内进行扫描。测出扫描各点的位置变化，从而获得样品表面形貌的信息。原子力显微镜与扫描隧道显微镜最大的差别在于并非利用电子隧道效应，而是利用原子之间的范德华力来呈现样品的表面特性。

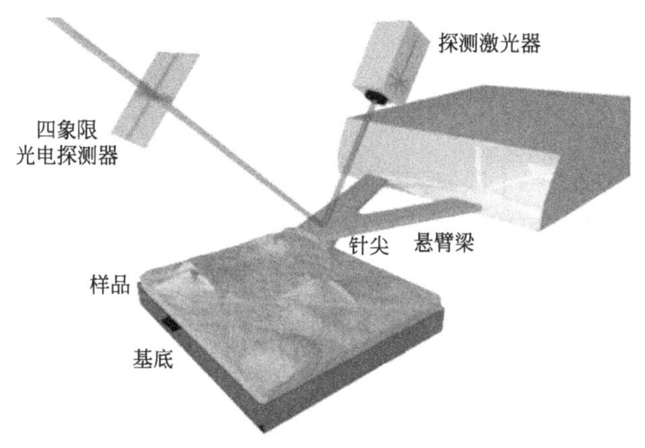

图 7-16 原子力显微镜的工作原理

应用 AFM 已经获得了包括绝缘体和导体在内的许多不同材料的原子级分辨率图像。首先获得的层状化合物，如石墨、二硫化钼和氮化硼等。另外还在大气和水覆盖下获得了在云母上外延生长的金膜表面的原子图像，也观察到亮氨酸晶体表面分子有序排列等彩图。图 7-17 为

Nb 掺杂 TiO_2 在基底玻片上三层涂覆膜的 AFM 照片。

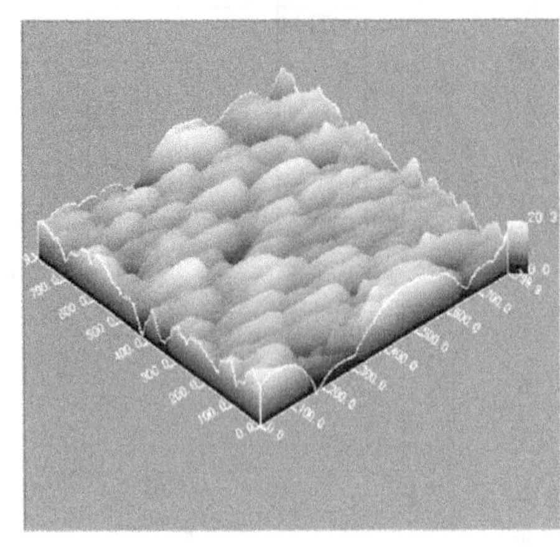
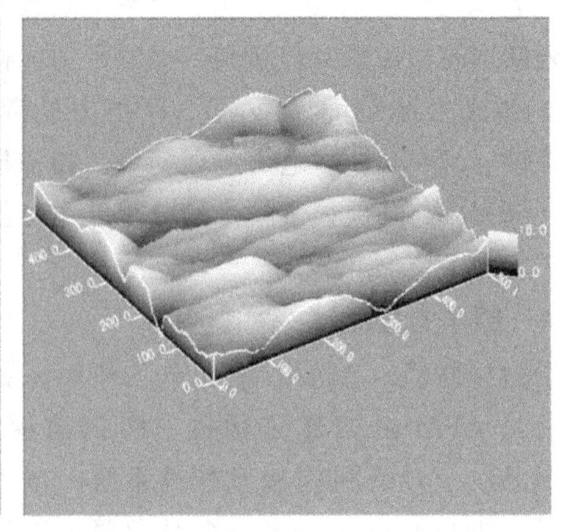

图 7-17　Nb 掺杂 TiO_2 三层涂覆膜的 AFM 照片

与扫描电子显微镜（SEM）相比，AFM 具有多个优势：

① 与提供样品的二维投影或二维图像的电子显微镜不同，AFM 提供三维表面轮廓。

② 通过 AFM 观看的样品不需要任何特殊处理（例如金属/碳涂层），这些处理会不可逆地改变或损坏样品，并且通常不会在最终图像中带电。

③ 电子显微镜需要昂贵的真空环境才能正常运行，但大多数 AFM 在空气环境甚至液体环境中都能完美运行，这使得研究生物大分子甚至生物体成为可能。

④ 原则上，AFM 可以提供比 SEM 更高的分辨率。高分辨率原子力显微镜可媲美扫描隧道显微镜和透射电子显微镜。

⑤ AFM 还可以与多种光学显微镜技术（例如荧光显微镜）结合使用，从而进一步扩展其适用性。

AFM 不足之处有以下几点：

① 与扫描电子显微镜（SEM）相比，AFM 的缺点是单扫描区域大小。一次扫描电镜可以成像平方毫米级的区域，景深约为毫米级，而原子力显微镜只能成像约 $150\mu m \times 150\mu m$ 的最大扫描区域，成像级最大为 $10 \sim 20\mu m$。改善 AFM 扫描区域大小的一种方法是使用平行探针，其方式类似于千足虫数据存储。

②AFM 的扫描速度也是一个限制。传统上，AFM 不能像 SEM 一样快速扫描图像，典型的扫描需要几分钟，而 SEM 可以近实时扫描，尽管质量相对较低。在 AFM 成像过程中，相对较低的扫描速度通常会导致图像中的热漂移，从而使 AFM 不太适合测量图像上地形特征之间的准确距离。建议采用如视频 AFM（使用视频 AFM 以视频速率获得合理质量的图像：比平均 SEM 更快）等方法来消除由热漂移引起的图像失真。

③ AFM 图像还可能受到压电材料的非线性、磁滞、蠕变以及 x、y、z 轴之间串扰的影响，这可能需要软件增强和滤波。但是，较新的 AFM 使用实时校正软件（如面向特征的扫描）或闭环扫描仪，实际上消除了这些问题。一些原子力显微镜还使用分离的正交扫描仪（与单管相反），这也可以消除部分串扰问题。

④ 与其他任何成像技术一样，图像伪影的可能性很大，这可能是由不合适的笔尖、不良的操作环境甚至是样品本身所致。可以通过各种方法减少图像伪影的出现和对结果的影响。尖

头太粗造成的伪影可能是由处理不当或由于样品扫描速度过快或表面不合理粗糙而实际上与样品碰撞而引起的，从而导致尖头的实际磨损。

⑤ 由于 AFM 探针的性质，它们通常无法测量陡峭的墙壁或悬垂物。特殊制造的悬臂和 AFM 可以用于侧向和上下（与动态接触和非接触模式一样）调制探针，以测量侧壁，但代价是悬臂昂贵，横向分辨率较低和其他伪像。

7.2.3.5 显微技术在催化剂研究中的应用

以上介绍的几种显微技术在使用性能方面有一定的区别，见表 7-5。

表 7-5 几种显微技术使用的性能指标

显微技术	分辨率	工作环境	样品环境温度	对样品的破坏程度	检测深度
STM	原子级（垂直 0.01nm，横向 0.1nm）	实际环境、大气、溶液、真空	室温或低温	无	1～2 原子层
TEM	点分辨（0.3～0.5nm） 晶格分辨（0.1～0.2nm）	高真空	室温	小	接近扫描电镜，但实际上为样品厚度所限，一般小于 100nm
SEM	6～10nm	高真空	室温	小	10mm（10 倍时） 1μm（10000 倍时）
AFM	原子级（垂直 0.1nm，横向 0.2～0.3nm）	实际环境	室温	无	原子厚度

显微技术在催化研究中的应用如下：①催化材料常规形貌检测；②负载型催化剂表征；③氧化物催化剂表征；④沸石分子筛表征，提供沸石晶粒的几何外形形貌；⑤碳纳米管的 STM 研究，观察碳纳米管的表面形貌。

7.3 固体催化剂化学性质的表征

7.3.1 主体化学成分表征

在催化剂性能和稳定性的监测和评价中，本体化学成分的测定和准确控制是至关重要的。这在开发、优化和制造过程中，以及在其整个生命周期内都适用于实验室合成、小型工厂操作，尤其是在大规模技术应用中。这包括新催化剂中规定元素浓度的精确测量和确认，操作催化剂的过程中检查和废催化剂的分析。在催化过程中使用前后，大量的分析数据对于质量评估和评估典型材料（如金属、金属氧化物，甚至贵金属基系统）的商业价值至关重要。整体化学分析可包括检测和定量测定催化剂操作过程中积累的污染物和催化剂毒物的浓度、它们的容许水平以及在宏观水平上给定过程中的相关性。此外，有关催化剂降解、分解或浸出活性组分的研究，从而确定维持或改善长期活性、稳定性和选择性的适当方法，必须以可靠的分析数据为基础。批量分析必须提供具有代表性的宏观水平上的总成分的详细信息，以及某些成分的存在，直至痕量浓度水平。

7.3.1.1 分析技术

根据催化剂的特定化学性质和所涉及的单个催化过程，化学分析必须涵盖从约 100% 到 $ng \cdot kg^{-1}$ 超痕量区的浓度。例如，对于使用后的废弃催化剂，分析的重点可以放在测定它的主要成分上，如氨氧化装置中使用的 Pt/Rh 丝网合金催化剂、Raney Ni 催化剂等。另一方面，可能需要微量分析来量化负载型催化剂中的掺杂剂、添加剂、腐蚀产物或催化剂特定毒物或负载型贵金属催化剂中活性成分和促进剂的含量。用于表征催化剂本体化学成分的仪器分析方法见表 7-6。

表 7-6 用于表征催化剂本体化学成分的仪器分析方法

C、H、N、O 分析	轻元素的同时元素分析	C、H、N、O 分析	轻元素的同时元素分析
XRF	X 射线荧光分析	ICP-MS	电感耦合等离子体质谱
TXRF	全反射 X 射线荧光分析	LA-ICP-MS	激光烧蚀电感耦合等离子体质谱
PIXE	质子诱发 X 射线发射	GD-MS	辉光放电质谱
FAAS	火焰原子吸收光谱	NAA	中子活化分析
GFAAS	石墨炉原子吸收光谱	NRA	中子反应分析
ICP-AES	电感耦合等离子体发射光谱法	IINS	非弹性非相干中子散射
GD-AES	辉光放电光谱		

7.3.1.2 宏观上的定量分析

(1) 从纳米级到厘米级的分布

催化剂研究的一部分是比较和结合整体化学成分的结果和其他技术的信息。这为活性成分的均匀或不均匀分布或污染物在几个数量级上的渗透剖面提供了可靠的信息。目前，在带有扫描设备（STEM）的场发射透射电子显微镜（FE-TEM）中，通过能量分散 X 射线分析（EDX）的纳米颗粒分析，可以很容易地获得负载纳米颗粒的化学成分，例如燃料电池催化剂上的 2～8nm PGM 颗粒。在扫描电子显微镜（SEM）上用 EDX 测定了微米级催化颗粒的元素组成。浓度从纳米级到微米级的变化可以使用 XPS 或 SIMS（二次离子质谱）技术通过深度剖析测量获得。

(2) 厘米范围内的宏观元素分布

厘米范围内的宏观元素分布曲线通过 XRF 对每厘米块状催化剂取样，如油灰堆积对三效汽车尾气净化催化剂（TWC）失活的影响。同时，结合 X 射线荧光光谱（TXRF）和电感耦合等离子体质谱（ICP-MS）的信息分析 TWC 组分和污染元素的轴向和径向分布。

(3) 宏观样品的氢分析

催化材料中氢的检测和定量对于提高对催化现象的理解是很重要的。活性氢可通过 $LiAlH_4$ 滴定酸功能（硅醇基团）获得。为了定量测定催化剂中含氢实体的所有不同结合状态，可以使用非弹性非相干中子散射。中子在物质中的大量渗透使我们能够表征宏观数量的催化剂和相关材料，如含碳和氧化载体、焦炭和腐蚀产物。

7.3.2 表面化学成分表征

在多相催化中，固相表面的化学组成对催化剂的性能起着决定性的作用。催化剂的活性、选择性和毒性等重要性质是由催化剂表面的化学物质决定的。因此，在表面科学领域发展起来的分析方法通常与催化剂和催化过程的分析有关。电子和离子光谱法被最成功地应用于分析催化系统的表面化学成分。这里的“化学成分”是指对存在于表面最外层的一个或两个原子层上的原子种类的鉴定。通过一些技术，可以获得更多关于电子结合态或分子物种的信息。表面分析方法适用的一个共同先决条件是在非常好的真空条件下操作。分析室中的超高真空（UHV），即 10^{-8}Pa 的基本压力对于在足够长的时间内（例如 10^{3}s）保持稳定的表面条件以进行测量是必要的。仪器可承受不影响表面条件的惰性气体或作为所研究表面过程反应物的气体的分压高达约 10^{-4}Pa。在最近的一些研究中，通过设计和使用与光电子相连的“高压”反应池，成功地研究了在更现实条件下的催化过程光谱学在这些研究中，压力区上升到大约 100Pa。

表面分析的一个重要特征是一种方法的信息深度，即不同层对被测信号的贡献作为样本深度的函数。如果信号源不局限于最顶层，则必须考虑来自深层的加权贡献。因此，测量信号包含来自某个深度区域的平均信息，其深度分辨率取决于该方法。通过离子轰击对样品进行溅射刻蚀，同时测量溅射通量或暴露表面的成分，也可以获得浓度-深度分布。在这个过程中，必须考虑优先溅射的影响，即不同成分的溅射产率的差异。利用俄歇电子能谱（AES）和 X 射线光电子能谱（XPS）等电子能谱技术来识别表面原子。标准应用中的表面分析技术的特点见表 7-7。

表 7-7 标准应用中的表面分析技术的特点（如果限于特殊条件，则用括号括起来）

信息	技术					
	AES	XPS，XPD	ISS，DRS	RBS	SIMS	SNMS
表面敏感性(单层)	2～5	5～10	1～2	20～50	2～4	2～4
检测极限(单层)	10^{-3}～10^{-2}	10^{-2}	10^{-3}	10^{-3}	10^{-6}	10^{-6}
定量	+	++	+	+++	—	+
化学信息	(+)	+	—	—	+	—
结构信息	—	+	+	+	(+)	—

注：SNMS—二次中性粒子质谱。

X 射线光电子能谱是重要的表面分析技术之一。它不仅能探测表面的化学组成，而且可以确定各元素的化学状态，基本原理就是光电效应。在化学、材料科学及表面科学中得以广泛应用。

XPS 采用能量为 1000～1500eV 的射线源，能激发内层电子。各种元素内层电子的结合能是有特征性的，因此通过测定电子的结合能和谱峰强度，可鉴定除 H 和 He（因为它们没有内层能级）之外的全部元素（即 $z>2$ 的所有元素）以及元素的定量分析。

在 XPS 的应用中，化合态的识别是最主要的用途之一。识别化合态的主要方法就是测量 X 射线光电子能谱的峰位位移。对于半导体、绝缘体，在测量化学位移前应首先决定荷电效应对峰位位移的影响。图 7-18 显示了 Ni-P 合金中 Ni $2p_{3/2}$、O 1s 和 P_{2p} 的 XPS 谱。

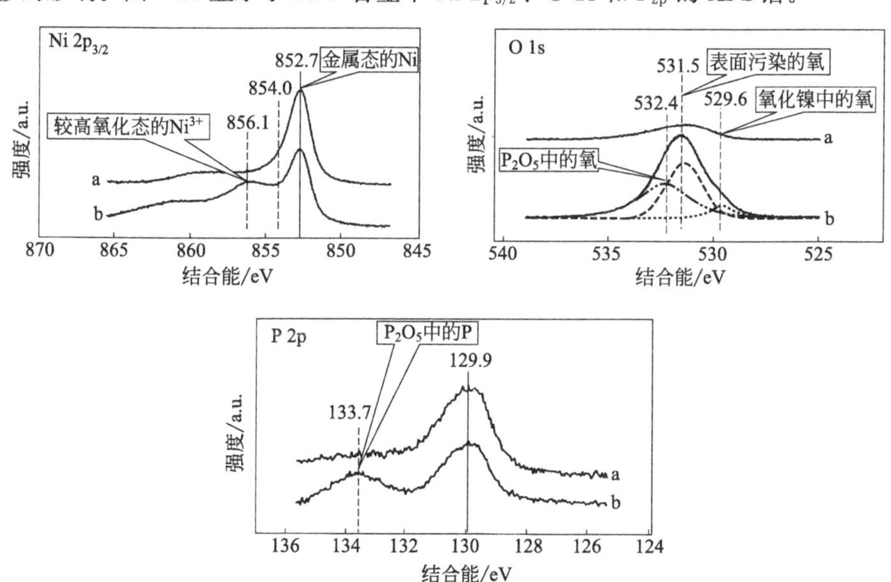

图 7-18 Ni-P 合金清洁表面与氧化后的 Ni、O 和 P 的 XPS 谱

(a) 清洁表面；(b) 1bar O_2、403K 氧化 1h

它的分析速度很快，一次扫描（大约5～10min）可以检出全部元素，它要求样品量很少，粉末、块状、片状均可以测量。

7.4 催化剂的活性评价

7.4.1 催化剂活性的基本概念及测试目的

在确定一个催化剂对特定的应用所具有的潜力时，通常认为有四个最重要的参数，即活性、选择性、寿命和价格。另外，催化剂的力学性能也相当重要。催化剂实用价值中的前三个参数是可以在实验室中检测的，最常见的催化剂性能测试类型如下：

① 催化剂制造厂家或用户进行的常规质量控制检验。这种检验可以包括在标准化条件下，在特定类型催化剂的个别批次或试样上进行的反应。

② 快速筛选大量催化剂。这种试验通常是在比较简单的装置和温和的条件下进行。根据单个反应参数的测定来作解释。

③ 更详尽地比较几个催化剂。这可能涉及在最可能的工业应用范围的条件下进行测试，以确定各个催化剂的最佳操作区域。可以根据若干判据，对已知毒物的耐受性以及所测的反应气氛加以评价。

④ 测定特定反应的机理。这可能涉及标记分子和高级分析装置的使用，这种信息有助于建立合适的动力学模型，或在探索改进催化剂中提供有价值的线索。

⑤ 测定在特定催化剂上反应的详尽动力学，失活或再生的动力学也是有价值的。这种信息是进行工业规模的工厂或演示装置所必需的。

⑥ 模拟工业反应条件下催化剂的连续长期运转。通常是在一个具有与工业体系相同的反应器中进行的，并且可能包括一个单独的模件（如一根与反应器管长相同的单管）或者是反应器实际尺寸缩小的形式。

上述试验项目，有些可以构成新型催化剂开发的条件，有些构成特定过程寻找最佳现存催化剂的条件。催化反应动力学的试验目的是测定在给定工艺条件下的催化反应速率，以评定催化剂活性，以及测量温度、反应物浓度等对催化反应速率的影响，求得催化反应动力学方程，从而与其他研究方法相配合，为设计催化反应器提供一定依据，并可进一步研究催化反应机理。固定床所用的固体催化剂颗粒较大，微孔中的扩散距离相应增加，粒内存在浓度和温度梯度，导致粒内各点反应速率不同，因而影响催化反应的表观活性和选择性，了解催化剂的宏观结构与催化作用间的关系对指导催化研究和工业生产有着十分重要的实际意义。力学性能（如催化剂的强度）也像催化剂的颗粒直径一样重要，这些看似平常的性质在某些情况下可能决定所用催化剂的性能。

工业反应器一般总是在原料气线速较大的条件下操作，因此外扩散效应基本上可以消除。实验室为了正确测定催化剂反应速率，必须消除外扩散、内扩散对催化反应速率的影响，使反应在化学反应区进行，因此实验判断内外扩散影响也很重要。另外，实验室测定催化剂活性的条件应该与催化剂实际使用条件相同，因为催化剂最终要在生产规模反应器内使用，小规模装置上评价的活性常常不可能用来准确估计大规模装置内的催化剂性能，必须将两种规模下获得的数据加以关联，因此，评价催化剂的活性是必须弄清楚催化反应器的性能，以便能够正确判断所测数据的意义。

7.4.2 表征催化剂活性的一般参量

活性高低表示催化剂对反应加速作用的强弱，表示方法很多。

(1) 反应速率

以催化剂装填体积为基准时：$r(V)=-\dfrac{1}{V}\dfrac{\mathrm{d}n_\mathrm{A}}{\mathrm{d}t}=\dfrac{1}{V}\dfrac{\mathrm{d}n_\mathrm{P}}{\mathrm{d}t}$

以催化剂的质量为基准时：$r(m)=-\dfrac{1}{m}\dfrac{\mathrm{d}n_\mathrm{A}}{\mathrm{d}t}=\dfrac{1}{m}\dfrac{\mathrm{d}n_\mathrm{P}}{\mathrm{d}t}$

以催化剂的表面积为基准时：$r(S)=-\dfrac{1}{S}\dfrac{\mathrm{d}n_\mathrm{A}}{\mathrm{d}t}=\dfrac{1}{S}\dfrac{\mathrm{d}n_\mathrm{P}}{\mathrm{d}t}$

在工业生产中，催化剂的生产能力往往以催化剂单位体积或单位质量为基准，而实验室往往以催化剂单位质量为基准来表示催化剂的活性。因为实验室内所用催化剂样品量很少，测量体积会带来很大误差。虽然用表面积为基准更能反映固体催化剂的固有催化性能，但是严格地说还应考虑表面上活性中心的浓度，故一般不采用。若知道催化剂的堆密度和比表面的数值，则上述三种表示方法可以互相换算。

(2) 速率常数

用速率常数比较活性时，要求温度相同，在不同催化剂上进行同一反应时，仅当反应的速率方程在所测催化剂上有相同的形式时，用速率常数比较活性大小才有意义。

(3) 活化能

一般来说，一个反应在某催化剂上进行时，活化能高，则表示该催化剂的活性低；反之，活化能低时，则表明催化剂的活性高。通常都是用总包反应的表观活化能作比较。

(4) 达到某一转化率所需的最低反应温度

最低反应温度数值大的，表明该催化剂的活性低；反之亦然。

(5) 转化率

$$C=\frac{\text{某一反应物的转化量}}{\text{该反应物的起始量}}\times100\%$$

这是常用的比较催化剂活性的参量。用转化率比较活性时，要求反应温度、压力、原料气浓度和接触时间（停留时间）相同。若为一级反应，由于转化率与反应物的浓度无关，则不要求原料气浓度相同的条件。通常我们所感兴趣的是关键组分的转化率。

7.4.3 反应区域问题

在多相催化中，反应条件下反应物和产物多数为气态物质，催化剂为一个单独的相。催化剂大多数采用多孔固体，其内部的表面积极其广大，一般每克催化剂的内表面积达数百平方米之多，颗粒的外表面积与之相比是微不足道的。催化发生在催化剂的表面，这就使得多相催化反应的过程变得复杂起来，反应组分不仅要向外表面扩散，而且还要向颗粒内部扩散，然后在内表面上进行反应，产物则沿着相反方向从内表面向流体主体扩散。在催化剂的内表面上，反应物分子发生吸附、表面反应，产物分子从表面脱附。对于催化剂来说，吸附中心常常就是催化活性中心。

扩散过程属于传质过程，与催化剂的宏观结构和流体流型有关，而反应物分子的吸附、表面反应、产物分子脱附都是在表面上进行的化学过程，与催化剂的表面结构、性质和反应条件有关，也叫作化学动力学过程。

图 7-19 给出了多相催化反应中反应物分子的吸附、表面反应和产物从表面脱附的过程。

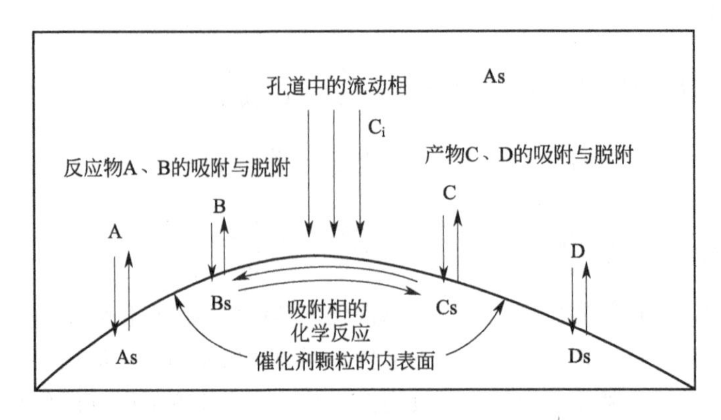

图 7-19 多相催化反应中的吸附、表面反应和脱附过程

在多相催化反应过程中，由于有扩散过程及表面反应的存在，催化剂颗粒表面的反应物浓度与流动主体的浓度是不相同的，催化剂颗粒与流体间的径向浓度分布如图 7-20 所示。

由图可知：①无均相反应时，MR 范围内，浓度与距离成线性关系；②在催化剂颗粒内部，化学反应与传递过程同时存在，所以浓度分布为曲线；③由 c_{AG}、c_{AS}、c_{AC} 的相对大小可以判断过程的控制步骤。若 $c_{AG} \approx c_{AS} \approx c_{AC} \gg c_{AE}$（平衡浓度），过程为化学动力学控制；若 $c_{AG} \approx c_{AS} \gg c_{AC} \approx c_{AE}$，过程为内扩散控制；若 $c_{AG} \gg c_{AS} \approx c_{AC} \approx c_{AE}$，过程为外扩散控制。

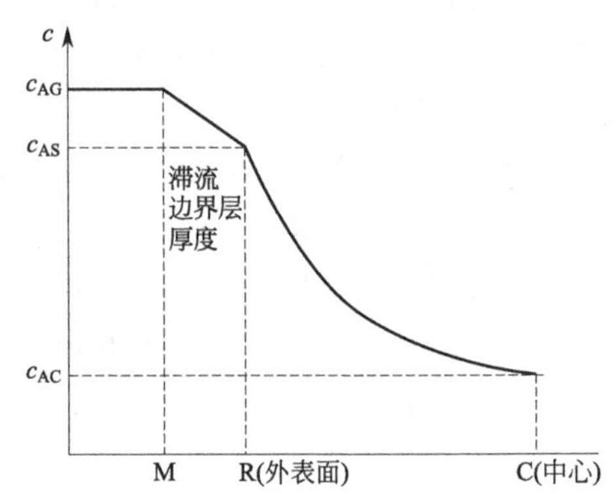

图 7-20 球形催化剂上反应物 A 的浓度分布

由于催化反应经受着内、外扩散的限制，常使观测到的反应速率比催化剂的本征反应速率低。在工业生产中，反应过程一般是在消除了外扩散阻力的情况下进行的，故可定义内扩散效率因子为：

$$\eta = \frac{观测的反应速率}{本征反应速率} \tag{7-16}$$

内扩散对催化剂的活性、选择性都有影响，内扩散存在，$c < c_G$，使得表观反应速率低于本征反应速率，故活性降低。内扩散阻力对催化剂选择性的影响举例如下：

（1）平行反应

$$A \longrightarrow B(主反应，二级反应)$$
$$A \longrightarrow C(副反应，一级反应)$$

$$S = \frac{r_1}{r_1 + r_2} = \frac{1}{1 + r_2/r_1}$$

内扩散阻力大，使得 r_1 下降程度比 r_2 大，$(1 + r_2/r_1)$ 增大，所以催化剂的选择性下降。

（2）连串反应

$$A \longrightarrow B(\text{主反应}) \longrightarrow C(\text{副反应})$$

内扩散阻力大，使 B 的停留时间延长，增加了副反应发生的量，使得催化剂的选择性下降。

7.4.4 实验室催化剂评价反应器的类型

实验室反应器的分类方法有许多种，为便于讨论，这里提出如图 7-21 所示的分类法。

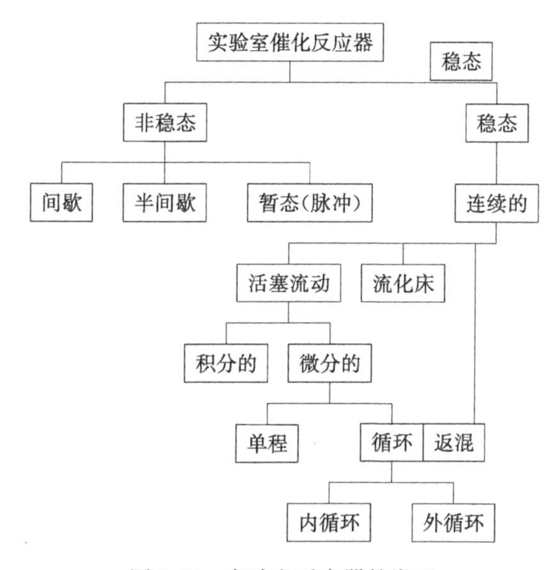

图 7-21 实验室反应器的类型

7.4.4.1 管式反应器

实验室各种反应器间最本质性的差别是间歇式与连续式之间的差异。目前，在催化研究中应用最多的是连续式反应器。间歇式反应器现在采用较少，这些体系大多用于必须使用压力釜的高压反应，作为初步筛选试验之用。

实验室管式反应器是一种连续流动反应器，其一般形式基本上都是相同的，不论其尺寸如何，也不论其是用于积分、微分还是暂态的操作方式。管式反应器可由 Pyrex（硼硅酸耐热玻璃）构成，它具有实际上惰性的优点；也可以由不锈钢构成，具有机械强度高、加工安装方便的优点。

图 7-22 为两种最简单的典型管式催化反应器装置的示意图，其中由 Pyrex 制作的管式反应器具有装置简单、制作便宜，并且能够迅速填装催化剂进行实验的优点；U 形管的空臂作为气体的预热区，它们最适合那些需要在条件比较温和，且有大量催化剂要考察时的筛选试验。

7.4.4.2 固定床反应器与流化床反应器

固定床反应器与流化床反应器都采用连续式操作，其差别在于催化剂的存在状态不同。固定床反应器中催化剂是固定不动的，反应物料连续流过催化剂床层，在通过催化剂床层时在催化剂表面发生反应。而流化床反应器中催化剂是处于运动状态中的，反应物料的流动阻力小，但同样是在通过催化剂床层时在催化剂表面发生反应。大多数情况下，实验室里都采用固定床反应器进行催化剂性能评价，如前面所提到的管式反应器。

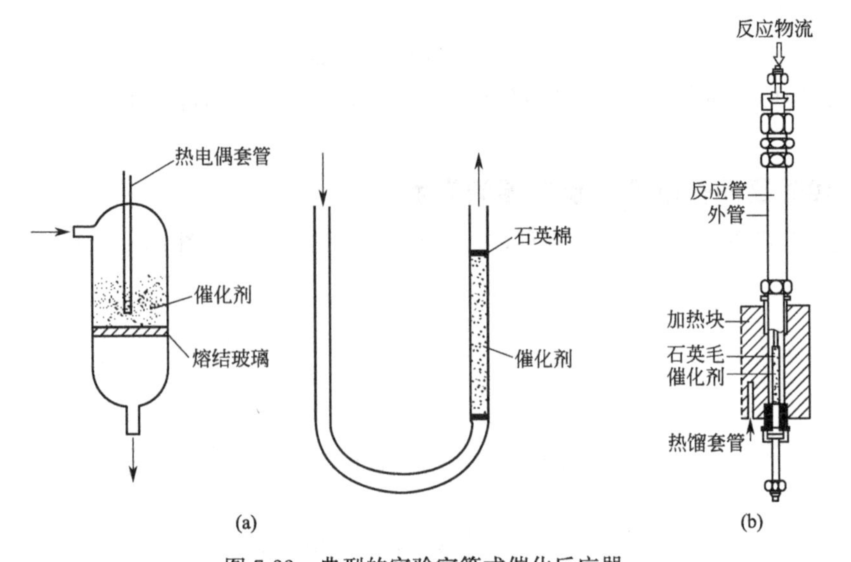

图 7-22　典型的实验室管式催化反应器

（a）由 Pyrex 制作的简单管式反应器；（b）不锈钢制作的简单管式反应器

7.4.4.3　微分反应器和积分反应器

微分反应器能够在固定的浓度下直接算得速率而最适合于获得有用的动力学数据，使用微分反应器还带来若干其他优越性：

① 低转化率和低热量释放，意味着一般情况下没有质量和热量传递的影响；

② 床层均匀，对大多数感兴趣的参数（如温度、浓度和压力）都可以分别加以研究；

③ 床层中流体的性质均匀，易于达到真正的活塞流，径向速率分布的存在不会引起显著偏离活塞流。

然而，使用单程微分反应器受到下述问题的干扰：

① 所需的低转化率（<5%）导致分析上的困难，有可能产生很大的误差。

② 测量作为组成函数的速率数据需要配制含有产物和反应物的定制组成进料，以模拟不同转化率下的组成。在复杂反应的场合，或者副反应比主反应慢，且进行得不显著的情况下就特别困难。克服这个困难的唯一办法就是采用积分反应器来给微分反应器提供不同组成的进料。

③ 因为需要做多次试验来覆盖宽阔的组成范围，这种技术是很费时的。

④ 尽管如优点③所述，但极短床层的均匀装填是困难的，会导致流动的严重分布不均。

⑤ 为保持微分条件可能需要较高的气流速度。

在实践中，单程微分反应器的缺点可能是主要的，采用再循环方法可以在有效保持微分运转下克服这些缺点。在采用微分反应器时使反应物料循环(如图 7-23 所示)，既可以保持单程转化率在微分水平，又可以使总转化率得以提高，并且高的再循环速率造成高质量流速经过催化剂床层，更接近工业操作的情况。在这样的情况下，浓度和温度梯度就大大消除了，故称此种反应器为“无梯度反应器”。

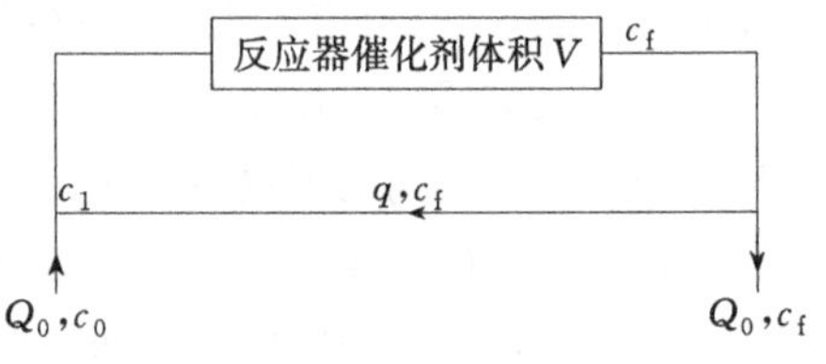

图 7-23　再循环微分反应器的示意图

实践证明，要获得这种情况，再循环比 q/Q_0 应该略大于 25。如果反应器以微分形式操作，则 c_1 必须只略大于 c_f。

再循环反应器有外部再循环和内部再循环两类。外部再循环是由外部的泵提供再循环，泵必须能够在高温下运转。内部再循环反应器是借助一叶轮，使反应混合物回流通过催化剂床层以达到内部循环，由于所有组件都置于一个容器内，故该反应器适用于高压系统。

积分反应器具有许多优点，它的高转化率减少了分析上存在的问题，并使数据更准确，将统计分析用于动力学模型的判别时，这点是很重要的。同时，与再循环反应器相比，建立积分反应器容易而且廉价，而前者则较为复杂。

积分式固定床反应器是实验室较常用的，用一定数量催化剂作成催化剂床层，反应物以一定流速流过反应器，在恒温条件下进行实验。当实验足够长时间后，在反应器内的催化剂每层上建立了稳定的浓度，得到产品产率和分布数据。

当然，使用积分反应器也有相应的缺点，最大的困难在于保证等温操作。另外，高转化率导致相当大的浓度梯度，以及存在显著的传质阻力或轴向分散的可能性；而且数据分析中所需的积分或微分也可能遇到数学分析上的困难，经常需要求助于数值方法，这在微分的场合特别容易引起较大的误差。

7.4.4.4 静态反应器与动态反应器

静态反应器是一种间歇式反应器，其结构如图 7-24 所示。在这种场合下，催化剂的活性通常直接按给定的反应条件和反应时间下的转化率来评价。

间歇式高压反应釜主要用于需要进行若干次实验的场合。例如，为高压/高温过程粗选大量可能使用的催化剂，以建立活性的顺序。这时只求实验之间简单的对比，但每次运转的实验条件(如温度、压力、升/降温时间)必须相同。采用间歇式高压反应釜鉴定催化剂性能上的微小差别是不大可能的。

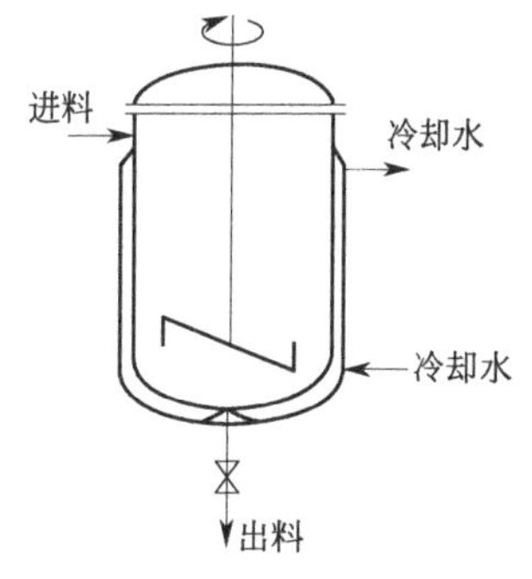

图 7-24 间歇式高压反应釜示意图

假如将间歇式高压反应釜用于动力学研究，无论是变化一定温度下的反应时间，或者是在运转过程中抽取试样，都可以得到一系列浓度对时间的数据。由于上述降温时间的限制，后一方法更为可取。但是必须注意确保催化剂与反应物的分离，以及抽样的体积只是总装料量的一小部分。

动态反应器指催化剂上反应物浓度随反应时间发生变化的反应器，如积分式流动法、脉冲催化色谱法等所采用的反应器。其中，脉冲催化色谱法采用的反应器最简单形式如图 7-25 所示。

脉冲反应器的操作原理——载气在反应器中连续流动，每隔一定时间向反应器中加入反应物，在催化剂层中发生化学反应，然后由色谱仪进行分析。反应是周期性的，以脉冲形式进行。

脉冲法的优点是：体系相当简单，只需用很少量的反应物和催化剂，而且可以快速测试。可在同一个恒温箱内平行地运行许多个反应器，使许多催化剂得以同时测试。改变载气的速率可获得一批转化率的数据。

主要缺点是在催化剂表面不能建立平衡条件。表面反应物的浓度在改变，从反应器所观察到的选择性有一定的局限性，可能造成研究者的误解。还有，在许多情况下，催化剂表面的真实

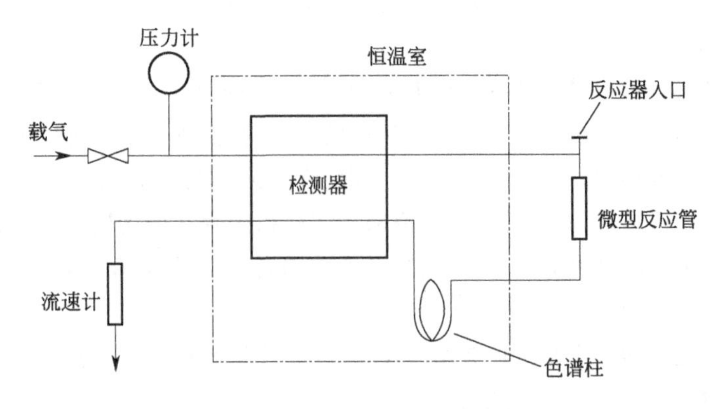

图 7-25　脉冲反应器示意图

性质和组成在稳定流动条件下取决于与周围环境之间的平衡，在非平衡条件下可能得到错误的信息。所以，采用简单的脉冲反应器进行催化剂的筛选和测试时必须要谨慎，特别是当选择性是重要的指标时更应该如此。

7.4.4.5　实验室活性测试反应器的类型及应用

测定催化剂活性的设备见表 7-8。

表 7-8　测定催化剂活性的设备

设备	样品量	注释
实验室用管式反应器		
(a)微型反应器	0.1～1.5g	反应迅速，能在压力下操作，其结果用于取得详细的动力学数据，用于筛选新催化剂
(b)小规模反应器	1～50g	用于日常操作，常在大气压力下操作
(c)半工业反应器	50～1000g	操作费用高，消耗时间长，检验放大过程时是重要的(通常在工业条件下操作)
实验室用循环反应器		
(a)内循环(如旋转筐)反应器	5～50g	设备复杂，但对于获得工厂设计规模的动力学数据尤其有用；由于不受扩散限制，产品抑制物、毒化剂的影响可以估计出来
(b)外循环反应器	50g～10kg	利用含有同等毒物的实际工厂反应物进行测试

世界上没有一个通用的实验室反应器。实验室反应器也不一定是设想的工业反应器的还原副本。以可靠和可重复的方式产生所需信息是选择实验室反应器的主要标准。

必须考虑许多因素，例如实验的目的、反应体系的物理性质、施工和操作的简易性、成本效率以及所得数据的完整性和评价。通常，实验室反应器必须在等压性、等温性、理想流动和不存在浓度梯度的条件下能够连续、稳定地操作。连续搅拌槽式反应器（CSTR）和塞流式反应器（PFR）通常优于间歇、流化床、鼓泡塔和滴流床反应器。间歇式反应器虽然在许多实验室中仍然很受欢迎，但不能很好地适用于动力学研究。

7.4.5　活性测试的方法

催化剂活性的测定可以有各种各样的方法，即根据研究的目的不同，采用不同的测定方法，也可以根据反应的不同或反应条件要求的不同，而采用不同的测定方法。

7.4.5.1 流动法

流动法测定活性时，将反应物料以一定空速通过充填催化剂的反应器，然后分析反应后产物的组成，或者在某些情况下，分析一种反应物或一种反应产物。

由于反应物料在反应器中的运动状态比较复杂，且依赖于反应器及催化剂的几何特征。人们从经验中得出一些流动法测催化剂活性的原则和方法，以便将宏观因素对活性测定和动力学研究的影响减到最小。为消除气流的效应和床层过热，反应管直径 d_t 和催化剂颗粒直径 d_g 之比一般为：$6<d_t/d_g<12$。当管径与粒径之比 d_t/d_g 过小时，反应物分子与管壁频频相撞，严重影响了扩散速率；若 d_t/d_g 过大时，将给床层散热带来困难。

催化剂床层的高度和床层直径也要有适当的比例，一般要求床高应超过直径的 2.5～3.0 倍。究竟多大的 d_t/d_g 和高径比 H/d_t 合适，要视具体情况而定。此外，还要根据测试目的，考虑内外扩散的影响，即在排除内外扩散影响的基础上来测试催化剂活性。

7.4.5.2 微量催化色谱法

色谱分析方法具有高效、高灵敏度、快速和易于自动化的优点，现已成为石油与化工生产和科研工作中最广泛采用的分析方法。气-液色谱法（GLC）的迅速发展，使得由很少量样品制备的气体和液体产物得以正确分析，这就为发展微量催化色谱法（催化剂的装量可以从几十毫克到几克）创造了条件。常用的方法有两种，即脉冲微量催化色谱法和稳定流动微量催化色谱法。

脉冲微量催化色谱法——在实验时每隔一定时间向反应器中加入反应物，因而催化剂层中的化学反应是周期性的，以脉冲形式进行的，然后连接色谱仪进行分析。

稳定流动微量催化色谱法——和一般的流动法相似，其差别仅在于实验装置与色谱仪相联结、周期取样在线分析。

（1）单载气流脉冲微量催化色谱法

亦即通过反应器和色谱柱的载气为同一载气流。

实验时将少量反应物（气体或液体）用注射器注射到气化室，与载气混合后被带进反应器。反应后的产物经输出管保持气相状态，进入色谱在线分析。这样就完成一次脉冲实验。

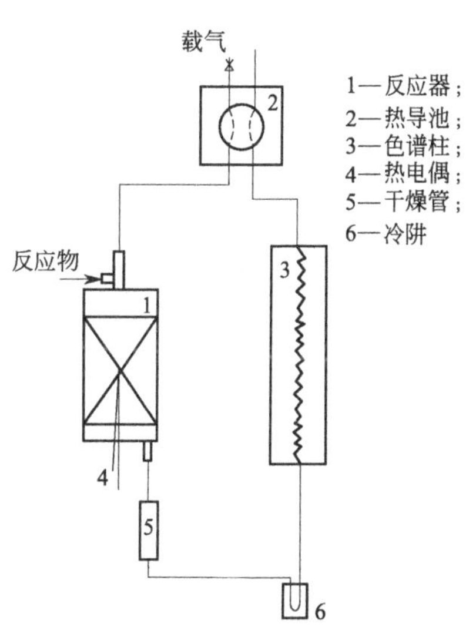

图 7-26 单载气流法测定催化剂活性

单载气流法的装置和操作比较简单，为许多工作者所采用。但此法存在着比较严重的缺点，即同一载气流经反应器和色谱柱，反应器中浓度梯度变化不能控制，这样就不便于用改变载气流速的办法来改变反应的接触时间，而又不破坏色谱柱的最佳操作条件，也不可能利用流经反应器和色谱柱的不同性质的载气流。

单载气流法测定催化剂活性的基本原理见图 7-26。

（2）双载气流脉冲微量催化色谱法

实质是反应器和分析系统的载气互相独立，互不干扰。它的基本原理如图 7-27 所示。

在实验中，条件的标准化和分析样品的富集，都有助于提高测定的精确度。这样就有可能在反应的低转化

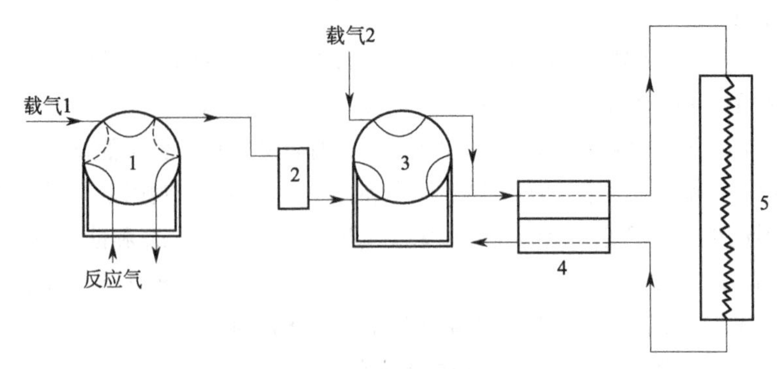

图 7-27 双载气流法测定催化剂活性

1，3—六通阀；2—反应器；4—热导池；5—色谱柱

率（10%）下操作，因为在低转化率下反应放出的热量少，催化剂层中实际上不存在温度梯度。

（3）稳定流动微量催化色谱法

该法的实质是采用了微型反应器的一般流动法的反应系统，反应器隔着取样器与色谱分析系统相连（见图 7-28），反应物以恒定流速进入微型反应器 R，反应后的混合物经取样器 S 流出。载气经鉴定器 D，在取样器中将一定量的反应后混合物送至色谱柱 C，分离后再经鉴定器流出，这样即可对稳定的反应进行周期取样分析。该方法对评价催化剂活性、稳定性和寿命有很大的实用意义。具有快速、准确的优点，用于动力学数据的测定也比一般流动法优越，目前在实验室被广泛采用。

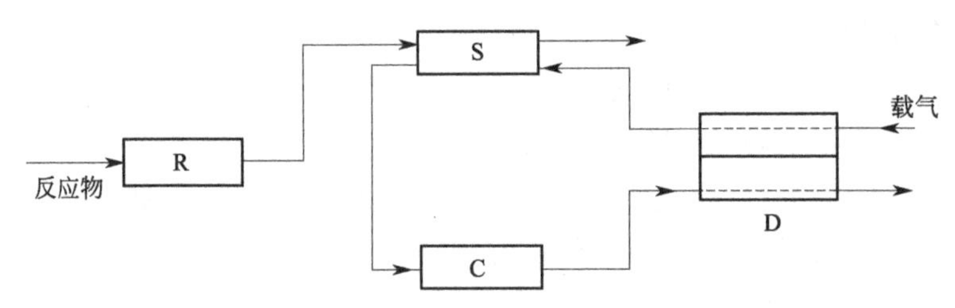

图 7-28 稳定流动微量催化色谱法

催化剂活性测定，除了上述介绍的几种常用方法外，还有其他一些方法，如流动循环法、沸腾床技术和静态法等。

7.4.5.3 催化剂活性测试实例

例 7-1 钴钼加氢脱硫催化剂的活性测试（一般流动法）

（1）测试原理和方法

加氢脱硫催化剂主要用于脱除烃类中的有机硫。原料液态烃（轻油）所含的 CS_2、COS、C_2H_5SH、RSR′、C_4H_4S 等有机硫化物，在一定条件下，能被加氢脱硫催化剂转化为无机硫（H_2S），从烃类中清除净化。这些有机硫中，以噻吩（C_4H_4S）最难转化。因此，往往以噻吩的转化率作为指标衡量催化剂的活性。

评价加氢脱硫催化剂活性方法有两种：一种是以轻油为原料，配以一定量噻吩（约 200×10^{-6}），在一定工艺条件下测定噻吩的转化率；另一种是直接以轻油为原料，在一定工艺条件直接测定经催化转化后轻油的净化度，要求轻油中有机硫含量（换算的总硫）在 0.3×10^{-6} 以下。

先将催化剂粉碎至粒度 1～2.5mm，消除扩散因素及避免原粒度催化剂在床层中引起的沟流现象。催化剂装填量为 50mL，反应温度取 350℃（温度过高会引起裂解积碳），整个床层基本上处于等温区域。为了转化有机硫，需要加一定量 H_2。轻油中含有不饱和烃和芳香烃也由于加氢作用而消耗一部分 H_2。所以通常控制氢油比为 100。可以加压（3.92MPa），也可以是常压。加压时液体空速为 15～30h^{-1}，常压时就要低些。

（2）测试过程

图 7-29 为加氢脱硫催化剂活性测试的示意流程。

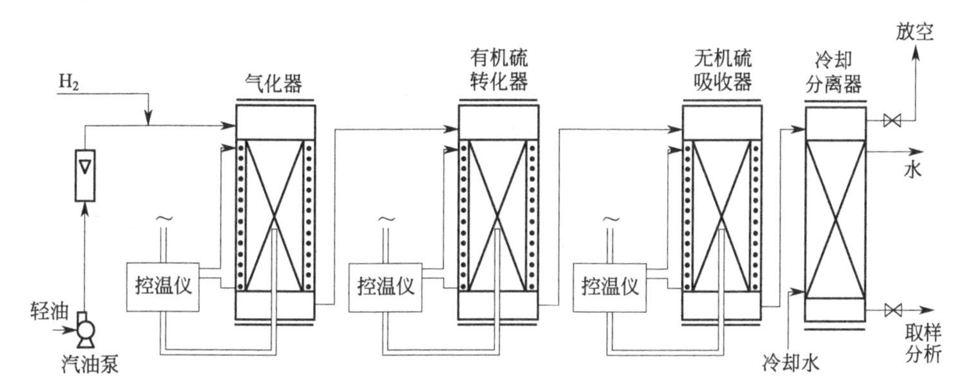

图 7-29 加氢脱硫催化剂活性测试流程

轻油由微型注油泵通过转子流量计计量，压入气化器，再到转化器，转化后经无机硫吸收器（如 ZnO 脱硫），然后冷却分离，对冷凝油进行取样分析。气化器、反应器及无机硫吸收器各安装一温度测量点，用精密温度控制仪控制。加氢脱硫后的油，冷却分离，将剩余 H_2 放空，收集冷凝下来的油并取样分析。

例 7-2 氨合成催化剂的活性测试（一般流动法）

（1）测试原理和方法

合成氨反应在大粒度熔铁催化剂上属于内扩散控制，故在进行活性测试时，需将催化剂破碎至粒度 15～2.5mm。氨合成反应是放热反应，合成塔为内部换热，催化剂的温差较大，特别是在轴向塔中，即使是使用径向塔，由于气流分布方面的原因，有时候同平面的温差也较大，因此不但要测定氨合成催化剂在某一温度下的活性，而且要测定它的热稳定性。目前，氨合成催化剂的活性检验都是在高压下进行，由于 O_2、CO、CO_2、H_2O 等杂质对催化剂有毒害作用，测试前需进行气体精制，一般是通过 Cu_2O-SiO_2 催化剂除氧，Ni-Al_2O_3 催化剂除 CO，KOH 除水分及 CO_2，并用活性炭干燥。

国内 A_6 型催化剂的活性指标为：催化剂粒度 1～1.4mm，压力 30MPa，温度 450℃，空速 10000h^{-1}，采用新鲜原料气，要求出口氨含量大于 23%；在 550℃耐热 20h，再降至 450℃，活性保持不变。国外 KM 型催化剂的活性指标为：压力 22MPa，温度 410℃，空速 15000h^{-1}，催化剂装填量 4.5g，要求出口气中氨含量大于 23%。

（2）测试过程

见图 7-30。新鲜气经除油器除去油污，进入第一精制炉（内装 Cu_2O-SiO_2 催化剂）以除去

O_2，进入第二精制炉（内装 Ni-Al_2O_3 催化剂），使 CO 及 CO_2 甲烷化，再进入第一干燥器（内装 KOH 固体）、第二干燥器（内装活性炭），最后进入合成塔。本测试采用多槽塔（五槽塔）及在一个实心的合金圆钢上钻 5 个孔，中心为气体预热分配总管，周围对称钻 4 个孔，精制气体先经过中心总管预热，然后分配到周围各塔进行氨合成反应，合成气由各塔放出进行分析。整个塔组采用外部加热，温度比较均匀一致。出塔气中所含氨量采用容量法测定，即在一定量 H_2SO_4 溶液中通入出塔气，当 H_2SO_4 溶液由于吸收了氨中和变色，记录气体量，进而算出氨含量。

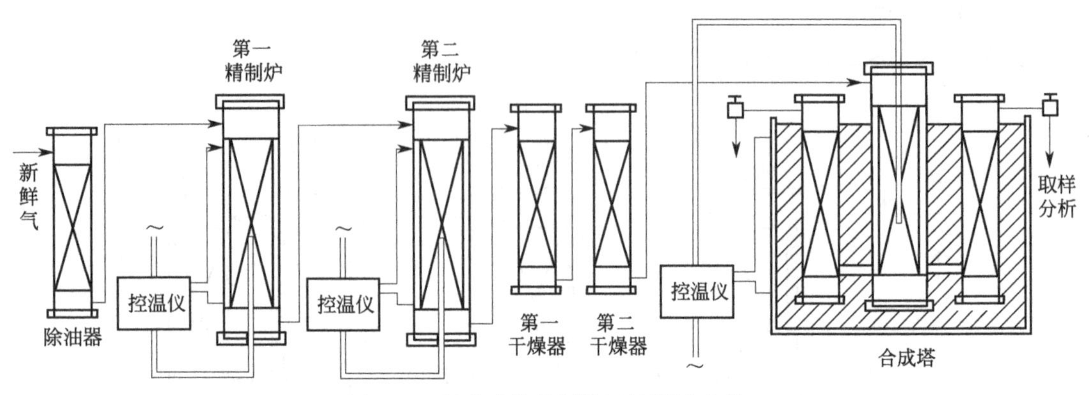

图 7-30　氨合成催化剂的活性测试流程

例 7-3　丙烯选择性氧化催化剂的活性及反应动力学测试（微型反应器-色谱联用法）

目前丙烯氧化制丙烯醛的高选择性催化剂中，以 Bi-Mo 氧化物催化剂研究得最为深入，有关这种催化剂的活性和动力学测试流程如图 7-31 所示。

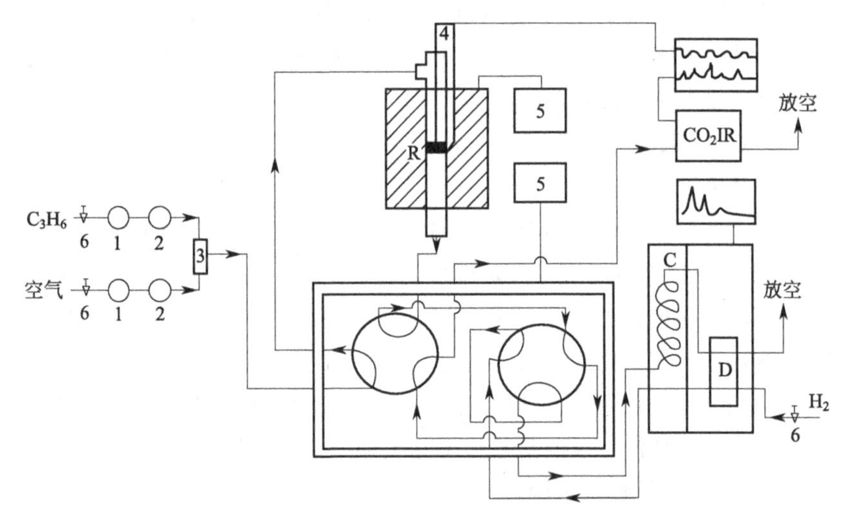

图 7-31　丙烯氧化催化剂的活性和反应动力学测试流程图

1—稳压阀；2—流量计；3—混合器；4—热电偶；5—精密温度控制仪；6—减压阀

聚合级精丙烯由钢瓶经减压计量后进入混合器，与由空气钢瓶来的精制空气混合，经六通阀再进入反应器，反应后混合气也经六通阀进入 CO_2 红外气体分析仪后流出放空。色谱载气经检测器通过六通阀流入色谱柱，并经检测器后放空。六通阀上装有取样定量管，这样便可利用两个六通阀切换，使系统处于取样或分析状态，并可分析反应前或反应后的组分浓度，从而可计算得到催化反应的转化率、选择性等数据。流程中还通过连续检测反应后混合物中CO_2的浓度（用CO_2红外气体分析仪检测）和反应过程中催化剂表面的温度变化（用热电偶检测），来考察反应系统的动态变化过程。

7.5 催化剂的失活、再生与寿命

催化剂在整个使用过程中，尤其在使用后期，活性是逐渐下降的。造成催化剂活性衰退的原因是多种多样的，有的是因活性组分的熔融或烧结（不可逆），有的是因化学组成发生了变化（不可逆），生成新的化合物（不可逆），或者暂时生成化合物（可逆），也有的是因吸附了（可逆）或者附着了反应物及其他物质（不可逆），还有的是因催化剂颗粒发生破碎或活性组分剥落、流失（不可逆）等。用物理方法容易恢复活性的称为可逆的，不能恢复的则为不可逆的。在实际使用中很少只发生一种过程，多数场合下是有几种过程同时发生，导致催化剂的活性下降。因此，催化剂在使用前后，虽然其化学组成和数量等宏观性质不变，但是由于长期在高温、高压、高线速条件下使用，经亿万次的化学反应作用，催化剂会发生晶相变化、晶粒长大、易挥发组分的流失、易熔物的熔融等，这些将导致催化剂活性下降，以至于最后失去活性，所以催化剂并不能无限期使用，它有一定的使用寿命。

7.5.1 催化剂失活

催化剂失活是指催化剂在使用过程中活性衰退或丧失。引起失活的原因很多，主要有以下几种：

① 中毒　催化剂的活性和选择性由于受到少数杂质的作用而显著下降的现象称为中毒。

② 积碳　即催化剂在使用过程中表面上逐渐沉积一层含碳物质，减少了活性表面积，引起活性下降。故积碳亦可看作副产物的毒化作用。

③ 烧结　高温下催化剂活性组分的微晶粒长大，这种现象叫烧结。它使比表面积减少；或晶格缺陷减少。

④ 化合形态及化学组成发生变化　杂质或反应生成物与催化剂的活性组分发生了反应；或催化剂的活性组分受温度影响而挥发流失；或负载金属与载体发生了反应等。

⑤ 形态结构发生变化　在使用过程中由于各种因素而使催化剂的外形、粒度分布、活性组分负载状态、机械强度等发生变化。

7.5.1.1 中毒

催化剂的毒物通常是反应原料中带来的杂质或者是催化剂本身的某些杂质在反应条件下和有效成分作用的结果。反应产物（或副产物）有时也可能毒化催化剂。许多事实表明，极少量的毒物就可以导致大量催化剂的活性完全丧失。

毒化的机理大致有两类：一种是毒物强烈地化学吸附在催化剂活性中心上，造成覆盖，减少了活性中心的浓度；另一种是毒物与构成活性中心的物质发生化学作用转变为无活性的物质。

催化剂中毒后有两种情况：一种情况下催化剂可通过简单的方法使催化活性恢复，这种情况称为可逆中毒或称为暂时中毒；另一种情况是中毒的催化剂无法用一般方法恢复活性，称为不可逆中毒或称为永久中毒。

毒物不仅是针对催化剂，而且也是对这个催化剂所催化的反应来说的，即毒物因催化剂而异；还因催化剂所催化的反应而异，同一催化剂催化不同的反应，其毒物也就不同，见表 7-9。

例 7-4 天然气水蒸气转化 Ni 催化剂的毒物有：S、As、卤素等。S 是转化过程中最重要、最常见的毒物，原料气中硫含量即使低至 10^{-6} 也能引起催化剂中毒。通常要求原料气中总 S 含量为 $0.1\times10^{-6}\sim0.3\times10^{-6}$，最高不超过 0.5×10^{-6}。S 中毒是暂时中毒，只要原料气中硫含量降到规定标准以下，活性可恢复。轻微中毒时，换用净化合格的原料气，并提高水碳比，继续运行一段时间可望恢复中毒前活性。中度中毒时，在低压下维持 700～750℃，以水蒸气再生催化剂，然后重新用含水湿氢气还原活化，活化后可按规定程序投入正常运转。重度中毒时，一般伴随积碳，应先行烧碳后，按中度 S 中毒再生程序处理。As 中毒是永久中毒。且 As 还会渗入转化管内壁，故对砷含量要求十分严格。As 中毒后，应更换转化催化剂并清刷转化管。氯和其他卤素也是可逆中毒。一般要求其含量在 0.5×10^{-6} 以下。氯中毒虽是可逆的，但再生脱除时间相当长。铜、铅、银、钒等金属也会使转化催化剂活性下降，它们沉积在催化剂上难以除去。铁锈带入系统会因物理覆盖催化剂表面而导致活性下降。一些催化剂的毒物见表 7-9。

表 7-9 一些催化剂的毒物

催化剂	反应	毒物
Ni、Pt、Pd、Cu	加 H_2、脱 H_2	S、Te、Se、P、As、Sb、Bi、Zn、卤化物、Hg、Pb、NH_3、吡啶、O_2、CO（<180℃）
	氧化	铁的氧化物、银化物、砷化物、乙炔、H_2S、PH_3
Co	加 H_2 裂化	NH_3、S、Se、Te、磷的化合物
Ag	氧化	CH_4、C_2H_6
V_2O_5，V_2O_3	氧化	砷化物
Fe	合成 NH_3	硫化物、PH_3、O_2、H_2O、CO、乙炔
	加 H_2	Bi、Te、Se、P 化合物、H_2O
	氧化	Bi
	F-T 合成	硫化物
SiO_2-Al_2O_3	裂化	吡啶、喹啉、碱性有机物、H_2O、重金属化合物

7.5.1.2 积碳

除毒化作用外，在催化剂上碳沉积是有机催化反应系统中导致催化剂活性衰退的重要原因，裂化、重整、选择性氧化、脱氢、脱氢环化、加氢裂化、聚合、乙炔气相水合等反应容易发生积碳失活。含有异构烷烃和环戊烷的正庚烷馏分，在固定床铝铬钾催化剂中芳构化时，操作 12h 后的结焦量为 8.4%，使催化剂的活性大大降低，510℃时芳烃收率从 25%下降到 16%。

催化剂上的积碳实质上是催化系统中的分子经脱氢-聚合而形成的难挥发性高聚物，它们还可以进一步脱氢而形成含氢量很低的类焦物质，所以积碳又常称为结焦。

与催化剂中毒相比，引起催化剂结焦和堵塞的物质要比催化剂毒物多得多。发生积碳的原因很多，通常是催化剂导热性（导致热裂解析碳）不好或孔隙过细（增加了反应产物在活性表面上的停留时间，使产物进一步聚合脱氢）时容易发生。催化剂上不适宜的酸中心也常常是导致结焦的原因，这些酸中心可能来自活性组分，亦可能来自载体表面。

在工业生产中，总是力求避免或推迟结焦造成催化剂活性衰退，可以根据上述结焦机理来改善催化剂系统。例如，可用碱来毒化催化剂上那些引起结焦的酸中心；用热处理来消除那些过细的孔隙；在临氢条件下进行作业，抑制造成结焦的脱氢作用；在催化剂中添加某些有加氢功能的组分，在氢气存在下使初生成的类焦物质随即加氢而气化；在含水蒸气的条件下作业，可在催化剂中添加某种助催化剂促使水煤气反应，使生成的焦气化。有些催化剂，如用于催化裂化的分子筛，几秒钟后就会在其表面产生严重结焦，工业上只能采用双器操作连续烧焦的方法来清除。

如轻油蒸汽转化催化剂上发生积碳的概率较许多其他催化剂更大。石脑油含有烷烃、环烷烃、芳烃和少量烯烃，碳氢比比甲烷高，从热力学可知：①高温下各种烃都是不稳定的，温度越高越易析碳；②积碳倾向与烃的种类有关，在相同转化条件下碳数越多越易析碳；碳原子数相同时，芳烃比烷烃易析碳，而烯烃又比芳烃易析碳。因此，由于原料性质和操作条件决定了它容易积碳。在实际操作中，积碳是轻油水蒸气转化过程常见且危害最大的事故。表现为床层压力增大、炉管出现花斑红管、出口尾气中甲烷和芳烃增多等。一般情况下，造成积碳的原因是水碳比失调、负荷增加、原料油重质化、催化剂中毒或钝化、温度和压力的大幅度波动等。水碳比失调导致热力学积碳；生产负荷过高，容易发生裂解积碳；催化剂还原不良或被钝化，其活性下降，重质烃进入高温段导致积碳；系统压力波动会引起反应瞬时空速增大而导致积碳。原料烃预热温度过高，炉管外供热过大，使转化管上部径向与轴向温度梯度过大，也容易产生热裂解积碳。

防止炭黑生成的条件：①选择抗积碳性能优良的催化剂并保持良好活性。②水碳比大于理论最小水碳比。③石脑油含硫多，须严格脱硫。当催化剂的活性下降时，适当增大水碳比或减少原料烃的流量等。④选择适宜的操作条件，如原料烃不预热太高；防止催化剂床层长期在超过设计的温度分布下运行，以免使之失活；保持转化管上部催化剂始终处于还原状态，有足够转化活性，以免高级烃穿透到下部引起积碳。

去除积碳的方法包括：①析碳较轻时，采取还原气氛下蒸汽烧碳，即降压、减量 30%左右、提高水碳比至 10，配入还原性气体至水氢比 10 左右，控制正常操作温度；②析碳较重时，采用蒸汽除碳，停送原料烃，控制床层温度 750～800℃，除碳 12～24h，除碳后，催化剂须重新还原；③采用空气或蒸汽与空气混合物（2%～4%）“烧碳”，温度须降低到出口为 200℃，停烃，加空气，控制转化管壁温为 700℃，出口温度 700℃以下，烧 8h 即可。烧碳结束后要单独通蒸汽 30min，将空气置换干净。

严格控制工艺条件，从根本上预防积碳的发生，才是最根本的措施。

经烧碳处理仍不能恢复正常操作时，则应卸出更换催化剂。当因事故发生严重积碳，转化管完全堵塞时，则无法进行烧碳，也只有更换催化剂。

7.5.1.3 烧结

烧结是引起催化剂活性下降的另一个重要原因。由于催化剂长期处于高温下操作，金属熔结而导致晶粒长大，减少了活性金属的比表面积，使活性下降。

温度是影响烧结过程的一个最重要参数。例如，负载于 SiO_2 表面上的金属 Pt，在高温下发生晶粒合并。当温度升高到 500℃时，发现 Pt 晶粒长大，表面积和苯加氢反应的转化率降低；当温度升高到 600～800℃时，催化剂完全丧失活性，见表 7-10。

表 7-10　温度对 Pt/SiO_2 催化剂的金属表面积和催化活性的影响

温度/℃	100	250	300	400	500	600	800
表面积/($m^2 \cdot g^{-1}$)	2.06	0.74	0.47	0.30	0.03	0.02	0.02
转化率/%	52.0	16.6	11.3	4.7	1.9	0	0

此外，催化剂所处的气氛，如氧化性的（空气、O_2、Cl_2）、还原性的（CO、H_2）或惰性的（He、Ar、N_2）气氛，以及各种其他变量，如金属类型、载体性质、杂质含量等，都对烧结有影响。负载在 Al_2O_3、SiO_2 和 Al_2O_3-SiO_2 上的铂金属，在氧气或空气中，当温度≥600℃时发生严重烧结。但负载于 γ-Al_2O_3 上的铂金属，当温度＜600℃时，在氧气氛中处理，则会增加分散度。综上所述，生产上使用催化剂要注意使用的工艺条件，重要的是要了解其烧结温度，催化剂不允许在会发生烧结的温度中操作。

7.5.1.4 催化剂活性衰退的防治

在使用催化剂时，如何使催化剂能够保持较高活性而不衰退，或者使催化剂衰退后能得到及时再生而不影响生产，通常需要针对不同催化剂而采取相应的措施，下面分三种情况来说明。

（1）在不引起衰退的条件下使用

在烃类的裂解、异构化、歧化等反应过程中，析碳是必然伴生的现象。在有高压氢气存在的条件下，则可以抑制析碳，使之达到最小程度，催化剂不需要再生而可长期使用。除氢以外，还可用水蒸气等抑制析碳反应而防止催化剂的活性衰退。

由于原料中混入微量的杂质而引起催化剂性能的衰退，可在经济条件许可的范围内，将原料精制去除杂质来防止。

由于烧结及化学组成的变化而引起催化剂性能的衰退，可采取环境气氛及温度条件缓和化的方法来防止。例如用 N_2O、H_2O 及 H_2 等气体稀释的方法使原料分压降低，改良散热方法防止反应热及再生时放热的蓄积等。

（2）增加催化剂自身的耐久性

提高催化剂耐久性的方法是把催化剂制备成负载型催化剂，工业催化剂大多是这种类型。也可使用助催化剂以使催化剂的稳定性进一步提高。用这种方法将催化剂活性中心稳定并使催化剂寿命延长。

（3）衰退催化剂的再生

① 催化剂在反应过程中连续地再生。如钒和磷的氧化物系催化剂，用于 C_4 馏分原料制取顺丁烯二酸酐，在反应过程中，催化剂中磷的氧化物逐渐升华而消失，因此这种催化剂的再生方法是在反应的原料中添加少量有机磷化物，以补充实验过程中磷的损失。

② 反应后再生。如积碳催化剂的再生是靠反应后将催化剂表面的积碳烧掉，也可以利用水煤气反应，用水蒸气将积碳转化掉。又如对苯二甲酸净化用加氢 Pd/C 催化剂，常被酸性大分子副产物覆盖其表面，近年常在使用数月后用碱液洗涤再生。

上面两个例子中催化剂的再生都可以在原有反应器里进行。工业催化剂的再生也有把催化剂取出反应器后用化学试剂或溶剂清洗催化毒物使其再生的方法。

③ 采取容易再生催化剂的反应条件。由于一般催化剂的再生条件和反应条件有较大差异，两者对能量及设备材质消耗都不同。为此选择在便于催化剂再生的条件下进行反应，使两者同时得到满足。例如石油催化裂化的沸石催化剂，反应过程导致催化剂表面积碳，用燃烧法再生，但燃烧过程中释放出大量 CO 而产生公害，为此有人设计出这样一种催化剂，即把 Pt 载在 4A 型沸石分子筛上，使其与催化裂化催化剂共同用于催化反应，此时 4A 分子筛可促进 $CO+O_2 \longrightarrow CO_2$ 转化反应，而油分子又不能进入 4A 分子筛的孔内，因而不致产生裂化反应，

这样就达到了反应和再生同时兼顾的目的。

当然，对于不同的催化剂，应采取不同的措施“对症下药”，才能很好地实现催化剂活性稳定和长周期使用。

7.5.2 催化剂再生

再生是在催化剂活性衰退、选择性下降，达不到工艺要求后，通过适当的物理处理或化学处理使其活性和选择性等性能得以恢复的操作。再生对于延长催化剂的寿命、降低生产成本是一种重要手段。催化剂再生周期长、可再生次数多，将有利于生产成本降低。

催化剂能否再生及再生的方法要根据催化剂失活的原因来决定。在工业上对于可逆中毒的情况可以再生；对于有机催化工业中的积碳现象，由于只是一种简单的物理覆盖，并不破坏催化剂的活性表面结构，只要把碳烧掉就可再生。总之，催化剂的再生是针对暂时性中毒或物理中毒如微孔结构阻塞等而言的；如果催化剂受到毒物永久性毒化或结构毒化，就难以进行再生了。工业上常用的再生方法有以下几种：

（1）空气处理

积碳严重，阻塞了催化剂的微孔结构时，可通入空气进行燃烧或氧化，使催化剂表面碳或类焦与氧反应，将 C 转化成 CO_2 放出。例如，原油加氢脱硫用的钴钼或铁钼催化剂，当吸附了碳或碳氢化合物活性显著下降时，常通入空气烧碳，这样催化剂就可以继续使用。

（2）蒸汽处理

由于氧气烧碳再生容易出现“飞温”现象，难于控制再生过程，导致不连续多次操作，延长再生周期，不利于生产。若在载气中加入水蒸气，一方面使产物浓度增大，另一方面由于水分子体积小，极性强，容易进入催化剂孔道及被吸附，使烧碳所用的氧气处于大量水蒸气包围之中，有利于抑制正反应速率，明显降低反应放热程度，温升变得缓和。另外，水蒸气热容大，能在烧碳过程中带走大量热，有效控制“飞温”现象的发生。

例如，轻油水蒸气转化制合成气的镍基催化剂，当处理积碳现象时，用加大水蒸气比或停止加油，单独使用水蒸气吹洗催化剂床层，直至所有的积碳全部清除掉为止。对于中温 CO 变换催化剂，当原料气中含有 H_2S 时，活性相 Fe_3O_4 会与 H_2S 反应生成 FeS 而毒化，此时加大水蒸气量可以使中毒催化剂活性恢复：$3FeS+4H_2O \longrightarrow Fe_3O_4+3H_2S+H_2$。

（3）通入 H_2 或不含毒物的还原性气体处理

氢气再生是在物理和化学作用下促使焦质脱附而达到催化剂再生的目的。

如，用通 H_2 的方法除去催化剂中含焦油状物质。失活催化剂在高温、H_2 和苯流下再生，H_2 首先扩散到催化剂的表面发生表面作用，减弱了表面活性对碳物质原有的吸附力，促使可溶性碳进行物理脱附，部分适宜大小的轻质焦质分子从催化剂表面脱附而溶于苯液中，随再生苯流流出，而较大的分子则留于孔内。H_2 再生后，大部分催化剂表面得到恢复，总酸量和 B 酸量恢复较好，强 B 酸恢复不理想。这是由于强 B 酸为结碳严重（聚集成不可溶性碳），碳物质被吸附得牢固，H_2 再生对强 B 酸的物理或化学作用不能较好地发挥。总体看来，再生时间越长，再生效果越好。

又如，合成氨的铁催化剂，当原料气中含氧化合物浓度高而受到毒化时，可改通合格 H_2、N_2 混合气进行处理，使催化剂得到再生。

(4) 用酸或碱溶液处理

如骨架镍催化剂的再生，通常采用酸或碱除去毒物。

催化剂再生后，活性可以恢复，但再生次数是有限制的，如烧焦再生后的催化剂的活性结构在高温作用下会发生变化，晶粒长大等，活性恢复不到原来的水平。因结构毒化而失活催化剂，一般不容易恢复到原来的结构和活性，如合成氨的铁催化剂被含氧化合物毒化，α-Fe 微晶晶粒长大，比表面积下降，再生后活性恢复不到原来水平。

催化剂再生操作，可在固定床、移动床或流化床中进行。再生操作方式取决于许多因素，但首要的是取决于催化剂活性下降的速率。一般说来，当催化剂活性下降比较缓慢，可允许数月或一年再生时，可采用设备投资少、操作也容易的固定床进行再生。但对于需要频繁再生的催化剂最好采用移动床或流化床进行连续再生。有些催化剂再生作业可在原来的反应器中进行；有些催化剂再生作业条件（如温度）与生产作业条件相差悬殊，必须在专门设计的再生器中再生。

例如，催化裂化过程中所用的硅铝酸盐催化剂几秒钟就会产生严重积碳，在这种情况下只能采用连续烧焦的方法来清除，以构成连续化的工业过程。可在一个流化床反应器中进行催化裂化，失活的催化剂连续地输入另一流化床反应器（再生器）中再生，再生催化剂连续地输送回裂化反应器。在再生器中通入空气，在裂化催化剂中可加入少量的助燃催化剂（如负载有微量铂的氧化铝）以促进再生过程，使碳沉积物的清除更为彻底。此时排放气中的 CO 几乎可全部转化为 CO_2，回收更多热量。显然，这种再生方法设备投资大、操作也复杂，但连续再生的方法使催化剂始终保持新鲜表面，提供了催化剂充分发挥效能的条件。

有些催化剂的再生过程较为复杂，非贵金属催化剂上积碳时，烧去碳沉积物后，多数尚需还原。铂重整催化剂再生时，在烧去碳沉积物后尚需氯化更新，以提高活性金属组分的分散度。

近年来，为防止环境污染，减少反应器和再生设施投资和更好地恢复活性，特别是对用于加氢、加氢裂化的硫化物催化剂，建立了一批催化剂再生工厂，专门对催化剂进行器外再生。可再生的催化剂经再生处理后，实际上其组成和结构并非能完全恢复原状，故再生催化剂的效能一般均低于新催化剂，经多次再生后，使用特性劣化到不能维持正常作业或催化过程的经济效益低于规定的指标，即表明催化剂寿命终止。有些催化过程中所用的催化剂失效后难以再生，例如载体的孔隙结构发生改变，活性成分由于烧结而分散度严重下降，或与毒质作用发生难以恢复的变化等。此时只能废弃，或从中回收某些原料，以重新制造催化剂。如加氢用的铂-氧化铝催化剂，失活后从废催化剂回收铂。

7.5.3 催化剂寿命

催化剂在使用中，其活性和选择性随时间的变化情况称为催化剂的稳定性（Stability）。稳定性包括热稳定性、化学稳定性（抗毒性）和机械强度稳定性三个方面，稳定性以寿命表示。对于工业催化剂来说，寿命是至关重要的，因为只有当催化剂的活性高、选择性好和使用寿命长时，才能保证在长期的运转中，催化剂的用量少、副反应产物生成少和由一定量原料生产较多的产品。

前面已经对催化剂的热稳定性和抗毒性作了介绍，下面简要介绍一下催化剂的机械强度稳定性。化工生产大多数是连续操作，反应时有大量原料通过催化剂，有时反应还在加压下进行，催化剂在装卸、运输过程中也要承受冲击碰撞，所有这些情况要求催化剂具有较高的机械强度，否则会粉化，增加流动阻力，造成催化剂流失等，使生产不能正常进行。尤其是在流化床生产过程中，催化剂始终处于不断运动状态中，对机械强度要求更高。目前，在催化剂研究和生产过程中，强度问题是个薄弱环节，常常因为强度不够给使用带来很大麻烦。现在人们已经意识到机械强度的重要性，正在加强这方面的工作。

催化剂的机械强度与载体的材质、物性及制法、成型方法有关。无机固体物的强度和硬度与其熔点间存在粗略的一般关系，低熔点的固体物具有低的硬度和强度，而高熔点者具有高的硬度和强度。

催化剂寿命是指在工业生产条件下，催化剂的活性能够达到装置生产能力和原料消耗定额所允许使用的时间；也可以是指活性下降后经再生，活性又恢复的累计使用时间。工业催化剂的寿命随种类而异，表 7-11 列出了几种催化剂的寿命，它是一个统计的、经验性的范围。

表 7-11　几种工业催化剂的寿命

反应	催化剂	使用条件	寿命
异构化 $n\text{-}C_4H_{10} \longrightarrow i\text{-}C_4H_{10}$	$Pt/SiO_2 \cdot Al_2O_3$	150℃、1.5～3MPa	2 年
氧化 $CH_3OH \longrightarrow HCHO$	$Ag, Fe(MoO_4)_3$	600℃	2～8 个月
氧化 $C_2H_4 + HOAc + O_2 \longrightarrow C_2H_5OAc$	Pd/SiO_2	180℃、8MPa	3 年
重整	$Pt\text{-}Re/Al_2O_3$	550℃	12 年
氨氧化 $C_3H_6 + NH_3 + O_2 \longrightarrow CH_2{=}CH{-}CN$	V-Bi-Mo 氧化物/Al_2O_3	435～470℃、0.05～0.08MPa	1～1.5 年
NO_x 用 NH_3 还原	Fe 氧化物		1 年
SO_2 氧化制 H_2SO_4	V_2O_5/K_2SO_4		10 年
甲醇空气氧化制甲醛	Fe-Mo 氧化物		1 年
乙烯氧化制环氧乙烷	Ag/载体		12 年
萘空气氧化制苯酐	V-P-Ti 氧化物		1.5 年
乙苯脱氢制苯乙烯	Fe 氧化物$+K^+$		2 年

① 单程寿命。是指在工业生产条件下，催化剂的活性能够达到装置生产能力和原料消耗定额的允许使用时间；催化剂的活性变化，一般可分为三段，如图 7-32 所示。

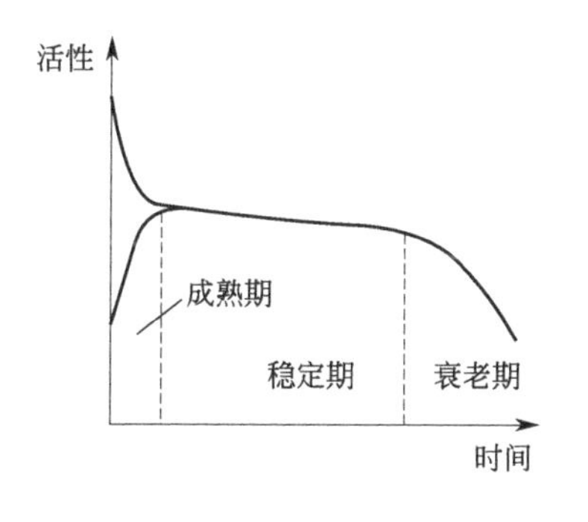

图 7-32　催化剂活性随时间变化曲线图

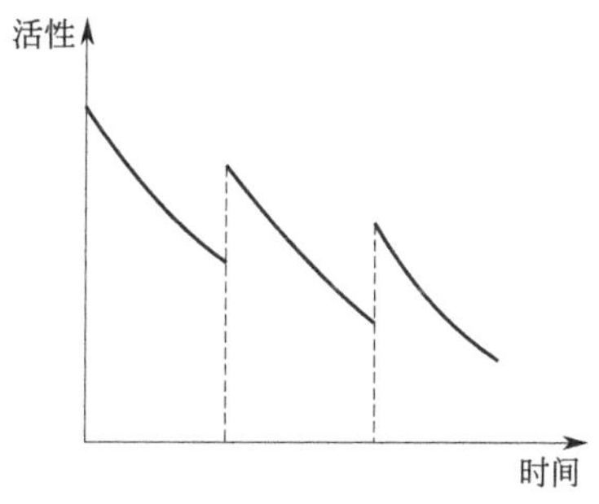

图 7-33　催化剂再生、运转时间与寿命的关系

② 总寿命。是指活性下降后经再生活性又恢复的累计使用时间，如图 7-33 所示。

各种催化剂的寿命长短很不一致，有的长达数年之久，有的短到几秒钟活性就消失。对于已使用的催化剂，并非任何情况下都必须追求尽可能长的使用寿命，事实上，恰当的寿命和适时的判废，往往牵涉许多技术经济问题。显而易见，运转晚期带病操作的催化剂，如果带来了工艺状况恶化甚至设备破损，延长其操作期便得不偿失。

催化剂究竟使用多长时间更换，需要从经济观点来分析。催化剂性能的衰退，必然带来过程的不稳定性，为此在生产过程中就必须相应地改变操作条件。从工业生产的角度来说，强调的是原料和能源的充分利用，因此，对于设备小、催化剂更换容易、催化剂价格低廉或能再生的情况来说，与其长期在低活性下操作，不如及时更换高活性催化剂，以免增加单位产量的动力和原料消耗。如果是大型设备，停工造成的经济损失较大，则可适当延长催化剂的使用时间。

工业催化剂除上述三方面基本要求外，还有从生产角度提出的其他一些要求，如粒度大小、外形尺寸、导热性能和自身比热等，还有制造工艺及产品性能重现性、催化剂能否再生等。此外，还要求催化剂本身是环境友好的，反应剩余物是与自然界相容的。

第8章 环境催化

8.1 概述

从催化化学的本质上看，所有人为的和自然的催化过程都会对环境产生直接或间接的影响。显然，所有催化过程中催化反应活性增加、选择性提高以及催化剂寿命增加都可以起到减少有害副产物、减少能源和原材料消耗、减轻环境负荷的作用，这些都可以为改善环境作出贡献。

人为的环境催化仅限于在以下过程中所研究和使用的催化科学和技术：消除已经产生的污染物（环境催化的狭义定义）；减少能源转化过程中有害物质的产生（例如天然气催化燃烧，柴油催化脱硫等）；将废物转化为有用之物（例如 CO_2 的资源化）。而自然的环境催化可以将整个地球大气层看成一个光和热的反应器，仅限于研究和地球表面以及大气颗粒物有关的非均相大气化学中的界面催化过程。应当指出，是否应该将自然界自发的催化过程归属到环境催化的范畴，研究者没有形成统一的意见。从广义上讲，凡是涉及可以减少污染物排放的绿色催化过程都可以属于环境催化的范畴，如化学计量催化技术、手性催化技术、替代有毒有害化学品的催化技术、产生清洁能源的催化技术等。

根据以上对环境催化的定义，本章中环境催化的研究对象和任务是，通过催化科学和技术的研究和应用，消除已经产生的污染物；阐述绿色过程的催化作用和 CO_2 循环利用中的催化原理，阐述消除环境污染的机理与规律。

环境催化与化学生产和燃料的催化转化不同，其通常需要开发能够在上游装置规定的条件下有效运行的技术（即，进料和反应条件不能像化学催化过程中那样调整以最大限度地提高转化率或选择性）。

环境催化不仅应用于能源和化学过程，还应用于其他类型生产（如电子、农业/食品生产、纸浆和纸张、皮革和鞣制、金属加工等）污染物的排放处理，家用或室内应用（如自清洁催化炉、家用燃烧器、净水器等）以及汽车、船舶和飞机的排放控制。环境催化将催化的概念从化学领域扩展到工业生产和日常生活的一般领域。因此，它使催化成为提高生活质量和可持续发展未来的核心技术。

8.2 环境废气的催化净化

8.2.1 汽车尾气净化处理

车辆运行时内燃机中使用的燃料通过火焰燃烧释放出能量，火焰燃烧是矿物燃料中含碳成分与空气中氧气的反应：

$$C_mH_n+(m+0.25n)O_2 \longrightarrow mCO_2+0.5nH_2O \tag{8-1}$$

CO_2 和 H_2O 是这一反应的主要产物。然而，不完全燃烧会产生一些未燃烧的碳氢化合物（HCs），以及中间氧化产物，如醇、醛和 CO 等。由于在火焰中发生的热裂解反应，特别是在不完全燃烧的情况下，会形成及排放 H_2 和 HCs。另外，火焰燃烧过程中，温度超过 1700K，在这些温度下，空气成分的 N_2 和 O_2 通过式(8-2) 发生反应，从而导致氮氧化物的形成通常表示为 NO_x（主要由 NO 和少量 N_2O 组成）。汽油动力火花点火式内燃机排放尾气的组成如图 8-1 所示。

$$N_2+O_2 \longrightarrow 2NO \tag{8-2}$$

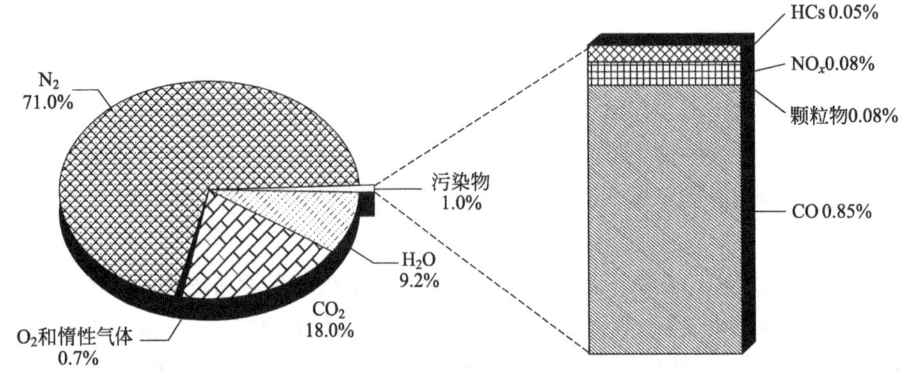

图 8-1　汽油动力火花点火式内燃机尾气组成（体积分数）

大多数化石燃料也有一定量的含硫和含氮成分，燃烧时会产生一定量的硫氧化物（主要是 SO_2）和氮氧化物。

道路交通排放的 CO、HCs、NO_x、SO_2 和粉尘等总量与其他方式排放的比较如图 8-2 所示，图中显示道路交通是 CO、HCs 和 NO_x 排放的主要来源之一。

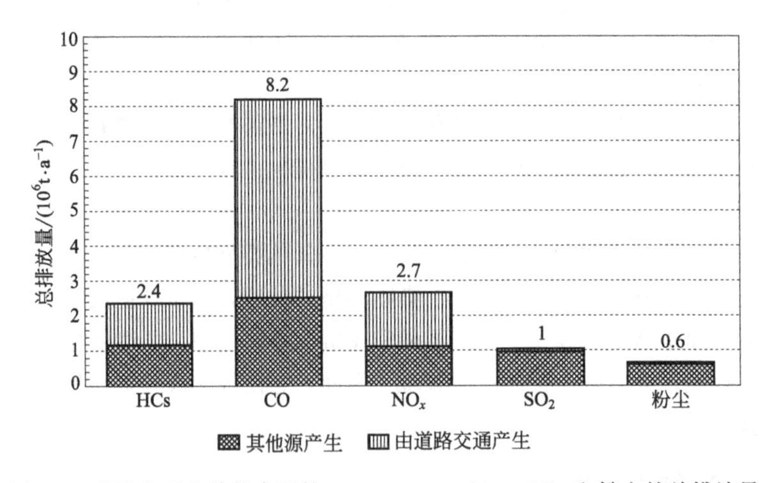

图 8-2　道路交通和其他来源的 HCs、CO、NO_x、SO_2 和粉尘的总排放量

（1）汽车尾气催化转化反应

发动机排放的 CO、HCs 和 NO_x 含量取决于发动机空燃比（A/F），即发动机消耗空气质

量与发动机消耗燃料质量之间的比率。

对于汽油发动机，在化学计量比下，所有 HCs 完全燃烧的 A/F 比为 14.7。如果 A/F 比低于此值，则发动机在燃油过量的情况下运转，导致燃油不完全燃烧。废气中的还原反应物（CO、HCs）比氧化反应物（O_2、NO_x）多，此时的废气称为“富废气”。如果 A/F 比超过 14.7，则发动机在过量空气条件下运行，产生的废气中氧化反应物比还原反应物多，此时的废气称为“稀废气”。

发动机排气成分之间会发生多种反应（见图 8-3）。

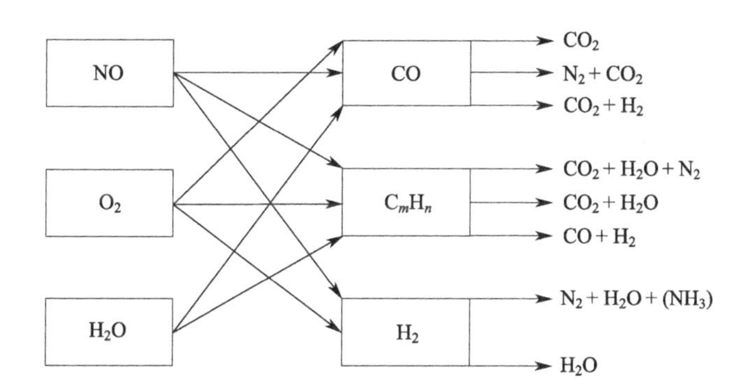

图 8-3 内燃机排气中一些组分之间可能发生的反应

CO、HCs 和 NO_x 去除的主要反应如下。

氧化反应［主要发生在稀废气成分中，如式(8-1)、式(8-3) 和式(8-4)］：

$$CO + 0.5O_2 \longrightarrow CO_2 \tag{8-3}$$

$$H_2 + 0.5O_2 \longrightarrow H_2O \tag{8-4}$$

与氮氧化物的反应（氧化/还原）［主要发生在富废气成分中］：

$$CO + NO \longrightarrow 0.5N_2 + CO_2 \tag{8-5}$$

$$C_mH_n + 2(m + 0.25n)NO \longrightarrow (m + 0.5n)N_2 + 0.5nH_2O + mCO_2 \tag{8-6}$$

$$H_2 + NO \longrightarrow 0.5N_2 + H_2O \tag{8-7}$$

特别是在废气成分丰富的情况下，发生水煤气变换（WGS）反应：

$$H_2O + CO \longrightarrow H_2 + CO_2 \tag{8-8}$$

和水蒸气重整反应：

$$C_mH_n + 2mH_2O \longrightarrow (2m + 0.5n)H_2 + mCO_2 \tag{8-9}$$

有助于 CO 和 HCs 的去除。

根据催化剂的操作条件，可能会发生一些反应，产生所谓的“二次排放”。其中最常见的如下。

与 SO_2 反应：

$$SO_2 + 0.5O_2 \longrightarrow SO_3 \tag{8-10}$$

$$SO_2 + 3H_2 \longrightarrow H_2S + 2H_2O \tag{8-11}$$

与 NO 反应：

$$NO + 0.5O_2 \longrightarrow NO_2 \tag{8-12}$$

$$NO + 2.5H_2 \longrightarrow NH_3 + H_2O \tag{8-13}$$

$$2NO + CO \longrightarrow N_2O + CO_2 \tag{8-14}$$

各主要反应对去除CO、HCs和NO_x的贡献程度取决于催化剂组成和操作条件。虽然有些反应的详细动力学数据在文献中很少发现，但对于CO氧化反应，式(8-3)中的反应确实存在一些基本数据，并且存在其他反应的一些动力学数据［式(8-7)～式(8-11)］。对于化学计量的废气成分，总的CO去除率比HCs和NO_x的总去除率高1～2个数量级。

（2）汽车尾气催化控制系统

催化控制尾气排放通常使用五种基本催化控制体系，如图8-4(a)所示。

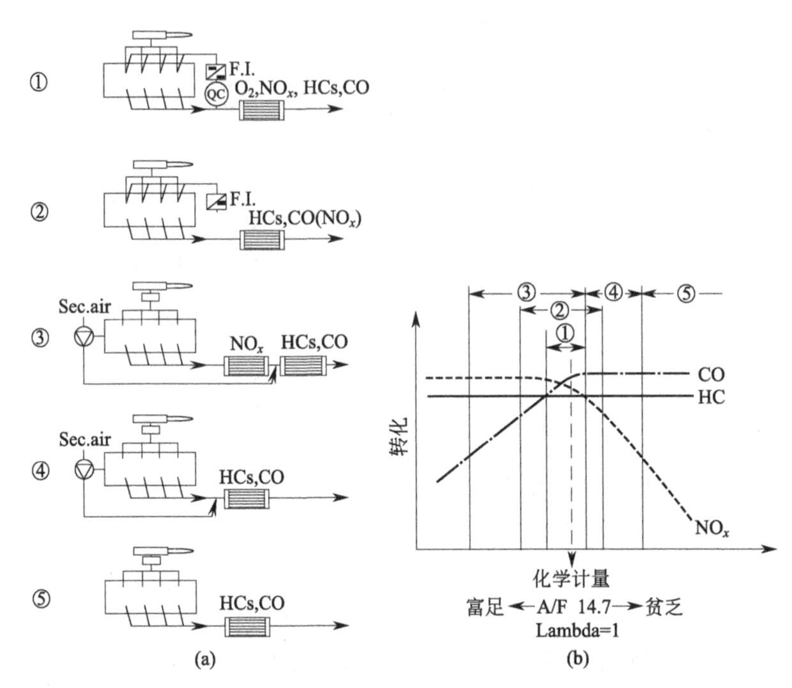

图8-4 火花发动机排气后处理的基本催化体系（a）和操作各种催化后处理体系的Lambda值范围（b）

①闭环控制系统；②开环控制系统；③双床层排放控制系统；④稀释氧化控制系统；⑤氧化控制系统

① 闭环控制系统。在闭环控制的三效催化剂中，一种催化剂（放置在废气流中）能够促进所有主要反应，从而同时去除CO、HCs和NO_x。为了平衡氧化和还原反应的程度，发动机排出废气的成分保持或接近化学计量比。这是通过一个闭环发动机运行控制实现的，在该系统中，发动机排出废气中氧含量通过电化学氧传感器（也称为Lambda传感器）在催化剂上游进行测量。

此部件由发动机管理系统用来调节供给发动机的燃油量，从而在化学计量A/F比附近调节发动机的运行。如图8-4(b)所示，在这些条件下达到同时去除CO、HCs和NO_x的最佳条件。

闭环控制的三效催化剂由于能促进主反应的完成，同时又能最大限度地减少二次反应的程度，成为目前应用最广泛的催化排放控制技术。

② 开环控制系统。这个体系是对第一个体系的简化，因为再次使用多功能催化剂，它能够促进所有导致CO、HCs和NO_x去除的反应。但是，废气成分不受控制，因此变化范围很大。这一更宽的操作范围导致三种废气成分的同时转化率总体较低［图8-4(b)］。

③ 双床层排放控制系统。双床层排放控制系统中，催化反应器由两种不同类型的催化剂

制成。第一种催化剂要么是多功能的，要么至少能够促进 NO_x 还原反应。发动机经过校准，以保证减少废气成分。在这些条件下，第一种催化剂将消除氮氧化物。第二种催化剂是氧化催化剂，在第二个催化剂前面注入额外的空气，以帮助去除 CO 和 HCs。二次空气可通过机械或电动空气泵添加。

双床体系允许更广泛的发动机 A/F 范围，同时仍保持三种废气成分的高转换效率。因此，可以使用不太复杂的发动机系统。

④ 稀释氧化控制系统。在这一排放控制系统中，二次空气被添加到废气中，以确保成分稀薄，与发动机运行条件无关。催化剂的作用是促进氧气与 CO 和 HCs 之间的反应，CO 和 HCs 在很大程度上可以被去除，但 NO_x 不能通过这种方式被去除。

⑤ 氧化控制系统。该体系也是一种氧化催化剂，但它适用于在稀薄条件下运行的发动机，即所谓的稀薄燃烧发动机。催化剂的作用仅限于转化 CO 和 HCs。由于稀薄燃烧中的稀释效应，废气温度比闭环控制发动机低，因此需要具有良好低温活性的催化剂来进行氧化反应。最新一代稀燃汽油发动机采用直接燃油喷射原理，这使得可以使用不同的催化废气后处理概念，例如 NO_x 处理系统。

(3) 三效催化剂

在上述的讨论中，对汽车尾气在排放前进行催化转化，将 CO、HCs、NO_x 等通过氧化还原反应，转化为对人体健康无害的二氧化碳（CO_2）、氮气（N_2）和水蒸气（H_2O），在转化过程中，如果催化剂能同时对 CO、HCs、NO_x 三种有害物起催化净化作用，这种催化剂即称为三效催化剂（TWC），而把只能转化 CO、HCs 的催化剂称为二效催化剂（或称氧化型催化剂）。三效催化剂也称作三元催化剂。

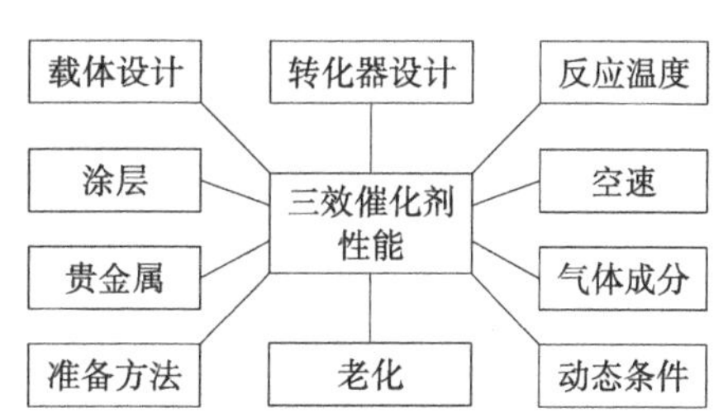

图 8-5　影响三效催化剂性能的因素

三效催化剂的性能取决于许多因素，如图 8-5 所示。这些因素可分为与催化剂的化学性质（如涂层、贵金属、老化和制备）、物理性质（如载体和转化器设计）以及化学工程方面（如反应温度、停留时间、气体成分和动态条件）有关的因素。这些因素不是独立的，并且随着三效催化剂的具体应用而变化。

在将固体催化剂应用于化学和石油化工行业时，需要采取一切预防措施，尽量减少催化剂的失活，或者设计出催化剂定期再生的工艺，延长催化剂的寿命。相比之下，汽车排放控制催化剂应用范围广，在这种应用中，操作条件无法控制，而且“原料”的预处理几乎不可能。尽管如此，依然要求催化剂的耐久性应与车辆的使用寿命相同。三效催化剂在实际使用过程中可能经历的失活现象，如图 8-6 所示。

(4) NO_x 转化系统

火花点火式汽油机在高于化学计量比的条件下运行，可降低发动机的燃油消耗，从而降低 CO_2 排放。同时，发动机排放的 CO、NO_x 和 HCs 的 A/F 比也有所降低。尽管如此，这些所谓的“稀薄燃烧”发动机仍然需要废气后处理。

NO_x 转化系统是催化排气后处理装置，能够在专用发动机运行条件下储存和释放氮氧化

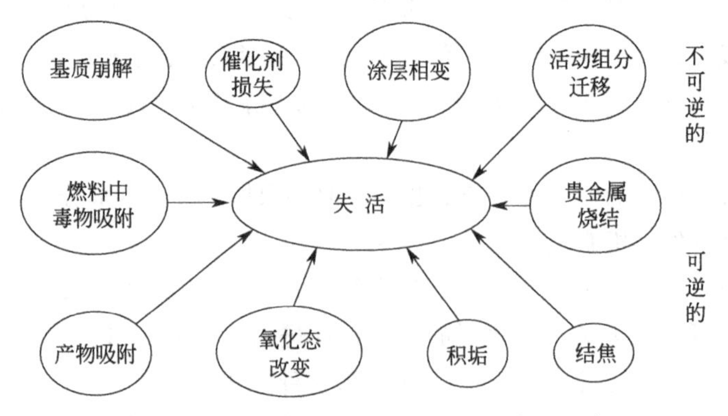

图 8-6 三效催化剂的可逆和不可逆失活现象

物。为了实现这一点，通常包括三个过程。第一是在铂族金属（PGM）组分上用 O_2 将 NO 氧化为 NO_2 [式(8-12)]，此过程中，铂族金属组分的含量为 $3g \cdot L^{-1}$ Pt，反应温度为 773K，该反应在热力学上是有利的，第二个过程是存储形成的 NO_2。这通常是通过在催化剂中加入一种或多种碱金属或碱土金属组分来实现的。在运行过程中，这些碱金属和碱土金属组分通常以其相应的碳酸盐形式存在，这些碳酸盐将与 O_2 和 NO_2 发生反应：

$$4NO_2+O_2+2MCO_3 \longrightarrow 2M(NO_3)_2+2CO_2 \tag{8-15}$$

式中，M 代表二价碱土金属元素。这种反应通常在 573K 以上的温度下工作良好，式(8-12) 和式(8-15) 要求使用净氧化废气成分，并且在达到碱金属/碱土金属功能饱和之前适用。在实际应用条件下，对于以欧四排放法规水平为目标的系统，这需要大约 2min 的时间。

然而，一旦达到这种情况，必须改变发动机的工作条件，以产生净还原的废气成分。这就需要进入第三过程，在操作温度下，使碱金属/碱土金属硝酸盐分解后进行还原反应：

$$2M(NO_3)_2+2CO_2 \longrightarrow 4NO_2+O_2+2MCO_3 \tag{8-16}$$

$$2NO_2+4CO \longrightarrow 4CO_2+N_2 \tag{8-17}$$

目前，用于此反应的首选催化剂仍旧是 PGM，通常是 Pt 和 Rh 的组合，类似于三效催化剂。

NO_x 转化系统也会存在热失活现象和化学失活现象。其中一种热失活现象是第一过程中 PGM 的聚集，从而导致 NO 氧化速率减慢。另一种热失活现象是碱金属/碱土金属化合物（第二过程）的内表面损失，从而导致储存 NO_2 的能力降低。在净氧化废气条件下，这两种现象通常从 773K 的温度开始显示，并在约 1173K 的温度下导致催化功能的实质性损失（见图 8-7）。

NO_x 转化系统最重要的化学失活现象是由 SO_x 和 NO_x 的行为相似引起的。事实上，发动机排气中的 SO_2 可以被氧化为 SO_3，随后 SO_3 也将沿着与式(8-15) 中的反应类似的反应路径存储在碱金属/碱土金属氧化物上。相同吸附位点的竞争降低了储存 NO_2 的能力。由于形成的硫酸盐在热力学上比硝酸盐更稳定，因此它们在再生阶段不会分解。如果不采取具体措施，最终会完全占据 NO_2 吸附位点，从而导致 NO_x 转化系统的活性完全丧失。为了防止这种情况发生，在发动机系统中实施特殊的附加脱硫反应。这些反应通常需要在高于 873K 的温度下还原废气成分，并且应在当前系统设计和边界操作条件下发生。这些脱硫反应的最佳频率由 NO_x 发动机排气排放和燃料硫含量的边界条件决定。每一次脱硫反应都会显著降低此类发动机的油

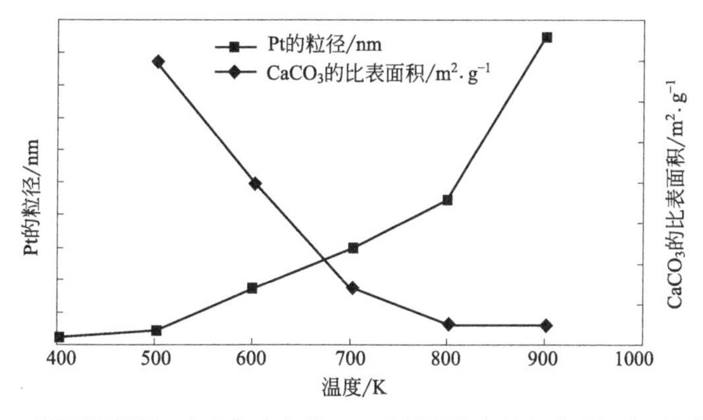

图 8-7 所示温度下，在空气中老化 24h 后铂颗粒直径和碳酸钙表面积的变化

其中，Pt 的粒径与活性中心数成反比；$CaCO_3$ 的比表面积与 NO_2 存储位点的数量成正比

耗效益。

8.2.2 烟气催化净化

NO_x、SO_x 和 NH_3 的排放导致环境酸化，并在大气中形成烟雾，CO_2、N_2O 和 CH_4 等温室气体会导致全球变暖，二噁英、挥发性有机化合物（VOCs）和 H_2S 等其他气体排放物对人类直接有害。表 8-1 列出了一些固定源气体排放的类型和浓度。

表 8-1 未经废气净化的固定源气体排放的范围

工业	来源	燃料类型	气体排放	水平/%①
热电联产	锅炉	煤	NO_x	0.015～0.017
			SO_x	0.03～0.25
			颗粒物②	$10mg \cdot m^{-3}$
		石油/焦炭	NO_x	0.02～0.05
			SO_x	0.1～0.5
			颗粒物②	$10mg \cdot m^{-3}$
		生物燃料	NO_x	0.01～0.03
			SO_x	0～0.005
	燃气轮机	天然气	NO_x	0.0015～0.005
			CO	0.0001～0.02
	柴油机	油	NO_x	0.1～0.15
			SO_2	0.01～0.2
			CO	0.01～0.1
			碳氢化合物	0.005～0.05
焚烧处理	城市垃圾、污水污泥		NO_x	0.015～0.03
			SO_2	0.001～0.01
			CO	0.0005～0.002
			二噁英	$1～10ng \cdot m^{-3}$
			颗粒物②	
过程工业	硝酸工厂		NO_x	0.01～0.2
			N_2O	0.01～0.1
			HNO_3	痕量
			NH_3	痕量
	水泥煅烧	气体+固体	NO_x	0.01～0.3
	乙烯燃烧器	气体	NO_x	0.001～0.01
	冶炼厂	气体	SO_x	2～10

续表

工业	来源	燃料类型	气体排放	水平/%[①]
			NO_x	0.001～0.01
			重金属	<1（经洗涤后）
	煤气化	煤	NO_x	0.001～0.005
			SO_x	3～10
	工业加热器	气体	NO_x	0.001～0.01
	玻璃熔窑	气体	NO_x	0.02～0.05
			SO_2	0.05～0.15
	FCC 催化剂再生	气体	NO_x	0.005～0.2
	印刷工业等	溶剂	VOC	$1\sim10g\cdot m^{-3}$

① 氮氧化物水平取决于初始排放方式。

② 颗粒浓度取决于过滤器的使用（静电过滤器的下游）。

排放量可以表示为单位能量输入量（通常是燃料的低热值）、单位燃料消耗量或浓度。

为了更好地比较排放浓度，实际操作下的排放量必须对氧气进行校正，并添加或减去水以获得所需的氧气参考浓度和干燥条件。例如，干基烟气在一定参考氧浓度的 NO_x 浓度到 NO_x 的实际浓度的修正式为：

$$w'_{NO_x}=\frac{20.9-\dfrac{w'_{O_2}}{1-X_{H_2O}}}{20.9-w_{O_2}}(1-X_{H_2O})w_{NO_x}$$

式中，w'_{NO_x} 指实际 NO_x 浓度；w_{NO_x} 指干基烟气在一定参考氧含量下的 NO_x 浓度；w'_{O_2} 指实际氧气浓度；w_{O_2} 指参考氧气浓度；X_{H_2O} 是水的摩尔分数。

（1）NO_x 选择性催化还原（SCR）去除技术

NO_x 有多种来源，包括：由燃料中含氮化合物氧化、大气中的氮氧化形成的 NO_x 以及由中间物质（如 HCN）氧化而形成的瞬发性氮氧化物。

减少 NO_x 排放的方法有多种，具体如表 8-2 所示。例如，使用低 NO_x 燃烧器可降低 NO_x 的排放量，但往往会增加飞灰中未燃碳的含量，这可能会无法用于水泥生产。此外，主要措施可能无法充分有效地实现所需的 NO_x 减排。

在这些方法中，通常采用燃烧改性和催化烟气净化相结合的方法，如低 NO_x 燃烧器和 SCR。此外，选择性非催化还原（SNCR）可通过向炉内注入 NH_3 与下游 SCR 反应器相结合来实现。在氧燃料燃烧的中试试验中，NO_x 的排放量大大降低。在这里，燃料在纯氧或富氧空气中燃烧，废气再循环进入熔炉，以控制温度并补充缺失的氮气的体积。

表 8-2　减少废气中 NO_x 的方法

机理	技术	效率/%
降低峰温度	注水	40～70
	烟气再循环	40～80
	燃烧器熄火	30～60
	低过量空气燃烧(LEA)	15～20
限制热氮氧化物的形成	氧化燃料	70～90
峰值温度下较低的停留时间	低氮氧化物燃烧器，二次空气，分级燃烧，旋转对向燃烧等	30～70
NO_x 的催化还原	选择性催化还原(SCR)	70～98
	选择性非催化还原(SNCR)	25～50
	吸附还原 NO_x	60～90

在洗涤液中使用强氧化剂可将不溶性 NO 转化为可通过湿法洗涤/吸附去除的形式。干法包括将烟气通 CuO/Al_2O_3。这使得 SO_2 转化为 SO_3，并形成 $CuSO_4$。CuO 和 $CuSO_4$ 催化 NH_3 还原 NO_x，催化剂周期性再生为 CuO。

NO_x 与氨的 SCR 广泛用于烟气净化，最常用的催化剂类型是 V-Ti 氧化物整体式催化剂。这些催化剂通常也含有 WO_3 或 MoO_3。20 世纪 60 年代，V 首次被发现在 SCR 反应中具有催化活性，此后一直作为使用的主要催化剂。V 最佳负载量取决于其应用类型。由于气体中硫含量较高，V 含量必须处于较低水平以防止 SO_2 被催化氧化为 SO_3——这是一个动力学控制的反应。高温应用同样需要低水平的 V，以保持对 N_2 的选择性，SCR 过程中的两个主要反应是式(8-18) 和式(8-19)：

$$6NO+4NH_3 \longrightarrow 5N_2+6H_2O \tag{8-18}$$

$$4NO+4NH_3+O_2 \longrightarrow 4N_2+6H_2O \tag{8-19}$$

SCR 催化剂的主要要求包括：NO_x 脱除（$DeNO_x$）的高容量活性；低硫氧化活性；机械或磨损强度高；高抗失活性；价格低廉。

硫氧化反应受动力学控制，并取决于活性物质的质量。然而，SCR 反应在工业应用中最常见的是传质控制。这两种不同的反应动力学必须通过活性物质数量和暴露催化表面积大小来优化。

SCR 活性催化材料中，完全占主导地位的催化剂是基于 TiO_2 上的 V_2O_5-WO_3 或 V_2O_5-MoO_3，这种材料的优势在于它们不仅具有优异的性能，而且对废气中的有毒物质具有很好的抗毒性能。

载体材料的选择还取决于活性成分的活性及其稳定性。利用 Al_2O_3、ZrO_2 和 TiO_2 可以在工业温度下获得良好的 SCR 活性。然而，SiO_2 作为载体的催化剂通常活性较低，这是由于表面上缺少功能性硅醇基团，导致 V_2O_5 在其表面上的分散性较差。在 Al_2O_3、ZrO_2 和 TiO_2 三种载体材料中，仅 TiO_2 具有抗硫性，这对于工业高温应用来说是足够的，而 Al_2O_3 和 ZrO_2 则很容易产生硫酸盐，这可能会影响其活性和力学稳定性。

催化剂的活性与其使用的温度有关，在低温（$T<523K$）下，反应受到动力学控制，这意味着反应速率由活性成分的量或催化剂的总质量控制；在 $573K<T<723K$ 时，反应受到传质控制，可通过增加整体的几何表面积、增加单元数量和减小孔径（孔隙率）来优化活性。根据所采用的燃烧类型和所用的煤种，不同的应用具有不同的粉尘水平；此外，必须采用合适的孔径（孔隙率），以避免被飞灰堵塞。

V_2O_5 是大多数工业催化剂的活性成分，V 的最高含量取决于所用的载体材料。反应物在不含 SO_2 气体中，在 V 物种上的转化频率（TOF）随 V 负载量的增加而首先增加（见图 8-8），V 负载量为 3%（质量分数）时，其 TOF 约为 $17s^{-1}$，V 负载量再增加将导致 TOF 减小。当 V 负载量增加到 7%（质量分数）时，其 TOF 约为 $5s^{-1}$。向进料中添加 SO_2 得到了更高的活性，如图 8-9。增加的原因是载体材料被硫酸化，聚合钒簇的数量增加。在这种情况下，SO_2 的作用是通过占据部分自由载体材料，并通过这样做迫使 V 基物种聚集在一起并朝向聚合，诱导分离钒基物种转化为聚合物种。这可能不会对反应产生实际影响，因为工业 SCR 催化剂通常含有复合氧化物，例如 WO_3 或 MoO_3，尽管复合氧化物也可能在诱导分离的 V 物种向聚合物种迁移中起作用。

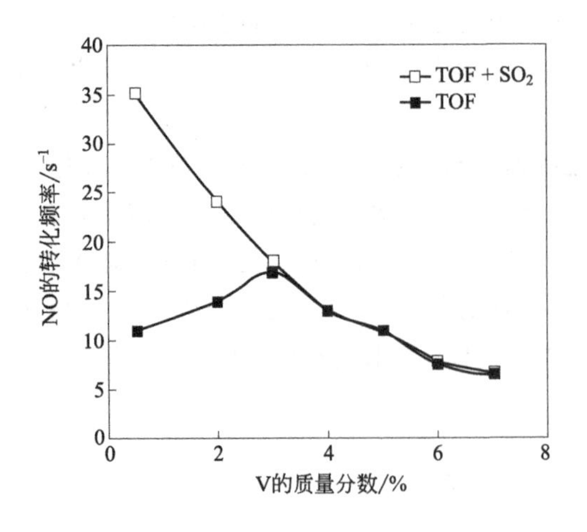

图 8-8　含和不含 SO_2 的气体中 V 的负载量对 TOF 的影响

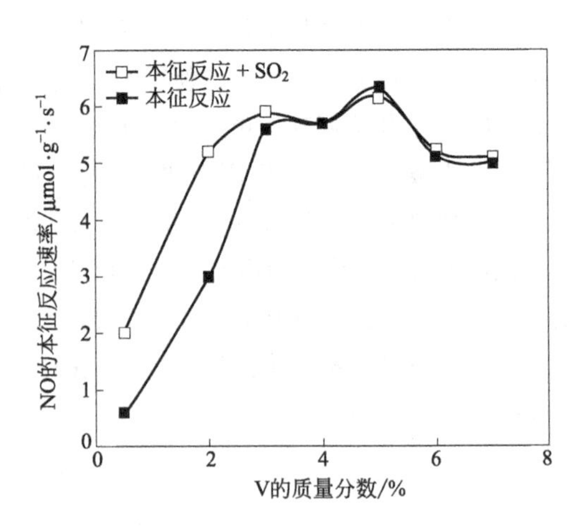

图 8-9　在 623K 的反应温度下，V 负载对含和不含 SO_2 气体中本征反应速率的影响

本征活性是催化剂上金属负载量的函数。对于 V 催化剂，催化剂的活化能随 V 含量的增加而降低。图 8-10 显示了 V_2O_5 负载量分别为 0.3$\mu mol \cdot m^{-2}$ 和 3.7$\mu mol \cdot m^{-2}$ 的两种催化剂的 Arrhenius 图，分别对应于 V_2O_5 的质量分数为 0.5%和 5%。

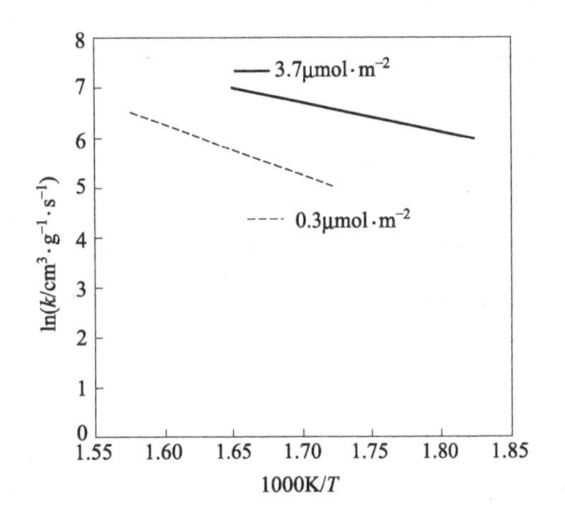

图 8-10　V_2O_5/TiO_2 催化 SCR 活性的 Arrhenius 曲线

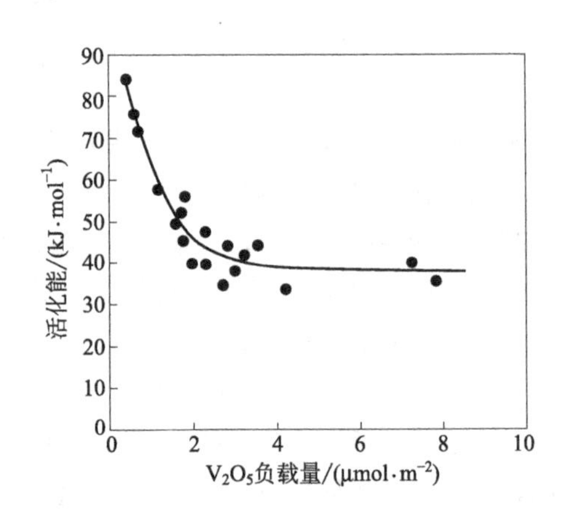

图 8-11　钒负载量对活化能的影响

TiO_2 表面 V_2O_5 的负载量对反应活化能的影响如图 8-11 所示。

反应活化能随钒离子的增加而显著降低，当 V_2O_5 的负载量达 2$\mu mol \cdot m^{-2}$ 时活化能降低最为显著，随着钒负载量增加超过该值，活化能的降低也受到限制。但 V_2O_5 的负载量增加对活性的影响并不明显，因为在活化能降低的同时，指前因子也降低了。在图 8-10 所示的情况下，指前因子从 $6.4 \times 10^9 cm^3 \cdot g^{-1} \cdot s^{-1}$ 降至 $8.4 \times 10^6 cm^3 \cdot g^{-1} \cdot s^{-1}$。对整个反应速率的影响大约是一个数量级。

在 V_2O_5-WO_3 和 V_2O_5-MoO_3 体系中，提供材料活性的是 V_2O_5，WO_3 和 MoO_3 用于阻止 TiO_2 从锐钛矿形式转化为金红石，金红石在用于 V_2O_5 载体时生成非活性材料。Amiridis 等的调查在 12 种不同的复合氧化物中，V_2O_5-WO_3 和 V_2O_5-MoO_3 的活性最高。

研究表明，复合物表面B酸位点的数量与活性呈正相关性。此外，WO_3 和 MoO_3 显示出最多的B酸中心。

V系催化剂上SCR反应机理。目前，大多数研究人员将该反应视为一种 Eley-Rideal（E-R）机理，氨吸附在表面，NO从气相反应，或作为弱吸附物种存在于表面。大多数吸附实验显示，NO在表面的吸附非常弱。但在低温（< 200℃）下，反应机理最好描述为 Langmuir-Hinshelwood（L-H）机制，即反应发生在表面吸附的 NH_3 和NO之间。

NH_3 和NO之间的反应可以通过三步进行，氨在B酸表面位置或V—OH物种上以快速反应吸附［式(8-20)］。式(8-21)为慢反应，是被吸附物种的活化，这为新的吸附步骤［式(8-21)］留下了一个可用的吸附位置。式(8-22)为吸附的 NH_3 和NO之间的反应：

$$NH_3 + M \longrightarrow NH_3 - M \tag{8-20}$$

$$NH_3 - M + S \longrightarrow NH_3 - S + M \tag{8-21}$$

$$NH_3 - S + NO \longrightarrow 产物 + S \tag{8-22}$$

式中，M和S分别为 V^{5+}—OH和 V^{5+}═O表面物种。研究还发现，表面的再氧化在整个动力学过程中起着重要作用。该理论源于在稳态动力学过程中观察到还原的V—OH(V^{4+}—OH)物种的事实。根据这些发现，$DeNO_x$ 催化循环包括两个相互作用的反应循环：酸-碱循环和氧化-还原循环（见图8-12）。

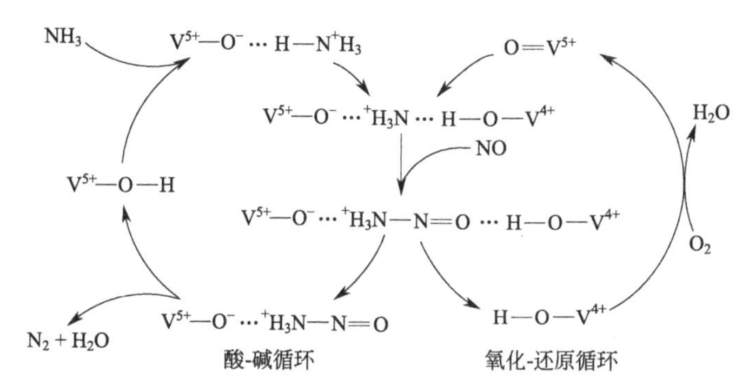

图8-12 V-Ti基催化剂上SCR反应的催化循环

SCR反应的动力学模型分为几个不同的部分，随着反应温度和反应物浓度的变化，动力学的控制机制可能不同。不同反应机理和控制机制如图8-13所示，该结果是通过使用含有1%和3% V_2O_5 且粒径分布为180～250μm的商业催化剂的实验得出的。

图8-13中显示，低温反应区域①中由L-H动力学描述，温度在150～200℃之间，反应在此时以1或接近1的有效系数（η）进行动力学控制。第②阶段发生在200～250℃之间。在该温度下，NO的吸附非常弱或不吸附，这表明反应机理正在向E-R动力学转变。反应仍然是动态控制的，有效因子接近1。在第③区域，机理仍然是E-R，但是由于反应速率增加，反应现在进入扩散限制区域。在第④区域，效率下降是由于 NH_3 的氧化反应。而在第⑤区域中，下降是由于 NH_3 从表面解吸，NH_3 的表面覆盖率因此限制了反应速率。

B酸的重要性已被许多基团所表征。用吡啶吸附红外光谱分析表明反应活性与B酸中心数量之间的相关性如图8-14所示。研究表明，不同的金属氧化物添加剂都能改变催化剂表面的酸性。钒和钛基催化剂的促进剂是金属氧化物 WO_3 和 MoO_3，它们显示出最多的B酸中心数，并且显示出最高的SCR活性。

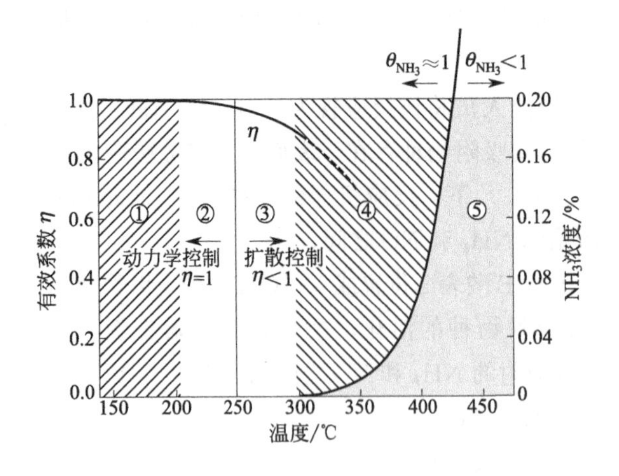

图 8-13　不同温度条件下 SCR 动力学的描述

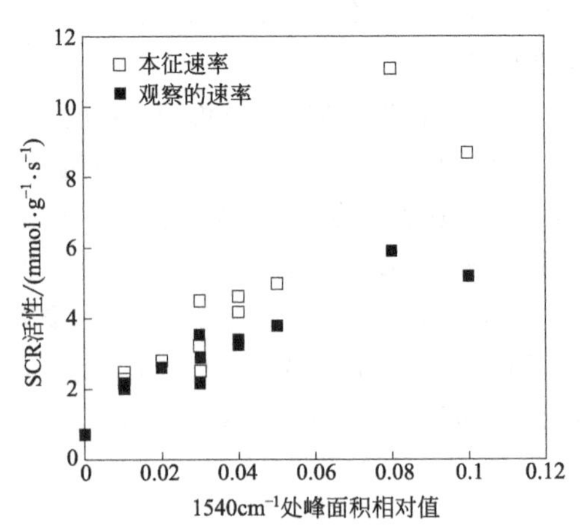

图 8-14　不同促进剂的 V-Ti 基催化剂上 B 酸位数量对观察到的反应速率和本征反应速率的影响（为了补偿催化剂颗粒内部的内扩散阻力，计算了本征反应速率）

如果气体中的 NO_2 含量增加，则 SCR 反应在 573K 温度下得到加强。通常，当 NO/NO_2 含量为 50/50 时，活性最高，超过 50%时，催化剂的效率会下降。有两种理论可以解释这种影响。第一个理论是，NO_2 提高了 V^{4+}—OH 位到 V^{5+}═O 位的再氧化速率。但该理论不能解释 NO/NO_2 含量为 50/50 时反应速率更快的事实。另一个有趣的理论是，NO_2 和 NO 形成的中间分子亚硝酸根氧化物 N_2O_3，其氧化状态与 NH_3 的氧化状态相反，因此可以在反应中起到对称作用，并且不需要像上面的平衡反应方程中那样添加氧气。

少量水对反应总速率有负影响，而对选择性有正影响，特别是在较高温度下。水的作用是与 NH_3 在表面上的竞争性吸附，减少了 SCR 反应的可用活性位点数量。对 N_2 选择性的影响是非常显著的，因此，不应在无水的情况下进行 SCR 催化剂性能的试验。

氧对 NO_x 还原速率及对 N_2O、NO 和 N_2 的选择性有重要的影响，如对 3% V_2O_5-9% WO_3/TiO_2 催化 NO_x 转化速率的影响，在较低温度下，对 NO_x 转化的影响更为显著，如果氧气含量从 2%增加到 15%，在 473K 时，转化效率可增加一倍。温度在 623～673K 附近时，SCR 反应通常对 N_2 具有选择性。在较高温度下，有形成 N_2O 和额外 NO 的趋势。选择性也与 V 含量有关，高 V 含量的催化剂在高温下选择性较差。

SCR 催化剂的失活通过几种机制发生，这在其他催化剂系统中也很常见：如化学中毒（如碱中毒）；表面污垢和/或孔隙堵塞；热老化/烧结造成的表面积损失。

SCR 催化剂的使用寿命通常根据主观标准或经验值来评估，具体取决于安装细节和催化剂类型。Khodayari 和 Odenbrand 描述了毒性积累和 SCR 性能的数学模型，并结合 SCR 动力学解释了外扩散和内扩散的影响。很难通过实验来量化每一种单独的失活机制的个别效果，即很难区分孔隙堵塞和化学中毒的相对重要性。为了克服这个问题，这些作者引入了毒物选择性因子。

为简单起见，SCR 反应通常被视为限制组分（通常为 NH_3）中的一级反应，质量平衡关系式为：

$$\frac{1}{k}=\frac{1}{k_g}+\frac{1}{\varepsilon k_{int}}$$

式中，k 是总反应速率常数；k_g 是气体膜的传质系数；εk_{int} 是表面积标准化的表观化学反应速率常数；ε 是有效系数。这意味着，在某种程度上，由于失活而导致的固有活性的降低将被传质所掩盖。由于 SCR 受扩散限制，最外层的失活将对催化剂的整体性能产生重大影响。

(2) 其他排放物的去除

① SO_x　通常采用 Topsoe WSA（Wet Sulfuric Acid）工艺。

WSA 工艺有多种类型，取决于应用、预处理原料气的温度和成分。WSA 过程的主要步骤如下：在 WSA 装置的上游对气体进行处理以去除其他酸性成分，如 HCl、HF、H_2S、COS、CS_2、有机硫化合物、砷和灰尘。该操作通常是通过使用碱性吸附剂和催化或热氧化方法进行。在使用合适的 V 催化剂将 SO_2 催化氧化为 SO_3 之前，将气体预热至约 673K：

$$SO_2+1/2O_2 \longrightarrow SO_3$$

气体随后冷却至 513～568K，或至少比锅炉中气态的 H_2SO_4 露点高 16K，其中大部分 SO_3 通过以下方式水合为 H_2SO_4 蒸气：

$$SO_3+1/2H_2O \longrightarrow H_2SO_4(\text{蒸汽})$$

最后，将蒸汽冷却至约 373K，放置于“WSA 冷凝器”的倒置风冷玻璃管，其中剩余的 SO_3 被水合，H_2SO_4 蒸气冷凝为浓硫酸，在接近气体 H_2SO_4 露点的温度下从 WSA 冷凝器底部排出：

$$H_2SO_4(\text{vap}) \longrightarrow 96\%\ H_2SO_4$$

硫酸的生成利用了蒸气的 90%以上。酸雾的形成通过异相成核控制和安装在玻璃管中的特殊内部构件来抑制。WSA 管束中的酸雾控制如图 8-15 所示。

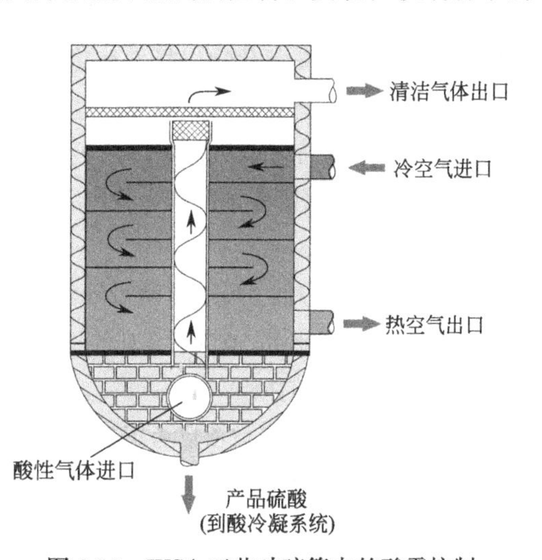

图 8-15　WSA 工艺玻璃管中的酸雾控制

② H_2S　通常通过克劳斯硫黄回收工艺，它在大多数情况下被转化为无毒和有用的元素硫。

H_2S 含量大于 25%的气体适用于克劳斯工艺。这些气体也可能含有 HCN、HCs、SO_2 或 NH_3，主要来源于工厂、煤气厂或合成气厂的物理和化学气体处理装置。主要反应方程式为：

$$2H_2S+O_2 \longrightarrow 2S+2H_2O$$

首先，使用胺萃取从气流中分离出 H_2S，并送入克劳斯装置，在克劳斯装置中，H_2S 通过两种途径实现转化：热途径和催化途径。

在热途径中，H_2S 在 1123K 以上部分氧化，元素 S 在下游冷却器中沉淀。除 H_2S 外，不含其他可燃物的克劳斯气体（酸性气体）在中央过滤器周围的喷枪中燃烧。含有氨的气体、酸性湿汽提塔气体（SWS 气体）或碳氢化合物在燃烧器火焰中转化。将充足的空气注入气流中，使所有碳氢化合物和氨完全燃烧。控制空气与酸气比，使三分之一的 H_2S 转化为 SO_2：

$$2H_2S+3O_2 \longrightarrow 2SO_2+2H_2O$$

通常，在热处理步骤中，该过程产生的元素硫总量的 60%～70%是在热处理步骤中获得的。该工艺广泛采用集成热交换和热气过程。

在催化步骤中，剩余的 H_2S 在较低温度（473～623K）下在 TiO_2 或 Al_2O_3 基催化剂上与燃烧产生的 SO_2 发生催化反应而形成硫。该反应称为克劳斯反应：

$$2H_2S+SO_2 \longrightarrow 3/2S_2+2H_2O$$

通常使用两段或三段催化来获得足够的转化率，通过每段之间的冷凝除去硫（图 8-16）。

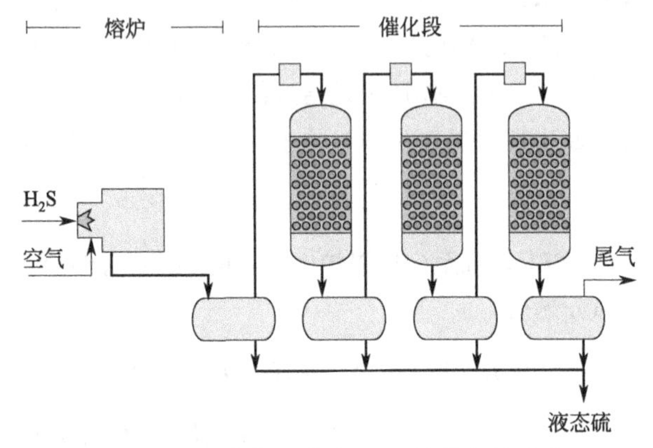

图 8-16　克劳斯工艺中 H_2S 转化为单质硫

少量 H_2S 残留在尾气中，并在尾气处理装置中进行处理，使得总硫回收率高达 99.8%。在克劳斯装置下游增加焚烧或尾气处理装置时，通常只安装两段催化装置。催化阶段的第一个工艺步骤是气体加热，这是防止硫在催化剂床层中冷凝而导致催化剂结垢的必要步骤。

克劳斯工艺已进行了许多改进，包括超级克劳斯法，在最后一个反应器中，α-Al_2O_3 载体催化剂上的 Fe 和 Cr 氧化物选择性地将 H_2S 氧化为硫，从而避免了 SO_2 的形成。此外，使用氧气克劳斯，燃烧空气与纯氧混合。这就减少了通过装置的氮气量，从而有可能提高产量。此外，具有更高比表面积和大孔隙率的更好的催化剂改善了性能。

确定了铬/氧化铝催化剂作为替代品，提出了 Ce-V 混合氧化物和 Fe-Mn-Zn-Ti-O 混合氧化物作为催化剂。

③ CO　气流中的 CO 通常通过催化方式氧化为 CO_2。对于 CO 的氧化，Pt 因其具有较低的起燃温度，通常比 Pd 或 Rh 等其他贵金属更受青睐。贵金属通常由 Al_2O_3 作为载体，以形成致密的颗粒层或整体。

④ CO_2　尽管大多数项目考虑在海洋或地下使用碳中性生物质或 CO_2 封存，但也可以通过氢气在硫化钨或过渡金属负载的 ZnO 催化剂上将其催化还原为 CO。使用铁催化剂的高压液相工艺（373K，10^7Pa，盐酸）可以以合理的产量生产碳氢化合物。

近年来，CO_2 转化为更有价值的化学物质引起了人们极大的研究兴趣，通过太阳能和/或电力输入能量转化 CO_2 是缓解能源和环境危机的一种很有前途的方法。我们将在后续章节进行介绍。

⑤ 碳氢化合物　挥发性有机化合物（VOCs）的多样性源于其来源广。这些气体可通过热

焚烧、化学洗涤或吸附等方法处理。此外，催化氧化被广泛应用，废气通常被预热到催化剂活性的最低温度。催化氧化特别适合处理低浓度的 VOCs，进料-流体热交换可用于提高能源效率。操作温度取决于催化剂类型和 VOCs 的浓度、气体线性流速、操作压力、催化剂几何形状、床层长度和 VOCs 浓度。该工艺可设计为带预热的单固定床（见图 8-17），也可设计为以循环模式运行两个床层的再生过程，其中一个床层起预热器的作用，而另一个床层起催化氧化反应器的作用。图 8-18 示出了该方案。氧化反应的高放热性质可能需要仔细的工艺设计和控制。

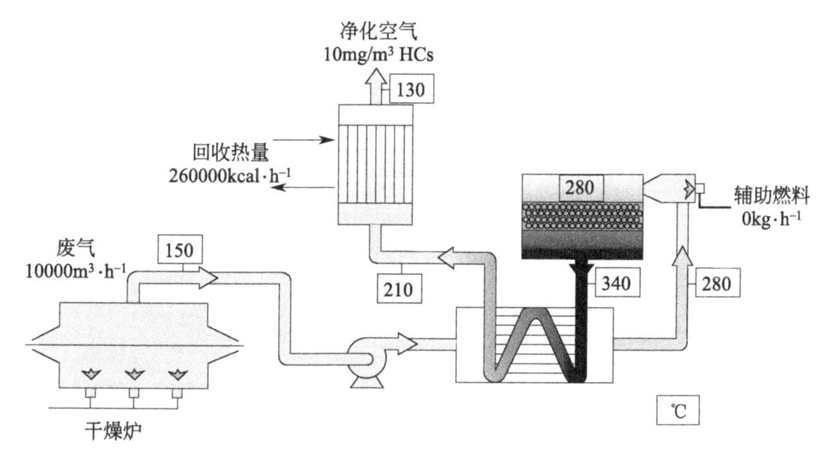

图 8-17　催化氧化工艺在进料/回流换热器和支撑燃烧器中预热的工艺布局

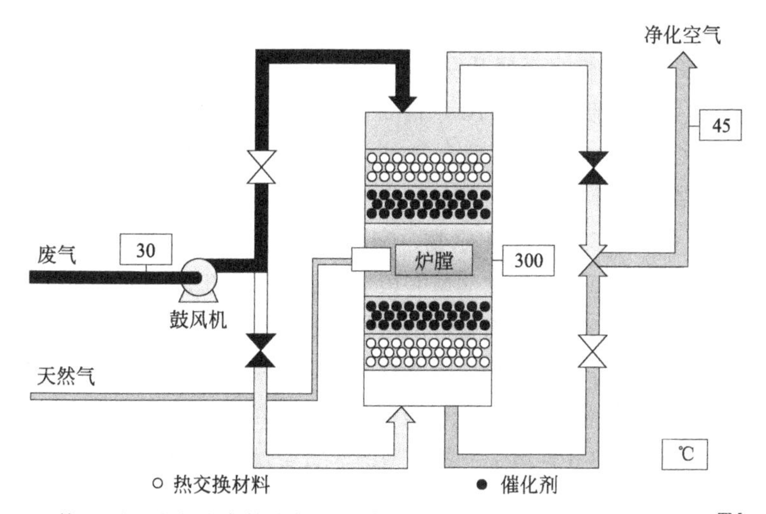

图 8-18　使用再生热交换床催化氧化的简化工艺方案（Topsoe REGENOX^{TM} 过程）

贵金属催化剂 Pt 或 Pd 被广泛应用于 VOCs 和 CO 的氧化反应中，无论是整体形式还是颗粒形式，贵金属通常都以高比表面积氧化铝为载体，可以提高其热稳定性。由于贵金属价格昂贵，过渡金属氧化物催化剂等也得到了广泛的研究和应用。例如，CuO、V_2O_5、NiO、MoO_3、Cr_2O_3、MnO_x、沸石和钙钛矿等混合氧化物都表现出催化氧化活性。

8.2.3　挥发性有机化合物的催化燃烧

催化燃烧是用催化剂使废气中可燃物质或燃料在较低温度下氧化的方法。所以，催化燃烧又称为催化化学转化。由于催化剂加速了氧化分解的历程，大多数碳氢化合物在573～723K的温度时，通过催化剂就可以氧化完全。

基于气相自由基化学，催化燃烧可以在较宽的浓度范围和较低的温度下实现稳定有效的燃烧。因此，在许多制造和能源转换过程中，它通常用于减少气体排放。与热力燃烧法相比，催化燃烧所需的辅助燃料少，能量消耗低，设备设施的体积小。

图8-19显示了一种催化燃烧室示意图。中间区域用于将任何CO和HCs转化为CO_2和H_2O等产品，然后是稀释区，以准备进入涡轮部分的燃烧室废气。

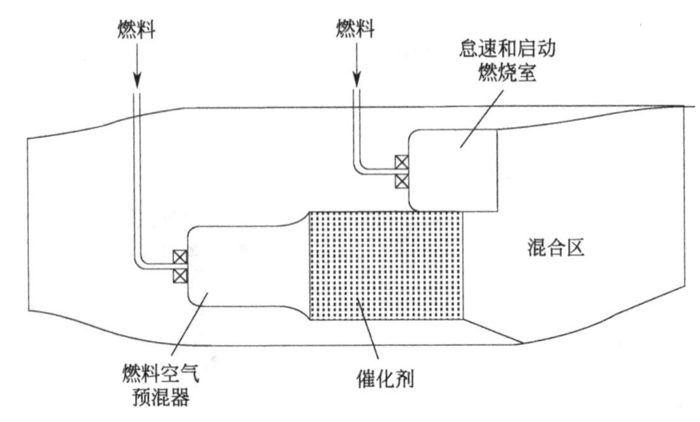

图8-19　催化燃烧系统示意图

催化剂是催化燃烧法的核心，一种好的催化剂必须具备催化活性高、热稳定性好、强度高、寿命长等特性。

采用负载Pt、Pd等高活性贵金属开发的新型催化剂在低温下对VOCs的完全氧化表现出良好的活性。典型的例子包括Pd/Mg-Al水滑石、Pd/Al_2O_3、Pd/ZrO_2、PdO/SnO_2、含Pt整体碳气凝胶、Pt/Al_2O_3等。非贵金属氧化物催化剂被认为是Pt和Pd的低成本替代品，如Cu-NaHY、Cu/Mg/Al水滑石、Cu/TiO_2、$Zn\text{-}Co/Al_2O_3$、Au/CeO_2、Au/氧化铁、U_3O_8/SiO_2、$V/MgAl_2O_4$、Co-Fe-Cu混合氧化物、Mn掺杂ZrO_2、Fe掺杂ZrO_2和$V_2O_5\text{-}WO_3/TiO_2$。VOCs燃烧非贵金属氧化物催化剂研究虽然取得了重大进展，但仍有一些挑战需要进一步研究。例如，负载型钒酸催化剂具有优异的活性、选择性和抗SO_2中毒性，此外，钒催化剂在Cl_2-HCl环境中表现出良好的稳定性，因此它们有可能用于同时去除NO_x和氯化VOCs，这明显提高了工业废气处理的经济优势。但钒酸催化剂的腐蚀性仍然是阻碍其广泛应用的一个问题，尤其是对于湿气流。表8-3列出了一些典型的非贵金属催化剂，作为该领域可能的新研究方向。

表8-3　非贵金属催化剂上VOCs燃烧的催化转化研究进展

催化剂	VOCs体积分数/%	VOCs转化/%	温度/K
CeO_2	三氯乙烯0.1	90	478
CeO_2	三氯乙烯0.1	90	763
ZrO_2	三氯乙烯0.1	90	773
$Ce_{0.5}Zr_{0.5}O_2$	三氯乙烯0.1	90	738
$Ce_{0.15}Zr_{0.85}O_2$	三氯乙烯0.1	90	723
CeO_2	甲苯0.7	50	873
Au/CeO_2	甲苯0.7	100	633

续表

催化剂	VOCs 体积分数/%	VOCs 转化/%	温度/K
Au/TiO_2	己烷 0.125%	98	613
$Au/\gamma\text{-}MnO_2$	己烷 0.0125%	100	443
Cr-Cu/HZSM	三氯乙烯 0.25	94.2	673
$\gamma\text{-}MnO_2$	己烷 0.0125	100	453
$Mn_{0.4}Cr_{0.6}O_2$	二氯乙烯 0.1	100	723
$Mn_{0.4}Cr_{0.6}O_2$	三氯乙烯 0.1	100	823
Mn-Zr	甲苯 0.35	100	533
$Mn_{0.67}\text{-}Cu_{0.33}$	甲苯 0.35	100	493
Mn-Ce	乙醇 0.16	100	443
Mn-Cu	乙醇 1	100	478
$LaFe_{0.7}Ni_{0.3}O_3$	乙醇 1	50	493
$LaFe_{0.7}Ni_{0.3}O_3$	乙酰乙酸 1	50	555
$20\%LaCoO_3/Ce_{0.9}Zr_{0.1}O_2$	甲苯 0.1	50	265
$10\%LaCoO_3/Ce_{0.9}Zr_{0.1}O_2$	甲苯 0.1	50	541
$Ce_{0.9}Zr_{0.1}O_2$	甲苯 0.1	50	568
Cr-铝柱撑膨润土	氯苯 0.57	100	873
Cr-铝柱撑膨润土	二甲苯 0.57	100	873
Ag-HY	乙酸丁酯 0.1	100	673
Ag-HZSM-5	乙酸丁酯 0.1	100	673
Ag-HY	甲苯 0.1	100	563
Ag-HY	甲乙酮 0.1	100	533

(1) 混合金属氧化物

CeO_2 基催化剂由于其储氧能力的独特性，在 VOCs 氧化反应中表现出很强的活性。用其他金属氧化物修饰 CeO_2，例如用 Zr^{4+} 部分取代晶格结构中的 Ce^{4+}，可以提高催化剂的储氧能力、氧化还原性能和耐热性，并提高低温下的催化活性。

(2) 钙钛矿催化剂

对于通式 ABO_3 表示的钙钛矿，用具有类似氧化状态和离子比的 B' 部分取代阳离子 B（以生成描述为 $AB_yB'O_{1-y}O_3$ 的钙钛矿）可以提高催化剂的稳定性或提高氧化还原效率。由于钙钛矿的比表面积通常较低，提高钙钛矿催化剂活性的另一种方法是将钙钛矿物种装载到具有更高比表面积的活性载体上。与大块钙钛矿催化剂相比，$CeO_2\text{-}ZrO_2$ 载体表面高度分散的 $LaCoO_3$ 物种降低了起燃温度，并将反应速率提高了一个数量级。

(3) 含 Au 催化剂

用于 VOCs 燃烧的 Au 催化剂的性能在很大程度上取决于 Au 颗粒的大小以及载体的性质，因此受到制备方法和预处理条件的强烈影响。此外，Au 可以增加载体的氧迁移率，从而提高催化剂对 VOCs 氧化的整体活性。如表 8-3 所示，Au/CeO_2 催化剂表现出比 CeO_2 更高的甲苯催化燃烧活性。对于沉积沉淀法（DP）制备的 Au/Ce-DP 催化剂，甲苯转化起始温度约为 200℃，在 360℃时转化率为 100%。相比之下，共沉淀（CP）制备的 Au/Ce-CP 催化剂和 CeO_2 催化剂的起燃温度分别比 Au/Ce-DP 催化剂高 200℃和 300℃。

此外，Mn 基催化剂因其具有高活性、低成本、环境友好、催化氧化性能好等优点而备受关注。Mn 基氧化物可分为四类：①单一锰氧化物（MnO_x）；②负载锰氧化物（MnO_x/载体）；③复合锰氧化物（MnO_x-X）；④特殊结晶锰氧化物（$SMnO_x$）。这些锰基氧化物被广泛用作消除气体污染物的催化剂，如 NH_3 选择性催化还原 NO_x、挥发性有机物催化燃烧、Hg^0 氧化与吸附、碳烟氧化等环境应用。

8.2.4 室内空气催化净化

室内常见的空气污染物及其主要来源可以总结如表 8-4 所示。从表 8-4 可以看出，化学性污染和生物性污染最为突出，且人为污染是主要污染源。因此，采取切实有效的措施以控制此两类污染显得尤为重要。

表 8-4 主要室内污染物

污染物	主要排放源
过敏原	灰尘、宠物、昆虫
石棉	防火材料、绝缘材料
CO_2	生理代谢、燃料燃烧、车库机动车尾气
CO	燃料燃烧、锅炉、壁橱、吸烟
甲醛	实木板释放、绝缘材料、家具
微生物	人类、动物、植物产生或空调产生
NO_2	室外空气、燃料燃烧、车库机动车尾气
有机物	黏合剂、溶剂、建筑材料、挥发过程、燃烧、涂料、吸烟
O_3	光化学反应
颗粒物	气流扰动重悬浮、吸烟、燃烧产物
多环芳烃	燃料燃烧、吸烟
花粉	室外空气、树木、草、种子、绿植
Rn	土壤、建筑材料(混凝土、石材)
真菌孢子	土壤、绿植、粮食
SO_2	室外空气、燃料燃烧

控制室内空气污染主要有消除污染源、加强室内空气流通和净化污染物三种途径。其中，通过净化技术控制室内污染成为改善室内环境的有效手段。

室内空气净化技术主要包括物理吸附技术和催化技术。物理吸附技术利用活性炭、硅胶和分子筛等高比表面积材料吸附空气中的污染物，选择性好，对低浓度污染物清除效率高，且操作方便。缺点是吸附剂需要定期更换，常伴有二次污染。催化技术则一定程度弥补了其缺点。本节将主要介绍光催化技术、热催化氧化以及低温等离子体催化净化技术，同时介绍微生物的常温催化净化技术。

8.2.4.1 室内空气光催化净化

(1) 光催化原理

光催化是基于光催化剂在光照条件下促进反应进行的催化氧化还原反应。1972 年，Fujishima A 和 Honda K 发现在受紫外线照射的 TiO_2-Pt 电极对上可以持续发生水的氧化还原反应生成 O_2 和 H_2。20 世纪 80 年代，光催化在环境净化和有机合成反应中的应用发展迅速，已成为日益受到重视的一项污染治理新技术。光催化反应机理如图 8-20 所示，半导体受到能量大于其禁带宽度的光辐照时，半导体价带（VB）中的电子会吸收光子的能量，跃迁到导带(CB)，从而在导带产生自由电子（e^-），同时在价带产生空穴（h^+），该过程为价带电子的光激发过程。而激发的电子和空穴可分别参与还原反应和氧化反应。

根据激发过程，禁带宽度直接决定了光催化剂能够吸收利用光的最长波长。禁带宽度足够低时，光催化剂才可能有效利用可见光成分。研究者提出，合适的光催化剂必须具有如下条

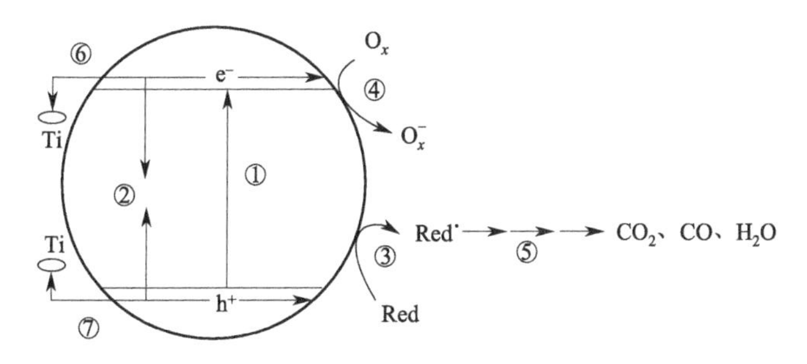

图 8-20　光催化空气净化作用机理示意图

①光激发电子跃迁；②电子和空穴的复合；③价带空穴氧化吸附物的过程；
④导带电子还原表面吸附物；⑤进一步的热反应或光催化反应；⑥半导体表面悬挂
空键对导带电子的捕获；⑦半导体表面钛羟基对价带空穴的捕获

件：具有光催化活性（即价带和导带位置与反应体系匹配）；最好能吸收可见光或至少吸收紫外线（禁带宽度适合）；呈现光蚀惰性及生物惰性；最好廉价。

（2）常见光催化剂

光催化剂多为半导体，研究最为广泛的光催化剂为 TiO_2，其他一些常见的光催化剂还包括 $SrTiO_3$、GaAs、$MoSe_2$、CdS、WO_3 等，均为典型的半导体材料。近年来，含 Fe 的铁氧体材料也受到较大关注，包括 $BaFe_2O_4$、$CoFe_2O_4$、$NiFe_2O_4$、$ZnFe_2O_4$、$CaFe_2O_4$、$MnFe_2O_4$、$CuFe_2O_4$、Fe_3O_4 等。几种铁氧体与其他常见光催化剂价带、导带位置相当，决定了其潜在的应用前景。铁氧体相比于 TiO_2，禁带宽度更窄，因而能有效利用丰富的可见光资源。此外，铁氧体一般具有良好铁磁性，对于其固定、脱离污染体系等均更易操作。

（3）光催化净化室内污染物

光催化剂广泛应用于室内空气净化方面，由于实验条件温和，而具有良好的应用前景。贵金属（Pt，Pd，Ag）负载的 TiO_2（P25）在光催化净化乙醛的研究中应用广泛。如图 8-21 所示，湿度在 50%时，Pt 的添加大大提高了纯 TiO_2 的光催化活性，这是由于水分子的存在促进了 $O_2^{-\bullet}$、•OH 自由基的形成。在室温条件下，Pt/CeO_2-TiO_2 具有较好光催化去除甲苯的活性。

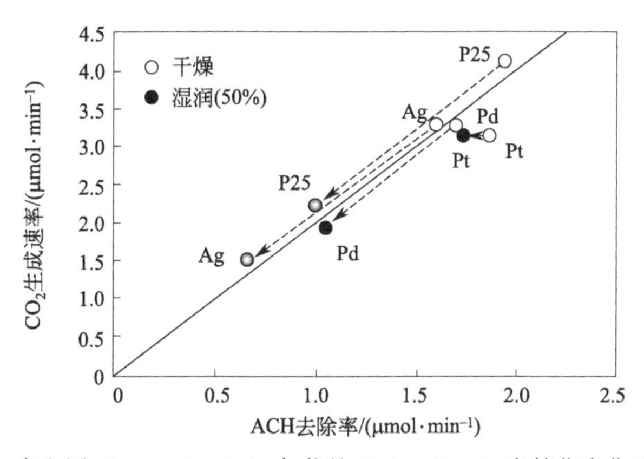

图 8-21　贵金属（Pt，Pd，Ag）负载的 TiO_2（P25）光催化净化乙醛性能

8.2.4.2 室内空气常温催化净化

原理上，现有的 VOCs 催化燃烧技术与室内 VOCs 的净化没有本质区别。其关键差异在于室内空气净化需要室温常压环境，对催化剂性能提出更高要求。目前，已成功研制出可室温条件下催化净化 CO、甲醛的催化材料，并在室内空气净化方面展现出良好的应用前景。

常温室内甲醛初期研究主要集中于甲醛催化氧化上。Sekine Y 等对 Ag_2O、PdO、Fe_2O_3、ZnO、CeO_2、CuO、MnO_2、Mn_3O_4、CoO、TiO_2、WO_3、La_2O_3 和 V_2O_5 等金属氧化物室温下对密闭体系中甲醛的分解进行了研究（见表 8-5），发现 MnO_2 室温下可氧化分解甲醛为 CO_2 和 H_2O，有望作为净化室内甲醛材料的活性组分。

表 8-5 室温下金属氧化物对甲醛的分解活性对比

金属氧化物	甲醛含量/%	去除效率/%	单位比表面积(m^2)每克金属氧化物上去除效率/%	CO_2/%	ΔCO_2/%
Ag_2O	0.005	93	52	0.05	−0.020
MnO_2	0.007	91	3	0.1	0.030
TiO_2	0.016	79	19	0.07	0
CeO_2	0.03	60	8	0.075	0.005
CoO	0.03	60	5	0.075	0.005
Mn_3O_4	0.035	53	6	0.08	0.010
PdO	0.035	53	7	0.07	0
WO_3	0.045	40	14	0.07	0
Fe_2O_3	0.06	20	6	0.08	0.010
CuO	0.06	20	11	0.07	0
V_2O_5	0.07	7	2	0.07	0
ZnO	0.07	7	3	0.07	0
La_2O_3	0.075	0	0	0.06	−0.010
对照	0.075	—	—	0.07	—

贵金属催化剂是目前最接近室温条件催化氧化甲醛的催化剂。到目前为止，利用催化氧化技术仅仅实现了对甲醛的室温催化氧化，而针对室内其他主要 VOCs 如乙醛、环已酮以及苯系物等的催化氧化在室温下还难以实现。在众多应用于醛酮类和苯系物催化氧化的贵金属、过渡金属氧化物催化剂中，完全分解上述污染物的最低反应温度分别在 200℃和 150℃以上。从研究现状和发展趋势看，开发可室温催化氧化室内其他有机污染物的催化材料也具有很大难度。

8.2.4.3 低温等离子体协同催化技术

近年来兴起的低温等离子体催化（Non-Thermal Plasma Catalysis）结合了低温等离子体和催化反应的优点，在有效弥补两种净化技术不足的同时，充分发挥了催化剂和低温等离子体之间的协同作用，在环境污染物处理方面引起极大关注，被认为是环境污染物处理领域很有发展前途的高新技术之一，有望实现在室内 VOCs 净化中的实际应用。

低温等离子体主要是通过气体放电产生。目前利用的主要是介质阻挡放电（Dielectric Barrier Discharge）。介质阻挡放电产生于由电介质隔开的两个电极之间，当两极间加上足够高的交流电压时，电极间隙的气体会被击穿而产生放电。介质阻挡放电结合了辉光放电和电晕放电的优点，具有电子密度高和可在常压产生大面积的低温等离子体的特点，具有大规模工业应用的可能性。

将催化剂引入低温等离子体，则低温等离子体和催化反应之间存在协同作用。一方面，在低温等离子体空间内富集了大量极活泼的如离子、电子、激发态的原子、分子及自由基等含有巨大能量的高活性物种。活性粒子一方面活化了反应分子，另一方面活化了催化剂中心。因此，可使常规条件下需要很高活化能（加热到300℃以上）才能实现的催化反应在室温条件下即可顺利进行，大大减少了能耗。另外，催化剂的存在还可促进等离子体产生的副产物完全氧化和臭氧分解反应，消除二次污染。必须指出，低温等离子体和催化剂之间的相互作用十分复杂，关于二者协同作用的机理并没有非常明确的解释，还需要更加深入的研究。

多种催化剂已用于低温等离子体催化反应，主要包括光催化剂、金属氧化物催化剂、贵金属催化剂及分子筛类等。典型的催化剂有 TiO_2、MnO_2、Pt/Al_2O_3、Al_2O_3、铁锰氧化物、ZSM-5 和 CoO_x 等。

Subrahmanyam C H 等设计了一种新式介质阻挡低温等离子体催化反应器，结构如图 8-22 所示，采用其研究甲苯净化，甲苯转化率如图 8-23 所示。可以看出，在 $235J \cdot l^{-1}$ 的能量输入密度下，对于负载有 Mn 或 Co 氧化物的烧结金属纤维（SMF），甲苯转化率可以达到 100%。

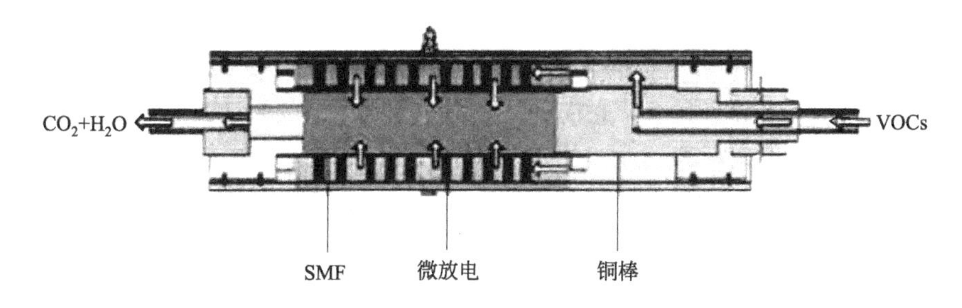

图 8-22　新式介质阻挡低温等离子体催化反应器

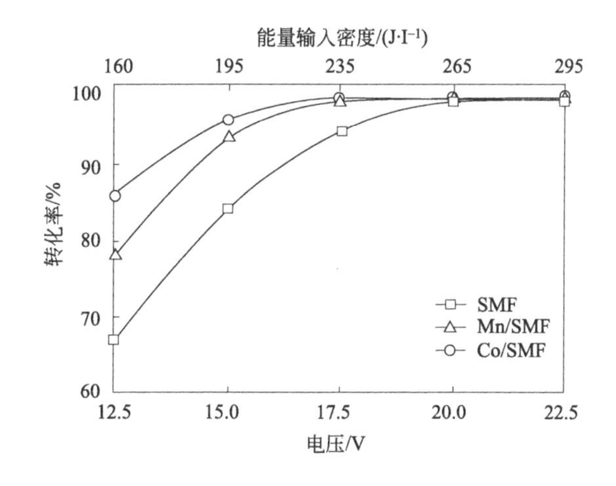

图 8-23　低温等离子体催化净化甲苯性能

在放电等离子体处理 VOCs 的过程中，臭氧作为强活性氧化物质对 VOCs 的氧化降解起积极作用，但若降解后最终排放气的臭氧浓度过高，也将造成空气污染。Futamum S 等研究发现，MnO_2 能够加速 O_3 向 O_2 的转化，可以作为放电等离子体反应器的后处理改善最终的排气品质，并且转化过程生成的活性氧物种可能对 MnO_2 分解 VOCs 起到作用。

8.3　水处理过程中的多相催化

工业化、农业的集约化和人口的增长产生了大量的废水，威胁着全球的水资源。清洁的水是人类健康发展的主要基础，世界各国都制定了旨在保护或恢复优质水体的法规。除了可能导致严重感染的微生物污染外，水受到各种化学物质的污染也是另一个主要问题。

一般来说，最好的去除方法是实现生物降解。但是，许多化学物质，尤其是化学工业和相关工业产生的工业废水中的化学物质，如一些杀虫剂、塑化剂、药品和其他物质，生物降解性低，速度慢，甚至完全抗生物处理。这种生物不相容物质只能通过化学（主要是氧化）过程有效地处理。

化学水和废水处理工艺可分为“氧化”和“还原”两类。氧化过程，包括湿空气氧化法、芬顿（Fenton）法和光催化法，有着悠久的历史，因此无论从研究和技术角度来看，都比加氢脱氯（HDC）和加氢脱硝（HDN）两种新兴的还原工艺更为重要，这两种方法仍然是一个有兴趣的研究课题。

8.3.1 污水中化学需氧量的催化降解

水修复的大多数化学技术都是氧化过程，主要目的是减少工业废水中各种类型有机物产生的化学耗氧量（CODs)。根据水中的化学耗氧量，可采用不同的氧化工艺。直接焚烧用于CODs高于 $200g \cdot L^{-1}$，在该条件下，它们以自热方式运行。在 $20 \sim 200g \cdot L^{-1}$ 之间的大量中等CODs最好通过湿空气氧化（WAO）工艺进行处理，具体包括常规湿式氧化、超临界水氧化（SCWO）或催化湿式氧化（CWAO)，在这些情况下，有机物在高温和高压下被氧气氧化。在CODs很低的情况下，主要通过羟基自由基（·OH）的氧化，被称为“高级氧化工艺”（AOPs)。产生羟基自由基的不同途径，AOPs具体有Fenton过程、光催化、光解、声分解、辐照或电化学过程等。实际上，为了提高AOPs的整体效率和经济性，通常会将两个甚至更多的过程结合起来。AOPs不仅能脱除CODs，对水中其他形式的污染物也有氧化脱除效果。下面重点对湿空气氧化和高级氧化展开讲述。

8.3.1.1 湿空气氧化

WAO是指在高温和高压下，在水溶液或悬浮液中用空气或分子氧氧化有机和/或无机化合物。WAO工艺可细分为常规WAO、超临界水氧化（SCWO）和催化湿式空气氧化（CWAO)，这些将在下文中单独讨论，主要集中在CWAO。

WAO工艺是第一个应用于废水处理的氧化工艺。目前仍有很多厂家在运行该工艺，反映了其持续的重要性。

（1）常规湿式氧化

原则上，任何形式的有机物都可以用WAO处理，一些无机物也可以用WAO处理，比如氰化物或腈类。有机化合物根据简化的反应方案反应，该方案包括通过几个中间体的平行和连续反应，如图8-24所示。反应速率通常随着分子中氧含量的增加而降低。因此，高含氧物质，特别是乙酸和丙酸，在常见的反应条件下能够抵抗进一步氧化为 CO_2 和 H_2O；这些物质只能在反应温度高于593K或借助催化剂进一步降解。普通WAO工厂的CODs去除率在75%～90%之间，然后进行常规生物处理，以达到可接受的排放CODs水平。

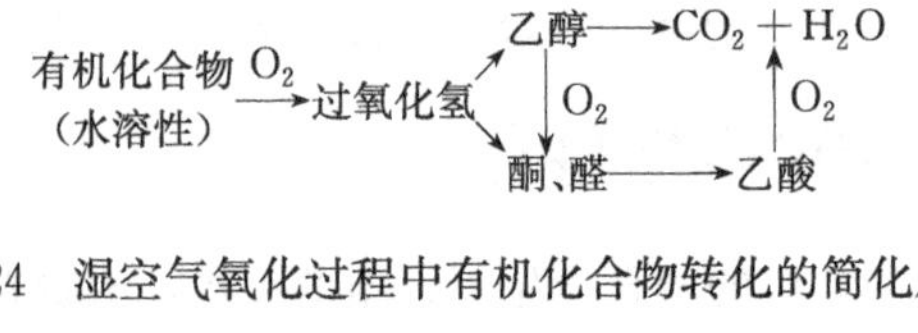

图8-24 湿空气氧化过程中有机化合物转化的简化反应图

WAO 通过一个相当复杂的自由基链机制进行，该机制是由氧对最弱的 C—H 键的攻击引起的。其作用机制包括过氧化氢、氧自由基和过氧自由基。过氧自由基的脱羧作用导致二氧化碳的形成。

(2) 超临界水氧化

如果 WAO 是在水的临界点以上的反应条件下进行的（即 647K、22.1MPa），则该过程称为超临界水氧化（SCWO）。超临界水氧化工艺的反应条件非常剧烈，一般在 773～973K 和 24～50MPa 之间。

与传统的 WAO 相比，在 SCWO 条件下，有机物完全矿化成 CO_2 和 H_2O，反应时间通常不到 1min。如果存在杂原子，如卤素、硫或磷，则分别转化为卤化氢、H_2SO_4 或 H_3PO_4。有机结合态氮在超临界条件下转化为 N_2，而传统的 WAO 主要转化为 NH_3。与 WAO 一样，在正常反应条件下，SCWO 工厂不会排放二噁英或 NO_x 等有害成分。

超临界相的特征包括产生低黏度、低密度、低离子产物、低极性和高扩散常数。由于超临界相的高反应温度和高扩散常数，实现了高反应速率，这可以通过使用催化剂进一步提高。超临界相的低极性导致极性组分特别是盐的沉淀。盐沉淀是超临界水氧化工艺的一个主要缺陷，强氧化条件和非常高的温度而导致腐蚀。因此，在选择反应器和前后处理设备的材料时必须特别注意。

(3) 催化湿式氧化

催化湿式氧化（CWAO）可以降低反应温度、压力和停留时间，从而降低投资成本和大量节能。CWAO 通常在 373～473K 的温度和 0.1～2MPa 的压力下进行。此外，在 CWAO 工艺中，难降解化合物如乙酸或氨在催化剂的作用下于温和的反应条件下实现。

在均相 CWAO 中，反应在气相氧化剂（空气或氧气）和水相中去除的 CODs 组成的两相系统中进行，催化剂也在其中溶解。过渡金属，如 Fe、Mn 或 Cu，以盐的形式被用作溶解催化剂，其中 Cu 被证明是最活跃的金属。当两种或三种金属组合使用时，会产生协同效应。反应机理与未催化的 WAO 过程的反应机理相似，并通过自由基进行，自由基的生成由金属离子催化。

已经开发了一些均相 CWAO 工艺，但它们在一些关键点上有所不同（见表 8-6）。通过添加醌或 H_2O_2 促进自由基的形成，可被视为 LOPROX、Hoffmann-La-Roche 和 ORCAN 过程的特征。而 WPO 工艺是在 CWAO 反应条件下运行的 Fenton 工艺。

表 8-6 均相催化湿式氧化工艺

工艺	催化剂	温度/K	压力/MPa	COD 去除效率/%
Ciba-Geigy	Cu^{2+}	573	16	95～99
LOPROX	Fe^{2+}+醌类	<473	0.5～2	85～90
Hoffmann-La-Roche	Fe^{2+}+蒽醌	503	3.5	>70
ORCAN	$Fe^{2+}+O_2+H_2O_2$	393	0.3	未测定
ATHOS	Cu^{2+}	508	4	75
WPO	$Fe^{2+}+H_2O_2$	363～403	0.1～0.5	<98

在均相 CWAO 中，金属催化剂的回收通常是通过沉淀来完成的。必须特别注意避免金属放电，尤其是使用 Cu 等有毒金属时。

由于采用固体催化剂可以克服均相 CWAO 工艺的这些缺点，许多过渡金属氧化物和负载型贵金属催化剂已在非均相 CWAO 中进行了测试，主要用于去除难降解的模型化合物，如酚类、有机酸和氨。

单金属氧化物和混合金属氧化物，无论是否负载到载体上，都可以用作金属氧化物催化剂。金属催化剂中，Cu受到特别关注，因为它通常具有较高活性。此外，含铜的混合金属氧化物比单独的氧化铜（CuO）更活跃。

非均相CWAO的反应机理比非催化WAO和均相CWAO的反应机理要复杂一些。其通常在三相反应器中进行，包括鼓泡塔、浆液、固定床和滴流床反应器。内部和外部传质限制对CWAO反应速率的影响。

8.3.1.2 高级氧化工艺（AOPs）

(1) 传统芬顿工艺

传统芬顿（Fenton）工艺最重要的反应是经典的均相芬顿反应。在这种情况下，过氧化氢和亚铁离子（Fe^{2+}）产生的羟基自由基遵循式(8-23)：

$$Fe^{2+} + H_2O_2 \longrightarrow Fe^{3+} + \cdot OH + OH^- \tag{8-23}$$

在芬顿型工艺中，铁离子（Fe^{3+}）通过 $FeO(OH_2)^+$ 作为中间产物与过氧化氢反应：

$$Fe^{3+} + H_2O_2 \longrightarrow Fe^{2+} + HO_2\cdot + H^+ \tag{8-24}$$

随后 $HO_2\cdot$ 再与 H_2O_2 反应：

$$HO_2\cdot + H_2O_2 \longrightarrow H_2O + \cdot OH + O_2 \tag{8-25}$$

式(8-23) 中的 Fe^{2+} 以及式(8-24) 中的 Fe^{3+} 均可被视为均相催化剂。此外，铁矿物（通常是针铁矿 α-FeOOH）或纳米膜或沸石ZSM-5上负载的铁可用于非均相芬顿反应。对于该反应，尚不清楚 Fe^{2+} 的溶解以及式(8-23) 中的均相芬顿反应是否是催化剂表面发生 $\cdot OH$ 非均相反应。很可能，这两种反应类型都参与了非均相芬顿过程。

传统的芬顿法已用于各种污染物的处理（见表8-7）。在某些情况下，污染物的完全矿化是可以实现的，然而，一些污染物，如正构烷烃、三氯乙烷、四氯化碳、氯仿和二氯甲烷，以及氧化处理过程中形成的一些其他化合物，如短链羧酸（例如乙酸、草酸、丙二酸和马来酸）或丙酮，传统的芬顿法是难以完全矿化的。因此，传统芬顿工艺的应用仅限于特殊污染物，这些污染物要么完全矿化，要么转化为在随后的生物处理步骤中易于降解的化合物。

表 8-7 利用传统芬顿工艺处理水的研究

污染物分类	污染物	芬顿试剂
芳族化合物	氯苯	Fe^{2+}, H_2O_2
	烷基苯磺酸盐	Fe^{2+}, H_2O_2
	苯酚,氯苯酚,硝基苯	Fe^{2+}, H_2O_2
	2-氯苯酚	针铁矿, H_2O_2
酸	氯苯氧乙酸	Fe^{3+}, H_2O_2
	甲酸、乙酸	Fe^{2+}, H_2O_2
	丙酸	Fe^{3+}, H_2O_2/Fe-ZSM-5, H_2O_2
模拟废水	壬基酚聚氧乙烯醚,环氧乙烷/氧化丙烯聚合物,聚丙二醇	Fe^{2+}, H_2O_2
真实废水	染坊废水(雷马唑黑)	Fe^{2+}, Fe^{3+}, H_2O_2
	垃圾渗滤液	Fe^{2+}, H_2O_2
	半导体制造业废水	Fe^{2+}, H_2O_2
	青橄榄的发酵盐水	Fe^{2+}, H_2O_2

芬顿反应通常在大气压力和环境温度或略高于40℃的温度下进行，反应速率主要受反应介质pH的影响。均相芬顿反应需要一个中等酸性的pH，在pH为3～4的情况下，可以观察到最高的反应速率。由于大多数废水的pH比最佳pH高，因此用酸来调节pH，反应后必须中和。解决这个问题的一种方法是添加草酸和柠檬酸盐等络合剂。络合作用阻止了铁的沉淀，使均相芬顿反应能够在相当高的pH下以较高的速率进行。然而，铁的络合使氧化反应后均相芬顿催化剂的回收变得复杂，从而进一步增加了已存在的催化剂残留在处理水中的问题。这些问题在非均相芬顿反应中不存在。

除pH外，芬顿反应还受到Fe^{3+}和H_2O_2浓度的显著影响。催化剂浓度越高，反应速率越快，但应避免过量的铁盐，以免处理后产生多余的铁泥。对于典型的芬顿工艺，催化剂浓度范围为0.1～15mmol·L^{-1}，催化剂与H_2O_2的质量比为（1∶5)～(1∶10)。

在芬顿工艺中，自由基清除是必须考虑的。除了高浓度的H^+和H_2O_2外，Cl^-是降低反应速率的清除剂。其他阴离子，如$H_2PO_4^-$、ClO_4^-、SO_4^{2-}和NO_3^-也可通过形成非活性铁络合物来阻止芬顿反应。

（2）光催化氧化技术

无论有没有催化剂，光激活产生的光子能够与溶液中的物种发生反应。这些反应通过自由基机制进行，可用于降解水中的有机污染物。如果污染物能够吸收光，自由基可能直接从污染物中产生，或者通过添加过氧化氢或臭氧等强氧化剂更容易产生自由基。自由基的形成速率和降解速率，可以通过使用半导体光催化剂而大大提高。在这种情况下，可以使用最经济的光源——太阳光，从而节省大量能源并提高工艺经济性。TiO_2是水修复中最常用、最有效的光催化剂。TiO_2作为半导体光催化剂，当其吸收光后产生电子-空穴对：

$$TiO_2 + h\nu \longrightarrow e^- + TiO_2(h^+)$$

由于其高还原能力，电子（e^-）能够还原可用于其改性的金属以及水体中的溶解氧，从而产生强氧化性的超氧自由基离子（$\cdot O_2^-$）。而空穴（h^+）与吸附水进一步反应生成羟基自由基：

$$TiO_2(h^+) + H_2O_{ad} \longrightarrow TiO_2 + \cdot OH_{ad} + H^+$$

污染物的氧化降解可由生成的$\cdot OH$的攻击或直接由污染物的电子转移到TiO_2空穴，产生可进一步分解的氧化污染物自由基。TiO_2的光催化反应条件温和，通常是在环境温度和大气压下进行的。在293～353K的范围内，温度对光催化反应的影响很小，但在高于353K的温度下，降解率显著降低。pH对反应速率的影响是复杂的，它取决于污染物类型、光催化剂的类型及其电荷，因此无法推断出一般规律。一些能够作为自由基阻碍剂的无机离子（例如Cl^-、HCO_3^-或CO_3^{2-}）能减慢降解速率。光催化最关键的一点是将光能传输到反应介质中。过高的废物浓度会导致溶液变暗，催化剂浓度过高会导致不透明，从而阻碍光催化剂的有效辐照，从而降低反应速率。使光催化剂能够均匀和充分地照射也是光反应器发展的主要推动力。原则上，所有类型的有机污染物和无机污染物，包括金属离子，都可以通过光催化进行处理。光催化可以很容易地实现CODs的完全矿化。有机结合的杂原子被转换成离子，如SO_4^{2-}、PO_4^{3-}、和NO_3^-（以及一些NH_3）。除了完全的矿化和解毒作用外，光催化还可以对处理过的水进行有效的消毒，这为饮用水处理提供了一个诱人的机会。

近期，人们对光催化进行了许多研究。尽管光催化具有上述积极作用，但这些研究也揭示了该技术的一些缺点，如难以有效辐照的反应器设计、光催化剂污染、光催化剂回收，与其他工艺相比，反应速率和整体工艺效率相对较低。到目前为止，虽然已经出现了几个净化受污染地面和废水的试点工厂，这些缺点阻碍了光催化在水修复方面的商业应用。

(3) 电催化氧化技术

在过去的几十年里，电化学技术在环境保护方面最重要的贡献是减少废水和饮用水中的有机和无机污染物。用于废水处理中，主要是电化学中的电凝聚、电浮选、电渗析、电还原、电化学氧化和带有活性氧化剂（通常是活性氯）的间接电化学氧化，即所谓的介导电化学氧化等。最近，新兴联合处理技术如光电芬顿、光电催化和太阳能辅助电化学过程（太阳能光电催化和太阳能光电芬顿）受到了广泛的关注。然而，阳极氧化，也称为电化学氧化，仍然是电化学高级氧化工艺中最流行的电化学方法，用于去除废水中的有机污染物；许多电化学高级氧化工艺基本上是基于电化学氧化方法。图 8-25 总结了迄今为止提出的最重要的电化学技术。

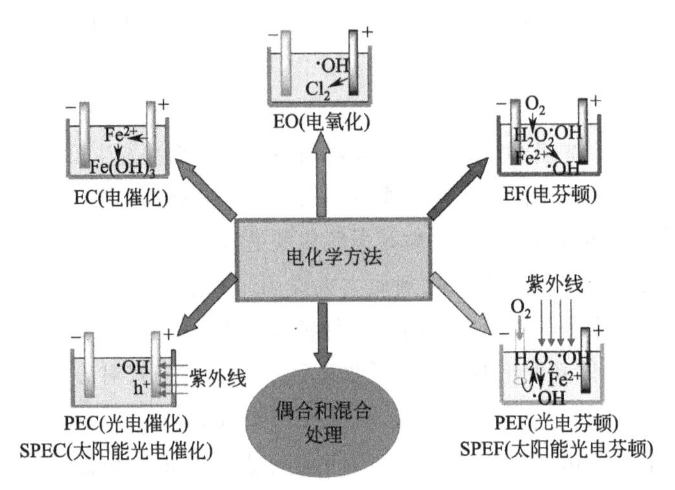

图 8-25　用于去除废水和饮用水中有机物的最重要电化学技术

高效、温和的操作条件、易于自动化、多功能性和低成本等都是电化学氧化技术最重要的优势。操作参数对于电化学氧化方法的有效适用性的作用极大地影响了其中涉及的不同路径。因此，其工业应用仍然受到限制。表 8-8 总结了电化学氧化技术的主要特点。

表 8-8　电化学氧化技术主要特点

能力	产生活性(·OH)自由基、产生强氧化剂、微生物灭活、从 2D 电极到 3D 电极的进化多功能性、无限制和有效降解废水中的不同有机污染物：①化学工业(精细化工、制浆造纸工业、石化工业、制药工业、纺织工业、制革工业、食品工业、垃圾渗滤液)；②农业工业(橄榄油和奶牛粪便)；③城市和生活污水
优势	环境温度和压力要求、处理量大的多功能性、易于自动化、添加无毒试剂以提高电导率，结合其他净化技术应用于废水预处理或后处理：生物处理、芬顿氧化、离子交换、膜过滤、膜生物反应器、电化学技术
未来研究的缺陷/挑战	副产品的潜在形成、电极结垢和腐蚀现象、高能耗导致的高运行成本(但可能与可再生能源偶合)、流出物的低电导率、反应器流体动力学条件的优化、昂贵，高氧过电位阳极(取决于用途)

(4) 联合高级氧化技术

① 电化学芬顿氧化技术　电化学为生成和控制芬顿试剂的浓度提供了一种很好的方法，从而为电化学芬顿（EF，简称电芬顿）工艺的发展提供了可能。开发该工艺是为了克服芬顿工艺的缺点，在待处理溶液中控制合成 H_2O_2，并通过 Fe^{2+} 的电化学再生催化芬顿反应。

H_2O_2 是通过在电化学电池（图 8-26）中对压缩空气中的 O_2 进行双电子还原而生成的 pH 为 3 左右的酸性介质。H_2O_2 的电化学供应除了节省试剂成本外，还避免了与其运输和储存相关的风险。

$$O_2 + 2H^+ + 2e^- \longrightarrow H_2O_2$$

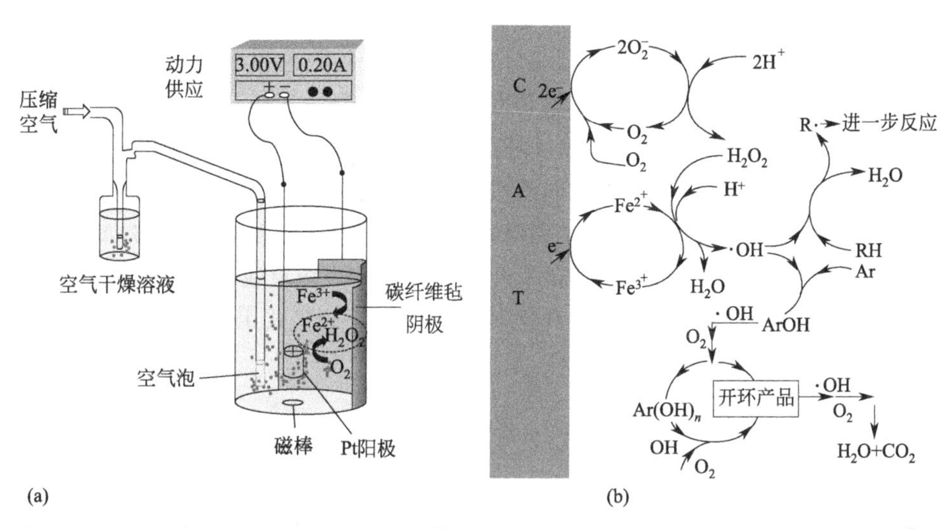

图 8-26 (a) 开放式和不分开的实验室规模的双电极槽式反应器的示意图，阴极为 $60cm^2$ 的碳毡阴极，通过压缩空气来产生·OH；(b) EF 过程中涉及的主要反应的示意图。RH 表示导致 H 原子萃取反应的不饱和有机物，Ar 表示涉及附加反应的不饱和有机物（主要是芳香族化合物）

因此，如果向溶液中外部添加大约 $10^{-4}mol \cdot L^{-1}$的亚铁（或铁），则可以进行芬顿反应。

$$Fe^{3+} + e^- \longrightarrow Fe^{2+}$$

在 EF 过程中，芬顿试剂在电化学反应器中连续可控生成。这样就可以连续生成·OH，而不会累积芬顿试剂。芬顿试剂生成速率可通过在双电极电池的阳极和阴极之间施加适当的电流或通过控制合适阴极（三电极电池）的电位来控制。尽管一些工作是在分离电池中进行的，但由于其设计简单、实用，大多数工作是在非分离和开放式电化学反应器中进行的。因此，与化学芬顿系统相比，电芬顿工艺具有以下几个主要优点：①原位生产 H_2O_2，避免了与运输、储存和处理相关的风险；②控制降解氧化动力学和进行机理研究的可能性；③Fe^{2+} 的连续再生对芬顿反应的催化作用，提高了有机污染物的去除率；④防止使用化学试剂和污泥形成；⑤通过优化操作参数，以相对较低的成本实现整体矿化的可能性。

H_2O_2 的原位生成是 EF 过程中的原始过程。因此，该工艺采用合适的阴极材料。用于原位生成过氧化氢的第一种阴极材料是汞池。由于其毒性，该阴极后来被不同的含碳材料取代。阳极材料（M）的性质在电芬顿过程中也非常重要，因为水氧化也会在阳极表面产生非均相羟基自由基 M（·OH），根据反应：

$$M + H_2O \longrightarrow M(\cdot OH) + H^+ + e^-$$

M(·OH)的量及其对有机物电氧化的贡献很大程度上取决于阳极材料的类型。实际上，M(·OH)是在析氧过电位范围内产生的。Pt、DSA 等活性阳极具有较低的水氧化过电位。与非活性阳极，如掺硼金刚石（BDD）或 PbO_2 相比，生成的 M(·OH)量相对较低，后者具有较大的析氧过电位。除此之外，M(•OH)在前一种情况下被化学吸附（且不太有效），而在后一种情况下它们被物理吸附，因此更容易用于有机微污染物的氧化。因此，BDD是一种优良的阳极材料，具有很高的去除效率。在EF过程中使用BDD可提高矿化效率。在后一种情况下，EF工艺利用阳极表面和本体溶液上同时产生均相（•OH)和非均相［BDD(•OH)］羟基自由基而产生的氧化反应。这种阳极对羧酸的矿化特别有效，而羧酸对Pt等传统阳极更难抑制。

大量的研究集中在染料的有效去除上，并且具有完全的脱色和几乎完全的矿化率。最近，许多研究集中于去除新兴污染物，主要是PPCPs（Phamaceutical and Personal Care Products）。这些化合物在地表水、地下水和表层水中即使浓度很低也会被检测到。例如抗菌剂、抗生素、非甾体抗炎药、β受体阻断药、利尿剂、抗组胺药等。这些研究主要集中在氧化降解和矿化效率方面，包括氧化动力学的测定、机理评估和降解途径。氧化降解机理的典型示例如图8-27所示。

在一定的实验条件下，有机污染物的氧化降解遵循准一级反应动力学。使用 $\ln(c_0/c)=k_{app}c$ 一级动力学方程确定氧化反应的表观速率常数 k_{app}，下列公式用于应用竞争动力学方法测定绝对（二级）速率常数：

$$k_{2(P)}=\frac{k_{app(P)}}{k_{app(S)}}\times k_{2(S)}$$

式中，P为含有相同浓度的有机污染物；S为标准竞争物。

② 光芬顿技术　通过紫外线（UV），甚至是合适波长（>400nm）的可见光照射，铁离子可以催化在光芬顿反应中形成自由基（•OH物种），这是传统芬顿过程的延伸。

理论上在光芬顿反应中消耗的自由基是传统芬顿反应的两倍。因此，与传统的Fenton工艺相比，光芬顿反应的效率更高。两种铁离子中的任何一种都可以引发光芬顿反应。使用高光活性Fe(Ⅲ)草酸络合物可进一步提高光芬顿反应的效率。该络合物可吸收高达550nm波长的光，从而提高了紫外线-可见光的利用率辐射。而且，草酸铁体系的量子产率提高了10倍。光辅助Fenton工艺可用于各种水污染物的修复，包括对传统Fenton工艺难以处理的氯化化合物。

铁可以以 Fe^{2+} 和 Fe^{3+} 的形式加入。亚铁盐的使用比例很小，这是因为在该过程的初始阶段•OH自由基生成缓慢。然而，当达到过氧化氢和紫外线或太阳辐射（通常分别称为光芬顿紫外或光芬顿太阳过程）的组合时，有利于 Fe^{2+} 的再生，同时产生大量•OH自由基。这一事实可以通过形成水性 Fe^{3+} 和 $Fe(OH)^{2+}$ 草酸络合物来解释，它们能够吸收紫外线和可见光辐射，遭受光还原，并产生•OH。

此外，可以进行UV/H_2O_2 反应，其中 H_2O_2 分子裂解为羟基自由基，每吸收一量子辐射形成两个•OH自由基[式(8-26)]。同时，已知 H_2O_2 可被还原，如下所示［式(8-27)］。

$$H_2O_2+h\nu \longrightarrow 2\cdot OH \tag{8-26}$$

$$H_2O_2+HO_2^- \longrightarrow O_2+H_2O+OH^- \tag{8-27}$$

草酸铁络合物也具有光活性。事实上，与 Fe^{3+} 羟基络合物相比，它们提供了更高的 Fe^{2+} 量子产率。此外，吸收水平延长到570nm，从而提高了吸收系数。可能的反应如下：

$$Fe(C_2O_4)_3^{3-}+h\nu \longrightarrow Fe^{2+}+2C_2O_4^{2-}+C_2O_4^{\bullet -} \tag{8-28}$$

$$Fe(C_2O_4)_3^{3-}+C_2O_4^{\bullet -} \longrightarrow Fe^{2+}+3C_2O_4^{2-}+2CO_2 \tag{8-29}$$

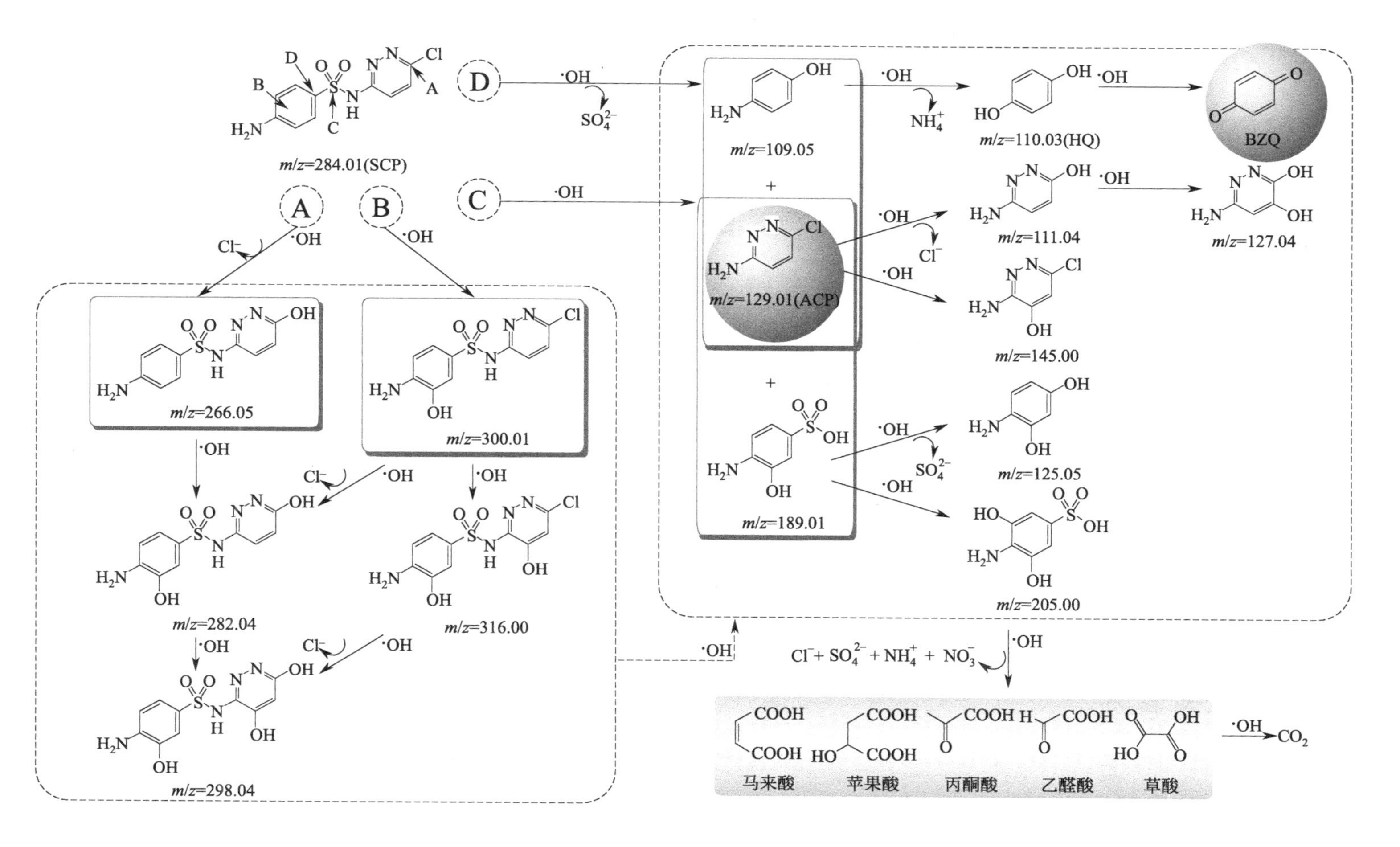

图 8-27 使用铂/碳毡电池在 300mA 恒电流下电芬顿过程中生成的·OH 矿化磺胺氯吡嗪的反应路径

此外，在中间草酸自由基与 Fe^{3+} 草酸络合物反应的作用下，还会产生额外的 Fe^{2+}。因此，生成的 Fe^{2+} 与 H_2O_2 反应生成游离·OH。该过程中产生的 Fe^{3+} 与 H_2O_2 再次反应，导致 Fe^{2+} 再生（图 8-28）。

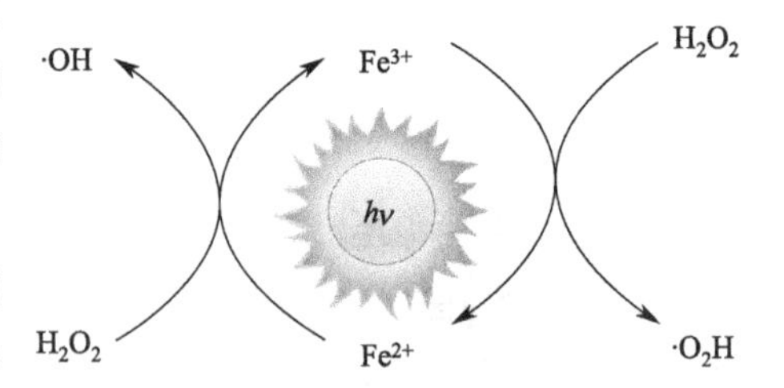

图 8-28　当芬顿过程被紫外线照射时发生的反应

③ 光电化学技术　电化学与光催化（PC）相结合的光电催化（PEC）的基础是将一个电子（e^-）从被占据的半导体的价带（VB）注入完全空的导带（CB），从而产生带正电荷的空穴（h^+）。图 8-29 显示了在 n 型半导体 TiO_2 中发生的催化反应过程的机理：

$$TiO_2 + h\nu \longrightarrow e_{CB}^- + h_{VB}^+ \tag{8-30}$$

$$h_{VB}^+ + H_2O \longrightarrow \cdot OH + H^+ \tag{8-31}$$

$$e_{CB}^- + O_2 \longrightarrow O_2^{\bullet -} \tag{8-32}$$

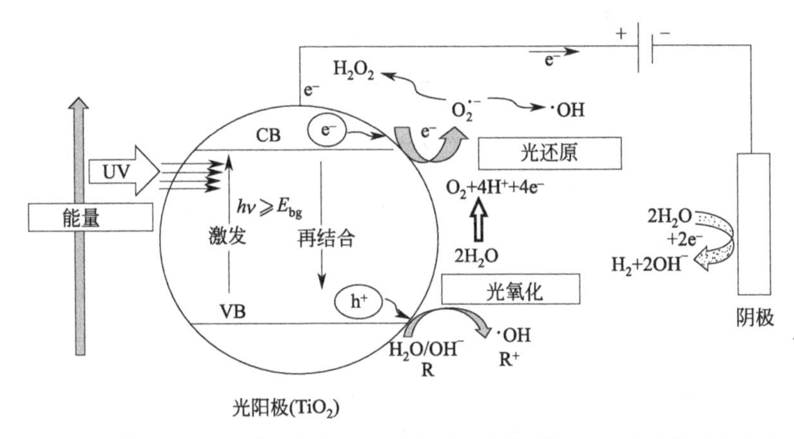

图 8-29　使用 TiO_2 光催化剂的光电催化过程的机理以及在表面发生的反应

有机化合物可被光生 h^+ 氧化，而 e^- 是一种潜在的还原剂，光生空位和吸附水之间反应形成多相羟基自由基。e_{CB}^- 可与吸附的 O_2 反应生成超氧自由基 $O_2^{\bullet -}$，而 $O_2^{\bullet -}$ 进一步发生如下反应：

$$O_2^{\bullet -} + H^+ \longrightarrow HO_2^{\bullet} \tag{8-33}$$

$$2HO_2^{\bullet} \longrightarrow H_2O_2 + O_2 \tag{8-34}$$

$$H_2O_2 + O_2^{\bullet -} \longrightarrow \cdot OH + OH^- + O_2 \tag{8-35}$$

光生电子和空穴的复合是光催化效率不高的主要原因：

$$e_{CB}^- + h_{VB}^+ \longrightarrow TiO_2 + 热量 \tag{8-36}$$

$$e_{CB}^- + \cdot OH \longrightarrow OH^- \tag{8-37}$$

式(8-37) 代表了传统光催化有效利用的主要缺点。电化学技术可以为光电催化废水修复提供更高的效率。光辅助方法包括将恒定电流密度或恒定阳极电位应用于紫外线照射下的 TiO_2 基薄膜。在这种情况下，光诱导电子被一个外部电路连续地从阳极中提取，这会抑制式

(8-32) 和式(8-37)，并有利于从式(8-30) 产生更多的空穴和式(8-31) 产生多相•OH，因此与光催化相比，光电催化效率增强。

光电阳极光催化处理有机污染物的适用性和效率与光电阳极本身的光催化性能直接相关。一般来说，在多相光催化体系中，光诱导的分子转化或反应发生在催化剂表面。目前，PEC 中使用不同的材料去除有机化合物，如染料、药品、杀虫剂、有机氯和实际废水。大量的应用也引起了人们对光催化反应以及半导体金属氧化物的光辅助反应的新的科学兴趣。最典型的光电阳极是 TiO_2，因为它具有无毒、光学活性、低成本和生物相容性等优点。除此之外，还有其他不同的材料用于光电阳极，如 WO_3 和 ZnO_2。

④ 光电芬顿技术　光电芬顿过程包括在 EF 条件下处理污染物溶液，同时用 UV 或太阳光照射以加速污染物的降解速率。由芬顿反应产生的•OH 发生氧化反应，而 $[Fe(OH)]^{2+}$ 的还原光解避免了阻碍处理的难熔 Fe^{3+} 的不希望的积累，从而再生 Fe^{2+}（即芬顿反应中的催化剂）并产生更多的自由基。

光电芬顿过程的示意图如图 8-30 所示。

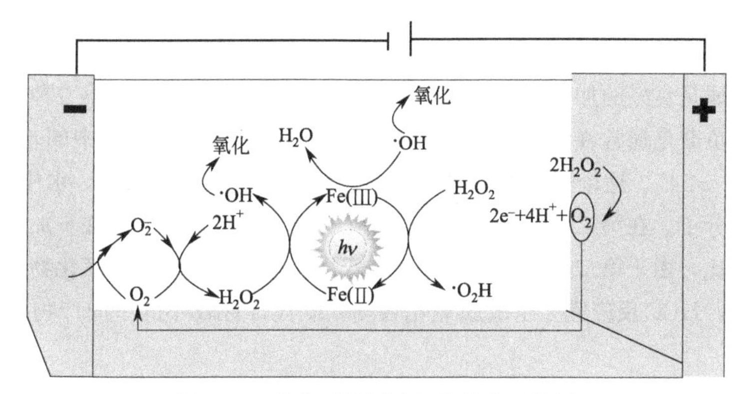

图 8-30　光电子芬顿过程的简化示意图

式(8-38)～式(8-40) 显示了作为芳烃最终产物的 Fe^{3+}-草酸配合物 $[Fe(C_2O_4)^+$、$Fe_2(C_2O_4)_3$ 和 $Fe(C_2O_4)_3^{3-}]$ 的光解过程：

$$Fe(OH)^{2+} + h\nu \longrightarrow Fe^{2+} + \cdot OH \tag{8-38}$$

$$Fe(OOCR)^{2+} + h\nu \longrightarrow Fe^{2+} + CO_2 + R\cdot \tag{8-39}$$

$$2Fe(C_2O_4)_n^{(3-2n)} + h\nu \longrightarrow 2Fe^{2+} + (2n-1)C_2O_4^{2-} + 2CO_2 \tag{8-40}$$

用于 PEF 工艺的紫外光源的高电气成本是该技术在商业应用中的主要缺点。为了解决这个问题，采用太阳能光电芬顿系统，即利用太阳光是一种廉价的可再生能源，$\lambda > 300nm$ 直接照射溶液。与 PEF 相比，太阳辐射提供的更高强度的紫外线以及 $\lambda > 400nm$ 处的附加吸收（例如，用于 Fe^{3+}-羧酸配合物的光解）改善了 SPEF 的矿化。

8.3.2　水处理中的催化还原过程

一般来说，还原过程比氧化处理更具选择性。到目前为止，水处理中的还原过程仅限于去除硝酸盐和亚硝酸盐加氢脱硝（HDN），以及卤化（主要是氯化）有机化合物的转化，即所谓的氢化脱卤（HDH）或氢化脱氯（HDC）过程。

(1) 加氢脱氯/加氢脱卤

加氢脱氯是指氯代有机化合物与还原剂（如氢、肼、甲酸盐）反应，生成较少氯化或脱氯的有机化合物和氯离子。通常，这种反应是在催化剂存在下进行的。对于氢作为还原剂，一般的 HDC 反应可以用下式表示：

$$C_xH_yCl_z+2H_2 \longrightarrow C_xH_{y+z}+zHCl$$

HDC 反应可以通过两种不同的方法应用于水的直接处理：使用零价金属作为还原剂或通过负载金属催化还原。

① 零价金属加氢脱氯　非贵金属（如 Fe、Mn、Zn）以及这种非贵金属和贵金属（例如 Pd、Ni、Cu）的双金属组合可用于水中多种脂肪族氯化有机化合物的降解。

研究表明，脂肪族氯化有机物，如氯仿（CF）、四氯化碳（CT）或三氯乙烯（TCE）被零价铁转化为氯化程度较低的化合物。如：

$$Fe^0+R—Cl+H^+ \longrightarrow Fe^{2+}+R—H+Cl^-$$

该反应对 pH 有依赖性，在较低 pH 下反应速率较高。更高含氯化合物的脱氯反应是逐步发生的，生成的氯代化合物较少。反应（通常在环境温度和压力下进行）相当缓慢，一级动力学显示高氯化合物的半衰期约为几十小时。另外，氯含量较低的化合物，如二氯甲烷或氯乙烯不能再进行还原脱氯。高氯化合物是较好的电子受体，比低氯化合物反应更活泼。

使用双金属组合已被证明能在环境条件下有效且完全地转化大量氯化脂肪族化合物。钯、镍或铜等二次金属是良好的加氢催化剂，其中钯是最有效的第二金属。第二种金属沉积在双金属颗粒的表面，负载量通常在 0.01%～1%（质量分数）之间。双金属中的基底金属被氧化，例如 $Fe \longrightarrow Fe^{2+}+2e^-$。这个过程中产生的电子被转移到第二种金属中，水中的质子被还原，生成氢原子或氢分子。在第二种金属的表面，氯化合物也被吸附，发生逐步加氢脱氯。

与单金属相比，由于第二金属的催化作用，双金属的反应速率随着氯化物中氯原子数的减少而增加。因此，HDC 反应完全生成脱氯化合物，氯代毒性较小的中间产物的释放在很大程度上被抑制。

② 负载型金属的加氢脱氯　负载型金属催化剂被报道用于水处理方面的 HDC 反应后，许多研究证明了其对各种脂肪族化合物和芳烃的加氢脱氯的可行性，如表 8-9 中氯代芳烃加氢。

表 8-9　水中氯代芳香族化合物加氢脱氯研究（氢作为还原剂）

金属	载体	底物
Pd,Pt	C	1,2,4-TCB
Pd	Al_2O_3	CB,1,2-DCB,4-CBP,六氯化苯
Ru	C	CP,DCP,TCP,TeCP,PCP
Pd	分子筛(Y,ZSM-5,MCM-41)	1,2-DCP
Pd	C,碳纤维布、玻璃纤维布	4-CP
Pd	TiO_2	2,4-DPAA
Pd	C	CB,4-CBP
Pd	—	4-CP
Pd	C,Al_2O_3	2,4-DCP
Pd,Rh	C,Al_2O_3	2-CP,4-CP,2,4-DCP
Pd	Al_2O_3	CB
Pd	C	CB
Pd	C	2-CP,4-CP,2,4-DCP
Pd,Ni	Al_2O_3	4-CP,2,6-DCP,PCP

注：CB=氯苯；CBP=氯联苯；CP=氯酚；DCB=二氯苯；DCP=二氯苯酚；DPAA=二氯苯氧乙酸；PCB=多氯联苯；PCP=五氯苯酚；TCB=三氯苯；TCP=三氯苯酚；TeCP=四氯苯酚。

Pd 是被用作脂肪族和芳香族化合物的 HDC 的主要金属，其他金属也有少量使用，如 Pt、

Rh、Ru或Ni。Pd在HDC反应中的高活性可以通过在双金属催化剂中使用金作为第二金属来进一步增强。

使用负载Pd催化剂的HDC反应遵循一级动力学。据报道，氯化合物的半衰期大多在几分钟到几十分钟之间。然而，一些污染物，如二氯乙烷（DCA）或氯仿（CF），其反应要慢得多。pH越高，转化率越高。由于高反应速率，使用负载Pd催化剂的HDC通常受到传质的限制。然而，在间歇式反应器中可以很容易地实现完全转化和完全脱氯，即使在短接触时间的连续操作下，也可以观察到非常高的转化率。

（2）加氢脱硝

地下水和地表水的高硝酸盐浓度，主要是由增加使用天然和合成肥料造成的，而世界上大多数饮用水都是从这些地下水和地表水中获得的，这是一个需要重点关注的问题。硝酸盐在人体内可能转化为有毒的亚硝酸盐，而亚硝酸盐可能进一步反应形成致癌的亚硝胺。因此，硝酸盐被认为对人体健康有潜在危害。饮用水中的硝酸盐浓度通常被限制在$50mg \cdot L^{-1}$。

离子交换、反渗透和电渗析等物理化学过程以及生物脱氮等都对硝酸盐的去除有一定的不利影响。Vorlop和Take等在1989年发现了一种催化过程，在以氢为还原剂的非均相催化氢化反应中，可以去除水中的硝酸盐和亚硝酸盐，即所谓的催化硝酸盐还原或加氢脱硝（HDN）反应。根据图8-31所示的反应方程式，利用双金属催化剂的还原性能，将硝酸盐（NO_3^-）通过中间产物亚硝酸盐（NO_2^-）、NO和N_2O，最后还原成氮（N_2）。HDN反应途径与生物脱氮相似。然而，根据式(8-41)，铵（NH_4^+）也是副产品。

$$2NO_3^- + H_2 \longrightarrow 2NH_4^+ + 4OH^- + 2H_2O \tag{8-41}$$

$$2NO_3^- + 2H_2 \xrightarrow{Pd/Me} 2NO_2^- + 2H_2O$$

$$2NO_2^- + H_2 \xrightarrow{Pd} 2NO + 2OH^-$$

$$2NO + H_2 \xrightarrow{Pd} N_2O + H_2O$$

$$N_2O + H_2 \xrightarrow{Pd} N_2 + H_2O$$

$$2NO_3^- + 5H_2 \xrightarrow{Pd/Me} N_2 + 2OH^- + 4H_2O$$

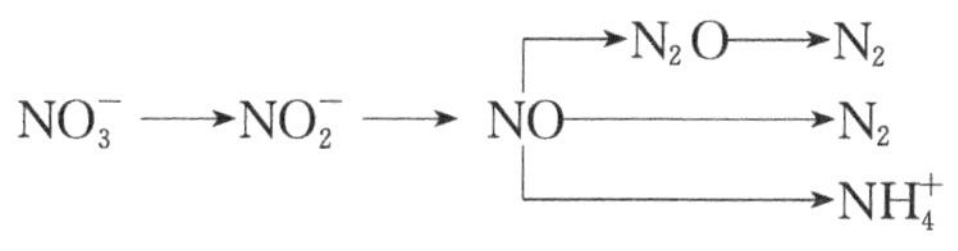

$NO_3^- \longrightarrow NO_2^- \longrightarrow NO$；$NO \longrightarrow N_2O \longrightarrow N_2$；$NO \longrightarrow N_2$；$NO \longrightarrow NH_4^+$

图8-31 加氢脱硝反应

（Me指活性金属，如Cu、Sn等）

硝酸盐选择性还原只能在双金属催化剂（例如Pd-Cu）上实现，而对于中间产物的还原，不需要第二种金属，单金属催化剂（例如Pd）是足够的。

研究指出，对于亚硝酸盐还原，只有Pd催化剂表现出高的活性和对氮的高选择性。其他常见氢化金属，如Pt、Rh、Ir、Ni和Cu，要么不活泼，要么对N_2选择性低。在双金属还原催化剂中，发现Pd-Cu催化剂具有最高的活性和对氮的选择性。而Pd-Sn和Pd-In双金属组合的催化剂，如果制备得当，其活性和选择性甚至比Pd-Cu催化剂更高。

在载体材料方面，除Al_2O_3外，SiO_2、TiO_2、ZrO_2、浮石、水滑石、碳、玻璃和离子交换树脂等也被用作单金属和双金属 HDN 催化剂的可能载体。在 HDN 催化剂中，单金属 Pd 以及双金属 Pd-Cu/Pd-Sn/Pd-Sn 的活性和选择性在很大程度上取决于载体材料的类型和大小、其结构（孔径、BET 表面积、等电点等）、金属前体的类型及其沉积顺序、两种金属的比例，以及在双金属催化剂制备过程中的制备技术、制备条件（pH、浓度、温度、还原过程等）和附加处理步骤（如老化、煅烧、回火）。

HDN 反应通常在低催化剂浓度下进行，pH 在 4～11 之间，温度在 283～298K 之间，大气压力或稍高压力达 0.6MPa。从水中去除的典型硝酸盐和亚硝酸盐浓度约为 50～100mg·L^{-1}。氢气（有时用 CO_2 稀释以中和形成的氢氧化物离子）或具有原位缓冲作用的甲酸均可用作还原剂。如果不通过添加诸如 HCl、甲酸或 CO_2 等使酸性保持恒定，则 pH 将随着转化率的增加而升高。

8.4 绿色合成中的催化反应

工业化学过程从一开始就朝着更有效地利用资源和提高选择性的方向发展，因为这两个方面都对应着过程经济性的提高。催化是这一创新的基本组成部分，因此几乎所有催化工业过程的新发展都属于环境催化领域，其以绿色化学和可持续发展为目标。

清洁和非常规介质中的生态高效工艺是环境催化和可持续（绿色）化学工业创新的主要领域之一。有机合成是许多学科的中心主题，从化学到生物学到材料。在过去的一个半世纪里，有机合成已经进化到了如此复杂的程度，以至于可以构造出几乎任何复杂的分子。然而，传统的合成方法主要是化学计量反应、多步操作和使用危险试剂，如使用化学计量金属、金属氢化物和金属氧化物（如 Zn、Na、$LiAlH_4$、$NaBH_4$、$K_2Cr_2O_7$ 和 $KMnO_4$）进行还原和氧化，以及使用化学计量金属试剂（如 $AlCl_3$ 和 RMgX）来形成 C—C 键。制药工业是合成有机化学的领域之一，1kg 产品产生 25～100kg 废物，解决这些问题的关键是使用催化剂。

催化是“绿色”合成有机化学的基石。然而，催化本身并不足以实现可持续的合成过程。在设计和开发反应时，还必须考虑原子效率和溶剂的使用等因素。事实上，采用原子经济原理和使用替代反应介质，催化有机合成可以大大受益。这些包括提高催化剂活性、选择性和收率，新的选择性模式，减少或消除废物副产品和溶剂排放，以及操作简便。

8.4.1 E 因子与原子效率

衡量化学过程潜在环境可接受性的两个有用指标是 E 因子和原子效率，E 因子定义为废物与所需产品的质量比，原子效率是用所需产物的分子量除以化学计量方程式中产生的所有物质的分子量之和来计算的。从化学工业各个部门的典型 E 因子来看，化学品生产中废物问题的严重性显而易见（见表 8-10）。

表 8-10　E 因子

产业板块	产量①/t	kg 废物②/kg 产品
炼油	10^6～10^8	＜0.1
大宗化学品	10^4～10^6	1～5
精细化学品	10^2～10^4	5～50
药品	10～10^3	25～100

① 通常表示一个地点或全球的产品年产量范围。

② 定义为除所需产品外的所有产品（包括所有无机盐、溶剂损失等）。

E 因子是指过程中产生的实际废物量，它考虑了化学收率，包括试剂、溶剂损失、所有工艺助剂，原则上甚至包括燃料（尽管这通常很难量化），简单地说，就是原材料的质量减去所需产品的质量，再除以产品的质量。水一般不包括在E因子中。根据对某一特定产品或某一生产现场甚至整个公司的原材料采购吨数和产品销售吨数的了解，可以计算出E因子。

较高的E因子意味着更多的浪费，因此，产生更大的负面环境影响。理想的E因子是零。

Trost首次提出的原子利用率、原子效率或原子经济概念，是快速评估替代工艺产生的废物量的一个非常有用的工具。其计算方法是将产物的分子量除以化学计量方程中所涉及反应的所有物质的分子量之和。例如，化学计量比氧化（CrO_3）与催化氧化（O_2）二次醇生成相应酮的原子效率进行了比较：

$$3PhCH(OH)CH_3 + 2CrO_3 + 3H_2SO_4 \longrightarrow 3PhCOCH_3 + Cr_2(SO_4)_3 + 6H_2O$$

原子效率＝360/860＝42％

$$PhCH(OH)CH_3 + 1/2O_2 \xrightarrow{\text{催化剂}} PhCOCH_3 + H_2O$$

原子效率＝120/138＝87％

理论E因子可由原子效率导出，例如，40％的原子效率对应于1.5（60/40）的E因子。然而，在实际操作中，由于收率不是100％，并且使用了过量的试剂，必须将溶剂损失和加成过程中的盐生成考虑在内，因此E因子通常要高得多。还有一个例子是间苯三酚的制备。传统方法是由2,4,6-三硝基甲苯（TNT）生产的：

$$\text{TNT} \xrightarrow[H_2SO_4/SO_3]{K_2Cr_2O_7} \text{2,4,6-三硝基苯甲酸} \xrightarrow[-CO_2]{Fe/HCl} \text{1,3,5-三氨基苯} \xrightarrow[\Delta T]{aq.\ HCl} \text{间苯三酚}$$

该工艺的原子效率＜5％，E因子为40，即1kg间苯三酚产生40kg固体废物，其中含有$Cr_2(SO_4)_3$、NH_4Cl、$FeCl_2$和$KHSO_4$（不包括水）。

上面讨论的所有指标只考虑产生的废物的质量。然而，重要的是这种废物对环境的影响，而不仅仅是其数量，即必须考虑废物的性质。1kg氯化钠对环境的影响显然不等于1kg铬盐。

因此，引入了术语“环境商”，EQ，通过将E因子乘以任意分配的不友好商Q得到。例如，人们可以根据其毒性、易回收性等，任意将Q值定为一定值。Q的大小显然存在争议，难以量化，但通常将其作为化学过程对环境影响的“定量评估”。一般来说，特定废物的Q值将由其易于处置或回收利用来确定。例如，溴化氢可以保证比氯化氢更低的Q值，因为溴化氢氧化成溴进行再循环更容易。在某些情况下，废品甚至有经济价值。例如，在己内酰胺生产过程中作为废物产生的硫酸铵可以作为肥料出售。

8.4.2 催化还原

分子氢是一种清洁和丰富的原料，催化加氢通常是100％的原子效率，除了少数例子，例如硝基还原，其中水是作为副产品形成的。它们具有非常广泛的范围，并表现出高度的化学、区域、非对映和对映选择性。

催化加氢毫无疑问是催化有机合成的主力军，其悠久的历史可以追溯到Paul Sabatier时代，他因在这一领域的开创性工作而获得1912年诺贝尔化学奖。

催化还原被广泛应用于精细和特殊化学品以及药物的合成。如罗氏HIV蛋白酶抑制剂的中间体Saquinavir（沙奎那韦）的合成，它涉及芳香族化合物的化学和非对映选择性氢化，同时避免底物中立体中心的外消旋。

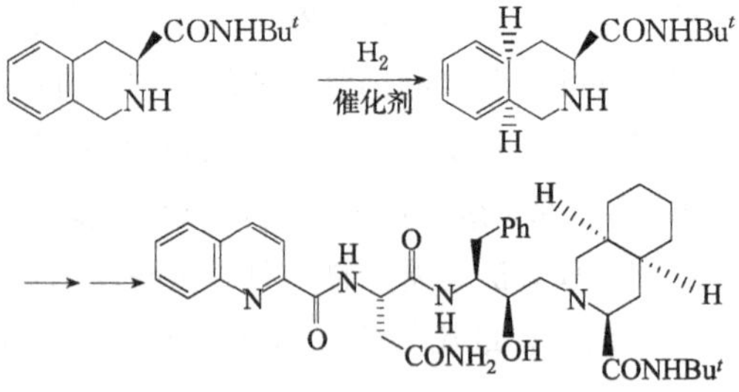

沙奎那韦

在精细化工生产中，一个官能团在其他反应基团存在下的化学选择加氢是一个经常遇到的问题。如：芳香族硝基在芳香环中同时存在烯烃双键和氯取代基的化学选择性氢化：

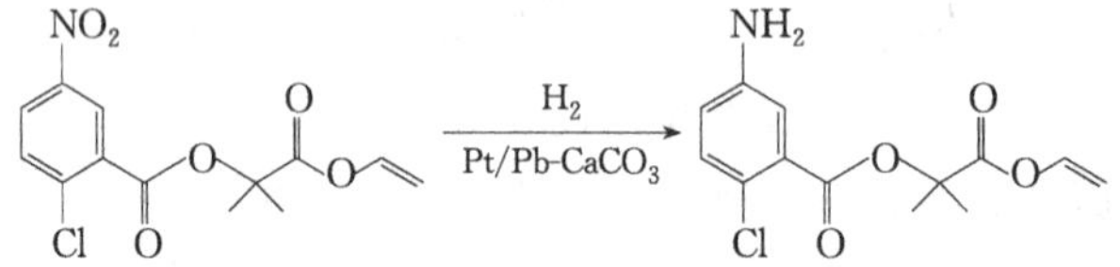

选择性>99.5%

虽然催化加氢是一项成熟的技术，在工业有机合成中得到广泛应用，但新的应用仍在不断出现，有时甚至出现在意想不到的地方。

Meerwin-Pondorff-Verley（MPV）将醛和酮还原为相应的醇是一项长期技术。反应机理包括醇试剂（通常是异丙醇）和酮底物配位到铝中心，然后氢化物从醇转移到羰基。原则上，该反应在醇铝中是催化反应，但实际上，由于醇铝中烷氧基的交换速率较慢，通常需要化学计量比。据报道，Al-和 Ti-β 沸石能够催化 MPV 还原过程，且固体催化剂可以很容易地分离，通过简单的过滤，并回收利用。另一个好处是，将基质限制在沸石孔中可以提供有趣的形状选择。例如，4-叔丁基环己酮的还原导致形成热力学上不太稳定的顺式醇，这是一种重要的香料中间体，具有高的选择性（>95%）。相比之下，传统的 MPV 还原法使反式异构体在热力学上更稳定，但价值较低。顺式异构体的优先形成归因于沸石孔隙中限制的过渡态选择性。

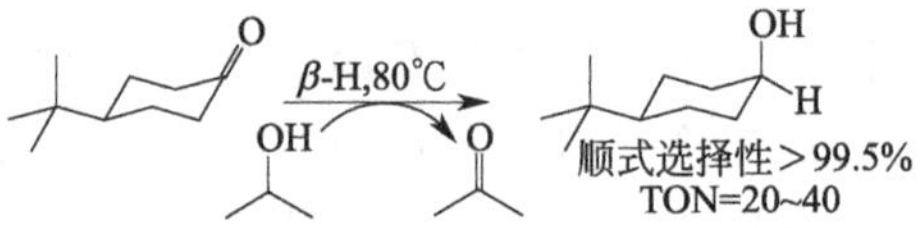

另外，Sn 取代的 β 沸石是一种更为活跃的 MPV 还原多相催化剂，在 4-烷基环己酮的还原中也显示出高顺式选择性（99%～100%）。与 Ti 相比，Sn 具有更高的电负性。

催化加氢的范围继续扩大到更困难的还原反应。例如，有机合成中一个众所周知的困难是羧酸直接还原为相应的醛类。通常通过转化为相应的酸性氯化物并在 $Pd/BaSO_4$ 上对后者进行 Rosenmund 还原来间接进行。Rhône-Poulenc 和 Mitsubishi 分别在 Ru/Sn 合金和氧化锆或铬酸盐催化剂上，开发了芳香族、脂肪族和不饱和羧酸直接氢化为相应醛的方法。

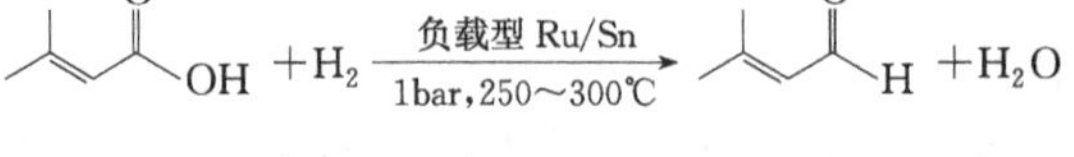

最后，值得注意的是，在利用生物催化方法（不对称）将酮还原为相应的醇方面取得了重大进展。

8.4.3 催化氧化

在精细化工生产中，没有比氧化反应更需要绿色催化替代品的地方了。与还原相反，氧化仍主要采用化学计量的无机（或有机）氧化剂，如Cr(Ⅵ)试剂、高锰酸盐、MnO_2和高碘酸盐。显然需要使用清洁的初级氧化剂，如氧气或过氧化氢的催化替代品。O_2催化氧化广泛应用于大宗石油化工产品的制造，在第5章中已有所描述。然而，对于精细化学品，由于感兴趣的分子具有多功能性，因此应用通常比较困难。然而，在某些情况下，这些技术已成功地应用于精细化学品的制造。柠檬醛是香料、维生素A和维生素E的关键中间体，巴斯夫法(BASF)合成柠檬醛的关键步骤是在负载银催化剂上进行催化气相氧化，基本上与甲醇生产甲醛所用的方法相同。这种原子效率高、盐含量低的工艺取代了传统的路线，从β-蒎烯开始，其中包括与MnO_2进行化学计量氧化。

经典路线

ΔT　HCl / Lewis酸　H_2O　MnO_2

Cl　OH　CHO

β-蒎烯　月桂烯　柠檬醛

新路线(BASF)

$+H_2CO \xrightarrow{H^+}$ OH

[Pd]　O_2 500℃　[Ag/SiO_2]

OH　CHO

O　ΔT　CHO　ΔT　CHO

柠檬醛

醇的选择性氧化制备相应的羰基化合物是有机合成中的一个重要反应。如上所述，迫切需要更绿色的方法来进行这些转化，最好使用O_2或H_2O_2作为清洁氧化剂，并对广泛的底物有效。一种在精细化工工业中应用日益广泛的方法是使用稳定的自由基，TEMPO（2,2′,6,6′-四甲基哌啶-*N*-氧化物）作为催化剂，NaOCl作为氧化剂，如使用这种方法从豆甾醇（大豆甾醇）生产孕酮的新工艺的关键步骤。

OH　TEMPO(0.0005mol)　KBr(0.1mol)　$NaHCO_3$(0.15mol)　NaOCl(1.10mol)　CH_2Cl_2/H_2O　0～5℃　O　H

收率95%

该方法仍存在盐和溴的生成。

最近，一种由商用聚合物添加剂（Chimasorb 944）衍生而成可回收的低聚TEMPO衍生物PIPO，可以在没有溴离子，使用干净的底物或甲基叔丁基醚（MTBE）作为溶剂的情况下，有效地催化NaOCl氧化醇。

$$R^1R^2CH(OH) + NaOCl \xrightarrow[H_2O(\text{或 MTBE}),0℃]{PIPO(1\%)} R^1R^2C{=}O + NaCl + H_2O$$

在精细化工工业中，过氧化氢通常是首选的氧化剂，因为它是一种液体，工艺可以很容易地在标准批处理设备中实施。同时，它作为氧化剂本身不产生污染物。

在这种背景下，20 世纪 80 年代中期开发的多相钛硅分子筛（TS-1）催化剂是催化氧化的一个重要里程碑。TS-1 是一种非常有效且用途广泛的催化剂，可用于各种合成有用的氧化反应，例如烯烃环氧化、醇氧化、苯酚羟基化和酮氨肟化，如图 8-32 所示。

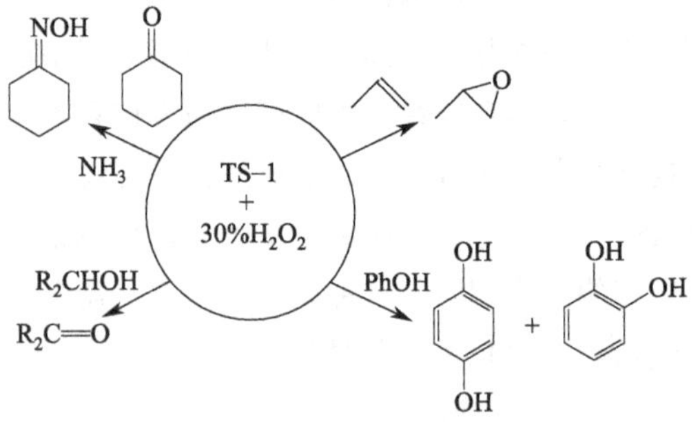

图 8-32　TS-1/H_2O_2 催化氧化

TS-1 在精细化工生产中的一个严重缺点是分子筛相对较小的孔（5.1×5.5×2）使底物反应受到限制。然而，在酮氨肟化反应中，这种作用并未发生。氨肟化反应是 TS-1 催化 NH_3 与 H_2O_2 氧化原位生成羟胺。然后 NH_2OH 与本体溶液中的酮反应，这意味着反应原则上适用于任何酮（或醛）。事实上，它被用于合成对羟基苯乙酮肟，通过贝克曼重排转化为镇痛药对乙酰氨基酚：

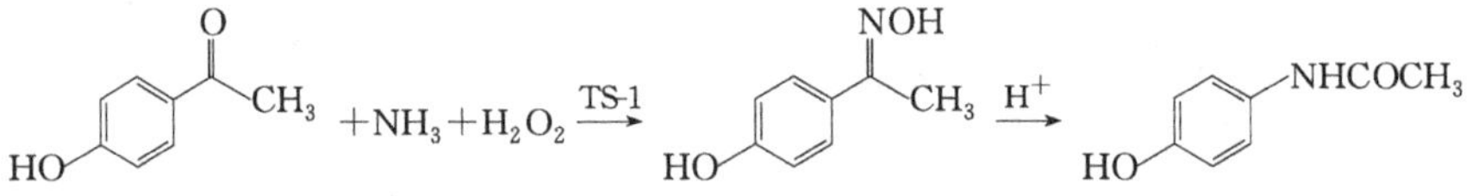

$$\text{HO-C}_6\text{H}_4\text{-COCH}_3 + NH_3 + H_2O_2 \xrightarrow{\text{TS-1}} \text{HO-C}_6\text{H}_4\text{-C(=NOH)CH}_3 \xrightarrow{H^+} \text{HO-C}_6\text{H}_4\text{-NHCOCH}_3$$

对乙酰氨基酚

TS-1 是用于选择性液相氧化的新一代固体可回收催化剂的原型，我们称之为“氧化还原分子筛”。如 Sn^{IV} 取代的 β-沸石，是一种有效的、可循环使用的催化剂，用于 H_2O_2 氧化酮和醛：

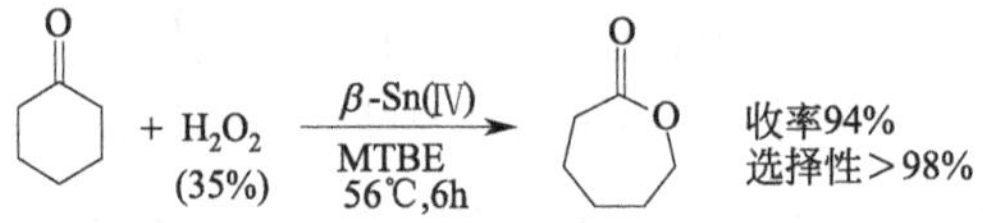

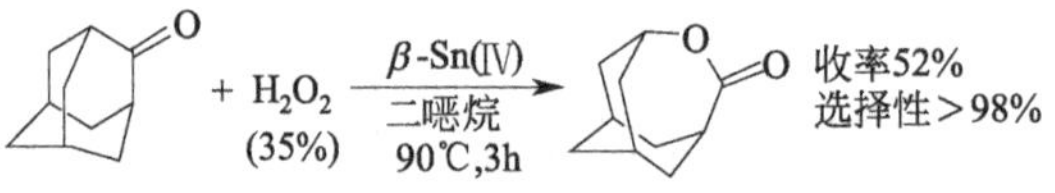

环己酮 + H_2O_2 (35%) $\xrightarrow[\text{MTBE, 56℃, 6h}]{\beta\text{-Sn(IV)}}$ 己内酯　收率94%　选择性>98%

金刚烷酮 + H_2O_2 (35%) $\xrightarrow[\text{二噁烷, 90℃, 3h}]{\beta\text{-Sn(IV)}}$ 内酯　收率52%　选择性>98%

就在 TS-1 被开发的同时，另一种用过氧化氢催化氧化的方法被研究：即在两相水/有机介质中相转移条件下使用的 W 基催化剂。该系统是一种非常有效的催化剂，利用 H_2O_2 对醇、烯烃和硫化物进行无溶剂和无卤化物氧化：

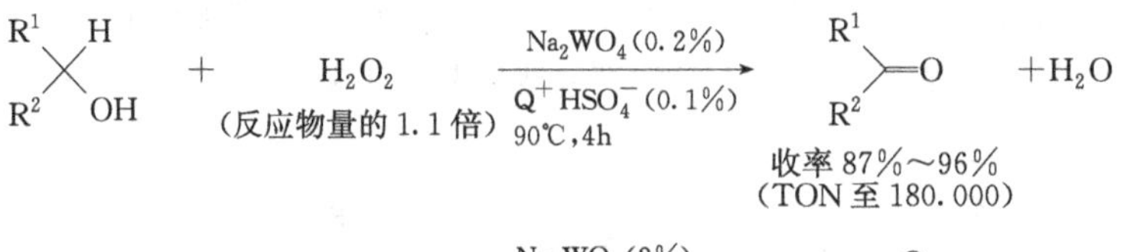

$$R^1R^2CH(OH) + H_2O_2 \xrightarrow[Q^+HSO_4^-(0.1\%),\ 90℃,\ 4h]{Na_2WO_4(0.2\%)} R^1R^2C{=}O + H_2O$$

（H_2O_2 为反应物量的 1.1 倍）　收率 87%～96%（TON 至 180.000）

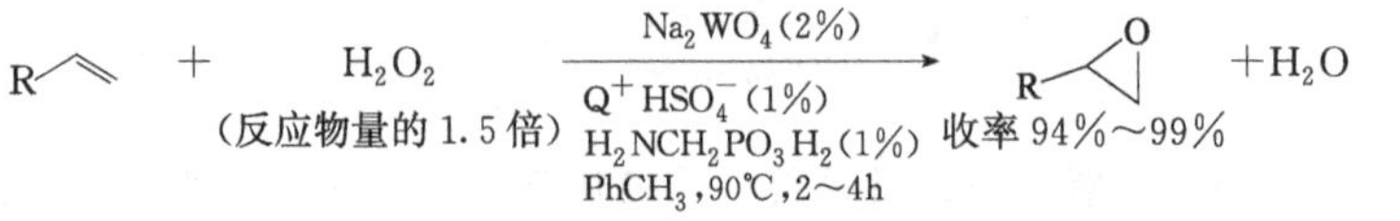

$$RCH{=}CH_2 + H_2O_2 \xrightarrow[Q^+HSO_4^-(1\%),\ H_2NCH_2PO_3H_2(1\%),\ PhCH_3,\ 90℃,\ 2\sim4h]{Na_2WO_4(2\%)} \text{环氧化物} + H_2O$$

（H_2O_2 为反应物量的 1.5 倍）　收率 94%～99%

$$R^1R^2S + H_2O_2\ (\text{反应物量的 2.5 倍}) \xrightarrow[\substack{Q^+HSO_4^-(0.1\%) \\ PhPO_3H_2(0.1\%) \\ 25\sim50℃,2\sim24h}]{Na_2WO_4(0.1\%)} R^1R^2SO_2 \quad \text{收率 }93\%\sim98\%$$

$Q=CH_3(C_8H_{17})_3N$

8.4.4 绿色化学中有机溶剂的使用

绿色化学的一个非常重要问题是有机溶剂的使用。氯化烃溶剂，传统上是各种有机反应的选择溶剂，其使用已受到严重限制。

最好的溶剂是无溶剂的，如果需要溶剂（稀释剂），那么最好是水。由于其极性很强，使得水中的有机金属催化具有更强的反应性和选择性。此外，它也有利于催化剂的回收和再循环。在双水相体系中进行反应，其中催化剂驻留在水相中，产物溶解在有机相中，允许通过简单的相分离回收和再循环催化剂。

这一概念大规模应用的例子是丙烯氢甲酰化制正丁醛的工艺，该工艺采用三磺化三苯基膦（TPPTS）的水溶性 Rh^{I} 络合物作为催化剂。该络合物还可作为制备香叶基丙酮的催化剂，通过在双水相体系中的月桂烯与乙酰乙酸甲酯反应来制造维生素 A 中间体香叶基丙酮：

$$\text{月桂烯} + CH_3COCH_2CO_2Me \xrightarrow{Rh(\text{I})/TPPTS} \text{加成产物}(CO_2Me) \xrightarrow[-MeOH,CO_2]{H_2O/H^+} \text{香叶基丙酮}$$

香叶基丙酮

类似地，使用 Pd/TPPTS 作为催化剂，通过苄基氯的两相羰基化合成苯乙酸，作为与氰化钠反应经典合成的替代方法。尽管新工艺仍能产生一种等物质的量的氯化钠，但其产盐量比原工艺低得多。

老工艺

$$C_6H_5CH_2Cl \xrightarrow{NaCN} C_6H_5CH_2CN \xrightarrow[H_2SO_4]{H_2O} C_6H_5CH_2CO_2H$$

新工艺

$$C_6H_5CH_2Cl \xrightarrow[Pd/TPPTS]{CO/aq.\ NaOH} C_6H_5CH_2CO_2H$$

转化率 96%
选择性 92%
TON=176
TOF=$9h^{-1}$

近年来，其他非经典反应介质从避免使用对环境产生影响的溶剂、促进催化剂回收和再循环的角度吸引了越来越多的关注。两个很容易想到的例子是超临界二氧化碳和室温离子液体。离子液体同样被认为是一般有机合成和催化反应的绿色反应介质。它们表现出许多特性，使其在作为反应介质方面很有潜力。

8.5 环境催化新发展

由于可持续发展要解决的问题涉及人和地球这一极其庞大的复杂系统，环境催化技术为协调生态与经济发展之间的关系开辟了新途径。地球上不可再生矿物能源储量日趋减少，煤炭储量只可供用几十年，石油、天然气将在下世纪耗竭，因此新技术的首要任务就是减缓能源的消耗，能源的紧缺就必然要求人们多方位地充分利用资源。一碳化学就是一种这样的化学新工艺；同样地，催化燃烧能大大降低燃烧的温度，在减少能源消耗的同时对污染物进行治理，在抑制副产物形成和节约能源上行之有效；在开辟新的能源利用方式的同时降低对环境的污染。此外，本章还介绍了环境催化的发展方向和趋势，包括废弃物的利用、方法以及催化新材料等。总之，环境催化新技术正日益受到人们的广泛关注，并将使人们的生活受益无穷。

8.5.1 基于 CO_2 资源化催化作用

随着化石燃料利用和工业活动的日益增多，CO_2 排放量不断上升且被认为是造成日益严峻的气候变化问题的主要原因。据 Earth's CO_2 报道，大气中 CO_2 的平均浓度已经从工业时代之前的 0.0172%～0.03%升高到 2021 年 6 月 13 日的 0.0416%。在过去的几十年里，人们对 CO_2 排放量不断上升所带来的灾难性后果，如气候变化灾难、全球变暖以及相关的能源和环境问题，都给予了极大的关注。因此，对 CO_2 捕获和利用（CCU）进行了大量的研究。CCU 被视为对抗人为碳排放的重要方法（图 8-33）。本节简要介绍 CCU 中 CO_2 的资源化利用，重点在于利用外部能源对 CO_2 的有效去除和催化转化，本教材的第 9 章中将进一步介绍 CO_2 的转化，重点在于其转化为清洁能源。

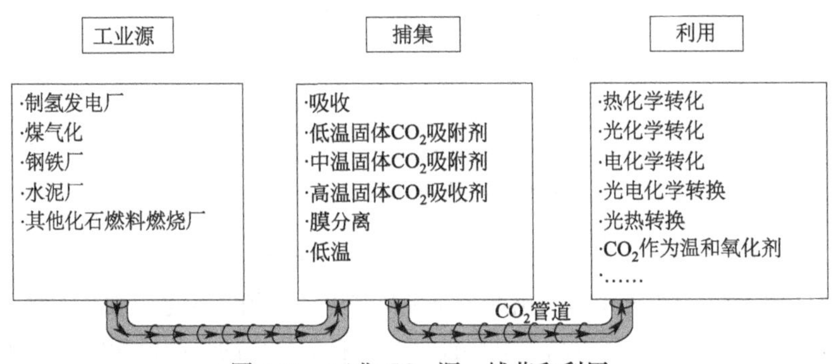

图 8-33 工业 CO_2 源、捕获和利用

乙酰胺（MEA）吸收是目前工业上常用的 CO_2 捕集技术。然而，该技术目前的日处理量不足。对于吸附剂来说，主要的挑战是提高其稳定性和可回收性。膜具有相对较低的成本，但它们需要较高的 CO_2 分压，以实现高选择性和高分离率。因此，压缩 CO_2 流可能会产生巨大的运营成本。低温分离具有较高的操作成本，并且从浓缩的 CO_2 流中可能更可行。

CO_2 的转化可分为两大类，第一大类中，CO_2 通过成熟的工业过程与氢气一起转化。CO_2 可以直接利用可再生的太阳能氢气进行转化，利用可再生的氢气进行逆水气变换反应（RWGS）来生产气，或者利用太阳能将 CO_2 转化为 CO，然后与可再生的氢气进行反应［或者利用水汽变换反应（WGS）来生产氢气］。在第二大类中，CO_2 通过电催化、光催化或光电化学方法直接还原为燃料。由于转换方法的成熟，前一类方法是有利的，而后一类方法中转换过程的简单性是有吸引力的。然而，与水裂解相比，CO_2 还原技术和催化剂的研究相对较少，效率也较低。特别是转化率和选择性较低。

（1）CO_2 的热催化转化

CO_2 的热催化转化通常包括两个方面：CH_4 的干法重整（DRM）和 CO_2 还原。

在 CH_4 的干法重整中，CO_2 被用作 CH_4 催化重整的软氧化剂，以产生 CO 和 H_2 的混合物，这是化学合成的平台、H_2 的来源或用于发电的燃料。干法重整中可能发生的反应：

$$CH_4+CO_2 \longrightarrow 2CO+2H_2 \qquad \Delta_r H_m^{\ominus}(298K)=248kJ\cdot mol^{-1} \tag{8-42}$$

$$CO_2+H_2 \longrightarrow CO+H_2O \qquad \Delta_r H_m^{\ominus}(298K)=41.2kJ\cdot mol^{-1} \tag{8-43}$$

$$CH_4 \longrightarrow C(s)+2H_2 \qquad \Delta_r H_m^{\ominus}(298K)=75kJ\cdot mol^{-1} \tag{8-44}$$

$$2CO \longrightarrow C(s)+CO_2 \qquad \Delta_r H_m^{\ominus}(298K)=-172kJ\cdot mol^{-1} \tag{8-45}$$

甲烷的 CO_2 重整（干整）具有特别的环境效益，因为它转换了主要的温室气体 CO_2 和 CH_4。DRM 是一种高吸热反应，反映了两种反应物的高稳定性；因此，它需要高温（873～1273K）才能实现显著的转化。DRM 产物中理想的 H_2/CO 物质的量之比为 1，但同时发生的 RWGS 反应［式(8-43)］消耗氢气生成水，并将 H_2/CO 物质的量之比降低到<1。贵金属如 Pt、Pd、Ru 和 Rh 以及过渡金属如 Ni、Cu 和 Co 对干法重整反应具有很高的活性。由于其高活性和易得性，Ni 作为催化剂或催化剂组分（单独或在合金中）已被广泛研究用于 DRM。DRM 大规模应用的一个主要挑战是活性金属的烧结和失活焦炭在催化剂上的沉积导致催化剂在运行中的快速失活。积碳可能是由甲烷裂解［式(8-44)］或 CO 歧化［式(8-45)］引起的。焦炭可以在活性金属表面沉积成非晶态或石墨层，堵塞活性中心；或者形成碳纳米管，破坏催化剂结构的完整性，导致催化剂床层膨胀，导致连续操作中的堵塞和中断。

核壳型催化剂在 DRM 技术中有很好的应用，特别是在提高催化剂的稳定性和抗结焦性方面。与传统催化剂相比，核壳材料具有较高的热稳定性、抗烧结性和双功能特性，这有助于降低 DRM 过程中的焦炭形成和失活速率。如 Ni@空心 SiO_2 微球（HSS）催化剂具有较好的活性和稳定性，在 1073K 下反应 55h，CH_4 和 CO_2 的转化率分别达到 94.4%和 95%，结焦率可忽略不计。但核壳催化剂相对于传统催化剂的缺点包括其更大的稳定性合成的复杂性和成本，以及与壳施加的传质限制有关的总活性降低的可能性；外壳还可以阻挡部分活性金属表面，使其无法进行反应。

另一条路线是 CO_2 热催化加氢还原。CO_2 加氢生成碳氢化合物为 CO_2 的循环利用提供了非常理想的途径。根据反应条件和催化剂，可产生多种碳氢化合物和氧化物，例如甲烷、甲醇、二甲醚、烯烃、高级醇和甲酸（如图 8-34）。在第 9 章能源转化部分将讨论相关反应。

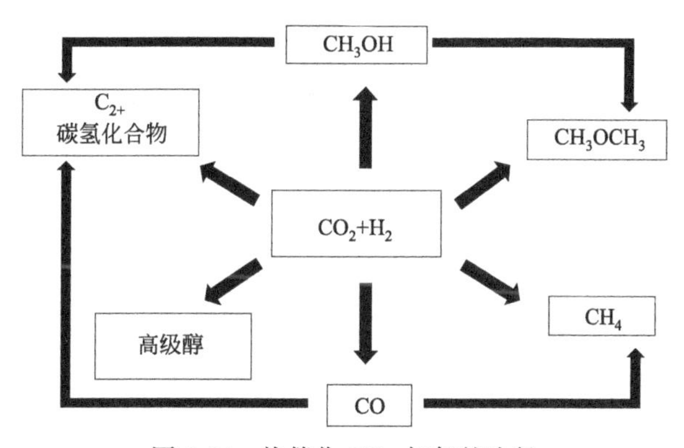

图 8-34 热催化 CO_2 加氢的途径

(2) CO_2 的光化学转化

利用太阳光照射将 CO_2 转化为燃料是一种有效的方法，因为它不增加额外的能量，对环境没有负面影响。这项技术的迫切要求是开发出可见光敏感的光催化剂，而可见光敏感的光催

化剂在 CO_2 的循环利用中具有突出的作用。在这项技术中，不同类型的光催化剂被使用。一些催化剂在可见光下表现出较高的转化率和选择性，而其他催化剂在可见光下反应不可行，收率较低。根据光催化 CO_2 转化的最新进展，所使用的光催化剂的简明分类如图 8-35 所示。

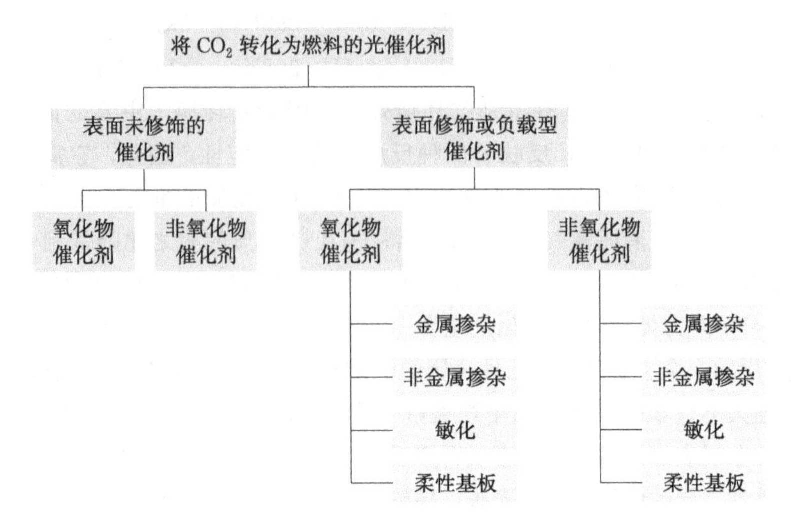

图 8-35　CO_2 转化为燃料的催化剂分类

与热 CO_2 转化不同，参与光化学 CO_2 还原反应的电子来源于光吸收剂（通常称为光催化剂）的光激发。在光催化过程中，CO_2 的还原与氧化反应同时发生，理想情况下，水在气相或水相环境中氧化（通常使用空穴清除剂代替水来提高整体性能）。还原和氧化反应分别由光催化剂的导带和价带上的光生电子和空穴触发，如图 8-36 所示。

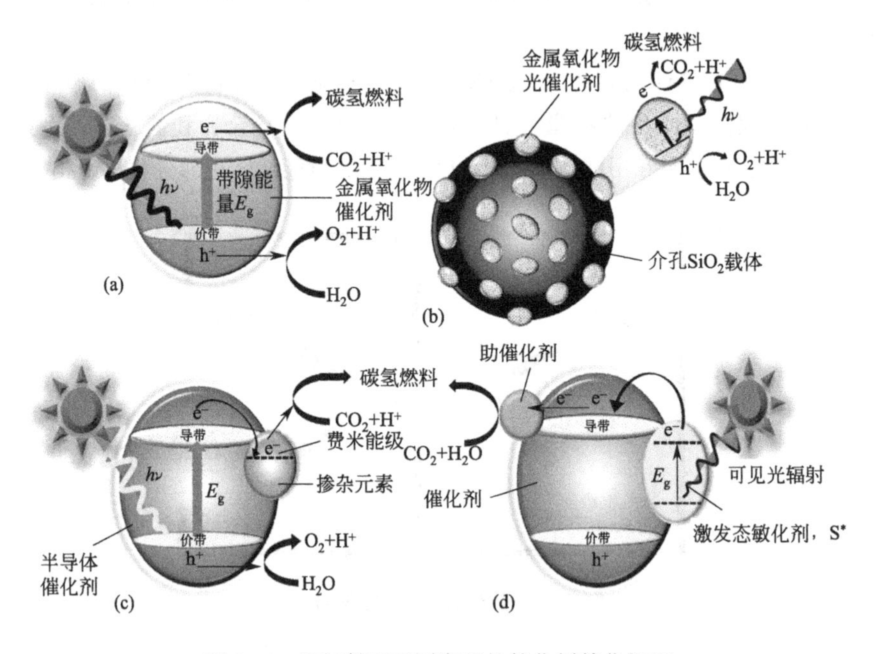

图 8-36　光辐射下不同类型的催化剂催化机理

（a）未改性金属氧化物半导体的光催化机理；（b）负载型金属氧化物半导体的光催化机理；（c）掺杂半导体的光催化机理；（d）染料敏化半导体的光催化机理

CO_2 转化的一个重点是直接生产太阳能燃料，此时选择性催化剂必须具有所需的带隙能量，以便进行可见光响应。为了提高效率，通过在半导体中掺杂新的金属和非金属等杂质元素来最小化带隙能量。同时改善电荷转移速率，减少电子-空穴复合。此外，采用不同的基质材料，在光催化过程中实现了催化剂的高比表面积和固定化。近年来，不同类型的敏化技术被用于提高可见光下的光催化性能，如染料敏化、酶敏化、量子点敏化和酞菁敏化。掺杂和敏化半导体都被用来提高转化率。产物的选择性不仅取决于催化剂的组成，还取决于还原剂和溶剂的选择。除水外，有机还原剂是光化学 CO_2 转化过程中最常用的还原剂。尽管水是可用的，而且价格合理，但也存在一些限制，如 CO_2 溶解度低，导致水分解而不是 CO_2 减少。甲烷和氢气被用作还原剂也已经得到研究。

(3) CO_2 的电化学还原反应（CO_2RR）

将 CO_2 电催化还原为燃料遵循与电解水相同的原理。氧在电池的阳极处析出，而 CO_2 在系统的阴极处还原。还原产物取决于所用的电催化剂，并且每种产物具有不同的热力学电极电势，示例如表 8-11 所示。利用与水电解类似的技术，可在环境条件下对 CO_2 进行电催化还原。实施该技术的主要障碍是催化性质。即电流型电催化剂具有高过电位、低法拉第效率（即产品选择性差）、低电流密度等缺点，并且随着时间的推移而失活。低法拉第效率的出现是因为 CO_2 还原的热力学势与水分解的热力学势相似（1.23V），这使得氢的释放与二氧化碳的减少竞争。

表 8-11　CO_2 还原反应的热化学与平衡电极电势

反应产物	反应式	热化学		平衡电势
		$\Delta_r H_m^{\ominus}/(kJ \cdot mol^{-1})$	$\Delta_r G_m^{\ominus}/(kJ \cdot mol^{-1})$	$E^{\ominus}/V$
CO	$CO_2 \longrightarrow CO+1/2O_2$	283.0	257.2	1.34
HCOOH	$CO_2+H_2O(l) \longrightarrow HCOOH+1/2O_2$	254.3	270.0	1.41
HCHO	$CO_2+H_2O(l) \longrightarrow HCHO+O_2$	570.7	528.9	1.38
CH_3OH	$CO_2+2H_2O(l) \longrightarrow CH_3OH+3/2O_2$	764.1	706.1	1.23
CH_4	$CO_2+2H_2O(l) \longrightarrow CH_4+2O_2$	890.5	817.9	1.06
C_2H_4	$2CO_2+2H_2O(l) \longrightarrow C_2H_4+3O_2$	1411.0	1331.2	1.16

CO_2 电还原催化剂包括金属络合物、过渡金属和金属氧化物。在所研究的金属中，铜是唯一能够将 CO_2 还原为碳氢化合物（即甲烷、乙烯）具有中等过电位下的显著电流密度和合理的法拉第效率，金、银、锌和钯上的主要产物是 CO，铅、汞、铟、锡、镉和铊上的主要产物是 HCOOH，而镍、铁、铂、钛和镓上的主要产物是氢。对于铜上的 CO_2 转化为 C_2H_4，由于阴极过电位高，转化的总能量效率仅为 41%。此外，铜在酸性环境中溶解，并且由于表面中毒而失活，限制了其效率。与金属催化剂不同，金属氧化物催化剂（特别是 RuO_2 和铜氧化物）上的 CO_2 还原甲醇是主要产品。研究表明，铜氧化物对乙烯的选择性高于纯铜。

近年来均相催化剂的研究发展顺利。它们对不同的产物具有很高的选择性，特别是对 $2e^-$ 转移产物（CO 和 HCOOH）的选择性，目前其选择性已接近 100%。然而，由于 CO_2 在水溶液中的溶解度较低（298K 时为 $0.33mol \cdot L^{-1}$，1atm），因此有关 CO_2RR 活性的电流密度始终低于 $40mA \cdot cm^{-2}$。近年来，许多研究集中于大规模生产各种产品，以进一步实现工业应用，目的是在未来实现长期反应（42 万小时）和大电流密度（$4200mA \cdot cm^{-2}$）。

CO_2RR 涉及多个电子转移过程，包括 $2e^-$、$4e^-$、$6e^-$、$8e^-$、$12e^-$，甚至更多电子路径，以形成各种产品。在水溶液中，还会发生竞争反应，生成副产物 H_2。如表 8-12 所示，总结了水溶液（pH=7.0）中 CO_2 还原半反应为各种产物的平衡电势（vs. SHE）。尽管某些产物形成途径在热力学上似乎比它更有利，但由于中间自由基 CO_2 物种形成的标准氧化还原电势约为1.9V，所以 CO_2RR 的动力学相当缓慢（图 8-37）。随后，该中间体通过其氧原子或碳原子质子化进一步还原为·COOH 或 HCOO·自由基，分别生成 CO 和甲酸盐。这两个转移过程只涉及两个电子，因此，CO 和甲酸盐是 CO_2RR 的主要产物。此外，CO 还可以通过加氢、C—O 键断裂和 C—C 键偶联进一步还原为一系列不同的碳氢化合物。

表 8-12　在标准电位下形成各种产物的可能电化学反应

CO_2 转化产物电极反应	标准电极电势 $E^{\ominus}$(vs. SHE, pH=7)/V
$CO_2+2H^++2e^- \longrightarrow CO+H_2O$	−0.52
$CO_2+2H^++2e^- \longrightarrow HCOOH$	−0.61
$CO_2+4H^++4e^- \longrightarrow HCHO+H_2O$	−0.51
$CO_2+6H^++6e^- \longrightarrow CH_3OH+2H_2O$	−0.38
$CO_2+8H^++8e^- \longrightarrow CH_4+2H_2O$	−0.24
$CO_2+12H^++12e^- \longrightarrow C_2H_4+4H_2O$	−0.34
$CO_2+e^- \longrightarrow CO_2^{\cdot -}$	−1.90

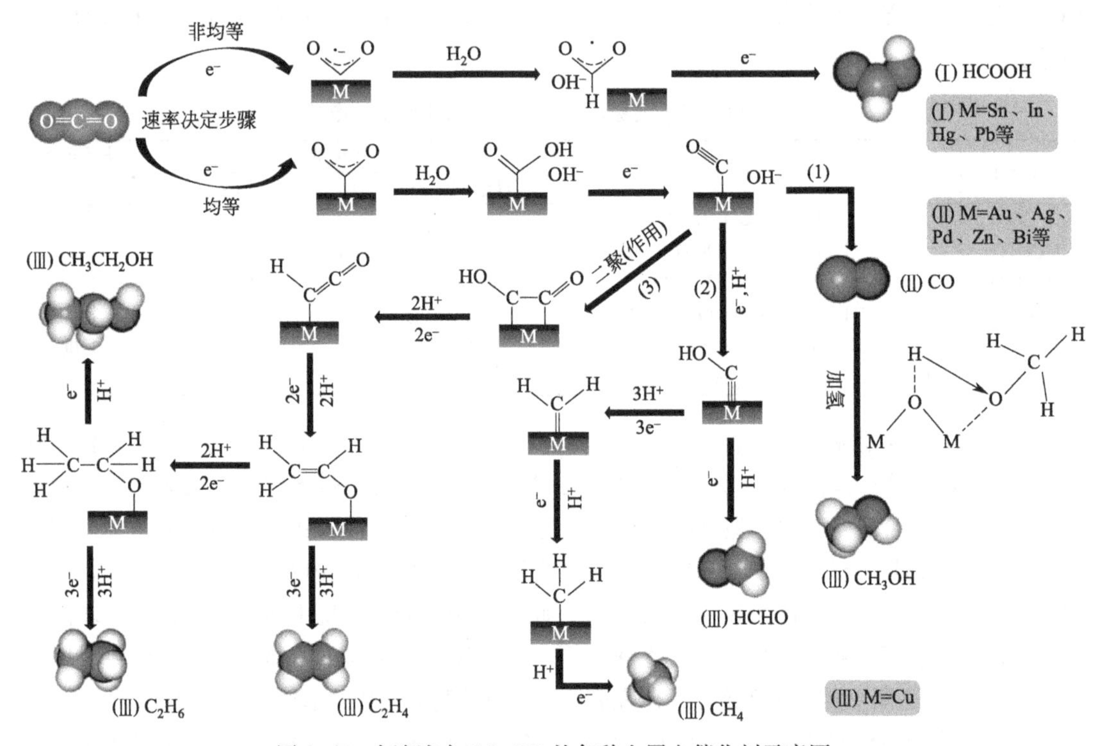

图 8-37　水溶液中 CO_2RR 的各种金属电催化剂示意图

（4）CO_2 的光电化学转化

与光催化和电催化相比，光电化学还原 CO_2 可以综合两者的优点，即同时提高催化效率和减少电能输入。与电解过程不同的是，在电解过程中，CO_2 仅被外部电还原，而 PEC 系统中光生电子和空穴分别与催化剂表面的 CO_2 分子和 H_2O 反应，形成还原产物和氧气。此外，与光催化 CO_2 还原相比，PEC 系统由于在外加电的辅助下能更有效地分离电荷，因而具有更

高的 CO_2 还原效率。基于不同的光电极，PEC CO_2 还原系统通常可分为三类，使用半导体作为光电阴极、光电阳极或同时使用光电阳极和光电阴极（图 8-38）。

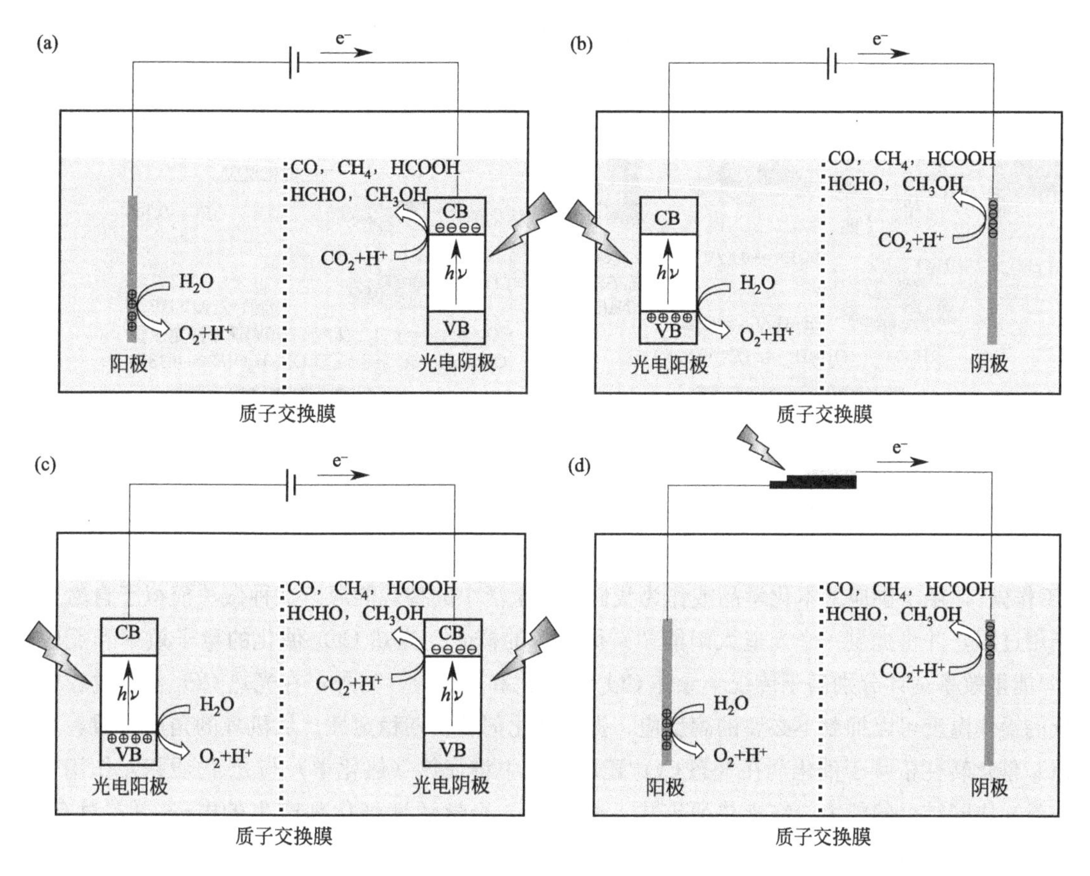

图 8-38　使用半导体作为（a）光电阴极、（b）光电阳极以及（c）光电阳极和光电阴极在水中还原 PEC CO_2 的示意图；（d）光电电池与高效电化学催化剂结合用于 CO_2 还原的装置示意图

与电催化 CO_2 还原类似，PEC 系统由两个半反应组成，其中 CO_2 电还原发生在阴极侧，OER 发生在阳极侧。主要反应产物包括 CO、HCOOH、甲醇、CH_4 以及以 H_2 为副产物的长链碳氢化合物。值得注意的是，很难为 CO_2RR 和 OER 选择具有合适带能量位置的原始半导体材料。因此，开发了不同类型的 PEC 系统，将一种半导体和一种金属或两种半导体结合起来（图 8-38）。就每种结构而言，选择与电解质结合的光电极材料是非常重要的，导致产品分布的多样性。通常，n 型半导体具有比水氧化电位更高的正价带最大值，用作光电阳极；p 型半导体具有比 CO_2 还原电位更高的导带最小值，用作光电阴极。当光电阳极被用作光吸收电极产生电子-空穴对时，光生空穴将被提供给析氧反应，产生的电子将在外加偏压的帮助下迁移到 CO_2RR 的暗阴极。在光电阴极-阳极系统中，电子-空穴对由光电阴极的光吸收形成，电荷分离由外加的偏压驱动。产生的电子在阴极表面被 CO_2RR 消耗，而 OER 在阳极表面同时进行。此外，光电阳极与光电阴极连接，可以形成 CO_2 和 H_2O 的 Z-方案转化，从而建立一个单一的光电极对电极系统。如果每个光电极的稳定电流-电位曲线从起始位置相交，则两个光电极系统不需要施加偏置电位。VB 和 CB 的能级以及外加电位对产品的分布至关重要。光电阳极-阴极系统的 PEC 水氧化和 CO_2 活化催化剂的 CO_2RR 的能级示意图如图 8-39 所示。

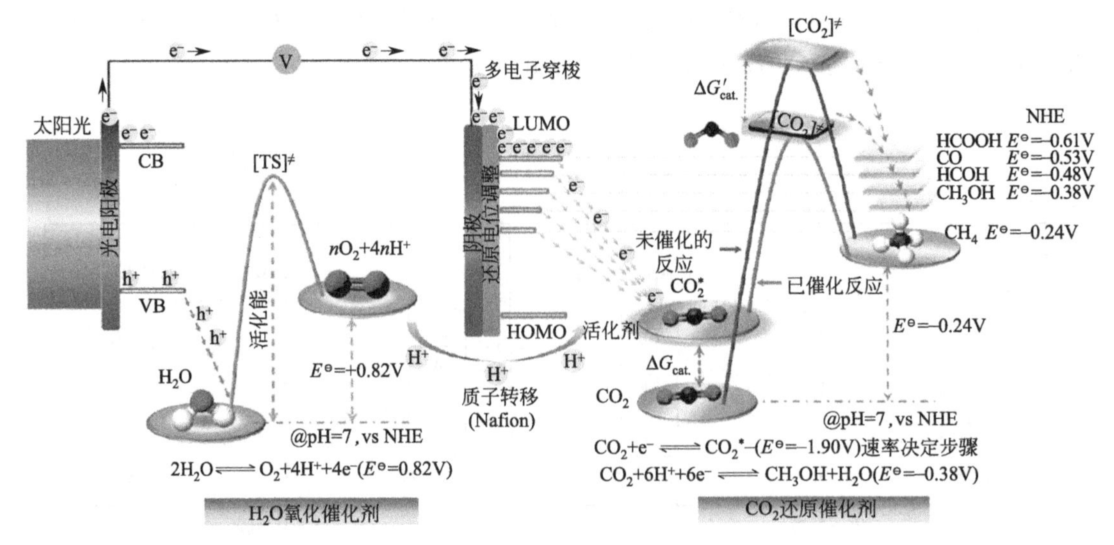

图 8-39　PEC 水氧化和 CO_2 还原反应在热力学和动力学方面与 CO_2 活化催化剂的能级图的示意图

（5）CO_2 的光热转化

从实用的角度来看，太阳能被转化并储存在 CO_2 衍生产品中，然后可以作为一种活性“工作碳”，用于供应基本化学品或作为我们日常生活中的替代能源。这种做法模拟了自然光合作用过程，并将提供一个人造太阳能“碳循环”的概念。光热 CO_2 催化的量子效率和反应速率/能量效率估计分别高于传统半导体 CO_2 光催化和热催化。另外，在光热 CO_2 催化过程中较低的操作温度可以抑制不必要的副反应，提高催化剂的长期稳定性。从机理的角度来看，光热 CO_2 催化转化依赖于催化剂在气态 CO_2 还原反应中将加热（热化学）与光-物质相互作用（光化学）协同结合的能力。在光热研究中，光化学与光学活性催化剂产生的电子-空穴对有关，这种催化剂能激活相邻的分子/中间体进行催化转化。尽管光化学与光催化相似，但不能互换。光化学过程与传统热活化机制的偶合提供了通过靶向高活化势垒/动力学相关的中间步骤来解决 CO_2 还原过程中反应性慢和选择性低的缺陷。

在光热催化过程中有两个明显的共同点，即“光-物质相互作用”和“热活化”，这分别可以被认为“光”和“热”的起源。图 8-40 描述了热/光化学反应的驱动力、光热催化的贡献及其各自的基本原理。热贡献源于等离子体纳米结构中的外部物理加热或理想情况下的光热加热效应。光化学贡献可以来源于半导体的光催化或金属纳米结构的等离子体光催化。在适当加热的帮助下，半导体上的 CO_2 气体光催化还原被描述为一种潜在的、经济的和可扩展的（非金属成分）太阳能驱动的 CO_2 转换技术。该机制涉及由电子-空穴对引发在热激活下的氧化还原反应。物理等离子体光催化机制可分为以下两个系统之一：①金属-吸附质阵列上的直接等离子体光催化；②半导体上的间接等离子体光催化以及从金属到半导体的能量转移。具体而言，直接等离子体催化是由①非辐射朗道阻尼（电子最初在金属中产生，随后转移到吸附质）引发的，或②化学界面衰减（电子瞬间注入吸附质的未被占据轨道）［图 8-40 中的路径（b）和（c）］。间接等离子体催化也有两种途径：①通过电子注入从金属纳米粒子到半导体的热电子直接转移（DET），或②从金属纳米粒子到半导体共振能量转移（RET）（近场电磁或声子散射机制），以及在半导体中产生电子-空穴对［图 8-40 中的路径（d）和（e）］。能量转移过程的净效应是在半导体中产生更多的电子。上述过程能否发生，在很大程度上取决于催化剂的结构和组成。此外，单一体系中的光激发，例如复合催化剂体系中的宽范围光照，可以诱导多种现象，这些现象可以相互有益地相互作用。

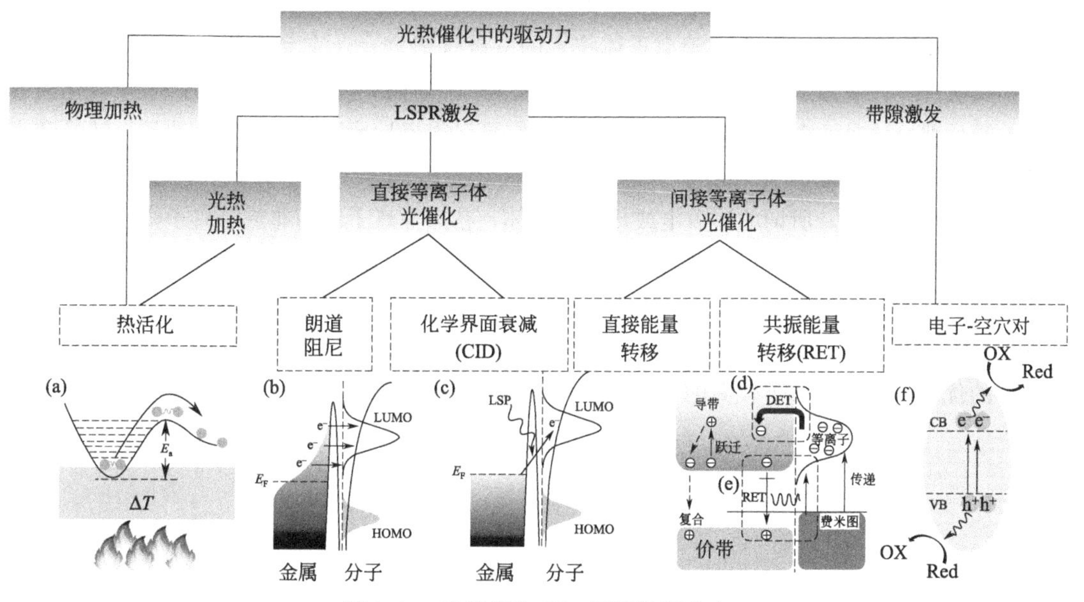

图 8-40　光热催化 CO_2 还原的驱动力

(a) 热活化；(b) 朗道阻尼；(c) 化学界面衰减；(d) 直接能量转移；(e) 共振能量转移；(f) 电子-空穴对

光热 CO_2 催化主要有两种。第一种情况是光化学作用很少，热驱动过程控制表面催化反应。催化剂的性能来源于纳米结构上的局部光加热效应，为传统的热 CO_2 催化提供动力。这种类型的反应没有从光催化中获益，并且受到与传统热催化相同的本征催化参数（活化势垒/选择性/温度依赖动力学）的影响。第二类光热 CO_2 催化涉及应用光诱导化学（如热电子光化学）在加热的辅助下促进 CO_2 催化。这种情况的一个独特特点是，它利用了单一系统中的热和光化学贡献。两种 CO_2 催化技术都受到了广泛的关注，有望成为太阳能辅助 CO_2 化学转化的重要途径。

(6) CO_2 的等离子体转化

等离子体技术的优点是操作条件温和，容易放大，并且由高能电子而不是热激活气体。这使得热力学上困难的反应，如 CO_2 裂解和甲烷的干法重整，以合理的能源成本发生。

等离子体分高温等离子体、低温等离子体和过渡型等离子体。热等离子体可以通过两种方式实现，一种是在高温下，通常在 4000～20000K 之间，这取决于电离的难易程度，另一种是在高气压下。与传统技术相比，高温等离子体具有高温、高强度、非电离辐射和高能量密度等优点。热源也是定向的，有尖锐的界面和陡峭的热梯度，可以独立于化学控制。当燃烧矿物燃料时，温度上限是 2300K，而高温等离子体可以达到 20000K 或更高的温度。另一方面，高温等离子体的固有特性使其不适合于 CO_2 的高效转化。更具体地说，热等离子体中的电离和化学过程是由温度决定的。因此，最大能量效率仅限于热力学平衡效率和相应的转化率，在 3500K 时分别为 47%和 80%。而热等离子体中，实验室规模的效率高达 90%。

通过在两个平行电极之间施加电位差来产生低温等离子体。这种电位差产生一个电场，引起气体击穿。电子在电场的作用下向正极（阳极）加速，当它们与气体分子碰撞时，会产生电离、激发和解离。电离碰撞产生新的电子和离子；离子被电场加速朝向负电极（阴极），在那里它们引起二次电子发射。新的电子可以引起进一步的电离碰撞。电离碰撞产生自由基，很容易形成新的化合物，这为低温等离子体的气体转化应用奠定了基础。电子可以被认为是高活性化学混合物的引发剂，这是低温等离子体技术的关键优势之一：它允许气体——甚至像 CO_2 一样不反应——在室温下被高能电子“激活”。这导致了非热等离子体技术用于 CO_2 转化的第二个关键优势，这是一个非常灵活的过程，因为它可以很容易地实现，更重要的是，转换和产品形成稳定时间通常低于 30min。

过渡型等离子体，所谓的热放电或热等离子体，在热等离子体和非热等离子体的边界处工作，因此具有相同的性质，可能非常有希望用于 CO_2 转化。这是一种非平衡放电，它不仅能提供（再）活性物种，而且能提供一定水平的平动温度。尽管这种平动气体温度仍然远低于电子温度，但它明显高于室温，很容易达到 2000～3000K。因此，这些热等离子体能够创造非平衡条件的优势，同时，由于较高的气体温度，它们可以影响化学动力学（见图 8-41）。

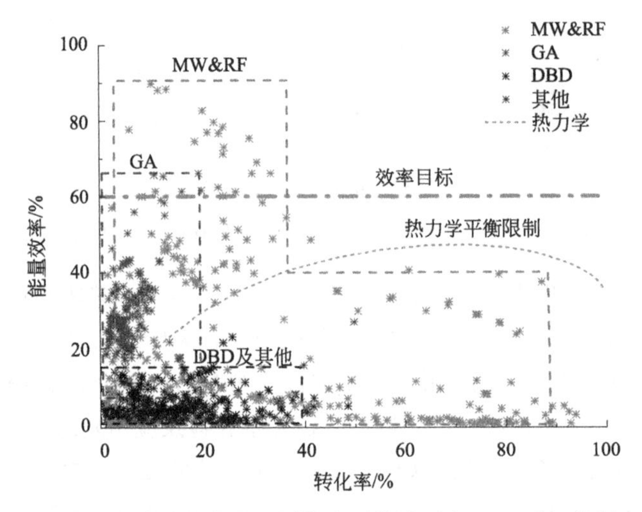

图 8-41 比较从文献中收集的不同等离子体类型中 CO_2 裂解的所有数据，显示能量效率与转化率的函数关系。指出了热平衡极限和 60%效率目标

DBD—介质阻挡放电；MW—微波；RF—无线电频率；GA—滑移弧

8.5.2 基于纳米粒子与单原子环境催化作用

针对环境修复的单原子催化研究尚处于初期阶段，面临着巨大的机遇和挑战。将单原子催化在其他领域的成功转移到环境催化领域（如污染空气和水处理），尽管在催化机制存在一些相似之处，但仍属一个未知领域。目前的研究报道表明，催化活性和选择性的提高很大程度上取决于目标反应的类型及其机理。单原子催化的性质（如金属原子的配位环境、与反应物和中间体的吸附相互作用以及金属和载体之间的电荷相互作用）对单原子催化在环境应用中的性能有着复杂的影响。在这里，通过匹配环境修复的实际需要和基于上述基本催化机制的单原子催化的有利性质，我们确定了七种潜在的环境应用，其中单原子催化可能优于现有催化剂（图 8-42）。

（1）类芬顿过程

在芬顿反应过程中，H_2O_2 活化过程中的氧化还原反应可以通过单原子催化来完成，单原

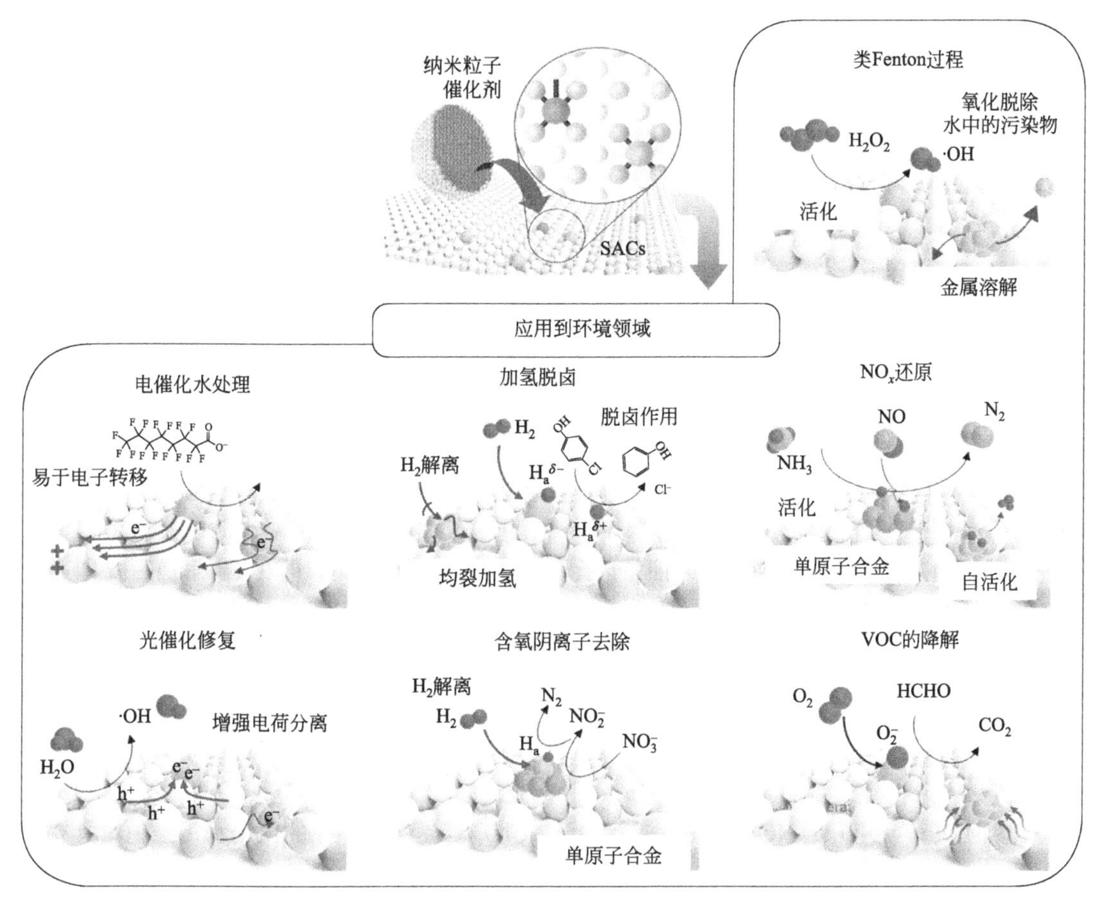

图 8-42 SAC 在以下环境领域的新兴应用：类 Fenton 工艺、电催化水处理、光催化修复、加氢脱卤、氧阴离子去除、氮氧化物还原和挥发性有机化合物降解

子催化的功能类似于溶解的金属，同时与表面结合。由于单原子催化剂（SACs）的性质，降低了吸附能，促进了电子的转移，促进了硫酸根的产生和污染物的降解。

（2）电催化水处理

负载单原子钴的氮掺杂石墨烯导电膜和负载 Pd 单原子的 Ti_4O_7 电极显示了有机污染物的增强和选择性阳极氧化。值得注意的是，单原子催化已被广泛用于改善电极材料在各种其他电化学过程中的动力学和选择性，包括 ORR、OER、HER 和碳氢化合物转化反应。催化剂与载体的强相互作用，增强的电荷转移，以及通过载体材料的协同作用调整反应机制，可以解释 SACs 优于纳米粒子的能力。

未来的电催化水处理系统需要在以下研究领域开展更多的工作：①开发高比表面积电极；②开发高稳定性电极；③最小化毒副产品的形成；④确定电化学技术的生命周期和成本评估。其中，高比表面积电极材料目标是低成本下构建纳米粒子或单原子阳极稳定材料。

（3）光催化修复

通过改变半导体光催化剂的光吸收和电荷分离特性，单原子催化已经成为提高半导体光催化剂性能的可行策略。例如，在 C_3N_4 中加入单原子 Pt、Pd、Au 和 Cu 可以降低 C_3N_4 的带隙能量，从而增强对低能量光子（如可见光）的吸收。与通常负载在半导体上的导电纳米颗粒类似，最近的几项研究也表明，金属单原子的电荷分离得到了改善，这归因于金属-配体的强相互作用和缩短的电荷转移距离（即从采光装置到催化装置）。这些策略已外推到用于水处理的光催化剂上。考虑到半导体材料和单原子催化配置的广泛选择，探索用于光催化水和空气处理的单原子催化以及提高基础知识的机会似乎很大。然而，未来的研究需要仔细审视其在实际应用中的真正潜力，因为材料性能的逐步改善不太可能显著促进水处理中的光催化实践。

（4）加氢脱卤

有机卤素由于其碳-卤素键的强度，仍然是最持久和最广泛的水污染物之一。许多卤化有机物对人类健康和生态系统的不利影响已被充分记录，其中一些有机物目前受到管制。由于很难通过水处理中常用的化学和生物过程来破坏这些持久性污染物，因此，一种还原性脱卤化方案，即用H原子裂解C—X（其中X是F、Cl、Br或I）键，已被视为一种可行的替代方案。

在典型的加氢过程中，氢原子是由贵金属纳米粒子表面的H_2解离产生的。然而，这种均裂过程产生的氢原子对C—X键氢化不具有选择性，并且也可能参与其他富电子功能的还原，例如目标分子中的C═C键和干扰物种（如天然有机物）。定制单原子催化的结构有望通过促进一种替代的杂化途径在实现更高的催化选择性方面发挥关键作用，即在H_2解离后立即通过H原子溢出形成两个不同的部分带电$H^{\delta-}$和$H^{\delta+}$原子。$H^{\delta-}$和$H^{\delta+}$对可以优先与极性碳-卤素键对齐，而不是与非极性C═C键对齐，以实现更高的C—X键选择性氢化速率。或者，H原子可以通过质子在单原子上光催化还原得到。单原子催化在炔烃、二烯烃、苯乙烯和苯甲醛的加氢反应中表现出优异的性能和可调的选择性，可用于水中有机卤素的选择性去除。

（5）含氧阴离子去除

含氧阴离子（NO_3^-、NO_2^-、BrO_3^-、CrO_4^{2-}、ClO_4^-）是广泛存在的饮用水污染物，具有高溶解性，在水中可移动，且难以去除。用双金属Pd基催化剂还原含氧阴离子，因其高活性、稳定性和对所需最终产物的选择性而受到了广泛关注。金属纳米粒子催化还原含氧阴离子的关键反应步骤是将吸附的H_2解离成H原子，类似于加氢脱卤。过去的研究表明，使用Pd还原氧阴离子的效率在很大程度上取决于氧阴离子的类型，就还原的难易程度而言，通常遵循以下顺序：$CrO_4^{2-} > NO_2^- > BrO_3^- \gg ClO_4^- > NO_3^-$。硝酸盐除了难以减少外，还对人类健康构成严重威胁。在所提出的各种催化材料中，Cu合金化的双金属Pd催化剂作为硝酸盐转化为亚硝酸盐的促进剂金属，被广泛认为是最具活性和选择性的硝酸盐还原催化剂之一。

（6）减少氮氧化物

选择性催化还原（SCR）NO_x（$DeNO_x$）是净化汽车、工业和锅炉废气的关键工艺。传统的脱硝工艺涉及在贵金属催化剂上与还原剂（如H_2和NH_3）反应，通常具有相对较高的能量势垒，因此仅在高温下有效进行。最近的计算研究指出双金属催化剂在单原子催化结构中的可能性，例如，单原子Ir掺杂Ni可以实现高效率、低温SCR。在单原子催化中，贵金属位置H_2解离的能量势垒和随后从主体金属表面解吸的能量势垒显著降低，可以降低反应温度。此外，吸附$(NO)_2$二聚体中N—O键的裂解（这是NO还原的速率决定步骤）可通过铜合金上的单个Pd加速，产生优异的N_2选择性，即使在混合废气中也是如此。$DeNO_x$为SAC提供了一个重要的机会，最近的进展就证明了这一点，例如Al_2O_3和CeO_2上的单一Rh和CeO_2上的单一Pd。此外，其他气相催化反应，如CO氧化，已经在单原子催化方面取得了重大进展。

（7）挥发性有机化合物降解

催化分解是缓解室内空气中挥发性有机化合物（VOCs）污染的是一种很有前途的方法，

如甲醛和甲苯的去除。贵金属催化剂在室温下催化分解甲醛生成 CO_2 等方面取得了重大进展。然而，芳香族挥发性有机化合物（如甲苯和苯）的有效分解仍然需要高温或外部能源，这对实际的室内空气净化提出了巨大挑战。由于 O_2 活化在催化剂表面形成活性氧往往是催化 VOC 降解的限速步骤，因此应设计降低分子氧活化能的催化剂。最近有报道，单原子 Pt 沉积在 MnO_2 表面，可以在室温下通过产生表面晶格氧和羟基自由基来降解甲苯。与水反应不同的是，催化剂表面逐渐被难降解的有机中间体所覆盖，因此需要对单原子催化环境进行进一步的研究。

环境催化显然是一个前沿领域，需要来自多个领域的科学家的投入，这些领域包括化学、环境科学、地球科学、表面物理、大气科学和工程。随着地下水污染的加剧，大气中颗粒物的增加，以及对工业和汽车污染源去除污染物的需求越来越大，显然，在环境催化方面，未来需要解决和回答的问题将很多。

第9章 能源催化转化

9.1 概述

能源资源是指为人类提供能量的天然物质，既包括煤、石油和天然气等不可再生资源，也包括太阳能、风能、生物质能、地热能、海洋能和核能等新能源，两者总称为一次能源。一次能源通常要经过加工或转化成为二次能源，如煤气、液化石油气、电力、蒸汽、热水（工业与民用燃料）、汽油、煤油、柴油（运输燃料）、焦炭、甲醇、酒精、甲烷和氢能（化工原料）等。含碳资源转化利用系统如图 9-1 所示。

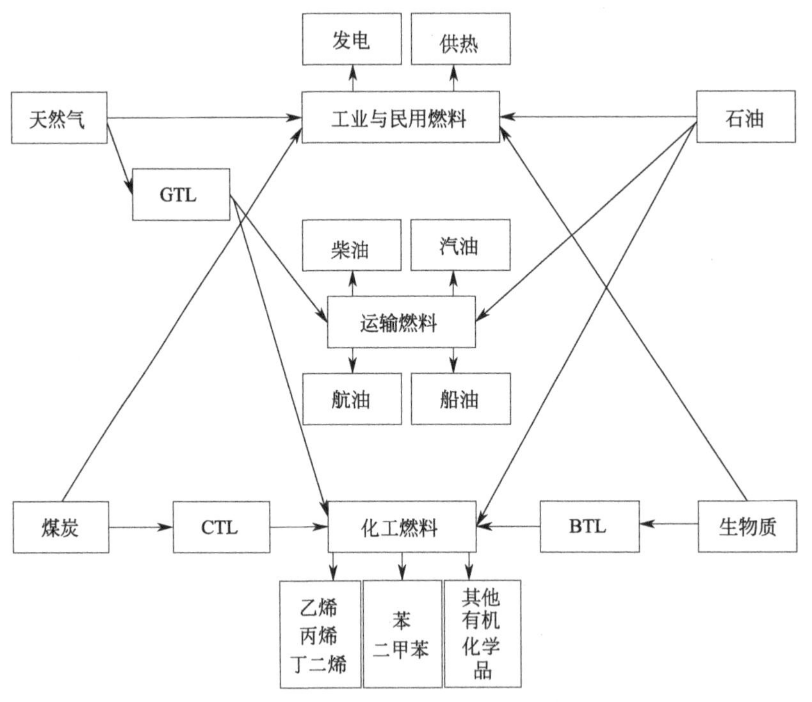

图 9-1　含碳资源转化利用系统

煤、石油、天然气和生物质能均可以通过燃烧等过程直接转化为工业与民用燃料，石油还可以通过炼油等过程直接转化为液体运输燃料和化工原料，它是目前液体燃料和化工原料的主要来源。但煤、天然气和生物质能要转换成运输燃料和化工原料，必须通过化学方法催化转化。在这些一次能源转化成二次能源的过程中，催化转化起重要作用，是解决能源问题的关键技术。我国能源资源的特点是煤炭相对丰富，缺油，少气；能源消费以煤为主，长期难以改变。我国能源资源面临能源供给短缺，特别是液体燃料严重短缺，能源转化效率低。

本章主要介绍石油、煤、天然气、生物质等能源转换过程中的催化作用以及化学蓄能中的催化反应。

9.2 石油炼制中的催化过程

石油是生产汽油、柴油和煤油等燃料油的最重要原料。从化学角度讲，石油是多组分碳氢化合物的混合物，其摩尔质量和沸点范围广。每年约有 40 亿吨原油转化为市场所需的各种质量的产品，这些转化过程只有通过使用各种催化工艺才能实现，现阶段炼油厂最重要的工艺方案如图 9-2 所示。

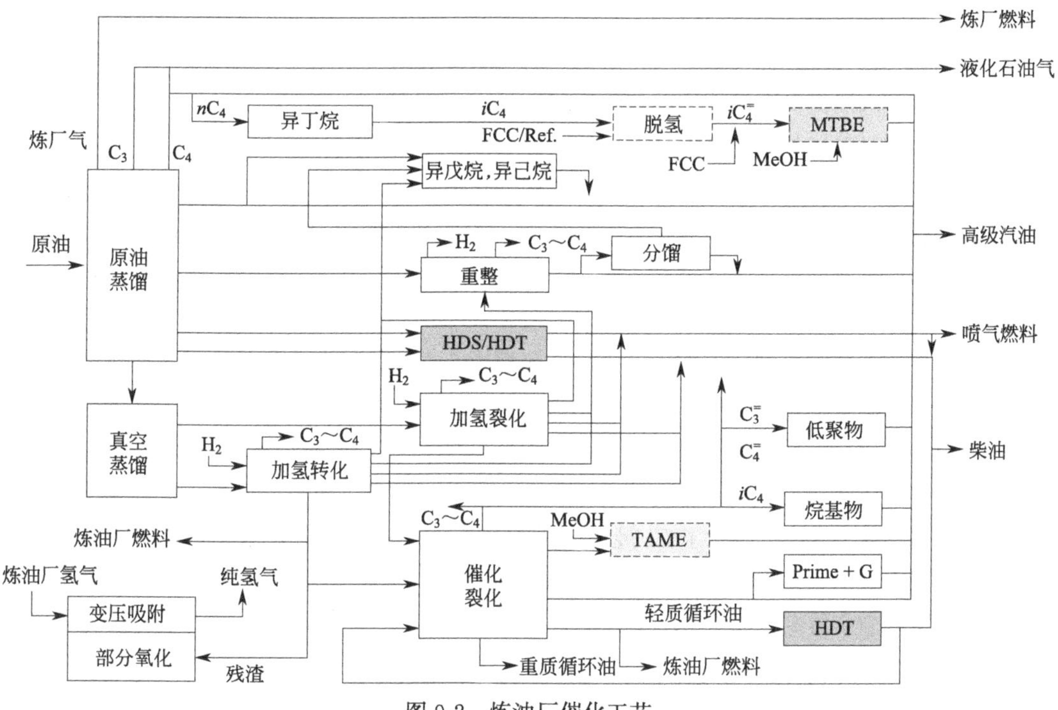

图 9-2 炼油厂催化工艺

Prime+G 为固定床双催化剂加氢脱硫技术，其工艺流程包括全馏分选择性加氢（SHU）及分馏、重汽油加氢脱硫（HDS）两部分；MTBE 指甲基叔丁基醚；TAME 指甲基叔戊基醚；HDT 指加氢精制

原油在一定的压力下通过两级蒸馏分离出馏分，然后通过催化重整、异构化、催化裂解等反应过程制造不同馏分、较清洁的燃料（包括汽油、柴油、取暖油、喷气燃料）和化学品。在这些过程中，氢起着重要作用：其既可以被用作反应物，又是催化过程中的副产品。

9.2.1 催化重整

催化重整技术是现代炼油厂工艺中的主要技术之一，在第 4 章中我们做了简要介绍。它能提供更高辛烷值的燃料油产品，为石油化工生产提供了重要的起始原料，同时也是炼油厂加氢处理装置的主要氢气来源。

(1) 重整反应

在原油重整过程中发生的重整反应主要是环状烷烃的脱氢和链状烷烃的环化。图 9-3 显示了双功能重整机理的示意图。烷基环己烷在金属催化剂作用下直接脱氢制芳烃，1mol环己烷释放3mol氢气。而烷基环戊烷的转化催化剂既需要金属功能，也需要酸功能，因为酸功能将不饱和环烃异构化为六元环中间体，该中间体由金属催化脱氢而得。芳烃的形成是环异构化反应的驱动力。含有六个或更多碳原子的链状烷烃通过一系列步骤芳构化，包括脱氢和环合。一旦形成一个环，转化的步骤与环烷芳构化相同。在环化步骤中可以形成五元或六元环物种。

在催化重整过程中也会发生由金属酸双功能催化链状烷烃异构化反应。在许多情况下，原料中正构烷烃相对丰富，异构化是一种理想的反应，可以提高产品质量，提高总辛烷值和液体体积收率。在重整条件下，链状烷烃的等规比将接近平衡值。产物主要为支链的对位异构体。

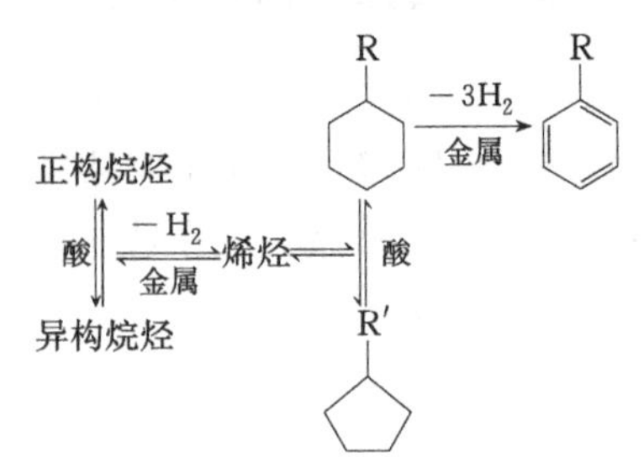

图 9-3　双功能 Pt/Al_2O_3 催化剂上重整机理示意图

催化重整过程中除异构化外，还可能发生裂解，导致 C_5^+ 收率降低和 C_1～C_4 轻气体的形成。长链烷烃的裂解会产生异戊烷等能为汽油提供辛烷值和体积收率的物质，但一般来说，裂解反应对整体芳烃选择性是不利的，裂解反应消耗一定量的氢。另一个消耗氢气的反应是金属或酸催化芳烃的脱烷基反应。金属催化脱烷基反应通常是一种脱甲基反应，酸催化脱烷基将倾向于去除较长的烷基侧链。由于对苯含量的限制，脱烷基生成苯对重整生产汽车燃料是不利的。在重整投料前去除 C_6 烷烃和环烷烃，能够减少苯的生成。

甲基环戊烷开环的机理研究有助于理解金属酸中心在重整过程中的烷烃脱氢环化和环烷转化中的作用。烯烃是异构化、裂化和芳构化的关键中间体。在氧化铝和卤化物改性的载体上烯烃环化反应研究表明，在典型重整条件下，二烯烃不是 Pt/Al_2O_3 催化剂环化反应的中间产物。

生成烯烃和芳烃的脱氢反应具有强的吸热性，因此，重整反应热效应是反应器系统设计中一个重要考虑因素。表 9-1 显示了 C_6 烃主要重整反应的反应热。芳香族化合物的形成在热力学上是有利的，并为烷烃和环烷烃的转化提供了驱动力。这对于五元环烷烃的转化特别重要，在重整条件下，它们在热力学上比六元环烷更有利。

表 9-1　C_6 烃重整反应的热力学数据

反应	K_p	$\Delta_r H_m^{\ominus}$/kJ·mol^{-1}
环己烷⟶苯＋氢气	6×10^8	221
甲基环戊烷⟶环己烷	0.086	－16
正己烷⟶苯＋氢气	8.4×10^8	266
正己烷⟶甲基戊烷	1.1	－5.9
正己烷⟶己烯＋氢气	0.37	130

注：对于反应 $(HC)_1 \longrightarrow (HC)_2 + nH_2$，平衡常数 $K_p = p_{(HC)_2} p_{H_2}^n / p_{(HC)_1}$。

C_7 烃反应的相对活化能见表 9-2。升温对环化和环异构化的影响较大。六元环脱氢反应是一个非常快的反应。碳数越高，环化反应越容易进行，但裂解反应速率也会呈现出类似的趋势，因为它们通过稳定碳正离子进行 β-消除的能力也会增加。因此，在典型的双功能重整催化剂上，C_8、C_9 的芳构化选择性最佳。总的芳构化选择性对 C_{10} 和更高的烷烃有利，将得到相对较多的低碳芳烃。正庚烷的环化反应更困难，而己烷芳构化反应的选择性更差。碳链越短，初级碳正离子中间体参与的概率越高。

表 9-2　C_7 烃重整反应中的相对活化能

反应	相对活化能	反应	相对活化能
异构化反应	1.3	扩环反应	2.1
加氢裂化	1.6	脱氢反应	1.0
环化(庚烷至环庚烷)	2.9		

五元环烷烃转化为芳香族化合物需要金属和酸中心的参与。环烷异构体的相对芳构化速率通过阳离子稳定性和可用于重排的路径数量来估算。

在双功能重整催化剂上通过碳正离子中间体芳构化过程可以实现短链烃的转化。中性或碱性载体上的金属催化剂能够催化烷烃到芳烃的转变。非贵金属和铂族催化剂都可以通过顺序脱氢机制在高温和低氢分压条件下催化芳烃的形成（图 9-4）。这种机理需要一个至少有六个碳原子的链才能发生环化发生。由于烯烃和双烯烃中间产物的高反应性，特别是存在微量酸度的情况下，会发生开裂副反应。烷基环戊烷很难转化，因为环戊二烯物种的形成将与芳构化之前所需的扩环或开环步骤竞争。

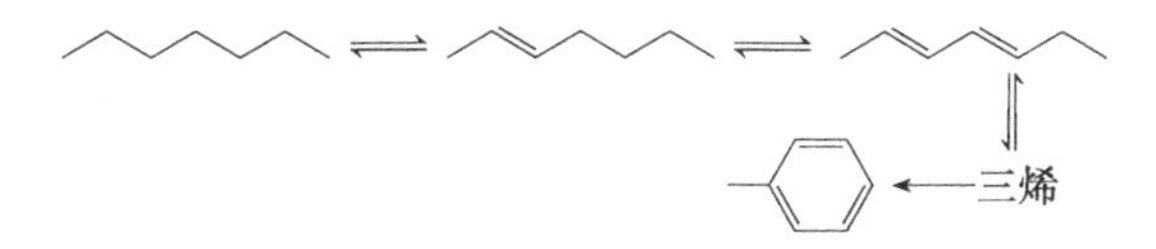

图 9-4　在非酸性金属催化剂上通过顺序脱氢步骤进行重整的机理示意图

非酸性载体上的 Pt 催化剂也可以将烷烃和环烷烃转化为芳烃。图 9-5 为非酸性 Pt/L-沸石型催化剂上重整机理示意图。通过五元环烷烃为实现开环转化。基于 L 型分子筛的非酸性 Pt 沸石催化剂对 C_6 和 C_7 环化反应表现出高活性和高选择性。Pt/M^+-L-沸石（M＝碱金属或碱土金属）催化剂的反应机理不涉及阳离子或有机中间体。非酸性 Pt/L-沸石催化剂体系的不耐硫性限制了其适用性，其在痕量的硫存在下就可能会失活。尽管这些催化剂具有敏感性，但它们在商业上用于石油化工苯和甲苯的生产。

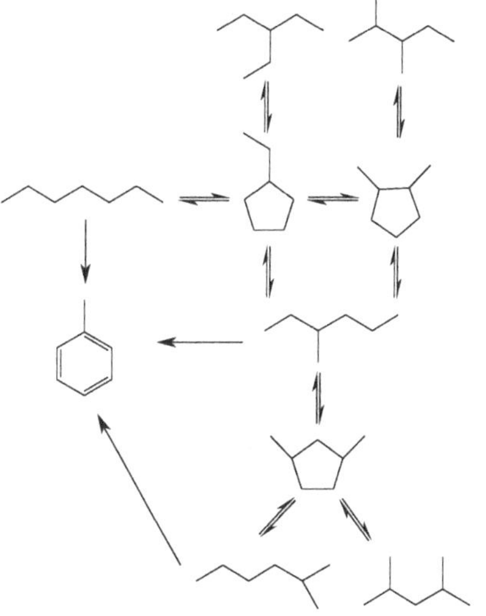

图 9-5　非酸性 Pt/L-沸石型催化剂上重整机理示意图

已经开发出多种沸石负载金属催化剂用于 C_{6+} 烷烃的芳构化，包括有酸性和无酸性的催化剂。丙烷和丁烷转化为芳烃已经商业化。芳烃生产催化一直是甲烷和乙烷以及其他轻烃研究的一个活跃领域。

(2) 重整催化剂

最早用于催化重整的催化剂是过渡金属 Cr 或 Mo 负载的 Al_2O_3。自 1949 年采用 Pt 成型工艺以来，Pt 基催化剂一直占据着工业的主导地位。目前广泛用于催化重整的双功能催化剂由 Pt 负载到 Al_2O_3 上组成，通常加以改性以提高其选择性或稳定性。Pt 为烯烃和芳烃的形成提供脱氢活性。在某些条件下，通过特定的改性有助于环化反应，可降低 Pt 催化 C—C 形成和断裂反应性能，并提高 C—H 键化学稳定性。β-Al_2O_3 和 η-Al_2O_3 在重整反应中表现出特别的活性。这些 Al_2O_3 相的热稳定性非常适合反应所需的温度，同时也为 Pt 团簇的高分散提供了有效的支撑。

Re的加入对提高Pt重整催化剂的抗失活性能特别有效。Pt-Re双金属催化剂一直是学术界和工业界研究的热点。Pt和稀土元素相互作用的程度以及其物质的量之比是影响活性、选择性以及结焦和污染物稳定性的重要因素。Pt与Re相互作用的方式保持了在相对较高的氢分压下脱氢所需的强大金属功能。

球形颗粒更容易与流化床工艺相容，较低的氢分压也增加了催化剂金属功能的结焦性质。研究发现，Sn等添加剂有助于改善Pt的活性，抑制金属催化的C—C键形成和断裂反应，同时为脱氢留下足够的C—H键，并为低压操作提供高选择性。用于流化床装置催化剂的其他改进包括稳定载体表面积和强度，以提高循环次数和催化剂的寿命。

载体提供了烷烃和环烷异构化所需的酸度。卤化物的存在促进了氧化铝表面的酸性，对保持催化剂的活性起着重要作用。载体的酸性被认为是由于诱导效应增加了L酸中心的电子接受能力，使表面OH基团的酸性更强。正庚烷转化活性与强L酸中心和总B酸中心数量有关。在B酸催化剂上发生的裂解通常会产生高百分比的中心裂解。催化剂改性剂如Sn已被证明能改变γ-氧化铝的酸碱性质。

通常情况下，结焦是固定床和流化床双功能重整催化剂失活的主要原因，高浓度含硫和含氮物质会导致催化剂中毒。

随着原料气进入催化剂床层距离的增加，碳含量增加。随着温度的升高和氢气分压的降低，结焦速率增加，这表明不饱和物种，如烯烃，也存在其中。由原料环烷烃形成的取代环戊二烯基碳氢化合物可能是焦炭的前体。在使用甲基环戊烷进行的焦化研究中，观察到的碳含量明显高于正庚烷。焦炭的形成发生在金属和载体上，工艺条件会影响焦炭的碳氢比，以及焦炭在金属和载体之间的分布。

在反应过程中，对结焦失活的催化剂需要再生处理。为此，必须烧掉催化剂上的焦炭，使Pt充分分散并处于还原状态，同时通过氯化物吸附适当调节酸度。通常再生的步骤为：碳燃烧、氯化物再分散和金属还原。

燃烧焦炭通常在673～773K，氧气浓度最初在1%～2%（摩尔分数）。应注意避免高温，以免Pt烧结或Al_2O_3载体的热转化而损坏催化剂。若金属在碳燃烧后结块，则必须重新分散。温度升高至约773K，氧含量约为5%～6%（摩尔分数），分解为HCl和Cl_2的氯或有机氯化物被注入空气-氮气流中。氯氧化铂或氯化物的形成使Pt重新分散在Al_2O_3表面，确保几乎所有Pt都暴露在反应中。该过程也会向催化剂中添加氯化物以增强酸性。

在再生过程的最后一步中，催化剂上的金属被还原并在必要时被硫化。水分使Pt聚集，因此通过引入干氢气或氢氮混合气来实现。还原氢以尽可能高的速率再循环，以便在排放时将含水量降至最低。

（3）重整过程

催化重整过程中的工艺关键变量包括压力、温度、空速和氢烃物质的量比。投料成分、中间物种及产物分布等也是必须考虑的主要因素。

图9-6显示了压力对液体体积收率的影响，较低的氢分压有利于芳构化反应。为了最大限度地提高原料使用效率，大多数现代装置为流化床，在375～800kPa的压力下运行。但较低压力会增加失活率而导致需要频繁或连续的催化剂再生，固定床装置在较高的氢分压下运行，以保持稳定性。许多较老的固定床装置已将压力降至1480～1825kPa范围，以便于产量的提高。

反应器温度的选择受所需产品类型和工艺装置类型影响，固定床重整装置通常会通过特定的温度循环后再次提高温度以保持产品辛烷值。固定床单元中相对较大的裂解量能够实现目标辛烷值，而无需较短链对位的大量环化。流化床装置入口温度通常在795～825K之间。含有较高浓度环烷和易转化链状烷烃的进料将在前置反应器中产生较大的绝热温降，因此必须调整反应器的尺寸和温度，以确保达到目标性能。

空速对活性和选择性有一定影响。催化剂床层中的最佳停留时间将允许脱氢环化，同时使二次反应最小化，如芳烃脱烷基。由于芳构化反应相对高的活化能，在较高的温度和空速下可获得较好的芳构化选择性，然而较高的温度会增加结焦率。

氢烃比是反应器设计中的一个重要考虑因素。图9-7显示，对于C_6、C_7碳氢化合物的转化，对氢烃物质的量之比的响应相对降低至1∶1。

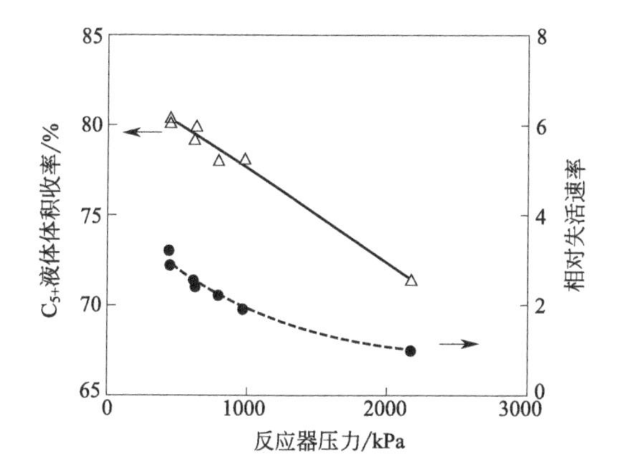

图9-6　在恒定辛烷值下处理原油原料的商业催化剂，显示反应器压力对液体体积收率（△）和相对失活率（●）影响的曲线图

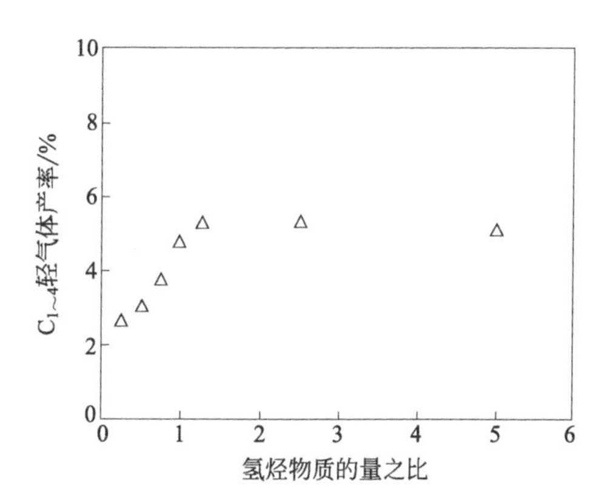

图9-7　在恒定温度和反应器压力下处理轻质原油进料的工业催化剂的轻气体产率与氢烃摩尔比的关系图

重整工艺催化剂的开发主要集中在减少焦炭生成、延长催化剂更换时间以及提高芳烃、氢气和汽油的选择性。

9.2.2　流化催化裂化

流化催化裂化（Fluid Catalytic Cracking，又作Fluidized-bed Catalytic Cracking，或Fluidized Catalytic Cracking，简称FCC），是石油精炼厂中最重要的转化工艺之一，被广泛用于将石油原油中高沸点、高分子量的烃类组分转化为更有价值的汽油、烯烃气体和其他产品。石油烃类的裂化最初都是通过热裂化（Thermal Cracking）完成；如今热裂化已几乎全部被催化裂化所取代，因为催化裂化可以产生更多具有高辛烷值的汽油。此外，催化裂化也能产生更多拥有碳碳双键的副产品气体（即更多的烯烃），所以相比于热裂化具有更高的经济价值。图9-8显示了典型石油公司中的炼油流程，展示了催化裂化在炼油工艺中的地位。

原油脱盐后进入常压蒸馏塔。常压蒸馏装置底部（再沸器）的温度限制在620K左右，以防止热裂化和结焦。此蒸馏步骤产生的液体产品（常压渣油）包含原油中几乎所有沸点在620K以上的组分。渣油被送入第二个在真空下运行的蒸馏装置，这使得高沸点组分在较低温度下蒸馏，从而避免结焦。减压蒸馏的馏分产品沸点范围为620～820K，称为重减压瓦斯油（HVGO），是催化裂化装置（FCCUs）的主要原料。HVGO通常约占原油总量的三分之一，

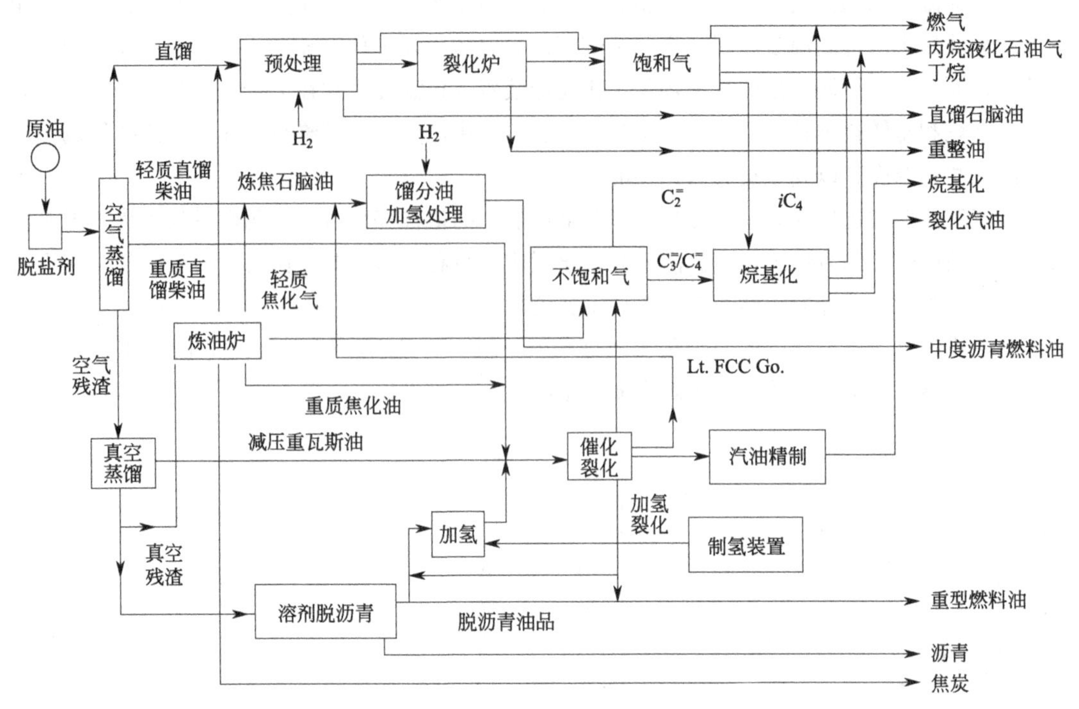

图 9-8 典型石油公司催化裂化的简单流程图

占催化裂化装置进料的大部分。

FCCUs 生产的汽油通常具有良好的辛烷值，但可能需要加氢处理以降低硫含量满足产品要求。这一步可以饱和汽油中的烯烃，降低辛烷值。催化裂化装置生产的轻质产品除汽油外，还包括燃料气（氢气、甲烷、乙烷和乙烯）、C_3 和 C_4 化合物，特别是丙烯已成为一种重要产品，经常被分离并转化为聚丙烯和其他高价值产品。丁烯、异丁烷和丙烯都可能成为烷基化的原料，形成优质的汽油混合组分。沸点超过汽油范围的液体产品被分为轻循环油（LCO）和重循环油（HCO）。LCO 在柴油机燃料范围内沸腾，是优质产品，其芳香性强，氢含量低，十六烷值低，不需要进一步加工就可以用作柴油。HCO，也称为底液，是沸点在 620K 以上的液体产品。HCO 可以通过热裂解（焦化装置）进行升级，以生产一些轻质产品。焦炭在裂解循环期间沉积在催化剂上，通常占进料的 4%～6%。焦炭在再生器中燃烧，产生运行过程所需的热量。

表 9-3 比较了热裂化和催化裂化产物。热裂解是通过直接断裂 C—C 键与自由基中间体进行的，乙烯是主要产物。丙烯和更高的烯烃也可以在没有分支的情况下降低产量。另一方面，催化裂化副产物可以生成具有分支的烯烃和链状烷烃。

表 9-3 催化裂化和热裂化产物的比较

烃的裂化	热裂化产物	催化裂化产物
正十六烷烃	C_2 是主要产物，C_1 大量产物，产物中有 C_4～C_{15} 烯烃	C_3～C_6 是主要产物，没有高于 C_4 的烯烃，产物中含支链烷烃
脂肪族化合物	没有支链产物，770K 时几乎没有芳香烃	770K 时有大量的芳香烃
烷基芳香烃	侧链发生裂化	脱烷基反应是主要的裂化反应
正烯烃	缓慢双键异构化	快速双键异构化
环烷烃	比链状烷烃的裂解缓慢很多	与链状烷烃的裂解速率相媲美

丙烯在催化过程中相比乙烯的高收率是催化裂化的关键，支链产物的快速异构化也是催化裂化的特点。显然，这两个过程的机理是不同的。

催化裂化反应由碳正离子的形成、异构化反应、C—C 键断裂以及氢转移四个步骤组成。图 4-38 已显示了分子筛上烷烃裂解的简化反应网络。

（1）碳正离子的形成

催化裂化是酸催化反应，通过形成碳正离子过渡态进行。过程中可形成多种类型的碳正离子。碳正离子过渡态的实际结构与共价键合的醇盐中间体处于平衡状态。在对位裂化和烯烃裂化中最重要的两个碳正离子是三配位碳正离子和五配位碳正离子；在催化裂化中很重要的其他碳正离子是超共轭碳正离子、烯丙基碳正离子以及质子化芳烃的碳正离子（图 9-9 所示）：

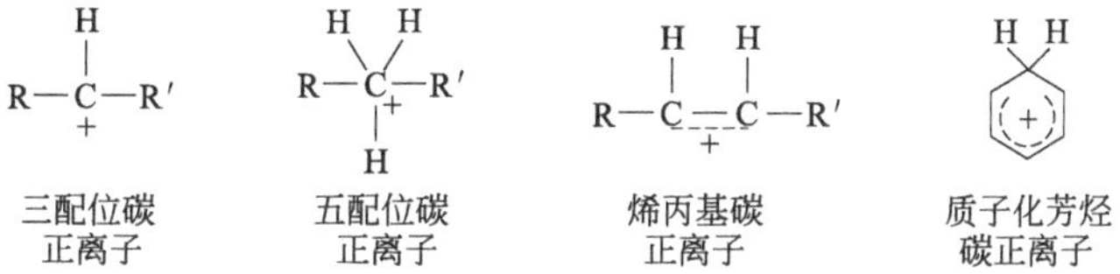

三配位碳正离子　五配位碳正离子　烯丙基碳正离子　质子化芳烃碳正离子

图 9-9　几种碳正离子结构

催化裂化催化剂中的酸性中心有两种类型。当 Al_2O_3 被同构取代成 SiO_2 骨架中四面体配位时，产生 B 酸位，如沸石骨架或无定形 SiO_2-Al_2O_3 中。酸位强度分布可以用来描述裂化反应的选择性。当四面体配位 Al_2O_3 脱羟基后形成 L 酸位。

烯烃容易与 B 酸位（HZ）相互作用，在表面形成碳正离子：

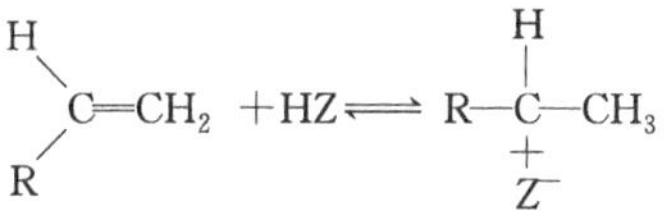

$$\mathrm{(H)(R)C{=}CH_2 + HZ \rightleftharpoons R{-}\overset{+}{C}H{-}CH_3 \; Z^-} \tag{9-1}$$

链状烷烃需要转移氢到 L 酸位才能形成碳正离子：

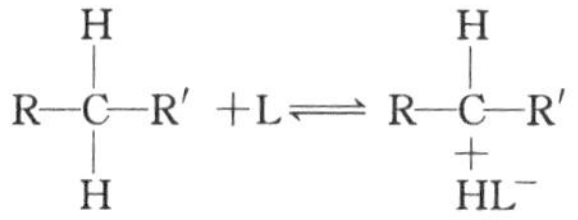

$$\mathrm{R{-}CH_2{-}R' + L \rightleftharpoons R{-}\overset{+}{C}H{-}R' \; HL^-} \tag{9-2}$$

链状烷烃也可以与固体 B 酸位相互作用，形成碳正离子。然后，通过消除催化裂解或消除氢分子，形成碳正离子。

芳香族分子的质子化作用将使环中电荷离域的碳正离子：

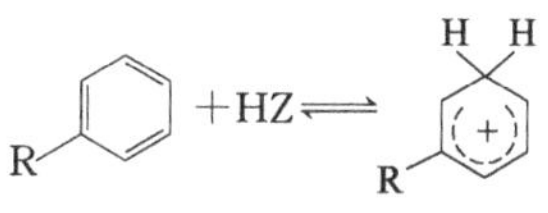

$$\mathrm{R{-}C_6H_5 + HZ \rightleftharpoons R{-}C_6H_6^+} \tag{9-3}$$

这些碳正离子是非常稳定的，因为电荷离域进入环。对于多环芳烃，更稳定的离域发生，这些碳正离子是焦炭的重要来源。最后，热产生的自由基可以分解成烯烃，形成如上所述的碳正离子。碳正离子的稳定性如 4.5.1.4 所述［如式(9-4)］，其在整个产品分支中起着至关重要的作用。

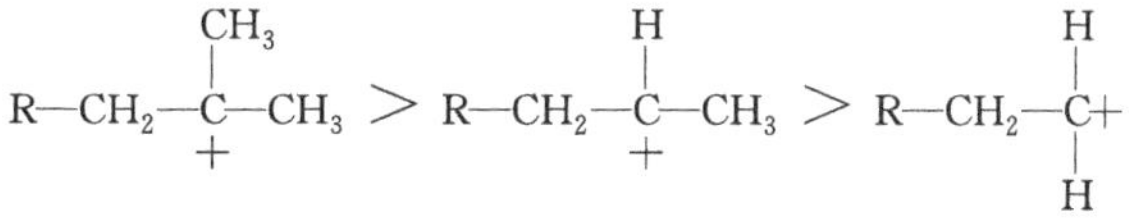

$$\mathrm{R{-}CH_2{-}\overset{+}{C}(CH_3){-}CH_3 > R{-}CH_2{-}\overset{+}{C}H{-}CH_3 > R{-}CH_2{-}\overset{+}{C}H_2} \tag{9-4}$$

值得注意的是，所有形成碳正离子的反应都是可逆的。碳正离子以中性分子从催化剂表面解吸，再生酸性中心。这种可逆性导致反应终止。

(2) 异构化反应

一旦碳氢化合物与催化剂表面相互作用并形成碳正离子，就会发生各种后续反应。显然，这些反应的速率变化很大，而且取决于碳正离子和碳氢化合物的母体。电荷异构化涉及沿碳氢链的氢原子转移，这种转移非常容易实现。一般来说，这种异构化反应会产生最稳定的碳正离子，所以伯碳离子很容易发生电荷异构化，生成仲碳离子：

$$R—CH_2—\overset{H}{\underset{H}{C}}\ +Z^- \rightleftharpoons R—\overset{H}{\underset{\underset{Z^-}{+}}{C}}—CH_3 \tag{9-5}$$

骨架异构化是甲基沿碳氢链移动的过程。同样，反应继续得到最稳定的碳正离子，如仲碳离子向叔碳离子的重排。骨架异构化反应负责催化裂化的产物分布。事实上，在支链产物中，形成了更多的2-甲基异构体，这是催化裂化的标志性产物：

$$CH_3—CH_2—\overset{H}{\underset{+}{C}}—R \rightleftharpoons CH_3—\overset{CH_3}{\underset{+}{C}}—R \tag{9-6}$$

(3) C—C键断裂

这是催化裂化中最重要的反应，也是催化裂化中降低分子量的主要反应。C—C键断裂是吸热的，在高温下更容易发生。另外，在低温下有利于C—C键的形成，这是酸催化缩合（烷基化）发生的条件。断裂的第一个规律是断裂的键通常位于电荷的β位置，这个反应被称为β-断裂，产生一个烯烃，留下另一个（较小的）碳正离子：

$$\begin{matrix} CH_2{=}CH—CH_2—CH_2—R' \\ + \\ R—\overset{H}{\underset{H}{C^+}}\ Z^- \end{matrix} \rightleftharpoons R—CH_2—CH_2—\overset{H}{\underset{\underset{Z^-}{+}}{C}}—CH_2—CH_2—R' \rightleftharpoons \begin{matrix} R'—\overset{H}{\underset{H}{C^+}}\ Z^- \\ + \\ CH_2{=}CH—CH_2—CH_2—R \end{matrix} \tag{9-7}$$

第二步反应产生更稳定的碳正离子：

$$\begin{matrix} Z^{-+}\overset{H}{\underset{H}{C}}—R' \\ + \\ CH_3—CH_2—CH{=}CH_2 \end{matrix} \rightleftharpoons CH_3—CH_2—\overset{H}{\underset{\underset{Z^-}{+}}{C}}—CH_2—CH_2—R' \not\rightarrow CH_3^+Z^- + CH_2{=}CH—CH_2—CH_2—R' \tag{9-8}$$

伯碳正离子将迅速发生异构化形成仲碳正离子：

$$Z^-{+}\overset{H}{\underset{H}{C}}—CH_2—CH_2—R' \rightleftharpoons CH_3—\overset{H}{\underset{\underset{Z^-}{+}}{C}}—CH_2—R \tag{9-9}$$

沿烃链的重复裂解将产生大量丙烯，这是催化裂化的另一个标志性产物：

$$CH_3—\overset{H}{\underset{\underset{Z^-}{+}}{C}}—CH_2—CH_2—R \rightleftharpoons \begin{matrix} CH_3—CH{=}CH_2 \\ +\ Z^-{+}\overset{H}{\underset{H}{C}}—R' \end{matrix} \tag{9-10}$$

催化裂化不应产生乙烯。尽管如此，仍观测到少量的乙烯，很可能是由于热裂解。还可以发生其他反应，如烯烃的烷基化反应。如上所述，可以形成 C—C 键，即裂化反应是可逆的。两个烯烃可以缩合形成一个更大的烯烃，这个更大的烯烃可以裂解成两个不同的烯烃。这个反应就是歧化反应。

(4) 氢转移

氢转移是指通过表面碳正离子从另一个碳氢分子中提取氢。这是一个重要的链式传播反应，反应物消耗，碳正离子再生。如果与碳正离子进行氢转移的分子是烷烃，则反应产物是另一种链状烷烃和另一种碳正离子：

$$\mathrm{R{-}\overset{\displaystyle H}{\underset{\displaystyle \overset{+}{Z^-}}{C}}{-}CH_3} + \mathrm{CH_3{-}CH_2{-}R'} \rightleftharpoons \mathrm{R{-}CH_2{-}CH_3} + \mathrm{CH_3{-}\overset{\displaystyle H}{\underset{\displaystyle \overset{+}{Z^-}}{C}}{-}R'} \tag{9-11}$$

由于碳烯解吸为烯烃，因此该反应的净效应是降低烯烃的收率并提高链状烷烃的收率。如果与碳正离子进行氢转移的分子是烯烃，那么反应的产物是一个烯烃和一个烯丙基碳正离子。烯丙基碳正离子具有显著的电荷离域性，超共轭最终会导致芳烃和焦炭。

催化剂的活性中心密度对氢转移反应的控制起着重要作用。分子筛骨架中较高的位密度增加了 β-断裂和氢转移链扩展反应的速率。β-断裂是一种单分子反应，气相分子须经历碳原子的解吸才能与 B 酸位相互作用并形成碳正离子。或者，同一个气相分子可以直接和碳原子发生氢转移反应。沸石分子筛骨架中的高位密度比低位密度更具离子性。由于氢转移所产生的碳正离子过渡态很大且带有电荷，推测沸石骨架的离子性质稳定了碳正离子过渡态，在高位密度下提高氢转移反应的速率。催化剂通过使用交换到沸石框架中的稀土离子来控制脱铝反应从而控制沸石的位置密度。具有高水平稀土离子的沸石具有较高的活性中心密度，因此具有较高的氢转移选择性。这种类型的催化剂生产出的产物更接近汽油，具有更低的辛烷值和更高的密度。不含或很少有稀土离子和稀土交换的沸石分子筛具有较低的氢转移选择性，可生产出具有较高烯烃含量、较高辛烷值和较低密度的汽油。

9.2.3 石油中有机硫化物的催化脱除

有机硫化合物几乎存在于所有原油馏分中。较高沸点的油中含有相对较多的硫化合物，且分子量较大，有机硫化合物的活性很大程度上取决于它们的结构。低沸点原油馏分主要含有脂肪族有机硫化合物，即硫醇、硫醚和二硫化物等，它们反应性很强，很容易去除。高沸点馏分，如重质直馏石脑油、直馏柴油和轻油催化裂化（FCC）石脑油，含有噻吩、苯并噻吩及其烷基化衍生物。这些化合物比硫醇和硫醚更难通过加氢处理转化。混合到汽油和柴油池中的最重馏分（催化裂化底层石脑油、焦化石脑油、催化裂化和焦化柴油）主要含有烷基苯并噻吩、二苯并噻吩和烷基二苯并噻吩。本节简要介绍加氢脱硫（HDS）和氧化脱硫（ODS）过程。

(1) 催化加氢脱硫

硫化合物在 HDS 中的反应性顺序为噻吩＞烷基噻吩＞苯并噻吩＞烷基苯并噻吩＞二苯并噻吩（DBT），4 位和 6 位没有取代基的烷基二苯并噻吩＞4,6-二烷基二苯并噻吩（DMDBT）。燃料的深度脱硫意味着必须转化越来越多的活性最低的硫化合物。脂肪族和芳香族硫醇是环状含硫化合物开环反应的中间产物。它们具有很高的反应活性，硫原子很容易被除去，这就解释了为什么它们不存在于石油中。脂肪族硫醇可通过消除和氢化反应：

$$R—CH_2—CH_2—SH \xrightarrow{-H_2S} R—CH═CH_2 \xrightarrow{H_2} R—CH_2—CH_3$$

通过氢解：

$$R—CH_2—CH_2—SH + H_2 \longrightarrow R—CH_2—CH_3 + H_2S$$

该反应是 Hofmann 型 β-H 消除反应的一个例子。C—S 键和 H—H 键断裂及 C—H 键和 S—H 键形成的氢解和氢化发生在金属表面，可能类似于金属的氢解。含 β-H 原子的脂肪族硫醇以比氢解更快的速率被消除。不含 β-H 原子的脂肪族硫醇，如甲硫醇，必须通过氢解进行加氢脱硫。硫酚加氢脱硫主要生成苯，也可能通过氢解发生。

噻吩、苯并噻吩、二苯并噻吩及其烷基化衍生物是石油和煤衍生液体中的主要含硫分子。虽然噻吩在低压下的 HDS 机理仍存在争议，但在高 H_2 压力下，其主要反应途径是通过噻吩加氢制备四氢噻吩。该中间体可通过两个连续的 β-H 脱除反应生成丁二烯，或通过两个氢解步骤生成正丁烷：

S S SH −H₂S

在高的 H_2 压力下，直接生成丁烯的路线如下：

S SH SH −H₂S

噻吩在大气压下的 HDS 仍然存在争议。有人认为，其机理与高压下相同，以四氢噻吩为主要中间体，其浓度很低的原因是噻吩加氢后的快速开环和脱硫。另一些研究者认为，在低 H_2 压力下，噻吩直接氢解成丁二烯和 H_2S 是主要途径。有机金属研究则表明，也可以通过 2,5-二氢噻吩中间途径得到最终产物。

S S −H₂S

二苯并噻吩加氢脱硫的机理已经得到了很好的研究。

−H₂S S S SH

二苯并噻吩通过二次氢解生成联苯。二苯并噻吩也可以通过其中一个苯环的部分氢化反应，然后通过氢解或通过消除和氢化产生的双键来断开 C—S 键。所得芳基硫醇被脱硫成环己基苯，类似于上述硫酚脱硫制苯。

−H₂S SH

从二烷基二苯并噻吩到二烷基环己基苯的路线称为氢化路线（HYD）。4,6-二烷基二苯并噻吩与二苯并噻吩的反应速率大致相同。由于二苯并噻吩的 DDS 速率较快，而 4,6-二烷基二苯并噻吩的 DDS 速率较慢，因此 HYD 路线是二苯并噻吩的次要路线（10%～20%）和 4,6-二烷基二苯并噻吩的主要路线（但同样缓慢）。

苯并噻吩的 HDS 类似于二苯并噻吩的氢路线。因此，第一次加氢（生成二氢苯并噻吩），然后进行开环氢解和脱硫氢解：

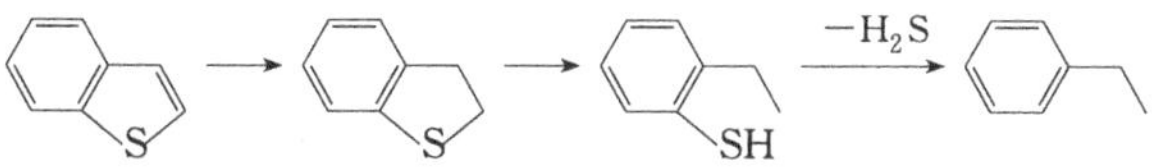

(2) 催化氧化脱硫

如上所述，4,6-二烷基二苯并噻吩等难降解硫可以很容易地用氧化脱硫技术（ODS）去除。此外，ODS可与萃取、吸附、热处理和蒸馏相结合（图9-10）。根据催化系统的不同，催化氧化脱硫可以分为均相催化系统和多相催化系统，其中均相催化氧化脱硫中使用的均相催化剂包含有机酸（如甲酸和乙酸）、无机酸和金属催化剂等，是传统的催化氧化脱硫方式。

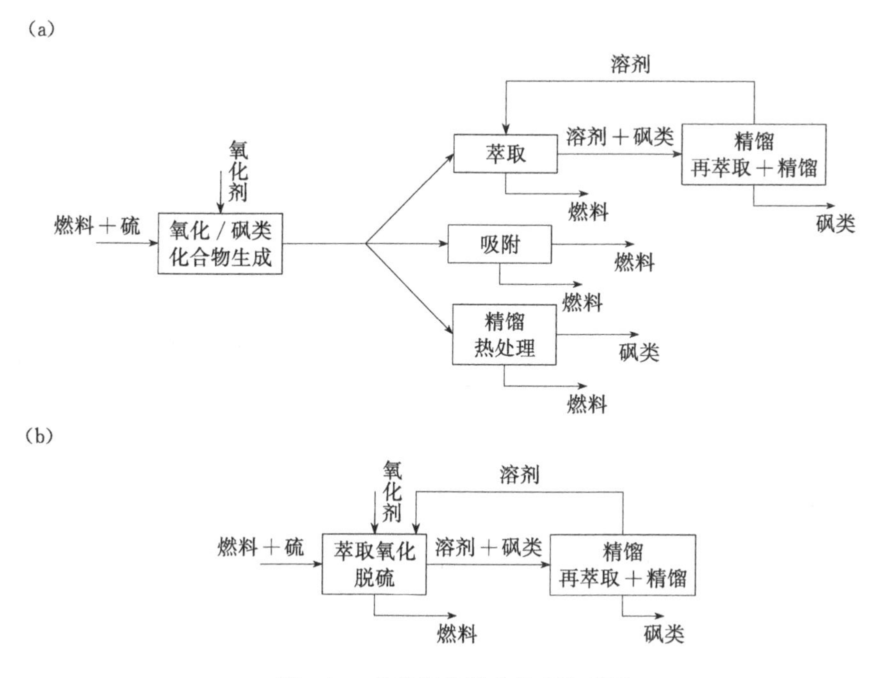

图9-10　传统氧化脱硫技术流程图

活性炭已被用作多相催化氧化脱硫的催化剂，在保持柴油产率96.5%的同时，可以去除98%的硫化物。脱硫在333K下进行，吸附在室温下进行。结果表明：①活性炭的平均孔径越大，吸附量越大；②活性炭对二苯并噻吩（DBT）的吸附量越大，催化活性越高；③使用甲酸降低水相的pH值会增加二苯并噻吩的氧化去除。采用H_2O_2作为氧化剂，功能化活性炭作为催化剂，醋酸作为氧化脱硫的助催化剂，功能化活性炭的催化活性与其比表面积无关。

Mo基多相催化剂与烷基过氧化氢同时用于液体燃料的多相催化氧化脱硫具有良好的效果。据报道，Mo/Al_2O_3上的催化脱硫氧化活性随着Mo含量的增加而增加。此外，发现活性随温度升高而增加，高于383K，然后逐渐下降。这可能是由于烷基过氧化氢在高温下的热稳定性较低导致其浓度降低所致。据报道，Mo的活性取决于载体，其降低顺序为Al_2O_3＞TiO_2＞SiO_2。反应为一级动力学，反应性顺序为二苯并噻吩（DBT）＞4-甲基二苯并噻吩(4-MDBT)＞4,6-二甲基二苯并噻吩(4,6-DMDBT)≫苯并噻吩(BT)。表观活化能几乎相同［$(28\pm1)kJ\cdot mol^{-1}$］，表明所有物种的机理相同（图9-11）。有趣的是，Ishishara及其同事在动力学和表观活化能［$(32\pm2)kJ\cdot mol^{-1}$］的相似性方面获得了相似的结果，S化合物的相对反应性为二苯并噻吩＞

4,6-二甲基二苯并噻吩≫三甲基二苯并噻吩。

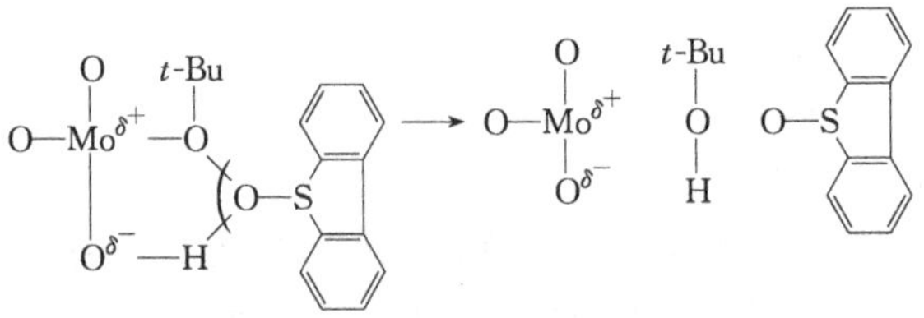

图 9-11　MoO_3 催化剂上过氧化氢与 Mo-O 的配位及二苯并噻吩与 t-BuOOH 的过氧化机理

在 MoO_3/SiO_2 中加入 15%的碱土金属（Ca、Ba、Sr、Mg），使 $MoO_3/Ca\text{-}SiO_2$ 的硫化物转化率由 343K 时的 82%提高到 333K 时的 95%。反应性为二苯并噻吩＞4,6-二甲基二苯并噻吩。无载体 CuO 可用于在 373K 下通过将液体燃料与空气接触原位生成过氧化氢。生成的氧化剂可用于 MoO_3/SiO_2 催化剂上的多相催化氧化脱硫。

V 基催化剂也用于多相催化氧化脱硫。研究结果表明，在 333K 下，使用 V_2O_5/TiO_2 催化剂和 H_2O_2 作为氧化剂，二苯并噻吩和 4,6-二甲基二苯并噻吩的硫化物转化率分别高达 99.9%和 82.2%。使用 Al_2O_3 作载体，二苯并噻吩和 4,6-二甲基二苯并噻吩的硫化物转化率分别为 99.9%和 93.5%。H_2O_2 在 V-Mo/Al_2O_3 催化剂上作为多相催化氧化脱硫的氧化剂应用时，在反应循环中表现出失活性质。H_2O_2 的活化是由于氧化过程中生成的水在亲水性材料上被强烈吸附，从而阻碍和降低了催化活性。因此，烷基过氧化氢适合作为连续过程的氧化剂，相对反应性为二苯并噻吩＞4-甲基二苯并噻吩＞4,6-二甲基二苯并噻吩。

负载多金属氧酸盐（POM）和 W 具有优越的多相催化氧化脱硫性能。研究表明，磷钨酸可以很好地分散在介孔框架中，同时在形成的复合材料中保留磷钨酸的 Keggin 结构。在模型燃料中，该体系对二苯并噻吩具有较高的催化活性和选择性。在 333K 下反应 60min，二苯并噻吩在使用六方多孔 SiO_2 负载的 [BMIM]PW 实现 98.3%的脱硫率。Ti 基催化剂也是脱硫性能的研究对象。以 H_2O_2 为氧化剂，添加 1.05%（质量分数）铜的载铜硅酸钛（TS-1）存在下噻吩的转化率提高 22%。使用分子氧作为氧化剂的 Fe 负载活性炭催化体系，其噻吩类化合物可在 298K 下被氧化。反应性顺序为 2-甲基苯并噻吩＞5-甲基苯并噻吩＞苯并噻吩≫二苯并噻吩。

随着科研技术的快速发展，人们追求更加节能环保的脱硫技术，在催化氧化脱硫基础上逐渐产生了如超声助氧化脱硫、光促催化氧化脱硫、电化学氧化脱硫以及萃取氧化脱硫等。

9.3　煤转化中的催化作用

煤炭和煤炭产品将在满足社会能源需求方面发挥越来越重要的作用。作为主要能源，特别是在发电能源方面，76%依靠煤炭，煤的利用应向高效率和洁净化燃烧方向研究和发展。若提高效率 5%～10%，则每年节煤 1 亿～2 亿吨。煤炭的高效和清洁化燃烧催化剂，煤炭发电排放的 CO_2、SO_2 和 NO_x 的有效脱除和净化，煤炭的液化方法（包括煤炭的干馏（焦化）、直接液化、间接液化），煤制合成气经化学（F-T）合成转化为液体燃料和化工原料等是煤炭利用中的主要催化过程。图 9-12 为煤炭利用和催化转化系统。

煤是一种几乎不挥发、不溶、不结晶的固体。它由大小和结构差别很大的有机分子的极其复杂的混合物组成。对液化过程认识的一个主要限制是缺乏真实的煤结构工作模型。下一代煤液化工艺的设计将需要更深入地了解煤的内在性质以及在工艺条件下煤的化学转化方式。煤的性质包括有机物的化学形态、有机物的类型和分布以及孔隙的性质等。为了最有效地利用每种煤种，必须确定不同煤种的结构。

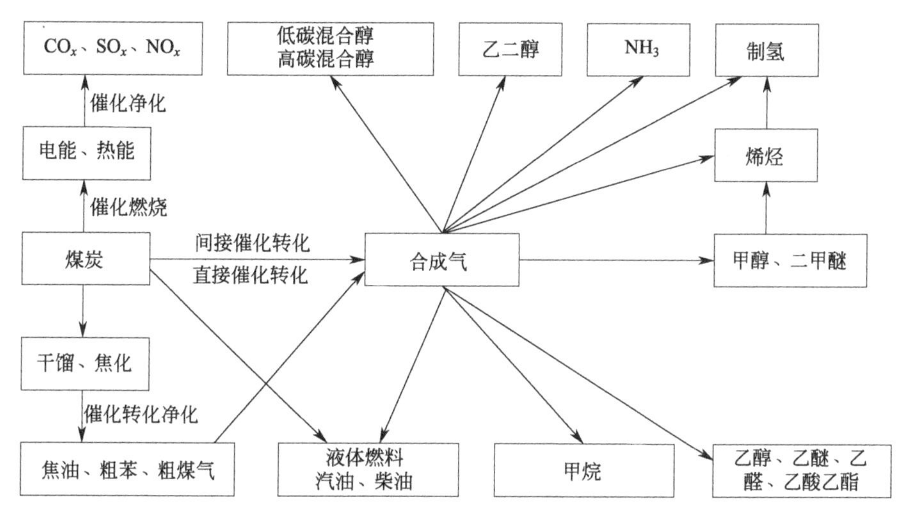

图 9-12　煤炭利用和催化转化系统

本章节受篇幅限制，对煤的结构模型不再介绍，主要介绍煤转化的两个主要过程，液化和气化。

9.3.1 煤直接液化中的催化作用

通常所说的“煤制油”（CTL）是指将固体煤转化为液体燃料和化学品。煤的直接液化（DCL）涉及煤在相对较高温度和压力下的直接氢化，而煤的间接液化（ICL）则是先用氧气和蒸汽气化煤，然后通过费-托合成等过程将气体（CO 和 H_2）转化为液体。

煤直接液化（煤加氢）的目的是将复杂的煤结构（图 9-13）分解成更小的组分分子，然后通过去除杂原子（包括含硫化合物和含氮化合物）进一步精制成清洁的液体燃料产品。煤直接液化通常涉及在 15～30MPa 的压力和 673～723K 的温度下进行，在工艺衍生溶剂（再生油）中向磨煤浆中加氢，以生产适合进一步升级为液化的液体燃料过程。氢可以在加氢催化剂存在下直接加到液化反应器中的煤-油浆中，或者使用“氢供体溶剂”间接添加，例如四氢萘。在上述温度和压力下，煤可以被大量溶解。一般认为，快速加热（几百摄氏度每分钟）可以显著提高石油产量。氢给体溶剂通过封端自由基和阻止复合反应在这一阶段起着重要的作用。溶剂消耗的氢气量与加热速率直接相关。通过蒸馏将粗液体产品在固定床催化剂上与氢气一起在气相中进行热裂解和催化裂解、氢化和加氢裂解反应，以生产各种规格的燃料（见图 9-14）。经选择性加氢后，回收一定比例的粗液制备煤浆。尽管煤直接液化稍微放热，但 H_2 必须通过单独工艺生产，因此整个工艺效率受到影响。

直接液化分为两个独立的阶段，第一阶段是溶解或初级液化，第二阶段是初级产品的升级，生产出类似合成原油的液体。一次液化是煤大分子结构的热裂解（TF），产生被氢覆盖的自由基。这种供氢（HD）可以通过氢芳烃溶剂、煤中的其他供氢物质、车用溶剂和气相 H_2 来实现。主要液化步骤产生前沥青质、沥青质和石油以及 C_1～C_4 碳氢化合物和无机气体，如氨和硫化氢。前沥青质和沥青质通常被称为“液化”产品，因为它们是可溶于某些溶剂的煤碎

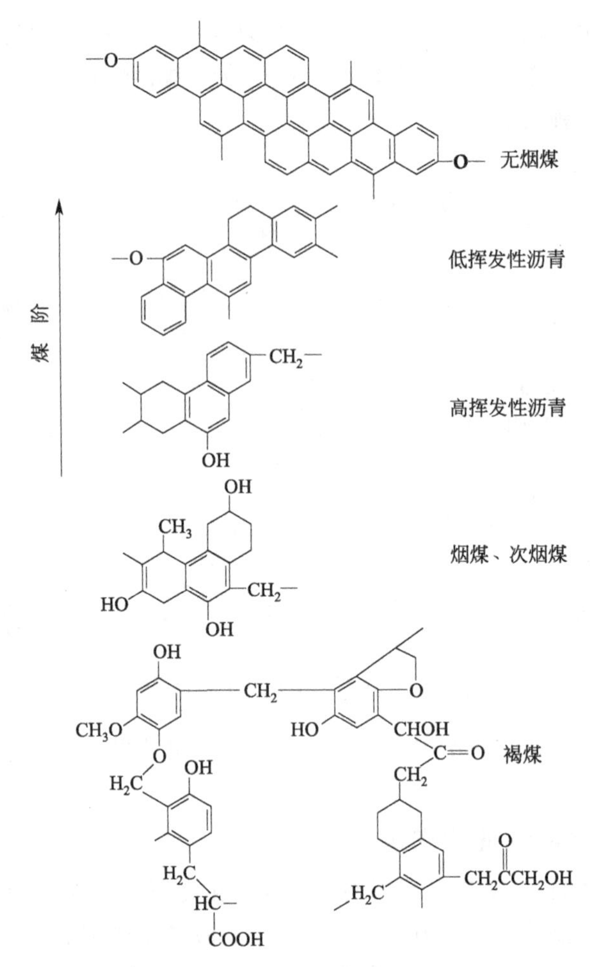

图 9-13 煤阶与氧官能团和芳香性

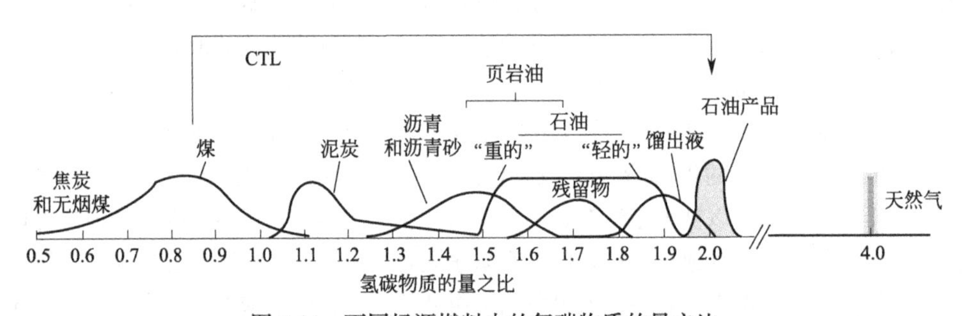

图 9-14 不同烃源燃料中的氢碳物质的量之比

片，但事实上，它们在环境温度下是固体。在反应方案中加入 PRIOM（迅速再聚合的不溶性有机物）在概念上非常重要，特别是对于早期煤液化，因为逆向反应可能在很大程度上发生。

通过直接液化将煤转化为汽油和馏分油的主要基本步骤是：①煤的溶解（煤大分子的分解或分散）；②减小分子尺寸，以便进入催化剂孔道；③去除氮、氧、硫等杂原子；④芳香环的氢化和饱和环的开环；⑤分子大小减少到 5～20 个碳原子；⑥原子氢碳比增加到 2∶1 左右。

过程中不良反应包括：①逆向反应；②芳烃脱氢；③催化剂表面极性物质的冷凝（失活）；④从芳香环和饱和环上去除侧链（气体形成）；⑤芳烃氢化（溶剂质量下降和氢损失）。

煤的高效液化过程需要使用催化剂来加速氢化、裂化、加氢裂化和杂原子脱除过程中的各步反应。催化剂既可以是分散在煤溶剂浆中的固体金属化合物，也可以是沸腾床或固定床反应器中的负载金属和金属化合物。前者一般用于促进煤的增溶，后者主要用于煤制原油的改质。在液化过程开始时，固体催化剂起到的作用有限（图 9-15），碎片开始在溶剂中分散，通过加氢、重排或自由基加成使自由基位置稳定。氢转移导致稳定的可溶产物，但与最后两个反应竞争，这两个反应可以引发逆过程，形成大分子化合物。只有在煤碎片被溶解后，催化剂才能发挥活性。煤溶解阶段所用催化剂的活性与催化剂的分散性以及催化剂的应用形式和方式有关，这对煤与催化剂的接触密切程度有影响。原生煤碎片和前沥青烯仍然具有与原煤相似的杂原子含量，这使得它们在不利条件下对最终导致形成焦炭和焦炭的逆反应特别敏感。

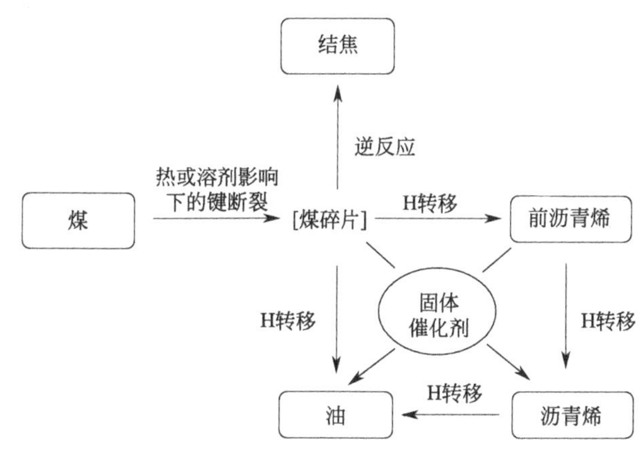

图 9-15　固体催化剂在煤液化中的作用

烟煤和亚烟煤的转化途径有很大的不同。高中间产率的前沥青烯和沥青烯是在大量生成油之前从烟煤中产生的。相比之下，亚烟煤的转化同时生成前沥青烯、沥青烯和油。催化剂的使用并没有改变反应途径，只是增加了反应速率。煤的结构差异似乎是液化行为不同的原因。

（1）第一液化阶段的溶解催化剂

通常，Fe、Co、Ni、Mo 和 W 的氧化物和硫化物以及 Zn、Sn 和 Pb 的卤化物对煤和煤产品的加氢裂化和加氢反应具有催化活性。Fe 化合物仅有中等活性，必须以更高的浓度使用，即比 Mo 高 100～200 倍。成本使得高活性金属不能用作液体阶段煤炭液化第一阶段的一次性（直通）催化剂，而回收利用需要较高成本，到目前为止，Fe 催化剂被广泛关注。

将 5%的赤泥添加到煤中，可以作为煤液化过程中产生的 H_2S 的吸收剂。其中的氧化铁和硫分别是催化剂和促进剂。其他金属，如 Mo、W、Fe、Co 和 Ni 的氧化物和硫化物可以作为抗硫氢化催化剂。将 MoO_3 和低浓度的硫酸一起用于褐煤的液化和褐煤焦油的氢化。用钼酸铵水溶液浸渍褐煤焦形成的负载型钼催化剂在钼浓度低于 1%时有效。用钼酸铵和硫酸浸渍褐煤，可使钼浓度降低到 0.05%。钼被活性较低但价格便宜得多的铁所取代，铁以 5%～9%赤泥或铁矿石的形式添加为 Fe_2O_3。对于低硫褐煤，有必要添加硫（1.2%）。

Fe 基溶解催化剂作为廉价、环境友好的一次性材料，为了提高其活性，通常有三种改性策略：①通过制备晶粒直径<100nm（0.1μm）的纳米氧化铁和硫化物的超细粉末来增强催化剂的分散性；②通过向 Fe 中添加低浓度的其他金属来增强催化剂活性；③通过用可溶催化剂前体浸渍煤颗粒来增强分散性和改善催化剂与煤之间的接触。

加入少量的 Mo 或 Sn 可以明显提高铁基催化剂的活性。此外，Fe、Mo、Sn、Ti、Zr 和 Mg 氧化物的其他二元或三元组合，多组分间有协同作用。氧化物和硫化物催化剂通过粉末或催化剂悬浮液与煤的物理混合来分散。用金属盐或环烷酸盐、乙酰丙酮和羰基等水溶性或油溶性催化剂前体浸渍煤颗粒，以增强分散性。在低阶煤（褐煤、次烟煤）的情况下，使用离子交换将表面羧基结合的钙或镁离子替换为铁离子，铁离子在液化条件下转化为高度分散和催化活性的铁物种。利用硫酸根离子对 Fe、Sn 和 Mo 氧化物纳米粒子进行表面改性是提高催化剂活性的另一种有效方法。

在煤液化的条件下，以铁氧化物通过与煤中的硫或添加的硫反应转化为硫化物。已知黄铁矿（FeS_2）、磁黄铁矿（$Fe_{1-x}S$，$x=0\sim0.2$）、菱铁矿（FeS）和各种非化学计量铁硫化物，其中磁黄铁矿是活性形式。而黄铁矿是煤中广泛分布的一种矿物，在煤液化过程中会转化为磁黄铁矿和硫或硫化氢。表面与 H_2S 相互作用形成的 $Fe_{1-x}S$ 的缺硫位点被认为激活了氢分子。赤泥或其他工业含铁废料和铁矿石是一次性溶解催化剂的廉价前体。

（2）负载型催化剂

对于煤炭液化，固定床工艺中通常使用负载型催化剂。其还被用于沸腾床工艺，一步促进原煤溶解和催化反应。通常，所研究的煤液改质催化剂含有以 γ-Al_2O_3 为载体的硫化 Co-Mo 和 Ni-Mo 相。MoS_2 被认为是催化活性相，Co 和 Ni 被认为是促进剂。Co-Mo/Al_2O_3 催化剂通常用于 HDS，Ni-Mo/Al_2O_3 催化剂用于 HDN，Ni 促进加氢，这是脱氮的先决条件。

与石油加工相比，煤的液化和改质通常需要较大的催化剂孔径。双峰孔结构具有直径为 12nm 左右的窄分布中孔和大量的大孔（>100nm）有利于保持催化剂的活性。与石油相比，煤液化产品中这些组分的浓度更高，这增强了焦炭的形成趋势，因此在煤液化应用中，必须严格控制催化剂表面的酸性。

固定床催化剂颗粒（尺寸约 1.5～3mm）尺寸下限由床层的压降决定，沸腾床中使用的负载型催化剂的尺寸可以小得多。从单段煤液化过程的沸腾床反应器中有效回收负载型催化剂是一项技术挑战，主要问题是固体催化剂与煤中存在的矿物或与煤羧基结合的金属离子形成的矿物的分离。一种方法试图为催化剂提供独特的性质，如粒径、密度或铁磁性，有助于分离。新型纳米颗粒 Ni-Mo/碳、Fe-Ni/碳和 Fe-Mo-Ni/碳催化剂已被证明在一段和两段煤液化中具有显著的高转化率和油收率。在铁磁性催化剂的开发过程中，Fe_3Al 粉末和碳-铁氧体复合物作为 Ni-Mo 催化剂的载体，以及在硫化后直接用作煤炭液化的整体催化剂。含铁磁性钴纳米粒子的有序介孔碳的制备为进一步开发磁分离煤液化催化剂指明了方向。

（3）溶解催化剂

分子溶解催化剂的优点是能被煤和溶剂吸附。如前所述，可溶于有机溶剂的金属化合物被用来用前体浸渍煤，前体在液化条件下转化为高度分散的催化剂颗粒。在 473K 以下使用 Ziegler 型催化剂（$AlEt_3$/Ni 环烷酸盐，4∶1）的情况下，观察到氢碳比的微小变化。使用碘硼烷或 BI_3 作为催化剂，将高阶烟煤（包括无烟煤）在 623K 下在甲苯中氢化，得到与原始煤（$C_{脂肪}$∶$C_{芳香}\leqslant 11$∶89）相比高度脂肪族的固体产物（$C_{脂肪}$∶$C_{芳香}=60$∶40）。氢化产物随后可在类似于低阶煤的供氢溶剂中液化。因此，原则上，高阶煤也可以用氢气直接液化。

在某种意义上，H_2S 也必须被归类为可溶煤液化（助）催化剂。除了在催化剂前体转化为活性金属硫化物方面的作用外，它还促进了煤、溶剂和分子氢之间的自由基链式反应，在某些条件下甚至导致键断裂。HI 也可能发挥类似的作用，因为各种形式的碘长期以来也被认为能促进低阶煤的液化和煤焦油的氢化。通过扫描电子显微镜对加热到 433～645K 之间的氯化锌浸渍煤进行的研究表明，锌和氯化物从煤颗粒的外围扩散到内部。因此，在液化条件下，前面提到的金属卤化物催化剂也可视为分子溶解催化剂。

与石油和天然气相比，煤的燃烧本质上导致 CO_2 的排放量增加，这是由于其分子氢碳比相当低。当考虑到汽车和煤液化过程的排放时，使用煤基燃料替代石油基汽车燃料释放的 CO_2 量大约是两倍。煤炭液化过程中产生的 CO_2 被封存，导致整体效率至少下降 10%。

9.3.2 煤直接气化中的催化作用

煤气化是一项古老而新的技术。煤气化工艺中煤炭被气化以生产 CO 和 H_2（合成气）。在实验室规模的应用中，通常提供蒸汽或 CO_2（或两者的混合物）作为气化剂，而在工业规模上，则使用空气、O_2 或蒸汽。过程中的主要反应及其标准反应焓变如表 9-4 所示。其中式(9-12) 和式(9-13) 是主要反应。式(9-15) 更具吸引力，因为其产物的热值较高（替代天然气约为 37000kJ·m^{-3}，合成气约为 11000kJ·m^{-3}），吸热性更低。

表 9-4　典型气化反应与标准反应焓变

反应	$\Delta_r H_m^{\ominus}$/kJ·mol^{-1}	名称	
$C+CO_2 = 2CO$	172	逆 Boudouard 反应	(9-12)
$C+2H_2 = CH_4$	−75	碳氢化反应	(9-13)
$C+H_2O = CO+H_2$	130	气化反应	(9-14)
$2C+2H_2O = CH_4+CO_2$	103	甲烷化反应	(9-15)
$C+1/2O_2 = CO$	−111	碳的部分氧化反应	(9-16)
$C+O_2 = CO_2$	−283	碳的完全氧化反应	(9-17)
$CO+H_2O = CO_2+H_2$	−41	水汽变换反应	(9-18)
$CH_4+H_2O = CO+3H_2$	206	甲烷水蒸气重整反应	(9-19)

图 9-16 总结了目前最受关注的煤气化工艺方案。但这些气化过程基本上都是非催化的，煤催化气化仍然是“新兴技术”。20 世纪 80 年代以来，已有较多关于煤催化气化的相关报道。

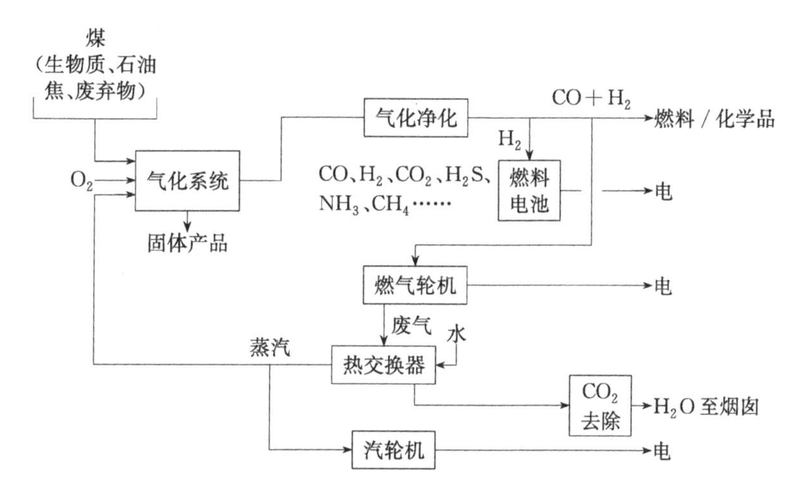

图 9-16　典型的煤气化工艺方案

图 9-17 显示了生产替代天然气（SNG）的埃克森催化煤气化工艺流程图。

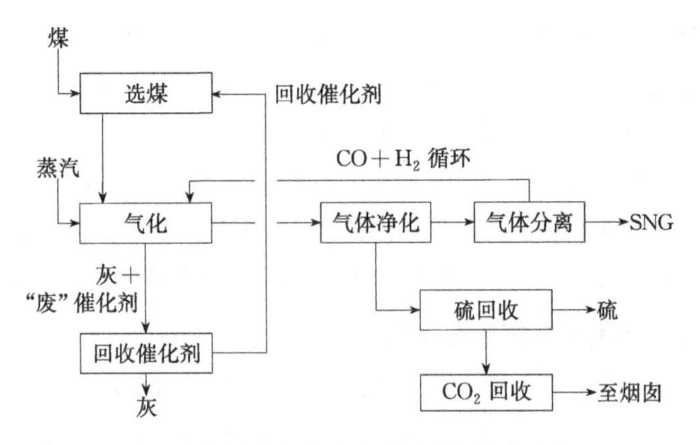

图 9-17　生产替代天然气的埃克森催化煤气化工艺

（1）气化催化剂

到目前为止，碱金属、碱土金属和过渡金属在煤气化过程中的研究最多，贵金属、镧系元素甚至一些锕系元素也有被使用，如图 9-18 所示。

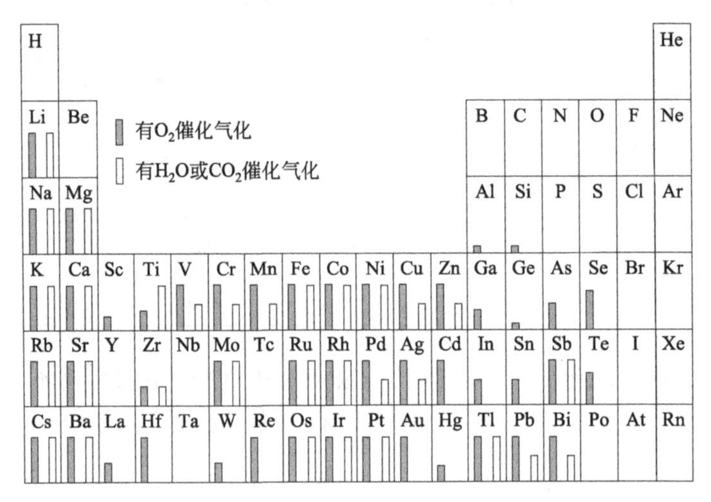

图 9-18　无机成分对碳气化反应普遍存在的催化作用

（棒高度表示催化剂的活性）

在一些研究中，碱金属盐的催化活性顺序可能是 Li<Na<K<Rb<Cs，而在另一些研究中则可能完全不同。据报道 Li 在含 CO_2 的石墨气化碳酸盐催化剂中最为活跃，这可能是因为它在碱金属碳酸盐中的熔点最低，对其氧化物不稳定。

图 9-19 说明碳气化中催化剂化学状态的重要性以及载体对催化剂的影响。K 表现出比 Ca 更高的初始活性，这是因为较高的初始分散性质；当气化在 550～565K 下的氧气中进行时，两种催化剂都不能与反应载体保持接触，反应速率降低，但在 900K 蒸汽中，K 催化气化过程中没有失活，可能是因为催化剂通过表面氧（C—O—K）物种的形成和再分散。

催化剂中碳的形貌也很有意义。一些催化剂通过基面渗透起作用，从而在垂直于基面（或石墨烯层）的方向上在载体表面形成凹坑。另一些在一个或几个石墨烯层的方向上形成通道，还有一些通过增强石墨烯层边缘的凹陷来起作用。后两种催化模式的有效性与催化剂润湿含碳载体表面的能力有关：高度润湿（铺展）的催化剂表现出边缘凹陷，而较大的催化剂-载体接

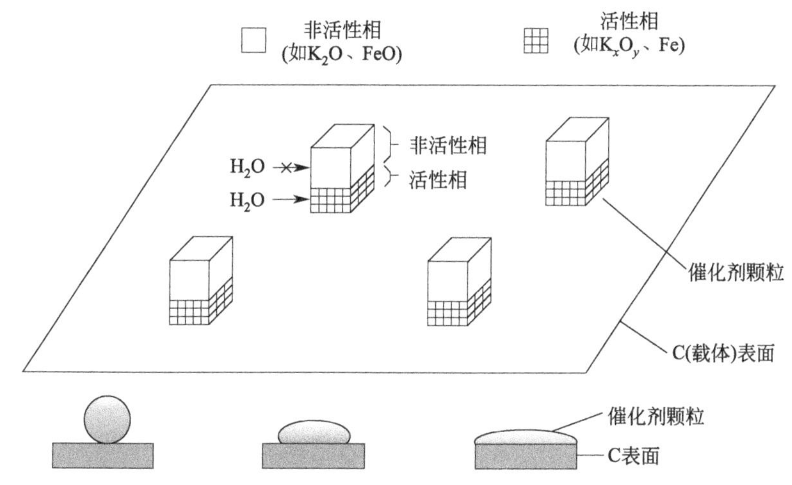

图 9-19　碳气化中的催化效果与催化剂的化学状态、润湿行为和界面接触面积有关。在底部，润湿性增加，界面接触角从左到右减小

触角观察到沟道。

复合催化剂具有吸引力与挑战。共晶的还原熔点被认为是二元和三元碱金属卤化物、碳酸盐和硫酸盐具有更高催化活性的原因是它们促进了催化剂和含碳基质之间的接触。同样，Ni/K 催化剂在石墨与水蒸气、湿 H_2 和湿 O_2 的气化中也表现出了协同效应。另一方面，在研究石墨基底上的铜和镍时，说明了二元催化剂的复杂效应：当蒸汽与氢气比值小于 100 时，形成了具有催化活性的合金相，但大于 100 时，非活性 NiO 优先暴露在表面。

(2) 气化催化机理

在煤气化反应中，除了式(9-12)、式(9-14)、式(9-15) 和式(9-17) 外，还应关注式(9-20)：

$$2C+2NO \longrightarrow 2CO+N_2 \tag{9-20}$$

在埃克森工艺设计温度下及是否有催化剂存在下，这些反应具有共同的氧转移步骤。在这些步骤中明显缺少潜在的理想氢化反应，因为它的速率比氧转移反应的速率低一个数量级，比未催化的蒸汽气化反应低 10^5 倍。

为了区分所谓的“电子转移”和“氧转移”机制，煤炭催化蒸汽气化是首先要研究的反应之一。在更基础层面上，当催化剂-载体界面发生明显的氧化还原过程时，甚至氧转移也可以解释为电子转移。对于所有的氧转移反应，气化催化剂的氧化还原行为可以总结为：

$$\text{Cat}+H_2O \longrightarrow \text{Cat}-O+H_2 \tag{9-21}$$

$$\text{Cat}-O+C \longrightarrow \text{Cat}+CO \tag{9-22}$$

因此，当使用碱金属（M）碳酸盐时，氧化还原过程被认为是按以下机理进行的：

$$M_2CO_3+2C \longrightarrow 2M+3CO \tag{9-23}$$

$$2M+2H_2O \longrightarrow 2MOH+H_2 \tag{9-24}$$

$$2MOH+CO \longrightarrow M_2CO_3+H_2 \tag{9-25}$$

过渡金属催化剂的作用从两个方面进行了解释。第一个是类似的氧转移氧化还原循环：

$$Fe+H_2O \longrightarrow FeO+H_2 \tag{9-26}$$

$$FeO+C \longrightarrow Fe+C{-}O \tag{9-27}$$

第二个是碳溶解机制。如图 9-20 所示，在蒸汽中生长的碳纤维被认为是碳溶解的逆过程。

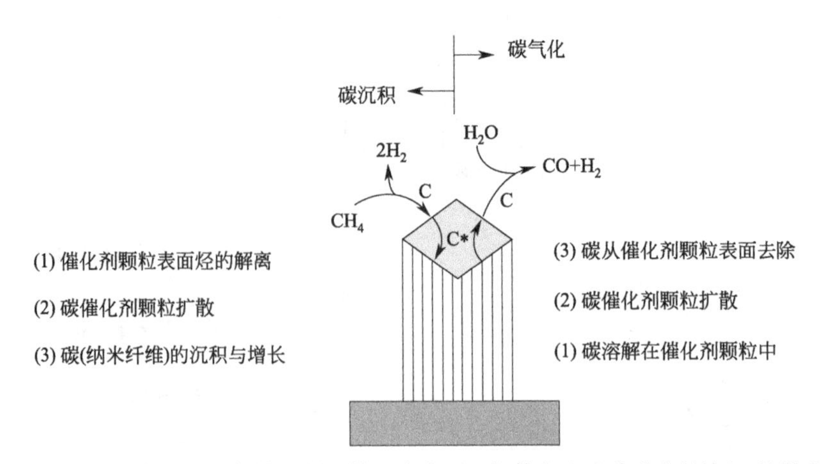

图 9-20　在过渡金属催化剂（如铁、钴、镍）存在下，气体发生或碳形成的溶解-扩散-沉淀机理

该系列反应中一个关键步骤是氧“溢流”，即表面氧从催化剂迁移到气化载体，如式(9-27)所示。

催化碳气化中的动力学定量仍然是一个挑战。图 9-21 显示，NO 很容易在 K_xO_y 位上进行化学吸附，这反映在低温下催化剂结合表面氧的大量增加；氧从 CaO 溢流到碳很容易，说明在低温下碳结合表面氧大量增加。随着温度升高，RDS 有望从吸附（G_1）转移到溢流（G_2），反之亦然。直接影响催化剂效率的一个关键基本问题是，催化作用是由较低的活化能还是更高的频率因子（Arrhenius 方程）引起的。例如，有充分的证据表明，氧化无定形（或“石墨化”）碳的活化能高于较低有序碳的氧化活化能。此外，解吸控制反应通常比吸附控制反应具有更高的活化能；并且随着反应温度的降低或反应物压力的增加，通常会从吸附控制过渡到解吸控制。

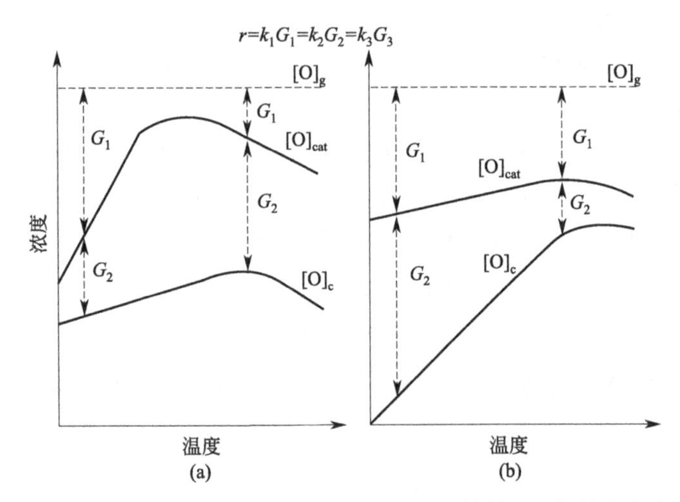

图 9-21　催化序列中速率决定步骤（RDS）的温度依赖性：钾催化的含 NO 的碳催化气化（a）和具有最大浓度梯度（G）的钙催化气化（b）

补偿效应是多相催化中的一个重要的现象，它揭示了 Arrhenius 方程中反应速率常数 k 的指数项（$-E_a/RT$）与指前因子（A）项存在着相互补偿关系。即使催化气化的活化能低于同

时发生的未催化气化（见图 9-22），在接近等速点（T_{iso}）的温度下，观察到的活化能与未催化反应的活化能相对应；此外，在温度低于等速点的反应条件下（$T<T_{iso}$），观察到的活化能随着催化剂表面浓度的增加而降低。

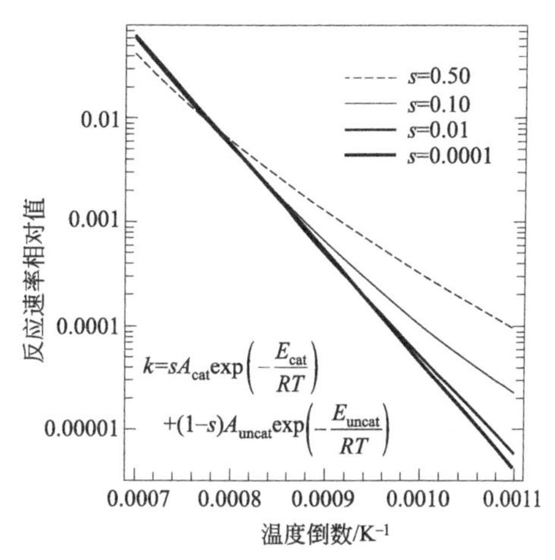

图 9-22 催化碳气化中的补偿效应（等速温度=1273K；$E_{cat}=100kJ\cdot mol^{-1}$；$E_{uncat}=200kJ\cdot mol^{-1}$）

煤催化气化最近的发展趋势包括环境应用以及制备新型材料。在所有这些过程的设计和优化阶段，人们面临的挑战通常比在更传统的多相催化应用中更大。一方面，这意味着在控制气化催化剂的活性、选择性和再生性方面还有很多需要探讨。另一方面，在应用和发展多相催化的一些基本概念方面取得了重大进展，例如催化剂分散、催化剂-载体界面接触、溢出、速率决定步骤、补偿效应、氧化还原机制，以增进碱金属、碱土金属和过渡金属，甚至硼催化（或抑制）煤和碳与氧化性气体的气化。

9.3.3 煤的催化燃烧

煤的燃烧过程非常复杂，一般可以为初始挥发过程、燃烧过程（称均相燃烧）和挥发后煤中其余成分形成的碳粒的着火燃烧过程（称非均相燃烧）。煤中金属化合物的存在又对煤的燃烧特性和煤灰熔融特性有较大的影响。煤的催化燃烧技术是在煤的燃烧过程中，在催化剂的催化作用，使煤的氧化反应活化能降低，活化分子百分数增加，从而降低着火温度，提高燃烧速度，加速内能的释放，缩短煤在炉膛内的燃尽时间，即提高煤的燃烧强度和炉膛温度，改善煤的燃烧性能，降低炉渣与烟尘中的碳含量，提高煤的燃尽度，通过改变煤中金属化合物的含量来预防和减轻锅炉结渣，达到环保、节能与安全的目的。

（1）催化剂对煤燃烧性能的影响

煤燃烧催化剂目前主要有碱金属、碱土金属、过渡元素、稀土元素等的氧化物、盐类，以及这些化合物的组合。碱金属以及碱土金属盐对高灰分煤燃烧的催化作用，表明碱土金属盐能够改变高灰分煤的燃烧反应历程，加速煤燃烧反应速率，降低着火温度，使燃尽温度提前，此外，还能增加燃烧放热量。这类金属盐影响着火性能的大小排序为：$NaCl(KCl)>Ca(NO_3)_2$；影响燃尽性能的大小排序为：$NaCl>KCl>Ca(NO_3)_2$。

含铁化合物 $FeCl_3$、$FeCl_2$ 和 Fe_2O_3 等也能够改变煤的燃烧特性。$FeCl_3$ 和 $FeCl_2$ 能够改变煤燃烧过程中的化学反应动力学参数，提高煤在低温段的燃烧反应速率，并且它们的催化能力随其在煤中含量的增加而增强，而 Fe_2O_3 是比较稳定的组分，对煤的燃烧过程影响不大。

过渡元素及碱金属元素的催化活性顺序为 Mn、K、Cu>Na>Ca，随添加剂含量增加，着火温度下降，但含量大到一定程度时，其下降趋势减缓。ZnO 类催化剂对煤的均相着火有较好的催化活性，能降低煤的着火温度；而 CuO 类催化剂则对煤的非均相着火有较好的催化活性，能促进碳粒的完全氧化；$CuSO_4$ 类催化剂对两者都有较高的催化活性；$ZnCl_2$ 类催化剂除了对煤的均相和非均相燃烧都具有很好的催化活性外，还能使碳粒提前燃尽。

稀土助燃添加剂对劣质煤的催化燃烧作用效果明显，在劣质煤中加入5%的稀土助燃添加剂，能够显著加快煤燃烧速率。其主要原因是稀土元素能够促进活性氧物种在整个催化剂与煤粒之间的传递吸引。在研究含有 Fe_2O_3、MnO_2 和 $BaCO_3$ 的高灰质煤的点火和燃烧特性时，发现对于点火来说，相对催化活性顺序为 $MnO_2>BaCO_3>Fe_2O_3$；对于燃烧来说，其顺序为 $Fe_2O_3>BaCO_3>MnO_2$。由于催化剂增加了挥发分的释放，从而提高了固定碳表面的活性，降低了点火温度，因此，促进了气-固相燃烧反应的进行；另一方面，催化剂是氧的携带者，能够促进氧从气相向碳表面扩散，从而降低固定碳表面的着火温度，促进煤的燃烧过程。

固硫剂 $Ca(OH)_2$ 的加入能够提高燃烧反应的活化能；K_2CO_3 等添加剂对原煤燃烧特性的影响并不显著，但对活化能的影响却十分明显，添加剂的加入能够有效降低燃烧反应的活化能。

采用碱土金属盐、铁系盐、稀土类化合物复配而成新型煤高效催化剂，Ca-Fe-Ce系复合催化剂催化无烟煤燃烧时，催化效果明显优于单组分催化剂。同时催化效果受到升温速率、分散程度、氧气浓度等因素影响。升温速率越快，催化燃烧时燃点降低得越多，燃烧速率的提高幅度逐渐减小。分散程度、氧气浓度对Ca-Fe-Ce催化燃烧具有明显的影响，催化剂与煤粉混合程度越高，催化效果越好。氧气浓度大，催化燃烧燃点降低幅度大，但是煤粉的燃烧过程被分成两个阶段，其中后一个阶段催化剂对燃烧没有起到明显的催化作用。

(2) 催化燃烧过程中氮、硫氧化物及其他副产物的形成

在对以 $MgCO_3$ 为固硫剂的型煤燃烧实验研究中，发现固硫效率与Mg/S物质的量之比、温度和粒度之间的关系中Mg/S物质的量之比是最重要的影响因素。随着Mg/S物质的量之比的增加以及温度的升高，固硫效率增大；随粒径增大，固硫效率降低。在燃煤中添加乙酸镁后，能够将部分燃料氮还原，从而减少NO的排放。在较低燃烧温度和还原性气氛下，乙酸镁还原NO的作用比较强；对于挥发分高的煤粉，乙酸镁的这种作用更为明显；存在一个较为经济的添加剂量，超过这个量其作用提高幅度不大。乙酸钙或乙酸镁等同尿素的混合液能够同时减少煤在二次燃烧过程中产生的NO和 SO_2 的量，但混合液与NO的计量比不同，对NO和 SO_2 的抑制作用也不同，其中存在一个较为合理的计量。对于煤焦燃烧过程中NO的释放来说，Na的催化活性主要依赖于Na的负载量，而Fe的催化活性对于温度更加敏感；在煤焦上负载Na-Fe复合催化剂对NO的还原和煤焦的燃烧具有协同作用，即在相同的负载量下，Na-Fe复合催化剂比单一催化剂表现出较高的催化活性，这种活性不仅能够加速NO与焦炭之间的反应，而且也能够减少NO的生成量。

在煤中加入NaCl、$CaCl_2$、$FeCl_3$、$FeCl_2$ 和 Fe_2O_3 等催化剂，都能够减少 SO_2 的排放量，其中尤以 $CaCl_2$ 为最佳。NaCl、$CaCl_2$ 和 Fe_2O_3 的加入促进了 SO_2 与煤中矿物质之间的反应，增强了 SO_2 与煤灰之间的结合力，使得 SO_2 的排放减少；而 $FeCl_3$ 和 $FeCl_2$ 的加入，促进了煤以及随后煤焦的燃烧，使得573～793K燃气中 SO_2 的浓度增大，但总的 SO_2 浓度减少。石灰石的添加对于煤在燃烧过程中生成的NO和 N_2O 有影响，其中NO和 N_2O 的释放与燃烧第一阶段的计量有关，在第一阶段燃料缺乏的情况下，NO的量减少，而 N_2O 的量增加；反之，两者的生成量正好相反。此外，石灰石的添加，还能减少燃烧第二阶段所生成的 N_2O 量，增强了焦炭氮向 NO/NO_x 的转化程度。另一方面，石灰石的加入也有利于 SO_2 的迁移，使其迁移率为25%～85%。CaO以及由CaO分别与 TiO_2 和 Na_2CO_3 组成的混合添加剂对煤中NO排放特性研究表明，CaO对燃煤NO排放的影响与其在煤中的含量有关，Ca/N增加，NO排放量

增大。但加入 CaO 与 TiO_2 或与 Na_2CO_3 的混合物后，NO 的排放浓度和排放量减少，即添加剂 TiO_2 和 Na_2CO_3 能够减弱 CaO 对 NO 排放特性的影响。增加 TiO_2 或 Na_2CO_3 在混合添加剂中的份额后，NO 排放量进一步下降，但仍比未加任何添加剂时高。

此外，在煤燃烧过程中，Cu 的添加还能够影响多环芳烃的生成。随着铜/煤质量比增加，煤在管式炉中燃烧生成多环芳烃的浓度减少；而在流化床中生成多环芳烃的浓度增加，但小于管式炉条件下多环芳烃生成量两个数量级。多环芳烃生成的毒性分布类似于多环芳烃生成的浓度分布。而单个多环芳烃的生成则有着较大的区别，同燃烧方式、存在状态、Cu 的含量等有较大关系。在燃烧温度下，Cu 的添加对于高环物质的催化作用较为明显。

煤的催化燃烧是煤燃烧技术的发展方向之一，将催化燃烧和现有的高效清洁燃烧方式相结合可以同时通过催化的方法来控制氮氧化物、硫氧化物以及其他不完全燃烧产物的排放，降低环境污染。另一方面，目前的煤燃烧催化剂大多是碱金属、碱土金属以及过渡金属氧化物或其盐类，并且大多是单一催化剂，其催化燃烧效率以及减少有害物排放的效率还比较低，因此，多功能、高效复合催化剂以及其他新型的耐高温催化材料应当成为今后燃烧催化剂发展的方向。

9.4 天然气催化转化

天然气（页岩气与生物气等）主要成分以甲烷为主，其化学加工是将一个碳的甲烷转化成两个及两个以上碳的烷烃烯烃。对甲烷进行有效的化学转化，并且能与石油化工产品相竞争，一直是研究中的难题。天然气化学转化主要有直接化学转化和间接化学转化。图 9-23 为天然气利用和催化转化系统。在第 5 章已经介绍了 CH_4 氧化制甲醇、甲醛以及氧化偶联（OCM）制乙烯反应，本节主要介绍 CH_4 间接化学转化与催化燃烧。

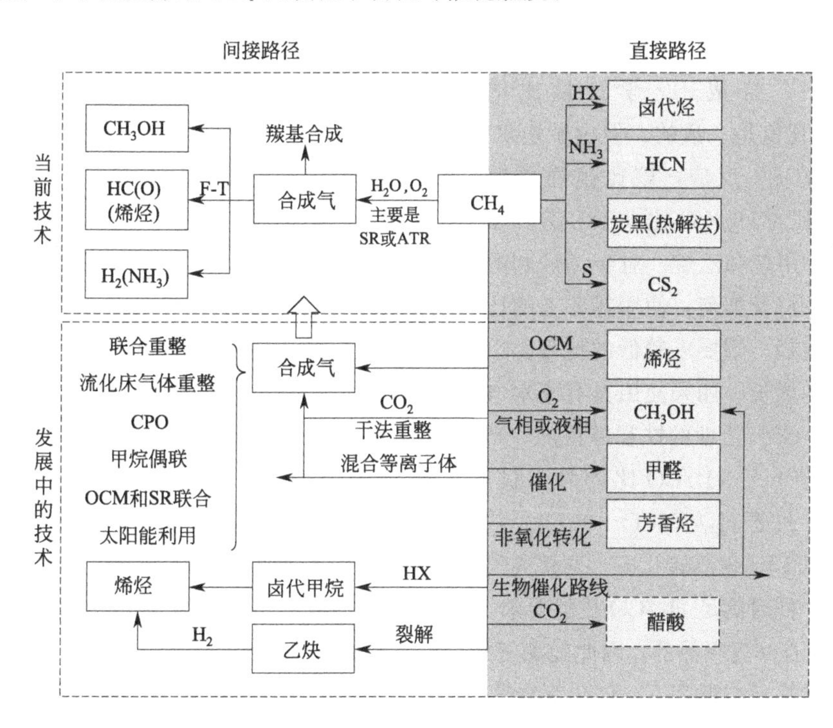

图 9-23 天然气利用和催化转化系统

SR—蒸汽重整；ATR—自热重整；CPO—催化氧化；OCM—氧化偶联

9.4.1 CH_4 间接化学转化

CH_4 间接反应是指 CH_4 在催化剂作用下生成中间产物或平台分子，然后通过进一步催化反应得到最终产物。CH_4 的间接转化较多，最主要的是 CH_4 重整制合成气，再由合成气通过费-托合成制燃料或化学品，本节主要介绍甲烷的催化重整反应。

在各种 CH_4 重整反应中，蒸汽重整（SRM）是以天然气为原料生产合成气或氢气的主要工业过程。最近，重整反应和合成气技术作为生产清洁合成燃料的替代途径吸引了人们的注意，以取代石油。

在重整反应中，CH_4 与蒸汽［SRM，式(9-28)］或 CO_2［DRM，式(9-29)］或 O_2［CH_4 部分氧化（POM），式(9-30)］反应，形成 H_2 和 CO，反应如下：

$$CH_4+H_2O \longrightarrow CO+3H_2 \tag{9-28}$$

$$CH_4+CO_2 \longrightarrow 2CO+2H_2 \tag{9-29}$$

$$CH_4+1/2O_2 \longrightarrow CO+2H_2 \tag{9-30}$$

从这些反应来看，DRM 似乎更适合，因为不需要 CO_2 分离过程，同时，两个碳原子都被纳入最终产品中，提高了产量并减少了浪费。

DRM 所需的 CO_2/CH_4 比可以通过燃烧足够数量的沼气和向进料中引入气体来调节。由于不使用蒸汽，其可以应用于不易获得水的区域，同时设备安装更简单，与蒸汽重整相比，降低了设备和操作成本。该反应的特点是 CH_4 的高热力学转化率，可通过适当的反应条件实现（图 9-24）。此外，由于 DRM 具有较大的反应热，并且是可逆的，因此它在化学能量储存和传输系统（CETS）中具有从太阳能和其他可再生能源中回收、储存和传输能量的应用。

DRM 的另一个优点是所产生的合成气的 H_2/CO 比值比 SRM 获得的富氢气体更适合于 F-T 合成。化学计量比的 DRMH_2/CO 比值是一致的，但由于逆水-气交换（RWGS）反应，该比值通常略低。SRM 得到的 H_2/CO 比大于 2 有利于生成轻烃，如甲烷和乙烷。对于烯烃和醇的合成，无论链长如何，使用等于 2 的比率，但对于烷烃，则要求较低的比率，以免限制碳链的增长。如果使用具有高水气变换反应（WGS）活性的铁基催化剂，则在低温（500K）下 H_2/CO 比约为 1.65，而在高温下，只要 $H_2/(2CO+3CO_2)$ 约为 1.05，则可以实现高转化率。调整空气、甲烷和蒸汽的量可以提供必要的能量来补偿 SRM 反应的吸热，同时满足 H_2/CO 比的要求。遵循同样的概念，DRM 也可以与 SRM 结合。缺点是 DRM 反应是高度吸热的，因此能源密集，要求增加安装和运行成本。

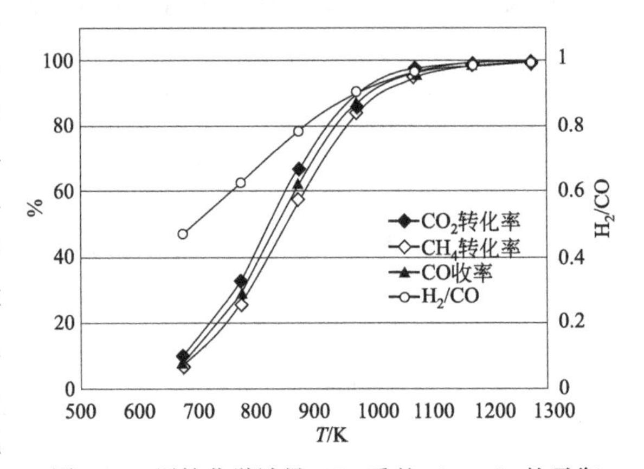

图 9-24 甲烷化学计量 CO_2 重整（1atm）的平衡转化率、CO 收率和 H_2/CO 比随温度变化的关系

在所需的高反应温度下，催化剂会发生烧结。然而，在这一过程中遇到的主要问题是碳质沉积物的形成而失活，从而导致活性下降和反应器堵塞。

在主反应［式(9-29)］的同时，也会发生以下反应，如 CH_4 分解反应［式(9-13) 逆反应]、CO 歧化反应（Boudouard 反应），它们是碳形成的主要原因。在 830～973K 范围内，不利于 DRM 反应（图 9-25）。对于给定的 CO_2/CH_4 比，低于此温度的碳沉积会随着压力的降低而降低，而在恒定压力下，温度随着 CO_2/CH_4 比的降低而增加。对于 CO_2/CH_4 1∶1 的重整进料比，在高达 1143K（1atm）和 1303K（10atm）的温度下，碳沉积在热力学上是可能的。在进料中使用过量的 CO_2 可以避免在较低温度下形成碳，而在化学计量进料的情况下，当存在热力学势时，高达 1000K 下可抑制碳的形成。除了对碳形成的负面影响外，随着压力的增加，CO_2 的转化率和 CO 和 H_2O 的产量也增加，而 CH_4 转化率和 H_2 产量降低。这些结果表明，在较高的压力下，RWGS 反应是有利的。这种反应通常与压力无关。

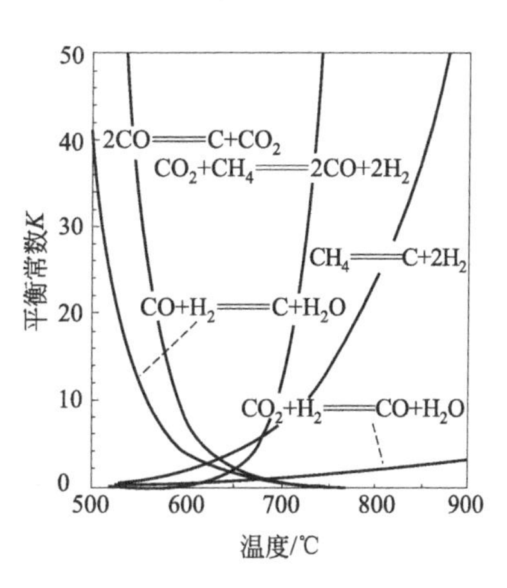

图 9-25　甲烷干法重整过程中反应的平衡常数与温度的关系

图 9-25 显示，在高于 973K 的温度下，DRM 平衡常数急剧增加，几乎完全转化。因此，在高于此温度的情况下，只要使用合适的催化剂，就能突破高 CH_4 和 CO_2 转化率的热力学限制。DRM 反应适宜的催化剂是在反应条件下表现出高活性和稳定性的催化剂。另外，在 1173K 下，生成的碳比目标反应的生成温度高。因此，选择催化剂的一个基本标准是其动态阻止碳形成的能力。催化剂表面发生的 DRM 主要反应步骤见表 9-5。

表 9-5　发生在催化剂表面的基本 DRM 反应步骤

反应	备注	编号
CH_4 的吸附和解离		
$CH_4+S_1 \rightleftharpoons S_1-CH_4$		(9-31)
$S_1-CH_4+(4-x)S_1 \longrightarrow S_1-CH_x+(4-x)S_1-H$	速率控制步骤	(9-32)
$S_1-CH_4+S_1 \longrightarrow S_1-CH_3+S_1-H$		(9-33)
$S_1-CH_3+S_1 \longrightarrow S_1-CH_2+S_1-H$		(9-34)
$S_1-CH_2+S_1 \longrightarrow S_1-CH+S_1-H$		(9-35)
$S_1-CH+S_1 \longrightarrow S_1-C+S_1-H$		(9-36)
$2S_1-H \rightleftharpoons 2S_1+H_2$		(9-37)
CO_2 的吸附和解离		
$CO_2+S_2 \rightleftharpoons S_2-CO_2$		(9-38)
$S_2-CO_2+S_2-O^{2-} \rightleftharpoons S_2-CO_3^{2-}+S_2$		(9-39)
$S_2-CO_2+S_1-H \rightleftharpoons S_2-CO+S_1-OH$		(9-40)
$S_2-CO_2+S_2 \rightleftharpoons S_2-CO+S_2-O$		(9-41)
表面羟基和水的形成		
$S_2-O+S_1-H \rightleftharpoons S_2-OH+S_1$		(9-42)
$S_1-OH+S_1-H \rightleftharpoons H_2O+2S_1$		(9-43)
CH_x 氧化，CO 和 H_2 形成和脱附		
$S_1-OH+S_1-CH_x \rightleftharpoons S_1-CH_xO+S_1-H$		(9-44)
$S_1-O+S_1-CH_x \rightleftharpoons S_1-CH_xO+S_1$		(9-45)
$S_1-CH_xO \longrightarrow S_1-CO+\frac{x}{2}H_2$	速率控制步骤	(9-46)
$S_1-CH_x+CO_2 \rightleftharpoons S_1-CO+CO+\frac{x}{2}H_2$		(9-47)
$S_1-CH_x+S_1-OH+xS_1 \rightleftharpoons S_1-CO+(x+1)S_1-H$	速率控制步骤	(9-48)
$S_1-C+S_1-OH \rightleftharpoons S_1-CO+S_1-H$		(9-49)
$S_1-CO \longrightarrow S_1+CO$		(9-50)
$2S_1-H \rightleftharpoons 2S_1+H_2$		(9-51)

注：S_1 和 S_2 分别表示催化剂表面不同的活性位点。

反应步骤的第一步是 CH_4 的吸附和解离。由于 CH_3—H(g) 键的解离能很高（439.3kJ·mol^{-1}），因此反应序列中的慢步骤之一是金属表面上的甲烷裂解。然而，键 CH_x—H 的总解离能取决于载体表面和整个催化体系，而整个催化体系可能控制着表面金属的功函数。因此，催化分解需要较低的 CH_x—H 键解离能。然而，对于许多催化系统，甲烷分解被认为是速度决定步骤（RDS）。

甲烷解离的路径一直是一些研究的主题。研究认为，为了解离，CH_4 必须从四面体形状中大量扭曲，以形成三角金字塔结构。这是被吸附的甲烷分子与金属之间的电子相互作用的结果，金属主导了解离 CH_4 的吸附。对无负载 Pt 团簇的早期研究揭示了这些相互作用的本质，解释了甲烷活化对团簇大小的明显依赖性。

CO_2 在金属催化剂表面吸附通常有三个配位构型，如图 9-26 所示，其活性和解离形式受吸附构型影响。

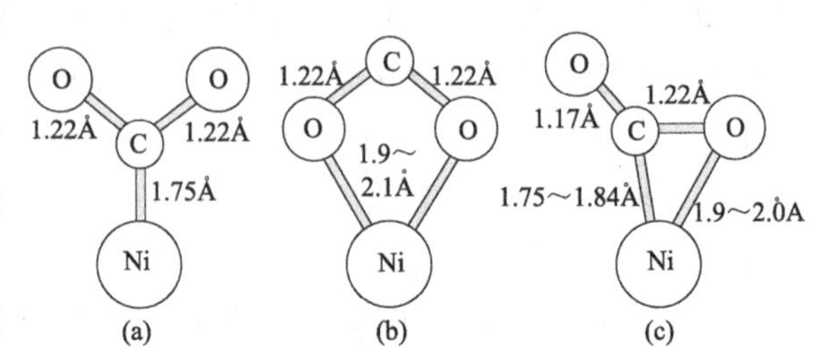

图 9-26　吸附二氧化碳的三种配位构型示意图

(a) 纯碳配位；(b) 纯氧配位；(c) 混合碳氧配位

与蒸汽重整相比，干法重整的机理研究较少，大多数研究基于蒸汽重整的支持机理。对负载型 Rh 催化剂进行动力学研究时得出：H_2O 和 CO_2 重整以及 CH_4 分解的一级速率常数相同。DRM 反应的主要基本步骤是 CH_4 在金属表面活性中心上的吸附和分解，形成氢和类甲基的吸附物种，以及 CO_2 在金属氧化物表面（最好是金属载体界面）上的解离吸附，形成 CO 和吸附氧物种［图 9-27(a)］。一旦 CH_4 和 CO_2 被吸附，就会发生许多表面反应，产生不同的产物。大多数反应步骤都很快并达到平衡，例如从载体上解吸 CO，从金属表面解吸 H_2［图 9-27(b)］。DRM 的动力学研究表明，WGS 反应在很大的温度范围内接近平衡。WGS 反应的准平衡意味着与反应相关的表面反应步骤很快。大多数动力学模型预测氢从金属表面溢出到载体，在那里氢与形成羟基的氧物种发生反应［图 9-27(c)］，同时氧从载体溢出到金属［图 9-27(d)］。然而，在高于 1073K 的温度下，载体上不太可能有羟基。在金属表面迁移的氧与少氢的 S_1—CH_x 物种（$0 \leqslant x \leqslant 3$）发生反应，形成 S_1—CH_xO 物种或 S_1—CO 物种［图 9-27(d)］。在载体上产生并迁移到金属-载体界面区域的 H_2O 参与了 S_1—CH_xO 的形成。在 Rh/NaY 分子筛上可能形成甲酸盐型中间 CH_xO 物种。表明含钛催化剂是由于 CH_xO 在金属载体界面上加速分解而产生的。在 Ni-K/CeO_2-Al_2O_3 上进行 DRM 合成气的动力学研究时，将 CH_4 和 CH_xO 分解视为 RDS，在靠近金属-载体边界的载体上生成甲酸盐，其机理如下：甲烷在金属上分解为 CH_x（$x=2$ 的平均值）和 H_2，而 CO_2 形成碳酸盐；金属上的碳将碳酸盐还原成甲酸盐，甲酸盐迅速分解成 CO 和表面羟基。许多其他的研究认为 CH_xO 的形成是可能的。根据反应温度和催化体系的不同，CH_xO 可能是短寿命的中间产物。在 CH_x 中，x 可以取 0～3 之间的值。对于 $x>2$，很难接受所有氢原子同时被消除以形成 S_1—CO。对于干法重整机理没有普遍共识的事实是合理的，因为预计这取决于催化剂的成分（载体的性质和酸度以及促进剂的存在）以及反应条件（主要是温度）。

S_1—CH_xO 物种形成和分解为 CO 和 H_2 被视为速度控制步骤。至关重要的是 S_1—CH_x 物种的相对氧化速率与其解离相比：较高的氧化速率意味着 S_1—CH_xO 物种的 $x>0$，而较高的 S_1—CH_x 分解速率导致 S_1—CH_x 物种完全分解，形成表面碳（S_1—C）。如果 S_1—C 的氧化速

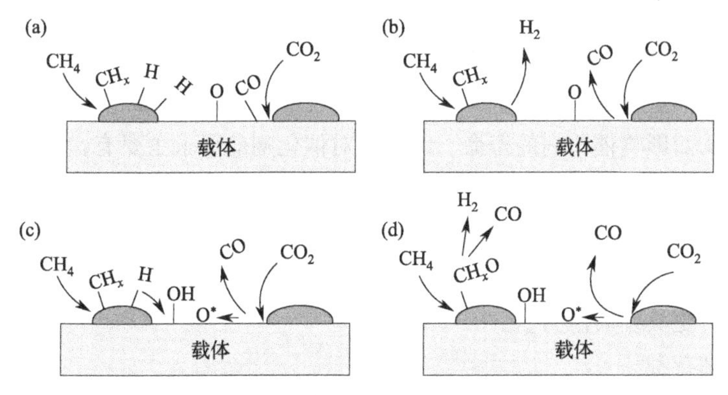

图 9-27 甲烷干法重整反应步骤

(a) CH_4 和 CO_2 分别在金属和金属-载体界面上的吸附和解离；(b) CO 和 H_2 解吸是快速步骤；(c) 表面羟基是由氢和氧溢出形成的；(d) 表面氧物种或羟基氧化少氢表面类甲基物种（$S_1—CH_x$），形成 $S_1—CH_xO$ 物种，最终形成 CO 和 H_2

度不够快，含碳物质开始形成和积累，导致催化剂失活。催化剂结焦失活是 DRM 研究中的一个重要问题。

9.4.2 CH_4 的催化燃烧

专家和学者认为在 21 世纪天然气的能源地位将不断提高。但传统的天然气火焰燃烧方式产生的大量 NO_x，对环境及人体健康造成了很大的危害。而催化燃烧可以通过催化作用降低燃料的起燃温度和燃烧的峰值温度，加深其氧化程度，从而提高燃料的利用率。同时，可实现低 NO_x 排放。因此，CH_4 催化燃烧技术一直是能源利用领域的热点课题。

9.4.2.1 CH_4 催化燃烧反应机理

CH_4 催化燃烧催化剂按照活性组分可分为贵金属催化剂和非贵金属催化剂，非贵金属催化剂又包括钙钛矿型金属氧化物催化剂、六铝酸盐类催化剂、过渡金属复合氧化物催化剂。在没有催化剂的情况下，CH_4 在空气中燃烧时，自由基反应剧烈，反应温度急剧上升；在催化剂存在时，甲烷的多相催化氧化反应和自由基反应同时发生，在 650～1150K 的温度区间内两者均起作用，这对研究催化反应机理带来了很大的困难。

贵金属催化剂上 CH_4 催化燃烧的反应机理为：在贵金属催化剂的作用下，CH_4 解离吸附为甲基（$—CH_3$）或亚甲基（$—CH_2—$），它们与贵金属表面所吸附的氧作用直接生成 CO_2 和 H_2O，或者生成甲醛（HCHO），甲醛再与贵金属所吸附的氧进一步反应生成 CO_2 和 H_2O。一般认为甲醛作为中间物质，一旦产生就快速分解为 CO 和 H_2，而不可能以甲醛分子形式脱附到气相中。

非贵金属催化剂方面，以钙钛矿型金属氧化物催化剂（ABO_3）为代表，其中 A 为稀土元素或碱土金属，B 为过渡金属元素，其晶形结构可在较高温度下稳定。一般认为不同价态不同种类的金属离子固定在晶格中，在晶格中存在可迁移的氧离子。B 离子的不同影响催化剂对反应物的吸附性质，催化剂的表面吸附氧和晶格氧的活性是影响催化剂活性的主要因素。较低温度时表面吸附氧起氧化作用，而在较高温度时晶格氧起作用。对于其他非贵金属氧化物催化剂，如六铝酸盐、尖晶石类等，CH_4 的催化燃烧机理与钙钛矿型金属氧化物类似，都是通过表面吸附氧和晶格氧的参与进行甲烷的氧化。

9.4.2.2 甲烷催化燃烧催化剂体系

由于甲烷是最稳定的烃类，通常很难活化或氧化，且 CH_4 催化燃烧时的温度较高，燃烧反应过程中会产生大量水蒸气，使催化剂的热稳定性降低，而且天然气中含少量硫，会使催化剂的活性降低，从而影响催化剂的寿命。因此，对催化剂的要求主要有：较高活性，高温热稳定性，良好的抗机械振动性能，不易失活和中毒。这就要求催化剂具有较高的比表面积、良好的孔隙结构以及合适的载体材料。目前，对贵金属催化剂的研究已经较为成熟，但是由于贵金属易烧结、耐热性差及价格昂贵等缺点，其在工业上大规模使用受到限制。非贵金属催化剂可以克服上述缺陷，更具发展潜力。

（1）贵金属催化剂

与其他催化剂相比，贵金属显示出良好的低温起燃活性和催化活性。所用催化剂为 Pd、Pt 等贵金属及这些元素的金属氧化物。贵金属在氧化反应中的活性从小到大的顺序：Ru、Rh、Pd、Os、Ir、Pt。在 CH_4 催化燃烧方面，考虑到某些贵金属比较稀有以及在高温下易挥发等原因，只有 Pd 和 Pt 作为催化材料得到了广泛的应用。在 CO、CH_4 和烯烃的氧化中，Pd 的活性更高，而在 C_3 以上烷烃的氧化中，Pt 的活性则更高。此外，Rh 和 Au 也显示出较高的催化燃烧活性。

（2）非贵金属催化剂

非贵金属催化剂可以克服贵金属耐热性差、容易烧结、价格昂贵等缺点，可以分为 3 类。

① 钙钛矿型金属氧化物催化剂　因为金属氧化物催化剂具有低温高活性的吸附氧和高温高活性的晶格氧，由于氧化活性接近贵金属催化剂，而且它还具有热稳定性高、价格低廉等优于贵金属催化剂的优点，因此受到了学者们的关注，特别是钙钛矿型金属氧化物，希望在将来能够部分甚至完全取代贵金属催化剂。钙钛矿型金属氧化物（ABO_3）催化性能取决于 A、B 离子的种类和过渡金属 B 的价态。通常 A 离子为催化活性较低但起稳定作用的元素，而 B 离子是过渡金属元素，起主要活性作用。通过更换 A 离子或 B 离子的种类，可改善催化材料的氧吸脱附性能，从而提高催化活性。

② 六铝酸盐型催化剂　具有较好的热稳定性能以及较高的机械强度。从这些方面看，六铝酸盐型催化剂被认为是高温催化燃烧最有应用前景的催化剂之一。但其活性与贵金属和钙钛矿材料相比较低，因此只能用于 CH_4 多级催化燃烧中的最后一级。另外，为实现六铝酸盐催化材料的实际商业化应用，提高载体材料及催化材料的高温比表面积，提高此类催化剂的耐高温、抗热冲击能力，具有相当重要的意义。六铝酸盐型催化剂可以用 $AAl_{12}O_{19}$ 表示，A 通常是碱金属、碱土金属或稀土金属。由于它们的薄层结构（由单分子氧化物分离的尖晶石块组成），六铝酸盐型催化剂具有高的热力学稳定性。

③ 其他金属氧化物催化剂　以 Cu、Co、Mn、Cr、Ni 等单一过渡金属氧化物为活性组分的催化剂，对 CH_4 催化燃烧也有较好的活性，对这些金属氧化物进行掺杂可以使其催化性能发生显著改变。对 CuO/Al_2O_3 这类催化剂，其主要缺点是在高温时活性组分 CuO 和载体 Al_2O_3 发生反应，从而导致催化活性降低，且载体上金属 Cu 的增加也会使 CH_4 催化燃烧活性下降。通过采用溶胶-凝胶法制备的催化剂 $CuO/Zn\text{-}Al_2O_3$ 显示了较高的比表面积和较好的 CH_4 燃烧活性。在 ZrO_2 中引入过渡金属如 Mn、Co、Cr、Fe 等，使甲烷及丙烷的燃烧活性得到大幅度提高，研究表明，引入金属的 ZrO_2 催化活性要高于钙钛矿型催化剂，与贵金属催化剂相当。在 NiO 中引入 La 和 Zr 能够控制催化剂的晶体尺寸和还原性能，使其催化活性得到提

高。引入过渡金属，如 Ag 和 Cu 也可以提高样品的 CH_4 燃烧活性。

CH_4 催化燃烧与非催化燃烧相比，具有高效、节能、环保等优点，已经在燃气锅炉、燃气轮机、燃气灶具、燃气热水器、燃气泄漏报警器等方面得到了应用，发展前景广阔。我国稀土资源丰富，且稀土金属在催化燃烧方面表现出了重要的作用，应该作为今后的研究重点之一。

9.5 生物质催化转化

生物质是一种可持续的资源，其可用性远远超过化石燃料，在第 5 章选择性氧化过程发展趋势中，对生物质转化为化学品做了一些预期。此外，它的转化是 CO_2 平衡的，因为在生物质转化过程中排放的 CO_2 被植物吸收，成为它们生长的重要组成部分；因此，形成了一个封闭的循环。基于森林和作物短期轮作的生物质能源可为实现《京都议定书》的目标以及全世界发达国家和发展中国家的能源需求做出重大贡献。

传统上，生物质能可以通过三种主要的化学加热方式转化为生物能源，生物质转化的主要技术如图 9-28 所示。而图 9-29 显示了由生物质转化为芳烃的路线。

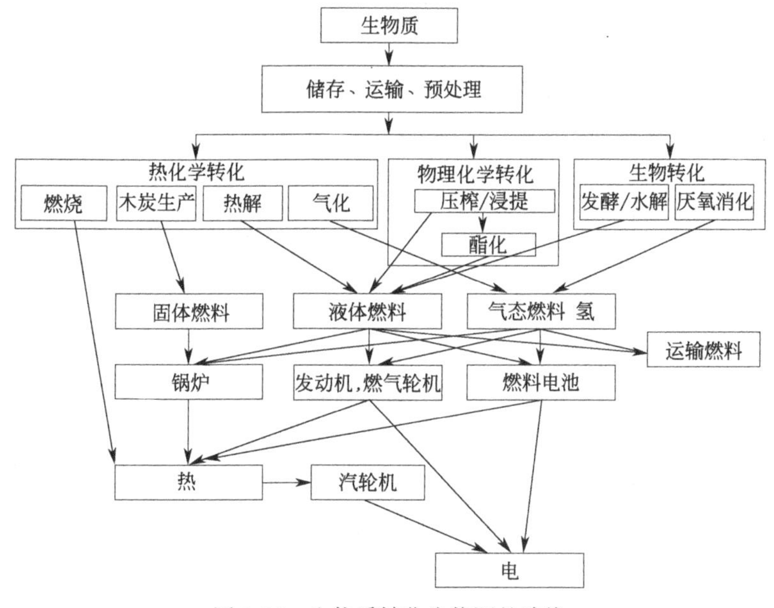

图 9-28 生物质转化为能源的路线

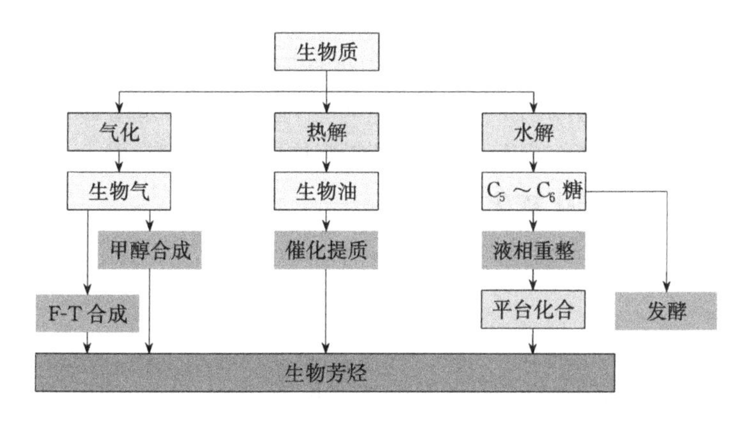

图 9-29 生物质制备生物芳烃的工艺路线

9.5.1 植物油的转化

（1）酯交换转化为生物柴油

将植物油直接用作柴油是非常困难的，主要是因为它们的黏度高（比柴油高 10 倍）、工作温度高、有堵塞或污染风险以及低十六烷值。通过植物油与甲醇或乙醇的酯交换反应获得脂肪酸甲酯或脂肪酸乙酯，非常适合用作柴油发动机的燃料。一般反应式表示：

$$\begin{array}{l} \diagup OOCR^1 \\ \diagdown\!\!-\!OOCR^2 \\ \diagdown OOCR^3 \end{array} + 3ROH \longrightarrow \left[\begin{array}{l} R^1COOR \\ R^2COOR \\ R^3COOR \end{array}\right] + \begin{array}{l} \diagup OH \\ \diagdown\!\!-\!OH \\ \diagdown OH \end{array}$$

反应包括三个连续的可逆反应，形成甘油三酯、单甘酯和甘油，每一步都形成一个脂肪酸酯分子。利用生物质发酵获得的乙醇进行酯交换反应，可以得到完全由可再生资源合成的燃料。

近年来，人们对基于固定化有机碱或酶以及固体催化剂的催化工艺进行了广泛的研究。例如，以氯甲基化聚苯乙烯为载体的烷基胍等强有机碱用于大豆油的甲醇解反应，为了避免胍在溶液中的浸出而导致催化剂失活，将 1,2,3-三环己基胍封装在 Y 型分子筛的超相中。但由于空间位阻限制了大分子在孔隙中的扩散，因此酯交换反应的活性低。使用脂肪酶对甘油三酯的酶促酯交换反应已被广泛研究。用胞外或胞内脂肪酶（全细胞）进行酯交换可以克服碱催化反应中遇到的一些问题。特别是甘油可以很容易地回收，油中所含的游离脂肪酸可以完全转化为甲酯。然而，脂肪酶成本较高，易固定化，以便连续操作和易于回收。通常情况下，假丝酵母菌固定化的阳离子交换剂可产生 95%以上的甲酯。固定在生物质载体颗粒上的全细胞生物催化剂也成功地用于甘油三酯的酯交换。

碱性无机固体催化剂已用于植物油的酯交换反应制备生物柴油。CaO 在菜籽油的甲醇解反应中具有活性，但其活性低于液体碱。为了在菜籽油酯交换反应中获得较高的甲酯收率，需要在 Cs 交换的 X 沸石或 MgO 存在下进行。在 823K 下煅烧的高比表面积氢氧化镁具有较高的活性和较高的转化率，在 80%的转化率下可获得较高的甲酯收率。具有不同 Mg 含量的 Mg-Al 水滑石被证明对三丁酸甘油酯的酯交换反应具有活性，速率随镁含量的增加而增加，与较高的层内电子密度有关。

（2）植物油裂解与蒸汽重整

植物油催化裂解生产液体生物燃料的研究在 823～1123K 之间进行。以 15% Ni/CaO-Al_2O_3 为蒸汽重整催化剂，可以从 1000kg 的太阳花油中生产 360kg 的 H_2，而相同量的 CH_4 和石脑油（C_7H_{16}）蒸汽重整可分别生产 500kg 和 400kg H_2，而在 1000kg 的生物质热解中可生产 196kg H_2。这些通过热解或蒸汽转化的方法可能对废植物油的处理有用。

9.5.2 生物质的生物催化转化

生物质的生物转化包括两种工艺选择：厌氧消化产生主要含有 CH_4 和 CO_2 混合物的沼气和发酵产生酒精。

（1）厌氧消化

厌氧消化将有机物转化为沼气，沼气主要由 CH_4（50%～60%）和 CO_2 以及少量其他气体（如硫化氢）组成。

厌氧消化是一种经商业验证的技术，广泛用于处理含水量高（例如80%～90%）的有机废物。生物气可以直接用于燃气发动机和燃气轮机，也可以通过去除 CO_2 来提高质量（即天然气质量）。

(2) 发酵和水解

甲醇和乙醇都是由生物质生产的：甲醇来自木材；乙醇来自玉米、甜菜或甘蔗和木质纤维原料。

生物乙醇的生产过程取决于所考虑的生物质类型。糖（例如，来自甘蔗或甜菜的）可以被各种生物发酵。由于存在长链多糖分子，淀粉和纤维素生物量首先需要分解，并且需要酸或酶水解，然后才能将所得糖类发酵为乙醇。

9.5.3 生物质衍生物的催化重整

(1) 甲醇催化重整

在过去几十年中，甲醇与水蒸气、氧气或两者催化重整制氢、CO、CO_2 的研究得到了广泛的发展。蒸汽重整反应：

$$CH_3OH + H_2O \longrightarrow CO_2 + 3H_2 \tag{9-52}$$

自热重整是甲醇重整的主要方式。在自热重整中，部分甲醇被氧化以获得蒸汽重整所需的温度，最高温度约为673K，消耗1mol甲醇可产生2.4mol H_2。Cu催化剂是甲醇重整的首选催化剂，其沉积在 ZnO/Al_2O_3、ZnO、Al_2O_3 以及 ZrO_2 和 CeO_2 等载体上对甲醇重整反应具有较好效果。但在此温度下，Cu金属颗粒发生烧结和氧化，导致其失活。其他过渡金属（Ni、Co）和贵金属，特别是Pd，以ZnO为载体构建Pd/ZnO催化剂则不会出现这种情况。

除了经典的固定床反应器外，还开发了不同类型的反应器，包括微通道反应器、微型成型器、整体式、板式重整器、膜反应器、填充床反应器和微波反应器。大多数应用都是针对燃料电池制氢，这需要额外的催化步骤来消除CO。

甲醇水蒸气重整的机理可以从Cu催化剂上甲醇合成的普遍认可的机理推导出来，包括吸附在催化表面上的甲氧基和甲酸甲酯，以及气相中存在甲酸甲酯。在Pd催化剂上，机理可能不同，涉及甲醛和/或甲酰基。

(2) 乙醇催化蒸汽重整

乙醇是生产 H_2 的一个很好的可再生能源。它易于运输，不含硫，易于用蒸汽（吸热反应）和自热重整转化。在这些过程中，蒸汽重整的热力学是最有利的。这些过程发生在催化剂存在下，温度相对较高（1023～1073K）；从化学计量上讲，整个蒸汽重整反应可以表示为：

$$C_2H_5OH + 3H_2O \longrightarrow 2CO_2 + 6H_2 \tag{9-53}$$

它结合了蒸汽重整、CO生成和水煤气变换反应（WGSR）：

$$C_2H_5OH + H_2O \longrightarrow 2CO + 4H_2 \tag{9-54}$$

$$CO + H_2O \longrightarrow CO_2 + H_2 \tag{9-55}$$

这样，1mol乙醇可获得6mol H_2，但将CO的形成降至最低至关重要。事实上，乙醇的蒸汽重整是一个复杂的过程，有许多途径，如图9-30所示。

大多数产品在重整过程中也可以通过平行路径进行转化：

$$CO + 3H_2 \longrightarrow CH_4 + H_2O \tag{9-56}$$

$$CO_2 + 4H_2 \longrightarrow CH_4 + 2H_2O \tag{9-57}$$

$$CH_3CHO+H_2O \longrightarrow 2CO+3H_2 \tag{9-58}$$

$$CH_3COCH_3+2H_2O \longrightarrow 3CO+5H_2 \tag{9-59}$$

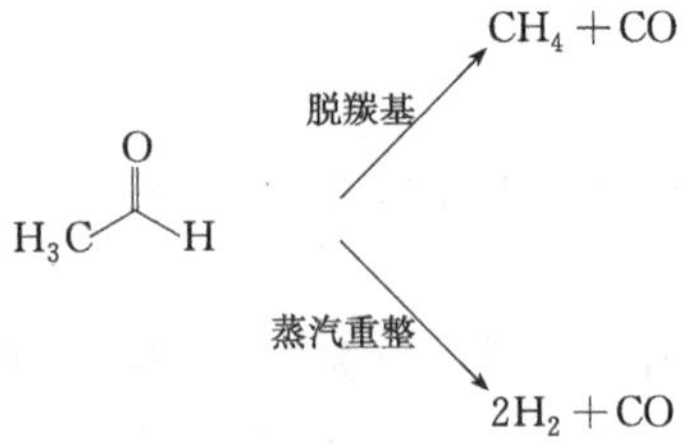

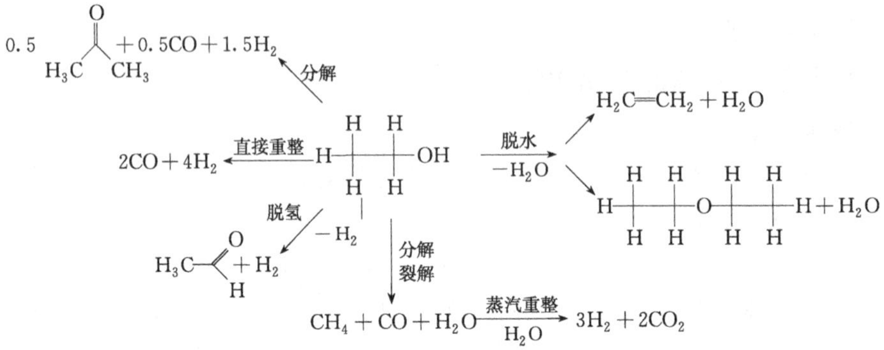

图 9-30 乙醇水蒸气重整过程中的反应路径

催化剂的失活通常通过碳的形成而发生：

$$CO_2 \longrightarrow C+O_2 \tag{9-60}$$

$$CO \longrightarrow C+0.5O_2 \tag{9-61}$$

$$CO+H_2 \longrightarrow C+H_2O \tag{9-62}$$

$$C_nH_{n+2} \longrightarrow nC+(n/2+1)H_2 \tag{9-63}$$

$$mC_nH_{2n} \longrightarrow (C_nH_{2n})_m \tag{9-64}$$

重要的是要防止不需要的中间化合物形成，特别是那些焦炭前体，如乙烯、表面碳和醛化反应生成的 C_4 化合物。向蒸汽中添加 O_2 可能会减少碳形成的反应，例如：

$$CH_4+2O_2 \longrightarrow CO_2+2H_2O \tag{9-65}$$

$$CH_3CH_2OH+3O_2 \longrightarrow 2CO_2+3H_2O \tag{9-66}$$

$$CH_3CH_2OH+0.5O_2 \longrightarrow 2CO+3H_2 \tag{9-67}$$

WGSR 是制氢过程中的一个重要步骤，催化剂在水蒸气重整或自热重整中都应表现良好，并且在 WGSR 中保持乙醇的总转化率并接近热力学平衡。最常用的催化剂分为三大类：氧化物、过渡金属和负载在不同氧化物上的贵金属。

9.5.4 生物质热化学转化

目前，有三种主要的热过程可用于将生物质转化为更有用的能源形式，即热解、气化和燃烧（图 9-31）。

（1）燃烧

生物质和相关材料的燃烧被广泛应用于提供热量或热电联产。目前，这项技术已商业化，在美国和欧洲有许多成功的利用林业、农业和工业废物的工作实例。该工艺的整体效率相当低——小型工厂通常为 15%，大型和现代化工厂的效率可达 30%。

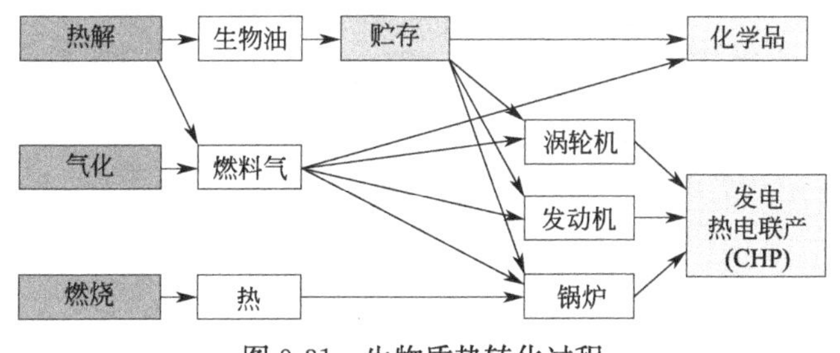

图 9-31　生物质热转化过程

(2) 热解

热解包括在没有氧气的情况下将生物质加热至约 773K，其结果是形成一种称为“生物油”或“生物原油”的液体馏分，其主要包含含氧链烃或芳香烃，以及固体和气体部分。较低的工艺温度和较长的蒸汽停留时间有利于碳的生成，而较高的温度和较长的停留时间增加了生物质转化为气体的能力。温和的温度和较短的蒸汽停留时间是生产液体的最佳条件。液体生产的快速热解是一个特别有趣的问题，因为生产的液体燃料可以运输与贮存，从而将燃料生产和能源产生的阶段分开。

使用 Ni 基催化剂，将这些油进行裂解和蒸汽重整，生成 H_2 和 CO。工业 Ni 催化剂已用于杨木热解油的水馏分重整。用不同的工业镍催化剂和 1%$Pt/CeO_2/ZrO_2$ 直接用生物油进行蒸汽重整和裂解。

(3) 气化

气化是唯一一种能将生物质转化为合成气（CO、CO_2、H_2 混合物）的工艺，可用于燃气轮机、发动机、燃料电池、合成碳氢化合物、甲醇甚至甲烷的生产。

在高温（1073～1173K）下使用蒸汽和/或氧气进行气化，并按顺序进行：干燥以蒸发水分；热解以获得气体、汽化焦油或油和固体残炭；固体煤焦气化或部分氧化；焦油的热解。

生物质平均只含有 6%的氢，额外的氢是从水中得到的。利用流化床中的纯蒸汽，可生成体积分数为 48%～55%干基氢气的未净化煤气。除其他碳氢化合物、氨、含硫气体（H_2S 和其他）、HCl 和 HCN 外，气体中还含有甲烷。

对于大规模应用，首选和最可靠的系统是循环流化床（图 9-32），在该系统中，燃料被送入由向上流动气体悬浮的煅烧矿物，如白云石（CaO-MgO）、石灰石（CaO）、菱镁矿（MgO）、砂（SiO_2）、橄榄石（Mg_2SiO_4）热床，这些固体的存在增加了 H_2 的含量，并通过裂解反应使焦油的形成最小化。

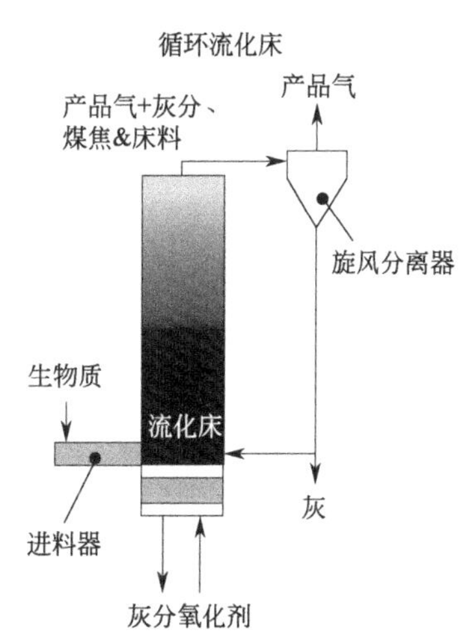

图 9-32　生物质气化循环流化床

由于整个气化反应都是吸热的，因此过程需要提供热量。最简单的方法是用空气在气化反应器中将部分生物质燃烧，获得的气体具有低热值和 45%～55%的高氮含量。用纯氧可以生产低氮含量和高热值的气体，但 O_2 生产有额外的成本。通过使用双流体床系统——气化区和燃烧区，在两个区域之间形成了一个床料循环回路，让气体保持分离，可以避免氮气对气体的稀释（图 9-33）。

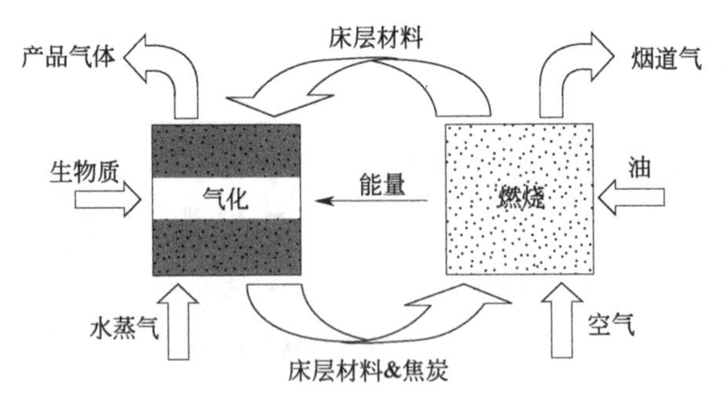

图 9-33　双流体床蒸汽发生器（FICFB）的原理

尽管生物质能满足对热能、电力和合成气的需求，但目前该技术仍存在不足，使得生物质气化在经济上不可行。例如，产品气中存在焦油和甲烷，使得气体不适合特殊应用（涡轮机、燃料电池）。

用于生物质转化的催化剂可以用多种不同的方式进行分类，其中最常见的一种是根据催化反应器相对于气化器的位置对催化剂进行细分。所谓的“初级催化剂”直接用于气化炉，可以添加到生物质中，或者在流化床气化的情况下，用作床料或床料添加剂。初级催化剂廉价且不可回收，主要用于焦油还原（图 9-34）。

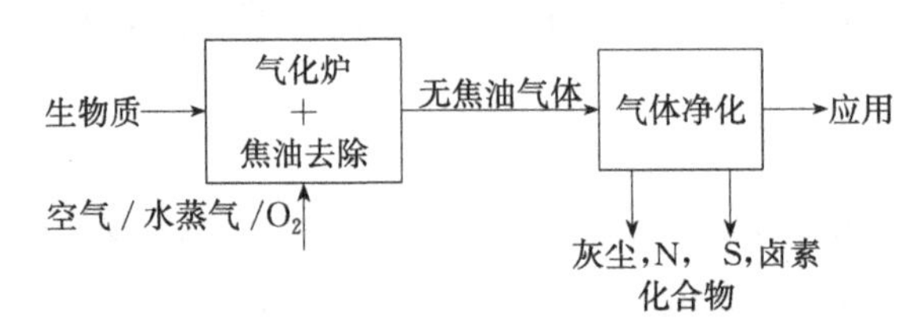

图 9-34　初级催化剂催化生物质转化

当催化剂被放置在气化炉下游的二级反应器中时，它们被命名为“二级催化剂”（图 9-35）。这些催化剂在碳氢化合物的干法和水蒸气重整中更为活跃。

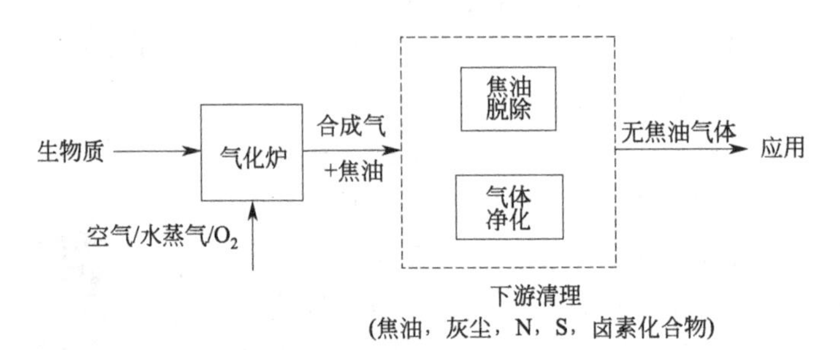

图 9-35　二级催化剂催化生物质转化

也可以根据催化剂的组成和功能对催化剂进行细分。因此，有三个不同的催化剂被用来催化焦油转化：碱金属、非金属氧化物和负载金属氧化物。很少使用其他催化剂，如催化裂化催化剂和活性氧化铝。

生物质气化过程取决于是利用其中的化学能获得热量还是通过化学过程获得氢气，气化剂可以是空气、氧气、水或水-氧混合物。但无论选择哪种，催化系统都必须能够大大减少焦油的生成，提高其利用率，且高效环保。生物质转化应用形式各种各样，从微型装置，即便携式装置的甲醇燃料电池，到能够通过生物质气化在工业规模上提供能源的大型系统。

目前和潜在的应用都需要进一步的研究，以优化固体催化剂和反应器设计。而且，催化剂和工艺的研究应与生物工程相结合，因为最初的生物质转化，特别是沼气和酒精生产，是通过酶和微生物途径进行的。

9.6 燃料电池中的催化反应

9.6.1 燃料电池简介

燃料电池（Fuel Cell）是一种将存在于燃料与氧化剂中的化学能直接转化为电能的发电装置。燃料和空气分别送进燃料电池，将燃料通过化学反应释放出能量变为电能输出，所以被称为“燃料电池”。它像一个蓄电池，但实质上它不能“储电”，而是一个“发电厂”。它有正负极和电解质等，其中负极供给燃料、正极提供氧化剂。中间是电解质，如果电解质是固体，则称为固体氧化物燃料电池。

燃料电池最大特点是由于反应过程中不涉及燃烧，因此其能量转换效率不受“卡诺循环”限制，其理论效率 $\eta_{theo}=\Delta G/\Delta H\times 100\%$，实际使用效率可达 60%～80%，是普通内燃机的 2～3 倍。另外，它还具有燃料多样化、排气干净、噪声低、对环境污染小、可靠性及维修性好等优点，是一种大有发展前途的新型能源。

尽管燃料电池具有如此优势，但自 1893 年格罗夫发现燃料电池以来，迄今为止其应用市场仍在拓展中。原因是其成本依然高，这主要是因所需的电极材料以及相对于竞争性技术而言，目前它们的使用寿命相对较短。它们的未来市场预期首先是便携式应用，其次是固定应用，最后是运输应用。

在不同的燃料电池类型中，低温质子交换膜燃料电池（PEMFC）、直接甲醇燃料电池（DMFC）、高温熔融碳酸盐燃料电池（MCFC）和固体氧化物燃料电池（SOFC）扮演着最重要的角色；磷酸燃料电池（PAFC）和碱性燃料电池（AFC）具有重要意义。

不同的燃料电池类型通常按电解液类型（如 SOFC、PAFC、MCFC、PEMFC，表 9-6）和燃料类型（如 DMFC、PEMFC）进行分类。电解质有水溶液和非水溶液、离子导电聚合物（简称离聚物）、熔盐和固态离子材料。它们所需的性能包括：高电导率；高化学稳定性；高电子电阻，避免燃料电池欧姆短路；结构稳定性好；燃料和氧气渗透率低；成本低。

表 9-6 燃料电池类型、传输电解质离子及特征

项目	PEMFC	PAFC	MCFC	SOFC
电解质	Nafion，聚苯并咪唑(PBI)	磷酸	$(Na,K)_2CO_3$	$(Zr,Y)O_{2-\delta}$
操作温度/K	343～383，423～473	423～523	773～973	973～1273
电荷载流子	H^+	H^+	CO_3^{2-}	O^{2-}
电解质状态	固体	固定化液体	固定化液体	固体
电池硬件	碳基或金属基	石墨基	不锈钢	陶瓷
催化剂	Pt	Pt	Ni	钙钛矿
热电联产	没有	低质量	高	高
燃料电池效率/%LHV	<40	40～45	50～60	50

PEMFC组装结构示意图见图 9-36。

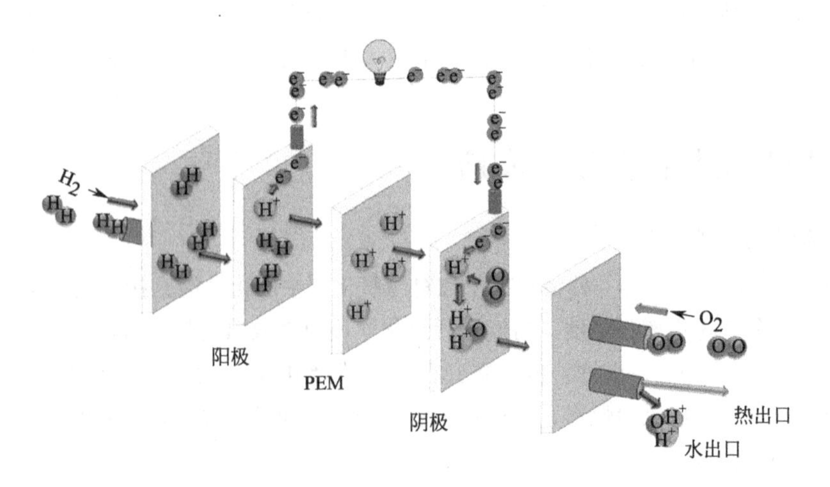

图 9-36 PEMFC结构示意图

目前，燃料电池的燃料主要是 H_2，重整是将碳氢化合物和蒸汽转化为 H_2 和 CO。它产生相对纯的 H_2，效率高，但吸热反应慢，对瞬态或启动/关闭环反应不好。以 CH_4 为起始燃料的燃料电池处理系统如图 9-37 所示。

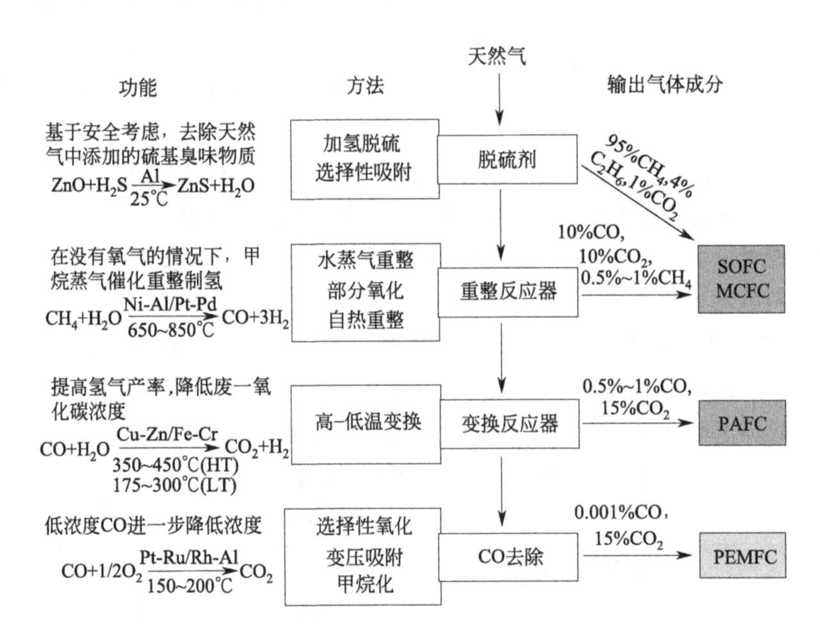

图 9-37 燃料电池系统燃料处理

9.6.2 燃料电池工作原理

燃料电池类似于一次电池和二次电池（也称为蓄电池）。它们的工作原理如图 9-38 所示。化学能转化为电能发生在电子导电电极和离子导电电解质之间的界面上。原则上，电极可以在两种模式下工作，将电能转化为化学能（电解池模式）：

$$2H^+ + 2e^- \longrightarrow H_2 \tag{9-68}$$

$$H_2O \longrightarrow 0.5O_2 + 2H^+ + 2e^- \tag{9-69}$$

或将化学能转化为电能（原电池模式）：

$$H_2 \longrightarrow 2H^+ + 2e^- \tag{9-70}$$

$$0.5O_2 + 2H^+ + 2e^- \longrightarrow H_2O \tag{9-71}$$

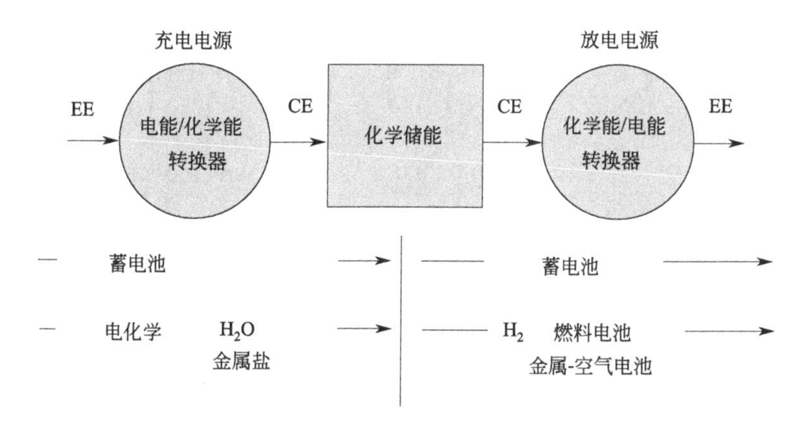

图 9-38　电化学电源将电能（EE）转换为化学能（CE）的工作原理

虽然概念上非常相似，但燃料电池和电池之间的化学储能模式有所不同：与电池电极的内部储能相反，化学燃料是从外部供给燃料电池的。

9.6.3　甲醇水蒸气重整

9.5.3 中简要介绍了生物质衍生物转化过程中的甲醇水蒸气重整。本节以 Cu/ZnO 催化剂为例，了解有关甲醇水蒸气重整的反应路径、反应动力学和活性中心。

（1）Cu/ZnO 催化剂上甲醇水蒸气重整反应路径

关于甲醇水蒸气重整反应途径的首要考虑是假设一种分解/水煤气变换机理。实验表明，测得的 CO 浓度低于平衡值，排除了这种反应路径。一个解释可能是 CO 和中间产物快速生成甲酸、高级醇和甲醛。这些复杂分子的形成需要更高的温度和压力。向氨醇-水混合物中添加 CO 不会影响 Cu/SiO_2 催化剂上的反应动力学。此外，甲酸甲酯和水在特定催化剂上生成氢气、二氧化碳和甲醇，其反应速率是乙醇水蒸气重整的 30 倍。

在低温下，能检测到甲酸。这将导致以下反应路径：

$$2CH_3OH \longrightarrow CH_3OCHO + 2H_2 \tag{9-72}$$

$$CH_3OCHO + H_2O \longrightarrow HCOOH + CH_3OH \tag{9-73}$$

$$HCOOH \longrightarrow CO_2 + H_2 \tag{9-74}$$

在以上机理中，可能会产生一定量的 CO：

$$CH_3OCHO \longrightarrow CO + CH_3OH \tag{9-75}$$

图 9-39 显示了两种机理的比较。机理一提出了五个主要步骤：①甲醇作为甲氧基在催化剂表面的吸附和脱氢；②脱氢为甲醛；③甲酸甲酯的形成；④分解为甲酸和甲醇；⑤最终甲酸分解为气态二氧化碳和氢气。机理二介绍了四种不同的活性位点 S_1～S_4。位点 S_1 和 S_3 负责甲醇蒸汽重整，而位点 S_2 和 S_4 催化甲醇分解。氢吸附发生在 S_3 和 S_4 位，但吸附焓不同。这两种机制的主要区别在于分步反应不同。气态物种必须首先吸附在活性部位，然后才能在随后的反应中与其他成分发生反应。甲基甲酸酯是在 S_1 和 S_2 位上通过双甲酸甲酯的中间步骤形成

的，它在 S_1 位与羟基反应生成甲酸和甲氧基。甲酸通过甲酸根离子分解成 CO_2 和 H_2，或者分解成氢氧化物和 CO。S_2 型位点不支持甲酸甲酯和羟基的反应。基于催化剂的选择性，通过 S_2 的反应较慢。Peppley 等声称，甲醇分解的转化率较低，即<10%。它在甲醇重整中起次要作用。

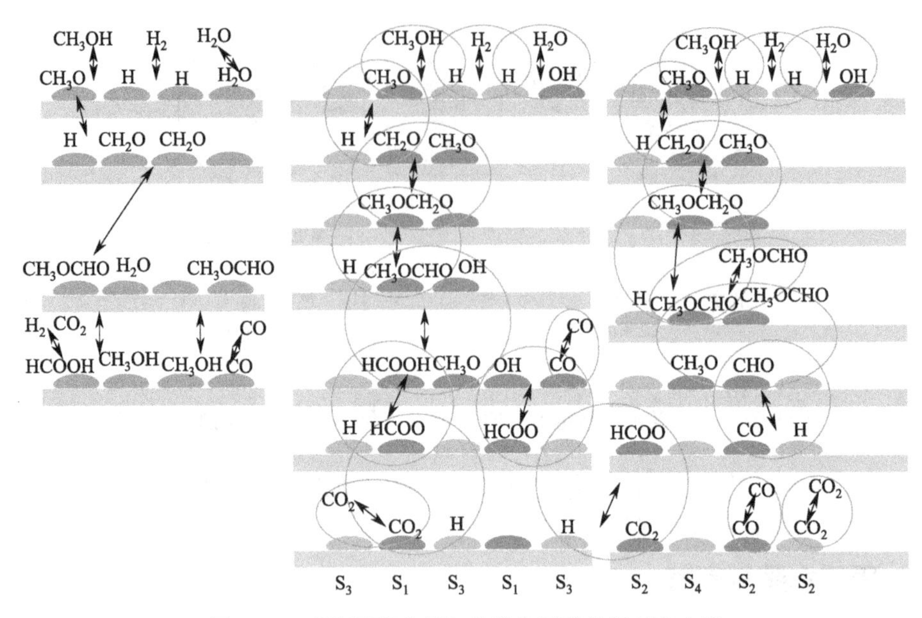

图 9-39　两种甲醇水蒸气重整和甲醇分解反应方案

（2）Cu/ZnO 催化剂的活性中心

在 Cu 催化剂上，Cu_2O 和 Cu^0 作为活性中心均有相关报道。研究发现，重整过程中 Cu/Al_2O_3 催化剂上 Cu^0 和 Cu_2O（Cu^+）之间存在一个氧化还原平衡。

$$2Cu+CO_2 \rightleftharpoons Cu_2O+CO \tag{9-76}$$

$$Cu_2O+H_2 \rightleftharpoons 2Cu+H_2O \tag{9-77}$$

其活性取决于 Cu_2O 和 Cu^0 的比值，Cu^+ 主要负责 C—H 键的分解，Cu^0 支持 C—O 键的形成。添加助剂 Mn 和 Cr 对催化剂进行改性，发现各种混合氧化物中 $CuMnO_2$、Mn_2O_3、$CuCr_2O_4$ 和 Cr_2O_3 在 573K 的 H_2 气氛下不能被还原。活性最高的催化剂是 Cu/Mn_2O_3/Al_2O_3，其次是 Cu/ZnO/Al_2O_3 和 Cu/Cr_2O_3/Al_2O_3、Mn_2O_3 和 $Cu_2Cr_2O_4$。Cu^+/Cu^0 比值决定了接受额外电子的电位。Cr 和 Mn 物种能够改变其氧化状态，从甲醇的碳分子中获取电子并将其还原，从而稳定 Cu^+ 的形式。ZnO 提高催化剂活性的原因是过程中 ZnO 作为 Zn^{2+} 的氧化状态及其作为 Brönsted 碱的作用。ZnO 表面的氧离子通过化学吸附氢来稳定甲氧基，阻碍它们与甲醇的复合。在较高浓度下，空位吸附点的数量减少。

（3）甲醇水蒸气重整动力学

近年来，人们对 Cu/ZnO/Al_2O_3 催化剂上甲醇水蒸气重整反应进行了大量的动力学研究。在大量表面反应机制研究的基础上，建立了甲醇水蒸气重整反应的动力学表达式。没有涉及产物的选择性问题。无法解释某些特定条件下的特殊结果，即产品气中的 CO 含量高于水煤气变换反应的预期值。研究指出，甲醇水蒸气重整反应和甲醇分解为一氧化碳和氢气的过程在不同活性的位置进行，尽管速率决定步骤是相同的。水蒸气转化反应的活性中心与水煤气变换反应的活性中心相同。甲氧基脱氢是速率决定步骤：

$$CH_3O^{(S_1)} + S_3 \rightleftharpoons CH_2O^{(S_1)} + H^{(S_3)} \tag{9-78}$$

这个模型的主要问题是大量的自由参数必须在实验的基础上优化选择。为准确起见，应至少进行 91 次测量，以确定 13 个参数，即 $M > 1/2N(N+1)$，$N=13$。新催化剂需要相同数量的实验数据。

9.6.4 汽柴油自热重整

车载汽柴油自热重整可应用于移动燃料电池，基于自热重整的燃料电池动力系统实施的技术将若干化学过程集成到具有高度热管理的节能和空间效率系统中。

在车载燃料中，汽油中芳烃含量为 40%，烯烃含量为 15%，而柴油中芳烃与烯烃含量分别为 25%和 1%。由于大量的芳烃和烯烃，氧化重整和水蒸气重整都会导致催化剂表面的积碳，这会随着碳氢键的复杂性而增加，即烯烃<环烷<芳烃。汽油经过重整后，非 CH_4 碳氢化合物的残留量可达 0.01%，主要由 C_2 碳氢化合物组成。苯和甲苯的检测限为 0.0002%。对于柴油，蒸发过程的预热温度为 823K。

对比异辛烷、正辛烷、甲基环己烷、三甲苯和甲苯在 873K、973K 和 1073K 下的反应性。通常，异辛烷的重整最容易，其次是正辛烷>甲基环己烷>甲苯>三甲苯。在低温下，芳香键不会断裂。以异辛烷为燃料，在经过 26 次启动/关闭循环的 1000h 运行后，氢气产量下降 10%，BET 表面积从 $13.5m^2 \cdot g^{-1}$减小到 $3.6m^2 \cdot g^{-1}$，碳沉积是从 0.1%增加到 2%。用 74%异辛烷、20%二甲苯、5%甲基环己烷和 1%戊烯组成的模型汽油测试了一种改进的催化剂，启动/关闭 5 次/周。制氢速率在 1000h 内下降约 5%，BET 表面积从 $16.5m^2 \cdot g^{-1}$减小到 $2.6m^2 \cdot g^{-1}$。在不添加硫（苯并噻吩）的情况下，氢浓度在 1000h 后从 39%下降到 35%，而添加硫后氢浓度从 35%上升到 37.5%。

柴油重整中最重要的问题是柴油、蒸汽和空气的均匀混合。结合均匀的流速和可控的温度特性，可以避免碳沉积。总的来说，碳氢化合物的转化率随着氧碳比的增加而增加。在中等气体空速（GHSV）下（25000～30000h^{-1}），产物可达到平衡浓度，即 9%～12%的 CO 和 0.2%～0.5%CH_4 等，具体取决于热力学条件。当 O_2/C 比在 0.4～0.5 之间，H_2O/C 为 1.7～2 时，几乎可以达到完全转化。

多相催化有助于提高反应器的性能。正辛烷在 Ru 基催化剂 $Ru/K_2O\text{-}CeO_2/\gamma\text{-}Al_2O_3$ 上的自热重整反应操作条件温和，$O_2/C=0.3$～0.45，$H_2O/C=1.2$～1.3，温度 723～1123K，正辛烷的 GHSV 为 1000h^{-1}，其他进气的 GHSV 为 24000～40000h^{-1}。实验观察到运行 800h 后，辛烷转化率突然下降，1000h 后最终转化率为 95%。催化剂的 BET 表面积从 $69.5m^2 \cdot g^{-1}$降到 $54.5m^2 \cdot g^{-1}$，平均孔径从 16.0nm 增加到 18.3nm。此外，XRF 测量发现 Ru 在 Al_2O_3 载体上的负载量从 0.27%损失到 0.18%，同时伴有 CeO_2 和 K_2O 的损失。Ru 的损失可能是由于 K_2O 在 Al_2O_3 载体上的腐蚀作用造成的。此外，还发生了碳沉积。

过渡金属被负载在氧化物导电基底上，例如 CeO_2、ZrO_2 或 La_2O_3 等被作为基于 SOFC 技术的新催化剂，其中其被掺杂有少量不可还原元素。重整实验条件为 $O_2/C=0.46$，$H_2O/C=1.14$，温度为 773～1073K，GHSV 为 3000h^{-1}。测试了过渡金属 Ru、Pd、Fe、Cu、Pt、Ni、Co 和 Ag，但只有 Ru 能在整个温度范围内实现完全转化。Pd 需要高于 923K 的温度才能完全转化。在 1073K 时，Pd 对 H_2 的选择性最高，923K 时 Ru 对 H_2 的选择性最低。随着 GHSV

的增加，氢产品收率急剧下降。以苯并噻吩的形式添加高达 0.13%（体积分数）的硫对铂的影响不大。Pt 负载 Gd 掺杂 Ce 催化剂也能对工业汽油进行改性。

高效双金属催化剂广泛用于柴油制氢。实验结果表明，在 Al_2O_3 和 CeO_2 上浸渍 Ni 或 Pd 以及 Pt，可以提高活性和抗硫性。表面分析表明，催化剂中金属-金属和金属-载体的强相互作用能提高了催化剂的稳定性。双金属催化剂性能的提高与结构和电子效应有关。

目前，对失活效应还没有完全了解。柴油的复杂性导致了大量影响因素的叠加。柴油和煤油转化炉是根据实验经验，借助 CFD 计算设计的。动力学方面的考虑只能说明重整器的适当尺寸。

9.6.5 直接碳燃料电池

H_2 由于其简单的氧化过程仍然是最有效的燃料，但作为气体燃料，H_2 的储存和运输一直是阻碍其发展的一大难题，现场制氢需要增加设备。因此，无机燃料包括氨、联氨和硼氢化钠等因其氢含量高而备受关注，其氢含量分别为：NH_3 为 17.6%，N_2H_4 为 12.5%，$NaBH_4$ 为 10.6%。它们具有很高的反应活性，这导致这些燃料电池的电池电压升高；然而，这些燃料的稳定性和毒性是无机燃料的主要问题。进一步的发展是直接采用碳基燃料。

（1）直接醇燃料电池

直接氧化碱性燃料电池（DOAFC）在使用低成本非贵金属催化剂方面具有独特的优势。由于在碱性介质中具有优越的反应动力学，可使用多种燃料。由于 CO_2 的存在，电解质的碳化阻碍了 DOAFC 的发展。阴离子交换膜（AEM）的应用为降低质子交换膜燃料电池（PEMFC）中的碳化和燃料交叉效应提供了可能。DOAFC 的进一步发展将依赖于具有良好离子导电性和稳定性的新型 AEMs，以及对各种燃料和氧化剂具有高活性和良好稳定性的低成本非铂催化剂。展望未来，DOAFC 将在能源研究和应用中发挥重要作用。

甲醇等燃料在碱性电解液中的电氧化是结构不敏感的，这为在碱性燃料电池中使用 Pd、Ag、Ni 等非贵金属和钙钛矿型氧化物提供了机会，与 Pt 基催化剂相比，可显著降低催化剂成本。此外，碱性燃料电池中的离子电流是由于氢氧化物离子的传导。这种离子流与质子传导系统中的离子流方向相反。因此，电渗阻力的方向是相反的，减少了燃料交叉。图 9-40 显示了直接甲醇燃料电池工作过程的示意图。

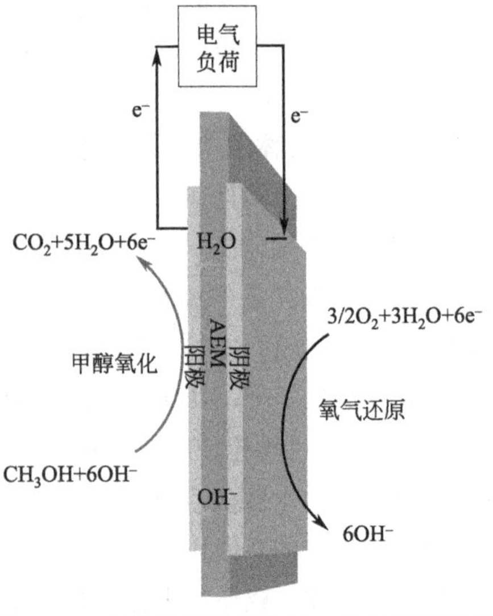

图 9-40　直接甲醇燃料电池工作过程示意图

Antolini 和 Gonzalez 对碱性醇燃料电池系统的催化剂、膜和操作试验进行了全面的综述。除甲醇外，大多数醇都是无毒的，这使得它们更易于处理。对于简单的醇，燃料的理论能量密度随着燃料分子中碳的数量增加而增加，它们能够完全氧化成 CO_2。当多碳单醇中燃料氧化产生更多的电子时，能量密度增加。对于多元醇，即使燃料分子中有更多的氢和碳，醇也只发生部分氧化，因此，其能量密度比简单的醇低。在氧化过程中也会产生大量的中间产物，这可能会毒害催化剂。其他类型的有机燃料，如二甲醚（DME），也有报道。采用 Nafion 膜组装碱性直接二甲醚燃料电池（DDFC），在 353K 常压下工作时，电池的最大功率密度达到 $60mW \cdot cm^{-2}$。

(2)直接碳燃料电池

与其他类型的燃料电池相比，直接碳燃料电池(DCFC)可以产生更高的电效率和燃料利用率。DCFC 将是取代传统燃煤发电厂的一种可能方法，以满足降低 CO_2 排放量的要求，并确实满足有效利用废煤焦的要求。不同电解液的直接碳燃料电池示意图见图 9-41。

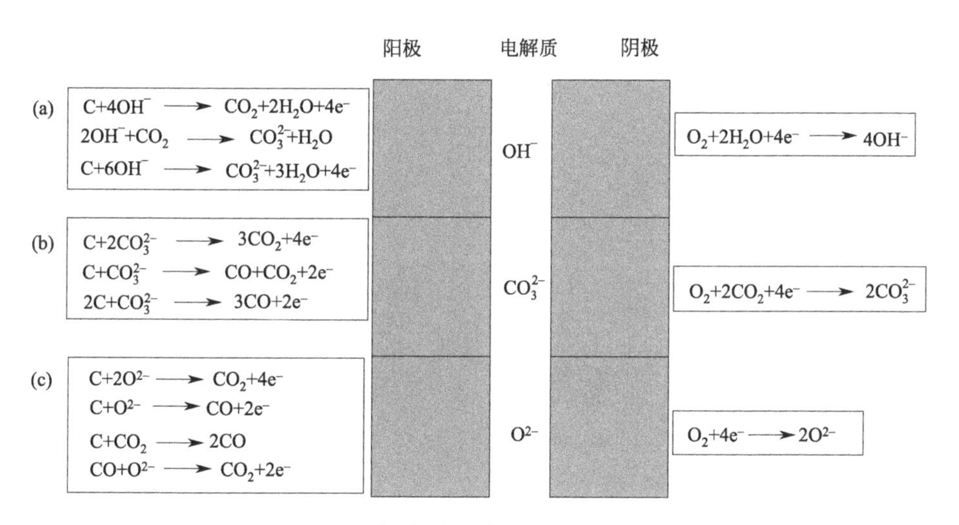

图 9-41　不同电解液的直接碳燃料电池示意图

(a)氢氧化物 DCFC；(b)碳酸盐 DCFC；(c)固体氧化物 DCFC

从图 9-41 中可以看出，系统的整体反应为：

$$C+O_2 \longrightarrow CO_2$$

该反应的 ΔG 为 $-395kJ \cdot mol^{-1}$，$\Delta G/\Delta H=1.003$，这意味着该过程理论上提供 100％的化学能转化为电能的效率，通常是通过热转化获得的效率的两倍多。实际效率应高达 80％，这是对目前效率低下的传统燃煤发电厂（约 40％）和以氢气或天然气为燃料的熔融碳酸盐燃料电池或固体氧化物燃料电池（效率为 40％～60％）的重大改进。此外，DCFC 系统具有可扩展性，因此适合分散发电。丰富的可用燃料进一步加强了 DCFC 应用的机会，这些燃料既包括化石燃料，如石油焦或煤，也包括可再生燃料，如生物质及其煤焦或甚至其他来源燃料（食物垃圾、木材垃圾）。这项技术提高了生物质转化率，这是可再生生物质发电的一个重要的长期考虑。

在直接碳燃料电池中，使用的材料包括电解液、阴极、阳极和燃料。应注意，所选材料决定电池的工作温度，因为电解液的导电性取决于温度。材料的催化性能决定了极化电阻，这反过来又导致不同的电化学性能。这里我们主要讨论电极材料与催化性能。

在燃料电池中，碳在相对较高的温度下被来自阴极的氧离子氧化。阳极和阴极的反应如下所示：

阴极反应：　$O_2+4e^- \longrightarrow 2O^{2-}$

阳极反应：　$C+2O^{2-} \longrightarrow CO_2+4e^-$

DCFC 阳极材料的基本要求类似于固体氧化物燃料电池，包括高电子和离子导电性、对固体碳燃料的电氧化具有优异的催化活性、允许质量传输的适当孔隙率，在电池制造和运行过程中，与其他电池组件具有化学稳定性和热兼容性，力学和热稳定性强，易于制造，成本低。在这些特性中，最关键的是良好的离子导电性，使活性中心延伸到阳极-电解质界面之外。

Ni和Pt是DCFC的常用阳极。碳化物也被研究过。碳化钒是一种良好的催化剂，在碳化中表现出比其他碳化物（如ZrC、WC和TiC）更高的稳定性。许多工作致力于减少电化学极化，并改善电极和固体燃料之间的直接接触。一些方法侧重于设计具有陷阱夹层和高效阳极催化剂的新型电池结构。图9-42显示了两种阳极配置，一种是固体氧化物电池，另一种是碳基材料中催化剂颗粒和固体氧化物电池的组合。

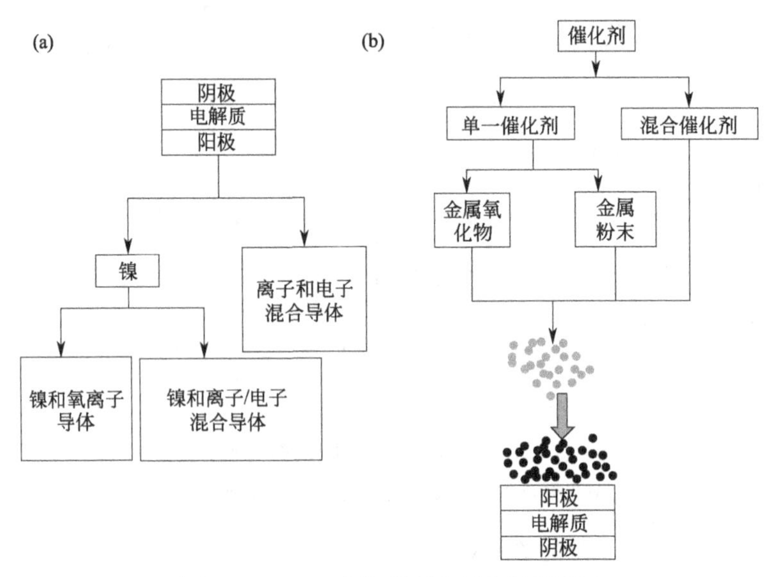

图9-42 DCFC阳极材料和催化剂的配置

① 镍/氧化镍阳极　当处理包括氢和碳氢化合物在内的各种燃料时，Ni是DCFC中广泛研究的阳极之一，因为它在宽温度范围内具有优异的催化活性。这里Ni指的是氧化镍或金属镍，为了方便制造过程，大多数原材料都是氧化镍。有时氧化镍在氢气中预还原，然后用于DCFC。Ni的电子电导率很高，但离子电导率很低。Ni在1273K时的电导率为$2\times10^4S\cdot cm^{-1}$，其热胀系数为$13.3\times10^{-6}K^{-1}$，高于氧化钇稳定的氧化锆（YSZ）电解质（$10.5\times10^{-6}K^{-1}$）。考虑到Ni阳极的热膨胀和与电解液的相容性，通常在氧化镍中加入离子导体或离子和电子混合导体，形成复合电极。具有镍金属或氧化镍阳极的直流燃料电池具有优异的性能。在973～1173K下，获得了100～900$mW\cdot cm^{-2}$的大范围最大功率密度。

② 离子和电子混合导体（MIEC）　采用离子和电子混合导体的目的是将碳氧化反应区从阳极/电解质界面扩展到阳极/固体燃料界面。一些MIEC是优良的抗硫材料，对煤的氧化有很大的应用前景。初步评价表明，该催化剂在DCFC中具有良好的性能。虽然人们对MIEC做了大量的研究，但在DCFC中使用这种催化剂的燃料电池性能却鲜有报道。

以$La_{0.6}Sr_{0.4}Co_{0.2}Fe_{0.8}O_{3-\delta}$（LSCF）为阳极材料，研究了该材料在DCFC工作条件下的相稳定性、微观结构稳定性和导电性。使用LSCF-MIEC阳极的一个缺点是其在还原性气氛中的低电子电导率。另一个问题是在还原条件下相结构的不稳定性。即使在1073K的CO气氛中热处理50h后，菱面体LSCF相仍然是最主要的相，但在这段时间和温度下，主要钙钛矿相在氢中完全分解。在实际的DCFC系统中，阳极气氛实际上是多种气体的混合物，如H_2、CO、CO_2、CH_4和其他气体。氢不可避免地存在于阳极室中，因此LSCF的不稳定相结构可能是长期运行的主要问题。

$Ce_{0.9}Gd_{0.1}O_{1.95}$（GDC）作为固体氧化物燃料电池的阳极，因其对不同燃料（包括氢气和碳氢化合物燃料）的氧化具有优异的催化活性而得到广泛应用。研究了GDC和掺钇氧化铈（YDC）作为DCFC的阳极材料。在还原性气氛中，这两种候选材料都表现出混合离子和电子导电的特性。由于YDC显示出比GDC更大的电子导电性，以及与YSZ相当的离子导电性，阳极反应可以明显增强。因此，MIEC阳极的高导电性有利于降低阳极极化，特别是降低活化极化。YDC单独作为DCFC的阳极工作时性能有限，在大多数情况下，需要金属相浸渍到电极中。在0.45mm厚的YSZ电解液上，以活性炭为燃料，用2%（质量分数）Ni阳极浸渍20%（摩尔分数）YDC，在1073K下获得$33mW \cdot cm^{-2}$的最大功率密度。

钛酸盐在还原环境中表现出良好的稳定性，并具有良好的抗硫和抗结焦性能。它们与YSZ电解质具有良好的相容性，因此被选为DCFC的阳极，如$La_{0.3}Sr_{0.7}TiO_3$（LST）和$La_{0.3}Sr_{0.7}Ti_{0.93}Co_{0.07}O_3$（LSCT）。当使用LST和LSCT时，电池的最大功率密度分别为$6mW \cdot cm^{-2}$和$25mW \cdot cm^{-2}$。在相同测试条件下，可能是与LSCT相比，LST的离子电导率较低。这种类型电极的功率输出与基于镍/氧化镍基阳极的功率输出不可比，更不用说上述功率是在钛酸盐电极中添加2%（质量分数）Ru产生的。

③ 金属氧化物　单一的固体氧化物阳极似乎只能获得有限的电池性能，因为电化学反应的活性中心不足以接触固体碳和固体氧化物。如图9-42（b）所示，通常将添加剂（催化剂）添加到固体碳燃料中，以便将电化学反应从固体电极/电解质界面处的三相边界延伸到碳燃料的整个区域。在氧化物催化剂中，金属氧化物由于具有较高的导电性，这一特征对于同时容纳活性材料和提高阳极导电性至关重要。催化剂倾向于增加功率密度和开路电压值。在工业炭黑中添加CeO_2和8%（摩尔分数）的YSZ（8YSZ）也可以提高炭黑的电化学性能。电流密度的改善程度也取决于氧化材料的导电性。这些氧离子导体为氧离子提供了额外的位置，从而为C或CO的氧化创造了更多的机会。与添加8YSZ相比，在碳燃料中添加GDC可以获得更高的最大功率密度。这可能是因为GDC具有良好的氧化物离子迁移率和一定的氧化还原活性，不仅降低了电池的电阻，而且在碳的CO氧化甚至电化学氧化过程中起着关键的催化作用。

Fe_2O_3是一种优良的气化催化剂，也是DCFC系统中碳氧化的有效催化剂。采用两种方法对催化剂负载方法进行了研究：一种是将Fe_2O_3浸渍到碳燃料中，另一种是将Fe_2O_3浸渍到电极中。后者与前者相比，对于类似的电池性能，消耗的催化剂少17倍。原因是在阳极中引入Fe_2O_3可通过增加电化学反应位的可用性和增加CO氧化速率来改善电化学CO氧化过程。固体碳的直接氧化应该加强，但需要更详细的实验数据。一个代表性的例子是，在锥形设计电池上，使用负载5%Fe_2O_3活性炭燃料，以NiO（50%）-YSZ（50%）阳极、$La_{0.8}Sr_{0.2}MnO_3$阴极和薄膜YSZ电解质，在1123K下获得$424mW \cdot cm^{-2}$的最大功率密度。

④ 金属粉末　金属铁粉作为DCFC燃料，提高了DCFC的电化学性能。在973K时，最大功率密度从$55mW \cdot cm^{-2}$提高到$80mW \cdot cm^{-2}$。将Ni和Ag作为催化剂添加到碳燃料中，Ag的性能比Ni好得多，这可能是由于Ni_3C是一种不良产物。

⑤ 混合催化剂　在DCFC中，几种替代反应，如直接碳氧化、CO氧化、气化和水蒸气重整都是可能的。当考虑这些反应的催化剂时，单个催化剂有其局限性，因此，可以考虑混合催

化剂。混合金属氧化物和金属的一个典型例子是掺 Gd 的氧化铈（GDC）与 Ag 的混合。在铁基催化剂上负载碳燃料，强化 Boudouard 反应，使 C 与 CO_2 反应生成 CO。认为 CO 的氧化作用也得到了增强。

过渡金属氧化物和碱金属氧化物的混合物通过其碳酸盐既可以作为催化剂又可以作为氧化还原介质。以氧化铁和 M_xO（M_xO 是 Li_2O 和 K_2O 的混合物）为催化剂，在 DCFC 中进行催化。催化剂的存在使反应速率显著提高。Fe_mO_n-碱金属氧化物催化剂的加入促进了碳和煤的氧化。纯煤焦在 1123K 时的最大功率密度为 $100mW \cdot cm^{-2}$，而 Fe_mO_n-碱金属氧化物催化剂浸渍煤焦时的最大功率密度为 $204mW \cdot cm^{-2}$。这些添加剂的气化效果随后被高强度的副产物所证实。

9.7 化学储能中的催化反应

氢作为热能效率高的可再生能源物质，其燃烧后的唯一产物是水［式(9-79)］。因此，H_2 被认为是未来最洁净的能源。

虽然化石燃料在氧化过程中释放温室气体 CO_2［式(9-80)和式(9-81)］，但仍是目前全球主要能源物质。利用可再生能源将上述反应逆向进行，形成人类需要的能源燃料的反应即是储能反应。本节简要介绍两种储能反应。

$$O_2 + 2H_2 \longrightarrow 2H_2O \tag{9-79}$$

$$C_mH_n + \left(m + \frac{n}{4}\right)O_2 \longrightarrow mCO_2 + \frac{n}{2}H_2O \tag{9-80}$$

$$C_mH_nO_w + \left(m + \frac{n}{4} - \frac{w}{2}\right)O_2 \longrightarrow mCO_2 + \frac{n}{2}H_2O \tag{9-81}$$

9.7.1 水分解制氢

在新能源开发中，氢引起了人们的特别重视。因为氢可从水中制得，而水在世界是取之不尽，用之不竭的。传统的制氢方法有天然气蒸汽转化法、烃部分氧化法、铁水法、石脑油转化法、煤和焦炭气化法以及水电解法。前五种方法都以化石燃料为原料，随着化石燃料的日益减少，终有枯竭之日。水电解法虽可不用化石能源，但成本太高，近百年来，水电解法制氢技术几乎处于冻结状态，能耗始终降不下来。于是人们转向其他制氢方法，目前使用较多的有水的热能分解法和水的光催化分解法。

（1）热能分解水制氢

该方法分为直接加热水蒸气分解与热化学循环两种。前者在 3273K 以上进行，采用等离子或微波等方式实现；后者可在 973K 进行。目前利用热能直接分解水的主要研究方向在多步热循环上。

以 Cr_2O_3 及强碱为循环介质的二段闭路循环能够实现分解水制氢，该催化反应过程虽属水的直接热催化分解法，但却是由一个二步法热化学循环而制成的，该二步法的反应如下：

$$Cr_2O_3 + 6KOH \xrightarrow{973\sim1073K} 2K_3CrO_4 + H_2O + 2H_2 \tag{9-82}$$

$$2K_3CrO_4 + 3H_2O \xrightarrow{373K} Cr_2O_3 + O_2 + 6KOH \tag{9-83}$$

按照这一设想，只要把 Cr_2O_3 和 KOH 载体，制成片状催化剂，加热即可析出氢。出氢后，通以水蒸气，即可产氧。同时使催化剂恢复为原来状态，即 Cr_2O_3＋KOH。经实验验证得到了预期的结果，创造了一种制氢催化剂。

（2）直接光催化分解水制氢

半导体光解水制氢过程可分为3步：①半导体受光激发。受激电子从价带激发到导带，从而在价带上形成光致空穴 h^+，在导带中上形成光生电子 e^-，两者成对出现，称之为光生电子-空穴对（即光生载流子）。②光生载流子的复合与迁移。由于热振动或其他因素大部分光生电子和空穴会快速复合（释放出光或热），只有少部分的光生载流子由体相迁移到表面（迁移过程伴随着复合过程）。③表面反应。到达表面的光生载流子仍有一部分会在表面发生复合，另一部分则被半导体表面吸附的水分子捕获，从而引发水的分解反应。

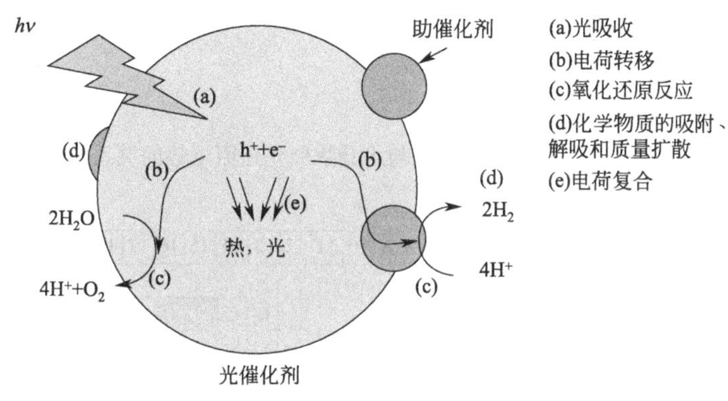

图 9-43　光催化分解水的主要过程示意图

图9-43显示所有半导体材料都可以完成上述光解水过程中的步骤（a）和（b），但仅有部分半导体可以完成步骤（c）水的分解，这是因为水的分解取决于电子-空穴的还原-氧化能力，电子-空穴的还原-氧化能力取决于半导体材料的导带底和价带顶的位置。导带底的位置高于（或负于）氢的电极电势，则说明光致产生的电子有足够的还原能力来还原水成氢气；价带顶的位置低于（或正于）氧的电极电势，则说明光致产生的空穴有足够的氧化能力来氧化水成氧气。图9-44中列举了一些半导体材料的能带结构示意图，并与氢和氧的电极电势相对比。需要说明的是，氢和氧电电势的数值与溶液的pH直接相关［根据能斯特公式，当 $p(H_2)=p^{\ominus}$，$T=298K$ 时，$\varphi(H^+/H_2)=-0.05916pH$；当 $p(O_2)=p^{\ominus}$，$T=298K$ 时，$\varphi(O_2/H_2O)=1.229-0.05916pH$］图9-44中标明的电极电势为pH=0时的数值。

人们基于元素周期表，已经找出了数百种能够用于光催化过程的光催化材料，且绝大多数光催化材料为无机化合物半导体，如金属氧化物、硫化物、氮化物、磷化物及其复合物等。如图9-45所示，在已知的能够用于光催化过程的半导体材料的元素组成有以下的特点：利用具有 d^0 或 d^{10} 电子结构的金属元素和非金属元素构成半导体的基本晶体结构，并决定其能带结构；碱金属、碱土金属或镧系元素可以参与上述半导体晶体结构的形成，但对其能带结构几乎无影响；一些金属离子或非金属离子可以作为掺杂元素对半导体的能带结构进行调控；贵金属元素一般作为助催化剂使用。

根据组成半导体化合物的金属离子（阳离子）的电子特性，单一光催化材料可以分为两大类：一类是d电子轨道处于无电子填充状态（d^0），如 Ti^{4+}、Zr^{4+}、Nb^{5+}、Ta^{5+} 和 W^{6+}；另一类是d电子轨道处于满电子填充状态（d^{10}），如 In^{3+}、Ga^{3+}、Ge^{4+}、Sn^{4+} 和 Sb^{5+}。与 d^0 金属离子相配的非金属元素主要是氧元素，它们之间组合成的氧化物如 TiO_2、ZrO_2、Nb_2O_5、

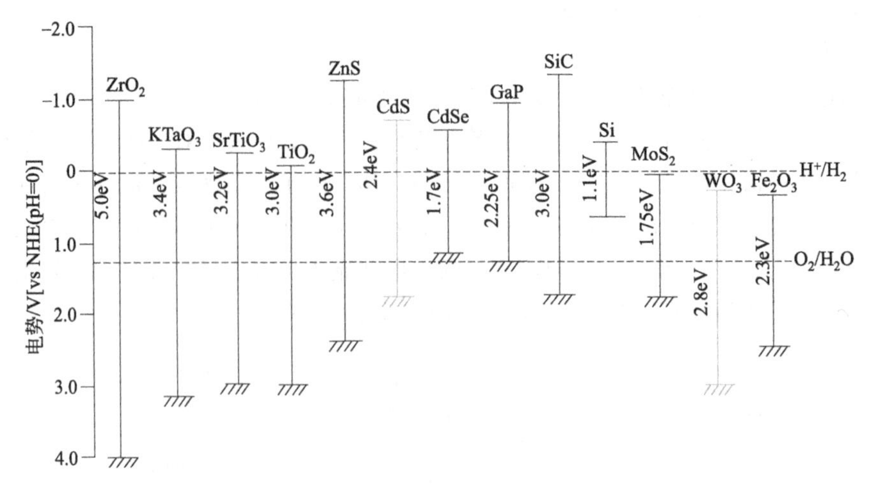

图 9-44　半导体能带结构与水分解氧化还原电势的关系图

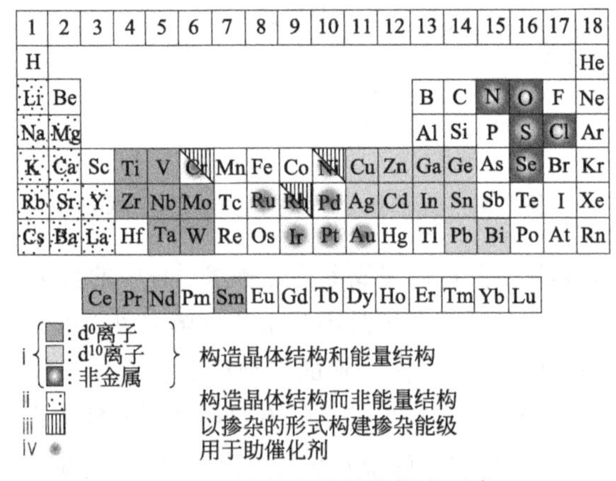

图 9-45　光催化材料的构成元素

Ta_2O_5 和 WO_3 都是被广泛应用的光催化剂。如前所述，一些碱金属、碱土金属或其他金属离子可以引入上述化合物中组成一些盐类，并且这些盐类也被证明具有良好的光催化能力，如钛酸盐、铌酸盐、钽酸盐、钨酸盐以及钒酸盐；与 d^{10} 金属离子相配的非金属元素主要也是氧元素，它们之间组合成的氧化物如 In_2O_3、Ga_2O_3、GeO_2 和 SnO_2 也都被应用于光催化反应中，d^{10} 金属离子也可组成具有光催化活性的盐类，如铟酸盐、镓酸盐、锗酸盐、锡酸盐以及锑酸盐等。

依据组成半导体材料的非金属元素（阴离子）的类型，单一光催化剂又可分为氧化物、硫化物、氮化物、氮氧化物和硫氧化物等，除了上述提到的氧化物之外，CuO、Cu_2O、Fe_2O_3 等也是常见的光催化材料，硫化物除了简单的 CdS 和 ZnS 外，一些多元硫化物也可用于光催化作用中，如 $ZnIn_2S_4$、$AgInZn_7S_9$、$AgGa_{0.9}In_{0.5}ZnS_2$ 和 $Cu_{0.25}Ag_{0.25}In_{0.5}ZnS_2$。硫化物大多在有牺牲剂（通常为 Na_2S 和 Na_2SO_3）参与的情况下才能分解水制氢，并且都有很高的催化效率。但硫化物存在光腐蚀效应，即使有牺牲剂存在，其在长时间的光催化反应中也不稳定，因此，解决硫化物光催化材料稳定性是一个重要的研究方向。氮化物应用于光分解水反应的有 Ge_3N_4、Ta_3N_5 等，其中 Ge_3N_4 是第一种被报道的具有全分解水能力的非金属氧化物。一般稳定的金属氧化物带隙相对较大，只能吸收紫外线，而氧氮金属化合物大多具有较小的带隙，具有可见光吸收特性，并呈现较高的光催化活性，如 TaON 具有较高的光解水产氧的催化活性（在牺牲剂存在下）。金属硫化物由于光腐蚀效应不能光解水产氧，但 $Sm_2Ti_2O_5S_2$ 可以光解水产氧。

在光催化分解水制氢方面，聚合物半导体也有较多研究。王心晨等报道了一种完全由非金属元素组成的聚合物半导体材料 g-C_3N_4，该材料具有类似石墨的层状结构，C、N 原子通过 sp^2 杂化形成一个高度离域的 π 共轭电子能带结构，禁带宽度为 2.7eV，并且导带底在氢的氧化还原电位之上，价带顶在氧的氧化还原电位之下。因此，g-C_3N_4 可以在牺牲剂（如三乙醇胺或硝酸银）存在下光催化分解水产氢或产氧，最近的研究表明 g-C_3N_4 经过修饰后可以实现全分解水。

最近的研究表明，一些具有可见光吸收的单质元素（Si、P、B、Se 和 S）也具有一定的光催化活性，但这些单质光催化剂的催化活性都很低，还需要进一步研究以提高它们的光催化效率，同时它们不能有效地捕获阳光。

基于多步光激发的 Z 方案和串联系统将半导体材料从热力学限制中解放出来，使各种材料能够应用于无辅助的水分解。Z 方案水分解比一步光激发水分裂更有利，它可以使用更宽范围的可见光，可以使用具有水还原电位或氧化电位的半导体。事实上，WO_3 和 $BiVO_4$ 作为析氧光催化剂已被应用于 Z 型水分解反应。此外，吸收边波长为 660nm 的 $BaTaO_2N$ 可用作析氢光催化剂。另一方面，产生给定量氢所需的光子数是一步分裂所需光子数的两倍。此外，Z 方案要求在共享 pH 条件和氧化还原介质浓度下，析氢和析氧的光催化活性达到平衡。在 Z 方案中，关键是抑制涉及氧化还原介质的逆向反应，这些介质在热力学上比水分解更有利（见图 9-46）。

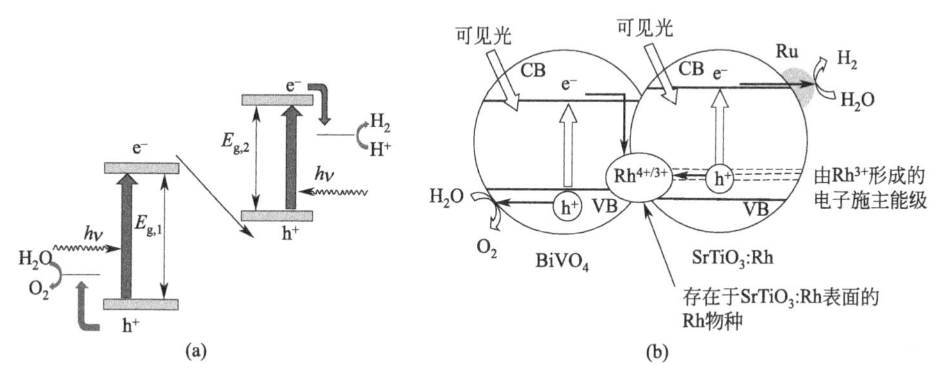

图 9-46 Z 型光催化体系中 H_2 和 O_2 光催化剂间电子转移驱动的水分解机理

然而，在操作条件下，抑制逆向反应和匹配析氢析氧活性是重要的。微调反应条件和构建无氧化还原的 Z 方案体系是可能的解决方案。在实践中，表面改性对于促进电荷分离和表面反应动力学至关重要，这也提高了光催化系统分解水的耐久性。考虑到析氢助催化剂和析氧助催化剂的动力学增强作用，非氧化物材料的光催化活性可能受到析氢过程的限制。然而，由于在含氧和/或水的体系中，非氧化物的热力学稳定性比氧化物差，因此析氧光催化剂的开发对于非氧化物材料，特别是水的氧化具有重要意义。

光催化剂应在 600nm 甚至更长的辐照下具有分解水的活性，以在合理的量子效率下获得足够的太阳能转换效率。从长远来看，发展即使在红光和近红外线下也具有活性的半导体将变得重要。同时在太阳能-氢气燃料的分离、净化、运输和利用以及规模化方面也存在许多挑战。

9.7.2 CO_2 还原反应

在第8章中着重介绍了 CO_2 作为温室气体的捕获（吸附）和去除（转化），CO_2 同样是一种有用的碳资源，开发其应用一直受到重视，如加氢转化为碳氢燃料、与甲烷重整制合成气等。本节重点介绍以燃料为产物导向的 CO_2 还原技术。

(1) CO_2 催化加氢还原技术

催化加氢可以将 CO_2 还原转化为燃料。目前相对成熟的路线是将 CO_2 进行催化加氢合成甲烷、甲醇、二甲醚和低碳烯烃等有机物。图9-47显示了 CO_2 通过热化学和电化学加氢路线可获得的燃料。

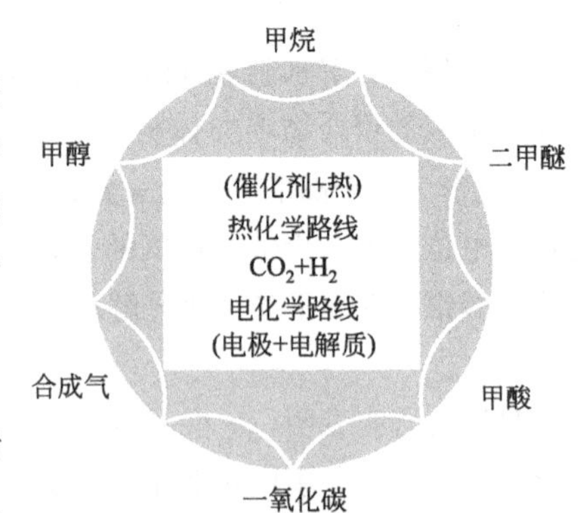

图9-47 通过热化学和电化学路线得到的 CO_2 加氢产物

① 催化加氢甲烷化 CO_2 催化加氢甲烷化技术是目前实现 CO_2 资源化利用最实用有效的技术之一。CO_2 的化学惰性高，活化和转化都非常困难，但经电子给体进行活化并输入高能量后，即可与还原剂 H_2 进行甲烷化反应：

$$CO_2+4H_2 \longrightarrow CH_4+2H_2O \tag{9-84}$$

该反应为放热反应，在催化剂存在下于450～800K进行。当温度超868K时，反应逆向进行。因此，要实现低温下的 CO_2 甲烷化，高活性催化剂是关键。

过渡金属作为 CO_2 甲烷化催化剂的活性：Ru>Rh>Ni>Fe>Co>Os>Pt>Ir>Mo>Pd>Ag>Au

选择性：Pd>Pt>Ir>Ni>Rh>Co>Fe>Ru>Mo>Ag>Au

其中，Ni基催化剂具有高的 CO_2 甲烷化活性和低的成本而受到广泛关注。用Mn改性的Ni/SiC在360℃下催化 CO_2 甲烷化反应，CO_2 转化率为83.5%，CH_4 选择性为99.4%，催化剂具有较好的稳定性。

② 催化加氢合成甲醇 CO_2 加氢制甲醇反应体系中的主要反应有：

$$CO_2+H_2 \longrightarrow CO+H_2O \tag{9-85}$$

$$CO_2+3H_2 \longrightarrow CH_3OH+H_2O \tag{9-86}$$

$$CO+2H_2 \longrightarrow CH_3OH \tag{9-87}$$

其中式(9-87)起主要作用，该反应热力学上低温、高压下有利，但动力学上提高反应温度有利于 CO_2 分子活化。因此，通常的反应条件为250～300℃、5～10MPa。

该反应催化剂主要是以Cu或贵金属Pd为活性组分的负载型催化剂，载体有ZnO、Al_2O_3、ZrO_2、TiO_2 及 SiO_2 等，并通常掺杂稀土元素等助剂来提高活性组分的分散度和改善催化剂的表面结构。

用La、Ce等稀土元素对 $Cu/ZnO/Al_2O_3$ 改性，能显著提高 CO_2 转化率和甲醇选择性，并在一定程度上提高了催化剂的热稳定性。过渡金属元素、碱金属和碱土金属元素掺杂铜基催化剂亦可改善其催化性能。Pd基催化剂一般是采用浸渍法制备，是性能优良的 CO_2 加氢合成甲醇催化剂。

③ 催化加氢合成二甲醚（DME） 二甲醚是高附加值的化学产品，也是理想的清洁燃料，CO_2 加氢合成二甲醚已成为 C1 化学的热门课题，其主要反应如式（9-88）所示：

$$2CH_3OH \longrightarrow CH_3OCH_3 + H_2O \tag{9-88}$$

反应过程中，甲醇的生成是反应的控制步骤，其技术的关键点和难点是制备高效的 CO_2 活化催化剂。采用由甲醇合成活性中心和甲醇脱水活性中心组成的双功能催化剂，甲醇合成活性组分主要为 Cu 基催化剂，甲醇脱水反应由固体酸催化，常用的固体酸有 Al_2O_3、硅铝分子筛、磷酸硅铝分子筛、杂多酸等，其中 Al_2O_3、HZSM-5 最为常用。目前，以 CO_2 作为原料合成二甲醚所用催化剂的甲醇和二甲醚的单程收率不高，因此提高催化剂的活性和稳定性是今后研究的重点。

④ 催化加氢合成低碳烃 CO_2 催化氢化可以合成低碳烃类，其中 CO_2 加氢合成低碳烯烃比甲醇制烯烃更为经济。多数研究学者认为 CO_2 加氢合成低碳烯烃要经过 F-T 合成的步骤，反应过程为两步反应串联：第一步为逆水煤气变换反应，CO_2 氢化转化为 CO，该反应受化学平衡限制和动力学控制；第二步为 F-T 合成反应，该反应受动力学控制。

CO_2 加氢合成低碳烯烃的催化剂主要是以 Fe 为主活性组分的负载型催化剂，常用的载体有 Al_2O_3、炭材料、SiO_2、TiO_2、分子筛等，其中 Al_2O_3 为载体的催化剂活性最好，其次是 SiO_2 和 TiO_2。由于单组分的 Fe 催化剂在选择性和抗中毒性方面稍显不足，通常添加另一种过渡金属（如 Co、Mn、Ni 等）制成双金属催化剂，并添加助剂来改善催化性能，如：K 等碱金属作为电子型助剂改变活性组分的电子结构，以降低反应活化能；Ce 等稀土金属作为结构型助剂改变催化剂的几何结构，以提高其表面催化活性、改善扩散性能。CO_2 加氢合成低碳烯烃还可采用由甲醇合成活性中心和甲醇制烯烃（MTO）活性中心组成的双功能催化剂，CO_2 先加氢合成甲醇，然后经过 MTO 路线合成低碳烯烃。

（2）CO_2 电化学、光催化及光电催化还原技术

由于 CO_2 化学性质稳定，其催化加氢还原需在高温高压下进行，反应条件苛刻，因此反应条件更为温和的 CO_2 电化学还原、光催化还原以及光电催化还原技术一直倍受人们的关注。同时由于该类技术可以利用太阳能等清洁能源，能够有效缓解日益增长的能源需求压力，近年来已成为 CO_2 资源化利用研究的热点。第 8 章我们讨论过 CO_2 的电化学、光催化以及光电催化转化为化学品的过程，事实上它们也属于储能反应的范畴。如电化学还原 CO_2 主要经由 H 型电解池完成，在低温和高温下的气相、水相和非水相中进行 2、4、6 和 8 电子甚至 12 电子的还原路径，过程十分复杂。CO_2 的还原是在电解池的阴极上实现的，还原产物主要有 CO、HCOOH、CH_4、C_2H_4 和 CH_3OH 等。又如用合适的半导体材料作为光照阴极，可以直接将 CO_2 还原为各种产物，研究比较广泛的是 p-InP、p-Si、p-GaP 等。Kaneco 等以 P-InP 为电极，在−2.3V 下光电催化还原 CO_2，得到的产物为 CO 和 HCOOH；以 P-GaAs 为电极，在−2.4V 下光电催化还原 CO_2，也得到 CO 和 HCOOH 等。这里我们主要讨论光合作用。

绿色植物利用太阳的光能，将二氧化碳（CO_2）和水（H_2O）转化为有机物质并释放氧气的过程，称为光合作用（见图 9-48）。光合作用将无机物转化为有机物，并释放出能量。

光合作用分为三个阶段。第一阶段：在类囊体薄膜上，水光解成为还原氢和氧气，二磷酸腺苷（ADP）与磷酸基团（Pi）吸收能量结合生成三磷酸腺苷（ATP）；第二阶段：在叶绿体基质中，C_5 结合 CO_2 生成两分子 C_3；第三阶段：在叶绿体基质中，ATP 水解为 ADP 与 Pi 释

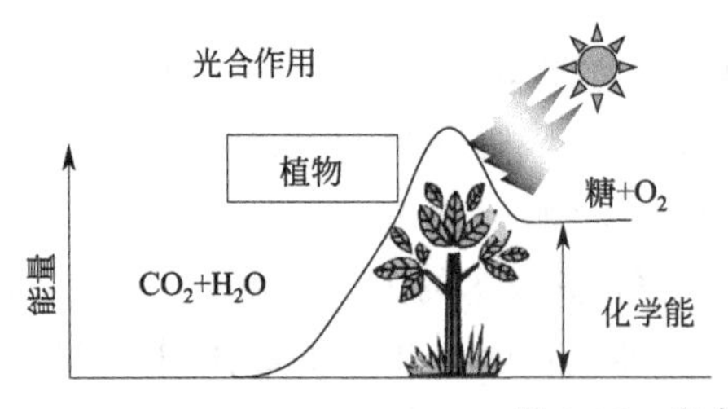

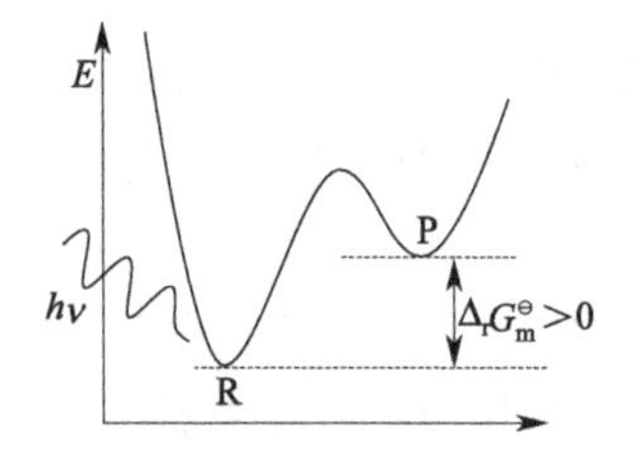

图 9-48 光合作用

放能量，C_3 吸收能量并结合第一阶段中水生成的还原氢，生成糖类和 C_5。

光反应阶段的特征是在光驱动下水分子氧化释放的电子通过类似于线粒体呼吸电子传递链那样的电子传递系统传递给氧化型辅酶Ⅱ（$NADP^+$），使它还原为还原型辅酶Ⅱ（NADPH）。电子传递的另一结果是基质中质子被泵送到类囊体腔中，形成的跨膜质子梯度驱动 ADP 磷酸化生成 ATP。

长期以来，人类一直将这一过程作为食物来源加以利用，同时也将其作为实现燃烧的燃料来源。通过对植物、蓝藻等藻类和类似的自养生物的研究，科学界已经揭示了可燃生物燃料是由这些物种产生的光合产物；此外，随着近几十年来生物工程技术水平的指数级提高，我们为生产特定的光合产物而定制自养生物的能力已经达到了令人印象深刻的复杂程度。其中一些最重要的问题包括阻断光合途径，这可能有利于细胞生长和生物量的生产，而不是太阳能发电，以及选择或设计不易被给定过程中产生的燃料毒害的生物体。尽管这些问题比较复杂，但近年来的研究证明，能够克服这些限制，特别是通过使用蓝藻。

2012 年的一份报告表明，重组蓝藻（Synechoscystis 6803）能够通过过量表达假单胞菌乙烯形成酶（EFE）生成乙烯，速率适中。这项工作激发了一种工程菌（JU547）的发展，它在 EFE 中具有增强的核糖体结合位点，在细菌代谢中形成乙烯库，从而显著提高了乙烯的特定产生速率。进一步研究了聚囊藻 6803 和其他野生蓝藻在 JU547 中产生乙烯的机理，确定了提高乙烯产率的因素，发现 JU547 中的柠檬酸循环（CAC）是一个封闭的循环，而这个系统在野生型蓝藻中是以分叉循环的形式存在的。通过 CAC 的更大的 CO_2 流量表明了工程菌的更高效率，在封闭循环中显示出 37%的总固定碳，比分叉系统中 13%的总固定碳增加了近 3 倍。这最终体现在 730nm 光照下 $718mL \cdot L^{-1} \cdot h^{-1}$ 的乙烯生成速率。

为了形成具有更直接效用的液体燃料，Deng 和 Coleman 将蓝藻的光合作用与特定原核细菌的乙醇生产结合起来。利用丙酮酸脱羧酶（PDC）和乙醇脱氢酶Ⅱ（ADH）。利用大肠埃希菌质粒载体 pCB4，将运动菌 PDC 和 ADH 基因克隆到穿梭载体 PCC7942 中。pCB4-Rpa 细胞系通过 rbcLS 启动子表达 PDC 和 ADH，而 pCB4-LRpa 和 pCB4-LR（TF）pa 细胞系通过蓝藻 rbcLS 启动子和大肠埃希菌 lac 启动子之间的对照组合影响基因表达。在进一步研究选择性乙醇产生的机制后，确定 PDC 和 ADH 基因的存在引入了未经修饰的聚球藻属 PCC7942 中未发现的新反应途径。图 9-49 显示了光合作用的局部图。

蓝藻的代谢活动继续依赖于经典的光合作用步骤，包括卡尔文循环；这通常会产生 2-磷酸甘油酸，随后转化为磷酸烯醇式丙酮酸，然后再转化为丙酮酸，这两者都可能转化为其他产品，为 CAC 提供燃料。相反，在 PDC/ADH 修饰的 PCC7942 中，PDC 的存在促进丙酮酸转化为乙醛，ADH 酶将其转化为乙醇。也许在这项研究中最值得注意的是实现发酵生产乙醇的条

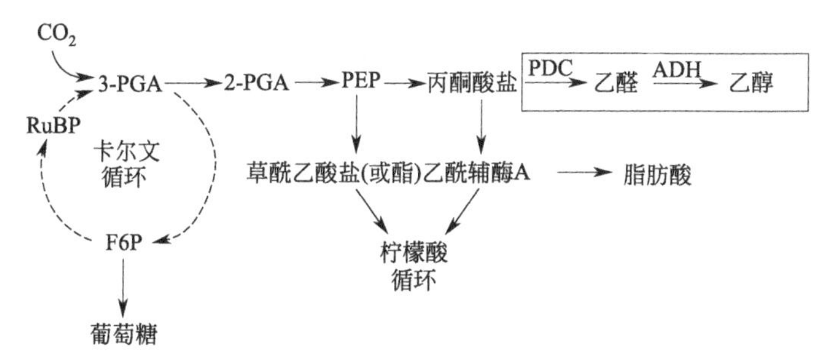

图 9-49　光合作用步骤的局部图（实线框内的途径是添加了运动菌 PDC 和 ADH 酶基因修饰的聚球藻 pcc 7942 菌株的途径）

PGA—磷酸甘油酸；F6P—果糖-6-磷酸；PEP—磷酸烯醇式丙酮酸；RuBP—核酮糖-1,5-二磷酸

件。虽然许多自然光合过程只在黑暗、厌氧条件下产生乙醇，但这里介绍的蓝藻-原核杂交菌在产氧光合作用过程中产生这种太阳能燃料，不需要任何其他特殊的反应条件。

在实验室规模的人造环境中复制自然光合作用的尝试一直是科学界的长期努力。为了实现这一目标，人们进行了几次尝试，以创造人工光合作用，其中入射光能促进 CO_2 直接光转化为可行的太阳能燃料。

主要参考文献

[1] 吴越. 催化化学 [M]. 北京：科学出版社，1995.

[2] 闵恩泽. 工业催化剂的研制与开发 [M]. 北京：中国石化出版社，1997.

[3] 辛勤，罗孟飞. 现代催化研究方法 [M]. 北京：科学出版社，2009.

[4] 贺泓，李俊华，何洪，等. 环境催化——原理及应用 [M]. 北京：科学出版社，2008.

[5] 辛勤，罗孟飞，徐杰. 现代催化研究方法新编（上、下册）[M]. 北京：科学出版社，2018.

[6] 陈军，陶占良. 能源化学 [M]. 北京：化学工业出版社，2004.

[7] 韩维屏. 催化化学导论 [M]. 北京：科学出版社，2006.

[8] 储伟. 催化剂工程 [M]. 成都：四川大学出版社，2006.

[9] 王桂茹. 催化剂与催化作用 [M]. 第2版. 大连：大连理工大学出版社，2004.

[10] 甄开吉. 催化作用基础 [M]. 第3版. 北京：科学出版社，2005.

[11] 黄仲涛. 工业催化剂手册 [M]. 北京：化学工业出版社，2001.

[12] Ono Y，Hattori H. 固体碱催化 [M]. 高滋译. 上海：复旦大学出版社，2013.

[13] 唐新硕，王新平. 催化科学发展及其理论 [M]. 杭州：浙江大学出版社，2012.

[14] 吴忠标. 环境催化原理及应用 [M]. 北京：化学工业出版社，2006.

[15] 吴志杰. 能源转化催化原理 [M]. 青岛：中国石油大学出版社，2018.

[16] 陈诵英，陈平，李永旺，等. 催化反应动力学 [M]. 北京：化学工业出版社，2006.

[17] 廖代伟. 催化科学导论 [M]. 北京：化学工业出版社，2006.

[18] 张继光. 催化剂制备过程技术 [M]. 北京：中国石化出版社，2004.

[19] Ertl G，Knozinger H，Schüth F，et al. Handbook of Heterogeneous Catalysis [M]. 2nd ed. Weinheim，Wiley-VCH Verlag，2018.

[20] Tanabe K，Misono M，Ono Y，et al. New Solid Acids and Bases-their catalytic properties [M]. 2nd ed. Kodansha LTD，Tokyo，Elsevier，1989.

[21] Carlos A M H，Manuel A R，Onofrio S. Electrochemical Water and Wastewater Treatment [M]. Elsevier，2018.

[22] Xin Q，Lin L W. Progress in Catalysis in China During 1982—2012：Theory and Technological Innovations [J]. Chinese J Catal，2013，34：401-435.

[23] Wang Y D，Shi J，Jin Z H，et al. Focus on the Chinese Revolution of Catalysis Based on Catalytic Solutions for the Vital Demands of Society and Economy [J]. Chinese J Catal，2018，39（7）：1147-1156.

[24] Lanzafame P，Perathoner S，Centi G，et al. Grand Challenges for Catalysis in the Science and Technology Roadmap on Catalysis for Europe：moving ahead for a sustainable future [J]. Catal Sci Technol，2017，7：5182-5194.

[25] Bui M，Adjiman C S，Bardow A，et al. Carbon Capture and Storage（CCS）：the Way Forward [J]. Energy Environ Sci，2018，11（5）：1062-1176.

[26] Perathoner S，Gross S，Hensen E J M，et al. Looking at the Future of Chemical Production through the European Roadmap on Science and Technology of Catalysis the EU Effort for a Long-term Vision [J]. ChemCatChem，2017，9（6）：1-7

[27] Chen F，Jiang X Z，Zhang L L，et al. Single-atom Catalysis：Bridging the Homo-and Heterogeneous Catalysis [J]. Chinese J Catal，2018，39：893-898.

[28] Toyao T，Maeno Z，Takakusagi S，et al. Machine Learning for Catalysis Informatics：Recent Applications and Prospects [J]. ACS Catal，2020，10：2260-2297.

[29] Yang K，Xing B. Adsorption of Organic Compounds by Carbon Nanomaterials in Aqueous Phase：Polanyi Theory

and Its Application [J] . Chem Rev, 2010, 110 (10): 5989-6008.

[30] Jr W C C, Falconer J L. Spillover in Heterogeneous Catalysis [J] . Chem Rev, 1995, 95 (3): 759-788.

[31] 赵德华，吕德伟，臧雅茹，等. 多相催化中的溢流作用 [J] . 化学进展，1997，9 (2)：123-130.

[32] Yang T R, Wang Y. Fundamental Studies and Perceptions on the Spillover Mechanism Catalyzed Hydrogen Spillover for Hydrogen Storage [J] . J Am Chem Soc, 2009, 131: 4224-4226.

[33] Dong J H, Fu Q, Jiang Z, et al. Carbide-Supported Au Catalysts for Water-Gas Shift Reactions: A New Territory for the Strong Metal-Support Interaction Effect [J] . J Am Chem Soc, 2018, 140: 13808-13816.

[34] Liu L C, Corma A. Metal Catalysts for Heterogeneous Catalysis: From Single Atoms to Nanoclusters and Nanoparticles [J] . Chem Rev, 2018, 118 (10): 4981-5079.

[35] Pan Y, Zhang C, Liu Z, et al. Structural Regulation with Atomic-Level Precision: From Single-Atomic Site to Diatomic and Atomic Interface Catalysis [J]. Matter, 2020, 2 (1): 78-110.

[36] Liu J Y. Catalysis by Supported Single Metal Atoms [J] . ACS Catal, 2017, 7: 34-59.

[37] Pu T, Tian H, Ford M E , et al. Overview of Selective Oxidation of Ethylene to Ethylene Oxide by Ag Catalysts [J] . ACS Catal, 2019, 9: 10727-10750.

[38] Paul G, Bisio C, Braschi I, et al. Combined Solid-State NMR, FT-IR and Computational Studies on Layered and Porous Materials [J] . Chem Soc Rev, 2018, 47 (15): 5684-5739.

[39] Primo A, Garcia H. Zeolites as Catalysts in Oil Refining [J] . Chem Soc Rev, 2014, 43: 7548-7561.

[40] Tian P, Wei Y, Ye M, et al. Methanol to Olefins (MTO): from Fundamentals to Commercialization [J]. ACS Catal Technol, 2015, 5 (3): 1922-1938.

[41] Sun L B, Liu X Q, Zhou H C. Design and Fabrication of Mesoporous Heterogeneous Basic atalysts [J] . Chem Soc Rev, 2018, 47: 8349-8402.

[42] Acebo E G, Leroux C, Chizallet C, et al. Metal/Acid Bifunctional Catalysis and Intimacy Criterion for Ethylcyclohexane Hydroconversion: When Proximity Does Not Matter [J]. ACS Catal, 2018, 8 (7): 6035-6046.

[43] Martínez-Vargas D X, Sandoval-Rangel L, Campuzano-Calderon O, et al. Recent Advances in Bifunctional Catalysts for the Fischer-Tropsch Process: One-Stage Production of Liquid Hydrocarbons from Syngas [J]. Ind Eng Chem Res, 2019, 58: 15872-15901.

[44] Guo Z, Liu B, Zhang Q H, et al. Recent Advances in Heterogeneous Selective Oxidation Catalysis for Sustainable Chemistry [J] . Chem Soc Rev, 2014, 43 (10): 3480-3524.

[45] Grant J T, Venegas J M, McDermott W P, et al. Aerobic Oxidations of Light Alkanes over Solid Metal Oxide Catalysts [J] . Chem Rev, 2018, 118 (5), 2769-2815.

[46] Vedrine J C. Heterogeneous Catalytic Partial Oxidation of Lower Alkanes (C_1-C_6) on Mixed Metal Oxides [J]. J Energy Chem, 2016, 25: 936-946.

[47] Kiani D, Sourav S, Wachs I E, et al. The Oxidative Coupling of Methane (OCM) by SiO_2-Supported Tungsten Oxide Catalysts Promoted with Mn and Na [J] . ACS Catalysis, 2019, 9: 5912-5928.

[48] Grassian V H. Environmental Catalysis [J]. Appl Catal A-Gen, 2005, 139 (4): 221-256.

[49] Daily R P, Alain R P S, Balu A M, et al. Environmental Catalysis: Present and Future [J] . ChemCatChem, 2019, 11 (1): 18-38.

[50] Gao W L, Liang S Y, Wang R J, et al. Industrial Carbon Dioxide Capture and Utilization: State of the Art and Future Challenges [J] . Chem Soc Rev, 2020, 49: 8584-8686.

[51] Das S, Pérez-Ramírez J, Gong J, et al. Core-shell Structured Catalysts for Thermocatalytic, Photocatalytic, and Electrocatalytic Conversion of CO_2 [J] . Chem Soc Rev, 2020, 49: 2937-3004.

[52] Li X, Yu J G, Jaroniec M, et al. Cocatalysts for Selective Photoreduction of CO_2 into Solar Fuels [J] . Chem Rev, 2019, 119 (6): 3962-4179.

[53] Jiang C R, Ma J J, Corre G, et al. Challenges in Developing Direct Carbon Fuel Cells [J] . Chem Soc Rev,

2017，46：2889-2912.

[54] 王揺森，陈艳艳，卫智虹，等．分子筛骨架结构和酸性对其甲醇制烯烃（MTO）催化性能影响研究进展［J］．燃料化学学报，2015，43（10）：1202-1214.

[55] He J，Hu L F，Li D W，et al. Structures and Brønsted Acidity Features for Titanoniobates with Different Laminate Composition［J］. J Solid State Chem，2019，275：49-55.

[56] He J，Li Q J，Tang Y，et al. Characterization of $HNbMoO_6$，$HNbWO_6$ and $HTiNbO_5$ as Solid Acids and Their Catalytic Properties for Esterification Reaction［J］. Appl Catal A-Gen，2012，443-444：145-152.

[57] 何杰，范以宁，邱金恒．烯/醛合成2，5-二甲基-2，4-已二烯酸催化机理研究［J］．安徽理工大学学报（自然科学版），2010，30（31）：70-75.

[58] 潘金波，申升，周威，等．光催化制氢研究进展［J］．物理化学学报，2020，36（3）：1905068.

[59] 何杰，范以宁．$Nb_2O_5/\gamma\text{-}Al_2O_3$ 表面铌氧物种的分散状态与酸性特征［J］．物理化学学报，2010，26（3）：679-684.

[60] Guo C L，Zhu J C，He J，et al. Catalytic Oxidation/Photocatalytic Degradation of Ethyl Mercaptan onα-MnO_2@$H_4Nb_6O_{17}$-NS Nanocomposite［J］. Vacuum，2020，182：109718.